국가유산관련법령

예문사

머리말

국가유산수리기술자 자격증 시험이 이제 44회를 맞이하게 되었습니다.

60년 만에 정책방향이 크게 바뀌어 "문화재수리기술자"에서 "국가유산수리기술자"로 명칭이 변경된 후 치르는 두 번째 시험입니다.

국가유산관련법령은 지난 5월 제정 이후 여러 가지 개정사항들로 인하여, 그 어느 때보다도 기본이론 학습이 중요한 시기입니다. 따라서 수험생들에게 깊이 있는 기본교재가 필요함을 인지하고, 이에 부합하는 교재를 다음과 같은 특징들로 구성하였습니다.

첫째, 새로 제정된 문화유산 및 자연유산의 법령을 수험생들이 더욱 쉽게 이해할 수 있도록 일목요연하게 정리하였습니다.

둘째, 기초 개념이 약한 수험생들도 쉽게 이해할 수 있도록 기존 조문을 풀이하는 데 중점을 두었습니다.

셋째, 출제 가능성이 높은 조문들은 수험생들이 쉽게 암기할 수 있도록 중간중간 문제들을 수록하였습니다.

많은 수험생들이 어려워하는 法令 문제에서 고득점을 얻기 위한 유일한 길은 조문을 "반복학습"하는 것임을 거듭 강조드립니다.

방대한 법률 제·개정의 2년차입니다. 이로 인하여 부족한 부분이 있을 수 있습니다. 지난해에 이어서 이런 미비한 문제점들은 아래 소통의 장을 통하여 신속히 해결해 나가겠습니다.

목표를 向해 불철주야 노력하시는 모든 분들께 아름다운 결실이 있기를 진심으로 기원합니다.

출판 과정에서 많은 지원과 협조를 해주신 예문사에 깊이 감사드립니다.

소통의 장

(모든 법령 개정의 내용과 기타 시험에 필요한 내용들은 아래의 장에서 확인할 수 있습니다.)

國家遺産 관련 **法令** 국가고시방

Daum 카페 : cafe.daum.net/hasangsam

2025. 05.

하상삼, 拜

시험정보

국가유산수리기술자의 종류별 자격시험의 필기시험 과목 및 시험방법(제9조제2항 본문 관련)

종류	공통과목(2과목)	전공과목(3과목)	
	선택형	선택형	논술형
1. 보수기술자	국가유산관련법령, 한국사	한국건축사	한국건축구조, 한국건축보수실무
2. 단청기술자	국가유산관련법령, 한국사	한국건축사	단청개론, 단청보수실무
3. 실측설계기술자	국가유산관련법령, 한국사	한국건축사	한국건축실측, 한국건축설계제도실무
4. 조경기술자	국가유산관련법령, 한국사	조경사	전통조경, 전통조경설계 및 시공실무
5. 보존과학기술자	국가유산관련법령, 한국사	화학	보존과학개론, 국가유산보존실무
6. 식물보호기술자	국가유산관련법령, 한국사	토양학	수목생리, 식물보호실무

[비고]
"국가유산관련법령"이란 「문화유산의 보존 및 활용에 관한 법률」 및 같은 법 시행령·시행규칙, 「자연유산의 보존 및 활용에 관한 법률」 및 같은 법 시행령·시행규칙, 「국가유산수리 등에 관한 법률」 및 같은 법 시행령·시행규칙, 「매장유산 보호 및 조사에 관한 법률」 및 같은 법 시행령·시행규칙, 「문화유산위원회 규정」, 「고도 보존 및 육성에 관한 특별법」 및 같은 법 시행령·시행규칙, 「문화유산과 자연환경자산에 관한 국민신탁법」 및 같은 법 시행령, 「무형유산의 보전 및 진흥에 관한 법률」 및 같은 법 시행령·시행규칙을 말한다.

국가유산수리기술자 자격시험 한국사능력검정시험 유효기간 폐지 (안내)

2025년도 제43회 국가유산수리기술자 자격시험부터 한국사능력검정시험의 유효기간(성적 인정기간)이 폐지됨을 알려드립니다.

이에 따라, 2025년도 제43회 국가유산수리기술자 자격시험부터는 「국가유산수리 등에 관한 법률 시행령」에서 규정하는 기준등급(3급 이상)을 한번만 취득하면, 취득 시점과 무관하게 인정받을 수 있습니다.

다만, 기존과 동일하게 국가유산수리기술자 자격시험의 필기시험 원서접수 마감일까지 점수가 확인된 시험에 한하여 인정합니다.

※ 기타 궁금하신 사항은 국가유산청 수리기술과 042-481-4973으로 문의하여 주시기 바랍니다.

차 례

Part 01 | 문화유산의 보존 및 활용에 관한 법률 및 같은 법 시행령·시행규칙

Chapter 01 총칙

01. 목적 ··· 3
02. 정의 ··· 3
03. 문화유산보호의 기본원칙 ··· 7
04. 국가와 지방자치단체 등의 책무 ·· 8
05. 전문인력의 배치 등 ·· 8
06. 다른 법률과의 관계 ·· 9

Chapter 02 문화유산 보호 정책의 수립 및 추진

01. 문화유산기본계획의 수립 ··· 10
02. 문화유산의 연구개발 ··· 11
03. 문화유산 보존 시행계획 수립 ··· 12
04. 국회 보고 ·· 12
05. 문화유산위원회의 설치 ·· 13

Chapter 03 문화유산 보호의 기반 조성

01. 문화유산 기초조사 ·· 15
02. 문화유산 정보화의 촉진 ··· 16
03. 건설공사 시의 문화유산 보호 ··· 16
04. 역사문화환경 보존지역의 보호 ··· 17
05. 주민지원사업 계획 수립·시행 ·· 19
06. 화재등 방지 시책 수립과 교육훈련·홍보 실시 등 ································· 20
07. 화재등 대응매뉴얼 마련 등 ·· 21
08. 화재등 방지 시설 설치 등 ·· 22
09. 금연구역의 지정 등 ··· 23
10. 관계 기관 협조 요청 ··· 26

11. 정보의 구축 및 관리 ·· 26
12. 문화유산보호활동의 지원 등 ·· 27
13. 문화유산매매업자 교육 ·· 27
14. 장애인의 문화유산 접근성 향상을 위한 지원 ······························ 27
15. 문화유산 전문인력의 양성 ·· 27
16. 비상시의 문화유산보호 ·· 29
17. 지원 요청 ··· 29
18. 문화유산교육의 진흥을 위한 정책의 추진 ··································· 30
19. 문화유산교육의 실태조사 ·· 30
20. 문화유산교육지원센터의 지정 등 ·· 31
21. 문화유산교육의 지원 ··· 33
22. 문화유산교육 프로그램의 개발·보급 및 인증 등 ·························· 34
23. 문화유산교육 프로그램 인증의 취소 ·· 35
24. 지정문화유산 등의 기증 ·· 35

Chapter 03-2　문화유산지능정보화 기반 구축

01. 문화유산지능정보화 정책의 추진 ·· 37
02. 문화유산데이터 관련 사업의 추진 ··· 37
03. 문화유산지능정보기술의 개발 등 ·· 39
04. 문화유산지능정보서비스플랫폼의 구축·운영 ································ 39
05. 업무의 위탁 ·· 40

Chapter 03-3　문화유산디지털콘텐츠의 보급 활성화

01. 문화유산디지털콘텐츠 정책의 추진 ·· 41
02. 문화유산디지털콘텐츠의 수집 ··· 41
03. 문화유산디지털콘텐츠의 개발 ··· 42
04. 문화유산디지털콘텐츠의 공공정보 이용 촉진 ······························ 43
05. 문화유산디지털콘텐츠의 협동개발·연구 촉진 ······························ 44
06. 문화유산디지털콘텐츠의 이용 활성화 ··· 44
07. 문화유산디지털콘텐츠플랫폼의 구축·운영 ··································· 44
08. 문화유산디지털콘텐츠의 복제 등 ·· 45
09. 업무의 위탁 ·· 46

CONTENTS

차 례

10. 문화유산디지털콘텐츠의 국제협력 ·· 46
11. 문화유산디지털콘텐츠 소외계층 지원 ·· 46

Chapter 04　국가지정문화유산

[제1절　지정] ·· 47
　01. 보물 및 국보의 지정 ··· 47
　02. 사적의 지정 ··· 47
　03. 국가민속문화유산 지정 ··· 47
　03-1. 국가지정문화유산의 지정기준 및 절차 ······································ 48
　04. 보호물 또는 보호구역의 지정 ··· 53
　05. 지정의 고시 및 통지 ··· 56
　06. 지정서의 교부 ··· 57
　07. 지정의 효력 발생 시기 ··· 57
　08. 지정의 해제 ··· 57
　09. 임시지정 ·· 58

[제2절　보존·관리 및 활용] ·· 59
　01. 소유자관리의 원칙 ··· 59
　02. 관리단체에 의한 관리 ··· 59
　03. 국가에 의한 특별관리 ··· 60
　04. 허가사항 ·· 61
　05. 허가기준 ·· 65
　06. 허가사항의 취소 ··· 66
　07. 수출 등의 금지 ··· 66
　08. 신고 사항 ·· 67
　09. 행정명령 ·· 68
　10. 기록의 작성·보존 ··· 69
　11. 정기조사 ·· 69
　12. 직권에 의한 조사 ··· 70
　13. 소재불명 등 국가지정문화유산의 공고 ·· 70
　14. 손실의 보상 ··· 70
　15. 임시지정문화유산에 관한 허가사항 등의 준용 ····························· 71

[제3절　공개 및 관람료] ·· 72
　01. 국가지정문화유산의 공개 등 ··· 72

02. 관람료의 징수 및 감면 ··· 73
[제4절 보조금 및 경비 지원] ··· 75
01. 보조금 ··· 75
02. 지방자치단체의 경비 부담 ··· 75

Chapter 05 　 일반동산문화유산

01. 일반동산문화유산 수출 등의 금지 ··· 76
02. 문화유산감정위원의 배치 등 ··· 81
03. 일반동산문화유산에 관한 조사 ··· 82
04. 건조물 등에 포장되어 있는 일반동산문화유산의 발견신고 등 ··················· 83

Chapter 06 　 국유문화유산에 관한 특례

01. 관리청과 총괄청 ··· 85
02. 회계 간의 무상관리전환 ··· 85
03. 절차 및 방법의 특례 ··· 86
04. 처분의 제한 ··· 86
05. 양도 및 사권설정의 금지 ··· 86

Chapter 07 　 국외소재문화유산

01. 국외소재문화유산의 보호 ··· 87
02. 국외소재문화유산의 조사·연구 ··· 87
03. 국외소재문화유산 보호 및 환수 활동의 지원 ··· 87
04. 국외소재문화유산 환수 및 활용에 대한 의견 청취 ····································· 88
05. 국외소재문화유산재단의 설립 ··· 88
06. 금전 등의 기부 ··· 89

Chapter 08 　 시·도지정문화유산

01. 시·도지정문화유산의 지정 등 ··· 90
02. 시·도지정문화유산 또는 문화유산자료의 보호물 또는 보호구역의 지정 ····· 90

차 례

03. 시·도문화유산위원회의 설치 ··· 91
04. 경비부담 ·· 92
05. 보고 등 ·· 92

Chapter 09 문화유산매매업 등

01. 매매 등 영업의 허가 ··· 93
02. 영업의 승계 ··· 94
03. 자격 요건 ·· 94
04. 결격사유 ·· 95
05. 명의대여 등의 금지 ··· 95
06. 준수 사항 ·· 95
07. 국가기관 등의 문화유산 구입 사실 통지 ·································· 96
08. 폐업신고의 의무 ··· 97
09. 허가취소 등 ··· 97
10. 행정 제재처분 효과의 승계 ·· 97

Chapter 10 문화유산의 상시적 예방관리

01. 문화유산돌봄사업 ··· 99
02. 중앙문화유산돌봄센터 ·· 100
03. 지역문화유산돌봄센터 ·· 100
04. 지역문화유산돌봄센터의 평가 등 ··· 102
05. 지역문화유산돌봄센터의 종사자에 대한 전문교육 ··············· 103

Chapter 11 보칙

01. 권리·의무의 승계 ··· 104
02. 권한의 위임·위탁 ··· 104
03. 금지행위 ·· 104
04. 토지의 수용 또는 사용 ·· 105
05. 국·공유재산의 대부·사용 등 ·· 105
06. 문화유산 방재의 날 ·· 105

07. 포상금 ··· 106
08. 다른 법률과의 관계 ··· 108
09. 청문 ··· 109
10. 벌칙 적용에서의 공무원 의제 ·· 109

Chapter 12 벌칙

01. 무허가수출 등의 죄 ··· 110
02. 추징 ··· 110
03. 허위 지정 등 유도죄 ·· 110
04. 손상 또는 은닉 등의 죄 ··· 111
05. 가중죄 ··· 111
06. 「형법」의 준용 ·· 112
07. 사적에의 일수죄 ··· 112
08. 그 밖의 일수죄 ··· 112
09. 미수범 등 ·· 112
10. 과실범 ··· 113
11. 무허가 행위 등의 죄 ·· 113
12. 행정명령 위반 등의 죄 ··· 113
13. 관리행위 방해 등의 죄 ··· 113
14. 명의 대여 등의 죄 ··· 114
15. 양벌규정 ·· 114
16. 과태료 ··· 115
17. 과태료의 부과・징수 ·· 115
예상문제 ··· 116

CONTENTS

차 례

Part 02 | 자연유산의 보존 및 활용에 관한 법률 및 같은 법 시행령·시행규칙

Chapter 01 총칙

01. 목적 ··· 169
02. 정의 ··· 169
03. 자연유산 보호의 기본원칙 ·· 171
04. 국가 및 지방자치단체 등의 책무 ·· 171
05. 다른 법률과의 관계 ·· 171

Chapter 02 자연유산 보호 정책의 수립 및 추진

01. 자연유산 보호계획의 수립 ·· 172
02. 자연유산 보호 시행계획 수립 ··· 173
03. 자연유산위원회의 설치 ··· 173
04. 자연유산위원회의 심의사항 등 ··· 176
05. 자연유산위원회의 존속기한 ·· 178
06. 자연유산의 조사 ··· 178
07. 건설공사 시 천연기념물등의 보호 ·· 179
08. 역사문화환경 보존지역의 보호 ··· 180

Chapter 03 자연유산의 지정 및 관리

[제1절 천연기념물·명승 등의 지정] ·· 182
01. 천연기념물의 지정 ·· 182
02. 명승의 지정 ·· 186
03. 보호물 또는 보호구역의 지정 등 ·· 187
04. 지정의 고시 및 통지 ··· 189
05. 지정의 해제 ·· 190
06. 임시지정 ··· 190

[제2절 허가 및 신고 등] ·· 191
　01. 허가 ··· 191
　02. 허가기준 ··· 194
　03. 허가 취소 ··· 195
　04. 천연기념물 수출 등의 금지 ··· 196
　05. 신고 ··· 197
　06. 행정명령 ··· 199
　07. 천연기념물 또는 명승의 공개 ··· 200
[제3절 천연기념물 및 명승의 관리] ·· 202
　01. 관리자의 선임 등 ·· 202
　02. 관리단체의 지정 ·· 202
　03. 관리단체의 관리 ·· 204
　04. 정기조사 ··· 204
　05. 직권조사 ··· 206
　06. 조사 결과의 활용 ·· 206
　07. 질병관리 ··· 206
　08. 천연기념물인 동물의 치료 등 ··· 207
　09. 천연기념물 동물치료소의 지정 등 ··· 208
　10. 천연기념물인 동물의 관리 ··· 209
　11. 천연기념물인 식물의 상시관리 등 ··· 211
　12. 천연보호구역 관리사무소의 설치·운영 등 ································ 211
　13. 명승 정비계획의 수립 ·· 212
　14. 재해의 방지 및 복구 ·· 213
　15. 천연기념물 또는 명승의 수리 등 ··· 213
[제4절 시·도자연유산 및 자연유산자료의 지정 및 관리] ················· 215
　01. 시·도자연유산 또는 자연유산자료의 지정 ······························· 215
　02. 시·도자연유산 또는 자연유산자료의 보호물 또는 보호구역의 지정 ······· 215
　03. 시·도자연유산위원회의 설치 ·· 216
　04. 시·도자연유산위원회의 존속기한 ·· 217
　05. 통지 등 ··· 217

차 례

Chapter 04 자연유산의 보존·관리 및 활용

01. 자연유산 관리협약 ··· 218
02. 자연유산 관련 기관·단체의 지원 ··· 219
03. 전문인력 양성 및 연구개발 ··· 219
04. 국립자연유산원의 설치·운영 등 ··· 219
05. 남북 자연유산의 보존 ··· 220
06. 관광 자원으로의 활용 ··· 220
07. 주민지원사업 등 ·· 220
08. 천연기념물의 증식·복원 ··· 221
09. 천연기념물인 동물의 유전자원 보존 ·· 222
10. 천연기념물인 식물의 후계목 육성·보급 ······································· 222
11. 공개동굴의 관람환경 조성 ··· 223
12. 전통조경의 보급·육성 ·· 224
13. 전통조경 표준설계의 보급 ·· 224
14. 전통조경의 세계화 ·· 224
15. 보조금 ·· 225
16. 경비부담 ·· 225

Chapter 05 보칙

01. 기록의 작성·보존 ··· 226
02. 손실의 보상 ··· 226
03. 권한의 위임·위탁 ··· 227
04. 청문 ··· 227
05. 벌칙 적용에서 공무원 의제 ·· 227

Chapter 06 벌칙

01. 벌칙 ··· 228
02. 벌칙 ··· 228
03. 벌칙 ··· 228
04. 과태료 ·· 229

05. 과태료의 부과 · 징수 ·· 229
예상문제 ·· 230

Part 03 국가유산수리 등에 관한 법률 및 같은 법 시행령·시행규칙

Chapter 01 총칙

01. 목적 ·· 247
02. 정의 ·· 247
03. 국가유산수리 등의 기본원칙 ·· 250
04. 국가유산수리 등의 계획수립 ·· 250
05. 국가유산수리기술위원회 ·· 251
06. 시 · 도유산수리기술위원회 ·· 256
07. 국가유산수리 및 실측설계 제한 ·· 256
08. 국가유산수리 제한의 예외 ·· 259
09. 성실의무 ·· 259
10. 부정한 청탁에 의한 재물 등의 취득 및 제공 금지 ························ 259
11. 국가유산수리 등의 기준 보급 ·· 260
12. 전통기술의 보존 · 육성 · 보급 ·· 260
13. 전통재료 수급계획의 수립 등 ·· 261
14. 전통재료 인증 ·· 262
15. 전통재료 인증의 취소 ·· 263

Chapter 02 국가유산수리기술자 및 국가유산수리기능자

01. 국가유산수리기술자 ·· 264
02. 국가유산수리기술자의 결격사유 ·· 267
03. 국가유산수리기술자 자격증의 발급 등 ·· 268
04. 국가유산수리기능자 자격시험 등 ·· 268

CONTENTS

차 례

05. 국가유산수리기능자 자격증의 발급 등 ·· 271
06. 부정행위자에 대한 조치 ·· 272
07. 국가유산수리기술자등의 신고 ·· 272

Chapter 03 국가유산수리업등의 운영

[제1절 국가유산수리업등의 등록] ·· 273
01. 국가유산수리업자등의 등록 ·· 273
02. 국가유산수리 능력의 평가 및 공시 ·· 277
03. 국가유산수리업자등의 정보관리 등 ·· 279
04. 국가유산수리업자등의 결격사유 ·· 279
05. 국가유산수리업의 종류 ··· 280
06. 국가유산수리업의 양도 등 ·· 281
07. 국가유산수리업 양도의 내용 ··· 282
08. 국가유산수리업 양도의 제한 ··· 282
09. 국가유산수리업의 상속 ··· 282
10. 등록증 등의 대여 금지 ··· 283
11. 등록취소 처분 등을 받은 후의 국가유산수리 ·· 283

[제2절 도급 및 하도급] ·· 284
01. 국가유산수리 등에 관한 도급의 원칙 ·· 284
02. 하도급의 제한 등 ··· 285
03. 하도급계약의 적정성 심사 등 ·· 286
04. 하수급인 등의 지위 ··· 286
05. 하수급인의 의견청취 ·· 287
06. 하도급 대금의 지급 등 ·· 287
07. 하도급 대금의 직접 지급 ··· 288
08. 발주자의 부당한 지시 금지 등 ·· 290
09. 검사 및 인도 ·· 290
10. 하수급인의 변경요구 ·· 290

[제3절 국가유산수리] ·· 291
01. 국가유산수리기술자의 배치 ·· 291
02. 국가유산수리의 설계승인 ··· 293
03. 국가유산수리 현황의 보고 ··· 295

04. 설계심사관의 지정 ··· 296
05. 국가유산수리의 기술지도 ··· 296
06. 국가유산수리업자의 손해배상책임 ··· 296
07. 국가유산수리업자의 하자담보책임 ··· 297
08. 국가유산수리 보고서의 작성 ··· 299
09. 국가유산수리 현장의 점검 등 ··· 301
10. 국가유산수리 현장의 공개 ··· 301
11. 국가유산수리 정보의 공개 ··· 302

[제4절 동산문화유산 보존처리] ··· 302
01. 보존처리계획의 수립 등 ··· 302
02. 보존처리의 수행 등 ··· 303

[제5절 감리] ·· 303
01. 감리의 시행 등 ··· 303
02. 국가유산감리원의 재시행 명령 등 ··· 308
03. 국가유산감리원에 대한 시정조치 ··· 309
04. 감리의 제한 ··· 309

Chapter 04 전통건축수리기술진흥재단 등

01. 전통건축수리기술진흥재단의 설립 등 ··· 310
02. 국가유산수리협회의 설립 ··· 311
03. 국가유산수리협회 설립의 인가절차 등 ··· 312
04. 민법의 준용 ··· 312

Chapter 05 감독

01. 국가유산수리 현황의 검사 등 ··· 313
02. 시정명령 등 ··· 313
03. 국가유산수리기술자의 자격취소 등 ··· 314
04. 국가유산수리기능자의 자격취소 등 ··· 316
05. 국가유산수리업자등의 등록취소 등 ··· 316

Chapter 06 보칙

01. 임금에 대한 압류의 금지 ········· 319
02. 수수료 ········· 319
03. 직무상 알게 된 사실의 누설 금지 ········· 320
04. 전문교육 ········· 321
05. 국가유산수리업자의 평가 등 ········· 322
06. 청문 ········· 323
07. 권한의 위임·위탁 ········· 324

Chapter 07 벌칙

01. 3년 이하의 징역 또는 3천만 원 이하의 벌금에 처하는 경우 ········· 325
02. 1년 이하의 징역 또는 1천만 원 이하의 벌금에 처하는 경우 ········· 325
03. 500만 원 이하의 벌금에 처하는 경우 ········· 326
04. 양벌규정 ········· 326
05. 과태료 ········· 327
예상문제 ········· 328

Part 04 매장유산 보호 및 조사에 관한 법률 및 같은 법 시행령·시행규칙

Chapter 01 총칙

01. 목적 ········· 387
02. 정의 ········· 387
03. 수중에 매장되거나 분포되어 있는 문화유산 범위 ········· 388
04. 매장유산 유존지역의 보호 ········· 388
05. 개발사업계획·시행자의 책무 ········· 390
06. 다른 법률과의 관계 ········· 390

Chapter 02   매장유산 지표조사

- 01. 국가 등에 의한 매장유산 지표조사 ········· 391
- 02. 지표조사 보고서 제출 ········· 391
- 03. 지표조사에 따른 매장유산 유존지역의 보호 ········· 392

Chapter 03   매장유산의 발굴 및 조사

- 01. 매장유산의 발굴허가 등 ········· 393
- 02. 발굴허가의 신청 ········· 396
- 03. 매장유산 발굴의 착수·완료 신고 등 ········· 399
- 04. 발굴현장 안전관리 등 ········· 399
- 05. 국가에 의한 매장유산 발굴 ········· 400
- 06. 발굴된 매장유산의 보존조치 ········· 401
- 07. 중요출토자료의 연구 및 보관 등 ········· 402
- 08. 보존조치에 따른 비용 지원 ········· 404
- 09. 발굴조사 보고서 ········· 405

Chapter 04   발견신고된 매장유산의 처리 등

- 01. 발견신고 등 ········· 406
- 02. 발견신고된 국가유산의 처리방법 ········· 407
- 03. 경찰서장 등에 신고된 국가유산의 처리 방법 ········· 407
- 04. 발견신고된 국가유산의 소유권 판정 및 국가귀속 ········· 408
- 05. 발견신고된 국가유산의 보상금과 포상금 ········· 409
- 06. 국가유산조사에 따른 발견 또는 발굴된 국가유산의 처리방법 ········· 411
- 07. 국가유산조사로 발견 또는 발굴된 국가유산의 소유권 판정과 국가귀속 ········· 411

Chapter 05   매장유산 조사기관

- 01. 매장유산 조사기관의 등록 ········· 412
- 02. 조사기관의 등록 취소 등 ········· 413

CONTENTS

차 례

Chapter 06 　 보칙

01. 조사기관에 대한 지도·감독 ······· 415
02. 조사 요원 교육 ······· 415
03. 국가유산 보존조치에 따른 토지 등의 매입 ······· 416
04. 매장유산 조사 용역 대가의 기준 ······· 417
05. 표준계약서의 보급 등 ······· 417
06. 매장유산의 기록 작성 등 ······· 417
07. 청문 ······· 418
08. 권한의 위임과 위탁 ······· 418

Chapter 07 　 벌칙

01. 도굴 등의 죄 ······· 419
02. 가중죄 ······· 420
03. 미수범 ······· 420
04. 과실범 ······· 420
05. 매장유산 조사 방해죄 ······· 421
06. 행정명령 위반 등의 죄 ······· 421
07. 양벌규정 ······· 421
08. 과태료 ······· 422
예상문제 ······· 423

Part 05 　 문화유산위원회 규정

01. 목적 ······· 445
02. 구성 ······· 445
03. 위원장과 부위원장 ······· 445
04. 의사정족수 및 의결정족수 ······· 446
05. 분과위원회와 분장사항 ······· 446

- 06. 분과위원회의 조직 ·· 448
- 07. 합동분과위원회 ·· 448
- 08. 소위원회 ·· 448
- 09. 분과위원회 회의 등의 의사정족수 ··· 449
- 10. 회의록의 비공개 ·· 449
- 11. 위원의 제척·기피 등 ··· 449
- 12. 전문위원 ·· 450
- 13. 해촉 ··· 450
- 14. 윤리강령 ·· 451
- 15. 간사 등 ·· 451
- 16. 수당과 여비 ··· 451
- 17. 관계자의 의견청취 ·· 451
- 18. 위임사항 ·· 451

예상문제 ·· 452

Part 06 고도 보존 및 육성에 관한 특별법 및 같은 법 시행령·시행규칙

Chapter 01 총칙

- 01. 목적 ·· 461
- 02. 정의 ·· 461
- 03. 국가와 지방자치단체의 책무 ·· 462
- 04. 다른 법률에 따른 계획과의 관계 ·· 462
- 05. 고도보존육성중앙심의위원회 ·· 462
- 06. 고도보존육성지역심의위원회 ·· 466
- 07. 위원의 결격 사유 ·· 467

Chapter 02 고도의 지정 등

- 01. 타당성조사 및 기초조사 ··· 468

차 례

02. 고도의 지정 등 ·· 470
03. 고도보존육성기본계획의 수립 등 ·· 471
04. 고도보존육성시행계획의 수립 등 ·· 472
05. 주민 등의 의견 청취 ··· 473
06. 지구의 지정 등 ··· 474
07. 지정지구에서의 행위제한 ·· 475
08. 허가의 취소 ··· 478
09. 행정 명령 ·· 478

Chapter 03 보존육성사업 등

01. 사업시행자 ··· 479
02. 사업 비용 ·· 479
03. 협의 또는 수용에 의한 취득 등 ··· 479
04. 주민지원사업 ·· 480
05. 주민 재산권 보장 등 ··· 481
06. 지정지구의 주민 우선 고용 ·· 481
07. 사업시행자에 대한 지원 ··· 481
08. 이주대책 ·· 481
09. 토지 · 건물 등에 관한 매수 청구 ··· 482

Chapter 04 보칙

01. 국 · 공유지의 처분제한 등 ··· 484
02. 조세의 감면 ··· 484
03. 보고 및 검사 ·· 484
04. 토지 출입 등 ·· 485
05. 권한의 위임 · 위탁 ·· 485
06. 청문 ·· 485

Chapter 05 벌칙

01. 벌칙 ·· 486

02. 양벌규정 ·· 487
03. 과태료 ·· 487
예상문제 ·· 488

Part 07 | 문화유산과 자연환경자산에 관한 국민신탁법 및 같은 법 시행령

Chapter 01 총칙

01. 목적 ·· 505
02. 정의 ·· 505

Chapter 02 국민신탁법인의 설립 등

01. 국민신탁법인의 설립 ·· 507
02. 정관 ·· 507
03. 기본계획 ·· 508
04. 시행계획 ·· 509
05. 실태조사 ·· 510
06. 보전·관리계획 ·· 510
07. 문화유산 및 자연환경자산 목록작성 및 공고 ······························· 511

Chapter 03 국민신탁법인의 재산 등

01. 재산현황의 공개 등 ··· 512
02. 재산의 보전 및 운용 ··· 512
03. 지정기탁재산 ·· 513
04. 문화유산 및 자연환경자산의 매입 ··· 513
05. 이용료 및 입장료 ·· 513
06. 회계 등 ·· 514
07. 조세감면 ·· 515
08. 재정지원 ·· 515

차 례

Chapter 04 국민신탁법인의 기관 등

01. 총회 및 이사회 ··· 516
02. 준용 ·· 517
03. 국민신탁운동협의체의 구성·운영 등 ··· 517

Chapter 05 보전협약

01. 보전협약 ··· 518
02. 권리변동의 통지 ··· 518

Chapter 06 국민신탁단체

01. 국민신탁단체의 지정 등 ··· 519
02. 국민신탁단체의 지정 취소 ··· 520
03. 국민신탁단체의 회계 등 ··· 520
04. 국민신탁단체의 보전·관리계획 수립·시행 ··· 520

Chapter 07 보칙

01. 행정계획 등의 협의 ··· 521
02. 모금 ·· 522
03. 청문 ·· 522

Chapter 08 벌칙

01. 과태료 ·· 523
예상문제 ·· 524

Part 08 | 무형유산의 보전 및 진흥에 관한 법률 및 같은 법 시행령·시행규칙

Chapter 01 총칙

01. 목적 ·· 535
02. 정의 ·· 535
03. 기본원칙 ·· 537
04. 국가와 지방자치단체의 책무 ·· 537
05. 무형유산 전승자의 책무 ·· 538
06. 다른 법률과의 관계 ··· 538

Chapter 02 무형유산 정책의 수립 및 추진

01. 무형유산 기본계획의 수립 ·· 539
02. 시행계획의 수립 · 시행 ··· 539
03. 국회 보고 ·· 540
04. 무형유산위원회의 설치 ··· 540
05. 위원회의 심의사항 등 ··· 542
06. 회의록의 작성 및 공개 ··· 544

Chapter 03 국가무형유산의 지정 등

01. 국가무형유산의 지정 ··· 546
02. 국가긴급보호무형유산의 지정 ·· 547
03. 국가무형유산 등의 지정 고시 및 효력 발생시기 ······················· 548
04. 지정 또는 인정의 취소 ··· 548
05. 국가무형유산 등의 지정 해제 ··· 549

Chapter 04 보유자 및 보유단체 등의 인정

01. 보유자 등의 인정 ··· 550

차 례

02. 명예보유자의 인정 ·· 551
03. 전승교육사의 인정 ·· 552
04. 전승자 등의 결격사유 ··· 553
05. 인정의 고시 및 통지 등 ·· 554
06. 전승자 등의 인정 해제 ·· 554
07. 결격사유 및 인정 해제 사유 확인을 위한 범죄경력조회 등 ····················· 555
08. 정기조사 등 ·· 556
09. 신고 사항 ·· 557
10. 행정명령 ··· 557

Chapter 05 전수교육 및 공개

01. 국가무형유산의 보호·육성 ··· 558
02. 전수교육 이수증 ··· 559
03. 전수장학생 ··· 560
04. 국가무형유산의 공개의무 등 ·· 561
05. 관람료의 징수 ··· 562
06. 전수교육학교의 선정 등 ··· 562

Chapter 06 시·도무형유산

01. 시·도무형유산위원회의 설치 ·· 564
02. 시·도무형유산 등의 지정 등 ··· 564
03. 보고 사항 ·· 565
04. 전문인력의 배치 ··· 565
05. 이북5도 무형유산 ··· 566

Chapter 07 무형유산의 진흥

01. 전승지원 등 ·· 567
02. 무형유산의 교육 지원 등 ·· 567
03. 행사 등에서의 지원 ·· 568
04. 전통기술 개발의 지원 ··· 568

05. 무형유산 전승공예품 인증 ·· 568
06. 인증의 취소 ·· 569
07. 전승공예품은행 ·· 569
08. 전승공예품의 우선구매 등 ·· 569
09. 창업·제작·유통 등 지원 ··· 570
10. 무형유산의 국제교류 지원 ·· 570
11. 한국무형유산진흥센터 ·· 570

Chapter 08 유네스코 협약 이행

01. 유네스코 아시아·태평양 무형문화유산 국제정보네트워킹센터의 설치 ········ 571
02. 무형문화유산 보호를 위한 국제적 협력 ·························· 572

Chapter 09 보칙

01. 조사 및 기록화 ·· 573
02. 무형유산의 지식재산 보호 ·· 573
03. 보유자 등에 대한 예우 ·· 573
04. 유사명칭 사용의 금지 ·· 574
05. 청문 ·· 574
06. 관계 전문가 등의 조사 ·· 574
07. 권한의 위임 및 위탁 ·· 574
08. 벌칙 적용에서 공무원 의제 ·· 575

Chapter 10 벌칙

01. 행정명령 위반 등의 죄 ·· 576
02. 관리행위 방해 등의 죄 ·· 576
03. 과태료 ·· 576
예상문제 ·· 578

차 례

부록 | 국가유산기본법

Chapter 01 총칙

01. 목적 ··· 599
02. 기본이념 ··· 599
03. 정의 ··· 599
04. 국가와 지방자치단체의 책무 ··· 600
05. 국민의 권리와 의무 ··· 600
06. 다른 법률과의 관계 ··· 600

Chapter 02 국가유산 보호 기반 조성

01. 국가유산 보호 정책의 기본원칙 ··· 601
02. 기본계획의 수립 ··· 601
03. 위원회의 설치·운영 ··· 601
04. 조사·연구 ·· 602
05. 국가유산에 대한 경비지원 ··· 602
06. 인력 양성 등 ··· 602

Chapter 03 국가유산 보존·관리

01. 국가유산의 지정·등록 ··· 603
02. 포괄적 보호체계의 마련 ··· 603
03. 역사문화환경의 보호 ··· 603
04. 고도 및 역사문화권의 보존·육성 ··· 604
05. 매장유산의 발굴 ··· 604
06. 국가유산의 수리 ··· 604
07. 국가유산의 매매 등 ··· 605
08. 자격 관리 ·· 605
09. 재난 예방 및 대응 ··· 605
10. 기후변화 대응 ··· 605

Chapter 04 국가유산 활용 · 진흥

01. 국민의 국가유산복지 증진 ·· 606
02. 국가유산정보 관리 ··· 606
03. 국가유산 교육 ··· 606
04. 국가유산 홍보 ··· 607
05. 산업 육성 ·· 607

Chapter 05 국가유산 세계화

01. 국가유산 국제교류협력의 촉진 등 ·· 608
02. 남북한 간 국가유산 교류 협력 ·· 608
03. 외국유산의 보호 ··· 609
04. 세계유산등의 등재 및 보호 ·· 609

Chapter 06 보칙

01. 국가유산진흥원의 설치 ·· 611
02. 국유에 속하는 국가유산의 관리 ·· 612
03. 국가유산의 날 ·· 613
04. 과태료 ·· 613

PART 01

문화유산의 보존 및 활용에 관한 법률 및 같은 법 시행령·시행규칙

제 1 장 | 총칙
제 2 장 | 문화유산 보호 정책의 수립 및 추진
제 3 장 | 문화유산 보호의 기반 조성
제3장의2 | 문화유산지능정보화 기반 구축
제3장의3 | 문화유산디지털콘텐츠의 보급 활성화
제 4 장 | 국가지정문화유산
제 5 장 | 일반동산문화유산
제 6 장 | 국유문화유산에 관한 특례
제 7 장 | 국외소재문화유산
제 8 장 | 시·도지정문화유산
제 9 장 | 문화유산매매업 등
제10장 | 문화유산의 상시적 예방관리
제11장 | 보칙
제12장 | 벌칙

예상문제

CHAPTER 01 총칙

01 목적

이 법(문화유산의 보존 및 활용에 관한 법률)은 문화유산을 보존하여 민족문화를 계승하고, 이를 활용할 수 있도록 함으로써 국민의 문화적 향상을 도모함과 아울러 인류문화의 발전에 기여함을 목적으로 한다.

02 정의

1) 문화유산

우리 역사와 전통의 산물로서 문화의 고유성, 겨레의 정체성 및 국민생활의 변화를 나타내는 유형의 문화적 유산에 해당하는 유형문화유산, 기념물, 민속문화유산을 말한다.

(1) 유형문화유산
① 건조물, 전적(典籍 : 글과 그림을 기록하여 묶은 책), 서적(書跡), 고문서, 회화, 조각, 공예품 등
② 유형의 문화적 소산으로서 역사적·예술적 또는 학술적 가치가 큰 것과 이에 준하는 고고자료(考古資料)

(2) 기념물
① 절터, 옛무덤, 조개무덤, 성터, 궁터, 가마터, 유물포함층 등의 사적지(史蹟地)와
② 특별히 기념이 될 만한 시설물로서 역사적·학술적 가치가 큰 것

(3) 민속문화유산
① 의식주, 생업, 신앙, 연중행사 등에 관한 풍속이나 관습에 사용되는 의복, 기구, 가옥 등으로서
② 국민생활의 변화를 이해하는 데 반드시 필요한 것

2) 문화유산교육

(1) 문화유산의 역사적·예술적·학술적·경관적 가치 습득을 통하여 문화유산 애호의식을 함양하고 민족 정체성을 확립하는 등에 기여하는 교육을 말한다.

(2) 문화유산교육의 범위와 유형

① 문화유산교육의 범위(다만, 문화예술을 교육내용으로 하거나 교육과정에 활용하는 문화예술교육은 제외한다)
　㉠ 문화유산을 통하여 전통문화 계승과 지역문화 발전에 기여하고 인류의 보편적 가치와 문화다양성을 증진하는 교육
　㉡ 문화유산에 대한 보호의식을 함양하고 문화유산의 보호활동을 장려하는 교육

② 문화유산교육의 유형
　㉠ 학교문화유산교육 : 「유아교육법」에 따른 유치원 및 「초·중등교육법」에 따른 학교에서 실시하는 문화유산교육
　㉡ 사회문화유산교육 : 문화유산교육지원센터(법 제22조의4 ①), 「평생교육법」에 따른 평생교육기관 및 그 밖에 문화유산교육과 관련된 기관 및 법인·단체에서 실시하는 학교문화유산교육 외의 모든 형태의 문화유산교육

[법 제22조의4(문화유산교육지원센터의 지정 등) 제1항]
국가유산청장은 지역 문화유산교육을 활성화하기 위하여 문화유산교육을 목적으로 하거나 문화유산교육을 실시할 능력이 있다고 인정되는 기관 또는 단체를 문화유산 교육지원센터로 지정할 수 있다.

3) 지정문화유산

(1) 국가지정문화유산 : 국가유산청장이 지정한 문화유산
　① 보물 및 국보　② 사적　③ 국가민속문화유산

(2) 시·도지정문화유산 : 특별시장·광역시장·특별자치시장·도지사 또는 특별자치도지사가 지정한 문화유산
　① 시·도지사는 그 관할구역에 있는 문화유산으로서 국가지정문화유산으로 지정되지 아니한 문화유산 중
　② 보존가치가 있다고 인정되는 것을 시·도 지정문화유산으로 지정할 수 있다.

(3) 문화유산자료
　① 국가지정문화유산이나 시·도 지정문화유산의 지정에 따라 지정되지 아니한 문화유산 중
　② 향토 문화보존을 위하여 필요하다고 인정하는 것을 시·도지사가 지정한 문화유산

✏️ 지정문화유산

구분 지정문화유산	유형문화유산	기념물	민속문화유산
국가지정문화유산	보물 · 국보	사적	국가민속문화유산
시 · 도지정문화유산	• 시 · 도지사는 그 관할구역에 있는 문화유산으로서 국가지정문화유산으로 지정되지 아니한 문화유산 중 • 보존가치가 있다고 인정되는 것을 시 · 도 지정문화유산으로 지정할 수 있다.		
문화유산자료	• 국가지정문화유산이나 시 · 도지정문화유산의 지정에 따라 지정되지 아니한 문화유산 중 • 향토문화 보존을 위하여 필요하다고 인정하는 것을 시 · 도지사가 지정한 문화유산		

4) 보호구역

(1) 지상에 고정되어 있는 유형물이나 일정한 지역이 문화유산으로 지정된 경우에 해당 지정문화유산의 점유 면적을 제외한 지역으로서

(2) 그 지정문화유산을 보존 · 관리하거나 정비하기 위하여 지정된 구역을 말한다.

5) 보호물

문화유산을 보호하기 위하여 지정한 건물이나 시설물을 말한다.

6) 역사문화환경

(1) 문화유산 주변의 자연경관이나 역사적 · 문화적인 가치가 뛰어난 공간으로서

(2) 문화유산과 함께 보호할 필요성이 있는 주변 환경을 말한다.

7) 건설공사

(1) 토목공사, 건축공사, 조경공사 또는 토지나 해저의 원형변경이 수반되는 공사

(2) 건설공사의 범위

① 「건설산업기본법」에 따른 건설공사

② 「전기공사업법」에 따른 전기공사
(지표의 원형을 변형하는 경우만 해당)

③ 「정보통신공사업법」에 따른 정보통신공사
(지표의 원형을 변형하는 경우만 해당)

④ 「소방시설공사업법」에 따른 소방시설공사

(지표의 원형을 변형하는 경우만 해당)
⑤ 수목을 식재(植栽)하거나 제거하는 공사
⑥ 그 밖에 토지 또는 해저(내수면과 연안 해역)의 원형변경
[땅깎기, 다시 메우기, 땅파기, 골재 채취(採取), 광물 채취(採取), 준설(浚渫), 수몰 또는 매립 등을 말한다.]

8) 국외소재문화유산

(1) 외국에 소재하는 문화유산으로서 대한민국과 역사적·문화적으로 직접적 관련이 있는 것을 말한다.

(2) 제외되는 국외소재문화유산

① 수출 등의 금지에 의한 단서에 따라 반출된 문화유산

[법 제39조 제1항(단서)]
국보·보물 또는 국가민속문화유산은 국외로 수출하거나 반출할 수 없다.

> 다만, 문화유산의 국외전시, 조사·연구 등 국제적 문화교류를 목적으로 반출하되, 그 반출한 날부터 2년 이내에 다시 반입할 것을 조건으로 국가유산청장의 허가를 받으면 그러하지 아니하다.

② 일반동산문화유산 수출 등의 금지에 의한 단서에 따라 반출된 문화유산

[법 제60조 제1항(단서)]
「문화유산의 보존 및 활용에 관한 법률」에 따라 지정 또는 「근현대문화유산의 보존 및 활용에 관한 법률」에 따라 등록되지 아니한 문화유산 중 동산에 속하는 문화유산에 관하여는 법 제39조 제1항과 제3항을 준수한다.

> 다만, 일반동산문화유산의 국외전시, 조사·연구 등 국제적 문화교류를 목적으로 다음 각 호의 어느 하나에 해당하는 사항으로서 국가유산청장의 허가를 받은 경우에는 그러하지 아니하다.

㉠ 「박물관 및 미술관 진흥법」에 따라 설립된 박물관 등이 외국의 박물관 등에 일반동산문화유산을 반출한 날부터 10년 이내에 다시 반입하는 경우

㉡ 외국 정부가 인증하는 박물관이나 문화유산 관련 단체가 문화유산 보호시설을 갖춘 자국의 박물관, 공공연구기관 등에서 전시, 조사·연구 목적으로 국내에서 일반동산문화유산을 구입 또는 기증받아 반출하는 경우

[법 제39조 제3항]
국가유산청장은 제1항 단서에 따라 반출을 허가받은 자가 그 반출기간의 연장을 신청하면 당초 반출목적 달성이나 문화유산의 안전 등을 위하여 필요하다고 인정되는 경우 심사기준에 부합하는 경우에 한정하여 2년의 범위에서 그 반출기간의 연장을 허가할 수 있다.

9) 문화유산지능정보화
(1) 문화유산데이터의 생산·수집·분석·유통·활용 등에 문화유산지능정보기술을 적용·융합하여
(2) 문화유산의 보존·관리 및 활용을 효율화·고도화하는 것을 말한다.

10) 문화유산데이터
(1) 문화유산지능정보화를 위하여 정보처리능력을 갖춘 장치를 통하여 생성 또는 처리되어
(2) 기계에 의한 판독이 가능한 형태로 존재하는 정형 또는 비정형의 정보를 말한다.

11) 문화유산지능정보기술
(1) 「지능정보화 기본법」에 따른 지능정보기술 중
(2) 문화유산의 보존·관리 및 활용을 위한 기술 또는 그 결합 및 활용 기술을 말한다.

12) 문화유산디지털콘텐츠
(1) 문화유산 보존·관리 및 활용의 효용을 높이기 위하여 문화유산 기록 및 지식·정보·기술 등을 이용한 창작물로서
(2) 「문화산업진흥 기본법」에 따른 디지털콘텐츠 및 멀티미디어콘텐츠를 말한다.

03 문화유산보호의 기본원칙

문화유산의 보존·관리 및 활용은 원형유지를 기본원칙으로 한다.

04 국가와 지방자치단체 등의 책무

1) 국가는 문화유산의 보존·관리 및 활용을 위한 종합적인 시책을 수립·추진하여야 한다.
2) 지방자치단체는 국가의 시책과 지역적 특색을 고려하여 문화유산의 보존·관리 및 활용을 위한 시책을 수립·추진하여야 한다.
3) 국가와 지방자치단체는 각종 개발사업을 계획하고 시행하는 경우 문화유산이나 문화유산의 보호물·보호구역 및 역사문화환경이 훼손되지 아니하도록 노력하여야 한다.
4) 국민은 문화유산의 보존·관리를 위하여 국가와 지방자치단체의 시책에 적극 협조하여야 한다.

05 전문인력의 배치 등

1) 지방자치단체의 장은 해당 기관의 문화유산 보존·관리 및 활용을 위한 시책을 수립·시행하기 위하여 소속 공무원 중에서 문화유산전담관을 지정·운영하고, 필요한 문화유산관리 전문인력을 두어야 한다.
   (1) 지방자치단체의 장은 문화유산의 보존·관리 및 활용 관련 업무를 담당하는 부서의 장을 문화유산전담관으로 지정한다.
   (2) 문화유산전담관의 업무
      ① 문화유산 관련 법령에 따른 관할 지역 문화유산의 보존·관리 및 활용을 위한 시책·계획의 수립과 추진
      ② 문화유산 관련 법령에 따른 관할 지역 문화유산의 조사·연구 계획의 수립과 추진
      ③ 문화유산 관리 전문인력에 대한 지도와 감독
      ④ 그 밖에 문화유산의 보존·관리 및 활용을 위한 시책의 수립·시행을 위하여 지방자치단체의 장이 필요하다고 인정하는 업무
   (3) 문화유산 관리 전문인력은 해당 지방자치단체에서 문화유산 업무를 담당하는 다음 각 호의 어느 하나에 해당하는 공무원을 말한다.
      ① 학예연구관, 학예연구사 또는 나군 이상의 전문경력관
      ② 문화유산 관련 업무를 2년 이상 수행한 공무원
      ③ 「연구직 및 지도직공무원의 임용 등에 관한 규정(별표 2의3)」에 따른 학문을 전공하고 해당 분야의 석사 이상의 학위를 받은 공무원
   (4) 문화유산 관리 전문인력의 업무
      ① 문화유산 관련 법령에 따른 관할 지역 문화유산의 보존·관리 및 활용을 위한 시

책·계획의 시행 및 사업의 추진

　　② 문화유산 관련 법령에 따른 관할 지역 문화유산의 조사·연구 추진

　(5) 문화유산 관리 전문인력은 해당 지방자치단체의 장이 정하는 바에 따라 「한국전통문화대학교 설치법」에 따른 전통문화전문과정을 이수해야 한다.

2) 지방자치단체의 장은 해당 기관의 문화유산 업무를 수행할 전담부서를 설치하도록 노력하여야 한다.

3) 문화유산전담관과 전문인력의 지정·운영 등에 필요한 사항은 대통령령으로 정한다.

06　다른 법률과의 관계

1) 문화유산의 보존·관리 및 활용에 관하여 다른 법률에 특별한 규정이 있는 경우를 제외하고는 「문화유산의 보존 및 활용에 관한 법률」에서 정하는 바에 따른다.

2) 지정문화유산(임시지정문화유산을 포함한다)의 수리·실측·설계·감리와 매장유산의 보호 및 조사, 근현대문화유산의 보존 및 활용에 관하여는 따로 법률로 정한다.

CHAPTER 02 문화유산 보호 정책의 수립 및 추진

01 문화유산기본계획의 수립

1) 국가유산청장은 관계 중앙행정기관의 장 및 시·도지사와의 협의를 거쳐 문화유산의 보존·관리 및 활용을 위하여 다음 각 호의 사항이 포함된 종합적인 기본계획(이하 "기본계획"이라 한다)을 5년마다 수립하여야 한다.
   (1) 문화유산 보존에 관한 기본방향 및 목표
   (2) 이전의 기본계획에 관한 분석 평가
   (3) 문화유산 보수·정비 및 복원에 관한 사항
   (4) 문화유산의 역사문화환경 보호에 관한 사항
   (5) 문화유산 안전관리에 관한 사항
   (6) 문화유산 관련 시설 및 구역에서의 감염병 등에 대한 위생·방역 관리에 관한 사항
   (7) 문화유산 기록정보화에 관한 사항
   (8) 문화유산지능정보화에 관한 사항
   (9) 문화유산디지털콘텐츠에 관한 사항
   (10) 문화유산 보존에 사용되는 재원의 조달에 관한 사항
   (11) 국외소재문화유산 환수 및 활용에 관한 사항
   (12) 남북한 간 문화유산 교류 협력에 관한 사항
   (13) 문화유산교육에 관한 사항
   (14) 문화유산의 보존·관리 및 활용 등을 위한 연구개발에 관한 사항
   (15) 그 밖에 문화유산의 보존·관리 및 활용에 필요한 사항

2) 국가유산청장은 기본계획을 수립하는 경우
   (1) 소유자, 관리자 또는 관리단체 및 관련 전문가의 의견을 들어야 한다.
   (2) 문화유산 기본계획수립을 위한 의견청취 대상자
      ① 지정문화유산이나 등록문화유산의 소유자 또는 관리자
      ② 지정문화유산이나 등록문화유산의 관리단체

③ 문화유산위원회(법 제8조)의 위원
④ 그 밖에 문화유산과 관련된 전문적인 지식이나 경험을 가진 자로서 국가유산청장이 정하여 고시하는 자
3) 국가유산청장은 기본계획을 수립하면 이를 시·도지사에게 알리고, 관보(官報) 등에 고시하여야 한다.
4) 국가유산청장은 기본계획을 수립하기 위하여 필요하면 시·도지사에게 관할구역의 문화유산에 대한 자료를 제출하도록 요청할 수 있다.

02 문화유산의 연구개발

1) 국가유산청장은 문화유산의 보존·관리 및 활용 등의 연구개발을 효율적으로 추진하기 위하여 고유연구 외에 공동연구 등을 실시할 수 있다.
2) 공동연구는 분야별 연구과제를 선정하여 대학, 산업체, 지방자치단체, 정부출연연구기관 등과 협약을 맺어 실시한다.
3) 국가유산청장은 공동연구의 수행에 필요한 비용의 전부 또는 일부를 예산의 범위에서 출연하거나 지원할 수 있다.
4) 공동연구의 대상 사업이나 그 밖에 공동연구 수행에 필요한 사항
   (1) 문화유산의 보존·관리 및 활용과 관련된 다른 분야와의 상호 협력이 필요한 연구개발 사업
   (2) 다른 중앙행정기관의 장 또는 지방자치단체의 장 등이 요청한 연구개발 사업으로서 국가유산청장이 필요하다고 인정하는 사업
   (3) 연구개발 사업의 기초가 되는 사업
   (4) 그 밖에 국가유산청장이 문화유산의 보존·관리 및 활용 등의 연구개발을 효율적으로 추진하기 위하여 필요하다고 인정하는 사업

03 문화유산 보존 시행계획 수립

1) 국가유산청장 및 시·도지사는 기본계획에 관한 연도별 시행계획을 수립·시행하여야 한다.
　(1) 이 경우 시행계획에는 다음 각 호의 사항이 포함되어야 한다.
　　① 해당 연도의 사업 추진방향에 관한 사항
　　② 주요 사업별 추진방침
　　③ 주요 사업별 세부계획
　　④ 전문인력의 배치 등(법 제4조의 2)에 따른 전문인력의 배치에 관한 사항
　　⑤ 그 밖에 문화유산의 보존·관리 및 활용을 위하여 필요한 사항
　(2) 문화유산 보존 시행계획의 수립절차 등[(1)에 따른 기본계획에 관한 연도별 시행계획에는 다음 각 호의 사항이 포함되어야 한다.]
　　① 해당 연도의 사업 추진방향
　　② 주요 사업별 추진방침
　　③ 주요 사업별 세부계획
　　④ 그 밖에 문화유산의 보존·관리 및 활용을 위하여 필요한 사항
2) 시·도지사는 해당 연도의 시행계획 및 전년도의 추진실적을 매년 1월 31일까지 국가유산청장에게 제출하여야 한다.
3) 국가유산청장 및 시·도지사는 시행계획을 수립한 때에는 이를 공표하여야 한다.
　(1) 해당 연도의 시행계획을 매년 2월말까지
　(2) 국가유산청 및 해당 특별시·광역시·특별자치시·도 또는 특별자치도의 게시판과 인터넷 홈페이지를 통하여 공고해야 한다.

04 국회 보고

국가유산청장은 기본계획, 해당 연도 시행계획 및 전년도 추진실적을 확정한 후 지체 없이 국회 소관 상임위원회에 제출하여야 한다.

05 문화유산위원회의 설치

1) 문화유산의 보존·관리 및 활용에 관한 다음 각 호의 사항을 조사·심의하기 위하여 국가유산청에 문화유산위원회를 둔다.
   (1) 기본계획에 관한 사항
   (2) 국가지정문화유산의 지정과 그 해제에 관한 사항
   (3) 국가지정문화유산의 보호물 또는 보호구역 지정과 그 해제에 관한 사항
   (4) 국가지정문화유산의 현상변경에 관한 사항
   (5) 국가지정문화유산의 국외 반출에 관한 사항
   (6) 국가지정문화유산의 역사문화환경 보호에 관한 사항
   (7) 「근현대문화유산의 보존 및 활용에 관한 법률」에 따른 국가등록문화유산의 등록, 등록 말소 및 보존에 관한 사항
   (8) 「근현대문화유산의 보존 및 활용에 관한 법률」에 따른 근현대문화유산지구의 지정, 구역의 변경 및 지정의 해제에 관한 사항
   (9) 매장유산의 발굴 및 평가에 관한 사항
   (10) 국가지정문화유산의 보존·관리에 관한 전문적 또는 기술적 사항으로서 중요하다고 인정되는 사항
   (11) 그 밖에 문화유산의 보존·관리 및 활용 등에 관하여 국가유산청장이 심의에 부치는 사항
2) 문화유산위원회 위원은 다음 각 호의 어느 하나에 해당하는 사람 중에서 국가유산청장이 위촉한다.
   (1) 「고등교육법」에 따른 대학에서 문화유산의 보존·관리 및 활용과 관련된 학과의 부교수 이상에 재직하거나 재직하였던 사람
   (2) 문화유산의 보존·관리 및 활용과 관련된 업무에 10년 이상 종사한 사람
   (3) 인류학·사회학·건축·도시계획·관광·환경·법률·종교·언론분야의 업무에 10년 이상 종사한 사람으로서 문화유산에 관한 지식과 경험이 풍부한 전문가
3) 1) 각 호의 사항에 관하여 문화유산 종류별로 업무를 나누어 조사·심의하기 위하여 문화유산위원회에 분과위원회를 둘 수 있다.
4) 3)에 따른 분과위원회는 조사·심의 등을 위하여 필요한 경우 다른 분과위원회(이하 "합동분과 위원회"라 한다)와 함께 위원회를 열 수 있다.
5) 분과위원회 또는 합동분과위원회에서 1)의 (2)부터 (7)까지, (8) 및 (9)부터 (11)까지에 관하여 조사·심의한 사항은 문화유산위원회에서 조사·심의한 것으로 본다.
6) 문화유산위원회, 분과위원회 및 합동분과위원회는 다음 각 호의 사항을 적은 회의록을 작성하여야 한다. 이 경우 필요하다고 인정되면 속기나 녹음 또는 녹화를 할 수 있다.

(1) 회의일시 및 장소
　　(2) 출석위원
　　(3) 심의내용 및 의결사항
7) 작성된 회의록은 공개하여야 한다. 다만, 특정인의 재산상의 이익에 영향을 미치거나 사생활의 비밀을 침해하는 등 대통령령으로 정하는 경우에는 해당 위원회의 의결로 공개하지 아니할 수 있다.
8) 문화유산위원회, 분과위원회 및 합동분과위원회의 조직, 분장사항 및 운영 등에 필요한 사항은 대통령령으로 정한다.
9) 문화유산위원회에는 국가유산청장이나 각 분과위원회 위원장의 명을 받아 문화유산위원회의 심의사항에 관한 자료수집·조사 및 연구 등의 업무를 수행하는 비상근 전문위원을 둘 수 있다.
10) 문화유산위원회 위원 및 전문위원의 수와 임기, 전문위원의 자격 등에 필요한 사항은 대통령령으로 정한다.

문화유산 보호의 기반 조성

01 문화유산 기초조사

1) 국가 및 지방자치단체는 문화유산의 멸실 방지 등을 위하여 현존하는 문화유산의 현황, 관리실태 등에 대하여 조사하고 그 기록을 작성할 수 있다.
2) 국가유산청장 및 지방자치단체의 장은 조사를 위하여 필요한 경우 직접 조사하거나 문화유산의 소유자, 관리자 또는 조사·발굴과 관련된 단체 등에 대하여 관련 자료의 제출을 요구할 수 있다.
3) 국가유산청장 및 지방자치단체의 장은 지정문화유산이 아닌 문화유산에 대하여 조사를 할 경우에는 해당 문화유산의 소유자 또는 관리자의 사전 동의를 받아야 한다.
4) 문화유산 기초조사의 절차
   (1) 국가유산청장은 조사를 하려면 조사자, 조사대상, 조사경위 등 조사에 관한 전반적인 사항이 포함된 조사계획서를 조사 착수 전까지 작성하여야 한다.
   (2) 중앙행정기관의 장(국가유산청장은 제외) 또는 지방자치단체의 장은 조사를 하려면 조사계획서를 작성하여 조사 착수 전까지 국가유산청장에게 제출하여야 한다.
   (3) 국가유산청장은 조사가 끝난 후 60일 안에 다음 각 호의 사항이 포함된 결과 보고서를 작성하여야 한다. 이 경우 조사의 기간이 1년을 초과할 때에는 다음 각 호의 사항이 포함된 중간보고서를 조사가 시작된 후 1년이 되는 때마다 작성하여야 한다.
      ① 조사자, 조사경과, 조사방법 등 조사의 일반적인 사항
      ② 조사한 문화유산의 상세한 현재 상태
      ③ 조사한 문화유산의 소유자 또는 관리자, 소재지 및 이력 등에 관한 사항
   (4) 중앙행정기관의 장(국가유산청장은 제외) 또는 지방자치단체의 장은 조사가 끝난 후 60일 안에 (3)의 ①, ②, ③의 사항이 포함된 결과보고서를 작성하여 국가유산청장에게 제출하여야 한다. 이 경우 조사의 기간이 1년을 초과할 때에는 (3)의 각 호의 사항이 포함된 중간보고서를 조사가 시작 후 1년이 되는 때마다 작성하여 제출하여야 한다.

02 문화유산 정보화의 촉진

1) 국가유산청장은 문화유산 기초조사에 따른 조사 자료와 그 밖의 문화유산 보존·관리에 필요한 자료를 효율적으로 활용하고, 국민이 문화유산 정보에 쉽게 접근하고 이용할 수 있도록 문화유산정보체계를 구축·운영하여야 한다.
2) 국가유산청장은 문화유산정보체계 구축을 위하여 관계 중앙행정기관의 장 및 지방자치단체의 장과 박물관·연구소 등 관련 법인 및 단체의 장에게 필요한 자료의 제출을 요청할 수 있다. 이 경우 요청을 받은 자는 특별한 사유가 없으면 이에 따라야 한다.
3) 국가유산청장은 필요한 자료의 제출을 요청하는 경우 관계 중앙행정기관의 장 및 지방자치단체의 장 외의 자에 대하여는 정당한 대가를 지급할 수 있다.
4) 문화유산 정보체계 구축 범위 및 운영 등
   (1) 문화유산 정보체계의 구축 범위
       ① 문화유산의 명칭, 소재지, 소유자 등이 포함된 기본현황자료
       ② 문화유산의 보존·관리 및 활용에 관한 자료
       ③ 문화유산 조사·발굴 및 연구자료
       ④ 사진, 도면, 동영상 등 해당 문화유산의 이해에 도움이 되는 자료
       ⑤ 그 밖에 문화유산으로서의 정보가치가 있는 자료로서 국가유산청장이 필요하다고 인정하는 사항
   (2) 국가유산청장은 (1)의 각 호의 자료를 전자정보, 책자 등의 형태로 구축하고, 문화유산 정보의 효율적인 활용을 위하여 그 구축한 내용을 국가유산청 자료관이나 인터넷 홈페이지 등을 통하여 국민에게 제공할 수 있다.

03 건설공사 시의 문화유산 보호

건설공사로 인하여 문화유산이 훼손, 멸실 또는 수몰(水沒)될 우려가 있거나 그 밖에 문화유산의 역사문화환경 보호를 위하여 필요한 때에는 그 건설공사의 시행자는 국가유산청장의 지시에 따라 필요한 조치를 하여야 한다. 이 경우 그 조치에 필요한 경비는 그 건설공사의 시행자가 부담한다.

04 역사문화환경 보존지역의 보호

1) 시·도지사는 지정문화유산(동산에 속하는 문화유산을 제외한다)의 역사문화환경 보호를 위하여 국가유산청장과 협의하여 조례로 역사문화환경 보존지역을 정하여야 한다.
2) 건설공사의 인가·허가 등을 담당하는 행정기관은 지정문화유산의 외곽경계(보호구역이 지정되어 있는 경우에는 보호구역의 경계를 말한다)의 외부 지역에서 시행하려는 건설공사로서 시·도지사가 정한 역사문화환경 보존지역에서 시행하는 건설공사에 관하여는 그 공사에 관한 인가·허가 등을 하기 전에 「국가유산영향진단법」에 따른 약식영향진단을 실시하여야 한다. 다만, 「국가유산영향진단법」에 따른 영향진단을 실시한 경우에는 그러하지 아니하다.
3) 역사문화환경 보존지역의 범위는 해당 지정문화유산의 역사적·예술적·학문적·경관적 가치와 그 주변 환경 및 그 밖에 문화유산 보호에 필요한 사항 등을 고려하여 그 외곽경계로부터 500미터 안으로 한다. 다만, 문화유산의 특성 및 입지여건 등으로 인하여 지정문화유산의 외곽경계로부터 500미터 밖에서 건설공사를 하게 되는 경우에 해당 공사가 문화유산에 영향을 미칠 것이 확실하다고 인정되면 500미터를 초과하여 범위를 정할 수 있다.
4) 보호물 또는 보호구역의 지정에 따라 지정된 보호구역이 조정된 경우 시·도지사는 지정문화유산의 보존에 영향을 미치지 않는다고 판단하면 국가유산청장과 협의하여 3)에 따라 정한 역사문화환경 보존지역의 범위를 기존의 범위대로 유지할 수 있다.
5) 국가유산청장이 국가지정문화유산을 지정하거나 시·도지사가 시·도 지정문화유산 및 문화유산자료를 지정하면 그 지정 고시가 있는 날부터 6개월 안에 역사문화환경 보존지역에서 지정문화유산의 보존에 영향을 미칠 우려가 있는 행위에 관한 구체적인 행위기준을 정하여 고시하여야 한다.
6) 구체적인 행위기준을 정하려는 경우 국가유산청장은 시·도지사 또는 시장·군수·구청장(자치구의 구청장을 말한다)에게, 시·도지사는 시장·군수·구청장에게 필요한 자료 또는 의견을 제출하도록 요구할 수 있다.

[역사문화환경 보존지역 내 행위기준의 수립]
(1) 국가유산청장은 특별시장·광역시장·특별자치시장·도지사·특별자치도지사 또는 시장·군수·구청장에게, 시·도지사는 시장·군수·구청장에게 다음의 자료 또는 의견을 제출하도록 요구할 수 있다.
① 역사문화환경 보존지역 현장조사 항목 및 내용에 따른 역사문화환경 보존지역 현황조사 결과

항목		내용
문화유산 정보	기본사항	종별, 명칭, 지정문화유산의 점유면적, 보호구역, 역사문화환경 보존지역의 범위, 사진, 도면, 고문헌, 고지도, 소재지, 소유자, 관리자, 연혁, 구조, 형식, 규모, 식생(植生), 현상 등
주변 현황	개요	인문환경, 지역과 문화유산과의 관계 등
	입지환경	지형의 고도 및 경사도 분석, 식생, 도로, 시설물 현황, 수계(水系) 현황, 수변여건, 입지환경의 변천 등
	정비계획	문제점, 도시계획의 변경 가능성 및 변경 내용, 정비사업 추진을 위한 정비계획 등
	동식물 생태	이동경로, 수림대, 서식지 등
	토지이용	용도지역·용도지구·용두구역 지정에 관한 사항, 토지이용 및 건축물 GIS자료 등
	장애요소	문화유산 보존관리 장애요소
관련 법규	법령	「국토의 계획 및 이용에 관한 법률」, 「건축법」, 「고도보존 및 육성에 관한 특별법」 등
	자치법규	관련 자치법규
	관련사례	유사한 관련 사례 및 계획
	문제점	법규 간 충돌문제 및 해결방안
기타 사항	현상변경사항	기존 현상변경허가 및 불허사항
	주민의견 등	문화유산과 관련한 주민 또는 관람객 여론조사 내용 등
	기타	행위기준안 작성과 관련한 참고사항

② ①의 조사결과를 반영한 행위기준안 및 이를 작성한 시·도지사 또는 시장·군수·구청장의 의견
③ ②의 행위기준안에 대한 지역 주민 및 관리단체의 의견
④ 그 밖에 국가유산청장 또는 시·도지사가 행위기준 수립에 필요하다고 인정하여 요청한 자료

(2) 국가유산청장 또는 시·도지사는 (1)의 자료 또는 의견을 검토하기 위하여 필요한 경우 다음 각 호의 전문가에게 조사를 실시하도록 할 수 있다.
① 문화유산위원회의 위원 또는 전문위원
② 시·도문화유산위원회의 위원 또는 전문위원
③ 「고등교육법」에 따른 학교의 문화유산 관련 학과의 조교수 이상인 교원
④ 문화유산 업무를 담당하는 학예연구관, 학예연구사 또는 나군 이상의 전문경력관
⑤ 「고등교육법」에 따른 학교의 건축, 토목, 환경, 도시계획, 소음, 진동, 대기오염, 화

학물질, 먼지 또는 열에 관련된 분야의 학과의 조교수 이상인 교원
⑥ ⑤에 따른 분야의 학회로부터 추천을 받은 사람
⑦ 그 밖에 문화유산 관련 분야에서 5년 이상 종사한 사람으로서 문화유산에 관한 지식과 경험이 풍부하다고 국가유산청장 또는 시·도지사가 인정한 사람
(3) 국가유산청장 또는 시·도지사는 행위기준의 고시일부터 10년마다 역사문화환경 보존지역의 토지이용 현황, 지형의 변화 등 해당 지역의 여건을 조사하여 필요하다고 인정되는 경우에는 행위기준을 변경하여 고시할 수 있다.
(4) (3)에 따른 행위기준 변경에 관하여는 (1) 및 (2)를 준용한다.
7) 구체적인 행위 기준이 고시된 지역에서 그 행위 기준의 범위 안에서 행하여지는 건설공사에 관하여는 인가·허가 등에 따른 검토는 생략한다.
8) 자료 또는 의견 제출절차 등에 필요한 세부 사항은 문화체육관광부령으로 정한다.

05 주민지원사업 계획 수립·시행

1) 시·도지사는 국가유산청장과 협의하여 역사문화환경 보존지역에 거주하는 주민의 생활환경을 개선하고 복리를 증진하기 위한 지원사업에 관한 계획을 수립·시행할 수 있다.
2) 주민지원사업의 종류는 다음 각 호와 같다.
   (1) 복리증진사업
   (2) 주택수리 등 주거환경 개선사업
   (3) 도로, 주차장, 상하수도 등 기반시설 개선사업
   (4) 그 밖에 시·도지사가 주민지원사업으로서 필요하다고 인정하는 사업
3) 시·도지사는 주민지원사업 계획 수립 과정에 역사문화환경 보존지역의 주민 의견을 청취하고, 그 의견을 반영하도록 노력하여야 한다.

4) 주민지원사업 계획의 수립·시행 절차 등
   (1) 시·도지사는 주민지원사업에 관한 계획을 수립·시행하려면 다음 각 호의 사항을 포함한 사업계획서를 작성하여 국가유산청장에게 협의를 요청해야 한다.
   ① 주민지원사업의 목적
   ② 주민지원사업의 필요성 및 개요
   ③ 주민지원사업의 대상지역 및 그 주변지역의 현황과 특성
   ④ 주민지원사업의 내용 및 추진계획
   ⑤ 주민 의견 청취 결과

⑥ 주민지원사업 비용 및 재원 조달 방안
⑦ 그 밖에 시·도지사가 주민지원사업 계획의 수립·시행에 필요하다고 인정하는 사항
(2) 주민지원사업의 지원대상은 공고 당시 역사문화환경 보존지역에 거주하는 주민으로서 역사문화환경 보존지역을 관할하는 특별자치시·특별자치도·시·군·구(자치구를 말한다)에 주민등록이 되어 있으면서 해당 역사문화환경 보존지역에 토지 또는 건축물을 소유하고 있는 주민으로 한다.
(3) 시·도지사는 주민지원사업 계획을 수립할 때에는 다음 각 호의 기준을 고려해야 한다.
① 역사문화환경 보존지역 및 그 주변 경관에 미치는 영향이 적을 것
② 주민의 생활환경 개선 및 복리 증진의 실효성이 클 것
(4) 시·도지사는 주민 의견을 청취하려는 경우에는 해당 시·도의 인터넷 홈페이지에 14일 이상 주민지원사업 계획의 주요내용을 공고하여 주민 의견을 청취해야 한다. 이 경우 시·도지사는 충분한 의견을 수렴하기 위하여 필요한 경우 공청회를 개최할 수 있다.
(5) 국가유산청장은 주민지원사업의 추진상황을 점검할 수 있으며, 시·도지사에게 관련 자료의 제출을 요청할 수 있다.
(6) (1)부터 (5)까지에서 규정한 사항 외에 주민지원사업 계획의 수립·시행 절차 등에 필요한 사항은 국가유산청장이 정하여 고시한다.

06 화재등 방지 시책 수립과 교육훈련·홍보 실시 등

1) 국가유산청장과 시·도지사는 지정문화유산 및 「근현대문화유산의 보존 및 활용에 관한 법률」에 따른 등록문화유산의 화재, 풍수해, 재난 및 도난방지를 위하여 필요한 시책을 수립하고 이를 시행하여야 한다.
2) 국가유산청장과 지방자치단체의 장은 문화유산 소유자, 관리자 및 관리단체 등을 대상으로 문화유산 화재등에 대한 초기대응과 평상시 예방관리를 위한 교육 및 화재등 대비 훈련을 실시하여야 한다.
(1) 화재등 대비 훈련의 실시
① 국가유산청장과 지방자치단체의 장은 다음 각 호에 따른 기관 또는 단체와 합동으로 화재, 재난 및 도난 대비 훈련을 연 1회 이상 실시해야 한다.
㉠ 소방관서
㉡ 경찰관서
㉢ 「재난 및 안전관리 기본법」의 재난관리책임기관
㉣ 그 밖에 정하는 문화유산 보호 관련 기관 및 단체

② 훈련에 참여하는 기관은 문화유산 화재등 대비 자체 훈련을 수시로 실시할 수 있다.
③ 훈련주관기관의 장은 훈련을 실시하는 경우에는 훈련일 15일 전까지 훈련일시, 훈련장소, 훈련내용, 훈련방법, 훈련참여 인력 및 장비, 그 밖에 훈련에 필요한 사항을 해당 훈련에 참여하는 관계 기관의 장에게 통보해야 한다.
④ 훈련주관기관의 장은 훈련을 실시하기 전에 훈련 수행에 필요한 능력을 기르기 위해 해당 훈련 참석 예정인 문화유산 소유자, 관리자 및 관리단체 등을 대상으로 사전교육을 해야 한다. 다만, 다른 법령에 따라 해당 분야의 재난대비훈련 교육을 받은 경우에는 사전교육을 받은 것으로 본다.
⑤ ①에 따른 화재등 대비훈련 참여에 필요한 비용은 해당 훈련에 참여하는 관계 기관이 부담한다.

(2) 화재등 대비 훈련의 결과에 따른 조치
① 훈련주관기관의 장은 화재등 대비 훈련 결과를 토대로 문화유산 화재등의 방지를 위하여 필요한 다음 각 호의 조치를 해야 한다.
㉠ 문화유산 화재등의 방지를 위해 필요한 시책이나 조치의 개선·보완
㉡ 화재등 대응매뉴얼 마련 등(법 제14조의2)에 따른 화재등 대응 매뉴얼 개선·보완
㉢ 관계 기관과의 협력체계 구축
② 국가유산청장은 문화유산의 보존 및 예방관리를 위하여 필요하다고 인정하는 경우 지방자치단체의 장에게 훈련 결과 및 ①에 따른 조치 실적의 제출 등 협조를 요청할 수 있다.

3) 국가유산청장과 지방자치단체의 장은 화재등 대비훈련 결과를 토대로 문화유산 화재등의 방지를 위하여 필요한 조치를 하여야 한다.
4) 국가유산청장과 지방자치단체의 장은 문화유산 화재등의 방지를 위한 대국민 홍보를 실시하여야 한다.

07 화재등 대응매뉴얼 마련 등

1) 국가유산청장 및 시·도지사는 지정문화유산 및 등록문화유산의 특성에 따른 화재등 대응 매뉴얼을 마련하고, 이를 그 소유자, 관리자 또는 관리단체가 사용할 수 있도록 조치하여야 한다.

2) 매뉴얼에 포함되어야 할 사항, 매뉴얼을 마련하여야 하는 문화유산의 범위 및 매뉴얼의 정기적 점검·보완 등에 필요한 사항

(1) 화재 및 재난 대응매뉴얼을 마련하여야 하는 문화유산의 범위
① 지정문화유산 중 목조건축물류, 석조건축물류, 분묘(墳墓), 조적조(組積造) 및 콘크리트조 건축물류
② 지정문화유산 안에 있는 목조건축물과 보호구역 안에 있는 목조건축물. 다만, 화장실, 휴게시설 등 중요도가 낮은 건축물은 제외한다.
③ 「국가유산기본법」에 따른 세계유산 안에 있는 목조건축물. 다만, 화장실, 휴게시설 등 중요도가 낮은 건축물은 제외한다.
④ 등록문화유산 중 건축물. 다만, 다른 법령에 따라 화재 및 재난에 대비한 매뉴얼 등을 마련한 경우에는 화재 및 재난 대응매뉴얼을 마련한 것으로 본다.

(2) 도난 대응매뉴얼을 마련하여야 하는 문화유산의 범위
① 지정문화유산 중 동산에 해당하는 문화유산
② 등록문화유산 중 동산에 해당하는 문화유산

(3) 화재 및 재난 대응매뉴얼, 도난 대응매뉴얼에 포함되어야 할 사항
① 화재, 재난 및 도난 예방활동
② 화재 등 발생 시 신고방법
③ 화재 및 재난 시 문화유산의 이동·분산대피 등 대응방법

(4) 국가유산청장 및 시·도지사는 대응매뉴얼을 연 1회 이상 점검·보완하여야 한다. 이 경우 시·도지사는 보완한 대응매뉴얼을 보완한 날부터 15일 이내에 국가유산청장에게 제출하여야 한다.

08 화재등 방지 시설 설치 등

1) 지정문화유산의 소유자, 관리자 및 관리단체는 지정문화유산의 화재예방 및 진화를 위하여 「소방시설 설치 및 관리에 관한 법률」에서 정하는 기준에 따른 소방시설과 재난방지를 위한 시설을 설치하고 유지·관리하여야 하며, 지정문화유산의 도난방지를 위하여 정하는 기준에 따라 도난방지장치를 설치하고 유지·관리하도록 노력하여야 한다.

[도난방지장치 설치기준]
(1) 도난방지장치를 설치할 때에는 지정문화유산이 훼손되지 아니하도록 하고, 지정문화유산 경관과 조화되도록 할 것
(2) 도난방지장치는 모니터링, 호환성 및 유지·관리의 편리성 등을 고려하여 선택할 것

(3) 도난방지장치의 설치 장소를 면밀히 분석하여 감시가 미치지 아니하는 곳이 없도록 설치할 것
　　(4) 도난방지장치 관리자는 도난방지장치가 잘 작동되도록 관리할 것
2) 1)의 시설을 설치하고 유지 · 관리하는 자는 해당 시설과 역사문화환경보존지역이 조화를 이루도록 하여야 한다.
3) 국가유산청장 또는 지방자치단체의 장은 다음 각 호의 어느 하나에 해당하는 시설을 설치 또는 유지 · 관리하는 자에게 예산의 범위에서 그 소요비용의 전부나 일부를 보조할 수 있다.
　　(1) 1)에 따른 소방시설, 재난방지 시설 또는 도난방지장치
　　(2) 금연구역의 지정 등에 따른 금연구역과 흡연구역의 표지

09 금연구역의 지정 등

1) 지정문화유산 및 등록문화유산과 그 보호물 · 보호구역 및 보관시설의 소유자, 관리자 또는 관리단체는 지정문화유산등 해당 시설 또는 지역 전체를 금연구역으로 지정하여야 한다. 다만, 주거용 건축물은 화재의 우려가 없는 경우에 한정하여 금연구역과 흡연구역을 구분하여 지정할 수 있다.
2) 지정문화유산등의 소유자, 관리자 또는 관리단체는 1)에 따른 금연구역과 흡연구역을 알리는 표지를 설치하여야 한다.
3) 시 · 도지사는 2)를 위반한 자에 대하여 일정한 기간을 정하여 그 시정을 명할 수 있다.
4) 금연구역과 흡연구역을 알리는 표지의 설치 기준 및 방법
　　[문화체육관광부령 또는 시 · 도 조례로 정한다.]
　　(1) 시설 또는 지역 전체를 금연구역으로 지정하는 경우
　　　① 해당 시설 또는 지역을 이용하는 사람이 잘 볼 수 있는 위치에 시설 또는 지역 전체가 금연구역임을 나타내는 표지판 또는 스티커(붙임딱지)를 달거나 부착하여야 하며, 그 규격은 다음과 같다.
　　　　㉠ 표지판

　　　　　　금 연 구 역
　　　　　(시설 또는 지역 전체)　　(예시)

　　　　표지판의 바탕은 흰색 또는 노란색으로 하며, 그 글씨는 붉은색 또는 주황색으로 한다.

ⓒ 스티커

(예시)

스티커의 바탕은 흰색 또는 노란색으로, 그 테 · 사선 및 글씨("금연" 부분)는 붉은색 또는 주황색으로, 그 바탕모양은 사각형 또는 원형으로 한다.
② 표지판 또는 스티커의 글자는 한글로 표기하되 필요한 경우에는 영문을 함께 사용할 수 있다.
③ 스티커에는 담배를 상징하는 그림을 그려 넣어야 하며 시설이나 지역의 규모나 모양에 따라 표지판 또는 스티커의 크기를 다르게 할 수 있다.
④ 표지판 또는 스티커는 해당 시설 또는 지역의 소유자, 관리자 또는 관리단체가 제작하여 부착하여야 한다. 다만, 국가유산청장, 시 · 도지사 또는 시장 · 군수 · 구청장이 표지판 또는 스티커를 제공하는 경우에는 이를 부착할 수 있다.

(2) 금연구역과 흡연구역을 구분하여 지정하는 경우
① 금연구역
㉠ 금연구역에는 해당 시설 또는 지역을 이용하는 사람이 잘 볼 수 있는 위치에 금연구역임을 나타내는 표지판 또는 스티커를 달거나 부착하여야 하며 그 규격은 다음과 같다.
[표지판]

금 연 구 역   (예시)

[스티커]

(예시)

㉡ 표지판의 바탕은 흰색 또는 노란색으로, 그 글씨는 붉은색 또는 주황색으로 하여야 하며, 스티커의 바탕은 흰색 또는 노란색으로, 그 테 · 사선 및 글씨("금연" 부분)는 붉은색 또는 주황색으로, 그 바탕모양은 사각형 또는 원형으로 한다.

㉢ 시설 또는 지역의 의 대부분이 금연구역에 해당하거나 그 금연구역이 광범위할 경우에는 시설 또는 지역의 출입구에 금연구역에 대한 안내표시를 하여야 한다.

㉣ 표지판 또는 스티커의 글자는 한글로 표기하되 필요한 경우에는 영문을 함께 사용할 수 있다.

㉤ 스티커에는 담배를 상징하는 그림을 그려 넣어야 하며 시설이나 지역의 규모나 모양에 따라 표지판 또는 스티커의 크기를 다르게 할 수 있다.

㉥ 표지판 또는 스티커는 해당 시설 또는 지역의 소유자, 관리자 또는 관리단체가 제작하여 부착하여야 한다. 다만, 국가유산청장, 시 · 도지사 또는 시장 · 군수 · 구청장이 표지판 또는 스티커를 제공하는 경우에는 이를 부착할 수 있다.

② 흡연구역

㉠ 흡연구역에는 해당 시설 또는 지역을 이용하는 사람이 잘 볼 수 있는 위치에 흡연구역임을 나타내는 표지판을 달거나 부착하여야 하며 그 규격은 다음과 같다.

흡 연 구 역

(예시)

㉡ 표지판의 바탕은 흰색으로 하며, 그 글씨는 검정색 또는 푸른색으로 한다.

㉢ 표지판은 흡연구역의 규모나 모양에 따라 그 크기를 다르게 할 수 있다.

㉣ 표지판의 글자는 한글로 표기하되 필요한 경우에는 영문을 함께 사용할 수 있다.

㉤ 흡연구역(시설에 설치하는 경우만 해당한다. 이하 ㉥에서 같다)은 시설의 규모나 특성 및 이용자 중 흡연자 수 등을 고려하여 그 면적과 장소를 지정하되 독립된 공간으로 하여야 한다. 이 경우 공동으로 이용하는 시설인 사무실, 화장실, 복도, 계단 등을 흡연구역으로 지정해서는 아니 된다.

㉥ 흡연구역에는 환풍기 등 환기시설과 흡연자의 편의를 위한 시설을 설치하여야 한다.

5) 누구든지 금연구역에서 흡연을 하여서는 아니 된다.

10 관계 기관 협조 요청

1) 국가유산청장 또는 지방자치단체의 장은 화재등 방지시설을 점검하거나, 화재등에 대비한 훈련을 하는 경우 또는 화재등에 대한 긴급대응이 필요한 경우에 다음 각 호의 어느 하나에 해당하는 기관 또는 단체의 장에게 필요한 장비 및 인력의 협조를 요청할 수 있으며,
2) 요청을 받은 기관 및 단체의 장은 특별한 사유가 없으면 이에 협조하여야 한다.
   (1) 소방관서
   (2) 경찰관서
   (3) 「재난 및 안전관리 기본법」의 재난관리책임기관
   (4) 그 밖에 대통령령으로 정하는 문화유산 보호 관련 기관 및 단체

11 정보의 구축 및 관리

1) 국가유산청장은 화재등 문화유산 피해에 대하여 효과적으로 대응하기 위하여 문화유산 방재 관련 정보를 정기적으로 수집하여 이를 데이터베이스화하여 구축·관리하여야 한다. 이 경우 국가유산청장은 구축된 정보가 항상 최신으로 유지될 수 있도록 하여야 한다.
2) **문화유산 방재 관련 정보의 구축 및 관리**
   (1) 문화유산 방재 관련 정보의 범위
      ① 문화유산 방재 시설의 종류 및 수량
      ② 문화유산 방재 시설의 사용 교육 및 훈련 현황
      ③ 문화유산 안전관리 인력 현황
      ④ 그 밖에 화재 등 문화유산 피해에 효과적으로 대응하기 위하여 필요한 정보로서 국가유산청장이 정하는 정보
   (2) 국가유산청장은 (1)의 각 호의 정보를 전자정보의 형태로 구축하고, 지방자치단체의 장이 공동으로 활용할 수 있도록 하여야 한다.
   (3) (1), (2)에서 규정한 사항 외에 문화유산 방재 관련 정보의 구축 및 관리에 필요한 세부 사항은 국가유산청장이 정한다.

12 문화유산보호활동의 지원 등

국가유산청장은 문화유산을 보호·보급하거나 널리 알리기 위하여 필요하다고 인정하면 관련 단체를 지원·육성할 수 있다.

13 문화유산매매업자 교육

국가유산청장은 문화유산매매업자 등을 대상으로 문화유산매매업자가 준수하여야 할 사항과 문화유산 관련 소양 등에 관한 교육을 실시하여야 한다.

14 장애인의 문화유산 접근성 향상을 위한 지원

1) 국가유산청장 또는 지방자치단체의 장은 장애인이 문화유산에 쉽게 접근할 수 있도록 점자표시, 안내보조 등의 보조서비스 제공 및 편의시설 설치 등 필요한 시책을 마련하여야 한다.
2) 지정문화유산의 소유자, 관리자 및 관리단체는 1)의 시책에 따라 장애인 편의시설을 설치할 경우 해당 장애인 편의시설이 문화유산 및 역사문화환경 보존지역과 조화를 이루도록 하여야 한다.
3) 국가유산청장 또는 지방자치단체의 장은 보조서비스를 제공하고 편의시설을 설치하는 지정문화유산의 소유자, 관리자 및 관리단체에게 예산의 범위에서 그 소요비용의 전부나 일부를 보조할 수 있다.

15 문화유산 전문인력의 양성

1) 국가유산청장은 문화유산의 보호 등을 위한 전문인력을 양성할 수 있다.
2) 국가유산청장은 전문인력 양성을 위하여 필요하다고 인정하면 장학금을 지급할 수 있다. (장학금을 지급하려는 경우에는 다음 각 호의 어느 하나에 해당하는 사람 중에서 장학금 지급 대상자를 선정하여야 한다)

(1) 문화유산 전문인력에 대한 장학금 지급 대상자
　① 문화유산의 보호·관리에 관한 기능 및 기술교육을 받고 있거나 받으려는 사람
　② 국내 또는 국외의 대학에서 문화유산의 보호·관리에 관한 교육을 받고 있거나 받으려는 사람
　③ 국내 또는 국외의 연구기관에서 문화유산의 보호·관리에 관하여 연구하고 있거나 연구하려는 사람
(2) 장학금을 받으려는 사람은 장학금 지급신청서에 서약서를 첨부하여 국가유산청장에게 제출하여야 한다.
(3) 장학금은 예산의 범위에서 교육비 또는 연구비에 상응하는 금액을 국가유산청장이 정하여 지급한다.

3) 국가유산청장은 장학금을 지급받고 있는 사람의 교육이나 연구 상황을 확인하기 위하여 필요하다고 인정하면 성적증명서나 연구실적보고서를 제출하도록 명할 수 있다.
(1) 성적증명서 또는 연구실적보고서 제출을 명령받은 사람은 그 명령을 받은 날부터
(2) 1개월 안에 성적증명서 또는 연구실적보고서(전자문서로 된 보고서를 포함한다)를 국가유산청장에게 제출하여야 한다.

4) 장학금을 지급받고 있는 사람 또는 받은 사람은 수학이나 연구의 중단, 내용 변경 등 정하는 사유가 발생하면 지체 없이 국가유산청장에게 신고하여야 한다.
(1) 신고 사유
　① 전공학과 또는 연구 분야를 변경한 경우
　② 수학 또는 연구를 중단한 경우
　③ 신체적·정신적 장애나 그 밖의 사유로 계속적인 수학 또는 연구를 할 수 없게 된 경우
　④ 본인의 성명·주소 등이 변경된 경우
(2) 장학금을 받아 교육이나 연구를 마친 사람은 교육이나 연구를 마친 날부터 1개월 안에 교육수료 증명서 또는 연구보고서(전자문서로 된 보고서를 포함한다)를 국가유산청장에게 제출하여야 한다.

5) 국가유산청장은 수학이나 연구의 중단, 내용변경, 실적저조 등의 사유가 발생하면 장학금 지급을 중지하거나 반환을 명할 수 있다.
(1) 장학금 지급 중지 또는 반환
　① 전공학과 또는 연구 분야를 변경한 경우
　② 수학 또는 연구를 중단한 경우
　③ 신체적·정신적 장애나 그 밖의 사유로 계속적인 수학 또는 연구를 할 수 없게 된 경우
　④ 학업 및 연구 성적이 매우 불량한 경우

⑤ 정당한 사유 없이 성적증명서 또는 연구실적 보고서를 제출하지 아니한 경우
(2) 국가유산청장은 장학금 지급을 중지하면 그 사유를 본인과 소속 학교장 또는 소속 기관장에게 통보하여야 하며, 장학생에게 장학금 지급 중지 사유가 소멸되면 장학금을 다시 지급할 수 있다.
(3) 장학금 반환을 명할 수 있는 경우
① 정당한 사유 없이 수학 또는 연구를 중단한 경우
② 정당한 사유 없이 전공학과 또는 연구 분야를 변경한 경우
③ 교육 수료 증명서 또는 연구보고서를 제출하지 아니한 경우
(4) 반환을 명령하는 금액은 이미 지급한 장학금 전액으로 한다. 다만, 지급된 장학금을 면제할 필요가 있는 경우에는 국가유산청장은 그 일부 또는 전부의 반납을 면제할 수 있다.

16 비상시의 문화유산보호

1) 국가유산청장은 전시·사변 또는 이에 준하는 비상사태 시 문화유산의 보호에 필요하다고 인정하면 국유문화유산과 국유 외의 지정문화유산 및 임시지정(법 제32조)에 따른 임시지정문화유산을 안전한 지역으로 이동·매몰 또는 그 밖에 필요한 조치를 하거나 해당 문화유산의 소유자, 보유자, 점유자, 관리자 또는 관리단체에 대하여 그 문화유산을 안전한 지역으로 이동·매몰 또는 그 밖에 필요한 조치를 하도록 명할 수 있다.
2) 국가유산청장은 전시·사변 또는 이에 준하는 비상사태 시 문화유산 보호를 위하여 필요하면 수출 등의 금지(법 제39조)에도 불구하고 이를 국외로 반출할 수 있다. 이 경우에는 미리 국무회의의 심의를 거쳐야 한다.
3) 1)에 따른 조치 또는 명령의 이행으로 인하여 손실을 받은 자에 대한 보상에 관하여는 손실의 보상(법 제46조)을 준용한다. 다만, 전쟁의 피해 등 불가항력으로 인한 경우에는 예외로 한다.

17 지원 요청

국가유산청장이나 그 명령을 받은 공무원은 비상시의 문화유산보호(법 제21조 ①)의 조치를 위하여 필요하면 관계 기관의 장에게 필요한 지원을 요청할 수 있다.

18 문화유산교육의 진흥을 위한 정책의 추진

1) 국가와 지방자치단체는 문화유산교육의 진흥을 위하여
2) 다음 각 호의 사항에 관한 정책을 수립하고 시행하기 위하여 노력하여야 한다.
   (1) 문화유산교육의 진흥을 위한 기반 구축
   (2) 문화유산교육 프로그램 및 교육자료의 개발·보급
   (3) 문화유산교육 관련 전문인력의 양성 및 지원
   (4) 「유아교육법」 및 「초·중등교육법」에 따른 교원에 대한 문화유산교육의 지원
   (5) 문화유산교육 진흥을 위한 재원조달 방안
   (6) 그 밖에 문화유산교육 진흥을 위하여 필요한 사항

19 문화유산교육의 실태조사

1) 국가유산청장은 문화유산교육 관련 정책의 수립·시행을 위하여 문화유산교육 현황 등에 대한 실태조사를 실시할 수 있다.

2) 실태조사의 범위와 방법, 그 밖에 필요한 사항
   (1) 문화유산교육 현황 등에 대한 실태조사의 범위
      ① 지역별·유형별 문화유산교육 프로그램 현황
      ② 문화유산교육 전문인력 현황
      ③ 문화유산교육 관련 기관 및 법인·단체 현황
      ④ 문화유산교육 시설 현황
      ⑤ 문화유산교육 현장의 수요
      ⑥ 그 밖에 국가유산청장이 문화유산교육 관련 정책의 수립·시행을 위하여 실태조사가 필요하다고 인정하는 사항
   (2) 실태조사는 다음 각 호의 구분에 따라 실시한다.
      ① 정기조사 : 3년마다 실시
      ② 수시조사 : 국가유산청장이 문화유산교육 관련 정책의 수립·변경을 위하여 필요하다고 인정하는 경우에 실시
   (3) 국가유산청장은 실태조사를 위하여 필요한 경우 관계 중앙행정기관의 장 또는 지방자치단체의 장에게 필요한 자료의 제출을 요청할 수 있다.

20 문화유산교육지원센터의 지정 등

1) 국가유산청장은 지역 문화유산교육을 활성화하기 위하여 문화유산교육을 목적으로 하거나 문화유산교육을 실시할 능력이 있다고 인정되는 기관 또는 단체를 문화유산교육지원센터로 지정할 수 있다.

   (1) 문화유산교육지원센터의 지정요건 등

   문화유산교육지원센터로 지정받으려는 자는 다음 각 호의 요건을 모두 갖추어 정하는 바에 따라 국가유산청장에게 신청해야 한다.

   ① 다음 각 목의 시설을 갖출 것
      ㉠ 지원센터의 업무를 수행하기 위한 사무실
      ㉡ 강의실
      ㉢ 문화유산교육에 필요한 교재 및 교육장비 등을 보관할 수 있는 시설
   ② 다음 각 목의 어느 하나에 해당하는 전문인력 1명 이상이 상시 근무할 것
      ㉠ 「고등교육법」에 따른 학교에서 문화유산 관련 분야 또는 교육 관련 분야의 학사학위를 취득한 후 3년 이상의 문화유산교육 경력을 갖춘 사람
      ㉡ 「고등교육법」에 따른 학교에서 문화유산 관련 분야 또는 교육 관련 분야의 석사학위를 취득한 후 1년 이상의 문화유산교육 경력을 갖춘 사람
      ㉢ 「고등교육법」에 따른 학교에서 문화유산 관련 분야 또는 교육 관련 분야의 박사학위를 취득한 사람
      ㉣ 그 밖에 ㉠부터 ㉢까지의 규정에 해당하는 자격과 동등한 수준 이상이라고 국가유산청장이 인정하여 고시하는 자격을 갖춘 사람

   (2) 국가유산청장은 (1)에 따른 신청을 받은 경우에는 요건을 모두 갖추었는지를 검토하여 지정 여부를 결정해야 한다.

   (3) 국가유산청장은 지정 여부를 결정할 때에는 최근 3년간 문화유산교육을 실시한 실적을 고려할 수 있다.

   (4) 국가유산청장은 지원센터를 지정한 경우에는 문화체육관광부령으로 정하는 지정서를 발급하고, 그 사실을 국가유산청의 인터넷 홈페이지에 게시해야 한다.

   (5) 문화유산교육지원센터의 지정취소 및 업무정지의 기준

   ① 일반기준
      ㉠ 위반행위의 횟수에 따른 처분기준은 최근 3년간 같은 위반행위로 행정처분을 받은 경우에 적용한다. 이 경우 기간의 계산은 위반행위에 대하여 행정처분을 받은 날과 그 처분 후 다시 같은 위반행위를 하여 적발된 날로 한다.

ⓒ ㉠에 따라 가중된 행정처분을 하는 경우 가중처분의 적용차수는 그 위반행위 전 부과처분 차수(㉠에 따른 기간 내에 행정처분이 둘 이상 있었던 경우에는 높은 차수를 말한다)의 다음 차수로 한다.
　　ⓒ 위반행위가 둘 이상인 경우로서 그에 해당하는 각각의 처분기준이 다른 경우에는 그중 무거운 처분기준에 따른다. 다만, 둘 이상의 처분기준이 모두 업무정지인 경우에는 6개월의 한도에서 무거운 처분기준의 2분의 1 범위에서 가중할 수 있다.
　　ⓔ 국가유산청장은 다음의 사유를 고려하여 ② 개별기준의 ⓒ, ⓒ에 따른 처분을 감경할 수 있다. 이 경우 해당 처분이 업무정지인 경우에는 그 처분기준의 2분의 1의 범위에서 감경할 수 있고, 지정취소인 경우에는 3개월 이상 6개월 이하의 업무정지로 감경할 수 있다.
　　　㉮ 처분 이유가 고의성이 없는 사소한 부주의로 인한 것으로 처분권자의 보완 요구에 성실히 따른 경우
　　　㉯ 문화유산교육 활성화에 기여한 바가 크다고 인정하는 경우
　② 개별기준

위반행위	처분기준		
	1차 위반	2차 위반	3차 이상 위반
㉠ 거짓이나 그 밖의 부정한 방법으로 지정을 받은 경우	지정취소	-	-
㉡ 지정요건을 충족하지 못한 경우	업무정지 3개월	업무정지 6개월	지정취소
㉢ 업무수행능력이 현저히 부족하다고 인정하는 경우	시정명령	업무정지 3개월	업무정지 6개월

(6) 그 밖에 규정한 사항 외에 지원센터의 지정에 필요한 사항은 국가유산청장이 정하여 고시한다.

2) 지원센터는 다음 각 호의 사업을 수행한다.
　(1) 지역 문화유산교육 인력의 연수 및 활용
　(2) 지역 실정에 맞는 문화유산교육 프로그램 및 문화유산교육 교재의 개발과 운영
　(3) 지역 문화유산교육 관련 기관 또는 단체 간의 협력망 구축 및 운영
　(4) 소외계층 등 지역주민에 대한 문화유산교육
　(5) 지역 문화유산교육을 활성화하기 위하여 국가유산청장이 위탁하는 사업
　(6) 그 밖에 지역 실정에 맞는 문화유산교육을 하기 위하여 필요한 사업

3) 국가유산청장은 지정된 지원센터가 다음 각 호의 어느 하나에 해당하는 경우에는 정하는 바에 따라 그 지정을 취소하거나 6개월의 범위에서 그 업무의 정지를 명할 수 있다.
다만, (1)에 해당하는 경우에는 그 지정을 취소하여야 한다.
(1) 거짓이나 그 밖의 부정한 방법으로 지정을 받은 경우
(2) 지정요건을 충족하지 못한 경우
(3) 업무수행능력이 현저히 부족하다고 인정하는 경우

4) 국가유산청장은 정하는 바에 따라 문화유산교육에 관한 업무를 지원센터 및 그 밖에 정하는 기관에 위탁할 수 있다.

(1) 문화유산교육 업무의 위탁기관
① 「국가유산기본법」에 따른 국가유산진흥원
② 매장유산의 조사, 발굴 및 보호에 관한 업무를 위탁받은 법인
③ 문화유산국민신탁
④ 전통건축수리기술진흥재단
⑤ 한국전통문화대학교가 설립한 산학협력단
⑥ 그 밖에 국가유산청장이 문화유산교육에 관한 업무를 수행할 능력이 있다고 인정하는 기관

(2) 국가유산청장은 문화유산교육에 관한 업무를 위탁받은 지원센터 또는 (1)의 각 호의 기관이 업무를 수행하는 데 필요한 비용의 전부 또는 일부를 지원할 수 있다.

(3) (2)에 따라 지원을 받은 지원센터 또는 (1)의 각 호의 기관은 다음 연도의 사업추진계획을 매년 12월 31일까지, 전년도의 사업추진실적과 예산집행실적을 매년 1월 31일까지 국가유산청장에게 제출해야 한다.

(4) 국가유산청장은 업무를 위탁한 경우에는 수탁기관 및 위탁업무의 내용을 고시해야 한다.

5) 국가 및 지방자치단체는 지원센터에 대하여 예산의 범위에서 사업 수행에 필요한 비용의 전부 또는 일부를 지원할 수 있다.

21 문화유산교육의 지원

1) 국가 및 지방자치단체는 국민들의 문화유산에 대한 이해와 관심을 높이기 위하여 문화유산교육 내용의 연구·개발 및 문화유산교육 활동을 위한 시설·장비를 지원할 수 있다.
2) 국가 및 지방자치단체는 문화유산교육의 지원을 위하여 예산의 범위에서 그 사업비의 전부 또는 일부를 보조할 수 있다.

22 문화유산교육 프로그램의 개발·보급 및 인증 등

1) 국가유산청장 및 지방자치단체는 모든 국민에게 다양한 문화유산교육의 기회를 제공하기 위하여 문화유산교육 프로그램을 개발·보급할 수 있다.
2) 문화유산교육 프로그램을 개발·운영하는 자는 국가유산청장에게 문화유산교육 프로그램에 대한 인증을 신청할 수 있다.
3) 국가유산청장은 인증을 신청한 문화유산교육 프로그램이 교육내용·교육과목·교육시설 등 정하는 인증기준에 부합하는 경우 이를 인증할 수 있다.
4) 인증의 유효기간은 인증을 받은 날부터 3년으로 한다.
5) 인증을 받은 자는 해당 문화유산교육 프로그램에 대하여 정하는 바에 따라 인증표시를 할 수 있다.

(1) 인증표시

인증번호 제 호
국가유산청

유효기간: 년 월 일 ~ 년 월 일

(2) 표시방법

① 문화유산교육 프로그램의 인증표시는 도넛형의 원형으로 하고, 중앙에는 정부상징표시(Symbol Mark)를 사용하며, 정부 상징표시의 윗부분에는 인증명칭인 '문화유산교육 프로그램 인증'을 적고, 아랫부분에는 '국가유산청으로부터 인증된 문화유산교육 프로그램'이라는 의미의 영문(Heritage Education Program Accred ited by KHS)을 적는다.
② 인증표시 아래에는 국가유산청에서 발급한 인증번호와 인증의 유효기간을 표시한다. 유효기간은 인증을 받은 날짜와 인증이 만료되는 날짜를 (1)의 인증표시 예시와 같이 표시해야 한다.

③ 인증표시의 크기는 조정할 수 있다. 이 경우 인증번호와 유효기간은 눈으로 식별 가능한 크기로 표시해야 한다.
6) 누구든지 인증을 받지 아니한 문화유산교육 프로그램에 대하여 인증표시를 하거나 이와 비슷한 표시를 하여서는 아니 된다.

23 문화유산교육 프로그램 인증의 취소

1) 국가유산청장은 문화유산 교육프로그램의 개발·보급 및 인증 등에 따라 인증한 문화유산 교육 프로그램이
2) 다음 각 호의 어느 하나에 해당하는 경우에는 그 인증을 취소할 수 있다. 다만, (1)에 해당하는 경우에는 이를 취소하여야 한다.
   (1) 거짓이나 그 밖의 부정한 방법으로 인증 받은 경우
   (2) 문화유산 교육프로그램의 개발·보급 및 인증 등에 따른 인증기준에 적합하지 아니한 경우

24 지정문화유산 등의 기증

1) 지정문화유산 및 등록문화유산의 소유자는 국가유산청에 해당 문화유산을 기증할 수 있다.
2) 국가유산청장은 문화유산을 기증받는 경우에는 3)에 따라 설치된 문화유산수증심의위원회의 심의를 거쳐 수증여부를 결정하여야 한다.
3) 지정문화유산 및 등록문화유산의 소유자가 기증하는 문화유산의 수증 여부를 결정하기 위하여
   (1) 국가유산청에 문화유산수증심의위원회를 두며
   (2) 문화유산수증심의위원회의 구성 및 운영 등에 필요한 사항은 아래와 같다.
      ① 문화유산수증심의위원회는 성별을 고려하여 위원장 1명을 포함한 5명 이상 10명 이내의 위원으로 구성한다.
      ② 수증심의위원회 위원은 문화유산 전시 및 관리에 관한 학식과 경험이 풍부한 사람 중에서 국가유산청장이 위촉한다.
      ③ 수증심의위원회의 위원장은 위원 중에서 호선(互選)한다.
      ④ 수증심의위원회의 회의는 구성위원 과반수의 출석으로 개의(開議)하고, 출석위원

　　　　과반수의 찬성으로 의결한다.
　　　⑤ ①부터 ④까지에서 규정한 사항 외에 수증심의위원회의 구성 및 운영 등에 필요한 사항은 국가유산청장이 정한다.
4) 국가유산청장은 문화유산의 기증이 있을 때에는「기부금품의 모집 및 사용에 관한 법률」에도 불구하고 이를 접수할 수 있다.
5) 국가유산청장은 기증에 현저한 공로가 있는 자에 대하여 시상(施賞)을 하거나「상훈법」에 따른 서훈을 추천할 수 있으며, 문화유산 관련 전시회 개최 등의 예우를 할 수 있다.

CHAPTER 03

제3장의2
문화유산지능정보화 기반 구축

01 문화유산지능정보화 정책의 추진

1) 국가유산청장은 객관적이고 과학적인 문화유산의 보존·관리 및 활용 등을 위하여 문화유산지능정보화 정책을 수립하고 시행하여야 한다.
2) 문화유산지능정보화 정책을 수립할 때에는 다음 각 호의 사항을 포함해야 한다.
   (1) 문화유산지능정보화의 기반 구축
   (2) 문화유산지능정보화 관련 산업의 지원·육성
   (3) 문화유산지능정보화 관련 전문인력의 양성
   (4) 문화유산지능정보기술 및 문화유산데이터에 포함된 지식재산권의 보호
   (5) 문화유산데이터 수집을 위한 「지능정보화 기본법」에 따른 초연결지능정보통신망의 구축·지원
   (6) 그 밖에 객관적이고 과학적인 문화유산의 보존·관리 및 활용 등을 위하여 국가유산청장이 문화유산지능정보화 정책에 포함할 필요가 있다고 인정하는 사항

02 문화유산데이터 관련 사업의 추진

1) 국가유산청장은 문화유산지능정보화의 효율적 추진을 위하여
2) 다음 각 호의 사업을 추진할 수 있다.
   (1) 문화유산데이터의 생산·수집·저장·가공·분석·제공 및 활용
   (2) 문화유산데이터의 이용 활성화 및 유통체계 구축
   (3) 문화유산데이터에 관한 기술개발의 추진
   (4) 문화유산데이터의 표준화 및 품질제고
   (5) 그 밖에 문화유산데이터의 생산·수집·분석·유통·활용 등에 필요한 사항
3) 국가유산청장은 1)에 따라 관리하는 문화유산데이터에 대한 메타데이터(데이터의 체계적인 관리와 편리한 검색 및 활용을 위하여 데이터의 구조, 속성, 특성, 이력 등을 표현한 자료

를 말한다) 및 데이터관계도(데이터 간의 관계를 나타낸 그림을 말한다)를 체계적으로 관리하여야 한다.

4) 국가유산청장은 문화유산데이터의 효율적 관리를 위하여 전문인력을 양성하거나 국가기관, 지방자치단체 및 대학 등과 연계하여 공동활용체계를 구축하고, 이를 지원·육성할 수 있다.

- (1) 전문인력 양성 시책 등의 내용

    국가유산청장은 전문인력을 양성하기 위한 다음 각 호의 시책을 마련해야 한다.
    ① 전문인력의 수요 실태 조사의 중장기 수급 계획 수립
    ② 전문인력의 양성 교육훈련 프로그램의 개발·보급
    ③ 전문인력 고용 지원
    ④ 그 밖에 문화유산데이터의 효율적 관리를 위한 전문인력을 양성하기 위하여 국가유산청장이 필요하다고 인정하는 사항

- (2) 문화유산데이터 공동활용체계의 구축 등

    공동활용체계는 다음 각 호의 어느 하나에 해당하는 데이터를 관리하는 국가기관, 지방자치단체 및 대학과 연계하여 구축한다.
    ① 문화유산에 관한 데이터로서 「국가지식정보 연계 및 활용 촉진에 관한 법률」에 따른 디지털화 된 데이터 또는 디지털화가 필요하다고 인정하는 데이터
    ② 문화유산을 안전하게 보존·관리하는데 필요하다고 인정되는 데이터
    ③ 문화유산지능정보기술의 개발에 사용되는 데이터
    ④ 그 밖에 문화유산지능정보화를 위하여 문화유산데이터 공동활용체계에서 관리가 필요하다고 인정되는 데이터

- (3) 문화유산데이터 공동활용체계는 다음 각 호의 기능을 수행한다.

    ① 문화유산지능정보기술에 필요한 데이터의 디지털화
    ② 문화유산데이터의 유통·거래 시스템 구축·운영
    ③ 문화유산데이터의 이용활성화를 위한 문화유산데이터의 가공·활용

03 문화유산지능정보기술의 개발 등

1) 국가유산청장은 문화유산지능정보화의 효율적 추진을 위하여 다음 각 호의 사업을 추진할 수 있다.
   (1) 문화유산지능정보기술의 개발 및 보급
   (2) 문화유산지능정보기술의 표준화
   (3) 문화유산지능정보기술 개발에 필요한 데이터의 수집·분석·가공
   (4) 문화유산지능정보기술의 관리 및 활용을 위한 정보체계의 구축·운영
   (5) 그 밖에 문화유산지능정보기술의 개발·관리·활용 등에 필요한 사항

2) 국가유산청장은 문화유산지능정보기술의 지속적 발전을 위하여 문화유산지능정보기술을 개발하는 대학, 정부출연연구기관, 법인 또는 단체와 협력체계를 구축하고, 예산의 범위에서 지원할 수 있다.

   (1) 문화유산지능정보기술 협력체계의 지원 등

   국가유산청장은 협력체계를 다음 각 호의 기관과 구축할 수 있다.
   ① 「정부출연연구기관 등의 설립·운영 및 육성에 관한 법률」에 따라 설립된 연구기관
   ② 「과학기술분야 정부출연연구기관 등의 설립·운영 및 육성에 관한 법률」에 따라 설립된 연구기관
   ③ 문화유산 또는 「지능정보화 기본법」에 따른 지능정보기술 관련 학부·학과가 설치된 대학
   ④ 문화유산 또는 지능정보기술을 연구하는 법인 또는 단체

   (2) 문화유산지능정보기술협력체계의 지원 등에 필요한 구체적인 사항은 국가유산청장이 정한다.

04 문화유산지능정보서비스플랫폼의 구축·운영

1) 국가유산청장은 문화유산지능정보화의 추진을 위하여
2) 다음 각 호의 사항을 포함한 문화유산지능정보서비스플랫폼을 구축·운영하여야 한다.
   (1) 문화유산데이터 및 메타데이터의 체계적인 관리
   (2) 문화유산지능정보기술의 개발·관리·활용 등
   (3) 문화유산데이터 및 메타데이터의 분석 등을 통한 문화유산 보존·관리 및 활용 관련 정책 수립, 의사결정 지원, 관련 산업 지원, 문화유산 활용 활성화 지원 등
   (4) 그 밖에 문화유산지능정보서비스플랫폼 구축·운영에 필요한 사항

3) 국가유산청장은 문화유산지능정보서비스플랫폼의 구축을 위하여 필요한 경우 계약 또는 업무협약 등을 통하여 대학등에 해당 대학등이 생성하거나 취득하여 관리하는 데이터를 제공하여 줄 것을 요청할 수 있다.
   (1) 계약 또는 업무협약의 내용 등에 따라
   (2) 체결되는 계약 또는 업무협약에는 다음 각 호의 사항이 포함되어야 한다.
      ① 데이터의 이용 목적
      ② 제공 대상 데이터의 항목
      ③ 데이터의 이용 기간
      ④ 데이터의 안전성 확보 조치에 관한 사항
      ⑤ 비밀유지에 관한 사항
4) 국가유산청장은 문화유산지능정보서비스플랫폼의 효율적 운영을 위하여 국가기관, 지방자치단체 및 대학등에서 구축·운영하고 있는 데이터 관리에 관한 시스템을 상호 연계할 수 있다. 이 경우 해당 국가기관, 지방자치단체 및 대학등의 장과 사전에 협의하여야 한다.
   (1) 시스템의 상호 연계 및 사전협의의 내용에는
   (2) 다음 각 호의 사항이 포함되어야 한다.
      ① 데이터의 최신성, 정확성 및 상호 연계성의 유지에 관한 사항
      ② 시스템의 상호 연계를 중단하려는 경우에는 중단예정일 3개월 전까지 국가유산청장에게 통보하도록 하는 등 상호 연계중단 시의 조치 사항

05 업무의 위탁

1) 국가유산청장은 문화유산데이터 관련 사업의 추진, 문화유산지능정보기술의 개발 등 및 문화유산지능정보서비스플랫폼의 구축·운영의 업무를 정하는 바에 따라 법인 또는 단체에 위탁할 수 있다.
   (1) 국가유산청장은 다음 각 호의 업무를
   (2) 「국가유산 기본법」에 따른 국가유산진흥원에 위탁한다.
      ① 문화유산데이터 관련 사업의 추진
      ② 문화유산데이터에 대한 메타데이터 및 데이터관계도의 관리
      ③ 문화유산지능정보기술의 개발 사업 등의 추진
      ④ 문화유산지능정보서비스 플랫폼의 구축·운영
2) 국가유산청장은 업무를 위탁받은 법인 또는 단체가 해당 업무를 원활하게 수행할 수 있도록 필요한 지원을 할 수 있다.

CHAPTER 03 제3장의3 문화유산디지털콘텐츠의 보급 활성화

01 문화유산디지털콘텐츠 정책의 추진

1) 국가와 지방자치단체는 문화유산디지털콘텐츠의 수집·개발·활용 등 보급 활성화를 위한 정책을 수립하고 추진하여야 한다.
2) 정책을 수립·추진할 때에는 다음 각 호의 원칙에 따라야 한다.
   (1) 모든 국민이 문화유산디지털콘텐츠를 이용·활용할 수 있도록 노력할 것
   (2) 지식재산권 등 타인의 권리를 침해하지 아니할 것
   (3) 개인정보의 보호 및 안전을 확보할 것
3) 국가유산청장은 문화유산디지털콘텐츠 관련 정책을 효과적으로 수립·추진하기 위하여 국민, 대학, 법인 및 단체를 대상으로 문화유산디지털콘텐츠의 이용수요, 이용현황, 애로사항 등을 조사할 수 있다.

02 문화유산디지털콘텐츠의 수집

1) 국가유산청장은 문화유산디지털콘텐츠의 수집을 위하여 문화유산디지털콘텐츠의 소유자 또는 관리자에게 그 소유·관리 목록의 제출을 요청할 수 있다.
2) 국가유산청장은 이용 활성화의 가치가 높다고 인정되는 문화유산디지털콘텐츠를 그 권리자와의 협의를 통하여 제공받거나 정당한 대가를 지급하여 구입할 수 있다.
3) 1) 및 2)에 따라 수집하려는 문화유산디지털콘텐츠의 이용 활성화의 가치가 높은지 여부를 판단하는데 필요한 경우 관계 전문기관 또는 전문가에게 자문할 수 있다.

03 문화유산디지털콘텐츠의 개발

1) 국가유산청장은 문화유산디지털콘텐츠의 개발을 위하여 다음 각 호의 사업을 추진할 수 있다.
   (1) 문화유산디지털콘텐츠 관련 기술의 연구 및 기술수준에 관한 조사
   (2) 문화유산디지털콘텐츠의 제작 및 개발
   (3) 그 밖에 문화유산디지털콘텐츠의 개발을 위하여 필요한 사항
2) 국가유산청장은 문화유산디지털콘텐츠를 제작 또는 개발하는 대학·법인 또는 단체 등을 예산의 범위에서 지원할 수 있다.
   (1) 문화유산디지털콘텐츠 제작·개발의 지원에 따른 지원대상은 다음 각 호와 같다.
      ① 「고등교육법」에 따른 학교 중 문화유산디지털콘텐츠의 제작·개발과 관련된 학과·학부 또는 이에 상응하는 조직이 설치된 학교
      ② 「문화산업진흥 기본법」에 따른 디지털콘텐츠 또는 멀티미디어콘텐츠의 제작자로서 문화유산디지털콘텐츠의 제작 또는 개발과 관련된 업무를 수행하는 자
      ③ 그 설립 및 운영 목적이 문화유산디지털콘텐츠의 연구·개발·제작 등과 관련된 법인·단체
   (2) 지원을 받으려는 자는 지원신청서에 다음 각 호의 서류를 첨부하여 국가유산청장에게 제출해야 한다.
      ① 문화유산디지털콘텐츠의 제작·개발 계획서
      ② 문화유산디지털콘텐츠 제작·개발을 위한 인력 현황
      ③ 문화유산디지털콘텐츠 제작·개발과 관련된 시설·장비 및 기술 보유 현황
      ④ 최근 3년간 문화유산디지털콘텐츠의 제작·개발 실적(실적이 있는 경우만 해당한다)
      ⑤ 그 밖에 국가유산청장이 문화유산디지털콘텐츠의 제작·개발 지원에 필요하다고 인정하는 서류
   (3) 국가유산청장은 지원신청을 받은 경우에는 다음 각 호의 사항을 검토하여 지원 대상을 선정한다.
      ① 문화유산디지털콘텐츠의 제작·개발을 수행할 인력·시설·장비 및 기술의 적정성 여부
      ② 다른 문화유산디지털콘텐츠(문화유산디지털콘텐츠의 제작·개발 사업을 포함한다)와의 중복성 여부
      ③ 제작·개발하려는 문화유산디지털콘텐츠의 이용 활성화의 가치가 높은지 여부
   (4) 국가유산청장은 지원 대상을 선정한 경우에는 다음 각 호의 사항이 포함된 협약을 체결해야 한다.
      ① 제작·개발 과제의 명칭 및 내용
      ② 제작·개발 과제 수행 책임자

③ 지원 금액 및 지원 기간
④ 성과물의 공유 및 활용
⑤ 그 밖에 국가유산청장이 문화유산디지털콘텐츠의 제작·개발 과제 수행에 필요하다고 인정하는 사항
(5) (1)부터 (4)까지에서 규정한 사항 외에 문화유산디지털콘텐츠의 제작·개발의 절차·방법에 관하여 필요한 사항은 국가유산청장이 정하여 고시한다.

04 문화유산디지털콘텐츠의 공공정보 이용 촉진

1) 국가유산청장과 지방자치단체의 장은 보유·관리하는 정보 중 「공공기관의 정보공개에 관한 법률」에 따른 비공개 대상 정보를 제외한 정보를 공개하는 때에는 대학이나 법인 또는 단체 등으로 하여금 해당 정보를 문화유산디지털콘텐츠 제작·개발에 이용하도록 할 수 있다. 이 경우 「저작권법」에 따라 이용허락이 필요한 경우에는 미리 이용허락을 받아야 한다.
2) 국가유산청장과 지방자치단체의 장은 공공정보의 이용 촉진을 위하여 그 이용 조건·방법 등을 정하고 이를 공개하여야 한다.
   (1) 국가유산청장과 지방자치단체의 장은 공공정보의 이용 촉진을 위해 다음 각 호의 사항을 미리 공개해야 한다.
      ① 공공정보의 이용 조건 및 기준
      ② 공공정보의 이용 방법 및 절차
      ③ 공공정보의 제공 방식 및 형태
      ④ 공공정보의 이용에 따른 사용료 또는 수수료
      ⑤ 그 밖에 국가유산청장 또는 지방자치단체의 장이 공공정보의 이용과 관련하여 필요하다고 인정하는 사항
   (2) 국가유산청장과 지방자치단체의 장은 이용 조건·방법 등을 정한 경우에는 해당 기관의 인터넷 홈페이지에 게재해야 한다.

05 문화유산디지털콘텐츠의 협동개발·연구 촉진

1) 국가유산청장은 문화유산디지털콘텐츠의 개발·연구를 위하여 인력, 시설, 기자재, 자금 및 정보 등의 공동활용을 통한 협동개발과 협동연구를 촉진시킬 수 있도록 노력하여야 한다.
2) 국가유산청장은 협동개발과 협동연구를 추진하는 자에 대하여 그 소요되는 비용의 전부 또는 일부를 지원할 수 있다.

06 문화유산디지털콘텐츠의 이용 활성화

1) 국가유산청장은 문화유산디지털콘텐츠 이용 활성화를 위하여
2) 다음 각 호의 사업을 추진할 수 있다.
    (1) 문화유산디지털콘텐츠플랫폼의 구축·운영에 따른 문화유산디지털콘텐츠플랫폼의 구축 및 운영
    (2) 영상 문화유산디지털콘텐츠의 개발·보급을 위한 방송채널 운영
    (3) 문화유산디지털콘텐츠 이용을 위한 공간 조성 및 운영
    (4) 문화유산디지털콘텐츠 이용 활성화를 위한 포럼 및 세미나 개최
    (5) 그 밖에 문화유산디지털콘텐츠의 이용 활성화에 필요한 사업

07 문화유산디지털콘텐츠플랫폼의 구축·운영

1) 국가유산청장은 모든 국민이 문화유산디지털콘텐츠를 자유롭게 이용·활용 및 공유할 수 있도록 문화유산디지털콘텐츠플랫폼을 구축·운영할 수 있다.
2) 국가유산청장은 관계 중앙행정기관의 장 및 지방자치단체의 장에게 문화유산디지털콘텐츠플랫폼의 구축과 운영에 필요한 문화유산디지털콘텐츠의 연계·제공 등의 협력을 요청할 수 있다.
3) 문화유산디지털콘텐츠플랫폼의 구축·운영과 이용·활용의 촉진 등에 필요한 사항
    (1) 국가유산청장은 문화유산디지털콘텐츠플랫폼을 구축·운영하는 경우에는 일반 국민의 접근 편의성과 이용 편의성을 적극 고려해야 한다.

(2) 국가유산청장은 문화유산디지털콘텐츠플랫폼의 효율적 구축·운영을 위해 필요한 경우에는 관계 행정기관, 공공기관 및 법인·단체에 자료·의견 제출 등 필요한 협조를 요청할 수 있다.
(3) 국가유산청장은 문화유산디지털콘텐츠플랫폼의 이용·활용을 촉진하기 위하여 필요한 경우에는 홍보 또는 교육 등 필요한 조치를 할 수 있다.
(4) (1)부터 (3)까지에서 규정한 사항 외에 문화유산디지털콘텐츠플랫폼의 구축·운영 및 이용·활용에 필요한 세부사항은 국가유산청장이 정하여 고시한다.

08 문화유산디지털콘텐츠의 복제 등

1) 국가유산청장은 문화유산디지털콘텐츠플랫폼의 구축·운영에 따른 문화유산디지털콘텐츠플랫폼의 문화유산디지털콘텐츠 전부 또는 일부를 복제 또는 간행하여 판매 또는 배포하거나 이용자에게 복제 또는 출력하여 제공할 수 있다. 다만, 다른 법령에서 제공이 금지되거나 「저작권법」에 따라 보호되는 권리에 대한 이용허락이 없는 문화유산디지털콘텐츠는 그러하지 아니하다.
2) 국가유산청장은 문화유산디지털콘텐츠플랫폼의 문화유산디지털콘텐츠를 복제 또는 출력하여 활용하려는 이용자로부터 수수료를 받을 수 있다.
   (1) 국가유산청장은 문화유산디지털콘텐츠플랫폼의 문화유산디지털콘텐츠 복제 또는 출력의 활용에 대한 수수료를 정하였을 때에는 국가유산청의 인터넷 홈페이지에 그 내용을 게재해야 한다.
   (2) 국가유산청장은 문화유산디지털콘텐츠의 복제 또는 출력의 활용이 다음 각 호의 어느 하나에 해당하는 경우에는 수수료를 감면할 수 있다.
      ① 국가 또는 지방자치단체가 그 업무에 직접 활용하는 경우
      ② 국가유산청장이 정하여 고시하는 교육연구기관이 교육연구용으로 직접 활용하는 경우
   (3) 국가유산청장은 감면비율을 정하였을 때에는 국가유산청의 인터넷 홈페이지에 그 내용을 게재해야 한다.

09 업무의 위탁

1) 국가유산청장은 문화유산디지털콘텐츠플랫폼의 구축·운영에 따른 문화유산디지털콘텐츠플랫폼의 운영 업무를 「국가유산 기본법」에 따른 국가유산진흥원에 위탁한다.
2) 국가유산청장은 업무를 위탁받은 법인 또는 단체가 해당 업무를 원활하게 수행할 수 있도록 필요한 행정적·재정적 지원을 할 수 있다.

10 문화유산디지털콘텐츠의 국제협력

1) 국가유산청장은 문화유산디지털콘텐츠의 이용 활성화 등에 관한 국제적 동향을 파악하고,
2) 다음 각 호에 관한 국제협력을 추진할 수 있다.
   (1) 문화유산디지털콘텐츠 관련 기술과 인력의 국제교류 지원
   (2) 문화유산디지털콘텐츠 국제표준화와 국제공동연구개발사업 등의 지원
   (3) 문화유산디지털콘텐츠와 관련된 민간부문의 국제협력 지원
   (4) 그 밖에 문화유산디지털콘텐츠의 국제협력을 위하여 필요한 사항

11 문화유산디지털콘텐츠 소외계층 지원

국가유산청장은 경제적·지역적·신체적 또는 사회적 여건으로 인하여 문화유산디지털콘텐츠에 자유롭게 접근하거나 문화유산디지털콘텐츠를 이용하기 어려운 사회적 약자들이 편리하게 문화유산디지털콘텐츠를 이용할 수 있도록 필요한 시책을 수립·시행하여야 한다.

CHAPTER 04 국가지정문화유산

[제1절 지정]

01 보물 및 국보의 지정

1) 국가유산청장은 문화유산위원회의 심의를 거쳐 유형문화유산 중 중요한 것을 보물로 지정할 수 있다.
2) 국가유산청장은 보물에 해당하는 문화유산 중 인류문화의 관점에서 볼 때 그 가치가 크고 유례가 드문 것을 문화유산위원회의 심의를 거쳐 국보로 지정할 수 있다.

02 사적의 지정

국가유산청장은 문화유산위원회의 심의를 거쳐 기념물 중 중요한 것을 사적으로 지정할 수 있다.

03 국가민속문화유산 지정

국가유산청장은 문화유산위원회의 심의를 거쳐 민속문화유산 중 중요한 것을 국가민속문화유산으로 지정할 수 있다.

03-1 국가지정문화유산의 지정기준 및 절차

1) 국가지정문화유산의 지정기준

(1) 보물

① 해당 문화유산의 유형별 분류기준(아래 ②) 각 목의 어느 하나에 해당하는 문화유산으로서 다음 각 목 중 어느 하나 이상의 가치를 충족하는 것

㉠ 역사적 가치
- ㉮ 시대성 : 사회, 문화, 정치, 경제, 교육, 예술, 종교, 생활 등 당대의 시대상을 현저히 반영하고 있는 것
- ㉯ 역사적 인물 관련성 : 역사적 인물과 관련이 깊거나 해당 인물이 제작한 것
- ㉰ 역사적 사건 관련성 : 역사적 사건과 관련이 깊거나 역사상 특수한 목적을 띠고 기념비적으로 만든 것
- ㉱ 문화사적 기여도 : 우리나라 문화사적으로 중요한 의의를 갖는 것

㉡ 예술적 가치
- ㉮ 보편성 : 인류의 보편적 미적 가치를 구현한 것
- ㉯ 특수성 : 우리나라 특유의 미적 가치를 잘 표현한 것
- ㉰ 독창성 : 제작자의 개성이 뚜렷하고 작품성이 높은 것
- ㉱ 우수성 : 구조, 구성, 형태, 색채, 문양, 비례, 필선(筆線) 등이 조형적으로 우수한 것

㉢ 학술적 가치
- ㉮ 대표성 : 특수한 작가 또는 유파를 대표하는 것
- ㉯ 지역성 : 해당 지역의 특징을 잘 구현한 것
- ㉰ 특이성 : 형태, 품질, 기법, 제작, 용도 등이 현저히 특수한 것
- ㉱ 명확성 : 명문(銘文 : 쇠·비석·그릇 따위에 새겨 놓은 글), 발문(跋文 : 서적의 마지막 부분에 본문 내용 또는 간행 경위 등을 간략하게 적은 글) 등을 통해 제작자, 제작시기 등에 유의미한 정보를 제공하는 것
- ㉲ 연구 기여도 : 해당 학문의 발전에 기여도가 있는 것

② 해당 문화유산의 유형별 분류기준

㉠ 건축문화유산
- ㉮ 목조군 : 궁궐(宮闕), 사찰(寺刹), 관아(官衙), 객사(客舍), 성곽(城郭), 향교(鄕校), 서원(書院), 사당(祠堂), 누각(樓閣), 정자(亭子), 주거(住居), 정자각(丁字閣), 재실(齋室) 등
- ㉯ 석조군 : 석탑(石塔), 승탑(僧塔 : 고승의 사리를 모신 탑), 전탑(塼塔 : 벽돌

　　　　　로 쌓은 탑), 비석(碑石), 당간지주[幢竿支柱 : 괘불(掛佛)이나 불교적 내용을 그린 깃발을 건 장대를 지탱하기 위해 좌우로 세운 기둥], 석등(石燈), 석교(石橋 : 돌다리), 계단(階段), 석단(石壇), 석빙고(石氷庫 : 돌로 만든 얼음 창고), 첨성대(瞻星臺), 석굴(石窟), 석표(石標 : 마을 등 영역의 경계를 표시하는 돌로 만든 팻말), 석정(石井) 등
- ㉣ 분묘군 : 분묘 등의 유구(遺構 : 옛 구조물의 흔적) 또는 건조물 및 부속물
- ㉤ 조적조군·콘크리트조군 : 성당(聖堂), 교회(敎會), 학교(學校), 관공서(官公署), 병원(病院), 역사(驛舍) 등

ⓒ 기록문화유산
- ㉮ 전적류(典籍類) : 필사본, 목판 및 목판본, 활자 및 활자본 등
- ㉯ 문서류(文書類) : 공문서, 사문서, 종교 문서 등

ⓒ 미술문화유산
- ㉮ 회화 : 일반회화[산수화, 인물화, 풍속화, 기록화, 영모(翎毛 : 새나 짐승을 그린 그림)·화조화(花鳥畵 : 꽃과 새를 그린 그림) 등], 불교회화(괘불, 벽화 등)
- ㉯ 서예 : 이름난 인물의 필적(筆跡), 사경(寫經 : 불교의 교리를 손으로 베껴 쓴 경전), 어필(御筆 : 임금의 필적), 금석(金石 : 금속이나 돌 등에 새겨진 글자), 인장(印章), 현판(懸板), 주련(柱聯 : 기둥 장식 글귀) 등
- ㉰ 조각 : 암벽조각(암각화 등), 능묘조각, 불교조각(마애불 등)
- ㉱ 공예 : 도·토공예, 금속공예, 목공예, 칠공예, 골각공예, 복식공예, 옥석공예, 피혁공예, 죽공예, 짚풀공예 등

ⓔ 과학문화유산
- ㉮ 과학기기
- ㉯ 무기·병기(총통, 화기) 등

(2) 국보

① 보물에 해당하는 문화유산 중 특히 역사적, 학술적, 예술적 가치가 큰 것
② 보물에 해당하는 문화유산 중 제작 연대가 오래되었으며, 그 시대의 대표적인 것으로서, 특히 보존가치가 큰 것
③ 보물에 해당하는 문화유산 중 조형미나 제작기술이 특히 우수하여 그 유례가 적은 것
④ 보물에 해당하는 문화유산 중 형태·품질·제재(製材)·용도가 현저히 특이한 것
⑤ 보물에 해당하는 문화유산 중 특히 저명한 인물과 관련이 깊거나 그가 제작한 것

(3) 사적

① 해당 문화유산의 유형별 분류기준(아래 ②) 각 목의 어느 하나에 해당하는 문화유산으로서 다음 각 목 중 어느 하나 이상의 가치를 충족하는 것

㉠ 역사적 가치
㉮ 정치·경제·사회·문화·종교·생활 등 각 분야에서 세계적, 국가적 또는 지역적으로 그 시대를 대표하거나 희소성과 상징성이 뛰어날 것
㉯ 국가에 역사적·문화적으로 큰 영향을 미친 저명한 인물의 삶과 깊은 연관성이 있을 것
㉰ 국가의 중대한 역사적 사건과 깊은 연관성을 가지고 있을 것
㉱ 특정 기간 동안의 기술 발전이나 높은 수준의 창의성 등 역사적 발전상을 보여줄 것

㉡ 학술적 가치
㉮ 선사시대 또는 역사시대의 정치·경제·사회·문화·종교·생활 등을 이해하는 데 중요한 정보를 제공할 것
㉯ 선사시대 또는 역사시대의 정치·경제·사회·문화·종교·생활 등을 알려주는 유구(遺構 : 인간의 활동에 의해 만들어진 것으로서 파괴되지 않고서는 움직일 수 없는 잔존물)의 보존상태가 양호할 것

② 해당 문화유산의 유형별 분류기준
㉠ 조개무덤, 주거지, 취락지 등의 선사시대 유적
㉡ 궁터, 관아, 성터, 성터시설물, 병영, 전적지(戰蹟地) 등의 정치·국방에 관한 유적
㉢ 역사·교량·제방·가마터·원지(園池)·우물·수중유적 등의 산업·교통·주거생활에 관한 유적
㉣ 서원, 향교, 학교, 병원, 사찰, 절터, 교회, 성당 등의 교육·의료·종교에 관한 유적
㉤ 제단, 고인돌, 옛무덤(군), 사당 등의 제사·장례에 관한 유적
㉥ 인물유적, 사건유적 등 역사적 사건이나 인물의 기념과 관련된 유적

(4) 국가 민속문화유산
① 다음 각 목의 어느 하나에 해당하는 것 중 한국민족의 기본적 생활문화의 특색을 나타내는 것으로서 전형적인 것
㉠ 의·식·주에 관한 것
궁중·귀족·서민·농어민·천인 등의 의복·장신구·음식용구·광열용구·가구·사육용구·관혼상제용구·주거, 그 밖의 물건 또는 그 재료 등
㉡ 생산·생업에 관한 것
농기구, 어로·수렵도구, 공장용구, 방직용구, 작업장 등
㉢ 교통·운수·통신에 관한 것
운반용 배·수레, 역사 등

ㄹ 교역에 관한 것
계산용구 · 계량구 · 간판 · 점포 · 감찰 · 화폐 등
ㅁ 사회생활에 관한 것
증답용구(贈答用具 : 편지 등을 주고 받는 데 쓰는 용구), 경방용구(警防用具 : 경계 · 방어하는 데 쓰는 용구), 형벌용구 등
ㅂ 신앙에 관한 것
제사구, 법회구, 봉납구(捧納具), 우상구(偶像具), 사우(祠宇) 등
ㅅ 민속지식에 관한 것
역류(曆類) · 점복(占卜)용구 · 의료구 · 교육시설 등
ㅇ 민속예능 · 오락 · 유희에 관한 것
의상 · 악기 · 가면 · 인형 · 완구 · 도구 · 무대 등

② ①의 각 목에 열거한 민속문화유산을 수집 · 정리한 것 중 그 목적 · 내용 등이 다음 각 호의 어느 하나에 해당하는 것으로서 특히 중요한 것
ㄱ 역사적 변천을 나타내는 것
ㄴ 시대적 또는 지역적 특색을 나타내는 것
ㄷ 생활계층의 특색을 나타내는 것

③ 민속문화유산이 일정한 구역에 집단적으로 소재한 경우에는 민속문화유산의 개별적인 지정을 갈음하여 그 구역을 다음의 기준에 따라 집단 민속문화유산 구역으로 지정할 수 있다.
ㄱ 한국의 전통적 생활양식이 보존된 곳
ㄴ 고유 민속행사가 거행되던 곳으로 민속적 풍경이 보존된 곳
ㄷ 한국건축사 연구에 중요한 자료를 제공하는 민가군(民家群)이 있는 곳
ㄹ 한국의 전통적인 전원생활의 면모를 간직하고 있는 곳
ㅁ 역사적 사실 또는 전설 · 설화와 관련이 있는 곳
ㅂ 옛 성터의 모습이 보존되어 고풍이 현저한 곳

2) 국가지정문화유산의 지정절차

(1) 국가유산청장은 해당 문화유산을 국가지정문화유산으로 지정하려면 문화유산위원회의 해당 분야 문화유산위원이나 전문위원 등 관계 전문가 3명 이상에게 해당 문화유산에 대한 조사를 요청해야 한다.

(2) (1)에 따라 조사 요청을 받은 사람은 조사를 한 후 조사보고서를 작성하여 국가유산청장에게 제출하여야 한다.

(3) 국가유산청장은 조사보고서를 검토하여 해당 문화유산이 국가지정문화유산으로 지정될 만한 가치가 있다고 판단되면 문화유산위원회의 심의 전에 그 심의할 내용과 해당 문

화유산(동산에 속하는 문화유산은 제외한다)에 관한 지형도면 또는 지적도를 관보에 30일 이상 예고하여야 한다.
(4) 국가유산청장은 예고가 끝난 날부터 6개월 안에 문화유산위원회의 심의를 거쳐 국가지정문화유산 지정 여부를 결정하여야 한다.
(5) 국가유산청장은 이해관계자의 이의제기 등 부득이한 사유로 6개월 안에 지정 여부를 결정하지 못한 경우에 그 지정 여부를 다시 결정할 필요가 있으면 예고 및 예고가 끝난 날부터 6개월 안에 문화유산위원회의 심의를 거치는 지정 절차를 다시 거쳐야 한다.

국가지정문화유산의 지정기준과 절차

1. 지정기준
   (1) 보물과 국보의 지정기준

구분 / 국가지정문화유산 기준	유형문화유산	
	보물	국보
지정권자	국가유산청장	국가유산청장
내용	문화유산위원회의 심의를 거쳐 유형문화유산 중 중요한 것을 보물로 지정할 수 있다.	보물에 해당하는 문화유산 중 인류문화의 관점에서 볼 때 그 가치가 크고 유례가 드문 것을 문화유산위원회의 심의를 거쳐 국보로 지정할 수 있다.

   (2) 사적의 지정기준

구분 / 국가지정문화유산 기준	기념물
	사적
지정권자	국가유산청장
내용	문화유산위원회의 심의를 거쳐 기념물 중 중요한 것을 사적으로 지정할 수 있다.

   (3) 국가민속문화유산의 지정기준

구분 / 국가지정문화유산 기준	민속문화유산
	국가민속문화유산
지정권자	국가유산청장
내용	문화유산위원회의 심의를 거쳐 민속문화유산 중 중요한 것을 국가민속문화유산으로 지정할 수 있다.

2. 지정절차

조사요청	국가유산청장은 해당 문화유산을 국가지정문화유산으로 지정하려면 문화유산위원회의 해당 분야 문화유산위원이나 전문위원 등 관계 전문가 3명 이상에게 해당 문화유산에 대한 조사를 요청하여야 한다.
조사	• 조사요청을 받은 사람은 조사를 한 후 • 조사보고서를 작성하여 국가유산청장에게 제출하여야 한다.
예고	• 국가유산청장은 조사보고서를 검토하여 • 해당 문화유산이 국가지정문화유산으로 지정될 만한 가치가 있다고 판단되면 • 문화유산위원회의 심의 전에 • 그 심의할 내용과 해당 문화유산(동산에 속하는 문화유산은 제외한다)에 관한 지형도면 또는 지적도를 관보에 30일 이상 예고하여야 한다.
문화유산 위원회 심의	국가유산청장은 예고가 끝난 날부터 6개월 안에 문화유산위원회의 심의를 거쳐
지정 여부 결정	국가지정문화유산 지정 여부를 결정하여야 한다.
이해관계자의 이의제기 등	국가유산청장은 이해관계자의 이의 제기 등 부득이한사유로 6개월 안에 지정 여부를 결정하지 못한 경우에 그 지정 여부를 다시 결정할 필요가 있으면 관보에 30일 이상 예고 및 예고가 끝난 날부터 6개월 안에 문화유산위원회의 심의를 거치는 지정 절차를 다시 거쳐야 한다.

04 보호물 또는 보호구역의 지정

1) 국가유산청장은 보물 및 국보의 지정·사적의 지정 또는 국가민속문화유산지정에 따른 지정을 할 때 문화유산보호를 위하여 특히 필요하면 이를 위한 보호물 또는 보호구역을 지정할 수 있다.

   (1) 보호물 또는 보호구역의 지정기준

   ① 국보·보물 및 국가민속문화유산의 보호구역

   ㉠ 해당 문화유산의 최대 돌출점에서 수직선으로 닿는 각 지점을 서로 연결하는 선에서 10미터부터 최대 100미터까지(해당 문화유산이 사찰, 사지, 서원, 향교, 관아, 객사, 회랑지 등 문화 유적지와 연결될 경우 그 유적지 외곽 경계에서 10미터

부터 100미터까지)
            ⓛ 그 밖에 해당 문화유산 보호에 필요하다고 인정되는 구역
    ② 사적의 보호구역
        ㉠ 선사시대 유적
            ㉮ 선사시대 유적 중 역사적 가치가 규명되지 아니한 유물이 흩어진 지역
            ㉯ 선사시대 유적과 역사문화환경적으로 밀접한 관련성이 있는 구역으로서 그 보호에 필요한 최소한의 구역
        ㉡ 정치ㆍ국방에 관한 유적
            ㉮ 궁터 : 궁궐의 외부지역 중 해당 사적과의 관련성 및 경관보호 등을 고려하여 보호에 필요한 최소한의 구역
            ㉯ 성터 : 성곽의 외부지역 중 전술적 측면을 고려하여 그 외곽 경계로부터 50미터 이내의 구역
            ㉰ 봉수대, 관아, 병영 등 : 해당 사적에 수반된 자연지형을 고려하여 보호에 필요한 최소한의 구역
            ㉱ 전적지 : 그 성격과 특성 등을 고려하여 보호에 필요한 최소한의 구역
        ㉢ 산업ㆍ교통ㆍ주거생활에 관한 유적
            ㉮ 역사(驛舍), 가마터 : 해당 사적과의 관련성 및 경관보호 등을 고려하여 보호에 필요한 최소한의 구역
            ㉯ 교량, 제방, 정원과 연못, 우물, 수중유적 등 : 역사문화환경적으로 해당 사적과 관련성이 있는 보호에 필요한 최소한의 구역
        ㉣ 교육ㆍ의료ㆍ종교에 관한 유적 : 현재의 여건을 고려하여 해당 사적의 외부지역 중 경관보호 등에 필요한 최소한의 구역
        ㉤ 제사ㆍ장례에 관한 유적 : 현재의 여건을 고려하여 경관보호 등에 필요한 최소한의 구역
        ㉥ 인물ㆍ사건 등의 기념에 관한 유적 : 현재의 여건을 고려하여 그 보호에 필요한 최소한의 구역
        ㉦ 그 밖의 사적의 보호구역 : 그 보호상 필요하다고 인정되는 구역
    ③ 보호물
        ㉠ 지상의 건조물 또는 그 밖의 시설물은 보호책ㆍ담장 또는 그 밖에 해당 문화유산의 보호를 위한 시설물
        ㉡ 동종(銅鍾)ㆍ비석ㆍ불상 등은 종각(鍾閣)ㆍ비각(碑閣)ㆍ불각(佛閣)
        ㉢ 그 밖의 문화유산은 그 보관되어 있는 건물이나 보호시설
    ④ 보호물이 있는 경우의 보호구역
        ㉠ 보호물이 건조물로 되어 있는 경우에는 각 추녀 끝 또는 이에 준하는 부분, 그 밖

　　　　에 최대 돌출점에서 수직선으로 닿는 각 지점을 연결하는 선에서 바깥으로 5미터부터 50미터까지의 구역
　　　ⓒ 보호물이 보호책·담장 등으로 되어 있는 경우에는 그 하부 경계에서 2미터부터 20미터까지의 구역
　(2) 국가유산청장은 자연적 조건, 인위적 조건, 그 밖의 특수한 사정이 있어 필요하다고 인정하면 보호물 또는 보호구역의 지정기준을 확대하거나 축소할 수 있다.
　(3) 국보, 보물, 사적 및 국가민속문화유산의 보호물 또는 보호구역의 지정에 관하여는 국가지정문화유산의 지정기준 및 절차의 규정을 준용한다.

2) 국가유산청장은 인위적 또는 자연적 조건의 변화 등으로 인하여 조정이 필요하다고 인정하면 지정된 보호물 또는 보호구역을 조정할 수 있다.

3) 국가유산청장은 보호물 또는 보호구역을 지정하거나 조정한 때에는 지정 또는 조정 후 매 10년이 되는 날 이전에 다음 각 호의 사항을 고려하여 그 지정 및 조정의 적정성을 검토하여야 한다. 다만, 특별한 사정으로 인하여 적정성을 검토하여야 할 시기에 이를 할 수 없는 경우에는 정하는 기간까지 그 검토시기를 연기할 수 있다.
　(1) 해당 문화유산의 보존가치
　(2) 보호물 또는 보호구역의 지정이 재산권 행사에 미치는 영향
　(3) 보호물 또는 보호구역의 주변 환경
　(4) 보호물 또는 보호구역의 적정성 검토
　　① 국가유산청장은 보호물 또는 보호구역 지정 및 조정의 적정성을 검토하기 위하여 시·도지사에게 다음 각 호에 해당하는 자료의 제출을 요청할 수 있다. 이 경우 관련 자료의 제출을 요청 받은 시·도지사는 특별한 사유가 없으면 요청을 받은 날부터 30일 이내에 요청받은 자료를 국가유산청장에게 제출하여야 한다.
　　　㉠ 보호구역등의 적정성에 관한 해당 지정문화유산의 소유자, 관리자, 관리단체와 해당 보호물·보호구역의 토지 또는 건물 소유자의 의견
　　　㉡ 보호물 또는 보호구역의 역사문화환경에 관한 자료
　　　㉢ 그 밖에 보호구역 등의 적정성 검토에 필요한 자료
　　② 국가유산청장은 보호구역 등의 적정성 검토를 하는 경우에는 문화유산위원회 위원이나 전문위원 등 관계전문가 3명 이상에게 해당 보호구역등의 적정성에 관한 의견을 들어야 한다.
　　③ 국가유산청장은 보호구역등의 적정성 검토 결과에 따라 해당 보호물 또는 보호구역을 조정할 필요가 있다고 판단되면 그 내용과 해당 보호구역에 관한 지형도면 또는 지적도를 관보에 30일 이상 예고하여야 한다.

④ 국가유산청장은 예고가 끝난 날부터 6개월 안에 문화유산위원회의 심의를 거쳐 해당 보호물 또는 보호구역의 조정 여부를 결정하여야 한다.
(국가유산청장은 보호물 또는 보호구역의 조정을 결정한 경우 그 취지를 관보에 고시하고, 그 내용을 지체없이 해당 지정문화유산의 소유자, 관리자 또는 관리단체와 해당 보호물·보호구역의 토지 또는 건물소유자에게 알려야 한다)
⑤ 국가유산청장은 이해관계자의 이의제기 등 부득이한 사유로 6개월 안에 조정여부를 결정하지 못한 경우에 그 조정 여부를 다시 결정할 필요가 있으면 예고 및 조정절차를 다시 거쳐야 한다.

(5) 보호물 또는 보호구역의 적정성 검토시기의 연기

보호구역 등의 적정성 검토시기를 연기할 수 있는 경우 및 그 기간은 각각 다음과 같다.
① 전쟁 또는 천재지변 등 부득이한 사유로 보호구역 등의 적정성 검토가 불가능한 경우 : 그 불가능한 사유가 없어진 날부터 1년까지
② 보호구역 등의 적정성 검토시기가 도래한 문화유산이나 그 보호물·보호구역과 관련하여 소송이 진행 중인 경우 : 그 소송이 끝난 날부터 1년까지

05 지정의 고시 및 통지

1) 국가유산청장이 보물 및 국보의 지정·사적의 지정·국가민속문화유산 지정·보호물 또는 보호구역의 지정의 규정에 따라 국가지정문화유산(보호물과 보호구역을 포함한다)를 지정하면 그 취지를 관보에 고시하고, 지체 없이 해당 문화유산의 소유자에게 알려야 한다.

2) 1)의 경우 그 문화유산의 소유자가 없거나 분명하지 아니하면 그 점유자 또는 관리자에게 이를 알려야 한다.

(1) 지정 및 해제 등의 고시(국가유산청장은 국가지정문화유산을 지정하거나 그 지정을 해제하는 경우 다음 각 호의 사항을 고시하여야 한다)
① 국가지정문화유산의 종류, 명칭, 수량, 소재지 또는 보관 장소
② 국가지정문화유산의 보호물 또는 보호구역의 명칭, 수량 및 소재지
③ 국가지정문화유산과 그 보호물 또는 보호구역의 소유자 또는 점유자의 성명과 주소
④ 지정의 이유 또는 지정 해제의 이유

(2) 지정에 관한 자료의 제출
① 시·도지사는 보물 및 국보의 지정, 사적, 국가민속문화유산 지정, 보호물 또는 보

호구역의 지정의 규정에 따라
② 지정해야 할 문화유산이 있으면 지체 없이 정하는 바에 따라 사진, 도면 및 녹음물 등 지정에 필요한 자료를 갖추어 국가유산청장에게 보고하여야 한다.

06 지정서의 교부

국가유산청장은 보물 및 국보의 지정이나 국가민속문화유산 지정에 따라 국보, 보물 또는 국가민속문화유산을 지정하면 그 소유자에게 해당 문화유산의 지정서를 내주어야 한다.

07 지정의 효력 발생 시기

보물 및 국보의 지정·사적의 지정·국가민속문화유산 지정·보호물 또는 보호구역의 지정의 규정에 따른 지정은 그 문화유산의 소유자, 점유자 또는 관리자에 대하여는 관보에 고시한 날부터 그 효력을 발생한다.

08 지정의 해제

1) 국가유산청장은 보물 및 국보의 지정·사적의 지정·국가민속문화유산 지정에 따라 지정된 문화유산이 국가지정문화유산으로서의 가치를 상실하거나 가치평가를 통하여 지정을 해제할 필요가 있을 때에는 문화유산위원회의 심의를 거쳐 그 지정을 해제할 수 있다.

2) 국가유산청장은 보호물 또는 보호구역의 지정에 따른 검토 결과 보호물 또는 보호구역 지정이 적정하지 아니하거나 그 밖에 특별한 사유가 있으면 보호물 또는 보호구역 지정을 해제하거나 그 범위를 조정하여야 한다. 국가지정문화유산 지정이 해제된 경우에는 지체 없이 해당 문화유산의 보호물 또는 보호구역 지정을 해제하여야 한다.

3) 문화유산 지정의 해제에 관한 고시 및 통지와 그 효력 발생시기에 관하여는 지정의 고시 및 통지 및 지정의 효력 발생 시기를 준용한다.

4) 국보, 보물 또는 국가민속문화유산의 소유자가 지정의 고시 및 통지에 따른 해제 통지를 받으면 그 통지를 받은 날부터 30일 이내에 해당 문화유산 지정서를 국가유산청장에게 반납하여야 한다.

5) 국가지정문화유산의 지정해제 등의 절차

(1) 국가유산청장은 다음 각 호의 어느 하나에 해당하는 지정 해제 등을 하려면 문화유산위원회의 해당 분야 위원이나 전문위원 등 관계전문가 3명 이상에게 해당 문화유산에 대한 조사를 요청하여야 한다.
　① 보물 및 국보, 사적, 국가민속문화유산의 국가지정문화유산 지정의 해제
　② 보호물 또는 보호구역 지정의 해제 또는 그 범위의 조정
(2) 조사요청을 받은 사람은 조사를 한 후 조사보고서(전자문서로 된 보고서를 포함한다)를 작성하여 국가유산청장에게 제출하여야 한다.
(3) 국가유산청장은 조사보고서를 검토하여 지정 해제 등이 필요하다고 판단되면 문화유산위원회의 심의 전에 그 심의할 내용을 관보에 30일 이상 예고하여야 한다.
(4) 국가유산청장은 예고가 끝난 날부터 6개월 안에 문화유산위원회의 심의를 거쳐 지정해제 등의 여부를 결정하여야 한다.
(5) 국가유산청장은 이해관계자의 이의 제기 등 부득이한 사유로 6개월 안에 지정 해제 등을 결정하지 못한 경우에 그 지정 해제 등의 여부를 다시 결정할 필요가 있으면 예고 및 지정해제 등의 절차를 다시 거쳐야 한다.

09 임시지정

1) 국가유산청장은 보물 및 국보의 지정·사적의 지정 또는 국가민속문화유산 지정에 따라 지정할 만한 가치가 있다고 인정되는 문화유산이
　(1) 지정 전에 원형보존을 위한 긴급한 필요가 있고 문화유산위원회의 심의를 거칠 시간적 여유가 없으면 중요문화유산으로 임시지정할 수 있다.
　(2) 중요문화유산으로 임시지정을 하는 경우에는 국보와 보물, 사적, 국가민속문화유산으로 구분하여 지정해야 한다.
2) 임시지정의 효력은 임시지정된 문화유산의 소유자, 점유자 또는 관리자에게 통지한 날부터 발생한다.
3) 임시지정은 임시지정한 날부터 6개월 이내에 보물 및 국보의 지정·사적의 지정 또는 국가민속문화유산 지정에 따른 지정이 없으면 해제된 것으로 본다.
4) 임시지정의 통지와 임시지정서의 교부에 관하여는 지정의 고시 및 통지와 지정서의 교부를 준용하되, 지정의 고시 및 통지에 따른 관보 고시는 하지 아니한다.

[제2절 보존·관리 및 활용]

01 소유자관리의 원칙

1) 국가지정문화유산의 소유자는 선량한 관리자의 주의로써 해당 문화유산을 보호하여야 한다.
2) 국가지정문화유산의 소유자는 필요에 따라 그에 대리하여 그 문화유산을 보호할 관리자를 선임할 수 있다.

02 관리단체에 의한 관리

1) 국가유산청장은 국가지정문화유산의 소유자가 분명하지 아니하거나 그 소유자 또는 관리자에 의한 관리가 곤란하거나 적당하지 아니하다고 인정하면 해당 국가지정문화유산 관리를 위하여 지방자치단체나 그 문화유산을 관리하기에 적당한 법인 또는 단체를 관리단체로 지정할 수 있다. 이 경우 국유에 속하는 국가지정문화유산 중 국가가 직접 관리하지 아니하는 문화유산의 관리단체는 관할 특별자치시, 특별자치도 또는 시·군·구(자치구를 말한다)가 된다. 다만, 문화유산이 2개 이상의 시·군·구에 걸쳐 있는 경우에는 관할 특별시·광역시·도(특별자치시와 특별자치도는 제외한다)가 관리단체가 된다.
   (1) 국가지정문화유산의 관리단체를 지정하는 경우에는 국가지정문화유산 관리단체 지정서를 발급하여야 하며 발급대장에 그 내용을 적고 이를 관리하여야 한다.
   (2) 관리단체 지정서를 발급받은 관리단체는 그 지정기간이 만료되거나 지정이 해제되면 10일 안에 그 지정서를 반납하여야 한다.
2) 관리단체로 지정된 지방자치단체는 국가유산청장과 협의하여 그 문화유산을 관리하기에 적당한 법인 또는 단체에 해당 문화유산의 관리 업무를 위탁할 수 있다.
3) 국가유산청장은 관리단체를 지정할 경우에 그 문화유산의 소유자나 지정하려는 지방자치단체, 법인 또는 단체의 의견을 들어야 한다.
4) 국가유산청장이 관리단체를 지정하면 지체 없이 그 취지를 관보에 고시하고, 국가지정문화유산의 소유자 또는 관리자와 해당 관리단체에 이를 알려야 한다.
5) 누구든지 지정된 관리단체의 관리행위를 방해하여서는 아니 된다.
6) 관리단체가 국가지정문화유산을 관리할 때 필요한 운영비 등 경비는 이 법에 특별한 규정이 없으면 해당 관리단체의 부담으로 하되, 관리단체가 부담능력이 없으면 국가나 지방자치단

체가 예산의 범위에서 이를 지원할 수 있다.

7) 관리단체 지정의 효력 발생시기

[지정의 효력 발생시기(법 제30조)를 준용]
(1) 지정은 그 문화유산의 소유자, 점유자 또는 관리자에 대하여는
(2) 관보에 고시한 날부터 그 효력을 발생한다.

8) 문화유산별 종합정비계획의 수립

(1) 국가지정문화유산을 관리하도록 지정된 관리단체는 해당 국가지정문화유산의 효율적인 보존·관리 및 활용을 위하여 국가유산청장과 협의하여 문화유산별 종합정비계획을 수립할 수 있다.

(2) 문화유산별 종합정비계획의 수립 시 포함 사항
(수립하는 정비계획은 문화유산의 원형을 보존하는 데 중점을 두어야 한다)
① 정비계획의 목적과 범위에 관한 사항
② 문화유산의 역사문화환경에 관한 사항
③ 문화유산에 관한 고증 및 학술조사에 관한 사항
④ 문화유산의 보수·복원 등 보존·관리 및 활용에 관한 사항
⑤ 문화유산의 관리·운영 인력 및 투자 재원(財源)의 확보에 관한 사항
⑥ 그 밖에 문화유산의 정비에 필요한 사항

(3) 국가유산청장은 정비계획의 수립절차, 방법 및 내용과 시행 등에 관하여 문화유산의 종류별 또는 유형별로 필요한 사항을 정할 수 있다.

03 국가에 의한 특별관리

1) 국가유산청장은 국가지정문화유산에 대하여 관리단체에 의한 관리에도 불구하고 소유자·관리자 또는 관리단체에 의한 관리가 곤란하거나 적당하지 아니하다고 인정하면 문화유산위원회의 심의를 거쳐 해당 문화유산을 특별히 직접 보호할 수 있다.
2) 국가에 의한 특별관리에 따른 국가지정문화유산의 보호에 필요한 경비는 국가가 부담한다.

04 허가사항

1) 국가지정문화유산에 대하여 다음 각 호의 어느 하나에 해당하는 행위를 하려는 자는 국가유산청장의 허가를 받아야 하며, 허가사항을 변경하려는 경우에도 국가유산청장의 허가를 받아야 한다. 다만, 국가지정문화유산 보호구역에 안내판 및 경고판을 설치하는 행위 등 경미한 행위에 대해서는 특별자치시장, 특별자치도지사, 시장·군수 또는 구청장의 허가(변경허가를 포함한다)를 받아야 한다.

   (1) 국가지정문화유산(보호물 및 보호구역을 포함한다)의 현상을 변경하는 행위
      ① 국가지정문화유산, 보호물 또는 보호구역을 수리, 정비, 복구, 보존처리 또는 철거하는 행위
      ② 국가지정문화유산, 보호물 또는 보호구역 안에서 하는 다음 각 목의 행위
         ㉠ 건축물 또는 도로·관로·전선·공작물·지하구조물 등 각종 시설물을 신축, 증축, 개축(改築), 이축(移築)또는 용도변경(지목변경의 경우는 제외한다)하는 행위
         ㉡ 수목(樹木)을 심거나 제거하는 행위
         ㉢ 토지 및 수면의 매립·간척·땅파기·구멍뚫기·땅깎기·흙쌓기 등 지형이나 지질의 변경을 가져오는 행위
         ㉣ 수로, 수질 및 수량에 변경을 가져오는 행위
         ㉤ 소음·진동을 유발하거나 대기오염물질·화학물질·먼지 또는 열등을 방출하는 행위
         ㉥ 오수(汚水)·분뇨·폐수 등을 살포, 배출, 투기하는 행위
         ㉦ 동물을 사육하거나 번식하는 등의 행위
         ㉧ 토석, 골재 및 광물과 그 부산물 또는 가공물을 채취, 반입, 반출, 제거하는 행위
         ㉨ 광고물 등을 설치, 부착하거나 각종 물건을 쌓는 행위

   (2) 국가지정문화유산(동산에 속하는 문화유산은 제외한다)의 보존에 영향을 미칠 우려가 있는 행위
      ① 역사문화환경 보존지역에서 하는 행위
         ㉠ 해당 국가지정문화유산의 경관을 저해할 우려가 있는 건축물 또는 시설물을 설치·증설하는 행위
         ㉡ 해당 국가지정문화유산의 경관을 저해할 우려가 있는 수목을 심거나 제거하는 행위
         ㉢ 해당 국가지정문화유산의 보존에 영향을 줄 수 있는 소음·진동·악취 등을 유발하거나 대기오염물질·화학물질·먼지·빛 또는 열 등을 방출하는 행위
         ㉣ 해당 국가지정문화유산의 보존에 영향을 줄 수 있는 지하 50미터 이상의 땅파기

행위
　　㉭ 해당 국가지정문화유산의 보존에 영향을 미칠 수 있는 토지·임야의 형질을 변경하는 행위
② 국가지정문화유산이 소재하는 지역의 수로의 수질과 수량에 영향을 줄 수 있는 수계에서 하는 건설공사 등의 행위
③ 국가지정문화유산과 연결된 유적지를 훼손함으로써 국가지정문화유산 보존에 영향을 미칠 우려가 있는 행위
④ 그 밖에 국가지정문화유산 외곽 경계의 외부 지역에서 하는 행위로서 국가유산청장 또는 해당 지방자치단체의 장이 국가지정문화유산의 역사적·예술적·학술적·경관적 가치에 영향을 미칠 우려가 있다고 인정하여 고시하는 행위

(3) 국가지정문화유산을 탁본 또는 영인(影印 : 원본을 사진 등의 방법으로 복제하는 것)하거나 그 보존에 영향을 미칠 우려가 있는 촬영 행위
① 국가지정문화유산을 다른 장소로 옮겨 촬영하는 행위
② 국가지정문화유산의 표면에 촬영 장비를 접촉하여 촬영하는 행위
③ 빛 또는 열 등이 지나치게 방출되어 국가지정문화유산의 보존에 영향을 줄 수 있는 촬영 행위
④ 그 밖에 촬영 장비의 충돌·추락 등으로 국가지정문화유산에 물리적 충격을 줄 수 있는 촬영 행위

(4) 특별자치시장 등의 허가 대상 행위[특별자치시장, 특별자치도지사, 시장·군수·구청장의 허가(변경허가를 포함한다)를 받아야 하는 행위]
① 국가유산청장이 문화유산의 특성을 고려하여 고시하는 건축물 또는 시설물의 설치 행위
② 국가지정문화유산의 현상을 변경하는 행위(법 제35조 ① 제1호 및 영 제21조의2 ① 의 행위 중) 다음 아래의 어느 하나에 해당하는 행위
　　(다만, 해당 국가지정문화유산을 대상으로 하는 행위는 제외한다)
　　㉠ 건조물을 원형대로 보수하는 행위
　　㉡ 전통양식에 따라 축조된 담장을 원형대로 보수하는 행위
　　㉢ 국가유산청장이 정하는 규모의 신축, 개축(改築) 또는 증축 행위
　　㉣ 「전기사업법」에 따른 전기설비 및 「화재예방, 소방시설 설치·유지 및 안전관리에 관한 법률」에 따른 소방시설을 설치하는 행위
　　㉤ 표지돌, 안내판 및 경고판을 설치하는 행위
　　㉥ 보호울타리를 설치하는 행위

　　　　　ⓐ 수목의 가지고르기, 병충해 방제, 거름주기 등 수목에 대한 일반적 보호·관리
　　　　　ⓞ 학술·연구 목적이나 보존을 위한 종자 및 삽수(挿穗 : 꺾꽂이용 묘목이나 싹)를 채취하는 행위
　　　③ 국가지정문화유산(동산에 속하는 문화유산은 제외한다)의 보존에 영향을 미칠 우려가 있는 행위로서 정하는 행위 중 국가유산청장이 경미한 행위로 정하여 고시하는 행위
　　　④ 국가지정문화유산을 탁본 또는 영인(影印 : 원본을 사진 등의 방법으로 복제하는 것)하거나 그 보존에 영향을 미칠 우려가 있는 촬영을 하는 행위 중 국가지정문화유산(공개가 제한되는 국가지정문화유산은 제외한다)의 촬영행위

2) 국가지정문화유산과 시·도지정문화유산의 역사문화환경 보존지역이 중복되는 지역에서 국가유산청장이나 특별자치시장, 특별자치도지사, 시장·군수 또는 구청장의 허가를 받은 경우에는 준용규정(법 제74조 제2항)에 따른 시·도지사의 허가를 받은 것으로 본다.

3) 국가유산청장은 국가지정문화유산의 보존에 영향을 미칠 우려가 있는 행위에 관하여 허가한 사항 중 대통령령으로 정하는 경미한 사항의 변경허가에 관하여는 시·도지사에게 위임할 수 있다.

4) 국가유산청장과 특별자치시장, 특별자치도지사, 시장·군수 또는 구청장은 허가 또는 변경허가의 신청을 받은 날부터 30일(문화유산위원회의 설치에 따른 문화유산위원회의 심의기간 등 정하는 기간은 포함하지 아니한다) 이내에 허가 여부를 신청인에게 통지하여야 한다.

(1) 처리기간
　　① 처리기간에 포함하지 않는 기간은
　　② 다음 각 호의 기간을 말한다.
　　　㉠ 문화유산위원회(분과위원회 및 합동분과위원회를 포함한다)의 조사·심의에 걸리는 기간
　　　㉡ 허가기준에 따라 허가를 위하여 관계 전문가에게 필요한 조사를 하게 한 경우 그 조사에 걸리는 기간
　　　㉢ 허가절차에 따라 허가신청서를 특별자치시장, 특별자치도지사 또는 시장·군수·구청장을 거쳐 국가유산청장에게 이송하는 데 걸리는 기간
　　　㉣ 국가유산청장, 특별자치시장, 특별자치도지사 또는 시장·군수·구청장이 허가를 신청한 자에게 허가절차에 따른 허가신청서의 보완을 요구한 경우 보완에 걸리는 기간(보완 요청서를 발송하는 날과 보완된 서류가 도달한 날을 포함한다)
　　　㉤ 토요일과 「관공서의 공휴일에 관한 규정」에 따른 공휴일 및 대체공휴일
다만, 문화유산위원회의 설치에 따른 문화유산위원회의 심의를 거치는 경우에는 심의가 종료된 날부터 7일 이내에 그 결과를 신청인에게 통지하여야 한다.

5) 국가유산청장과 특별자치시장, 특별자치도지사, 시장·군수 또는 구청장이 4)에서 정한 기간 내에 허가 또는 변경허가 여부나 민원 처리 관련 법령에 따른 처리기간의 연장을 신청인에게 통지하지 아니하면 그 기간(민원 처리 관련 법령에 따라 처리기간이 연장 또는 재연장된 경우에는 해당 처리기간을 말한다)이 끝난 날의 다음 날에 허가 또는 변경허가를 한 것으로 본다.

6) 허가절차

(1) 허가사항에 따라 국가유산청장의 허가를 받으려는 자는 해당 국가지정문화유산의 종류, 명칭, 수량 및 소재지 등을 적은 허가신청서를 관할 특별자치시장, 특별자치도지사, 시장·군수·구청장(자치구의 구청장을 말한다)을 거쳐 국가유산청장에게 제출해야 하며, 허가사항을 변경하려는 경우에도 또한 같다. 이 경우 시장·군수·구청장은 관할 시·도지사에게 허가신청 사항 등을 알려야 한다.

(2) (1) 전단에도 불구하고 다음 각 호의 어느 하나에 해당하는 행위에 대한 허가 신청 또는 허가사항의 변경신청을 하는 경우에는 특별자치시장, 특별자치도지사, 시장·군수·구청장을 거치지 아니하고 국가유산청장에게 직접 신청서를 제출하여야 한다.

① 국가지정문화유산을 탁본 또는 영인하거나 그 보존에 영향을 미칠 우려가 있는 촬영 행위

㉠ 국가지정문화유산을 다른 장소로 옮겨 촬영하는 행위
㉡ 국가지정문화유산의 표면에 촬영 장비를 접촉하여 촬영하는 행위
㉢ 빛 또는 열 등이 지나치게 방출되어 국가지정문화유산의 보존에 영향을 줄 수 있는 촬영 행위
㉣ 그 밖에 촬영 장비의 충돌·추락 등으로 국가지정문화유산에 물리적 충격을 줄 수 있는 촬영 행위

② 국유인 문화유산으로서 국가가 직접 관리하는 국가지정문화유산(동산에 속하는 문화유산으로 한정한다)의 현상변경 행위

③ 국가유산청장이 직접 관리하고 있는 국가지정문화유산 안에서 이루어지는 현상변경 행위

05 허가기준

1) 국가유산청장과 특별자치시장, 특별자치도지사, 시장·군수 또는 구청장은 허가사항에 따라 허가신청을 받으면 그 허가신청 대상 행위가 다음 각 호의 기준에 맞는 경우에만 허가하여야 한다.
   (1) 문화유산의 보존과 관리에 영향을 미치지 아니할 것
   (2) 문화유산의 역사문화환경을 훼손하지 아니할 것
   (3) 기본계획과 시행계획에 들어맞을 것

2) 국가유산청장과 특별자치시장, 특별자치도지사, 시장·군수 또는 구청장은 1)에 따른 허가를 위하여 필요한 경우 관계 전문가에게 조사를 하게 할 수 있다.

   (1) 현상변경 등 허가를 위한 조사 시 관계 전문가의 범위
   ① 문화유산위원회의 위원 또는 전문위원
   ② 시·도문화유산위원회의 위원 또는 전문위원
   ③ 「고등교육법」에 따른 학교의 문화유산 관련 학과의 조교수 이상인 교원
   ④ 문화유산 업무를 담당하는 학예연구관, 학예연구사 또는 나군 이상의 전문경력관
   ⑤ 「고등교육법」에 따른 학교의 건축, 토목, 환경, 도시계획, 소음, 진동, 대기오염, 화학물질, 먼지 또는 열에 관련된 분야의 학과의 조교수 이상인 교원
   ⑥ ⑤에 따른 분야의 학회로부터 추천을 받은 사람
   ⑦ 그 밖에 문화유산 관련 분야에서 5년 이상 종사한 사람으로서 문화유산에 대한 지식과 경험이 풍부하다고 국가유산청장이 인정한 사람

   (2) 허가서
   ① 국가유산청장은 허가기준에 따라 허가하는 경우에는 신청인의 성명, 대상 문화유산, 허가사항, 허가기간 및 허가조건 등을 적은 허가서를
   ② 관할 특별자치시장, 특별자치도지사, 시장·군수·구청장을 거쳐 신청인에게 내주어야 한다.
   ③ 이 경우 국가유산청장은 관할 시·도지사(특별자치시장과 특별자치도지사는 제외)에게 허가사항 등을 알려야 한다.
   다만, 국가지정문화유산을 탁본 또는 영인하거나 그 보존에 영향을 미칠 우려가 있는 촬영 행위(법 제35조 ① 제3호)에 해당하는 행위에 대한 허가 및 국가유산청장이 직접 관리하고 있는 국가지정문화유산 안에서 이루어지는 현상 변경 행위에 대한 허가를 하는 경우에는 특별자치시장, 특별자치도지사, 시장·군수·구청장을 거치지 아니하거나 관할 시·도지사에게 허가사항 등을 알리지 아니하여도 된다.

06 허가사항의 취소

1) 국가유산청장은 허가사항(법 제35조 ① 본문, ③), 수출 등의 금지(법 제39조 ① 단서, ③) 및 국가지정문화유산의 공개 등(법 제48조 ⑤)에 따라 허가를 받은 자가
2) 다음 각 호의 어느 하나에 해당하는 경우에는 허가를 취소할 수 있다.
   (1) 허가사항이나 허가조건을 위반한 때
   (2) 속임수나 그 밖의 부정한 방법으로 허가를 받은 때
   (3) 허가사항의 이행이 불가능하거나 현저히 공익을 해할 우려가 있다고 인정되는 때
3) 특별자치시장, 특별자치도지사, 시장·군수 또는 구청장은 허가사항(법 제35조 ① 단서)에 따라 허가를 받은 자가 2) 각 호의 어느 하나에 해당하는 경우에는 허가를 취소할 수 있다.
4) 허가사항(법 제35조 ①)에 따라 허가를 받은 자가 착수신고를 하지 아니하고 허가기간이 지난 때에는 그 허가가 취소된 것으로 본다.

07 수출 등의 금지

1) 국보, 보물 또는 국가민속문화유산은 국외로 수출하거나 반출할 수 없다. 다만, 문화유산의 국외 전시, 조사·연구 등 국제적 문화교류를 목적으로 반출하되, 그 반출한 날부터 2년 이내에 다시 반입할 것을 조건으로 국가유산청장의 허가를 받으면 그러하지 아니하다.

2) 1) 단서에 따라 문화유산의 국외 반출을 허가받으려는 자는 반출 예정일 5개월 전에 관세청장이 운영·관리하는 전산시스템을 통하여 문화체육관광부령으로 정하는 반출허가신청서를 국가유산청장에게 제출하여야 한다.

3) 국가유산청장은 1) 단서에 따라 반출을 허가받은 자가 그 반출 기간의 연장을 신청하면 당초 반출목적 달성이나 문화유산의 안전 등을 위하여 필요하다고 인정되는 경우 4)에 따른 심사기준에 부합하는 경우에 한정하여 2년의 범위에서 그 반출 기간의 연장을 허가할 수 있다.

4) **국외 반출 또는 반출기간의 연장을 허가하기 위한 구체적 심사기준**
   (1) 해당 문화유산의 전시 필요성 및 예상되는 전시 효과
   (2) 해당 문화유산의 국외 반출 빈도 및 기간
   (3) 전시기간, 전시장소 및 전시환경의 적정성 여부
   (4) 반출 기간 동안의 보안, 방범 등 적정한 안전관리대책의 마련 여부
   (5) 포장, 이송 시의 안전성 여부

(6) 반출 허가 또는 반출 기간 연장 허가 신청자의 문화유산 관련 법령 등 위반 여부
(7) 그 밖에 보험가입 등 반출 허가에 필요한 사항의 구비 여부

5) 국가유산청장은 1)의 단서에 따라 국외 반출을 허가받은 자에게 해당 문화유산의 현황 및 보존·관리 실태 등의 자료를 제출하도록 요구할 수 있다. 이 경우 요구를 받은 자는 특별한 사유가 없으면 이에 따라야 한다.

08 신고 사항

1) 국가지정문화유산(보호물과 보호구역을 포함한다)의 소유자, 관리자 또는 관리단체는 해당 문화유산에 다음 각 호의 어느 하나에 해당하는 사유가 발생하면 그 사실과 경위를 국가유산청장에게 신고하여야 한다.
   다만, 허가사항(법 제35조 ① 단서)에 따라 허가를 받고 그 행위를 착수하거나 완료한 경우에는 특별자치시장, 특별자치도지사, 시장·군수 또는 구청장에게 신고하여야 한다.
   (1) 관리자를 선임하거나 해임한 경우
   (2) 국가지정문화유산의 소유자가 변경된 경우
   (3) 소유자 또는 관리자의 성명이나 주소가 변경된 경우
   (4) 국가지정문화유산의 소재지의 지명, 지번, 지목(地目), 면적 등이 변경된 경우
   (5) 보관 장소가 변경된 경우
   (6) 국가지정문화유산의 전부 또는 일부가 멸실, 유실, 도난 또는 훼손된 경우
   (7) 국가지정문화유산(보호물 및 보호구역을 포함한다)의 현상을 변경하는 행위로서 정하는 행위에 따라 허가(변경허가를 포함한다)를 받고 그 문화유산의 현상변경을 착수하거나 완료한 경우
   (8) 수출 등의 금지에 따라 허가받은 문화유산을 반출한 후 이를 다시 반입한 경우

2) 1)에 따른 신고를 하는 때에는 (1)의 경우 소유자와 관리자가, (2)의 경우에는 신·구 소유자가 각각 신고서에 함께 서명하여야 한다.

3) 역사문화환경 보존지역에서 건설공사를 시행하는 자는 해당 역사문화환경 보존지역에서 국가지정문화유산(동산에 속하는 문화유산은 제외한다)의 보존에 영향을 미칠 우려가 있는 행위로서 허가(변경허가를 포함한다)를 받고 허가받은 사항을 착수 또는 완료한 경우에는 그 사실과 경위를 국가유산청장에게 신고하여야 한다.
   다만, 허가사항(법 제35조 ① 단서)에 따라 허가를 받고 그 행위를 착수하거나 완료한 경우에는 특별자치시장, 특별자치도지사, 시장·군수 또는 구청장에게 신고하여야 한다.

4) 관리자 선임 등의 신고

(1) 국가지정문화유산에 관하여 신고하려는 자는 해당 국가지정문화유산의 종류, 명칭, 수량 및 소재지 등을 적은 관리자 선임 등의 신고서를 그 사유가 발생한 날부터 15일 이내에 관할 시장·군수·구청장 및 시·도지사를 거쳐 국가유산청장에게 제출해야 한다.

(2) 국가지정문화유산에 관하여 1)의 단서 및 3)의 단서에 따라 신고하려는 자는 해당 국가지정문화유산의 종류, 명칭, 수량 및 소재지 등을 적은 신고서를 그 사유가 발생한 날부터 15일 이내에 특별자치시장, 특별자치도지사, 시장·군수·구청장에 제출해야 한다.

09 행정명령

1) 국가유산청장이나 지방자치단체의 장은 국가지정문화유산(보호물과 보호구역을 포함한다)과 그 역사문화환경 보존지역의 보존·관리를 위하여 필요하다고 인정하면 다음 각 호의 사항을 명할 수 있다.

   (1) 국가지정문화유산의 관리 상황이 그 문화유산의 보존상 적당하지 아니하거나 특히 필요하다고 인정되는 경우 그 소유자, 관리자 또는 관리단체에 대한 일정한 행위의 금지나 제한

   (2) 국가지정문화유산의 소유자, 관리자 또는 관리단체에 대한 수리, 그 밖에 필요한 시설의 설치나 장애물의 제거

   (3) 국가지정문화유산의 소유자, 관리자 또는 관리단체에 대한 문화유산 보존에 필요한 긴급한 조치

   (4) 허가사항 각 호에 따른 허가를 받지 아니하고 국가지정문화유산의 현상을 변경하거나 보존에 영향을 미칠 우려가 있는 행위 등을 한 자에 대한 행위의 중지 또는 원상회복 조치

2) 국가유산청장 또는 지방자치단체의 장은 국가지정문화유산의 소유자, 관리자 또는 관리단체가 1) (1)부터 (3)까지의 규정에 따른 명령을 이행하지 아니하거나 그 소유자, 관리자, 관리단체에 1) (1)부터 (3)까지의 조치를 하게 하는 것이 적당하지 아니하다고 인정되면 국가의 부담으로 직접 1) (1)부터 (3)까지의 조치를 할 수 있다.

3) 국가유산청장 또는 지방자치단체의 장은 1) (4)에 따른 명령을 받은 자가 명령을 이행하지 아니하는 경우 「행정대집행법」에서 정하는 바에 따라 대집행하고, 그 비용을 명령 위반자로부터 징수할 수 있다.

4) 지방자치단체의 장은 1)에 따른 명령을 하면 국가유산청장에게 보고하여야 한다.

10 기록의 작성·보존

1) 국가유산청장과 해당 특별자치시장, 특별자치도지사, 시장·군수 또는 구청장 및 관리단체의 장은 국가지정문화유산의 보존·관리 및 변경 사항 등에 관한 기록을 작성·보존하여야 한다.
2) 국가유산청장은 국가지정문화유산의 보존·관리를 위하여 필요하다고 인정하면 문화유산에 관한 전문적 지식이 있는 자나 연구기관에 국가지정문화유산의 기록을 작성하게 할 수 있다.

11 정기조사

1) 국가유산청장은 국가지정문화유산의 현상, 관리, 그 밖의 보존상황 등에 관하여 정기적으로 조사하여야 한다.
    (1) 정기조사는 3년마다 실시한다.
    (2) 다만, 다음의 어느 하나에 해당하는 국가지정문화유산에 대해서는 5년마다 실시한다.
        ① 건물 안에 보관하여 관리하는 국가지정문화유산
        ② 국가 또는 지방자치단체가 직접 관리하는 국가지정문화유산
        ③ 소유자 또는 관리자 등이 거주하고 있는 건축물류 국가지정문화유산
        ④ 직전 정기조사에서 보존상태가 양호한 것으로 조사된 국가지정문화유산
    (3) 정기조사의 운영절차 및 방법 등에 관한 세부 사항은 국가유산청장이 정한다.
2) 국가유산청장은 정기조사 후 보다 깊이 있는 조사가 필요하다고 인정하면 그 소속 공무원에게 해당 국가지정문화유산에 대하여 재조사하게 할 수 있다.
3) 1)과 2)에 따라 조사하는 경우에는 미리 그 문화유산의 소유자, 관리자, 관리단체에 대하여 그 뜻을 알려야 한다. 다만, 긴급한 경우에는 사후에 그 취지를 알릴 수 있다.
4) 조사를 하는 공무원은 소유자, 관리자, 관리단체에 문화유산의 공개, 현황자료의 제출, 문화유산 소재장소 출입 등 조사에 필요한 범위에서 협조를 요구할 수 있으며, 그 문화유산의 현상을 훼손하지 아니하는 범위에서 측량, 발굴, 장애물의 제거, 그 밖에 조사에 필요한 행위를 할 수 있다. 다만, 해 뜨기 전이나 해 진 뒤에는 소유자, 관리자, 관리단체의 동의를 받아야 한다.
5) 조사를 하는 공무원은 그 권한을 표시하는 증표를 지니고 이를 관계인에게 내보여야 한다.
6) 국가유산청장은 정기조사와 재조사의 전부 또는 일부를 지방자치단체에 위임하거나 전문기관 또는 단체에 위탁할 수 있다.

[정기조사 등의 위탁]
(다음 각 호의 어느 하나에 해당하는 기관 또는 단체에 위탁할 수 있다)
  (1) 문화유산 관련 조사, 연구, 교육, 수리 또는 학술 활동을 목적으로 설립된 법인 또는 단체
  (2) 「박물관 및 미술관 진흥법」에 따른 박물관 또는 미술관
  (3) 「고등교육법」에 따른 학교의 문화유산 관련 부설 연구기관 또는 산학협력단

7) 국가유산청장은 정기조사·재조사의 결과를 다음 각 호의 국가지정문화유산의 관리에 반영하여야 한다.
  (1) 문화유산의 지정과 그 해제
  (2) 보호물 또는 보호구역의 지정과 그 해제
  (3) 문화유산의 수리
  (4) 문화유산 보존을 위한 행위의 제한·금지 또는 시설의 설치·제거 및 이전
  (5) 그 밖에 관리에 필요한 사항

12 직권에 의한 조사

1) 국가유산청장은 필요하다고 인정하면 그 소속 공무원에게 국가지정문화유산의 현상, 관리, 그 밖의 보존상황에 관하여 조사하게 할 수 있다.
2) 직권에 의한 조사를 하는 경우 조사통지, 조사의 협조요구, 조사를 위하여 필요한 행위범위, 조사증표 휴대 및 제시 등에 관하여는 정기조사의 규정을 준용한다.

13 소재불명 등 국가지정문화유산의 공고

국가유산청장은 국가지정문화유산의 소유자, 관리자, 관리단체의 소재를 알 수 없거나, 국가지정문화유산의 유실·도난 등이 확인된 경우에는 해당 문화유산의 목록과 그 사유를 인터넷 홈페이지에 공고하여야 한다.

14 손실의 보상

1) 국가는 다음 각 호의 어느 하나에 해당하는 자에 대하여는 그 손실을 보상하여야 한다.
  (1) 행정명령의 규정에 따른 명령을 이행하여 손실을 받은 자
    ① 국가지정문화유산의 관리 상황이 그 문화유산의 보존상 적당하지 아니하거나 특히

필요하다고 인정되는 경우 그 소유자, 관리자 또는 관리단체에 대한 일정한 행위의 금지나 제한

② 국가지정문화유산의 소유자, 관리자 또는 관리단체에 대한 수리, 그 밖에 필요한 시설의 설치나 장애물의 제거

③ 국가지정문화유산의 소유자, 관리자 또는 관리단체에 대한 문화유산 보존에 필요한 긴급한 조치

(2) 국가유산청장 또는 지방자치단체의 장은 국가지정문화유산의 소유자, 관리자 또는 관리단체가 (1)의 ①, ②, ③의 규정에 따른 명령을 이행하지 아니하거나 그 소유자, 관리자, 관리단체에 (1)의 ①, ②, ③의 조치를 하게 하는 것이 적당하지 아니하다고 인정되면 국가의 부담으로 직접 (1)의 ①, ②, ③의 조치를 할 수 있다. 이에 따른 조치로 인하여 손실을 받은 자

(3) 정기조사에 따른 조사행위로 인하여 손실을 받은 자

① 조사를 하는 공무원은 소유자, 관리자, 관리단체에 문화유산의 공개, 현황자료의 제출, 문화유산 소재장소 출입 등 조사에 필요한 범위에서 협조를 요구할 수 있으며, 그 문화유산의 현상을 훼손하지 아니하는 범위에서 측량, 발굴, 장애물의 제거, 그 밖에 조사에 필요한 행위를 할 수 있다. 다만, 해 뜨기 전이나 해 진 뒤에는 소유자, 관리자, 관리단체의 동의를 받아야 한다.

② 직권에 의한 조사에 따라 직권에 의한 조사를 하는 경우 조사통지, 조사의 협조요구, 조사를 위하여 필요한 행위범위, 조사증표 휴대 및 제시 등에 관하여는 정기조사에 따라 준용되는 경우를 포함한다.

2) 손실을 보상받으려는 자는 국가지정문화유산의 종류, 명칭, 수량, 소재지 또는 보관 장소나 그 사유를 적은 신청서에 증명서류를 첨부하여 국가유산청장에게 신청해야 한다.

15 임시지정문화유산에 관한 허가사항 등의 준용

임시지정문화유산의 보호에 관하여는 허가사항, 허가사항의 취소, 수출등의 금지, 신고사항, 행정명령, 손실의 보상을 준용한다.

[제3절 공개 및 관람료]

01 국가지정문화유산의 공개 등

1) 국가지정문화유산은 해당 문화유산의 공개를 제한하는 경우 외에는 특별한 사유가 없으면 이를 공개하여야 한다.

2) 국가유산청장은 국가지정문화유산의 보존과 훼손 방지를 위하여 필요하면 해당 문화유산의 전부나 일부에 대하여 공개를 제한할 수 있다. 이 경우 국가유산청장은 해당 문화유산의 소유자(관리단체가 지정되어 있으면 그 관리단체를 말한다)의 의견을 들어야 한다.

3) 국가유산청장은 국가지정문화유산의 공개를 제한하면 해당 문화유산이 있는 지역의 위치, 공개가 제한되는 기간 및 지역 등을 고시하고, 해당 문화유산의 소유자·관리자 또는 관리단체, 관할 시·도지사와 시장·군수 또는 구청장에게 알려야 한다.

　(1) 국가지정문화유산의 공개 제한의 고시 등
　　① 해당 국가지정문화유산의 종류, 명칭 및 소재지
　　② 해당 문화유산이 있는 지역의 위치　③ 공개가 제한되는 기간 및 지역
　　④ 공개가 제한되는 사유　　　　　　⑤ 공개 제한 위반 시의 제재사유
　　⑥ 위 사항 외의 추가적인 정보를 제공하는 인터넷 홈페이지의 주소

　(2) 안내판 설치
　　① 공개 제한을 통보받은 시·도지사 또는 시장·군수·구청장은 공개가 제한되는 문화유산 주변에 (1)의 각 사항을 적은 안내판을 설치하여야 한다.
　　② 다만, 국가유산청장이 직접 관리하고 있는 국가지정문화유산의 공개를 제한하는 경우에는 국가유산청장이 안내판을 설치하여야 한다.

4) 국가유산청장은 공개 제한의 사유가 소멸하면 지체 없이 제한 조치를 해제하여야 한다. 이 경우 국가유산청장은 이를 고시하고 해당 문화유산의 소유자·관리자 또는 관리단체, 관할 시·도지사와 시장·군수 또는 구청장에게 알려야 한다.

　(1) 공개제한 해제 시 고시사항
　　① 해당 국가지정문화유산의 종류, 명칭 및 소재지
　　② 공개 제한이 해제되는 지역
　　③ 공개 제한이 해제되는 사유

(2) 공개제한의 해제 통보를 받은 시·도지사 또는 시장·군수·구청장은 안내판을 철거하여야 한다. 다만, 국가유산청장이 직접 관리하고 있는 국가지정문화유산의 공개 제한을 해제하는 경우에는 국가유산청장이 안내판을 철거하여야 한다.

5) 공개가 제한되는 지역에 출입하려는 자는 그 사유를 명시하여 국가유산청장의 허가를 받아야 한다.
   (1) 공개가 제한되는 지역에 출입하려는 자가 다음 각 호의 어느 하나에 해당하면 그 출입을 허가할 수 있다.
   (2) 공개제한지역 출입의 허가
       ① 문화유산 수리·관리를 위하여 필요한 경우
       ② 문화유산 보호·보존을 위한 학술조사에 필요한 경우
       ③ 그 밖에 국가유산청장이 해당 문화유산의 보존·활용을 위하여 필요하다고 인정하는 경우
   (3) 공개제한지역에 따른 허가를 받으려는 자는 출입허가 신청서를 시장·군수·구청장 및 시·도지사를 거쳐 국가유산청장에게 제출하여야 한다.
       다만, 국가유산청장이 직접 관리하고 있는 국가지정문화유산의 출입허가를 받으려는 경우에는 시장·군수·구청장 및 시·도지사를 거치지 아니하고 직접 국가유산청장에게 제출하여야 한다.
   (4) 국가유산청장은 공개가 제한되는 지역에 출입을 허가하는 경우 출입허가서를 신청인에게 발급하여야 한다.

6) 국가유산청장은 허가의 신청을 받은 날부터 30일 이내에 허가 여부를 신청인에게 통지하여야 한다.

7) 국가유산청장이 정한 기간 내에 허가 여부 또는 민원 처리 관련 법령에 따른 처리기간의 연장을 신청인에게 통지하지 아니하면 그 기간(민원 처리 관련 법령에 따라 처리기간이 연장 또는 재연장된 경우에는 해당 처리기간을 말한다)이 끝난 날의 다음 날에 허가를 한 것으로 본다.

02 관람료의 징수 및 감면

1) 국가지정문화유산의 소유자는 그 문화유산을 공개하는 경우 관람자로부터 관람료를 징수할 수 있다. 다만, 관리단체가 지정된 경우에는 관리단체가 징수권자가 된다.

2) 관람료는 해당 국가지정문화유산의 소유자 또는 관리단체가 정한다.

3) 국가 또는 지방자치단체는 관람료의 징수에도 불구하고 국가가 관리하는 국가지정문화유산의 경우 문화체육관광부령으로, 지방자치단체가 관리하는 국가지정문화유산의 경우 조례로 각각 정하는 바에 따라 지역주민 등에 대하여 관람료를 감면할 수 있다.
   (1) 국가유산청장은 국가유산청장이 직접 관리하는 국가지정문화유산을 공개하는 경우에는 관람료의 감면에 해당하는 사람에 대하여 관람료를 감면할 수 있다.
   (2) 관람료의 감면 해당자
      ① 국빈·외교사절단 및 그 수행자
      ② 장애인 및 국가유공자
      ③ 해당 문화유산이 소재하는 시·군·구(자치구로 한정한다)의 주민
      ④ 그 밖에 국가유산청장이 관람료를 감면하는 것이 필요하다고 인정하는 사람
   (3) 관람료를 감면하는 경우 그 감면율에 대해서는 국가유산청장이 정한다.

4) 국가 또는 지방자치단체는 국가 또는 지방자치단체가 아닌 국가지정문화유산의 소유자 또는 관리단체가 관람료를 감면하는 경우 국가지정문화유산 관리를 위하여 감면된 관람료에 해당하는 비용을 지원할 수 있다.

[관람료 감면에 따른 비용 지원]
   (1) 국가 또는 지방자치단체가 아닌 국가지정문화유산의 소유자 도는 관리단체는 국가로부터 비용을 지원받으려는 경우에 정하는 지원신청서에 다음 각 호의 자료를 첨부하여 매년 3월 31일까지 국가유산청장에게 제출해야 한다.
      ① 최근 3년간 관람객 수를 증명할 수 있는 자료
      ② 그 밖에 관람료 수입액을 증명할 수 있는 자료 등 지원 금액 산청을 위하여 필요한 자료로서 국가유산청장이 정하여 고시하는 자료
   (2) 국가유산청장은 제출된 자료를 검토하여 감면된 관람료에 해당하는 비용의 전부 또는 일부를 소유자 등에게 지원할 수 있다.
   (3) 소유자 등은 비용지원 신청 및 지원금 수령 등을 직접 하기 어려운 사정이 있으면 대리인을 선임할 수 있다.
   (4) (1)부터 (3)까지에서 규정한 사항 외에 국가로부터 지원받은 비용의 지급·사용 및 관리 등에 관하여는 「보조금 관리에 관한 법률」에서 정하는 바에 따른다.
   (5) 지방자치단체의 장은 비용을 지원하려는 경우에는 지원 금액 및 시기를 미리 국가유산청장과 협의해야 한다.

[제4절 보조금 및 경비 지원]

01 보조금

1) 국가는 다음 각 호의 경비의 전부나 일부를 보조할 수 있다.
   (1) 관리단체에 의한 관리에 따른 관리단체가 그 문화유산을 관리할 때 필요한 경비
   (2) 행정명령에 따른 조치에 필요한 경비
       ① 국가지정문화유산의 관리 상황이 그 문화유산의 보존상 적당하지 아니하거나 특히 필요하다고 인정되는 경우 그 소유자, 관리자 또는 관리단체에 대한 일정한 행위의 금지나 제한
       ② 국가지정문화유산의 소유자, 관리자 또는 관리단체에 대한 수리, 그 밖에 필요한 시설의 설치나 장애물의 제거
       ③ 국가지정문화유산의 소유자, 관리자 또는 관리단체에 대한 문화유산 보존에 필요한 긴급한 조치
   (3) (1)와 (2)의 경우 외에 국가지정문화유산의 보존·관리 및 활용 또는 기록 작성을 위하여 필요한 경비

2) 국가유산청장은 보조를 하는 경우 그 문화유산의 수리나 그 밖의 공사를 감독할 수 있다.

3) 1)의 (2) 및 (3)의 경비에 대한 보조금은 시·도지사를 통하여 교부하고, 그 지시에 따라 관리·사용하게 한다.
   다만, 국가유산청장이 필요하다고 인정하면 소유자, 관리자, 관리단체에게 직접 교부하고, 그 지시에 따라 관리·사용하게 할 수 있다.

02 지방자치단체의 경비 부담

지방자치단체는 그 관할구역에 있는 국가지정문화유산으로서 지방자치단체가 소유하거나 관리하지 아니하는 문화유산에 대한 보존·관리 및 활용 등에 필요한 경비를 부담하거나 보조할 수 있다.

CHAPTER

일반동산문화유산

01 일반동산문화유산 수출 등의 금지

1) 「문화유산의 보존 및 활용에 관한 법률」에 따라 지정 또는 「근현대문화유산의 보존 및 활용에 관한 법률」에 따라 등록되지 아니한 문화유산 중 동산에 속하는 문화유산(이하 "일반동산문화유산"이라 한다)에 관하여는 수출 등의 금지(법 제39조 ①, ③)를 준용한다.
다만, 일반동산문화유산의 국외전시, 조사·연구 등 국제적 문화교류를 목적으로 다음 각 호의 어느 하나에 해당하는 사항으로서 국가유산청장의 허가를 받은 경우에는 그러하지 아니하다.

   (1) 「박물관 및 미술관 진흥법」에 따라 설립된 박물관 등이 외국의 박물관 등에 일반동산문화유산을 반출한 날부터 10년 이내에 다시 반입하는 경우

   (2) 외국 정부가 인증하는 박물관이나 문화유산 관련 단체가 문화유산 보호시설을 갖춘 자국의 박물관, 공공연구 기관 등에서 전시, 조사·연구 목적으로 국내에서 일반동산문화유산을 구입 또는 기증받아 반출하는 경우

   (3) 일반동산문화유산의 범위

   ① 일반동산문화유산의 범위는 다음 각 호의 분야에 해당하는 동산 중에서
      ㉠ 회화류, 조각류, 공예류, 서예류, 석조류 등 미술 분야
      ㉡ 서책(書冊)류, 문서류, 서각(書刻 : 글과 그림을 새겨 넣는 것)류 등 전적(典籍) 분야
      ㉢ 고고자료, 민속자료, 과학기술자료 등 생활기술 분야
      ㉣ 동물류, 식물류, 지질류 등 자연사 분야

   ② 아래의 일반동산문화유산 해당기준을 충족하는 것으로 한다. 다만, 수출일 또는 반출일 현재 생존해 있는 제작자의 작품은 일반동산문화유산의 범위에서 제외한다.

📝 일반동산문화유산 해당기준

1. 미술 분야

  가. 공통기준 1)부터 3)까지의 항목 모두를 충족하고, 추가기준 4)부터 7)까지의 항목 중 어느 하나를 충족할 것

구분	기준	세부기준
공통기준	1) 가치	역사적, 예술적 또는 학술적 가치가 있을 것
	2) 상태	원래의 형태와 구성요소를 갖추어 유물의 상태가 양호할 것. 다만, 분리가 가능한 유물은 분리된 형태를 기준으로 유물의 상태를 판단한다.
	3) 제작연대	1945년 이전에 제작되었을 것
추가기준	4) 희소성	형태·기법·재료 등의 측면에서 유사한 가치를 지닌 유물이 희소할 것
	5) 명확성	관련 기록 등에 의해 제작목적, 출토지(또는 제작지), 역사적 인물·사건과의 관련성 등이 분명할 것
	6) 특이성	구성, 의장, 서체 등 제작방식에 특이성이 있어 가치가 클 것
	7) 시대성	제작 당시의 대표적인 시대적 특성이 반영되었을 것

  나. 가목에도 불구하고 별도기준 1) 및 2) 항목 중 어느 하나를 충족할 경우 일반동산문화유산으로 본다.

구분	기준	세부기준
별도기준	1) 외국유물	국내에서 출토되었거나 상당기간 전해져 온 외국 제작 유물 중 우리나라 역사·예술·문화에 상당한 영향을 끼쳤음이 분명할 것
	2) 기타	유물의 형태가 일부분에 불과하더라도 해당 부분의 명문, 문양, 제작양식 등에 의해 문화유산적 가치가 분명하게 인정될 것

〈미술 분야의 예시〉
- 회화류 : 전통회화(산수화, 인물화, 풍속화, 민화 등), 종교회화(불교, 유교, 도교, 기독교, 가톨릭, 무속화 등), 근대회화(풍경화, 인물화, 정물화 등) 등
- 조각류 : 전통조각(암벽조각, 토우, 능묘조각, 동물조각, 장승 등), 종교조각(불교, 유교, 도교, 기독교, 가톨릭, 무속조각 등), 근대조각 등
- 공예류 : 금속공예, 목·칠공예, 도·토공예(청자, 백자, 분청, 토기 등), 옥석공예, 유리공예, 섬유공예, 짚풀공예 등 예술공예품 및 생활공예품 등
- 서예류 : 왕실 및 일반 개인 서예작품 등
- 석조류 : 석탑, 석등, 당간지주, 석비 등

2. 전적 분야

  가. 공통기준 1)부터 3)까지의 항목 모두를 충족하고, 추가기준 4)부터 7)까지의 항목 중 어느 하나를 충족할 것

구분	기준	세부기준
공통기준	1) 가치	역사적, 예술적 또는 학술적 가치가 있을 것
	2) 상태	원래의 형태와 구성요소를 갖추어 유물의 상태가 양호할 것. 다만, 분리가 가능한 유물은 분리된 형태를 기준으로 유물의 상태를 판단한다.
	3) 제작연대	1945년 이전에 제작되었을 것

구분	기준	세부기준
추가 기준	4) 희소성	동일하거나 유사한 소장본이 희소할 것
	5) 명확성	관련 기록 등에 의해 제작목적, 출토지(또는 제작지), 작자, 제작시기 등이 분명할 것
	6) 특이성	장황(粧䌙 : 책이나 화첩, 족자 등을 꾸미어 만듦 또는 만든 것), 서체 등 제작방식에 특이성이 있어 가치가 클 것
	7) 시대성	제작 당시의 시대적 상황을 반영하는 내용으로 구성되었을 것

나. 가목에도 불구하고 별도기준 1) 및 2) 항목 중 어느 하나를 충족할 경우 일반동산문화유산으로 본다.

구분	기준	세부기준
별도 기준	1) 외국유물	국내에서 출토되었거나 상당기간 전해져 온 외국 제작 유물 중 우리나라 역사·예술·문화에 상당한 영향을 끼쳤음이 분명할 것
	2) 기타	유물의 형태가 일부분에 불과하더라도 해당 부분의 명문, 문양, 제작양식 등에 의해 문화유산적 가치가 분명하게 인정될 것

〈전적분야의 예시〉
- 서책류 : 필사본, 목판본, 활자본 등
- 문서류 : 왕실문서, 관부문서, 일반 개인문서, 그 외 사찰, 향교·서원 문서 등
- 서각류 : 현판류, 금석각류[쇠나 돌로 만든 비석 따위에 글자를 새긴 유형. 신도비(죽은 이의 사적을 기록하여 세운 비), 선정비(어진 정치를 한 관리를 기리는 비), 묘비, 장생표(사찰의 영역을 표시하기 위하여 세운 표지물) 등], 인장류(어보류, 관인, 사인 등), 판목류, 활자류 등

3. 생활기술 분야

가. 공통기준 1)부터 3)까지의 항목 모두를 충족하고, 추가기준 4)부터 7)까지의 항목 중 어느 하나를 충족할 것

구분	기준	세부기준
공통 기준	1) 가치	역사적, 예술적 또는 학술적 가치가 있을 것
	2) 상태	원래의 형태와 구성요소를 갖추어 유물의 상태가 양호할 것. 다만, 분리가 가능한 유물은 분리된 형태를 기준으로 유물의 상태를 판단한다.
	3) 제작연대	1945년 이전에 제작되었을 것
추가 기준	4) 희소성	형태·기술·재료 등의 측면에서 유사한 가치를 지닌 유물이 희소할 것
	5) 명확성	관련 기록 등에 의해 제작목적, 출토지(또는 제작지), 쓰임새 등이 분명할 것
	6) 특이성	제작 당시의 신기술(신기법) 또는 신소재로 만들어지는 등 특이성이 있어 가치가 클 것
	7) 시대성	제작 당시의 대표적인 시대적 특성이 반영되었을 것

나. 가목에도 불구하고 별도기준 1) 및 2) 항목 중 어느 하나를 충족할 경우 일반동산문화유산으로 본다.

구분	기준	세부기준
별도 기준	1) 외국유물	국내에서 출토되었거나 상당기간 전해져 온 외국 제작 유물 중 우리나라 역사·예술·문화에 상당한 영향을 끼쳤음이 분명할 것

	2) 기타	유물의 형태가 일부분에 불과하더라도 해당 부분의 명문, 문양, 제작양식 등에 의해 문화유산적 가치가 분명하게 인정될 것

〈생활기술 분야의 예시〉
- 고고자료 : 석기(타제석기, 마제석기 등), 골각기, 청동기, 철기 등
- 민속자료 : 생업기술 자료(수렵, 어업, 농업, 공업 등), 공예기술 자료(직조용구, 도자공예용구 등), 놀이·유희 자료(현악기, 관악기, 타악기, 놀이기구 등) 등
- 과학기술자료 : 산업기술 자료(수렵, 어업, 농업, 공업 등), 천문지리 자료, 인쇄기술 자료 및 방송통신 자료, 의료용구, 운송용구, 계측용구, 무기류, 스포츠 자료 등

4. 자연사 분야

가. 공통기준 1) 및 2) 항목 모두를 충족하고, 추가기준 3)부터 5)까지의 항목 중 어느 하나를 충족할 것

구분	기준	세부기준
공통 기준	1) 가치	역사적, 예술적, 학술적, 또는 관상적 가치가 있을 것
	2) 상태	원래의 형태와 구성요소를 갖추어 유물의 상태가 양호할 것. 이 경우 해당 유물의 특징적인 정보를 다수 지닌 부위(예 : 머리뼈)가 온전히 보존되어 있을 경우에는 전체(예 : 전신) 대비 보존비율에 관계없이 상태가 양호한 것으로 본다.
추가 기준	3) 희소성	종류·서식지·형태 등의 측면에서 유사한 가치를 지닌 유물이 희소할 것
	4) 특이성	표본 제작, 지질 형성 등 구성방식에 특이성이 있어 가치가 클 것
	5) 시대성·지역성	특정 시대 또는 지역을 대표할 수 있을 것

〈자연사 분야의 예시〉
- 동물류 : 동물(포유류, 조류, 어류, 파충류, 곤충, 해양동물 등)의 박제(가박제 포함), 골격(인골류는 선사유적지나 무덤에서 출토된 인류의 뼈, 손톱 등 인체 구성물에 한한다), 건조표본, 액침표본(액체 약품에 담가서 보존하는 표본) 등
- 식물류 : 식물(조류, 이끼류, 양치식물, 겉씨식물, 속씨식물 등)의 꽃(화분), 열매, 종자, 잎, 건조표본, 액침표본 등
- 지질류 : 화석, 동굴생성물(종유석, 석순, 석주 등), 퇴적구조[연흔(漣痕 : 물결 자국), 우흔(雨痕 : 빗방울 자국), 건열(乾裂 : 땅이 갈라진 자국) 등], 광물, 암석, 운석 등

2) 국가유산청장은 1) 단서에 따라 허가를 받은 자가 다음 각 호의 어느 하나에 해당하는 경우에는 허가를 취소할 수 있다.
 (1) 허가사항이나 허가조건을 위반한 때
 (2) 속임수나 그 밖의 부정한 방법으로 허가를 받은 때
 (3) 허가사항의 이행이 불가능하거나 현저히 공익을 해할 우려가 있다고 인정되는 때

3) 일반동산문화유산의 수출이나 반출에 관한 절차 등에 필요한 사항은 문화체육관광부령으로 정한다.

4) 1) 단서에 따라 허가받은 자는 허가된 일반동산문화유산을 반출한 후 이를 다시 반입한 경우 문화체육관광부령으로 정하는 바에 따라 국가유산청장에게 신고하여야 한다.

5) 일반동산문화유산으로 오인될 우려가 있는 동산을 국외로 수출하거나 반출하려면 미리 국가유산청장의 확인을 받아야 한다.

6) 1) 및 5)에 따른 일반동산문화유산의 범위와 확인 등에 필요한 사항은 대통령령으로 정한다.

7) 국가유산청장은 1) 단서[(1)의 경우에 한정한다]에 따라 반출을 허가받은 자가 그 반출 기간의 연장을 신청하면 당초 반출목적 달성이나 문화유산의 안전 등을 위하여 필요하다고 인정되는 경우 8)에 따른 심사기준에 부합하는 경우에 한정하여 당초 반출한 날부터 10년의 범위에서 그 반출 기간의 연장을 허가할 수 있다.

8) 1) 단서 및 7)에 따른 일반동산문화유산의 국외 반출·수출 및 반출·수출 기간의 연장을 허가하기 위한 구체적 심사기준은 다음과 같다.
   (1) 해당 문화유산의 전시 필요성 및 예상되는 전시 효과
   (2) 해당 문화유산의 국외 반출 빈도 및 기간
   (3) 전시기간, 전시장소 및 전시환경의 적정성 여부
   (4) 반출 기간 동안의 보안, 방범 등 적정한 안전관리대책의 마련 여부
   (5) 포장, 이송 시의 안전성 여부
   (6) 반출 허가 또는 반출 기간 연장 허가 신청자의 문화유산 관련 법령 등 위반 여부
   (7) 그 밖에 보험가입 등 반출 허가에 필요한 사항의 구비 여부

9) 국가유산청장은 1) 단서에 따라 국외 반출·수출을 허가받은 자에게 해당 문화유산의 현황 및 보존·관리 실태 등의 자료를 제출하도록 요구할 수 있다. 이 경우 요구를 받은 자는 특별한 사유가 없으면 이에 따라야 한다.

02 문화유산감정위원의 배치 등

1) 국가유산청장은 문화유산의 불법반출 방지 및 국외 반출 동산에 대한 감정 등에 관한 업무를 수행하기 위하여 「공항시설법」에 따른 공항, 「항만법」의 무역항, 「관세법」의 통관우체국 등에 문화유산감정위원을 배치할 수 있다.

2) 일반동산문화유산으로 오인될 우려가 있는 동산을 국외로 수출하거나 반출하려면(법 제60조 ⑤) 문화유산감정위원의 배치 등에 따라 배치된 문화유산감정위원의 감정을 받아야 한다.
   (1) 문화유산감정위원은 다음 각 호의 어느 하나에 해당하는 사람이어야 한다.
      ① 문화유산위원회의 위원 또는 전문위원
      ② 국가유산청, 국립중앙박물관, 시·도 소속 공무원으로서 동산문화유산 관계 분야의 학예연구관 또는 가군 전문경력관
      ③ 동산문화유산 관계 분야의 학사 이상 학위 소지자로서 해당 문화유산 분야에 종사한 경력이 2년 이상인 사람
      ④ 대학의 동산문화유산 또는 천연기념물 관계 분야 학과의 조교수 이상인 사람 또는 그 학과에서 2년 이상 강의를 담당한 경력이 있는 사람
      ⑤ 동산문화유산 관계 분야의 저서가 있거나 3편 이상의 논문을 발표한 사람
      ⑥ 동산문화유산 관계 분야에서 5급 이상의 국가공무원 또는 지방공무원으로 3년 이상 계속 근무한 경력이 있는 사람
      ⑦ 동산문화유산 관계 분야에서 5년 이상 계속 근무한 경력이 있는 사람
   (2) 국가유산청장은 문화유산감정위원을 아래의 장소에 배치할 수 있다.
      ① 「항공법」의 공항
      ② 「항만법」의 무역항
      ③ 「관세법」의 통관우체국

   (3) 감정요령
      ① 감정이 의뢰된 동산이 일반동산문화유산의 범위에 속하는지를 확인할 것
      ② 문화유산감정위원의 주관을 배제하고 객관적인 근거에 따라 보편타당하게 감정·평가할 것
      ③ 단독으로 감정하기 곤란한 경우에는 2명 이상의 문화유산감정위원이 같은 장소 또는 정보통신망을 이용한 화상 감정시스템을 활용하여 각각 다른 장소에서 공동으로 감정할 것

   (4) 수당의 지급
      국가유산청장은 공무원이 아닌 문화유산감정위원이 감정을 하는 경우에는 예산의 범위

에서 수당을 지급할 수 있다.

(5) 비문화유산의 확인

① 일반동산문화유산으로 오인될 우려가 있는 동산을 비문화유산으로 확인받아 국외로 반출하려는 자는 포장 또는 적재하기 전에 그 대상물과 함께 비문화유산 국외반출 확인신청서를 국가유산청장에게 제출하여야 한다.

② 국가유산청장은 접수한 확인 대상물이 일반동산문화유산이 아님이 확인되면 비문화유산 국외반출 확인서를 신청인에게 내주어야 한다. 이 경우 여행자가 직접 휴대하여 반출하려는 경우에는 비문화유산 확인표지를 해당 확인 대상물에 붙여야 한다.

③ 국가유산청장은 문화유산감정대장을 연도별로 작성·관리하여야 한다.

[비문화유산 확인표지]

03 일반동산문화유산에 관한 조사

1) 국가유산청장은 필요하다고 인정하면 그 소속 공무원으로 하여금 국가기관 또는 지방자치단체가 소장하고 있는 일반동산문화유산에 관한 현상, 관리, 그 밖의 보존상황에 관하여 조사하게 할 수 있다. 이 경우 해당 국가기관 또는 지방자치단체의 장은 조사에 협조하여야 한다.
2) 국가유산청장은 1)에 따라 조사한 결과 문화유산의 보존·관리가 적절하지 아니하다고 인정되면 해당 기관의 장에게 문화유산에 관한 보존·관리 방안을 마련하도록 요청할 수 있다.

[문화유산에 관한 보존·관리 방안은 아래의 사항을 포함하여야 한다]
   (1) 일반동산문화유산의 현황
   (2) 일반동산문화유산의 보관 경위 및 관리·수리 이력
   (3) 보존·관리의 개선이 필요한 문화유산과 그 조치방안(조치할 내용, 추진 일정 및 방법 등을 포함한다)
   (4) 일반동산문화유산의 보존처리 계획 및 학술연구 등 활용계획
3) 국가유산청장의 요청을 받은 국가기관 또는 지방자치단체의 장은 요청받은 날부터 30일 이내에 국가유산청장에게 해당 문화유산에 관한 보존·관리 방안을 보고하여야 한다.
4) 국가유산청장이 조사를 하는 경우 조사의 통지, 조사의 협조요구, 그 밖에 조사에 필요한 사항 등에 관하여는 정기조사(법 제44조 ③, ④, ⑤)의 규정을 준용한다.

04 건조물 등에 포장되어 있는 일반동산문화유산의 발견신고 등

1) 건조물 등에 포장(包藏)되어 있는 일반동산 문화유산의 발견자나 그 건조물 등의 소유자·점유자 또는 관리자는 그 현상을 변경하지 말고 정하는 바에 따라 그 발견된 사실을 국가유산청장에게 신고하여야 한다.

[포장]
   (1) 일반동산문화유산이 발견된 사실을 신고하려는 자는 일반동산문화유산을 발견한 날부터 30일 이내에 문화체육관광부령으로 정하는 일반동산문화유산 발견 신고서에 문화체육관광부령으로 정하는 서류를 첨부하여 국가유산청장에게 제출해야 한다.
   (2) (1)에 따른 신고는 다음 각 호의 어느 하나에 해당하는 기관을 통하여 할 수 있다. 이 경우 해당 기관에 신고가 접수된 날을 국가유산청장에게 신고한 날로 본다.
      ① 일반동산문화유산이 발견된 장소를 관할하는 경찰서장
      ② 일반동산문화유산이 발견된 장소를 관할하는 특별자치시장, 제주특별자치도지사 또는 시장·군수·구청장
      ③ 발견신고를 받은 기관은 그 사실을 지체 없이 국가유산청장에게 알려야 한다.
      ④ 발견신고를 받은 특별자치시장, 제주특별자치도지사 또는 시장·군수·구청장은 그 사실을 즉시 관할 경찰서장에게 알려야 한다. 이 경우 발견신고자로부터 해당 일반동산문화유산을 제출받은 경우에는 관할 경찰서장에게 인계해야 한다.

2) 발견신고된 일반동산문화유산의 처리방법, 소유권 판정 및 국가귀속 등에 필요한 사항은 「매장유산 보호 및 조사에 관한 법률」 제18조부터 제20조까지를 준용한다.

(1) 매장유산법 제18조(발견신고된 국가유산의 처리 방법)
  (2) 매장유산법 제19조(경찰서장 등에 신고된 국가유산의 처리 방법)
  (3) 매장유산법 제20조(발견신고된 국가유산의 소유권 판정 및 국가귀속)
3) 2)에도 불구하고 1)에 따라 발견신고된 일반동산문화유산의 소유권을 판정하는 경우 해당 일반동산문화유산이 발견된 건조물 등을 소유 또는 점유한 자가 발견신고 후 90일 이내에 그 일반동산문화유산의 소유자임을 주장하면서 그 건조물 등을 계속하여 소유 또는 점유(승계하여 소유 또는 점유하는 경우를 포함한다)하고 있음을 역사고증 등 대통령령으로 정하는 방법으로 증명하는 때에는 그 소유권 판정 결과 정당한 소유자가 있는 것으로 판정된 경우를 제외하고는 그 건조물 등의 소유자 또는 점유자를 해당 일반동산문화유산의 소유자로 추정한다.

[역사고증 등]

(1) 건조물 등의 소유·점유 증명 방법이란 다음 각 호의 자료의 전부 또는 일부를 국가유산청장에게 제출함으로써 일반동산문화유산이 발견된 건조물 등을 계속하여 소유 또는 점유(승계하여 소유 또는 점유하는 경우를 포함한다. 이하 이 항에서 같다)하고 있음을 증명하는 방법을 말한다.
  ① 해당 일반동산문화유산이 포장(包藏)되어 있는 건조물 등의 연혁에 관한 자료
  ② 해당 일반동산문화유산이 포장되어 있는 건조물 등이 위치한 지역의 토지등기부 등본 등 소유권을 입증할 수 있는 자료
  ③ 해당 일반동산문화유산과 관련된 사진, 도면, 사료 등의 자료
  ④ 그 밖에 해당 건조물 등을 계속하여 소유 또는 점유하고 있음을 증명할 수 있는 자료
(2) 국가유산청장은 필요하다고 인정하는 경우에는 자료를 제출한 자를 해당 일반동산문화유산의 소유자로 추정할 수 있는지에 관하여 문화유산위원회의 심의에 부칠 수 있다.

국유문화유산에 관한 특례

01 관리청과 총괄청

1) 국유에 속하는 문화유산은 「국유재산법」 제8조와 「물품관리법」 제7조에도 불구하고 국가유산청장이 관리·총괄한다. 다만, 국유문화유산이 국가유산청장 외의 중앙관서의 장(「국가재정법」에 따른 중앙행정기관의 장을 말한다)이 관리하고 있는 행정재산(行政財産)인 경우 또는 국가유산청장 외의 중앙관서의 장이 관리하여야 할 특별한 필요가 있는 것인 경우에는 국가유산청장은 관계 기관의 장 및 기획재정부장관과 협의하여 그 관리청을 정한다.
2) 국가유산청장은 1) 단서에 따라 관리청을 정할 때에는 문화유산위원회의 의견을 들어야 한다.
3) 국가유산청장은 1) 단서에 해당하지 아니하는 국유문화유산의 관리를 지방자치단체에 위임하거나 비영리법인 또는 법인 아닌 비영리단체에 위탁할 수 있다. 이 경우 국유문화유산의 관리로 인하여 생긴 수익은 관리를 위임받거나 위탁받은 자의 수입으로 한다.

02 회계 간의 무상관리전환

국유문화유산을 국가유산청장이 관리하기 위하여 소속을 달리하는 회계로부터 관리전환을 받을 때에는 「국유재산법」(제17조)에도 불구하고 무상으로 할 수 있다.

03 절차 및 방법의 특례

1) 국가유산청장이 관리청과 총괄청의 1) 단서에 따라 그 관리청이 따로 정하여진 국유문화유산을 국가지정문화유산으로 지정 또는 임시지정하거나 그 지정이나 임시지정을 해제하는 경우 이 법에 따라 행하는 해당 문화유산의 소유자나 점유자에 대한 통지는 그 문화유산의 관리청에 대하여 하여야 한다.
2) 관리청과 총괄청의 1) 단서에 따라 그 관리청이 따로 정하여진 국유문화유산에 관하여 신고사항(법 제40조)·행정명령(법 제42조)·직권에 의한 조사(법 제45조) 및 관람료의 징수 및 감면(법 제49조)을 적용하는 경우 그 문화유산의 소유자란 그 문화유산의 관리청을 말한다.

04 처분의 제한

관리청과 총괄청의 1) 단서에 따른 관리청이 그 관리에 속하는 국가지정문화유산 또는 임시지정문화유산에 관하여 허가사항(법 제35조 ①) 각 호에 정하여진 행위 외의 행위를 하려면 미리 국가유산청장의 동의를 받아야 한다.

05 양도 및 사권설정의 금지

국유문화유산(그 부지를 포함한다)은 「문화유산의 보존 및 활용에 관한 법률」에 특별한 규정이 없으면 이를 양도하거나 사권(私權)을 설정할 수 없다. 다만, 그 보호에 지장이 없다고 인정되면 공공용, 공용 또는 공익사업에 필요한 경우에 한정하여 일정한 조건을 붙여 그 사용을 허가할 수 있다.

CHAPTER 07 국외소재문화유산

01 국외소재문화유산의 보호

국가는 국외소재문화유산의 보호ㆍ환수 등을 위하여 노력하여야 하며, 이에 필요한 조직과 예산을 확보하여야 한다.

02 국외소재문화유산의 조사ㆍ연구

1) 국가유산청장 또는 지방자치단체의 장은 국외소재문화유산의 현황, 보존ㆍ관리 실태, 반출 경위 등에 관하여 조사ㆍ연구를 실시할 수 있다.
2) 국가유산청장 또는 지방자치단체의 장은 조사ㆍ연구의 효율적 수행을 위하여 박물관, 한국국제교류재단, 국사편찬위원회 및 각 대학 등 관련 기관에 필요한 자료의 제출과 정보제공 등을 요청할 수 있으며, 요청을 받은 관련 기관은 이에 협조하여야 한다.

03 국외소재문화유산 보호 및 환수 활동의 지원

1) 국가유산청장 또는 지방자치단체의 장은 국외소재문화유산 보호 및 환수를 위하여 필요하면 관련 기관 또는 단체를 지원ㆍ육성할 수 있다.
2) 1)에 따라 지방자치단체의 장이 지원ㆍ육성하는 기관 또는 단체의 선정 및 재정지원 등에 필요한 사항은 해당 지방자치단체의 조례로 정한다.

04 국외소재문화유산 환수 및 활용에 대한 의견 청취

국가유산청장은 국외소재문화유산 환수 및 활용 관련 중요 정책 등에 대하여 관계 전문가 또는 관계 기관의 의견을 들을 수 있다.

05 국외소재문화유산재단의 설립

1) 국외소재문화유산의 현황 및 반출 경위 등에 대한 조사·연구, 국외소재 문화유산 환수·활용과 관련한 각종 전략·정책 연구 등 국외소재문화유산과 관련한 각종 사업을 종합적·체계적으로 수행하기 위하여 국가유산청 산하에 국외소재문화유산재단을 설립한다.
2) 국외문화유산재단은 법인으로 한다.
3) 국외문화유산재단에는 정관으로 정하는 바에 따라 임원과 필요한 직원을 둔다.
4) 국외문화유산재단에 관하여 「문화유산의 보존 및 활용에 관한 법률」에서 규정한 것 외에는 「민법」 중 재단법인에 관한 규정을 준용한다.
5) 국가는 국외문화유산재단의 설립과 운영에 소요되는 경비를 예산의 범위에서 또는 「국가유산보호기금법」에 따른 국가유산보호기금에서 출연 또는 보조할 수 있다.
6) 국외문화유산재단은 설립목적을 달성하기 위하여 다음 각 호의 사업을 행한다.
    (1) 국외소재문화유산의 현황, 반출 경위 등에 대한 조사·연구
    (2) 국외소재문화유산 환수 및 보호에 관한 연구
    (3) 국외소재문화유산의 취득 및 보존·관리
    (4) 국외소재문화유산의 환수 및 활용 관련 단체에 대한 지원·교류 및 국제연대 강화
    (5) 국외소재문화유산 환수 및 활용 관련 홍보·교육·출판 및 보급
    (6) 외국박물관 한국실 운영 지원
    (7) 한국담당 학예사의 파견 및 교육 훈련
    (8) 국외소재문화유산의 보존처리 및 홍보 지원
    (9) 국외문화유산재단의 설립목적을 달성하기 위한 수익사업. 이 경우 수익사업은 국가유산청장의 사전승인을 받아야 한다.
    (10) 그 밖에 국외문화유산재단의 설립 목적을 달성하는 데 필요한 사업
7) 국외문화유산재단은 국가유산청장을 거쳐 관계 행정기관이나 국외소재문화유산 환수 및 활용과 관련된 법인 또는 단체의 장에게 사업수행에 필요한 자료의 제공을 요청할 수 있다.

06 금전 등의 기부

1) 누구든지 국외소재문화유산의 환수·활용을 위하여 금전 및 그 밖의 재산을 국외문화유산재단에 기부할 수 있다.
2) 국외문화유산재단은 기부가 있을 때에는 「기부금품의 모집 및 사용에 관한 법률」에도 불구하고 자발적으로 기탁되는 금품을 사업목적에 부합하는 범위에서 접수할 수 있다. 이 경우 국외문화유산재단은 접수한 기부금을 별도 계정으로 관리하여야 한다.
3) **기부금품의 접수절차 등**
   (1) 국외소재문화유산재단은 기부금품을 접수한 때에는 기부자에게 영수증을 발급해야 한다. 다만, 익명으로 기부하거나 기부자를 알 수 없는 경우에는 영수증을 발급하지 않을 수 있다.
   (2) 국외문화유산재단은 기부자가 기부금품의 용도를 지정한 때에는 그 용도로만 사용해야 한다.
   (3) (2)에도 불구하고 기부자가 지정한 용도로 사용하기 어려운 특별한 사유가 있는 경우에는 기부자의 동의를 받아 다른 용도로 사용할 수 있다.
   다만, 기부자를 알 수 없는 경우 등 기부자의 동의를 받을 수 없는 불가피한 사정이 있을 때에는 국가유산청 및 국외문화유산재단의 인터넷 홈페이지에 각각 해당 내용을 7일 이상 게시한 후에 다른 용도로 사용할 수 있다.
   (4) 국외문화유산재단은 기부금품의 접수 현황 및 사용 실적 등에 관한 장부를 갖추어 두고 기부자가 열람할 수 있도록 해야 하며, 해당 내용을 매년 국외문화유산재단의 인터넷 홈페이지에 공개해야 한다.
4) 국외문화유산재단은 기부금품의 접수 및 처리 상황 등을 매 회계연도 개시 후 2개월 이내에 전년도 기부금품의 접수 및 처리 상황을 국가유산청장에게 보고하여야 한다.
5) 국가유산청장은 기부로 국외소재문화유산의 환수·활용에 현저한 공로가 있는 자에 대하여 시상(施賞) 등의 예우를 할 수 있다.

CHAPTER 08 시·도지정문화유산

01 시·도지정문화유산의 지정 등

1) 시·도지사는 그 관할구역에 있는 문화유산으로서 국가지정문화유산으로 지정되지 아니한 문화유산 중 보존가치가 있다고 인정되는 것을 시·도지정문화유산으로 지정할 수 있다.
2) 시·도지사는 1)에 따라 지정되지 아니한 문화유산 중 향토문화 보존을 위하여 필요하다고 인정하는 것을 문화유산자료로 지정할 수 있다.
3) 국가유산청장은 문화유산위원회의 심의를 거쳐 필요하다고 인정되는 문화유산에 대하여 시·도지사에게 시·도지정문화유산이나 문화유산자료(보호물이나 보호구역을 포함한다.)로 지정·보존할 것을 권고할 수 있다. 이 경우 시·도지사는 특별한 사유가 있는 경우를 제외하고는 문화유산 지정절차를 이행하고 그 결과를 국가유산청장에게 보고하여야 한다.
4) 1)·2) 및 3)에 따라 시·도지정문화유산 또는 문화유산자료로 지정할 때에는 해당 특별시·광역시·특별자치시·도 또는 특별자치도가 지정하였다는 것을 알 수 있도록 "지정" 앞에 해당 특별시·광역시·특별자치시·도 또는 특별자치도의 명칭을 표시하여야 한다.
5) 시·도지정문화유산과 문화유산자료의 지정 및 해제절차, 보호 등에 필요한 사항은 해당 지방자치단체의 조례로 정한다.

02 시·도지정문화유산 또는 문화유산자료의 보호물 또는 보호구역의 지정

1) 시·도지사는 시·도지정문화유산 또는 문화유산자료에 따른 지정을 할 때 문화유산 보호를 위하여 특히 필요하면 이를 위한 보호물 또는 보호구역을 지정할 수 있다.
2) 시·도지사는 인위적 또는 자연적 조건의 변화 등으로 인하여 조정이 필요하다고 인정하면 지정된 보호물 또는 보호구역을 조정할 수 있다.

3) 시·도지사는 보호물 또는 보호구역을 지정하거나 조정한 때에는 지정 또는 조정 후 매 10년이 되는 날 이전에 다음 각 호의 사항을 고려하여 그 지정 및 조정의 적정성을 검토하여야 한다. 다만, 특별한 사정으로 인하여 적정성을 검토하여야 할 시기에 이를 할 수 없는 경우에는 정하는 기간까지 그 검토 시기를 연기할 수 있다.
   (1) 해당 문화유산의 보존가치
   (2) 보호물 또는 보호구역의 지정이 재산권 행사에 미치는 영향
   (3) 보호물 또는 보호구역의 주변 환경
4) 지정, 조정 및 적정성 검토 등에 필요한 사항은 시·도조례로 정한다.
5) 지정된 보호구역이 조정된 경우 시·도지사는 시·도지정문화유산의 보존에 영향을 미치지 않는다고 판단하면 역사문화환경 보존지역의 보호(법 제13조 ③)에 따라 정한 역사문화환경 보존지역의 범위를 기존의 범위대로 유지할 수 있다.

> **역사문화환경 보존지역의 보호[법 제13조]**
> ③ 역사문화환경 보존지역의 범위는 해당 지정문화유산의 역사적·예술적·학문적·경관적 가치와 그 주변 환경 및 그 밖에 문화유산 보호에 필요한 사항 등을 고려하여 그 외곽경계로부터 500미터 안으로 한다. 다만, 문화유산의 특성 및 입지여건 등으로 인하여 지정문화유산의 외곽경계로부터 500미터 밖에서 건설공사를 하게 되는 경우에 해당 공사가 문화유산에 영향을 미칠 것이 확실하다고 인정되면 500미터를 초과하여 범위를 정할 수 있다.

03 시·도문화유산위원회의 설치

1) 시·도지사의 관할구역에 있는 문화유산의 보존·관리와 활용에 관한 사항을 조사·심의하기 위하여 시·도에 문화유산위원회를 둔다.
2) 시·도문화유산위원회의 조직과 운영 등에 관한 사항은 조례로 정하되, 다음 각 호의 사항을 포함하여야 한다.
   (1) 문화유산의 보존·관리 및 활용과 관련된 조사·심의에 관한 사항
   (2) 위원의 위촉과 해촉에 관한 사항
   (3) 분과위원회의 설치와 운영에 관한 사항
   (4) 전문위원의 위촉과 활용에 관한 사항
3) 시·도지사가 그 관할구역에 있는 문화유산의 국가지정문화유산(보호물과 보호구역을 포함한다) 지정 또는 해제 및 「근현대문화유산의 보존 및 활용에 관한 법률」에 따른 국가등록문화유산 등록 또는 말소를 국가유산청장에게 요청하려면 시·도문화유산위원회의 사전 심의를 거쳐야 한다.

04 경비부담

1) 시·도지정문화유산의 지정 등에 따라 지정된 시·도지정문화유산 또는 문화유산자료가 국유 또는 공유재산이면 그 보존을 위하여 필요한 경비는 국가나 해당 지방자치단체가 부담한다.
2) 국가나 지방자치단체는 국유 또는 공유재산이 아닌 시·도지정문화유산 및 문화유산자료의 보존·관리·활용 또는 기록 작성을 위한 경비의 전부 또는 일부를 보조할 수 있다.

05 보고 등

1) 시·도지사는 다음 각 호의 어느 하나에 해당하는 사유가 발생하면 그날부터 15일 이내에 국가유산청장에게 보고하여야 한다.
    (1) 시·도지정문화유산이나 문화유산자료를 지정하거나 그 지정을 해제한 경우
    (2) 시·도지정문화유산 또는 문화유산자료의 소재지나 보관 장소가 변경된 경우
    (3) 시·도지정문화유산이나 문화유산자료의 전부 또는 일부가 멸실, 유실, 도난 또는 훼손된 경우
2) 국가유산청장은 1)의 (1) 및 (2)의 행위가 적합하지 아니하다고 인정되면 시정이나 필요한 조치를 명할 수 있다.

CHAPTER 09 문화유산매매업 등

01 매매 등 영업의 허가

1) 동산에 속하는 유형문화유산이나 민속문화유산을 매매 또는 교환하는 것을 업으로 하려는 자(위탁을 받아 매매 또는 교환하는 것을 업으로 하는 자를 포함한다)는 특별자치시장, 특별자치도지사, 시장·군수 또는 구청장의 문화유산매매업 허가를 받아야 한다.

   (1) 문화유산매매업 허가를 받아야 하는 자
   ① 동산에 속하는 유형문화유산이나 유형의 민속문화유산으로서
   ② 제작된 지 50년 이상 된 것에 대하여
   ③ 매매 또는 교환하는 것을 업(業)으로 하려는 자
   (위탁을 받아 매매 또는 교환하는 것을 업으로 하는 자를 포함한다)

   (2) 문화유산매매업 허가를 받으려는 자는 정하는 바에 따라 허가신청서를 특별자치시장, 시장·군수·구청장에게 제출하여야 한다.

2) 허가를 받은 자는 특별자치시장, 특별자치도지사, 시장·군수 또는 구청장에게 문화유산의 보존 상황, 매매 또는 교환의 실태를 신고하여야 한다.

   (1) 문화유산매매업자는 정하는 바에 따라 매년 문화유산의 보존 상황, 매매 또는 교환현황을 기록한 서류를 첨부하여
   (2) 다음 해 1월 31일까지 특별자치시장, 특별자치도지사, 시장·군수·구청장에게 그 실태를 신고하여야 한다.

3) 2)에 따라 신고를 받은 특별자치시장, 특별자치도지사, 시장·군수 또는 구청장은 신고받은 사항을 국가유산청장에게 정기적으로 보고하여야 한다.

   (1) 실태를 신고받은 특별자치시장, 특별자치도지사, 시장·군수·구청장은 이를 시·도지사(특별자치시장과 특별자치도지사를 제외한다)를 거쳐
   (2) 다음 해 2월 말일까지 국가유산청장에게 보고하여야 한다.

4) 허가를 받은 자는 다음 각 호의 어느 하나에 해당하는 사항이 변경된 때에는 변경사유가 발생한 날부터 20일 이내에 특별자치시장, 특별자치도지사, 시장·군수 또는 구청장에게 변

경신고를 하여야 한다.
(1) 상호 변경
(2) 영업장 주소지의 변경
(3) 법인의 대표자의 변경
(4) 문화유산매매업 등의 자격요건(법 제76조 ① 제5호)으로 문화유산매매업의 허가를 받은 법인의 임원의 변경

02 영업의 승계

1) 매매 등 영업의 허가에 따라 문화유산매매업의 허가를 받은 자가 문화유산매매업을 다른 자에게 양도하거나 법인의 합병이 있는 경우에는 그 양수한 자 또는 합병 후 존속하는 법인이나 합병에 의하여 설립되는 법인은 문화유산매매업자로서의 지위를 승계한다.
2) 문화유산매매업자로서의 지위를 승계받은 자는 문화체육관광부령으로 정하는 바에 따라 특별자치시장, 특별자치도지사, 시장·군수 또는 구청장에게 신고하여야 한다.
3) 2)에 따른 신고에 관하여는 자격 요건과 결격사유에 관한 규정을 준용한다.

03 자격 요건

1) 문화유산매매업자의 자격요건에 따라 문화유산매매업의 허가를 받으려는 자는 다음 각 호의 어느 하나에 해당하는 자이어야 한다.
   (1) 국가, 지방자치단체, 박물관 또는 미술관에서 2년 이상 문화유산을 취급한 사람
   (2) 전문대학 이상의 대학(대학원을 포함한다)에서 역사학·고고학·인류학·미술사학·민속학·서지학·전통공예학 또는 문화유산관리학 계통의 전공과목을 18학점 이상 이수한 사람
   (3) 「학점인정 등에 관한 법률」에 따라 문화유산 관련 전공과목을 18학점 이상을 이수한 것으로 학점인정을 받은 사람
   (4) 문화유산매매업자에게 고용되어 3년 이상 문화유산을 취급한 사람
   (5) 고미술품 등의 유통·거래를 목적으로 「상법」에 따라 설립된 법인으로서 (1)부터 (4)까지의 자격 요건 중 어느 하나를 갖춘 대표자 또는 임원을 1명 이상 보유한 법인

2) 자격 요건 증명서류 등
　(1) 1) (1)에 해당하는 사람 : 해당 경력증명서 또는 재직증명서
　(2) 1) (2)에 해당하는 사람 : 해당 성적증명서
　(3) 1) (3)에 해당하는 사람 : 해당 성적증명서 또는 학점인정서
　(4) 1) (4)에 해당하는 사람 : 해당 문화유산매매업 허가증 사본과
　　　　　　　　　　　　　　해당 경력서 또는 재직증명서

3) 박물관 · 미술관의 범위는 「박물관 및 미술관 진흥법」에 따라 등록된 박물관 또는 미술관을 말한다.

04 결격사유

다음 각 호의 어느 하나에 해당하는 자는 문화유산매매업자가 될 수 없다.
1) 「문화유산의 보존 및 활용에 관한 법률」과 「형법」을 위반하여 금고 이상의 실형을 선고받고 그 집행이 끝나거나 집행을 받지 아니하기로 확정된 후 3년이 지나지 아니한 자
2) 허가 취소 등에 따라 허가가 취소된 날부터 3년이 지나지 아니한 자

05 명의대여 등의 금지

문화유산매매업자는 다른 자에게 자기의 명의 또는 상호를 사용하여 문화유산매매업을 하게 하거나 그 허가증을 다른 자에게 빌려 주어서는 아니 된다.

06 준수 사항

1) 문화유산매매업자는 매매 · 교환 등에 관한 장부를 갖추어 두고 그 거래 내용을 기록하며, 해당 문화유산을 확인할 수 있도록 실물 사진을 촬영하여 붙여 놓아야 한다.
2) 문화유산매매업자는 정하는 바에 따라 해마다 매매 · 교환 등에 관한 장부에 대하여 검인을 받아야 한다. 문화유산매매업을 폐업하려는 경우에도 또한 같다.
　(1) 문화유산매매업자는 문화유산 매매 장부를 다음 해 1월 31일(폐업하는 경우에는 폐업

신고를 하는 날을 말한다)까지 특별자치시장·특별자치도지사·시장·군수·구청장에게 검인받아야 한다.

[문화유산매매장부 검인 인영(印影 : 도장을 찍은 모양)]

검인일자: . . .
|←   3cm   →|

(2) 문화유산매매업자는 특별자치시장·특별자치도지사·시장·군수·구청장의 검인을 받은 문화유산 매매장부에 대하여 그 검인을 받은 날부터 5년 동안은 특별자치시장·특별자치도지사·시장·군수·구청장의 승인 없이 문화유산 매매 장부를 파기하거나 양도하지 못한다.

07 국가기관 등의 문화유산 구입 사실 통지

1) 중앙행정기관(그 소속기관을 포함한다) 및 지방자치단체의 장과 「박물관 및 미술관 진흥법」에 따른 국·공립 박물관 및 국·공립 미술관은 동산에 속하는 문화유산으로서 다음 각 호의 어느 하나에 해당하는 문화유산을 구입하려는 경우에 그 사실을 미리 국가유산청장 또는 시·도지사에게 알려야 한다.
   (1) 도난물품 또는 유실물인 사실이 공고된 문화유산
   (2) 그 출처를 알 수 있는 중요한 부분이나 기록을 인위적으로 훼손한 문화유산
2) 국가유산청장은 1)에 따른 통지와 관련하여 관계 기관의 장에게 필요한 자료 또는 정보의 제공을 요청할 수 있다. 이 경우 자료 또는 정보의 제공을 요청받은 기관의 장은 특별한 사유가 없으면 이에 따라야 한다.

08 폐업신고의 의무

매매 등 영업의 허가(법 제75조 ①)에 따라 허가를 받은 자는 문화유산매매업을 폐업하면 3개월 이내에 문화체육관광부령으로 정하는 바에 따라 폐업신고서를 특별자치시장, 특별자치도지사, 시장·군수 또는 구청장에게 제출하여야 한다.

09 허가취소 등

1) 특별자치시장, 특별자치도지사, 시장·군수 또는 구청장은 문화유산매매업자가 다음 각 호의 어느 하나에 해당하면 그 허가를 취소하거나 1년 이내의 기간을 정하여 그 영업의 전부 또는 일부의 정지를 명할 수 있다. 다만, 1)부터 3)까지의 규정에 해당하면 그 허가를 취소하여야 한다.
   (1) 거짓이나 그 밖의 부정한 방법으로 허가를 받은 경우
   (2) 무허가 수출 등의 죄(법 제90조)·손상 또는 은닉 등의 죄(법 제92조) 및 「매장유산 보호 및 조사에 관한 법률」 도굴 등의 죄(법 제31조)를 위반하여 벌금 이상의 처벌을 받은 경우
   (3) 영업정지 기간 중에 영업을 한 경우
   (4) 자격 요건(법 제76조 ① 제5호)으로 문화유산매매업을 허가받은 법인이 해당 자격 요건을 상실한 경우. 다만, 해당 법인이 3개월 이내에 자격 요건에 해당하는 자를 대표자 또는 임원으로 선임하는 경우에는 그러하지 아니하다.
   (5) 명의대여 등의 금지(법 제77조의2)에 따른 명의대여 등의 금지 사항을 위반한 경우
   (6) 준수사항(법 제78조)에 따른 준수 사항을 위반한 경우
2) 특별자치시장·특별자치도지사·시장·군수·구청장은 행정처분을 하면 문화유산매매업 허가대장에 그 처분 내용 등을 기록·관리하여야 한다.

10 행정 제재처분 효과의 승계

1) 문화유산매매업자가 매매업을 양도하거나 법인이 합병되는 경우에는 아래의 내용을 위반하거나 아래의 규정에 해당되어 종전의 문화유산매매업자에게 행한 행정 제재처분의 효과는 그 처분기간이 끝난 날부터 1년간 양수한 자나 합병 후 존속하는 법인에 승계되며,

(1) 매매 등 영업의 허가(법 제75조 ②, ④)
　① 제2항 : 허가를 받은 자는 특별자치시장, 특별자치도지사, 시장·군수 또는 구청장에게 대통령령으로 정하는 바에 따라 문화유산의 보존 상황, 매매 또는 교환의 실태를 신고하여야 한다.
　② 제4항 : 허가를 받은 자는 허가 사항이 변경된 때에는 정하는 바에 따라 특별자치시장, 특별자치도지사, 시장·군수 또는 구청장에게 변경신고를 하여야 한다.
(2) 영업의 승계(법 제75조의2 ②)
　문화유산매매업자로서의 지위를 승계받은 자는 정하는 바에 따라 특별자치시장, 특별자치도지사, 시장·군수 또는 구청장에게 신고하여야 한다.
(3) 준수 사항(법 제78조)
　① 제1항 : 문화유산매매업자는 정하는 바에 따라 매매·교환 등에 관한 장부를 갖추어 두고 그 거래 내용을 기록하며, 해당 문화유산을 확인할 수 있도록 실물 사진을 촬영하여 붙여 놓아야 한다.
　② 제2항 : 문화유산매매업자는 정하는 바에 따라 해마다 1)에 따른 매매·교환 등에 관한 장부에 대하여 검인을 받아야 한다. 문화유산매매업을 폐업하려는 경우에도 또한 같다.
(4) 허가취소 등(법 제80조 ① 제1호부터 제3호까지)
　① 제1항 : 특별자치시장, 특별자치도지사, 시장·군수 또는 구청장은 문화유산매매업자가 다음 각 호의 어느 하나에 해당하면 그 허가를 취소하거나 1년 이내의 기간을 정하여 그 영업의 전부 또는 일부의 정지를 명할 수 있다. 다만, 제1호부터 제3호까지의 규정에 해당하면 그 허가를 취소하여야 한다.
　② 그 허가를 취소하여야 한다.
　　㉠ 제1호 : 거짓이나 그 밖의 부정한 방법으로 허가를 받은 경우
　　㉡ 제2호 : 무허가 수출 등의 죄, 손상 또는 은닉 등의 죄 및 도굴 등의 죄를 위반하여 벌금 이상의 처벌을 받은 경우
　　㉢ 제3호 : 영업정지 기간 중에 영업을 한 경우
2) 행정 제재처분의 절차가 진행 중인 경우에는 양수한 자나 합병 후 존속하는 법인에 대하여 행정 제재처분 절차를 계속할 수 있다.
3) 다만, 양수한 자나 합병 후 존속하는 법인이 양수하거나 합병할 때에 그 처분 또는 위반사실을 알지 못하였음을 증명하는 때에는 그러하지 아니하다.

CHAPTER 10 문화유산의 상시적 예방관리

01 문화유산돌봄사업

1) 국가와 지방자치단체는 다음 각 호의 어느 하나에 해당하는 문화유산의 보존을 위하여 상시적인 예방관리 사업(이하 "문화유산돌봄사업"이라 한다)을 실시할 수 있다.
   (1) 지정문화유산
   (2) 등록문화유산
   (3) 임시지정문화유산
   (4) 그 밖에 역사적·문화적·예술적 가치가 높은 문화유산으로서 다음 각 호의 요건을 모두 갖춘 문화유산
      ① 시·도지사가 시장·군수·구청장과의 협의를 거쳐 국가유산청장에게 추천한 문화유산일 것
      ② 국가유산청장이 문화유산돌봄사업의 대상으로 할 필요가 있다고 인정하는 문화유산일 것
2) 문화유산돌봄사업의 범위는 다음 각 호와 같다.
   (1) 문화유산의 주기적인 모니터링
   (2) 문화유산 관람환경 개선을 위한 일상적·예방적 관리
   (3) 문화유산 주변지역 환경정비 및 재해예방
   (4) 문화유산 및 그 주변지역의 재해 발생에 대응한 신속한 조사 및 응급조치
   (5) 「국가유산수리 등에 관한 법률」에 따른 해당 문화유산의 보존에 영향을 미치지 아니하는 경미한 수리
   (6) 그 밖에 문화유산돌봄사업을 위하여 필요한 사업
3) 국가유산청장은 매년 문화유산돌봄사업 추진지침을 수립하여 시·도지사 및 중앙문화유산돌봄센터와 지역문화유산돌봄센터에 각각 통보하여야 한다.

02 중앙문화유산돌봄센터

1) 국가유산청장은 문화유산돌봄사업에 관한 다음 각 호의 업무를 종합적이고 효율적으로 수행하기 위하여 중앙문화유산돌봄센터를 설치·운영한다.
    (1) 문화유산돌봄사업의 관리 및 지원
    (2) 문화유산돌봄사업을 위한 연구 및 조사
    (3) 문화유산돌봄사업을 위한 정보관리시스템 구축 및 운영
    (4) 지역문화유산돌봄센터 평가의 지원
    (5) 지역문화유산돌봄센터 종사자에 대한 전문교육의 관리·지원
    (6) 지역문화유산돌봄센터 상호 간의 연계·협력 지원
    (7) 그 밖에 중앙문화유산돌봄센터의 설치목적 달성에 필요한 사업
2) 국가유산청장은 중앙문화유산돌봄센터의 운영을 문화유산 관련 기관 또는 단체에 위탁할 수 있다.
    (1) 국가유산청장은 중앙문화유산돌봄센터의 운영을 전통건축수리기술진흥재단에 위탁한다.
    (2) 중앙문화유산돌봄센터의 운영을 위탁받은 전통건축수리기술진흥재단은 1)의 각 호의 업무를 수행하기 위하여 필요하다고 인정하는 경우에는 지역문화유산돌봄센터의 장에게 자료 또는 의견의 제출을 요청할 수 있다.
3) 국가유산청장은 중앙문화유산돌봄센터의 운영을 문화유산 관련 기관 또는 단체에 위탁하는 경우 운영에 필요한 비용의 전부 또는 일부를 보조할 수 있다.

03 지역문화유산돌봄센터

1) 시·도지사는 다음 각 호의 업무를 효율적으로 실시하기 위하여 문화유산 관련 기관 또는 단체를 지역문화유산돌봄센터로 지정할 수 있다.
    (1) 지역여건에 적합한 문화유산돌봄사업
    (2) 지역여건에 적합한 문화유산돌봄사업을 위한 연구 및 조사
    (3) 지역문화유산돌봄센터 상호 간의 인적·물적 자원의 교류
    (4) 지역문화유산돌봄센터 종사자에 대한 안전교육 등 직장교육
    (5) 그 밖에 지역문화유산돌봄센터의 지정목적 달성에 필요한 사업
2) 시·도지사는 지역문화유산돌봄센터가 다음 각 호의 어느 하나에 해당하는 경우 그 지정을 취소할 수 있다. 다만, (1)에 해당하는 경우에는 지정을 취소하여야 한다.
    (1) 거짓이나 그 밖의 부정한 방법으로 지정을 받은 경우
    (2) 4)에 따른 지정기준에 적합하지 아니하게 된 경우

(3) 문화유산돌봄사업을 하는 중에 지정문화유산을 파손하거나 원형을 훼손한 경우
(4) 국가 및 지방자치단체에서 지원한 예산을 부당하게 집행하거나 목적과 다르게 집행한 경우

3) 국가와 지방자치단체는 지역문화유산돌봄센터의 운영에 필요한 비용의 전부 또는 일부를 보조할 수 있다.

4) **지역문화유산돌봄센터의 지정 및 취소의 기준과 절차 등**

(1) 지역문화유산돌봄센터의 지정기준

① 다음 각 목의 어느 하나에 해당하는 기관 또는 단체일 것
㉠ 「공공기관의 운영에 관한 법률」에 따른 공공기관
㉡ 「민법」에 따라 설립된 비영리법인
㉢ 「산업교육진흥 및 산학연협력촉진에 관한 법률」에 따른 산학협력단
㉣ 특별법에 따라 설립된 특수법인

② 문화유산돌봄사업의 수행에 필요한 다음 각 목의 시설을 모두 갖출 것
㉠ 지역문화유산돌봄센터의 업무를 수행하기 위한 사무실
㉡ 문화유산 보존 및 관리에 필요한 장비를 보관할 수 있는 시설

③ 사업계획서가 적정할 것

(2) 지역문화유산돌봄센터로 지정받으려는 기관 또는 단체는 정하는 신청서에 지정기준을 충족했음을 증명할 수 있는 서류와 사업계획서를 첨부하여 시·도지사에게 제출해야 한다.

(3) 시·도지사는 신청을 한 기관 또는 단체가 지정기준을 모두 충족했다고 인정되는 경우에는 해당 기관 또는 단체를 지역문화유산돌봄센터로 지정할 수 있다.

(4) 시·도지사는 지역문화유산돌봄센터로 지정했을 때에는 그 사실을 해당 시·도의 인터넷 홈페이지에 게시하고, 지정된 기관 또는 단체에 문화체육관광부령으로 정하는 지역문화유산돌봄센터 지정서를 지체 없이 발급해야 한다.

(5) 지역문화유산돌봄센터의 지정취소 기준

① 일반기준
㉠ 위반행위의 횟수에 따른 처분기준은 최근 2년간 같은 위반행위로 행정처분을 받은 경우에 적용한다. 이 경우 기간의 계산은 위반행위에 대하여 행정처분을 받은 날과 그 처분 후 다시 같은 위반행위를 하여 적발된 날을 기준으로 한다.
㉡ 위반행위가 둘 이상인 경우로서 그에 해당하는 각각의 처분기준이 다른 경우에는 그 중 무거운 처분기준에 따른다.
㉢ 행정처분이 시정권고인 경우에는 1개월 이상의 기간을 정하여 시정할 것을 알리고, 그 기간 동안 위반상태가 시정되지 않으면 2차 위반한 것으로 본다.

ⓔ 처분권자는 제2호마목에 따른 행정처분 중 2차 이상 위반을 이유로 지정취소 처분을 해야 하는 경우로서 그 위반행위가 고의나 중대한 과실이 아닌 사소한 부주의나 오류로 인한 것으로 인정되는 경우에는 시정권고로 감경할 수 있다.

② 개별기준

위반행위	처분기준	
	1차 위반	2차 이상 위반
㉠ 거짓이나 그 밖의 부정한 방법으로 지정을 받은 경우	지정취소	-
㉡ 지정기준에 적합한 기관 또는 단체가 아닌 경우	지정취소	-
㉢ 지정기준에 적합하지 않게 된 경우	시정권고	지정취소
㉣ 정당한 사유 없이 사업계획서의 내용과 다르게 사업을 실시하는 경우	시정권고	지정취소
㉤ 문화유산돌봄사업을 하는 중에 지정문화유산을 파손하거나 원형을 훼손한 경우	시정권고	지정취소
㉥ 국가 및 지방자치단체에서 지원한 예산을 부당하게 집행하거나 목적과 다르게 집행한 경우	시정권고	지정취소

(6) 시·도지사는 지역문화유산돌봄센터의 지정을 취소한 경우에는 그 사실을 해당 시·도의 인터넷 홈페이지에 게시해야 한다.

04 지역문화유산돌봄센터의 평가 등

1) 국가유산청장은 지역문화유산돌봄센터가 추진지침에 따라 적정하게 운영되었는지를 평가하여야 한다.

2) 국가유산청장은 평가 결과를 시·도지사에게 통보하고, 이를 공개하여야 한다.

3) 평가 시기, 방법 및 평가 결과의 공개 등에 필요한 사항

(1) 국가유산청장은 매년 12월 31일까지 지역문화유산돌봄센터를 평가해야 한다.
(2) 국가유산청장은 평가를 실시하려면 평가 시기 및 방법을 포함한 평가지침을 작성하여 시·도지사 및 지역문화유산돌봄센터의 장에게 통보해야 한다.
(3) 국가유산청장은 평가 결과를 공개하기 전에 공개 대상 지역문화유산돌봄센터에 그 사실을 통지하여 소명자료나 의견을 제출할 수 있는 기회를 주어야 한다.
(4) 국가유산청장은 평가가 완료되었을 때에는 평가 점수 및 등급을 포함한 평가 결과를 지체 없이 국가유산청의 인터넷 홈페이지에 게시해야 한다.

05 지역문화유산돌봄센터의 종사자에 대한 전문교육

1) 지역문화유산돌봄센터의 종사자는 국가유산청장이 실시하는 문화유산돌봄사업에 필요한 교육을 받아야 한다.
2) 국가유산청장은 전문교육을 문화유산 관련 기관 또는 단체에 위임 또는 위탁할 수 있다.
3) **전문교육의 내용·방법 및 시기와 전문교육의 위임 또는 위탁 등에 필요한 사항**
    (1) 전문교육의 내용은 다음 각 호와 같다.
        ① 문화유산돌봄사업을 위한 행정
        ② 문화유산의 모니터링 방법
        ③ 문화유산의 일상적인 관리 방법 및 경미한 손상의 수리 방법
        ④ 그 밖에 문화유산돌봄사업을 실시하기 위하여 국가유산청장이 필요하다고 인정하는 사항
    (2) 전문교육은 집합교육 또는 정보통신망을 활용한 온라인 교육으로 실시할 수 있다.
    (3) 국가유산청장은 전문교육에 관한 연간계획을 수립하고 매년 1월 31일까지 지역문화유산돌봄센터의 장에게 알려야 한다.
    (4) 국가유산청장은 전문교육을 국가유산청장이 지정하는 기관 또는 단체에 위탁할 수 있다.
    (5) 국가유산청장은 전문교육을 위탁한 경우에는 수탁기관의 명칭 및 위탁업무의 내용을 고시해야 한다.
    (6) 전문교육을 위탁받은 기관의 장은 전문교육을 실시하려는 경우에는 교육일시, 교육장소 등 교육 실시에 필요한 사항을 그 교육 실시 30일 전까지 전문교육기관의 인터넷 홈페이지 등에 공고해야 한다.
    (7) 전문교육기관의 장은 전문교육을 실시한 경우 그 교육 결과를 지체 없이 국가유산청장에게 보고해야 한다.
    (8) 전문교육기관의 장은 전문교육 이수자 명단과 이수자의 교육 이수를 확인할 수 있는 서류를 3년간 보존해야 한다.
    (9) 전문교육기관의 장은 전문교육을 위하여 필요하다고 인정하는 경우에는 지역문화유산돌봄센터의 장에게 종사자의 교육 참여에 필요한 협조를 요청할 수 있다.
    (10) (1)부터 (9)까지에서 규정한 사항 외에 전문교육에 필요한 사항은 국가유산청장이 정하여 고시한다.

CHAPTER 11 / 보칙

01 권리·의무의 승계

1) 국가지정문화유산(보호물과 보호구역 및 임시지정문화유산을 포함한다)의 소유자가 변경된 때에는 새 소유자는 「문화유산의 보존 및 활용에 관한 법률」 또는 「문화유산의 보존 및 활용에 관한 법률」에 따라 국가유산청장이 행하는 명령·지시, 그 밖의 처분으로 인한 전소유자(前所有者)의 권리·의무를 승계한다.
2) 관리단체에 의한 관리에 따라 관리단체가 지정되거나 그 지정이 해제된 경우에 관리단체와 소유자에 대하여는 1)을 준용한다. 다만, 소유자에게 전속(專屬)하는 권리·의무는 그러하지 아니하다.

02 권한의 위임·위탁

1) 「문화유산의 보존 및 활용에 관한 법률」에 따른 국가유산청장의 권한은 정하는 바에 따라
2) 그 일부를 소속 기관의 장, 시·도지사 또는 시장·군수·구청장에게 위임하거나 문화유산의 보호·보급 등을 목적으로 설립된 기관이나 법인 또는 단체 등에 위탁할 수 있다.

03 금지행위

1) 누구든지 지정문화유산에 글씨 또는 그림 등을 쓰거나 그리거나 새기는 행위 등을 하여서는 아니 된다.
2) 국가유산청장 또는 지방자치단체의 장은 1)의 행위를 한 사람에게 훼손된 문화유산의 원상 복구를 명할 수 있다.
3) 국가유산청장 또는 지방자치단체의 장은 2)에 따른 명령을 이행하지 아니하거나 1)의 행위를 한 사람에게 원상 복구 조치를 하게 하는 것이 적당하지 아니하다고 인정되면 국가 또는 지방자치단체의 부담으로 훼손된 문화유산을 원상 복구하고, 1)의 행위를 한 사람에게 그 비용을 청구할 수 있다.

[원상 복구 비용의 청구]
(1) 국가유산청장 또는 지방자치단체의 장은 원상 복구 비용을 청구하는 경우 1)의 행위를 한 사람에게 납부금액, 납부기한, 납부장소 등을 적은 납부고지서를 보내야 한다. 이 경우 납부고지서를 보낸 날부터 60일 이내의 납부 기한을 정해야 한다.
(2) (1)에 따른 납부금액은 국가유산청장 또는 지방자치단체의 장이 훼손된 문화유산을 원상 복구하는 데 드는 비용으로 한다.
4) 3)에 따라 청구한 비용을 납부하여야 할 사람이 이를 납부하지 아니하는 때에는 국세 체납처분의 예 또는 「지방세외수입금의 징수 등에 관한 법률」에 따라 징수한다.

04 토지의 수용 또는 사용

국가유산청장이나 지방자치단체의 장은 문화유산의 보존·관리를 위하여 필요하면 지정문화유산이나 그 보호구역에 있는 토지, 건물, 나무, 대나무, 그 밖의 공작물을 「공익사업을 위한 토지 등의 취득 및 보상에 관한 법률」에 따라 수용(收用)하거나 사용할 수 있다.

05 국·공유재산의 대부·사용 등

1) 국가 또는 지방자치단체는 문화유산의 보존·관리·활용 또는 전승을 위하여 필요하다고 인정하면 「국유재산법」 또는 「공유재산 및 물품 관리법」에도 불구하고 국유 또는 공유재산을 수의계약으로 대부·사용·수익하게 하거나 매각할 수 있다.
2) 1)에 따른 국유 또는 공유재산의 대부·사용·수익·매각 등의 내용 및 조건에 관하여는 「국유재산법」 또는 「공유재산 및 물품 관리법」에서 정하는 바에 따른다.

06 문화유산 방재의 날

1) 문화유산을 화재 등의 재해로부터 안전하게 보존하고 국민의 문화유산에 대한 안전관리의식을 높이기 위하여 매년 2월 10일을 문화유산 방재의 날로 정한다.
2) 국가 및 지방자치단체는 문화유산 방재의 날 취지에 맞도록 문화유산에 대한 안전점검, 방재훈련 등의 사업 및 행사를 실시한다.
3) 문화유산 방재의 날 행사에 관하여 필요한 사항은 국가유산청장 또는 시·도지사가 따로 정할 수 있다.

07 포상금

1) 포상금 지급

(1) 국가유산청장은
- ① 무허가 수출 등의 죄(법 제90조)
- ② 추징(법 제 90조의2)
- ③ 허위 지정 등 유도죄(법 제91조)
- ④ 손상 또는 은닉 등의 죄(법 제92조)와
- ⑤ 도굴 등의 죄(매장유산 보호 및 조사에 관한 법률 제31조)를 저지른 자나
- ⑥ 그 미수범(未遂犯)이

(2) 기소유예 처분을 받거나 유죄판결이 확정된 경우

(3) 그 자를 수사기관에 제보(提報)한 자와 체포에 공로가 있는 자에게

(4) 예산의 범위에서 포상금을 지급하여야 한다.

2) 수사기관의 범위

(1) 수사기관
- ① 검사
- ②「형사소송법」에 따른 사법경찰관리
- ③「검찰청법」에 따라 사법경찰관리의 직무를 수행하는 사람
- ④「사법경찰관리의 직무를 수행할 자와 그 직무범위에 관한 법률」에 따른 국가공무원 또는 지방공무원
- ⑤「관세법」에 따른 세관공무원

(2) 수사기관에 해당하는 사람은 제보자가 될 수 없다.

3) 제보의 처리

제보를 받은 수사기관은 정하는 바에 따라 제보 조서를 작성하여 국가유산청장에게 제출하여야 한다.

4) 포상금의 지급

(1) 포상금 지급기준

등급	포상금액	
	제보한 자	체포에 공로가 있는 자
1등급	2,000만 원	400만 원
2등급	1,500만 원	300만 원
3등급	1,000만 원	200만 원
4등급	500만 원	100만 원
5등급	250만 원	50만 원

(2) 포상금의 지급등급기준

등급	포상금 지급등급기준
1등급	1. 제보에 따라 몰수된 문화유산의 평가액이 1억 원 이상으로서 다음에 해당하는 자를 제보하거나 체포하는 데 공로가 있는 경우 가. 국가유산청장 또는 시·도지사가 지정, 임시지정 또는 지정예고한 문화유산을 허가 없이 국외로 반출 또는 수출하는 자 나. 국가유산청장 또는 시·도지사가 지정, 임시지정 또는 지정예고한 문화유산의 보호물 또는 보호구역 안에서 허가 없이 발굴하거나 현상을 변경한 자 다. 국가유산청장이 지정, 임시지정 또는 지정예고한 문화유산을 손상·절취·은닉 또는 그 밖의 방법으로 효용을 해한 자
2등급	2. 제보에 따라 몰수된 문화유산의 평가액이 7천만 원 이상으로서 다음에 해당하는 자를 제보하거나 체포하는 데 공로가 있는 경우 가. 제1호 가목부터 다목까지에 해당하는 자 나. 시·도지정문화유산 또는 문화유산자료를 손상·절취·은닉 또는 그 밖의 방법으로 효용을 해한 자
3등급	3. 제보에 따라 몰수된 문화유산의 평가액이 4천만 원 이상으로서 다음에 해당하는 자를 제보하거나 체포하는 데 공로가 있는 경우 가. 제2호 가목 및 나목에 해당하는 자 나. 일반동산문화유산을 허가 없이 국외로 반출 또는 수출한 자 다. 매장유산을 허가 없이 발굴하거나 현상을 변경한 자 라. 지정되지 않은 문화유산을 손상·절취·은닉 또는 그 밖의 방법으로 효용을 해한 자 마. 허가 없이 문화유산을 국외로 반출 또는 수출하려는 정황을 알고 문화유산을 양도·양수 또는 중개한 자
4등급	4. 제보에 따라 몰수된 문화유산의 평가액이 1천500만 원 이상으로서 다음에 해당하는 자를 제보하거나 체포하는 데 공로가 있는 경우 가. 제3호 가목부터 마목까지에 해당하는 자 나. 허가 없이 발굴된 매장유산을 취득·운반 또는 보관한 자 다. 매장유산을 발견하고 법정기일 내에 신고를 하지 않은 자

등급	포상금 지급등급기준
5등급	5. 제4호 가목부터 다목까지에 해당하는 자를 제보함으로써 몰수된 문화유산의 평가액이 500만 원 이상이거나 제1호부터 제3호까지에 해당하는 미수범을 제보하거나 체포하는 데 공로가 있는 경우

[비고] 문화유산의 평가액은 사건별로 몰수한 문화유산의 평가금액을 기준으로 한다.

(3) 포상금의 배분

포상금의 지급 기준에 따라 포상금을 지급하는 경우에 제보자가 2명 이상이거나 범인 체포에 공로가 있는 사람이 2명 이상인 경우에는 그 공로의 비중을 고려하여 국가유산청장이 그 배분액을 결정한다.

다만, 포상금을 받을 사람이 배분액에 관하여 상호간에 미리 합의한 경우에는 그 합의된 금액 또는 비율에 따라 배분할 수 있다.

① 포상금을 청구하려는 사람이 2명 이상이면 연명(連名)으로 하여야 한다.
② 포상금의 배분액을 미리 합의한 경우에는 그 합의된 사항을 적은 서류를 포상금청구서에 첨부하여야 한다.

08 다른 법률과의 관계

1) 국가유산청장이 「자연공원법」에 따른 공원구역에서 면적 3만 제곱미터 이상의 지역 또는 구역을 지정하는 경우((1) 및 (2)에 해당) 다음 각 호의 어느 하나에 해당하는 행위를 하려면 해당 공원관리청과 협의하여야 한다.
   (1) 사적의 지정에 따라 일정한 지역을 사적으로 지정하는 경우
   (2) 보호물 또는 보호구역의 지정에 따라 보호구역을 지정하는 경우
   (3) 허가사항에 따라 허가나 변경허가를 하는 경우
2) 특별자치시장, 특별자치도지사, 시장·군수 또는 구청장이 「자연공원법」에 따른 공원구역에서 대통령령으로 정하는 면적 이상의 지역을 대상으로 허가사항(법 제35조 ① 단서)에 따라 허가나 변경허가를 하려면 해당 공원관리청과 협의하여야 한다.
3) 허가사항(법 제74조 ②)에 따라 준용되는 경우를 포함한다)에 따라 허가를 받은 때에는 다음 각 호의 허가를 받은 것으로 본다.
   (1) 「자연공원법」에 따른 공원구역에서의 행위 허가
   (2) 「도시공원 및 녹지 등에 관한 법률」에 따른 도시공원·도시자연공원구역·녹지의 점용 및 사용 허가
4) 국가지정문화유산 또는 시·도지정문화유산으로 지정되거나 그의 보호물 또는 보호구역으로 지정·고시된 지역이 「국토의 계획 및 이용에 관한 법률」에 따른 도시지역에 속하는 경

우에는 같은 법(제37조 ① 제5호)에 따른 보호지구로 지정·고시된 것으로 본다.
5) 다음 각 호의 어느 하나에 해당하는 문화유산의 매매 등 거래행위에 관하여는 「민법」의 선의취득에 관한 규정을 적용하지 아니한다.
    (1) 국가유산청장이나 시·도지사가 지정한 문화유산
    (2) 도난물품 또는 유실물(遺失物)인 사실이 공고된 문화유산
        ① 공고는 해당 문화유산이 도난물품 또는 유실물(遺失物)이라는 사실(문화유산의 식별이 가능한 사진을 포함한다)을
        ② 국가유산청장이 국가유산청 홈페이지에 게재하는 방법으로 한다.
    (3) 그 출처를 알 수 있는 중요한 부분이나 기록을 인위적으로 훼손한 문화유산
        다만, 양수인이 경매나 문화유산매매업자 등으로부터 선의로 이를 매수한 경우에는 피해자 또는 유실자(遺失者)는 양수인이 지급한 대가를 변상하고 반환을 청구할 수 있다.

09 청문

1) 국가유산청장, 시·도지사, 시장·군수 또는 구청장은
2) 다음 각 호의 어느 하나에 해당하는 처분을 하려면 청문을 하여야 한다.
    (1) 지역센터의 지정 취소
    (2) 문화유산교육 프로그램의 인증 취소
    (3) 허가받은 자가 그 허가 사항이나 허가 조건을 위반한 경우의 허가취소
    (4) 문화유산매매업자의 허가취소 또는 영업정지
    (5) 지역문화유산돌봄센터의 지정 취소

10 벌칙 적용에서의 공무원 의제

1) 다음 각 호의 어느 하나에 해당하는 자는
2) 「형법」의 규정을 적용할 때에는 공무원으로 본다.
    (1) 문화유산위원회의 설치에 따라 문화유산 보존·관리에 관한 사항을 조사·심의하는 문화유산위원회 위원(시·도문화유산위원회의 위원을 포함한다)
    (2) 역사문화환경보호지역의 보호에 따라 지정문화유산 보존 영향 검토에 대한 의견을 제출하는 자
    (3) 허가기준에 따라 현상변경허가 조사 의견을 제출하는 자
    (4) 정기조사에 따라 문화유산조사를 위탁받아 수행하는 자
    (5) 권한의 위임·위탁에 따라 국가유산청장의 권한을 위탁받은 사무에 종사하는 자

CHAPTER 12 벌칙

01 무허가수출 등의 죄

1) 수출 등의 금지를 위반하여 지정문화유산 또는 임시지정문화유산을 국외로 수출 또는 반출하거나 반출한 문화유산을 기한까지 다시 반입하지 아니한 자는 5년 이상의 유기징역에 처하고 그 문화유산은 몰수한다.
2) 일반동산문화유산수출 등의 금지를 위반하여 문화유산을 국외로 수출 또는 반출하거나 반출한 문화유산을 다시 반입하지 아니한 자는 3년 이상의 유기징역에 처하고 그 문화유산은 몰수한다.
3) 1) 또는 2)를 위반하여 국외로 수출 또는 반출하는 사실을 알고 해당 문화유산을 양도·양수 또는 중개한 자는 3년 이상의 유기징역에 처하고 그 문화유산은 몰수한다.

02 추징

무허가 수출 등의 죄에 따라 해당 문화유산을 몰수할 수 없을 때에는 해당 문화유산의 감정가격을 추징한다.

03 허위 지정 등 유도죄

거짓이나 그 밖의 부정한 방법으로 지정문화유산 또는 임시지정문화유산으로 지정하게 한 자는 5년 이상의 유기징역에 처한다.

04 손상 또는 은닉 등의 죄

1) 국가지정문화유산을 손상, 절취 또는 은닉하거나 그 밖의 방법으로 그 효용을 해한 자는 3년 이상의 유기징역에 처한다.
2) 다음 각 호의 어느 하나에 해당하는 자는 2년 이상의 유기징역에 처한다.
   (1) 1)에 규정된 것 외의 지정문화유산 또는 임시지정문화유산(건조물은 제외한다)을 손상, 절취 또는 은닉하거나 그 밖의 방법으로 그 효용을 해한 자
   (2) 일반동산문화유산인 것을 알고 일반동산문화유산을 손상, 절취 또는 은닉하거나 그 밖의 방법으로 그 효용을 해한 자
3) 다음 각 호의 어느 하나에 해당하는 자는 2년 이상의 유기징역이나 2천만 원 이상 1억5천만 원 이하의 벌금에 처한다.
   (1) 1) 또는 2)를 위반한 행위를 알고 해당 문화유산을 취득, 양도, 양수 또는 운반한 자
   (2) (1)에 따른 행위를 알선한 자
4) 1)과 2)에 규정된 은닉 행위 이전에 타인에 의하여 행하여진 같은 항에 따른 손상, 절취, 은닉, 그 밖의 방법으로 그 지정문화유산, 임시지정문화유산 또는 일반동산문화유산의 효용을 해하는 행위가 처벌되지 아니한 경우에도 해당 은닉 행위자는 같은 항에서 정한 형으로 처벌한다.
5) 1)부터 4)까지의 경우에 해당하는 문화유산은 몰수하되, 몰수하기가 불가능하면 해당 문화유산의 감정가격을 추징한다. 다만, 4)에 따른 은닉 행위자가 선의로 해당 문화유산을 취득한 경우에는 그러하지 아니하다.

05 가중죄

1) 단체나 다중(多衆)의 위력(威力)을 보이거나 위험한 물건을 몸에 지녀서 무허가수출 등의 죄, 허위지정 등 유도죄, 손상 또는 은닉 등의 죄를 저지르면 각 해당 조에서 정한 형의 2분의 1까지 가중한다.
2) 1)의 죄를 저질러 지정문화유산이나 임시지정문화유산을 보호하는 사람을 상해에 이르게 한 때에는 무기 또는 5년 이상의 징역에 처한다. 사망에 이르게 한 때에는 사형, 무기 또는 5년 이상의 징역에 처한다.

06 「형법」의 준용

1) 다음 각 호의 건조물에 대하여 방화, 일수(溢水) 또는 파괴의 죄를 저지른 자는 「형법」(제165조·제178조 또는 제367조)과 같은 법 중 이들 조항과 관계되는 법조(法條)의 규정을 준용하여 처벌하되,
2) 각 해당 조에서 정한 형의 2분의 1까지 가중한다.
   (1) 지정문화유산이나 임시지정문화유산인 건조물
   (2) 지정문화유산이나 임시지정문화유산을 보호하기 위한 건조물

07 사적에의 일수죄

물을 넘겨 국가유산청장이 지정 또는 임시지정한 사적이나 보호구역을 침해한 자는 2년 이상 10년 이하의 징역에 처한다.

08 그 밖의 일수죄

물을 넘겨 사정에의 일수죄에서 규정한 것 외의 지정문화유산 또는 임시지정문화유산이나 그 보호구역을 침해한 자는 10년 이하의 징역이나 1억 원 이하의 벌금에 처한다.

09 미수범 등

1) 무허가수출 등의 죄, 허위지정 등 유도죄, 손상 또는 은닉 등의 죄, 가중죄(법 제93조 ①), 사적에의 일수죄, 그 밖의 일수죄의 미수범은 처벌한다.
2) 무허가수출 등의 죄의 죄를 저지를 목적으로 예비 또는 음모한 자는 2년 이하의 징역에 처한다.
3) 허위지정 등 유도죄, 손상 또는 은닉 등의 죄, 가중죄(법 제93조 ①), 사적에의 일수죄, 그 밖의 일수죄의 죄를 저지를 목적으로 예비 또는 음모한 자는 2년 이하의 징역이나 2천만 원 이하의 벌금에 처한다.

10 과실범

1) 과실로 인하여 사적에의 일수죄 또는 그 밖의 일수죄의 죄를 저지른 자는 1천만 원 이하의 벌금에 처한다.
2) 업무상 과실이나 중대한 과실로 인하여 사적에의 일수죄 또는 그 밖의 일수죄의 죄를 저지른 자는 3년 이하의 금고나 3천만 원 이하의 벌금에 처한다.

11 무허가 행위 등의 죄

1) 다음 각 호의 어느 하나에 해당하는 자는 5년 이하의 징역이나 5천만 원 이하의 벌금에 처한다.
    (1) 허가사항(법 제35조 ① 제1호 또는 제2호)을 위반하여 지정문화유산(보호물 및 보호구역을 포함한다)이나 임시지정문화유산의 현상을 변경하거나 그 보존에 영향을 미칠 우려가 있는 행위를 한 자
    (2) 매매 등 영업의 허가(법 제75조 ①)를 위반하여 허가를 받지 아니하고 영업행위를 한 자
2) 1)의 각 호의 경우 그 문화유산이 자기 소유인 자에 해당하는 자는 2년 이하의 징역이나 2천만 원 이하의 벌금에 처한다.

12 행정명령 위반 등의 죄

정당한 사유 없이 비상시의 문화유산 보호(법 제21조 ①)나 행정명령(법 제42조 ①)에 따른 명령을 위반한 자는 3년 이하의 징역이나 3천만 원 이하의 벌금에 처한다.

13 관리행위 방해 등의 죄

1) 다음 각 호의 어느 하나에 해당하는 자는
2) 2년 이하의 징역이나 2천만 원 이하의 벌금에 처한다.
    (1) 정당한 사유 없이 건설공사 시의 문화유산 보호에 따른 지시를 따르지 아니한 자
    (2) 관리단체에 의한 관리(법 제34조 ⑤)를 위반하여 관리단체의 관리행위를 방해하거나 그 밖에 정당한 사유 없이 지정문화유산이나 임시지정문화유산의 관리권자의 관리행위

를 방해한 자
- (3) 허가 없이 허가사항(법 제35조 ① 제3호)에 규정된 행위를 한 자
- (4) 정기조사(법 제44조 ④ 본문, 법 제45조 ②)에 따른 협조를 거부하거나 필요한 행위를 방해한 자
- (5) 지정문화유산이나 임시지정문화유산의 관리·보존에 책임이 있는 자 중 중대한 과실로 인하여 해당 문화유산을 멸실 또는 훼손하게 한 자
- (6) 거짓의 신고 또는 보고를 한 자
- (7) 지정문화유산으로 지정된 구역이나 그 보호구역의 경계 표시를 고의로 손괴, 이동, 제거, 그 밖의 방법으로 그 구역의 경계를 식별할 수 없게 한 자
- (8) 국가지정문화유산의 공개 등(법 제48조 ②)에 따른 국가유산청장의 공개 제한을 위반하여 문화유산을 공개하거나 같은 조 제5항에 따른 허가를 받지 아니하고 출입한 자

14 명의 대여 등의 죄

명의대여 등의 금지를 위반하여 다른 자에게 자기의 명의 또는 상호를 사용하여 문화유산매매업을 하게 하거나 그 허가증을 다른 자에게 빌려 준 자는 1년 이하의 징역이나 1천만 원 이하의 벌금에 처한다.

15 양벌규정

1) 법인의 대표자나 법인 또는 개인의 대리인, 사용인, 그 밖의 종업원이 그 법인 또는 개인의 업무에 관하여 아래의 어느 하나에 해당하는 위반행위를 하면 그 행위자를 벌하는 외에 그 법인 또는 개인에게도 해당 조문의 벌금형을 과(科)하고 벌금형이 없는 경우에는 3억 원 이하의 벌금에 처한다.
- (1) 「형법」의 준용(법 제94조)
- (2) 사적에의 일수죄
- (3) 그 밖의 일수죄
- (4) 과실범
- (5) 무허가 행위 등의 죄
- (6) 행정명령 위반 등의 죄
- (7) 관리행위 방해 등의 죄

2) 다만, 법인 또는 개인이 그 위반행위를 방지하기 위하여 해당 업무에 관하여 상당한 주의와 감독을 게을리하지 아니한 경우에는 그러하지 아니하다.

16 과태료

1) 다음 각 호의 어느 하나에 해당하는 자에게는 500만 원 이하의 과태료를 부과한다.
   (1) 금연구역의 지정 등(법 제14조의4 ③)에 따른 시정명령을 따르지 아니한 자
   (2) 문화유산교육프로그램의 개발·보급 및 인증 등(법 제22조의6 ⑥)을 위반하여 인증을 받지 아니한 문화유산교육 프로그램에 대하여 인증표시를 하거나 이와 비슷한 표시를 한 자
   (3) 신고사항(법 제40조 ① 제6호 : 국가지정문화유산의 전부 또는 일부가 멸실, 도난 또는 훼손된 경우)에 따른 신고를 하지 아니한 자
2) 신고사항(제40조 ① 제7호 또는 같은 조 ③)에 따른 신고를 하지 아니한 자에게는 300만 원 이하의 과태료를 부과한다.
3) 다음 각 호의 어느 하나에 해당하는 자에게는 200만 원 이하의 과태료를 부과한다.
   (1) 신고사항(법 제40조 ① 제1호부터 제5호까지, 제8호)에 따른 신고를 하지 아니한 자
   (2) 일반동산문화유산 수출 등의 금지(법 제60조 ④)에 따른 신고를 하지 아니한 자
   (3) 매매 등 영업의 허가(법 제75조 ②)에 따른 신고를 하지 아니한 자
   (4) 매매 등 영업의 허가(법 제75조 ④)에 따른 변경신고를 하지 아니한 자
   (5) 영업의 승계(법 제75조의2 ②)에 따른 신고를 하지 아니한 자
   (6) 준수사항(법 제78조에 따른 준수 사항을 이행하지 아니한 자
   (7) 폐업신고의 의무(법 제79조에 따른 폐업신고를 하지 아니한 자
4) 금연구역의 지정 등(법 제14조의4 ⑤)을 위반하여 금연구역에서 흡연을 한 사람에게는 10만 원 이하의 과태료를 부과한다.

17 과태료의 부과·징수

과태료는 국가유산청장, 시·도지사 또는 시장·군수·구청장이 부과·징수한다.

예상문제

제1장 총칙

01 문화유산의 보존 및 활용에 관한 법률은 문화유산을 보존하여 민족문화를 (①)하고, 이를 (②)할 수 있도록 함으로써 국민의 문화적 향상을 도모함과 아울러 인류문화의 발전에 기여함을 목적으로 한다.
( ) 안에 들어갈 말은?

정답 ① 계승, ② 활용

02 문화유산의 보존 및 활용에 관한 법령상, 문화유산의 정의이다. ( )안에 들어갈 말은?
우리 역사와 전통의 산물로서 문화의 고유성, 겨레의 정체성 및 국민생활의 변화를 나타내는 유형의 문화적 유산에 해당하는 (①), (②), (③)을 말한다.

정답 ① 유형문화유산, ② 기념물, ③ 민속문화유산

03 문화유산의 보존 및 활용에 관한 법령상, 문화유산교육의 정의와 거리가 있는 것을 고르시오.
① 문화유산의 역사적·예술적·학술적·경관적 가치습득을 통하여 문화유산 애호의식을 함양하고 민족 정체성을 확립하는 등에 기여하는 교육을 말한다.
② 문화예술을 교육내용으로 하거나 교육과정에 활용하는 문화예술교육을 포함한다.
③ 문화유산에 대한 보호의식을 함양하고 문화유산의 보호활동을 장려하는 교육을 의미한다.
④ 문화유산교육의 유형에는 학교문화유산교육과 사회문화유산교육으로 나누어진다.

해설 ② 문화유산교육의 범위에서 문화예술을 교육내용으로 하거나 교육과정에 활용하는 문화예술교육은 제외한다.

정답 ②

※ (4~7) 아래의 주어진 내용을 보고서 다음 문제에 알맞은 답을 고르시오.

구분 지정문화유산	유형문화유산	(㉠)	민속문화유산
국가지정문화유산	보물·국보	사적	국가민속문화유산
시·도지정문화유산	• (㉡)은(는) 그 관할구역에 있는 문화유산으로서 국가지정문화유산으로 지정되지 아니한 문화유산 중 • (㉢)가 있다고 인정되는 것을 시·도 지정문화유산으로 지정할 수 있다.		
(㉣)	• (㉤)이나 (㉥)의 지정에 따라 지정되지 아니한 문화유산 중 • (㉦)보존을 위하여 필요하다고 인정하는 것을 시·도시사가 지정한 문화유산		

04 문화유산의 보존 및 활용에 관한 법령상, (㉠)에 들어갈 내용은 무엇인가?

> **정답** ㉠ 기념물

05 문화유산의 보존 및 활용에 관한 법령상, (㉡)과 (㉢)에 알맞은 것은?

> **정답** ㉡ 시·도지사, ㉢ 보존가치

06 문화유산의 보존 및 활용에 관한 법령상, (㉣)에 알맞은 것은?
① 국가등록문화유산
② 시·도 등록 문화유산
③ 문화유산자료
④ 임시지정문화유산
⑤ 일반동산문화유산

> **정답** ③

07 문화유산의 보존 및 활용에 관한 법령상, (㉤), (㉥), (㉦)에 들어갈 내용은?

> **정답** ㉤ 국가지정문화유산
> ㉥ 시·도지정문화유산
> ㉦ 향토문화

08 문화유산의 보존 및 활용에 관한 법령상, 지정문화유산이 아닌 것을 찾으시오.

① 국가유산청장이 지정한 국가지정문화유산
② 보존과 활용을 위한 조치가 특별히 필요한 것을 국가유산청장이 등록한 국가등록문화유산
③ 특별시장·광역시장·특별자치시장·도지사 또는 특별자치도지사가 지정한 시·도지정문화유산
④ 향토문화 보존상 필요하다고 인정하는 것을 시·도지사가 지정한 문화유산자료

해설 지정문화유산
  1. 국가지정문화유산
  2. 시·도지정문화유산
  3. 문화유산자료

정답 ②

09 문화유산의 보존 및 활용에 관한 법령상, 국가지정문화유산에 대한 설명 중 맞지 않는 것을 고르시오.

① 보물·국보
② 사적·명승
③ 국가민속문화유산
④ 국가유산청장이 지정한 문화유산

해설 명승 : 자연유산의 보존 및 활용에 관한 법률에 해당

정답 ②

10 문화유산의 보존 및 활용에 관한 법령상, 지정문화유산에 대한 내용으로 (   ) 안에 맞는 내용을 고르시오.

> 시·도지사는 그 관할구역에 있는 문화유산으로서 국가지정문화유산으로 지정되지 아니한 문화유산 중 (   )가 있다고 인정되는 것을 시·도지정문화유산으로 지정할 수 있다.

① 보존가치   ② 보전활용
③ 보존활용   ④ 보전가치

정답 ①

11 다음은 문화유산의 보존 및 활용에 관한 법령상, 지정문화유산에 대한 내용이다. ( ) 안에 들어갈 내용으로 옳은 것을 고르시오.

> 국가지정문화유산이나 시·도지정문화유산의 지정에 따라 지정되지 아니한 문화유산 중 (가)보존을 위하여 필요하다고 인정하는 것을 시·도지사가 지정한 문화유산을 (나)라 한다.

	(가)	(나)
①	향토문화	문화유산자료
②	지역문화	문화유산자료
③	지방문화	문화유산자료
④	향방문화	문화유산자료

정답 ①

12 문화유산의 보존 및 활용에 관한 법령상, 문화유산자료에 대한 설명이다. 옳은 것을 고르시오.
① 문화유산자료는 국가지정문화유산에 속한다.
② 문화유산자료는 시·도지정문화유산에 속한다.
③ 문화유산자료는 향토문화보존상 필요하다고 인정하는 것을 시·도지사가 지정할 수 있다.
④ 문화유산자료는 국가유산청장이 지정한다.

정답 ③

13 문화유산의 보존 및 활용에 관한 법령상, 다음 중 부적절한 내용은?
① 문화유산을 보호하기 위하여 지정한 건물이나 시설물을 보호물이라 한다.
② 보호구역이란 지상에 고정되어 있는 유형물이나 일정한 지역이 문화유산으로 지정된 경우에 해당 지정문화유산의 점유면적을 포함한 지역을 말한다.
③ 문화유산 주변의 자연경관이나 역사적·문화적인 가치가 뛰어난 공간으로서 문화유산과 함께 보호할 필요성이 있는 주변환경을 역사문화환경이라 한다.
④ 건설공사란 토목공사, 건축공사, 조경공사 또는 토지나 해저의 원형변경이 수반되는 공사를 말한다.

정답 ②

14 문화유산의 보존 및 활용에 관한 법령상, 아래의 내용 중에서 옳지 않은 것을 고르시오.
① 국외소재문화유산은 외국에 소재하는 문화유산으로서 대한민국과 역사적·문화적으로 직접적 관련이 있는 것을 말한다.
② 문화유산지능정보화란 문화유산데이터의 생산·수집 등에 문화유산지능정보 기술을 적용·융합하여 문화유산의 보존·관리 및 활용을 효율화·고도화하는 것을 말한다.
③ 문화유산데이터란 문화유산지능정보화를 위하여 비정형의 정보를 배제하는 것을 말한다.
④ 문화유산디지털콘텐츠는 디지털콘텐츠 및 멀티미디어콘텐츠를 말한다.

해설 문화유산데이터
1. 문화유산지능정보화를 위하여 정보처리 능력을 갖춘 장치를 통하여 생성 또는 처리되어
2. 기계에 의한 판독이 가능한 형태로 존재하는 정형 또는 비정형의 정보를 말한다.

정답 ③

15 다음 (   ) 안에 들어갈 용어는?

> 문화유산의 보존 및 활용에 관한 법률에서 문화유산의 보존·관리 및 활용은 (   )을(를) 기본원칙으로 한다.

① 원형유지　　　　　　　　② 가치유지
③ 생성유지　　　　　　　　④ 물질보전

정답 ①

16 문화유산의 보존 및 활용에 관한 법률에서 아래 내용 중 맞지 않는 내용을 고르시오.
① 국가는 문화유산의 보존·관리 및 활용을 위한 종합적인 시책을 수립·추진하여야 한다.
② 지방자치단체는 국가의 시책과 지역적 특색을 고려하여 문화유산의 보존·관리 및 활용을 위한 시책을 수립·추진하여야 한다.
③ 국민은 문화유산의 보존·관리를 위하여 국가와 지방자치단체의 시책에 적극 협조하여야 한다.
④ 국가와 지방자치단체는 각종 개발사업을 계획하고 시행하는 경우 문화유산이나 문화유산의 보호물·보호구역 및 역사문화환경이 훼손되지 아니하도록 노력하여야 한다.
⑤ 문화유산의 보존·관리 및 활용에 관하여 다른 법률에 특별한 규정이 없는 경우를 제외하고는 문화유산의 보존 및 활용에 관한 법률에서 정하는 바에 따른다.

정답 ⑤

17 문화유산의 보존 및 활용에 관한 법령상, 문화유산전담관의 업무와 가장 거리가 먼 것을 고르시오.

① 문화유산 관련 법령에 따른 관할 지역 문화유산의 보존을 위한 시책의 수립
② 문화유산 관련 법령에 따른 관할 지역 문화유산의 연구 계획의 추진
③ 문화유산 관리 전문인력에 대한 지도
④ 문화유산의 관리를 위한 시책의 수립·시행을 위하여 문화유산위원회의 위원장이 필요하다고 인정하는 업무

정답 ④

18 문화유산의 보존 및 활용에 관한 법령상, 문화유산 관리 전문인력의 공무원으로 보기 어려운 것을 고르시오.

① 학예연구관
② 학예연구사
③ 다군 이상의 전문경력관
④ 문화유산 관련 업무를 2년 이상 수행한 공무원

정답 ③

제2장 문화유산보존정책의 수립 및 추진

19 문화유산의 보존 및 활용에 관한 법령상, 문화유산기본계획의 수립에 대한 내용으로 바르지 못한 것을 고르시오.

① 국가유산청장은 시·도지사와의 협의를 거쳐 문화유산의 보존·관리 및 활용을 위하여 종합적인 기본계획을 10년마다 수립하여야 한다.
② 문화유산 안전관리에 관한 사항은 종합적인 기본계획에 포함하여야 할 사항이다.
③ 국가유산청장이 문화유산기본계획을 수립하는 경우에 소유자, 관리자 또는 관리단체 및 관련 전문가의 의견을 들어야 한다.
④ 국가유산청장은 문화유산기본계획을 수립하면 시·도지사에게 알리고 관보 등에 고시하여야 한다.
⑤ 국가유산청장은 문화유산기본계획을 수립하기 위하여 필요하면 시·도지사에게 관할구역의 문화유산에 대한 자료를 제출하도록 요청할 수 있다.

해설 종합적인 기본계획 : 5년마다 수립

정답 ①

20 문화유산의 보존 및 활용에 관한 법령상, 문화유산기본계획(이하 "기본계획"이라 한다)의 수립에 관한 설명으로 옳지 않은 것은? [2025년도 제43회 기출문제]

① 국가유산청장은 관계 중앙행정기관의 장 및 시장·군수·구청장과의 협의를 거쳐 기본계획을 5년마다 수립하여야 한다.
② 기본계획에는 남북한 간 문화유산 교류 협력에 관한 사항이 포함되어야 한다.
③ 국가유산청장은 기본계획을 수립하는 경우 관리자 또는 관리단체 및 관련 전문가 등의 의견을 들어야 한다.
④ 국가유산청장은 기본계획을 수립하면 이를 시·도지사에게 알리고, 관보 등에 고시하여야 한다.

정답 ①

21 문화유산의 보존 및 활용에 관한 법령상, 문화유산기본계획의 수립 시에 종합적인 기본계획에 포함하여야 할 사항으로 가장 옳은 내용을 고르시오.

① 해당 연도의 사업추진 방향
② 문화유산디지털콘텐츠에 관한 사항
③ 주요사업별 추진방침
④ 주요사업별 세부계획

해설

종합적인 기본계획에 포함하여야 할 사항	연도별 시행계획에 포함되어야 할 사항
1. 문화유산보존에 관한 기본 방향 및 목표 2. 이전의 기본계획에 관한 분석평가 3. 문화유산보수·정비 및 복원에 관한 사항 4. 문화유산의 역사문화환경보호에 관한 사항 5. 문화유산 안전관리에 관한 사항 6. 문화유산 관련 시설 및 구역에서의 감염병 등에 대한 위생·방역 관리에 관한 사항 7. 문화유산 기록정보화에 관한 사항 8. 문화유산지능정보화에 관한 사항 9. 문화유산디지털콘텐츠에 관한 사항 10. 문화유산 보존에 사용되는 재원의 조달에 관한 사항 11. 국외소재 문화유산 환수 및 활용에 관한 사항 12. 남북한 간 문화유산 교류 협력에 관한 사항 13. 문화유산교육에 관한 사항 14. 문화유산의 보존·관리 및 활용 등을 위한 연구개발에 관한 사항 15. 그 밖에 문화유산의 보존·관리 및 활용에 필요한 사항	1. 해당 연도의 사업추진 방향에 관한 사항 2. 주요 사업별 추진 방침 3. 주요 사업별 세부 계획 4. 전문인력의 배치에 관한 사항 5. 그 밖에 문화유산의 보존·관리 및 활용을 위하여 필요한 사항

정답 ②

22 문화유산의 보존 및 활용에 관한 법령상, 문화유산의 연구개발에 대한 아래 내용의 ( ) 안을 완성하시오.

> ① 국가유산청장은 문화유산의 보존·관리 및 활용 등의 연구개발을 효율적으로 추진하기 위하여 고유연구 외에 (㉠) 등을 실시할 수 있다.
> ② 공동연구는 분야별 연구과제를 선정하여 대학, 산업체, (㉡), 정부출연연구기관 등과 협약을 맺어 실시한다.
> ③ 국가유산청장은 공동연구의 수행에 필요한 비용의 전부 또는 일부를 예산의 범위에서 출연하거나 지원할 수 있다.
> ④ 연구개발 사업의 기초가 되는 사업은 공동연구의 대상사업이다.

정답 ㉠ 공동연구, ㉡ 지방자치단체

23 문화유산의 보존 및 활용에 관한 법령상, 문화유산 기본계획 수립을 위한 의견청취 대상자의 내용으로 가장 적합하지 않은 것을 고르시오.
① 지정문화유산이나 등록문화유산의 소유자 또는 관리자
② 지정문화유산이나 등록문화유산의 관리 단체
③ 문화유산위원회의 위원 및 전문위원
④ 그 밖에 문화유산과 관련된 전문적인 지식이나 경험을 가진 자로서 국가유산청장이 정하여 고시하는 자

해설 문화유산위원회의 위원(전문위원은 조문에 없다)

정답 ③

24 문화유산의 보존 및 활용에 관한 법령상, 문화유산 보존 시행계획 수립의 내용으로 적절하지 않은 것을 고르시오.
① 국가유산청장 및 시·도지사는 기본계획에 관한 연도별 시행계획을 수립·시행하여야 한다.
② 사업계획에는 전문인력의 배치에 관한 사항이 포함되어야 한다.
③ 시·도지사는 해당 연도의 시행계획 및 전년도의 추진실적을 매년 12월 31일까지 국가유산청장에게 제출하여야 한다.
④ 국가유산청장 및 시·도지사는 시행계획을 수립한 때에는 해당연도의 시행계획을 매년 1월 31일까지 공표하여야 한다.

해설 ③ 매년 1월 31일까지
④ 매년 2월 말까지

정답 ③, ④

25 문화유산의 보존 및 활용에 관한 법령상, 문화유산위원회의 조사·심의 사항으로 옳지 않은 것을 찾으시오.
① 국가지정문화유산의 지정에 관한 사항
② 국가유산기본계획에 관한 연도별 시행계획의 수립 및 공표에 관한 사항
③ 국가지정문화유산의 역사문화환경보호에 관한 사항
④ 매장유산의 발굴에 관한 사항
⑤ 국가지정문화유산의 보존·관리에 관한 전문적 사항으로서 중요하다고 인정되는 사항

해설 1. 문화유산위원회의 조사·심의사항
　　(1) 기본계획에 관한 사항
　　(2) 국가지정문화유산의 지정과 그 해제에 관한 사항
　　(3) 국가지정문화유산의 보호물 또는 보호구역 지정과 그 해제에 관한 사항
　　(4) 국가지정문화유산의 현상변경에 관한 사항
　　(5) 국가지정문화유산의 국외 반출에 관한 사항
　　(6) 국가지정문화유산의 역사문화환경 보호에 관한 사항
　　(7) 국가등록문화유산의 등록, 등록말소 및 보존에 관한 사항
　　(8) 근현대문화유산지구의 지정, 구역의 변경 및 지정의 해제에 관한 사항
　　(9) 매장유산 발굴 및 평가에 관한 사항
　　(10) 국가지정문화유산의 보존·관리에 관한 전문적 또는 기술적 사항으로서 중요하다고 인정되는 사항
　　(11) 그 밖에 문화유산의 보존·관리 및 활용 등에 관하여 국가유산청장이 심의에 부치는 사항
　2. 문화유산 보존 시행계획 수립
　　(1) 국가유산청장 및 시·도지사는 문화유산기본계획에 관한 연도별 시행계획을 수립·시행하여야 한다.
　　(2) 시·도지사는 연도별 시행계획을 수립하거나 시행을 완료한 때에는 그 결과를 국가유산청장에게 제출하여야 한다.
　　(3) 국가유산청장 및 시·도지사는 연도별 시행계획을 수립한 때에는 이를 공표하여야 한다.

정답 ②

제3장 문화유산보호의 기반 조성

26 문화유산의 보존 및 활용에 관한 법령상, 문화유산보호의 기반 조성에 의한 문화유산기초조사에 대한 내용으로 거리가 있는 것을 고르시오.

① 국가 및 지방자치단체는 문화유산의 멸실방지 등을 위하여 현존하는 문화유산의 현황, 관리실태 등에 대하여 조사하고 그 기록을 작성하여야 한다.
② 국가유산청장 및 지방자치단체의 장은 조사를 위하여 필요한 경우 직접 조사하거나 문화재의 소유자, 관리자 또는 조사발굴과 관련된 단체 등에 대하여 관련 자료의 제출을 요구할 수 있다.
③ 국가유산청장 및 지방자치단체의 장은 지정문화유산이 아닌 문화유산에 대하여 조사를 할 경우에는 해당 문화유산의 소유자 또는 관리자의 사전 동의를 받아야 한다.
④ 국가유산청장은 조사가 끝난 후 60일 안에 결과보고서를 작성하여야 한다. 조사의 기간이 1년을 초과할 때에는 중간 보고서를 조사가 시작된 후 1년이 되는 때마다 작성하여야 한다.

해설 ① 조사하고 그 기록을 작성할 수 있다.

정답 ①

27 문화유산의 보존 및 활용에 관한 법령상, 문화유산 정보체계의 구축범위에 해당하지 않는 것은?

① 문화유산의 명칭, 소재지, 소유자 등이 포함된 기본 현황자료
② 문화유산의 보존·관리 및 활용에 관한 자료
③ 문화유산 조사·발굴 및 연구자료
④ 사진, 도면, 동영상 등 해당 문화유산의 이해에 도움이 되는 자료
⑤ 그 밖에 문화유산 정보가치가 있는 자료로서 문화체육관광부장관이 필요하다고 인정하는 사항

해설 ⑤ 국가유산청장

정답 ⑤

28 문화유산의 보존 및 활용에 관한 법령상, 건설공사 시의 문화유산 보호에 관한 설명으로 옳지 않은 것은?

① 건설공사로 인하여 문화유산이 훼손, 멸실 또는 수몰될 우려가 있을 때에는 필요한 조치를 하여야 한다.
② 문화유산의 역사문화환경 보호를 위하여 필요한 사항에 대하여는 건설공사의 시행자가 필요한 조치를 하여야 한다.
③ 건설공사의 시행자는 관할 시·도지사의 지시에 따라 조치를 취하여야 한다.
④ 문화유산보호를 위한 조치에 필요한 경비는 그 건설공사의 시행자가 부담한다.

해설 건설공사로 인하여 문화유산이 훼손, 멸실 또는 수몰될 우려가 있거나 그 밖에 문화유산의 역사문화환경보호를 위하여 필요한 때에는 그 건설공사의 시행자는 국가유산청장의 지시에 따라 필요한 조치를 하여야 한다. 이 경우 그 조치에 필요한 경비는 그 건설공사의 시행자가 부담한다.

정답 ③

29 문화유산의 보존 및 활용에 관한 법령상, 건설공사에 관한 설명으로 옳은 것은?

① 역사문화환경 보존지역에서 수목을 식재하는 공사는 건설공사에 해당하지 않는다.
② 건설공사로 인하여 문화유산이 수몰될 우려가 있을 때에는 그 건설공사의 시행자는 시·도지사의 지시에 따라 필요한 조치를 하여야 한다.
③ 지정문화유산의 외곽 경계로부터 500미터 밖에서 건설공사를 하게 되는 경우에도 역사 문화환경 보존지역의 범위는 지정문화유산의 외곽 경계로부터 500미터를 초과하여 정할 수 없다.
④ 건설공사 시의 문화유산 보호를 위한 조치에 필요한 경비는 그 건설공사의 시행자가 부담한다.

정답 ④

30 문화유산의 보존 및 활용에 관한 법령상, 역사문화환경 보존지역의 범위는 해당 지정문화유산의 역사적·예술적·학문적·경관적 가치와 그 주변환경 및 그 밖에 문화유산보호에 필요한 사항 등을 고려하여 그 외곽 경계로부터 (   )으로(하여) 한다. (   ) 안에 맞는 것은?

① 500미터 안
② 500미터 밖
③ 500미터 초과
④ 500미터 미만
⑤ 500미터 이상

정답 ①

31 문화유산의 보존 및 활용에 관한 법령상, 주민지원사업 계획수립과 시행에 관한 아래의 내용에서 거리가 있는 것을 찾으시오.

① 시·도지사는 국가유산청장과 협의하여 역사문화환경 보존지역에 거주하는 주민의 생활환경을 개선하고 복리를 증진하기 위한 지원사업에 관한 계획을 수립·시행하여야 한다.
② 복리증진사업은 주민지원사업의 한 종류이다.
③ 도로, 주차장, 상하수도 등 기반시설 개선사업도 주민지원사업의 한 종류이다.
④ 시·도지사는 주민지원사업 계획수립 과정에 역사문화환경 보존지역의 주민 의견을 청취하고, 그 의견을 반영하도록 노력하여야 한다.

해설 ① 수립·시행할 수 있다.

정답 ①

32 문화유산의 보존 및 활용에 관한 법령상, 주민지원사업 계획의 수립·시행절차 등에서 시·도지사가 국가유산청장에게 협의를 요청해야 하는 내용에서 가장 거리가 먼 것을 고르시오.

① 주민지원사업의 목적
② 주민지원사업의 필요성
③ 주민지원사업의 비대상지역의 현황
④ 주민지원사업의 추진계획

정답 ③

33 문화유산의 보존 및 활용에 관한 법령상, 국가유산청장 및 시·도지사가 "도난" 대응매뉴얼을 마련하여야 하는 문화유산을 모두 고른 것은?

> ㄱ. 지정문화유산 중 동산에 해당하는 문화유산
> ㄴ. 등록문화유산 중 동산에 해당하는 문화유산
> ㄷ. 분묘(墳墓)
> ㄹ. 등록문화유산 중 건축물

① ㄱ, ㄴ
② ㄴ, ㄷ
③ ㄱ, ㄴ, ㄷ
④ ㄱ, ㄴ, ㄷ, ㄹ

해설 화재 등 대응매뉴얼 마련 등
국가유산청장 및 시·도지사는 지정문화유산 및 등록문화유산의 특성에 따른 화재 등 대응매뉴얼을 마련하고, 이를 그 소유자, 관리자 또는 관리단체가 사용할 수 있도록 조치하여야 한다.
1. 화재 및 재난 대응매뉴얼을 마련하여야 하는 문화유산의 범위
   (1) 지정문화유산 중 목조건축물류, 석조건축물류, 분묘(墳墓), 조적조(組積造) 및 콘크리트조 건축물류
   (2) 지정문화유산 안에 있는 목조건축물과 보호구역 안에 있는 목조건축물. 다만, 화장실, 휴게시설 등 중요도가 낮은 건축물은 제외한다.
   (3) 세계유산 안에 있는 목조건축물. 다만, 화장실, 휴게시설 등 중요도가 낮은 건축물은 제외한다.
   (4) 등록문화유산 중 건축물. 다만, 다른 법령에 따라 화재 및 재난에 대비한 매뉴얼 등을 마련한 경우에는 화재 및 재난 대응매뉴얼을 마련한 것으로 본다.
2. 도난 대응매뉴얼을 마련하여야 하는 문화유산의 범위
   (1) 지정문화유산 중 동산에 해당하는 문화유산
   (2) 등록문화유산 중 동산에 해당하는 문화유산

정답 ①

34 문화유산의 보존 및 활용에 관한 법령상, 화재등 대응메뉴얼을 마련하여야 하는 문화유산의 범위에 해당하지 않는 것은?(단, 화장실, 휴게시설 등 중요도가 낮은 건축물은 고려하지 않음)

[2025년도 제43회 기출문제]

① 지정문화유산 중 석조건축물류
② 보호구역 안에 있는 목조건축물
③ 「국가유산기본법」에 따른 세계유산 안에 있는 목조건축물
④ 매장유산으로 토지에 분포되어 있는 문화유산

정답 ④

35 문화유산의 보존 및 활용에 관한 법령상, 지정문화유산 등에 있어서 금연구역의 지정에 관한 설명으로 옳지 않은 것은?

① 지정문화유산 등의 소유자, 관리자 또는 관리단체는 지정문화유산 등 해당 시설 또는 지역 전체를 금연구역으로 지정할 수 있다.
② 지정문화유산 등의 소유자, 관리자 또는 관리단체는 지정문화유산 등의 주거용 건축물에 대해 화재의 우려가 없는 경우에 한정하여 금연구역과 흡연구역을 구분하여 지정할 수 있다.
③ 지정문화유산 등의 금연구역과 흡연구역을 알리는 표지의 설치 기준 및 방법 등은 문화체육관광부령 또는 시·도조례로 정한다.

④ 지정문화유산 등의 금연구역에서 흡연을 한 사람에게는 10만 원 이하의 과태료를 부과한다.

 ① (금연구역으로) 지정하여야 한다.

정답 ①

36 문화유산의 보존 및 활용에 관한 법령상, 문화유산 보호의 기반 조성에서 아래의 내용 중 거리가 있는 것을 고르시오.
① 국가유산청장은 화재 등 문화유산 피해에 대하여 효과적으로 대응하기 위하여 문화유산 방제 관련 정보를 정기적으로 수집하여 이를 데이터베이스화하여 구축·관리하여야 한다.
② 국가유산청장은 문화유산을 보호·보급하거나 널리 알리기 위하여 필요하다고 인정하면 관련단체를 지원·육성하여야 한다.
③ 국가유산청장은 문화유산매매업자 등을 대상으로 문화유산매매업자가 준수하여야 할 사항과 문화유산 관련 소양 등에 관한 교육을 실시하여야 한다.
④ 국가유산청장은 장애인이 문화유산에 쉽게 접근할 수 있도록 점자표시, 안내보조 등의 보조서비스 제공 및 편의시설 설치 등 필요한 시책을 마련하여야 한다.

② 관련단체를 지원·육성할 수 있다.

정답 ②

37 문화유산의 보존 및 활용에 관한 법령상, 문화유산 전문인력의 양성에서 장학금을 지급받고 있는 자의 신고사유와 장학금의 지급중지사유가 같은 것을 아래에서 모두 고르시오.

ㄱ. 본인의 성명·주소 등이 변경된 경우
ㄴ. 전공학과 또는 연구분야를 변경한 경우
ㄷ. 학업 및 연구성적이 매우 불량한 경우
ㄹ. 수학 또는 연구를 중단한 경우
ㅁ. 연구실적보고서를 제출하지 아니한 경우
ㅂ. 신체적·정신적 장애나 그 밖의 사유로 계속적인 수학 또는 연구를 할 수 없게 된 경우

① ㄱ, ㄷ, ㅂ　　② ㄴ, ㄹ, ㅂ
③ ㄷ, ㅁ, ㅂ　　④ ㄹ, ㅁ, ㅂ

신고사유	장학금 지급중지 또는 반환	장학금 반환을 명할 수 있는 경우
• 전공학과 또는 연구분야를 변경한 경우 • 수학 또는 연구를 중단한 경우	• 좌동 • 좌동	• 정당한 사유 없이 수학 또는 연구를 중단한 경우 • 정당한 사유 없이 전공학과 또는 연구분야를 변경한 경우
• 신체적·정신적 장애나 그 밖의 사유로 계속적인 수학 또는 연구를 할 수 없게 된 경우 • 본인의 성명·주소 등이 변경된 경우	• 좌동 • 학업 및 연구성적이 매우 불량한 경우 • 정당한 사유 없이 성적증명서 또는 연구실적보고서를 제출하지 아니한 경우	• 교육 수료 증명서 또는 연구보고서를 제출하지 아니한 경우

정답 ②

38 문화유산의 보존 및 활용에 관한 법령상, 비상시 문화유산 보호에 대한 내용으로 바르지 않은 것은?

① 전시·사변 또는 이에 준하는 비상사태 시 문화유산의 보호에 필요하다고 인정되면, 국가유산청장은 이를 안전한 지역으로 이동·매몰 또는 그 밖의 필요한 조치를 할 수 있다.
② 전시·사변 또는 이에 준하는 비상사태 시 문화유산 보호를 위하여 필요하면 이를 국외로 반출할 수 있다.
③ 국외로 반출 시 미리 국무회의의 심의를 거쳐야 한다.
④ 이동·매몰 또는 그 밖의 필요한 조치 또는 명령의 이행으로 인하여 손실을 받은 자에 대해서는 전쟁의 피해 등 불가항력으로 인한 경우에도 보상을 한다.

해설 비상시의 문화유산 보호
1. 국가유산청장은 전시·사변 또는 이에 준하는 비상사태 시 문화유산의 보호에 필요하다고 인정하면 국유문화유산과 국유 외의 지정문화유산 및 임시지정문화유산을 안전한 지역으로 이동·매몰 또는 그 밖에 필요한 조치를 하거나 해당 문화유산의 소유자, 보유자, 점유자, 관리자 또는 관리단체에 대하여 그 문화유산을 안전한 지역으로 이동·매몰 또는 그 밖에 필요한 조치를 하도록 명할 수 있다.
2. 국가유산청장은 전시·사변 또는 이에 준하는 비상사태 시 문화유산 보호를 위하여 필요하면 수출 등의 금지에도 불구하고 이를 국외로 반출할 수 있다. 이 경우에는

미리 국무회의 심의를 거쳐야 한다.
3. 제1항에 따른 조치 또는 명령의 이행으로 인하여 손실을 받은 자에 대한 보상에 관하여는 손실의 보상을 준용한다. 다만, 전쟁의 피해 등 불가항력으로 인한 경우에는 예외로 한다.

정답 ④

39 문화유산의 보존 및 활용에 관한 법령상, 국무회의의 심의를 거쳐야 하는 사항에 해당하는 것은?
① 국가유산청장이 국가지정문화유산 지정 여부를 결정할 경우
② 국가유산청장이 국가등록문화유산에 대하여 보존과 활용의 필요가 없거나 그 밖에 특별한 사유가 있어 그 등록을 말소할 경우
③ 국가유산청장이 전시·사변 또는 이에 준하는 비상사태 시 문화유산 보호를 위하여 문화유산을 국외로 반출할 경우
④ 국가유산청장이 시·도지사에게 시·도지정문화유산이나 문화유산자료로 지정·보존할 것을 권고하거나, 시·도등록문화유산으로 등록·보호할 것을 권고할 경우

정답 ③

40 문화유산의 보존 및 활용에 관한 법령상, 문화유산 교육의 실태조사에 대한 내용으로 맞지 않는 것을 찾으시오.
① 국가유산청장은 문화유산교육 관련 정책의 수립·시행을 위하여 문화유산교육 현황 등에 대한 실태조사를 실시할 수 있다.
② 지역별·유형별 문화유산교육 프로그램 현황은 문화유산교육 현황 등에 대한 실태 조사의 범위에 속한다.
③ 실태조사의 실시에서 정기조사는 5년마다 실시하고 수시조사는 국가유산청장이 문화유산교육 관련 정책의 수립·변경을 위하여 필요하다고 인정하는 경우에 실시한다.
④ 국가유산청장은 실태조사를 위하여 필요한 경우 관계 중앙행정기관의 장, 또는 지방자치단체의 장에게 필요한 자료의 제출을 요청할 수 있다.

해설 ③ 정기조사 : 3년마다 실시

정답 ③

41 문화유산의 보존 및 활용에 관한 법령상, 문화유산교육센터의 지정 등에 관한 내용으로 틀린 것을 찾으시오.

① 국가유산청장은 지역 문화유산교육을 활성화하기 위하여 문화유산교육을 목적으로 하거나 문화유산교육을 실시할 능력이 있다고 인정되는 기관 또는 단체를 문화유산교육지원센터로 지정할 수 있다.
② 지원센터는 소외계층 등 지역주민에 대한 문화유산교육 등의 사업을 수행한다.
③ 국가유산청장은 지정된 지원센터가 지정요건을 충족하지 못한 경우 그 지정을 취소하거나 3개월의 범위에서만 그 업무의 정지를 명할 수 있다.
④ 국가유산청장은 정하는 바에 따라 문화유산교육에 관한 업무를 지원센터 및 그 밖에 정하는 기관에 위탁할 수 있다.

해설 ③ 6개월의 범위에서

정답 ③

42 문화유산의 보존 및 활용에 관한 법령상, 지정된 문화유산교육지원센터의 제재사유 중 그 지정을 취소하여야 하는 것은?

① 지정요건을 충족하지 못한 경우
② 3년간 문화유산교육실적이 없는 경우
③ 업무수행능력이 현저히 부족하다고 인정하는 경우
④ 거짓이나 그 밖의 부정한 방법으로 지정을 받은 경우

정답 ④

43 문화유산의 보존 및 활용에 관한 법령상, 문화유산교육의 지원, 프로그램의 개발 · 보급 및 인증 등에 관한 내용으로 거리가 있는 것을 고르시오.

① 국가 및 지방자치단체는 국민들의 문화유산에 대한 이해와 관심을 높이기 위하여 문화유산교육 내용의 연구 · 개발 및 문화유산교육 활동을 위한 시설 · 장비를 지원할 수 있다.
② 국가유산청장 및 지방자치단체는 모든 국민에게 다양한 문화유산교육의 기회를 제공하기 위하여 문화유산교육 프로그램을 개발 · 보급할 수 있다.
③ 문화유산교육 프로그램을 개발 · 운영하는 자는 국가유산청장에게 문화유산교육 프로그램에 대한 인증을 신청할 수 있으며, 인증의 유효기간은 인증을 받은 날부터 5년으로 한다.
④ 국가유산청장은 인증한 문화유산교육 프로그램이 인증기준에 적합하지 아니한 경우 그 인증을 취소할 수 있다.

해설 ③ 인증을 받은 날부터 3년으로 한다.

정답 ③

44 문화유산의 보존 및 활용에 관한 법령상, 문화유산교육 프로그램의 개발·운영 및 인증에 관한 설명이다. ( )에 들어갈 내용은?

> 문화유산교육 프로그램을 개발·운영하는 자는 국가유산청장에게 문화유산교육 프로그램에 대한 인증을 신청할 수 있으며, 인증의 유효기간은 (ㄱ)부터 (ㄴ)년으로 한다.

① ㄱ : 인증을 받은 날, ㄴ : 2
② ㄱ : 인증을 받은 날, ㄴ : 3
③ ㄱ : 인증을 받은 다음 날, ㄴ : 2
④ ㄱ : 인증을 받은 다음 날, ㄴ : 3

해설 문화유산교육 프로그램의 개발·보급 및 인증 등
1. 국가유산청장 및 지방자치단체는 모든 국민에게 다양한 문화유산교육의 기회를 제공하기 위하여 문화유산교육 프로그램을 개발·보급할 수 있다.
2. 문화유산교육 프로그램을 개발·운영하는 자는 국가유산청장에게 문화유산교육 프로그램에 대한 인증을 신청할 수 있다.
3. 국가유산청장은 인증을 신청한 문화유산교육 프로그램이 교육내용·교육과목·교육시설 등 인증기준에 부합하는 경우 이를 인증할 수 있다.
4. 인증의 유효기간은 인증을 받은 날부터 3년으로 한다.

정답 ②

45 문화유산의 보존 및 활용에 관한 법령상, 지정문화유산 등의 기증에 대한 내용으로 옳지 않은 것을 고르시오.

① 지정문화유산 및 등록문화유산의 소유자는 국가유산청에 해당 문화유산을 기증할 수 있다.
② 국가유산청장은 문화유산을 기증받는 경우에는 문화유산수증심의위원회의 심의를 거쳐 수증 여부를 결정할 수 있다.
③ 국가유산청장은 문화유산의 기증이 있을 때에는 「기부금품의 모집 및 사용에 관한 법률」에도 불구하고 이를 접수할 수 있다.
④ 국가유산청장은 기증에 현저한 공로가 있는 자에 대하여 시상(施賞)을 하거나 「상훈법」에 따른 서훈을 추천할 수 있으며, 문화유산 관련 전시회 개최 등의 예우를 할 수 있다.

해설 ② 수증여부를 결정하여야 한다.

정답 ②

제3장의2 　문화유산지능정보화 기반 구축

46 문화유산의 보존 및 활용에 관한 법령상, 문화유산지능정보화 기반 구축의 내용으로 옳지 않은 것을 고르시오.
① 국가유산청장은 객관적이고 과학적인 문화유산의 보존·관리 및 활용 등을 위하여 문화유산지능정보화 정책을 수립하고 시행하여야 한다.
② 국가유산청장은 문화유산지능정보화의 효율적 추진을 위하여 문화유산데이터의 생산·수집·저장·가공·분석 등의 사업을 추진할 수 있다.
③ 국가유산청장은 문화유산지능정보화의 효율적 추진을 위하여 문화유산지능정보기술의 개발 및 보급 사업을 추진할 수 있다.
④ 국가유산청장은 문화유산지능정보화의 추진을 위하여 문화유산데이터 및 메타데이터의 체계적인 관리를 포함한 문화유산지능정보서비스플랫폼을 구축·운영할 수 있다.

해설 ④ 구축·운영하여야 한다.

정답 ④

47 문화유산의 보존 및 활용에 관한 법령상, 문화유산지능정보화 정책을 수립할 때 포함해야 할 사항을 고르시오.
① 문화유산지능정보기술 및 문화유산데이터에 포함된 지식재산권의 보호
② 문화유산지능정보기술에 필요한 데이터의 디지털화
③ 문화유산데이터의 유통·거래시스템 구축·운영
④ 문화유산데이터의 이용활성화를 위한 문화유산데이터의 가공·활용

해설 문화유산지능정보화 정책의 수립 시 포함되어야 할 사항
1. 문화유산지능정보화의 기반구축
2. 문화유산지능정보화 관련 산업의 지원·육성
3. 문화유산지능정보화 관련 전문인력의 양성
4. 문화유산지능정보기술 및 문화유산데이터에 포함된 지식재산권의 보호
5. 문화유산데이터 수집을 위한 초연결지능정보통신망의 구축·지원
6. 그 밖에 객관적이고 과학적인 문화유산의 보존·관리 및 활용 등을 위하여 국가유산청장이 문화유산지능정보화 정책에 포함할 필요가 있다고 인정하는 사항

정답 ①

제3장의3 문화유산디지털콘텐츠의 보급 활성화

48 문화유산의 보존 및 활용에 관한 법령상, 문화유산디지털콘텐츠의 정책의 추진, 수집, 개발, 협동개발·연구 촉진에 대한 내용이다. 거리가 있는 것을 찾으시오.

① 국가와 지방자치단체는 문화유산디지털콘텐츠의 수집·개발·활용 등 보급 활성화를 위한 정책을 수립하고 추진하여야 한다.
② 국가유산청장은 문화유산디지털콘텐츠의 수집을 위하여 문화유산디지털콘텐츠의 소유자 또는 관리자에게 그 소유·관리 목록의 제출을 요청할 수 있다.
③ 국가유산청장은 문화유산디지털콘텐츠의 개발을 위하여 문화유산디지털콘텐츠의 제작 및 개발 등의 사업을 추진하여야 한다.
④ 국가유산청장은 문화유산디지털콘텐츠의 개발·연구를 위하여 인력, 시설, 기자재, 자금 및 정보 등의 공동활용을 통한 협동개발과 협동연구를 촉진시킬 수 있도록 노력하여야 한다.

 ③ 문화유산디지털콘텐츠의 제작 및 개발 등의 사업을 추진할 수 있다.

정답 ③

49 문화유산의 보존 및 활용에 관한 법령상, 문화유산디지털콘텐츠의 공공정보 이용 촉진에 관한 아래 내용을 보고 ( ) 안을 완성하시오.

> 국가유산청장과 지방자치단체의 장은 공공정보의 이용 촉진을 위하여 그 이용 (㉠)·(㉡) 등을 정하고 이를 공개하여야 한다.
> [국가유산청장과 지방자치단체의 장은 공공정보의 이용 촉진을 위해 다음 각 호의 사항을 미리 공개해야 한다.]
> 1. 공공정보의 이용 조건 및 기준
> 2. 공공정보의 이용 방법 및 절차
> 3. 공공정보의 제공 방식 및 형태
> 4. 공공정보의 이용에 따른 사용료 또는 (㉢)
> 5. 그 밖에 국가유산청장 또는 지방자치단체의 장이 공공정보의 이용과 관련하여 필요하다고 인정하는 사항

정답 ㉠ 조건, ㉡ 방법, ㉢ 수수료

50 문화유산의 보존 및 활용에 관한 법령상, 문화유산디지털콘텐츠의 보급 활성화에 대한 내용으로 바르지 못한 것을 고르시오.

① 국가유산청장은 문화유산디지털콘텐츠 이용 활성화를 위하여 영상 문화유산디지털콘텐츠의 개발·보급을 위한 방송채널 운영 등의 사업을 추진할 수 있다.

② 국가유산청장은 문화유산디지털콘텐츠플랫폼의 구축·운영에 따른 문화유산 디지털콘텐츠플랫폼의 문화유산디지털콘텐츠 전부 또는 일부를 복제 또는 간행하여 판매 또는 배포하거나 이용자에게 복제 또는 출력하여 제공할 수 있다.

③ 국가유산청장은 문화유산디지털콘텐츠플랫폼의 구축·운영에 따른 문화유산디지털콘텐츠플랫폼의 운영 업무를 전통건축수리기술진흥재단에 위탁할 수 있다.

④ 국가유산청장은 문화유산디지털콘텐츠의 이용 활성화 등에 관한 국제적 동향을 파악하고 문화유산디지털콘텐츠 관련 기술과 인력의 국제교류 지원 등에 관한 국제협력을 추진할 수 있다.

해설 ③ 「국가유산 기본법」에 따른 국가유산진흥원에 위탁한다.

정답 ③

제4장　국가지정문화유산

[제1절　지정]

51 문화유산의 보존 및 활용에 관한 법령상, 보물의 유형별 분류기준이 아닌 것을 찾으시오.

① 건축문화유산
② 기록문화유산
③ 미술문화유산
④ 과학문화유산
⑤ 공예문화유산

해설 보물의 유형별 분류기준
　　　1. 건축문화유산
　　　　1) 목조군 : 궁궐(宮闕), 사찰(寺刹), 관아(官衙), 객사(客舍), 성곽(城郭), 향교(鄕校), 서원(書院), 사당(祠堂), 누각(樓閣), 정자(亭子), 주거(住居), 정자각(丁字閣), 재실(齋室) 등
　　　　2) 석조군 : 석탑(石塔), 승탑(僧塔 : 고승의 사리를 모신 탑), 전탑(塼塔 : 벽돌로 쌓은 탑), 비석(碑石), 당간지주[幢竿支柱 : 괘불(掛佛)이나 불교적 내용을 그린

깃발을 건 장대를 지탱하기 위해 좌우로 세운 기둥], 석등(石燈), 석교(石橋 : 돌다리), 계단(階段), 석단(石壇), 석빙고(石氷庫 : 돌로 만든 얼음 창고), 첨성대(瞻星臺), 석굴(石窟), 석표(石標 : 마을 등 영역의 경계를 표시하는 돌로 만든 팻말), 석정(石井) 등
   3) 분묘군 : 분묘 등의 유구(遺構 : 옛 구조물의 흔적) 또는 건조물 및 부속물
   4) 조적조군 · 콘크리트조군 : 성당(聖堂), 교회(敎會), 학교(學校), 관공서(官公署), 병원(病院), 역사(驛舍) 등
2. 기록문화유산
   1) 전적류(典籍類) : 필사본, 목판 및 목판본, 활자 및 활자본 등
   2) 문서류(文書類) : 공문서, 사문서, 종교 문서 등
3. 미술문화유산
   1) 회화 : 일반회화[산수화, 인물화, 풍속화, 기록화, 영모(翎毛 : 새나 짐승을 그린 그림) · 화조화(花鳥畵 : 꽃과 새를 그린 그림) 등], 불교회화(괘불, 벽화 등)
   2) 서예 : 이름난 인물의 필적(筆跡), 사경(寫經 : 불교의 교리를 손으로 베껴 쓴 경전), 어필(御筆 : 임금의 필적), 금석(金石 : 금속이나 돌 등에 새겨진 글자), 인장(印章), 현판(懸板), 주련(柱聯 : 기둥 장식 글귀) 등
   3) 조각 : 암벽조각(암각화 등), 능묘조각, 불교조각(마애불 등)
   4) 공예 : 도 · 토공예, 금속공예, 목공예, 칠공예, 골각공예, 복식공예, 옥석공예, 피혁공예, 죽공예, 짚풀공예 등
4. 과학문화유산
   1) 과학기기
   2) 무기 · 병기(총통, 화기) 등

정답 ⑤

52 문화유산의 보존 및 활용에 관한 법령상, 보물의 유형별 분류기준에서 맞지 않는 것을 찾으시오.

① 건축문화유산 : 목조군, 석조군, 분묘군 등
② 기록문화유산 : 전적류, 문서류
③ 공예문화유산 : 회화, 서예, 공예 등
④ 과학문화유산 : 과학기기, 무기 · 병기 등

해설 ③ 회화, 서예, 조각, 공예 등은 미술문화유산이다.

정답 ③

53 문화유산의 보존 및 활용에 관한 법령상, 국가지정문화유산의 지정절차가 바르게 전개된 것은?

① 조사요청 → 예고 → 조사 → 문화유산위원회 심의 → 지정여부결정 → 이의제기
② 조사요청 → 조사 → 예고 → 문화유산위원회 심의 → 지정여부결정 → 이의제기
③ 조사요청 → 조사 → 문화유산위원회 심의 → 예고 → 지정여부결정 → 이의제기
④ 조사요청 → 조사 → 문화유산위원회 심의 → 지정여부결정 → 예고 → 이의제기

해설

조사요청	문화유산위원회의 해당 분야 문화유산위원이나 전문위원 등 관계전문가 3명 이상에게 조사를 요청
조사	조사요청을 받은 사람은 조사를 한 후 조사보고서를 작성하여 국가유산청장에게 제출
예고	문화유산위원회의 심의 전에 그 심의할 내용과 해당 문화유산(동산에 속하는 문화유산은 제외한다)에 관한 지형도면 또는 지적도를 관보에 30일 이상 예고
문화유산 위원회 심의	예고가 끝난 날부터 6개월 안에 문화유산위원회 심의를 거쳐
지정여부결정	국가지정문화유산 지정여부결정
이해관계자의 이의제기 등	이해관계자의 이의제기 등 부득이한 사유로 6개월 안에 지정여부를 결정하지 못한 경우에 그 지정여부를 다시 결정할 필요가 있으면 관보에 30일 이상 예고를 하는 절차를 다시 거쳐야 한다.

정답 ②

54 문화유산의 보존 및 활용에 관한 법령상, 보물의 지정기준에서 서로 짝이 맞지 않는 것은?

① 분묘군 : 분묘 등의 유구 또는 건조물, 부속물
② 문서류 : 공문서, 사문서, 종교 문서 등
③ 조각 : 암벽조각, 능묘조각, 불교조각
④ 회화 : 필적, 사경, 어필, 금석 등

정답 ④

55 문화유산의 보존 및 활용에 관한 법령상, 국보의 지정절차에 관한 설명으로 옳지 않은 것은?

① 해당 문화유산을 국보로 지정하려면 문화유산위원회의 해당 분야 문화유산위원 등 관계전문가 3명 이상에게 해당 문화유산에 대한 조사를 요청하여야 한다.

② 조사요청을 받은 사람은 조사를 한 후 조사보고서를 작성하여 문화체육관광부 장관에게 제출하여야 한다.

③ 국가유산청장은 조사보고서를 검토하여 해당 문화유산이 국보로 지정될 만한 가치가 있다고 판단되면 문화유산위원회 심의 전에 그 심의할 내용을 관보에 30일 이상 예고하여야 한다.

④ 예고가 끝난 날부터 6개월 안에 문화유산위원회의 심의를 거쳐 국보의 지정 여부를 결정하여야 한다.

⑤ 국가유산청장은 이해관계자의 이의 제기 등 부득이한 사유로 6개월 안에 지정 여부를 결정하지 못한 경우에 그 지정여부를 다시 결정할 필요가 있으면 관보에 30일 이상 예고 및 예고가 끝난 날부터 6개월 안에 문화유산위원회 심의를 거치는 지정절차를 다시 거쳐야 한다.

해설 국가지정문화유산의 지정기준 및 절차

조사요청	문화유산위원회의 해당 분야 문화유산위원이나 전문위원 등 관계전문가 3명 이상에게 조사를 요청
⇩	
조사	조사요청을 받은 사람은 조사를 한 후 조사보고서를 작성하여 국가유산청장에게 제출
⇩	
예고	문화유산위원회의 심의 전에 그 심의할 내용과 해당 문화유산(동산에 속하는 문화유산은 제외한다)에 관한 지형도면 또는 지적도를 관보에 30일 이상 예고
⇩	
문화유산 위원회 심의	예고가 끝난 날부터 6개월 안에 문화유산위원회 심의를 거쳐
⇩	
지정여부결정	국가지정문화유산 지정여부결정
이해관계자의 이의제기 등 (→ 예고)	이해관계자의 이의제기 등 부득이한 사유로 6개월 안에 지정여부를 결정하지 못한 경우에 그 지정여부를 다시 결정할 필요가 있으면 관보에 30일 이상 예고를 하는 절차를 다시 거쳐야 한다.

정답 ②

56 문화유산의 보존 및 활용에 관한 법령상, 국보의 지정기준 중 맞지 않는 것은?

① 보물에 해당하는 문화유산 중 특히 역사적·학술적·예술적 가치가 큰 것
② 보물에 해당하는 문화유산 중 제작연대가 오래되었으며, 그 시대의 대표적인 것
③ 특히 보존가치가 큰 것
④ 보물에 해당하는 문화유산 중 조형미나 제작기술이 특히 우수하여 그 유례가 많은 것

정답 ④

57 문화유산의 보존 및 활용에 관한 법령상, 기념물에 해당하는 것은?

① 보물
② 사적
③ 국보
④ 민속문화유산

해설 국가유산청장은 문화유산위원회의 심의를 거쳐 기념물 중 중요한 것을 사적으로 지정할 수 있다.

정답 ②

58 문화유산의 보존 및 활용에 관한 법령상, 아래에서 제시하는 내용으로 타당한 것을 고르시오.

> ㄱ. 한국의 전통적 생활 양식이 보존된 곳
> ㄴ. 고유민속행사가 거행된 곳으로 민속적 풍경이 보존된 곳
> ㄷ. 한국건축사 연구에 중요한 자료를 제공하는 민가군이 있는 곳
> ㄹ. 한국의 전통적인 전원생활의 면모를 간직하고 있는 곳
> ㅁ. 역사적 사실 또는 전설·설화와 관련이 있는 곳
> ㅂ. 옛 성터의 모습이 보존되어 고풍이 현저한 곳

① 집단민속문화유산 구역 지정
② 국보·보물 및 국가민속문화유산 구역 지정
③ 사적의 보호구역 지정
④ 천연기념물 보호구역 지정

해설 민속문화유산이 일정한 구역에 집단적으로 소재한 경우에는 민속문화유산의 개별적인 지정을 갈음하여 그 구역을 제시된 기준에 따라 집단민속문화유산 구역으로 지정할 수 있다.

정답 ①

59 문화유산의 보존 및 활용에 관한 법령상, 국가지정문화유산으로 지정을 할 때 보호물 또는 보호구역의 지정에 대한 내용으로 바르지 않은 것을 고르면?

① 국가지정문화유산으로 지정을 할 때 문화유산 보호를 위하여 특히 필요하면 보호물 또는 보호구역을 지정하여야 한다.
② 인위적 또는 자연적 조건의 변화 등으로 인하여 조정이 필요하다고 인정하면 지정된 보호물 또는 보호구역을 조정할 수 있다.
③ 보호물 또는 보호구역을 지정하거나 조정한 때에는 지정 또는 조정 후 매 10년이 되는 날 이전에 그 지정 및 조정의 적정성을 검토하여야 한다.
④ 보호물 또는 보호구역의 지정은 국가유산청장이 한다.

해설 국가유산청장은 보물 및 국보의 지정, 사적의 지정, 국가민속문화유산 지정을 할 때 문화유산 보호를 위하여 특히 필요하면 이를 위한 보호물 또는 보호구역을 지정할 수 있다.

정답 ①

60 다음 ( ) 안에 알맞은 말은?

> 국보, 보물 또는 국가민속문화유산의 소유자가 해제 통지를 받으면 그 통지를 받은 날부터 ( )일 이내에 해당 지정문화유산 지정서를 국가유산청장에게 반납하여야 한다.

① 7
② 10
③ 15
④ 30
⑤ 60

정답 ④

61 문화유산의 보존 및 활용에 관한 법령상, 국가지정문화유산의 지정 시 지정의 효력 발생 시기에 대한 것으로 옳지 않은 것은?

① 보호물과 보호구역을 포함한 국가지정문화유산을 지정하면 그 취지를 관보에 고시하여야 한다.
② 그 취지를 관보에 고시하고, 지체 없이 해당 문화유산의 소유자에게 알려야 하며, 소유자가 없거나 분명하지 아니하면 그 점유자 또는 관리자에게 이를 알려야 한다.
③ 국가지정문화유산을 지정하거나 그 지정을 해제하는 경우 국가지정문화유산의 종류, 명칭, 수량, 소재지 또는 보관장소 등의 사항을 고시하여야 한다.
④ 국가지정문화유산 지정의 경우에 그 문화유산의 소유자는 그 지정의 통지를 받은 날부터 그 효력이 발생한다.

해설 지정의 효력 발생시기
보물 및 국보, 사적, 국가민속문화유산, 보호물 또는 보호구역의 지정의 규정에 따른 지정의 경우에
1. 그 문화유산의 소유자, 점유자 또는 관리자에 대하여는
2. 관보에 고시한 날부터 그 효력이 발생한다.

정답 ④

62 문화유산의 보존 및 활용에 관한 법령상, 임시지정할 수 있는 문화유산의 내용과 거리가 있는 것은?

① 보물
② 국보
③ 국가무형문화유산
④ 사적
⑤ 국가민속문화유산

해설 국가유산청장은 보물 및 국보, 사적 또는 국가민속문화유산 지정에 따라 지정할 만한 가치가 있다고 인정되는 문화유산이
1. 지정 전에 원형보존을 위한 긴급한 필요가 있고 문화유산위원회의 심의를 거칠 시간적 여유가 없으면 중요문화유산으로 임시지정할 수 있다.
2. 중요문화유산으로 임시지정을 하는 경우에는 국보와 보물, 사적, 국가민속문화유산으로 구분하여 지정해야 한다.

정답 ③

63 문화유산의 보존 및 활용에 관한 법령상, 국가지정문화유산의 지정에 관한 설명으로 옳은 것은?

[2025년도 제43회 기출문제]

① 국가유산청장은 해당 문화유산을 국가지정문화유산으로 지정하려면 문화유산위원회의 해당 분야 문화유산위원 등 관계 전문가 2명 이상에게 해당 문화유산에 대한 조사를 요청해야 한다.
② 국보의 지정은 그 문화유산의 소유자, 검유자 또는 관리자에 대하여는 관보에 고시한 날부터 그 효력을 발생한다.
③ 국가유산청장은 지정된 보물이 국가지정문화유산으로서의 가치를 상실하여 지정을 해제할 필요가 있을 때에는 문화유산위원회의 심의를 거치지 않고 지체 없이 그 지정을 해제하여야 한다.
④ 국가유산청장이 문화유산을 중요문화유산으로 임시지정한 경우, 그 효력은 관보에 고시한 날부터 발생한다.

정답 ②

64 문화유산의 보존 및 활용에 관한 법령상, 국무회의의 심의를 거쳐야 하는 사항에 해당하는 것을 고르시오.

① 국가유산청장이 보물·국보를 지정할 경우
② 국가유산청장이 전시에 문화유산보호를 위하여 문화유산을 국외로 반출할 경우
③ 국가유산청장이 국가등록문화유산에 대하여 그 등록을 말소할 경우
④ 국가유산청장이 시·도지사에게 시·도 등록문화유산으로 등록할 것을 권고할 경우

정답 ②

[제2절 보존·관리 및 활용]

65 문화유산의 보존 및 활용에 관한 법령상, 국가지정문화유산의 관리에 관한 내용으로 옳지 않은 것은?

① 소유자는 자기 재산에 대한 주의의무로써 관리하여야 한다.
② 소유자는 관리자를 선임할 수 있다.
③ 소유자가 분명하지 아니할 경우 관리단체를 지정할 수 있다.
④ 관리단체로 지정된 지방자치단체는 관리업무를 위탁할 수 있다.

해설
1. 소유자 관리의 원칙
   (1) 국가지정문화유산의 소유자는 선량한 관리자의 주의로써 해당 문화유산을 관리·보호하여야 한다.
   (2) 국가지정문화유산의 소유자는 필요에 따라 그에 대리하여 그 문화유산을 관리·보호할 관리자를 선임할 수 있다.
2. 관리단체에 의한 관리
   (1) 국가유산청장은 국가지정문화유산의 소유자가 분명하지 아니하거나 그 소유자 또는 관리자에 의한 관리가 곤란 또는 적당하지 아니하다고 인정하면 해당 국가지정문화유산 관리를 위하여 지방자치단체나 그 문화유산을 관리하기에 적당한 법인 또는 단체를 관리단체로 지정할 수 있다. 이 경우 국유에 속하는 국가지정문화유산 중 국가가 직접 관리하지 아니하는 문화유산의 관리단체는 관할 특별자치도 또는 시·군·구(자치구를 말한다)가 된다. 다만, 문화유산이 2개 이상의 시·군·구에 걸쳐 있는 경우에는 관할 특별시·광역시·도(특별자치시와 특별자치도는 제외한다)가 관리단체가 된다.
   (2) 관리단체로 지정된 지방자치단체는 국가유산청장과 협의하여 그 문화유산을 관리하기에 적당한 법인 또는 단체에 해당 문화유산의 관리업무를 위탁할 수 있다.
3. 국가에 의한 특별 관리
   (1) 국가유산청장은 국가지정문화유산에 대하여 소유자·관리자 또는 관리단체에 의한 관리가 곤란하거나 적당하지 아니하다고 인정하면 문화유산위원회의 심의를

거쳐 해당 문화유산을 특별히 직접 관리·보호할 수 있다.
(2) 국가에 의한 특별관리에 따른 국가지정문화유산의 관리·보호에 필요한 경비는 국가가 부담한다.

정답 ①

66 문화유산의 보존 및 활용에 관한 법령상, 관리단체에 의한 관리에서 거리가 있는 것은?

① 국가지정문화유산의 소유자가 분명하지 아니하거나 소유자 또는 관리자에 의한 관리가 곤란 또는 적당하지 아니하다고 인정하면 문화유산을 관리하기에 적당한 법인 또는 단체를 관리단체로 지정할 수 있다.
② 관리단체를 지정하면 지체 없이 그 취지를 관보에 고시하고, 국가지정문화유산의 소유자 또는 관리자와 해당 관리단체에 이를 알려야 하며, 누구나 지정된 관리단체의 관리행위를 방해하여서는 아니 된다.
③ 국가지정문화유산을 관리하도록 지정된 관리단체는 해당 국가지정문화유산의 효율적인 보존·관리 및 활용을 위하여 국가유산청장과 협의하여 문화유산별 종합정비계획을 수립하여야 한다.
④ 문화유산의 종합정비계획의 수립 시 문화유산의 보수·복원 등 보존·관리 및 활용에 관한 사항들을 포함하여야 하며, 수립하는 정비계획은 문화유산의 원형을 보존하는 데 중점을 두어야 한다.

해설 ③ 관리단체는 문화유산별 종합정비계획을 수립할 수 있다.

정답 ③

67 문화유산의 보존 및 활용에 관한 법령상, 문화유산별 종합정비계획의 수립 시 포함하여야 할 사항을 모두 고른 것은?

ㄱ. 정비계획의 목적과 범위에 관한 사항
ㄴ. 문화유산에 관한 고증 및 학술조사에 관한 사항
ㄷ. 문화유산의 관리·운영 인력 및 투자 재원(財源)의 확보에 관한 사항

① ㄷ
② ㄱ, ㄴ
③ ㄴ, ㄷ
④ ㄱ, ㄴ, ㄷ

해설 문화유산별 종합정비계획의 수립 시 포함 사항
(수립하는 정비계획은 문화유산의 원형을 보존하는 데 중점을 두어야 한다.)
1. 정비계획의 목적과 범위에 관한 사항
2. 문화유산의 역사문화환경에 관한 사항
3. 문화유산에 관한 고증 및 학술조사에 관한 사항
4. 문화유산의 보수·복원 등 보존·관리 및 활용에 관한 사항
5. 문화유산의 관리·운영 인력 및 투자 재원(財源)의 확보에 관한 사항
6. 그 밖에 문화유산의 정비에 필요한 사항

정답 ④

68 문화유산의 보존 및 활용에 관한 법령상, 국가지정문화유산의 허가사항에 대한 내용으로 거리가 있는 것을 고르시오.
① 국가지정문화유산에 대한 허가사항은 국가유산청장의 허가를 받아야 한다. 허가사항을 변경하려는 경우에도 같다.
② 국가지정문화유산에 대한 허가사항은 보물, 국보, 국가무형문화유산, 기념물, 국가민속문화유산에 대하여 적용이 된다.
③ 국가지정문화유산과 시·도 지정문화유산의 역사문화환경 보존지역이 중복되는 지역에서 국가유산청장의 허가를 받은 경우에는 시·도지사의 허가를 받은 것으로 본다.
④ 국가지정문화유산의 보존에 영향을 미칠 우려가 있는 행위에 관하여 허가할 사항 중 경미한 사항의 변경허가에 대하여는 시·도지사에게 위임할 수 있다.

해설 ② 국가무형문화유산은 제외

정답 ②

69 문화유산의 보존 및 활용에 관한 법령상, 국가지정문화유산 보호구역 안에서 국가유산청장의 허가를 받아야 하는 행위가 아닌 것은?
① 수목을 심거나 제거하는 행위
② 지목변경의 행위
③ 동물을 사육하거나 번식하는 등의 행위
④ 토석, 골재채취 행위

해설 국가지정문화유산에 대한 허가사항(허가권자 : 국가유산청장)
1. 국가지정문화유산의 현상을 변경하는 행위
   (보호물 및 보호구역을 포함한다.)
   (1) 국가지정문화유산, 보호물 또는 보호구역을 수리, 정비, 복구, 보존처리 또는 철거하는 행위
   (2) 국가지정문화유산, 보호물 또는 보호구역 안에서 하는 다음의 행위
      ① 건축물 또는 도로·관로·전선·공작물·지하구조물 등 각종 시설물을 신축, 증축, 개축(改築), 이축(移築) 또는 용도변경(지목변경의 경우는 제외한다)하는 행위
      ② 수목(樹木)을 심거나 제거하는 행위
      ③ 토지 및 수면의 매립·간척·땅파기·구멍뚫기·땅깎기·흙쌓기 등 지형이나 지질의 변경을 가져오는 행위
      ④ 수로, 수질 및 수량에 변경을 가져오는 행위
      ⑤ 소음·진동을 유발하거나 대기오염물질·화학물질·먼지·빛 또는 열 등을 방출하는 행위
      ⑥ 오수(汚水)·분뇨·폐수 등을 살포, 배출, 투기하는 행위
      ⑦ 동물을 사육하거나 번식하는 등의 행위
      ⑧ 토석, 골재 및 광물과 그 부산물 또는 가공물을 채취, 반입, 반출, 제거하는 행위
      ⑨ 광고물 등을 설치, 부착하거나 각종 물건을 쌓는 행위
2. 국가지정문화유산의 보존에 영향을 미칠 우려가 있는 행위
   (동산에 속하는 문화유산은 제외한다)
3. 국가지정문화유산을 탁본 또는 영인하거나 그 보존에 영향을 미칠 우려가 있는 촬영행위

정답 ②

70 문화유산의 보존 및 활용에 관한 법령상, 국가국가지정문화유산, 보호물 또는 보호구역 안에서 하는 행위 중 국가유산청장의 허가를 받아야 하는 사항을 모두 고른 것은?

[2025년도 제43회 기출문제]

ㄱ. 토지 및 수면의 매립
ㄴ. 수로, 수질 및 수량에 변경을 가져오는 행위
ㄷ. 국가지정문화유산 보호구역에 안내판을 설치하는 행위
ㄹ. 동물을 사육하는 행위

① ㄱ, ㄷ
② ㄱ, ㄴ, ㄷ
③ ㄴ, ㄷ, ㄹ
④ ㄱ, ㄴ, ㄷ, ㄹ

정답 ②

71 문화유산의 보존 및 활용에 관한 법령상, 국가유산청장의 허가사항 중, 국가지정문화유산을 탁본 또는 영인하거나 그 보존에 영향을 미칠 우려가 있는 촬영 행위로서 정하는 행위에서 벗어나는 것을 고르시오.

① 국가지정문화유산을 다른 장소로 옮겨 촬영하는 행위
② 국가지정문화유산을 원거리에서 촬영 장비의 접촉 없이 촬영하는 행위
③ 빛 등이 지나치게 방출되어 국가지정문화유산의 보존에 영향을 줄 수 있는 촬영 행위
④ 촬영 장비의 충돌·추락 등으로 국가지정문화유산에 물리적 충격을 줄 수 있는 촬영 행위

 ② 국가지정문화유산의 표면에 촬영 장비를 접촉하여 촬영하는 행위

정답 ②

72 문화유산의 보존 및 활용에 관한 법령상, 국가지정문화유산의 허가사항의 취소와 관련된 것들이다. 허가취소의 대상, 허가사항의 취소사유에 대한 내용으로 바르지 않은 것은?

① 허가사항과 문화유산의 국외전시 등 국제적 문화교류를 목적으로 반출하되, 그 반출한 날부터 2년 이내에 다시 반입할 것을 조건으로 하는 수출 등의 금지는 허가 취소의 대상이다.
② 허가사항이나 허가조건을 위반한 때는 허가사항의 취소사유에 해당한다.
③ 허가사항의 이행이 불가능하거나 현저히 공익을 해할 우려가 있다고 인정되는 때는 허가사항의 취소사유가 된다.
④ 국가지정문화유산에 대하여 허가를 받은 자가 착수 신고를 하지 아니하고 허가기간이 지난 때에는 그 허가가 취소되지 않은 것으로 본다.

 1. 허가취소의 대상과 허가사항의 취소사유

허가취소의 대상	허가사항의 취소사유

(1) 허가사항
(2) 수출 등의 금지
  ① 문화유산의 국외전시 등 문화교류를 목적으로 반출하되, 그 반출한 날부터 2년 이내에 다시 반입할 것을 조건으로 국가유산청장의 허가를 받으면 그러하지 아니하다.
  ② 2년의 범위에서 그 반출기간의 연장을 허가할 수 있다.
	(1) 허가사항이나 허가조건을 위반한 때
	(2) 속임수나 그 밖의 부정한 방법으로 허가를 받은 때
	(3) 허가사항의 이행이 불가능하거나 현저히 공익을 해할 우려가 있다고 인정되는 때

2. 국가지정문화유산에 대하여 허가를 받은 자가 착수신고를 하지 아니하고 허가기간이 지난 때에는 그 허가가 취소된 것으로 본다.

정답 ④

73 문화유산의 보존 및 활용에 관한 법령상, 신고 사항에 있어서 소유자와 관리자가 각각 신고서에 서명을 하여야 하는 경우를 고르시오.
① 보관장소가 변경된 경우
② 소유자 또는 관리자의 성명이나 주소가 변경된 경우
③ 국가지정문화유산의 소유자가 변경된 경우
④ 관리자를 선임하거나 해임한 경우

정답 ④

74 문화유산의 보존 및 활용에 관한 법령상, 행정명령에 대한 내용으로 바르지 않은 것은?
① 행정명령의 명령권자는 국가유산청장과 지방자치단체의 장이다.
② 국가지정문화유산과 역사문화환경 보존지역의 관리·보호를 위하여 필요하다고 인정 시 행정명령을 내릴 수 있다.
③ 국가지정문화유산의 소유자, 관리자, 또는 관리단체에 대한 문화유산보존에 필요한 긴급한 조치는 행정명령의 내용에서 제외된다.
④ 국가지정문화유산의 소유자, 관리자 또는 관리단체에 대한 수리, 그 밖에 필요한 시설의 설치나 장애물의 제거는 행정명령의 내용에 포함이 된다.
⑤ 행정명령을 받은 자가 명령을 이행하지 아니하는 경우 대집행할 수 있다.

정답 ③

75 문화유산의 보존 및 활용에 관한 법령상, 국가지정문화유산의 정기조사에 대하여 다소 거리가 있는 것을 찾으시오.

① 국가지정문화유산과 역사문화환경 보존지역의 관리·보호를 위하여 5년마다 정기적으로 조사하여야 한다.
② 정기조사 후 보다 깊이 있는 조사가 필요하다고 인정하면 그 소속 공무원에게 해당 국가지정문화유산에 대하여 재조사하게 할 수 있다.
③ 정기조사와 재조사를 하는 경우에는 미리 그 문화유산의 소유자, 관리자, 관리단체에 알려야 한다.
④ 조사를 하는 공무원은 소유자, 관리자, 관리단체에 문화유산의 공개, 현황자료의 제출, 문화유산 소재장소 출입 등 조사에 필요한 범위에서 협조를 요구할 수 있다.

해설 ① 국가지정문화유산의 현상, 관리, 그 밖의 환경보전상황 등에 관하여 정기적으로 조사하여야 한다.
  • 조사권자 : 국가유산청장
  • 정기조사 : 3년마다 실시
  [다만, 아래의 어느 하나에 해당하는 국가지정문화유산에 대해서는 5년마다 실시한다.]
  1. 건물 안에 보관하여 관리하는 국가지정문화유산
  2. 국가 또는 지방자치단체가 직접 관리하는 국가지정문화유산
  3. 소유자 또는 관리자 등이 거주하고 있는 건축물류 국가지정문화유산
  4. 직전 정기조사에서 보존상태가 양호한 것으로 조사된 국가지정문화유산

정답 ①

76 문화유산의 보존 및 활용에 관한 법령상, 행정명령의 이행 또는 조치로 인하여 손실을 받은 자의 손실보상의 범위에 속하는 것을 모두 고르시오.

> ㄱ. 국가지정문화유산의 관리상황이 그 문화유산의 보존상 적당하지 아니하다고 인정되는 경우 그 소유자 등에 대한 일정한 행위의 금지나 제한에 대한 명령을 이행하여 손실을 받은 자
> ㄴ. 정기조사를 하는 공무원은 소유자등에 문화유산의 공개, 현황자료의 제출, 문화유산 소재 장소 출입 등 조사에 필요한 범위에서 협조를 요구할 수 있는데, 이에 따른 조사행위로 인하여 손실을 받은 자
> ㄷ. 국가지정문화유산의 소유자 등에 대한 수리, 그 밖에 필요한 시설의 설치나 장애물의 제거에 대한 명령을 이행하여 손실을 받은 자
> ㄹ. 국가지정문화유산의 소유자 등에 대한 문화유산 보존에 필요한 긴급한 조치에 대한 명령을 이행하여 손실을 받은 자

① ㄱ, ㄴ, ㄷ, ㄹ
② ㄱ, ㄷ, ㄹ
③ ㄱ, ㄴ
④ ㄴ

손실보상의 범위

1. 행정명령의 이행 또는 조치로 인하여 손실을 받은 자

순위	행정명령	손실보상의 범위
(1)	국가지정문화유산의 관리사항이 그 문화유산의 보존상 적당하지 아니하거나 특히 필요하다고 인정되는 경우 소유자, 관리자 또는 관리단체에 대한 일정한 행위의 금지나 제한	~에 대한 명령을 이행하여 손실을 받은 자
(2)	국가지정문화유산의 소유자, 관리자 또는 관리단체에 대한 수리, 그 밖에 필요한 시설의 설치나 장애물의 제거	~에 대한 명령을 이행하여 손실을 받은 자
(3)	국가지정문화유산의 소유자, 관리자, 또는 관리단체에 대한 문화유산 보존에 필요한 긴급한 조치	~에 대한 명령을 이행하여 손실을 받은 자
(4)	허가사항에 따른 허가를 받지 아니하고 국가지정문화유산의 현상을 변경하거나 보존에 영향을 미칠 우려가 있는 행위 등을 한 자에 대한 행위의 중지 또는 원상회복 조치	국가유산청장 또는 지방자치단체의 장은 국가지정문화유산의 소유자, 관리자 또는 관리단체가 규정에 따른 명령을 이행하지 아니하거나, 그 소유자 등에게 조치를 하는 것이 적당하지 아니하다고 인정되면 국가의 부담으로 직접 조치를 할 수 있는 바, 이의 조치로 인하여 손실을 받은 자

2. 조사에 따른 조사행위로 인하여 손실을 받은 자
   (1) 정기조사에 따른 조사행위로 인하여 손실을 받은 자
   (2) 직권에 의한 조사를 하는 경우, 조사통지, 조사의 협조 요구 및 조사상 필요한 행위 범위 등에서 관하여 정기조사의 내용을 준수하는 바, 이에 따른 조사행위로 인하여 손실을 받은 자

정답 ②

77 문화유산의 보존 및 활용에 관한 법령상, 국가가 보상하여야 할 손실이 아닌 것은?

① 국가지정문화유산의 관리 상황이 그 문화유산의 보존상 적당하지 아니하여 지방자치단체의 장이 그 관리·보호를 위하여 그 소유자에 대하여 일정한 행위의 금지를 한 경우 이를 이행함으로써 받은 손실
② 국가유산청장이 국가지정문화유산의 관리·보호를 위하여 직접 행한 장애물 제거 조치로 인하여 받은 손실
③ 국가지정문화유산에 대한 정기조사를 하는 공무원이 그 문화유산의 현상을 훼손하지 아니하는 범위에서 행한 발굴로 인하여 받은 손실
④ 허가를 받지 아니하고 국가지정문화유산의 현상을 변경한 자가 그 원상회복 조치 명령을 받고 이를 이행함으로써 받은 손실

정답 ④

[제3절 공개 및 관람료]

78 문화유산의 보존 및 활용에 관한 법령상, 공개 및 관람료에 대하여 아래의 것 중에서 바르지 못한 것을 고르시오.

① 보물 등 국가지정문화유산은 특별한 사유가 없으면 이를 공개할 수 있다.
② 국가지정문화유산의 보존과 훼손방지를 위하여 필요할 시 문화유산의 전부나 일부의 공개를 제한할 수 있다.
③ 국가지정문화유산의 소유자 또는 보유자는 문화유산을 공개하는 경우 관람료를 징수할 수 있다. 관리단체가 지정된 경우에는 관리단체가 징수권자가 된다.
④ 관람료는 해당 국가지정문화유산의 소유자, 보유자, 또는 관리단체가 정한다.

해설 ① 국가지정문화유산은 해당 문화유산의 공개를 제한하는 경우 외에는 특별한 사유가 없으면 이를 공개하여야 한다.

정답 ①

79 문화유산의 보존 및 활용에 관한 법령상, 보조금에 대한 내용으로 맞지 않는 것은?

① 국가는 경비의 전부나 일부를 보조금으로 보조하여야 한다.
② 국가지정문화유산의 소유자, 관리자 또는 관리단체에 대한 문화유산보존에 필요한 긴급한 조치에 필요한 경비를 지원할 수 있다.
③ 국가지정문화유산의 보존·관리 및 활용 또는 기록 작성을 위하여 필요한 경비를 보조금으로 지원할 수 있다.
④ 관리단체에 의한 관리에 의하여 관리단체가 그 문화유산을 관리할 때 필요한 경비를 보조금으로 지원할 수 있다.
⑤ 보조금을 보조하는 경우 그 문화유산의 수리나 그 밖의 공사를 감독할 수 있다.

정답 ①

80 문화유산의 보존 및 활용에 관한 법령상, 관람료와 보조금 및 경비 지원에 관한 설명으로 옳지 않은 것은?

① 국가지정문화유산을 공개하는 경우, 관리단체가 지정되었더라도 관람료의 징수권자는 그 국가지정문화유산의 소유자가 된다.
② 국가 또는 지방자치단체는 지역주민 등에 대하여 국가지정문화유산의 관람료를 감면할 수 있다.
③ 국가는 관리단체가 그 문화유산을 관리할 때 필요한 경비를 보조할 수 있으며, 이 경우 국가유산청장은 그 문화유산의 수리나 그 밖의 공사를 감독할 수 있다.
④ 지방자치단체는 그 관할구역에 있는 국가지정문화유산으로서 지방자치단체가 소유하거나 관리하지 아니하는 문화유산에 대한 관리 등에 필요한 경비를 부담할 수 있다.

해설
1. 관람료 징수권자
   (1) 국가지정문화유산의 소유자는 문화유산을 공개하는 경우 관람자로부터 관람료를 징수할 수 있다.
   (2) 다만, 관리단체가 지정된 경우에는 관리단체가 징수권자가 된다.
   (3) 관람료는 해당 국가지정문화유산의 소유자 또는 관리단체가 정한다.
   (4) 국가 또는 지방자치단체는 관람료의 징수에도 불구하고 국가가 관리하는 국가지정문화유산의 경우 문화체육관광부령으로, 지방자치단체가 관리하는 국가지정문화유산의 경우 조례로 각각 정하는 바에 따라 지역주민 등에 대하여 관람료를 감면할 수 있다.
2. 보조금
   (1) 국가는 경비의 전부나 일부를 보조할 수 있다.
   (2) 보조를 하는 경우 그 문화유산의 수리나 그 밖의 공사를 감독할 수 있다.

3. 지방자치단체의 경비부담
   (1) 지방자치단체는 그 관할구역에 있는 국가지정문화유산으로서 지방자치단체가 소유하거나 관리하지 아니하는 문화유산에 대한 보존·관리 및 활용 등에 필요한 경비를
   (2) 부담하거나 보조할 수 있다.

정답 ①

제5장 일반동산문화유산

81 문화유산의 보존 및 활용에 관한 법령상, 일반동산문화유산의 범위에 해당하는 것을 모두 고르시오.
① 미술 분야
② 전적 분야
③ 생활기술 분야
④ 자연사 분야

정답 ①, ②, ③, ④

82 문화유산의 보존 및 활용에 관한 법령상, 일반동산문화유산의 수출금지 등의 예외가 아닌 것은?
① 「박물관 및 미술관 진흥법」에 따라 설립된 박물관 등이 외국의 박물관 등에 일반동산문화유산을 반출한 날부터 5년 이내에 다시 반입하는 경우
② 외국정부가 인증하는 박물관이나 문화유산 관련 단체가 자국의 박물관 등에서 전시할 목적으로 국내에서 일반동산문화유산을 구입 또는 기증받아 반출하는 경우
③ 일반동산문화유산의 국외전시 등 국제적 문화교류를 목적으로 국가유산청장의 허가를 받은 경우는 예외로 인정된다.
④ 허가받은 자는 허가된 일반동산문화유산을 반출한 후 이를 다시 반입한 경우 국가유산청장에게 신고하여야 한다.

해설 ① 10년 이내에 다시 반입하는 경우

정답 ①

83 문화유산의 보존 및 활용에 관한 법령상, 일반동산문화유산을 확인하려면 전문가의 감정을 받아야 하는데, 감정하는 사람의 자격에 대한 내용으로 가장 부적절한 것은?

① 문화유산위원회의 위원 또는 전문위원
② 동산문화유산관계 분야의 학사이상 학위소지자로서 그 해당 문화유산 분야의 경력이 3년인 사람
③ 대학의 동산문화유산 관계 분야 학과의 조교수 이상인 사람
④ 동산문화유산 관계 분야의 저서가 있는 사람
⑤ 동산문화유산 관계 분야에서 공인될 수 있는 업적이 있는 사람

정답 ⑤

제6장 국유문화유산에 관한 특례

84 문화유산의 보존 및 활용에 관한 법령상, 아래의 보기 중에서 국유문화유산에 관한 특례를 모두 고르시오.

ㄱ. 관리청과 총괄청	ㄴ. 회계간의 무상관리 전환
ㄷ. 절차 및 방법의 특례	ㄹ. 처분의 제한
ㅁ. 양도 및 사권 설정의 금지	

① ㄱ, ㄴ
② ㄱ, ㄴ, ㄷ
③ ㄱ, ㄴ, ㄷ, ㄹ
④ ㄱ, ㄴ, ㄷ, ㄹ, ㅁ

정답 ④

85 문화유산의 보존 및 활용에 관한 법령상, 국유문화유산에 대하여 바르게 설명한 것은?

① 국가유산청장 외의 중앙관서의 장이 관리하고 있는 행정재산의 경우 관리청을 정할 때에는 당해 국유문화유산을 소재하는 시·도지사의 의견을 들어야 한다.
② 소속을 달리하는 회계로부터 관리전환을 받을 때는 국유재산법에 의해 무상으로 하여야 한다.
③ 국유문화유산은 [국유재산법(제8조)과 물품관리법(제7조)에도 불구하고] 원칙적으로 국가유산청장이 관리·총괄한다.
④ 국유문화유산(그 부지는 제외)는 「문화유산의 보존 및 활용에 관한 법률」에 특별한 규정이 없으면 이를 양도하거나 사권을 설정할 수 없다.

① 국유문화유산이 국가유산청장 외의 중앙관서의 장이 관리하고 있는 행정재산인 경우 또는 국가유산청장 외의 중앙관서의 장이 관리하여야 할 특별한 필요가 있는 경우에는 국가유산청장은 관계기관의 장 및 기획재정부장관과 협의하여 그 관리청을 정한다. 국가유산청장은 관리청을 정할 때에는 문화유산위원회의 의견을 들어야 한다.
② 회계간의 무상관리 전환 : 국유문화유산을 관리하기 위하여 소속을 달리하는 회계로부터 관리전환을 받을 때에는 국유재산법에도 불구하고 무상으로 할 수 있다.
③ 관리청과 총괄청 : 국유에 속하는 문화유산은 국가유산청장이 관리·총괄한다.
④ 양도 및 사권설정의 금지 : 국유문화유산(그 부지를 포함)은「문화유산의 보존 및 활용에 관한 법률」에 특별한 규정이 없으면 이를 양도하거나 사권을 설정할 수 없다.
⑤ 절차 및 방법의 특례와 처분의 제한

정답 ③

제7장 국외 소재 문화유산

86 문화유산의 보존 및 활용에 관한 법령상, 국외 소재 문화유산에 대한 내용으로 부적절한 것은?

① 국가는 국외 소재 문화유산의 보호·환수 등을 위하여 노력하여야 한다.
② 국가유산청장은 국외 소재 문화유산의 현황, 보존·관리실태, 반출경위 등에 관하여 조사·연구를 실시하여야 한다.
③ 국가유산청장은 조사·연구의 효율적 수행을 위하여 관련 기관에 필요한 자료의 제출과 정보제공 등을 요청할 수 있다.
④ 국외 소재 문화유산 보호 및 환수를 위하여 필요하면 관련 기관 또는 단체를 지원·육성할 수 있다.

정답 ②

87 문화유산의 보존 및 활용에 관한 법령상, 국외소재문화유산재단에 관한 설명으로 옳지 않은 것은?

① 국외소재문화유산재단에 관하여「문화유산의 보존 및 활용에 관한 법률」에 규정한 것 외에는「민법」중 재단법인에 관한 규정을 준용한다.
② 국외소재문화유산재단은 한국담당 학예사의 파견 및 교육훈련 사업을 한다.
③ 국외소재문화유산재단은 외국박물관 한국실 운영 지원 사업을 한다.
④ 국립중앙박물관 산하에 국외소재문화유산재단을 설립한다.

해설 ④ 국가유산청 산하에 국외소재문화유산재단을 설립한다.

정답 ④

88 문화유산의 보존 및 활용에 관한 법령상, 국외소재문화유산에서 금전 등의 기부에 대한 내용이 바르지 못한 것을 고르시오.
① 누구든지 국외소재문화유산의 환수·활용을 위하여 금전 및 그 밖의 재산을 국외문화유산재단에 기부할 수 있다.
② 국외문화유산재단은 기부가 있을 때에는 접수한 기부금을 별도 계정으로 관리하여야 한다.
③ 국외문화유산재단은 기부금품의 접수 및 처리 상황 등을 국가유산청장에게 보고하여야 한다.
④ 국가유산청장은 기부로 국외소재문화유산의 환수·활용에 현저한 공로가 있는 자에 대하여 시상(施賞) 등의 예우를 하여야 한다.

해설 ④ 예우를 할 수 있다.

정답 ④

제8장 시·도 지정문화유산

89 문화유산의 보존 및 활용에 관한 법령상, 시·도지정문화유산에 관한 설명으로 옳은 것은?
① 시·도지사는 그 관할구역에 있는 문화유산으로서 국가지정문화유산으로 지정된 문화유산을 포함하여 보존가치가 있다고 인정되는 것을 시·도 지정문화유산으로 지정할 수 있다.
② 시·도지정문화유산과 문화유산자료의 지정 및 해제절차, 보호 등에 필요한 사항은 문화체육관광부령으로 정한다.
③ 시·도지사의 관할구역에 있는 문화유산의 보존·관리와 활용에 관한 사항을 결정하기 위하여 시·도에 문화유산위원회를 둘 수 있다.
④ 시·도지정문화유산이 국유 또는 공유재산이면 그 보존을 위하여 필요한 경비는 국가나 해당지방 자치단체가 부담한다.

정답 ④

90 문화유산의 보존 및 활용에 관한 법령상, 시·도 지정문화유산의 설명으로 옳은 것은?

① 시·도 지정문화유산의 보존·관리·활용을 위해서 경비의 전부를 지원받아야 한다.
② 시·도에 문화유산위원회를 둘 수 있다.
③ 시·도지사는 보고 등의 사유가 발생하면 그날부터 15일 이내에 국가유산청장에게 보고하여야 한다.
④ 시·도 지정문화유산에 필요한 사항은 「문화유산의 보존 및 활용에 관한 법률」의 시행규칙으로 정한다.

해설

① 경비 부담
  ㉠ 시·도 지정문화유산이나 문화유산자료가 국유 또는 공유재산이면 그 보존상 필요한 경비는 국가나 해당 지방자치단체가 부담한다.
  ㉡ 국가나 지방자치단체는 국유 또는 공유재산이 아닌 시·도 지정문화유산이나 문화유산자료의 보존·관리·수리·활용 또는 기록 작성을 위한 경비의 전부 또는 일부를 보조할 수 있다.
② 시·도지사의 관할구역에 있는 문화유산의 보존·관리와 활용에 관한 사항을 조사·심의하기 위하여 시·도에 문화유산위원회를 둔다.
③ 시·도 지정문화유산 지정 등의 보고(15일 이내에 국가유산청장에게 보고하여야 할 사항)
  ㉠ 시·도 지정문화유산이나 문화유산자료를 지정하거나 그 지정을 해제한 경우
  ㉡ 시·도 지정문화유산 또는 문화유산자료의 소재지나 보관 장소가 변경된 경우
  ㉢ 시·도 지정문화유산이나 문화유산자료의 전부 또는 일부가 멸실·유실·도난 또는 훼손된 경우 등
④ 해당 지방자치단체의 조례로 정한다.

정답 ③

91 문화유산의 보존 및 활용에 관한 법령상, 시·도문화유산위원회의 조직과 운영 등에 관한 사항을 조례로 정할 때 포함하여야 할 사항이 아닌 것은?

① 위원회 운영 예산에 관한 사항
② 위원의 위촉과 해촉에 관한 사항
③ 분과위원회의 설치와 운영에 관한 사항
④ 문화유산의 보존·관리 및 활용과 관련된 조사·심의에 관한 사항

정답 ①

제9장 문화유산매매업 등

92 문화유산의 보존 및 활용에 관한 법령상, 문화유산매매업 등에 관한 것으로 (   ) 안에 알맞은 것을 고르시오.

> 동산에 속하는 유형문화유산이나 민속문화유산으로서 제작된 지 (㉠)년 이상 된 것에 대하여 (㉡) 또는 교환하는 것을 업으로 하려는 자는 (㉢)에게 문화유산매매업의 허가를 받아야 한다.

① ㉠ 100, ㉡ 매매, ㉢ 시 · 도지사
② ㉠ 50, ㉡ 매매, ㉢ 특별자치시장 · 특별자치도지사, 시장 · 군수 또는 구청장
③ ㉠ 100, ㉡ 위탁, ㉢ 시 · 도지사
④ ㉠ 50, ㉡ 위탁, ㉢ 특별자치시장 · 특별자치도지사, 시장 · 군수 또는 구청장

정답 ②

93 문화유산의 보존 및 활용에 관한 법령상, 문화유산매매업의 허가에 관한 내용으로 옳은 것을 찾으시오.

① 동산 · 부동산에 속하는 유형문화유산으로서 제작된 지 30년 이상된 것의 매매를 업으로 하려는 자는 허가를 받아야 한다.
② 문화유산매매업의 허가권자는 국가유산청장, 특별자치시장, 특별자치도지사, 시장 · 군수 · 구청장이다.
③ 허가가 취소된 날부터 2년이 지나지 아니한 자는 문화유산매매업자가 될 수 없다.
④ 문화유산매매업자로서의 지위를 승계받은 자는 정하는 바에 따라 특별자치시장, 특별자치도지사, 시장 · 군수 또는 구청장에게 신고하여야 한다.

해설
① 동산에 속하는 50년 이상
② 국가유산청장은 아니다.
③ 3년

정답 ④

94 문화유산의 보존 및 활용에 관한 법령상, 문화유산매매업을 허가할 수 있는 권한이 없는 자는?

① 특별자치시장
② 특별자치도지사
③ 경찰청장
④ 군수
⑤ 구청장

정답 ③

95 문화유산의 보존 및 활용에 관한 법령상, 문화유산매매업의 허가를 받을 수 있는 자는?

① 미술관에서 2년 동안 문화유산을 취급한 자
② 지방자치단체에서 1년 6개월 동안 문화유산을 취급한 자
③ 문화유산매매업자에게 고용되어 2년 6개월 동안 문화유산을 취급한 자
④ 전문대학에서 현대미술학을 6개월 전공한 자

해설 **문화유산매매업자의 자격요건**
(1) 국가, 지방자치단체, 박물관 또는 미술관에서 2년 이상 문화유산을 취급한 자
(2) 전문대학 이상의 대학(대학원을 포함)에서 역사학·고고학·인류학·미술사학·민속학·서지학·전통공예학 또는 문화유산관리학 계통의 전공과목을 일정 학점 이상 이수한 사람
(3) 「학점인정 등에 관한 법률」에 따라 문화유산 관련 전공과목을 일정 학점 이상을 이수한 것으로 학점인정을 받은 사람
(4) 문화유산매매업자에게 고용되어 3년 이상 문화유산을 취급한 자
(5) 고미술품 등의 유통·거래를 목적으로 「상법」에 따라 설립된 법인으로서 제(1)부터 제(4)까지의 자격 요건 중 어느 하나를 갖춘 대표자 또는 임원을 1명 이상 보유한 법인

정답 ①

96 문화유산의 보존 및 활용에 관한 법령상, 문화유산매매업의 허가를 받을 수 없는 자는?
[2025년도 제43회 기출문제]

① 국가, 지방자치단체, 박물관 또는 미술관에서 2년 이상 문화유산을 취급한 사람
② 전문대학에서 문화유산관리학 계통의 전공과목을 18학점 이상 이수한 사람
③ 문화유산매매업자에게 고용되어 2년 간 문화유산을 취급한 사람
④ 「학점인정 등에 관한 법률」에 따라 문화유산 관련 전공과목을 18학점 이상 이수한 것으로 학점인정을 받은 사람

정답 ③

97 다음은 문화유산의 보존 및 활용에 관한 법령상, 문화유산매매업자의 준수사항이다. 거리가 있는 것은?

① 매매 · 교환 등에 관한 장부 비치
② 사용설명서 구비
③ 거래 내용의 기록
④ 해당 문화유산의 실물사진 부착

 문화유산매매업자는 매매 · 교환 등에 관한 장부를 갖추어 두고 그 거래내용을 기록하며, 해당 문화유산을 확인할 수 있도록 실물사진을 촬영하여 붙여 놓아야 한다.

정답 ②

98 문화유산의 보존 및 활용에 관한 법령상, 문화유산매매업 등에서 허가를 취소하여야 하는 경우가 아닌 것을 고르시오.

① 거래사실을 거짓으로 기록하거나 장부를 파기하거나 양도한 경우
② 거짓이나 그 밖의 부정한 방법으로 허가를 받은 경우
③ 무허가 수출 등의 죄 · 손상 또는 은닉 등의 죄 및 도굴 등의 죄를 위반하여 벌금이상의 처벌을 받은 경우
④ 영업정지기간 중에 영업을 한 경우

 1. 허가를 취소하여야 하는 경우
  (1) 거짓이나 그 밖의 부정한 방법으로 허가를 받은 경우
  (2) 무허가 수출 등의 죄 · 손상 또는 은닉 등의 죄 및 도굴 등의 죄를 위반하여 벌금 이상의 처벌을 받은 경우
  (3) 영업정지기간 중에 영업을 한 경우
2. 허가취소 또는 영업의 정지
  (1년 이내의 기간을 정하여 영업의 전부 또는 일부의 정지를 명할 수 있다)
  (4) 자격 요건으로 문화유산매매업을 허가받은 법인이 해당 자격 요건을 상실한 경우. 다만, 해당 법인이 3개월 이내에 자격 요건에 해당하는 자를 대표자 또는 임원으로 선임하는 경우에는 그러하지 아니하다.
  (5) 명의 대여 등의 금지 사항을 위반한 경우
  (6) 준수사항을 위반한 경우

정답 ①

99 문화유산의 보존 및 활용에 관한 법령상, (   ) 안에 적당한 것은?

- 문화유산매매업자는 문화유산의 보존상황, 매매 또는 교환현황을 기록한 서류를 첨부하여 다음 해 (㉠)까지 특별자치시장·특별자치도지사, 시장·군수·구청장에게 그 실태를 신고하여야 한다.
- 문화유산매매업자에게 실태를 신고받은 특별자치시장·특별자치도지사, 시장·군수·구청장은 이를 시·도지사(특별자치시장과 특별자치도지사를 제외)를 거쳐 다음 해 (㉡)까지 국가유산청장에게 보고하여야 한다.

	㉠	㉡
①	12월 31일	1월 31일
②	1월 31일	2월 말일
③	1월 말일	2월 28일
④	1월 31일	3월 31일

정답 ②

제10장 문화유산의 상시적 예방관리

100 문화유산의 보존 및 활용에 관한 법령상, 문화유산돌봄사업에서 맞지 않는 것을 고르시오.
① 무형문화유산을 포함한 지정문화유산
② 등록문화유산
③ 임시지정문화유산
④ 역사적·문화적·예술적 가치가 높은 문화유산

 국가와 지방자치단체는 아래의 어느 하나에 해당하는 문화유산의 보존을 위하여 상시적인 예방관리 사업을 실시할 수 있다.
1. 지정문화유산
2. 등록문화유산
3. 임시지정문화유산
4. 그 밖에 역사적·문화적·예술적 가치가 높은 문화유산으로서 다음 각 호의 요건을 모두 갖춘 문화유산
   (1) 시·도지사가 시장·군수·구청장과의 협의를 거쳐 국가유산청장에게 추천한 문화유산일 것
   (2) 국가유산청장이 문화유산돌봄사업의 대상으로 할 필요가 있다고 인정하는 문화유산일 것

정답 ①

101 문화유산의 보존 및 활용에 관한 법령상, 문화유산돌봄사업의 범위가 아닌 것을 고르시오.

① 문화유산의 주기적인 모니터링
② 문화유산 관람환경 개선을 위한 일상적 · 예방적 관리
③ 문화유산 주변지역 환경정비 및 재해예방
④ 문화유산 전문인력 양성 및 지원

정답 ④

102 문화유산의 보존 및 활용에 관한 법령상, 중앙문화유산돌봄센터에 대한 내용이 바르지 못한 것은?

① 국가유산청장은 문화유산돌봄사업에 대하여 업무를 종합적이고 효율적으로 수행하기 위하여 중앙문화유산돌봄센터를 설치 · 운영한다.
② 국가유산청장은 중앙문화유산돌봄센터의 운영을 전통건축수리기술진흥재단에 위탁할 수 있다.
③ 전통건축수리기술진흥재단은 지역문화유산돌봄센터의 장에게 자료 또는 의견의 제출을 요청할 수 있다.
④ 국가유산청장은 중앙문화유산돌봄센터의 운영을 위탁하는 경우에 비용의 전부 또는 일부를 보조할 수 있다.

해설 ② 위탁한다.

정답 ②

103 문화유산의 보존 및 활용에 관한 법령상, 지역문화유산돌봄센터에 대한 내용으로 맞지 않는 것을 찾으시오.

① 시 · 도지사는 지역여건에 적합한 문화유산돌봄사업의 업무를 효율적으로 실시하기 위하여 문화유산 관련 기관 또는 단체를 지역문화유산돌봄센터로 지정할 수 있다.
② 시 · 도지사는 지역문화유산돌봄센터가 거짓이나 그 밖의 부정한 방법으로 지정을 받은 경우에 그 지정을 취소할 수 있다.
③ 시 · 도지사는 지정기준을 모두 충족했다고 인정되는 경우에는 해당 기관 또는 단체를 지역문화유산돌봄센터로 지정할 수 있다.
④ 시 · 도지사는 지역문화유산돌봄센터의 지정을 취소한 경우에는 그 사실을 해당 시 · 도의 인터넷 홈페이지에 게시해야 한다.

해설 ② 지정을 취소하여야 한다.

정답 ②

제11장 보칙

104 문화유산의 보존 및 활용에 관한 법령상, 권리·의무의 승계에 대한 내용이다. (   ) 안에 들어갈 내용은?

> 국가지정문화유산의 소유자가 변경된 때에는 새 소유자는 전 소유자의 (   )·(   )을(를) 승계한다.

정답 권리·의무

105 문화유산의 보존 및 활용에 관한 법령상, 포상금에 대한 내용이다. 죄를 범한 자를 수사기관에 제보하거나 체포에 공로가 있는 자는 포상금의 지급 대상자이다. 포상금의 지급기준으로 (㉠)에 알맞은 금액은?

등급	포상금액	
	제보한 자	체포에 공로가 있는 자
1등급	2,000만 원	400만 원
2등급	1,500만 원	300만 원
3등급	1,000만 원	200만 원
4등급	500만 원	100만 원
5등급	(㉠)	50만 원

① 400만 원
② 300만 원
③ 250만 원
④ 100만 원
⑤ 50만 원

정답 ③

106 문화유산의 보존 및 활용에 관한 법령상, 문화유산의 매매 등 거래행위에 관한 경우로 민법의 선의취득에 관한 규정을 적용하지 아니하는 경우로 틀린 것을 찾으시오.

① 국가유산청장이 지정한 문화유산
② 시·도지사가 지정한 문화유산
③ 도난물품인 사실이 공고된 문화유산
④ 유실물이라는 사실이 국가유산청 홈페이지에 게재된 문화유산
⑤ 그 출처를 알 수 없는 중요한 부분이나 기록을 인위적으로 훼손한 문화유산

해설 민법의 선의취득에 관한 규정을 적용하지 아니한 경우
1. 문화유산의 매매 등 거래행위에 관한 경우에 비적용
2. 다만, 양수인이 경매나 문화유산매매업자 등으로부터 선의로 이를 매수한 경우에는 피해자 또는 유실자는 양수인이 지급한 선의취득의 대가를 변상하고 반환을 청구할 수 있다.
3. 선의취득의 비적용 사항
    (1) 국가유산청장이나 시·도지사가 지정한 문화유산
    (2) 도난물품 또는 유실물인 사실이 공고된 문화유산
    (3) 그 출처를 알 수 있는 중요한 부분이나 기록을 인위적으로 훼손한 문화유산

정답 ⑤

제12장 벌칙

107 문화유산의 보존 및 활용에 관한 법령상, 벌칙에서 5년 이상의 유기징역에 처하는 것은?
① 무허가 수출 등의 죄에서 수출 등의 금지 위반 시
② 일반동산문화유산 수출 등의 금지
③ 손상 또는 은닉 등의 죄
④ 사적 등에의 일수죄
⑤ 그 밖의 일수죄

정답 ①

108 문화유산의 보존 및 활용에 관한 법령상, 벌칙에 대한 내용이다. 지정된 금연구역에서 누구든지 흡연을 하여서는 아니 된다. 이를 위반 시 부과되는 과태료는 얼마인가?
① 3만 원 이하
② 5만 원 이하
③ 7만 원 이하
④ 10만 원 이하
⑤ 20만 원 이하

정답 ④

109 문화유산의 보존 및 활용에 관한 법령상, 벌칙에서 과태료의 부과 대상이 되는 자는?

① 문화유산매매업의 폐업신고를 하지 아니한 자
② 국가지정문화유산을 손상, 절취 또는 은닉하거나 그 밖의 방법으로 그 효용을 해한 자
③ 거짓의 신고 또는 보고를 한 자
④ 거짓이나 그 밖의 부정한 방법으로 지정문화유산 또는 임시지정문화유산으로 지정하게 한 자

정답 ①

※ 문화유산의 보존 및 활용에 관한 법령상, 벌칙의 내용 중에서 (   ) 안을 완성하시오.(110~111)

110 무허가 수출 등의 죄에 따라 해당 문화유산을 몰수할 수 없을 때에는 해당 문화유산의 (   )을 추징한다.

정답 감정가격

111 과태료는 (   ), 시·도지사 또는 시장·군수·구청장이 부과·징수한다.

정답 국가유산청장

PART 02

자연유산의 보존 및 활용에 관한 법률 및 같은 법 시행령·시행규칙

제1장 | 총칙
제2장 | 자연유산 보호 정책의 수립 및 추진
제3장 | 자연유산의 지정 및 관리
제4장 | 자연유산의 보존·관리 및 활용
제5장 | 보칙
제6장 | 벌칙

예상문제

CHAPTER 01 총칙

01 목적

「자연유산의 보존 및 활용에 관한 법률」은 역사적·경관적·학술적 가치를 지닌 자연유산을 체계적으로 보존·관리하고 지속가능하게 활용하는 것을 목적으로 한다.

02 정의

「자연유산의 보존 및 활용에 관한 법률」에서 사용하는 용어의 뜻은 다음과 같다.

1) 자연유산
  (1) 자연물 또는 자연환경과의 상호작용으로 조성된 문화적 유산으로서
  (2) 역사적·경관적·학술적 가치가 큰 아래의 어느 하나에 해당하는 것을 말한다.
    ① 동물(그 서식지, 번식지 및 도래지를 포함한다)
    ② 식물(그 군락지를 포함한다)
    ③ 지형, 지질, 생물학적 생성물 또는 자연현상
    ④ 천연보호구역
    ⑤ 자연경관 : 자연 그 자체로서 심미적 가치가 인정되는 공간
    ⑥ 역사문화경관 : 자연환경과 사회·경제·문화적 요인 간의 조화를 보여주는 공간 또는 생활장소
    ⑦ 복합경관 : 자연의 뛰어난 경치에 인문적 가치가 부여된 공간

2) 천연기념물
  (1) 아래의 자연유산 중 역사적·경관적·학술적 가치가 인정되어
    ① 동물(그 서식지, 번식지 및 도래지를 포함한다)
    ② 식물(그 군락지를 포함한다)

③ 지형, 지질, 생물학적 생성물 또는 자연현상
④ 천연보호구역
(2) 국가유산청장이 지정하고 고시한 것을 말한다.

3) 명승

(1) 아래의 자연유산 중 역사적·경관적·학술적 가치가 인정되어
① 자연경관 : 자연 그 자체로서 심미적 가치가 인정되는 공간
② 역사문화경관 : 자연환경과 사회·경제·문화적 요인 간의 조화를 보여주는 공간 또는 생활장소
③ 복합경관 : 자연의 뛰어난 경치에 인물적 가치가 부여된 공간
(2) 국가유산청장이 지정하고 고시한 것을 말한다.

4) 시·도자연유산

천연기념물 및 명승이 아닌 자연유산 중 역사적·경관적·학술적 가치가 인정되어 특별시장·광역시장·특별자치시장·도지사·특별자치도지사가 지정하고 고시한 것을 말한다.

5) 자연유산자료

천연기념물, 명승, 시·도 자연유산에 따라 지정되지 아니한 자연유산 중 역사적·경관적·학술적 가치가 인정되어 시·도지사가 지정하고 고시한 것을 말한다.

6) 천연기념물등

천연기념물, 명승, 시·도자연유산 또는 자연유산자료를 말한다.

7) 보호물

자연유산을 보호하기 위하여 지정되고 고시된 건물이나 시설물을 말한다.

8) 보호구역

일정한 지역이 천연기념물등으로 지정된 경우 지정된 면적을 제외한 지역으로서 그 천연기념물등을 보호하기 위하여 지정되고 고시된 구역을 말한다.

9) 역사문화환경

자연유산 주변의 자연경관이나 역사적·문화적 가치가 뛰어난 공간으로서 자연유산과 함께 보호할 필요가 있는 주변 환경을 말한다.

10) 전통조경

우리나라 고유의 역사 · 문화 · 사상 등을 담아 수목을 식재하거나 건축물을 배치하는 등 전통적인 기법으로 외부공간을 조성하는 것을 말한다.

03 자연유산 보호의 기본원칙

자연유산은 아래의 원칙에 따라 보존 · 관리 및 활용되어야 한다.
1) 인위적인 간섭을 최대한 배제하되, 자연적인 변화 등 자연유산의 고유한 특성을 반영할 것
2) 자연유산의 보존 · 관리는 지속가능한 활용과 조화를 이룰 것
3) 국민의 재산권을 과도하게 제한하지 아니할 것

04 국가 및 지방자치단체 등의 책무

1) 국가와 지방자치단체는 자연유산의 보존 · 관리 및 활용을 위한 시책을 수립 · 시행하여야 한다.
2) 국가와 지방자치단체는 각종 개발사업을 계획하고 시행하는 경우 자연유산과 그 보호물 · 보호구역 및 역사문화환경이 훼손되지 아니하도록 노력하여야 한다.
3) 자연유산의 소유자, 관리자 및 관리단체는 자연유산의 보존 · 관리 및 활용을 위하여 국가와 지방자치단체의 시책에 적극 협조하여야 한다.

05 다른 법률과의 관계

1) 자연유산의 보존 · 관리 및 활용에 대하여 다른 법률에 특별한 규정이 있는 경우를 제외하고는 「자연유산의 보존 및 활용에 관한 법률」에서 정하는 바에 따른다.
2) 자연유산의 보존 · 관리 및 활용에 대하여 이 법에서 정하지 아니한 사항은 「문화유산의 보존 및 활용에 관한 법률」, 「국가유산수리 등에 관한 법률」 및 「매장유산 보호 및 조사에 관한 법률」에서 정하는 바에 따른다.
3) 천연기념물이 아닌 것으로서 「야생생물 보호 및 관리에 관한 법률」에 따라 멸종위기 야생생물로 지정되는 동물 및 식물은 「자연유산의 보존 및 활용에 관한 법률」을 적용하지 아니한다.

CHAPTER 02 자연유산 보호 정책의 수립 및 추진

01 자연유산 보호계획의 수립

1) 국가유산청장은 관계 중앙행정기관의 장 및 시·도지사와 협의를 거쳐 자연유산의 체계적인 보존·관리 및 활용을 위하여
   (1) 아래의 사항이 포함된 자연유산 보호계획을 5년마다 수립하여야 한다.
      ① 자연유산 보존·관리 및 활용의 기본방향 및 목표
      ② 이전의 보호계획에 관한 분석 및 평가
      ③ 자연유산의 유형별 연구·조사 계획
      ④ 자연유산의 유형별 보존·관리를 위한 주요 추진과제
      ⑤ 자연유산의 보존·관리 및 활용에 필요한 재원 조달 방법
      ⑥ 자연유산의 보존·관리 및 활용을 위한 인력 양성 계획
      ⑦ 자연유산의 보존·관리 및 활용을 위한 국제교류와 남북한 교류·협력
      ⑧ 자연유산의 역사문화환경 보호
      ⑨ 그 밖에 자연유산의 보존·관리 및 활용에 필요한 사항
   (2) 국가유산청장은 자연유산 보호계획의 효율적 수립·변경을 위해 필요한 경우에는 관계 전문가로 구성된 자문단을 운영할 수 있다.
2) 보호계획은 「국가유산기본법」(제8조 : 국가는 국가유산의 체계적이고 종합적인 보존·관리 및 활용을 위하여 국가유산의 유형에 따른 기본계획을 수립·시행하여야 한다)에 따른 기본계획에 부합하여야 한다.
3) 국가유산청장은 보호계획을 수립하는 경우
   (1) 소유자등 및 관계 전문가의 의견을 들어야 한다.

   [소유자 등 관계전문가]
      ① 자연유산의 소유자·관리자 또는 관리단체
      ② 자연유산위원회의 위원
      ③ 그 밖에 자연유산과 관련된 전문적인 지식이나 경험을 가진 사람으로서 국가유산청장이 정하여 고시하는 사람

(2) 수립된 보호계획 중 중요한 사항을 변경할 때에도 또한 같다.

[수립된 보호계획 중 중요한 사항]
① 자연유산 보존·관리 및 활용의 기본방향 및 목표
② 자연유산의 유형별 보존·관리를 위한 주요 추진 과제

4) 국가유산청장은 수립한 보호계획을 시·도지사에게 통지하고, 관보(官報) 등에 고시하여야 한다.
5) 국가유산청장은 보호계획의 수립 및 변경을 위하여 필요한 경우에는 시·도지사에게 관할 구역의 자연유산에 대한 자료를 제출하도록 요청할 수 있다.
6) 국가유산청장은 보호계획을 수립·변경한 경우에는 관계중앙행정기관의 장에게 이를 통보해야 한다.

02 자연유산 보호 시행계획 수립

1) 국가유산청장 및 시·도지사는 보호계획에 관한
   (1) 연도별 시행계획을 수립·시행하여야 한다.
   (2) 연도별 시행계획에는 다음 각 호의 사항이 포함되어야 한다.
      ① 해당 연도의 사업 추진 방향
      ② 해당 연도의 주요 사업별 추진 방침
      ③ 해당 연도의 주요 사업별 시행 계획
      ④ 그 밖에 보호계획의 시행을 위하여 필요한 사항
2) 특별시장·광역시장·특별자치시장·도지사·특별자치도지사는 해당 연도의 시행계획 및 전년도의 추진실적을 매년 1월 31일까지 국가유산청장에게 제출하여야 한다.
3) 국가유산청장 및 시·도지사는 해당 연도와 시행계획을 매년 2월 말일까지 국가유산청장 및 해당 특별시·광역시·특별자치시·도 또는 특별자치도의 게시판과 인터넷 홈페이지를 통해 공표해야 한다.
4) 국가유산청장은 보호계획, 해당 연도 시행계획 및 전년도 추진실적을 확정한 후 지체 없이 국회 소관 상임위원회에 제출하여야 한다.

03 자연유산위원회의 설치

1) 자연유산의 보존 및 활용에 관한 사항을 조사·심의하기 위하여 국가유산청에 자연유산위원회를 둔다.

2) 자연유산위원회는 위원장 1명을 포함하여 30명 이내의 위원으로 구성한다.
  (1) 자연유산위원회의 위원장은 위원회를 대표하고, 자연유산위원회의 업무를 총괄한다.
  (2) 자연유산위원회에 부위원장 1명을 두며, 부위원장은 위원 중에서 호선(互選)한다.
  (3) 자연유산위원회의 위원장이 부득이한 사유로 직무를 수행할 수 없을 때에는 부위원장이 그 직무를 대행하며, 자연유산위원회의 위원장과 부위원장이 모두 부득이한 사유로 그 직무를 수행할 수 없을 때에는 자연유산위원회의 위원 중 연장자 순으로 그 직무를 대행한다.

3) 위원은 아래의 사람 중에서 국가유산청장이 위촉한다. 다만, 위원장은 위원 중에서 호선한다.
  (1) 「고등교육법」(제2조)에 따른 학교에서 자연유산과 관련된 학과의 부교수 이상의 지위로 재직하거나 재직하였던 사람
  (2) 자연유산의 보존 및 활용과 관련된 업무에 10년 이상 종사한 사람
  (3) 동·식물학, 지질학, 지구과학, 조경학, 인류학, 민속학, 보존과학 등 자연유산 관련 분야 업무에 10년 이상 종사한 사람으로서 자연유산에 관한 지식과 경험이 있는 전문가

4) 자연유산위원회 위원의 임기는 2년으로 하되 연임할 수 있으며, 보궐위원의 임기는 전임자 임기의 남은 기간으로 한다.

5) **위원의 해촉**
  (1) 국가유산청장은 자연유산위원회의 위원이
  (2) 다음 각 호의 어느 하나에 해당하는 경우에는 해당 위원회를 해촉할 수 있다.
    ① 심신쇠약 등으로 장기간 직무를 수행할 수 없게 된 경우
    ② 직무와 관련된 비위사실이 있는 경우
    ③ 직무태만, 품위손상이나 그 밖의 사유로 위원으로 적합하지 않다고 인정되는 경우
    ④ 위원의 제척·기피·회피[6]의 (1)] 각 호의 어느 하나에 해당하는 데도 회피(回避)하지 않는 경우
    ⑤ 위원 스스로 직무를 수행하기 어렵다는 의사를 밝히는 경우
    ⑥ 다음 각 목의 어느 하나에 해당하는 자가 된 경우
      ㉠ 「문화유산의 보존 및 활용에 관한 법률」에 따른 문화유산매매업자
      ㉡ 「국가유산수리 등에 관한 법률」에 따른 국가유산수리업자, 국가유산실측설계업자 또는 국가유산감리업자
      ㉢ 「민법」(제32조)에 따라 설립된 비영리법인으로서 「매장유산 보호 및 조사에 관한 법률」에 따른 매장유산 발굴 관련 사업을 목적으로 설립된 법인의 대표자나 상근 임직원
    ⑦ 시·도자연유산위원회의 위원으로 위촉된 경우

6) 위원의 제척·기피·회피
   (1) 자연유산위원회의 위원이 다음 각 호의 어느 하나에 해당하는 경우에는 자연유산위원회의 심의·의결에서 제척(除斥)된다.
      ① 자연유산위원회의 위원 또는 그 배우자나 배우자였던 사람이 해당 안건의 당사자(당사자가 법인·단체 등인 경우에는 그 임원을 포함한다)가 되거나 그 안건의 당사자와 공동권리자 또는 공동의무자인 경우
      ② 자연유산위원회의 위원이 해당 안건의 당사자와 친족이거나 친족이었던 경우
      ③ 자연유산위원회의 위원이 해당 안건에 대하여 증언, 진술, 자문, 연구, 용역 또는 감정을 한 경우
      ④ 자연유산위원회의 위원이나 위원이 속한 법인이 해당 안건의 당사자의 대리인이거나 대리인이었던 경우
      ⑤ 그 밖에 해당 안건의 당사자와 직접적인 이해관계가 있다고 인정되는 경우
   (2) 당사자는 자연유산위원회의 위원에게 제척사유가 있거나 공정한 심의·의결을 기대하기 어려운 사정이 있는 경우에는 자연유산위원회에 기피 신청을 할 수 있고, 자연유산위원회는 의결로 기피 여부를 결정한다. 이 경우 기피 신청의 대상인 자연유산위원회의 위원은 그 의결에 참여하지 못한다.
   (3) 자연유산위원회의 위원은 (1) 또는 (2)의 사유에 해당하는 경우에는 스스로 해당 안건의 심의·의결에서 회피해야 한다.

7) 자연유산위원회에는 국가유산청장이나 자연유산위원회의 위원장 또는 분과위원회 위원장의 명을 받아 자연유산위원회의 심의사항에 관한 자료수집·조사 및 연구 등의 업무를 수행하는 비상근 전문위원을 둘 수 있다.

[자연유산위원회 전문위원]
(1) 자연유산위원회에 두는 전문위원의 수는 50명 이내로 한다.
(2) 전문위원은 다음 각 호의 사람 중에서 성별을 고려하여 국가유산청장이 위촉한다.
   ① 「고등교육법」(제2조)에 따른 학교 또는 「한국전통문화대학교 설치법」에 따른 한국전통문화대학교에서 자연유산과 관련된 학과의 조교수 이상으로 재직하고 있거나 재직했던 사람
   ② 자연유산의 보존 및 활용과 관련된 업무에 5년 이상 종사한 사람
(3) 전문위원의 임기는 2년으로 한다. 다만, 전문위원의 해촉(解囑)으로 새로 위촉된 전문위원의 임기는 전임 전문위원 임기의 남은 기간으로 한다.
(4) 전문위원의 해촉사유에 관하여는 제 5)를 준용한다.

04 자연유산위원회의 심의사항 등

1) 자연유산위원회는 자연유산의 보존 및 활용에 관한 아래의 사항을 심의한다.
   (1) 자연유산 보호계획에 관한 사항
   (2) 천연기념물 및 명승의 지정과 그 해제에 관한 사항
   (3) 천연기념물 및 명승의 보호물 또는 보호구역의 지정과 그 해제에 관한 사항
   (4) 천연기념물 및 명승의 현상변경에 관한 사항
   (5) 천연기념물 및 명승의 역사문화환경 보호에 관한 사항
   (6) 천연기념물의 국외 반출·입에 관한 사항
   (7) 천연기념물 및 명승의 보존관리에 관한 전문적 또는 기술적 사항으로 중요하다고 인정되는 사항
   (8) 국제연합교육과학문화기구 자연유산 선정에 관한 사항
   (9) 그 밖에 자연유산의 보존 및 활용 등에 관하여 국가유산청장이 심의에 부치는 사항
2) 1) 각 호의 사항에 관하여 자연유산 유형별로 업무를 나누어 조사·심의하기 위하여 자연유산위원회에 분과위원회를 둘 수 있다.
3) 분과위원회는 조사·심의 등을 위하여 필요한 경우 다른 분과위원회와 함께 위원회를 열 수 있다.
4) 분과위원회 또는 합동분과위원회에서 1)의 (2)부터 (9)까지에 관하여 조사·심의한 사항은 자연유산위원회에서 조사·심의한 것으로 본다.
5) **자연유산위원회, 분과위원회 및 합동분과위원회의 조직, 분장사항 및 운영 등**
   (1) **자연유산위원회 운영**
      ① 자연유산위원회의 위원장은 자연유산위원회의 회의를 소집하고, 그 의장이 된다.
      ② 자연유산위원회의 회의는 재적위원 과반수의 출석으로 개의(開議)하고, 출석위원 과반수의 찬성으로 의결한다.
      ③ 자연유산위원회의 사무를 처리하기 위하여 자연유산위원회에 간사와 서기를 두며, 간사와 서기는 국가유산청 소속 공무원 중에서 국가유산청장이 지명한다.
   (2) **분과위원회의 구성 및 운영**
      ① 자연유산위원회에 두는 분과위원회와 그 분장사항은 다음 각 호와 같다.
         ㉠ 동식물유산분과위원회 : 아래에 해당하는 자연유산에 관한 사항
            ㉮ 동물(그 서식지, 번식지 및 도래지를 말한다)
            ㉯ 식물(그 군락지를 포함한다)
            ㉰ 천연보호구역

ⓒ 지질·지형유산분과위원회 : 아래에 해당하는 자연유산 및 매장유산에 관한 사항
　　　㉮ 지형, 지질, 생물학적 생성물 또는 자연현상
　　　㉯ 지표·지중·수중(바다·호수·하천을 포함한다) 등에 생성·퇴적되어 있는 천연동굴·화석, 그 밖에 정하는 지질학적인 가치가 큰 것(「매장유산 보호 및 조사에 관한 법률」 제2조 제3호)
　　ⓒ 명승·전통조경분과위원회 : 아래에 해당하는 자연유산 및 전통조경에 관한 것
　　　㉮ 자연경관 : 자연 그 자체로서 심미적 가치가 인정되는 공간
　　　㉯ 역사문화경관 : 자연환경과 사회·경제·문화적 요인 간의 조화를 보여주는 공간 또는 생활장소
　　　㉰ 복합경관 : 자연의 뛰어난 경치에 인문적 가치가 부여된 공간
　　　㉱ 우리나라 교육의 역사·문화·사상 등을 담아 수목을 식재하거나 건축물을 배치하는 등 전통적인 기법으로 외부 공간을 조성하는 전통조경에 관한 사항
② 분과위원회는 분과위원회 위원장 1명을 포함하여 10명 이내의 위원으로 구성하며, 분과위원회의 위원장은 분과위원회의 위원 중에서 호선한다.
③ 분과위원회의 위원은 자연유산위원회의 위원 중에서 국가유산청장이 지명한다. 이 경우 국가유산청장은 분과위원회의 효율적 운영을 위해 필요하다고 인정하는 경우에는 한 명의 위원을 둘 이상의 분과위원회 위원으로 지명할 수 있다.
④ 분과위원회의 위원장이 부득이한 사유로 직무를 수행할 수 없을 때에는 분과위원회의 위원 중 연장자 순으로 그 직무를 대행한다.

(3) 합동분과위원회의 구성 및 운영
① 합동분과위원회의 위원장은 합동분과위원회의 위원 중에서 호선한다.
② 합동분과위원회의 회의는 각 분과위원회의 위원장이 소집하거나 국가유산청장의 요구에 따라 개최한다.

(4) 소위원회의 구성·운영
자연유산위원회는 전문적·효율적 심의를 위하여 필요하다고 인정하는 경우에는 소위원회를 구성·운영할 수 있다.

(5) 수당
자연유산위원회, 분과위원회, 합동분과위원회 및 소위원회에 출석한 위원, 전문위원 및 전문가 등에게는 예산의 범위에서 수당을 지급할 수 있다. 다만, 공무원이 그 소관 업무와 직접적으로 관련하여 출석하는 경우에는 그렇지 않다.

(6) 회의록의 작성 및 공개

① 자연유산위원회등은 다음 각 호의 사항을 적은 회의록을 작성해야 한다. 이 경우 필요하다고 인정되면 속기나 녹음 또는 녹화를 할 수 있다.
　㉠ 회의 일시 및 장소
　㉡ 출석위원
　㉢ 심의내용 및 의결사항
② 작성된 회의록은 공개해야 한다. 다만, 다음 각 호의 어느 하나에 해당하는 경우에는 자연유산위원회등의 의결로 공개하지 않을 수 있다.
　㉠ 개인정보의 공개로 인해 재산상의 이익이나 사생활의 비밀 또는 자유를 침해할 우려가 있는 경우
　㉡ 조사·심의가 진행 중이어서 공정한 조사·심의에 영향을 줄 수 있다고 인정되는 경우
　㉢ 그 밖에 회의록이 공개되면 조사·심의의 공정성을 크게 해칠 우려가 있다고 인정되는 경우

(7) 운영세칙

이 영에서 규정한 사항 외에 자연유산위원회등의 구성 및 운영 등에 필요한 사항은 국가유산청장이 정한다.

05 자연유산위원회의 존속기한

자연유산위원회는 2026년 5월 17일까지 존속한다.

06 자연유산의 조사

1) 국가유산청장 및 지방자치단체의 장은 자연유산의 보존·관리 및 활용을 위하여 자연유산의 현황, 관리 및 활용 실태 등에 대하여 조사하고 그 기록을 작성할 수 있다. 이 경우 국가유산청장 및 지방자치단체의 장은 자연유산의 소유자등에게 관련 자료의 제출을 요구할 수 있다.
　(1) 국가유산청장 및 지방자치단체의 장은 조사를 실시하려는 경우에는 다음 각 호의 사항이 포함된 조사계획서를 작성해야 한다. 이 경우 지방자치단체의 장은 조사계획서를 작성했을 때에는 해당 조사가 시작되기 전까지 국가유산청장에게 제출해야 한다.

① 조사목적 및 조사배경
② 조사기간, 조사자, 조사대상 및 조사내용
③ 그 밖에 해당 조사의 실시를 위하여 필요한 사항
(2) 국가유산청장 및 지방자치단체의 장은 조사의 효율적 실시를 위해 필요하다고 인정하는 경우에는 자연유산의 소유자, 관리자, 관리단체 또는 관계 행정기관의 장에게 다음 각 호의 사항에 대한 협조를 요청할 수 있다.
① 조사를 위하여 필요한 구역의 출입
② 조사 관련 자료의 제출, 열람 또는 대출
(3) 국가유산청장은 조사가 끝난 후 60일 이내에 다음 각 호의 사항이 포함된 결과보고서를 작성해야 한다. 이 경우 조사기간이 1년을 초과할 때에는 다음 각 호의 사항이 포함된 중간보고서를 조사가 시작된 후 1년이 되는 때마다 작성해야 한다.
① 조사자, 조사대상, 조사경과, 조사방법 및 조사기간 등에 관한 사항
② 자연유산의 유형별 현황 및 특성
③ 자연유산의 보존·관리·활용에 대한 주요 위협 요인
④ 조사대상 자연유산의 소유자·관리자 또는 관리단체 및 그 이력
⑤ 조사대상 자연유산의 소재지 및 그 이력
⑥ 조사대상 자연유산의 보존·관리·활용에 필요한 사항
(4) 지방자치단체의 장은 조사가 끝난 날부터 60일 이내에 (3)의 각 호의 사항이 포함된 결과보고서를 국가유산청장에게 제출해야 한다. 이 경우 조사기간이 1년을 초과할 때에는 (3)의 각 호의 사항이 포함된 중간보고서를 조사가 시작된 후 1년이 되는 때마다 제출해야 한다.
(5) 국가유산청장 및 지방자치단체의 장은 (3) 및 (4)에 따른 결과보고서의 내용을 보호계획 및 시행계획의 수립·시행에 활용해야 한다.
2) 국가유산청장 및 지방자치단체의 장은 조사의 대상이 천연기념물등이 아닌 자연유산인 경우에는 사전에 해당 자연유산의 소유자 또는 관리자의 동의를 받아야 한다.

07 건설공사 시 천연기념물등의 보호

1) 「문화유산의 보존 및 활용에 관한 법률」(제2조 제8항)에 따른 건설공사로 인하여 천연기념물등이 훼손, 멸실 또는 수몰(水沒)될 우려가 있거나 그 밖에 천연기념물등의 역사문화환경 보호를 위하여 필요한 때에는
2) 그 건설공사의 시행자는 국가유산청장의 지시에 따라 필요한 조치를 하여야 한다.
3) 이 경우 그 조치에 필요한 경비는 그 건설공사의 시행자가 부담한다.

08 역사문화환경 보존지역의 보호

1) 시·도지사는 천연기념물등[종(種)으로 지정된 천연기념물등은 제외한다]의 역사문화환경 보호를 위하여 국가유산청장과 협의하여 조례로 역사문화환경 보존지역을 정하여야 한다.

2) 건설공사의 인가·허가 등을 담당하는 행정기관의 장은 시·도지사가 정한 역사문화환경 보존지역에서 시행하는 건설공사에 관하여는 그 공사에 관한 인가·허가 등을 하기 전에 「국가유산영향진단법」(제17조)에 따른 약식영향진단을 실시하여야 한다. 다만, 「국가유산영향진단법」(제9조)에 따른 영향진단을 실시한 경우에는 그러하지 아니하다.

[건설공사의 시행에 따른 의견 청취]
(1) 「문화유산의 보존 및 활용에 관한 법률」에 따른 건설공사의 인가·허가 등을 담당하는 행정기관의 장은 후단에 따라 다음 각 호의 어느 하나에 해당하는 전문가 3명 이상(① 또는 ②에 해당하는 사람은 1명 이상 포함해야 하며, ④에 해당하는 사람은 1명을 초과해서는 안 된다)의 의견을 들어야 한다. 이 경우 ④에 해당하는 사람은 해당 건설공사를 시행하는 기관에 소속되지 않은 사람이어야 한다.
  ① 자연유산위원회의 위원 또는 전문위원
  ② 시·도자연유산위원회의 위원 또는 전문위원
  ③ 「고등교육법」(제2조)에 따른 학교에서 자연유산 관련 학과의 조교수 이상으로 재직 중인 사람
  ④ 자연유산 업무를 담당하는 학예연구관, 학예연구사 또는 나군 이상의 전문경력관

(2) (1)에도 불구하고 건설공사의 인가·허가 등을 담당하는 행정기관의 장은 해당 건설공사의 시행이 4)의 (3) 또는 (4)의 행위에 해당하는지를 검토하는 경우에는 (1)의 ① 또는 ②에 해당하는 사람 1명 이상과 다음 각 호의 어느 하나에 해당하는 사람 1명 이상을 포함한 3명 이상의 의견을 들어야 한다.
  ① 「고등교육법」에 따른 학교에서 건축, 토목, 환경, 도시계획, 소음, 진동, 대기오염, 화학물질, 먼지 또는 열 분야와 관련된 학과의 조교수 이상으로 재직 중인 사람
  ② ①에 따른 분야의 학회로부터 추천을 받은 사람
  ③ ①에 따른 분야의 연구기관에 소속되어 연구원 이상으로 재직 중인 사람

3) 역사문화환경 보존지역의 범위는 해당 천연기념물등의 역사적·경관적·학술적 가치와 그 주변 환경 및 그 밖에 천연기념물등 보호에 필요한 사항 등을 고려하여 그 외곽 경계로부터 500미터 이내로 한다.
다만, 천연기념물등의 특성 및 입지여건 등으로 인하여 천연기념물등의 외곽 경계로부터 500미터 밖에서 건설공사를 하게 되는 경우에 해당 공사가 천연기념물등에 영향을 미칠 것이 확실하다고 인정되면 500미터를 초과하여 범위를 정할 수 있다.

4) 국가유산청장 또는 시·도지사는 천연기념물등의 지정 고시가 있는 날부터 6개월 안에 역사문화환경 보존지역에서 천연기념물등의 보존에 영향을 미칠 우려가 있는 아래의 행위에 관한 구체적인 행위기준을 정하여 고시하여야 한다. 이 경우 국가유산청장은 시·도지사 또는 시장·군수·구청장(자치구의 구청장을 말한다)에게, 시·도지사는 시장·군수·구청장에게 필요한 자료 또는 의견을 제출하도록 요구할 수 있다.
   (1) 건축물 또는 시설물을 설치·증설하는 행위로서 천연기념물등의 경관을 저해할 우려가 있는 행위
   (2) 수목을 심거나 제거하는 행위로서 천연기념물등의 경관을 저해할 우려가 있는 행위
   (3) 소음·진동·악취 등을 유발하거나 대기오염물질·화학물질·먼지·빛 또는 열 등을 방출하는 행위로서 천연기념물등의 보존에 영향을 줄 수 있는 행위
   (4) 지하 50미터 이상의 땅파기 행위로서 천연기념물등의 보존에 영향을 줄 수 있는 행위
   (5) 토지·임야의 형질을 변경하는 행위로서 천연기념물등의 보존에 영향을 미칠 수 있는 행위
   (6) 천연기념물등의 보존에 영향을 미칠 수 있는 행위
      ① 천연기념물등이 소재하는 지역의 수로의 수질과 수량에 영향을 줄 수 있는 수계(水系)에서 하는 건설공사 등의 행위
      ② 천연기념물등과 연결된 유적지를 훼손함으로써 천연기념물등의 보존에 영향을 미칠 우려가 있는 행위
      ③ 천연기념물등이 서식·번식·도래하거나 군락을 이루는 지역에서 천연기념물등의 둥지나 알에 표시를 하거나 그 둥지나 알 또는 식물의 열매나 씨앗을 채취하거나 손상시키는 행위
      ④ 그 밖에 천연기념물등 외곽 경계의 외부 지역에서 하는 행위로서 국가유산청장 또는 해당 지방자치단체의 장이 천연기념물등의 역사적·경관적·학술적 가치에 영향을 미칠 우려가 있다고 인정하여 고시하는 행위

5) 4)에 따른 구체적인 행위기준이 고시된 지역에서 그 행위기준의 범위에서 행하여지는 건설공사에 관하여는 2)에 따른 약식영향진단을 생략한다. 다만, 그 행위기준의 범위를 초과하는 건설공사에 관하여는 2)에 따라 약식영향진단을 실시한다.

CHAPTER
 자연유산의 지정 및 관리

[제1절 천연기념물·명승 등의 지정]

01 천연기념물의 지정

1) 국가유산청장은 자연유산위원회의 심의를 거쳐 아래의 어느 하나에 해당하는 자연유산 중
    (1) 역사적·경관적·학술적 가치가 높은 것으로 보존의 필요성이 있는 것을 천연기념물로 지정할 수 있다.
        ① 동물(그 서식지, 번식지 및 도래지를 포함한다.)
        ② 식물(그 군락지를 포함한다.)
        ③ 지형, 지질, 생물학적 생성물 또는 자연현상
        ④ 천연보호구역
    (2) 다만, 「야생생물 보호 및 관리에 관한 법률」(제2조 제1호)에 따른 야생생물 중 야생동물을 천연기념물로 지정하려는 경우에는 관계 중앙행정기관의 장과 협의하여야 한다.

2) 동물·식물을 천연기념물로 지정하는 경우에는 해당 종의 서식지·번식지·도래지로서 중요한 지역이거나 해당 지역이 개발 등에 노출되는 등 동물·식물이 훼손될 위험이 있으면 종과 그 지역을 함께 천연기념물로 지정할 수 있다.

3) 천연기념물의 지정기준과 절차·방법 등
    (1) 천연기념물의 지정기준
        ① 동물
            가. 나목 ㉠부터 ㉢까지 중 어느 하나에 해당하는 자연유산으로서 다음 중 어느 하나 이상의 가치를 충족하는 것
                ㉠ 역사적 가치
                    ㉮ 우리나라 고유의 동물로서 저명한 것
                    ㉯ 문헌, 기록, 구술(口述) 등의 자료를 통하여 우리나라 고유의 생활, 문화 또는 민속을 이해하는 데 중요한 것

㉡ 학술적 가치
⑦ 석회암 지대, 사구(砂丘: 모래 언덕), 동굴, 건조지, 습지, 하천, 폭포, 온천, 하구(河口), 섬 등 특수한 환경에서 생장(生長)하는 동물·동물군 또는 그 서식지·번식지·도래지로서 학술적으로 연구할 필요가 있는 것
㉯ 분포범위가 한정되어 있는 우리나라 고유의 동물·동물군 또는 그 서식지·번식지·도래지로서 학술적으로 연구할 필요가 있는 것
㉰ 생태학적·유전학적 특성 등 학술적으로 연구할 필요가 있는 것
㉱ 우리나라로 한정된 동물자원·표본 등 학술적으로 중요한 것
㉢ 그 밖의 가치
⑦ 우리나라 고유동물은 아니지만 저명한 동물로 보존할 가치가 있는 것
㉯ 우리나라에서는 절멸(絕滅: 아주 없어짐)된 동물이지만 복원하거나 보존할 가치가 있는 것
㉰ 「세계문화유산 및 자연유산의 보호에 관한 협약」(제2조)에 따른 자연유산에 해당하는 것

나. 해당 자연유산의 유형별 분류기준
㉠ 동물과 그 서식지·번식지·도래지 등
㉡ 동물자원·표본 등
㉢ 동물군(척추동물의 무리를 말한다)

② 식물
가. 나목 ㉠부터 ㉢까지 중 어느 하나에 해당하는 자연유산으로서 다음 중 어느 하나 이상의 가치를 충족하는 것
㉠ 역사적 가치
⑦ 우리나라에 자생하는 고유의 식물로 저명한 것
㉯ 문헌, 기록, 구술 등의 자료를 통하여 우리나라 고유의 생활 또는 민속을 이해하는 데 중요한 것
㉰ 전통적으로 유용하게 활용된 고유의 식물로 지속적으로 계승할 필요가 있는 것
㉡ 학술적 가치
⑦ 국가, 민족, 지역, 특정종, 군락을 상징 또는 대표하거나, 분포의 경계를 형성하는 것으로 학술적 가치가 있는 것
㉯ 온천, 사구, 습지, 호수, 늪, 동굴, 고원, 암석지대 등 특수한 환경에 자생하거나 진귀한 가치가 있어 학술적으로 연구할 필요가 있는 것
㉢ 경관적 가치
⑦ 자연물로서 느끼는 아름다움, 독특한 경관요소 등 뛰어나거나 독특한자

연미와 관련된 것

㈏ 최고(最高), 최대, 최장, 최소(最小) 등의 자연현상에 해당하는 식물인 것

㉣ 그 밖의 가치 : 「세계문화유산 및 자연유산의 보호에 관한 협약」(제2조)에 따른 자연유산에 해당하는 것

나. 해당 자연유산의 유형별 분류기준

㉠ 노거수(老巨樹) : 거목(巨木), 명목(名木), 신목(神木), 당산목(堂山木), 정자목(亭子木) 등

㉡ 군락지 : 수림지(樹林地), 자생지(自生地), 분포한계지 등

㉢ 그 밖의 유형 : 특산식물(特産植物), 진귀한 식물상(植物相), 유용식물(有用植物), 초화류 및 그 자생지·군락지 등

③ 지형·지질, 생물학적 생성물 또는 자연현상

가. 나목 ㉠부터 ㉣까지 중 어느 하나에 해당하는 자연유산으로서 다음 중 어느 하나 이상의 가치를 충족하는 것

㉠ 학술적 가치

㉮ 지각의 형성과 관련되거나 한반도 지질계통을 대표하거나 지질현상을 해석하는 데 중요한 것

㉯ 암석의 변성·변형, 퇴적 작용과 관련한 특이한 조직을 가지고 있는 것

㉰ 각 지질시대를 대표하는 표준화석과 지질시대의 퇴적 환경을 해석하는데 주요한 시상화석인 것

㉱ 화석 종(種)·속(屬)의 모식표본(模式標本 : 특정 화석 종을 대표하는 표본)인 것

㉲ 발견되는 화석의 가치가 뛰어나거나 종류가 다양한 화석산지인 것

㉳ 각 지질시대를 대표하거나 지질시대의 변성·변형, 퇴적 등 지질환경을 해석하는 데 중요한 지질구조인 것

㉴ 지질구조운동, 화산활동, 풍화·침식·퇴적작용 등에 의하여 형성된 자연지형인 것

㉵ 한국의 특이한 지형현상을 대표할 수 있는 육상 및 해양 지형현상인 것

㉡ 그 밖의 가치 : 「세계문화유산 및 자연유산의 보호에 관한 협약」(제2조)에 따른 자연유산에 해당하는 것

나. 해당 자연유산의 유형별 분류기준

㉠ 암석, 광물과 지질경계선 : 어란암(魚卵岩), 구상(球狀) 구조나 구과상(球顆狀 : 중심으로부터 방사상으로 성장하여 만들어진 결정의 형태) 구조를 갖는 암석, 지각 깊은 곳에서 유래한 감람암(橄欖巖) 등

㉡ 화석과 화석 산지

ⓒ 지질구조 및 퇴적구조
㉮ 지질구조 : 습곡, 단층, 관입(貫入), 부정합, 주상절리 등
㉯ 퇴적구조 : 연흔(漣痕: 물결 자국), 건열(乾裂), 사층리(斜層理), 우흔(雨痕 : 빗방울 자국) 등
ⓔ 자연지형과 지표·지질현상 : 고위평탄면(高位平坦面), 해안·하안단구, 폭포, 화산체(火山體), 분화구, 칼데라(caldera : 화산 폭발로 분화구 주변에 생긴 대규모의 우묵한 곳), 사구, 해빈(海濱 : 해안선을 따라 모래, 자갈, 조개껍질 등이 퇴적되어 만들어진 지형), 갯벌, 육계도(陸繫島 : 뭍과 잘록하게 이어진 모래섬), 사행천(蛇行川), 석호(潟湖 : 퇴적물이 만의 입구를 막아 바다와 분리되어 생긴 호수), 카르스트 지형(화학적 용해 작용으로 생성된 침식 지형), 석회·용암동굴, 돌개구멍(pot hole), 침식분지, 협곡, 해식애(海蝕崖 : 파도의 침식에 의해 형성된 해안 절벽), 선상지(扇狀地 : 산 아래의 평원에 하천이 운반한 모래, 자갈 등이 퇴적되어 만들어진 부채꼴 모양의 지형), 삼각주, 사주(砂洲 : 바닷가에 생기는 모래사장), 사퇴(砂堆 : 모래 퇴적물), 토르(tor : 풍화작용에 따라 기반암과 분리되어 그 위에 남겨진 독립적인 암괴), 타포니(tafoni : 풍화작용으로 암석 표면에 움푹 파인 구멍들이 벌집처럼 모여 있는 구조), 암괴류, 얼음골, 풍혈(風穴 : 서늘한 바람이 늘 불어 나오는 구멍이나 바위틈), 온천, 냉천, 광천(鑛泉 : 광물질을 함유하고 있는 샘) 등

④ 천연보호구역
동물·식물이나 지질·지형 등 자연적 요소들이 풍부하여 보호할 필요성이 있는 구역으로서 다음 각 목 중 어느 하나 이상을 충족하는 것
가. 보호할 만한 천연기념물이 풍부하거나 다양한 생물적·지구과학적·경관적 특성을 가진 대표적인 것
나. 「세계문화유산 및 자연유산의 보호에 관한 협약」(제2조)에 따른 자연유산에 해당하는 것

(2) 국가유산청장은 자연유산을 천연기념물로 지정하려면 관계전문가 3명 이상에게 해당 자연유산에 대한 조사를 요청해야 한다.
(3) 조사를 요청받은 관계전문가는 조사보고서를 작성하여 국가유산청장에게 제출해야 한다.
(4) 국가유산청장은 조사보고서를 검토하여 해당 자연유산이 천연기념물로 지정될 만한 가치가 있다고 판단되면 그 내용을 천연기념물로 지정될 만한 가치가 있다고 판단되면 그 내용을 관보에 30일 이상 예고해야 한다.
(5) 국가유산청장은 예고가 끝난 날부터 6개월 이내에 자연유산위원회의 심의를 거쳐 천연기념물의 지정 여부를 결정해야 한다.
(6) 국가유산청장은 이해관계자의 이의제기 등 부득이한 사유로 (5)에 따른 기간 이내에 천

연기념물의 지정 여부를 결정하지 못한 경우로서 그 지정 여부를 다시 결정할 필요가 있으면 (4)에 따른 예고 및 (5)에 따른 심의 절차를 다시 거쳐야 한다.

02 명승의 지정

1) 국가유산청장은 자연유산위원회의 심의를 거쳐 아래의 어느 하나에 해당하는 자연유산 중
   (1) 역사적·경관적·학술적 가치가 높은 것으로
      ① 자연경관 : 자연 그 자체로서 심미적 가치가 인정되는 공간
      ② 역사문화경관 : 자연환경과 사회·경제·문화적 요인 간의 조화를 보여주는 공간 또는 생활장소
      ③ 복합경관 : 자연의 뛰어난 경치에 인문적 가치가 부여된 공간
   (2) 보존의 필요성이 있는 것을 명승으로 지정할 수 있다.

2) 명승의 지정기준과 절차·방법 등
   (1) 명승의 지정기준
      ① ② 각 목의 어느 하나에 해당하는 자연유산으로서 다음 각 목 중 어느 하나이상의 가치를 충족하는 것
         ㉠ 역사적 가치
            ㉮ 종교, 사상, 전설, 사건, 저명한 인물 등과 관련된 것
            ㉯ 시대나 지역 특유의 미적 가치, 생활상, 자연관 등을 잘 반영하고 있는 것
            ㉰ 자연환경과 사회·경제·문화적 요인 간의 조화를 보여주는 상징적 공간 혹은 생활 장소로서의 의미가 있는 것
         ㉡ 학술적 가치
            ㉮ 대상의 고유한 성격을 파악할 수 있는 각 구성요소가 완전하게 남아있는 것
            ㉯ 자연물·인공물의 희소성이 높아 보존가치가 있는 것
            ㉰ 위치, 구성, 형식 등에 대한 근거가 명확하고 진실한 것
            ㉱ 조경의 구성 원리와 유래, 발달 과정 등에 대하여 학술적으로 기여하는 바가 있는 것
         ㉢ 경관적 가치
            ㉮ 우리나라를 대표하는 자연물로서 심미적 가치가 뛰어난 것
            ㉯ 자연 속에 구현한 경관의 전통적 아름다움이 잘 남아 있는 것
            ㉰ 정자·누각 등의 조형물 또는 자연물로 이루어진 조망지로서 자연물, 자연현

상, 주거지, 유적 등을 조망할 수 있는 저명한 장소인 것
㉣ 그 밖의 가치 : 「세계문화유산 및 자연유산의 보호에 관한 협약」(제2조)에 따른 자연유산에 해당하는 것
② 해당 자연유산의 유형별 분류기준
㉠ 자연경관 : 자연 그 자체로서 심미적 가치가 인정되는 공간
㉮ 산지, 하천, 습지, 해안지형
㉯ 저명한 서식지 및 군락지
㉰ 일출, 낙조 등 자연현상 및 경관 조망지점
㉡ 역사문화경관 : 자연환경과 사회·경제·문화적 요인 간의 조화를 보여주는 공간 또는 생활장소
㉮ 정원, 원림(園林) 등 인공경관
㉯ 저수지, 경작지, 제방, 포구, 마을, 옛길 등 생활·생업과 관련된 인공경관
㉰ 사찰, 서원, 정자 등 종교·교육·위락과 관련된 인공경관
㉢ 복합경관 : 자연의 뛰어난 경치에 인문적 가치가 부여된 공간
㉮ 명산, 바위, 동굴, 암벽, 계곡, 폭포, 용천(湧泉), 동천(洞天), 구곡(九曲) 등
㉯ 구비문학, 구전(口傳) 등과 같은 저명한 민간전승의 배경이 되는 자연경관
(2) 명승의 지정 절차 및 방법에 관하여는 천연기념물의 지정의 규정을 준용한다.

03 보호물 또는 보호구역의 지정 등

1) 국가유산청장은 천연기념물 또는 명승을 지정할 때 해당 천연기념물 및 명승의 보호를 위하여 특히 필요하면 이를 보호하기 위한 건물·시설물 또는 구역을 보호물 또는 보호구역으로 지정할 수 있다.

2) 국가유산청장은 인위적 또는 자연적 조건의 변화 등으로 인하여 조정이 필요하다고 인정하는 경우 보호물 또는 보호구역을 조정할 수 있다.

3) 국가유산청장은 보호물 또는 보호구역을 지정하거나 조정한 때에는
(1) 지정 또는 조정 후 매 10년이 되는 날 이전에 아래의 사항을 고려하여 그 지정 및 조정의 적정성을 검토하여야 한다.
① 해당 천연기념물 또는 명승의 보존가치
② 보호물 또는 보호구역의 지정 또는 조정이 재산권 행사에 미치는 영향
③ 보호물 또는 보호구역의 주변 환경

(2) 다만, 특별한 사정으로 인하여 적정성을 검토하여야 할 시기에 이를 할 수 없는 경우에는 다음 각 호의 구분에 따라 정하는 기간까지 그 검토시기를 연기할 수 있다.
① 전쟁 또는 천재지변 등 부득이한 사유로 보호구역등의 적정성 검토가 불가능한 경우 : 그 불가능한 사유가 없어진 날부터 1년
② 천연기념물 · 명승이나 그 보호물 · 보호구역과 관련하여 소송이 진행 중이어서 보호구역등의 적정성 검토가 곤란한 경우 : 그 소송이 끝난 날부터 1년

4) 국가유산청장은 3)에 따른 검토 결과 보호물 또는 보호구역 지정이 적정하지 아니하거나 그 밖에 특별한 사유가 있으면 보호물 또는 보호구역 지정을 해제하거나 조정할 수 있다.
(1) 국가유산청장이 보호물 또는 보호구역의 지정을 해제하거나 조정하려는 경우(보호구역등의 적정성 검토에 따른 지정해제 또는 조정은 제외한다)의 절차와 방법에 관하여는
(2) 천연기념물의 지정의 규정을 준용한다.

5) 지정, 조정 및 적정성 검토 등
(1) 보호물 또는 보호구역의 지정기준

구분	지정기준
1. 보호물	가. 건물 또는 보호울타리, 방음벽 등의 시설물 및 그 밖에 천연기념물 · 명승의 보호를 위한 시설물 나. 천연기념물이 전시 · 보관되어 있는 건물이나 보호시설
2. 천연기념물의 보호구역	가. 동물, 지형 · 지질, 생물학적 생성물 또는 자연현상, 천연보호구역은 그 보호에 필요하다고 인정되는 구역 나. 식물은 입목을 중심으로 반경 5미터 이상 100미터 이내의 구역
3. 명승의 보호구역	자연경관 · 역사문화경관 또는 복합경관의 보호에 필요하다고 인정되는 구역
4. 보호물이 있는 경우의 보호구역	가. 보호물이 건물로 되어 있는 경우에는 각 추녀 끝 또는 이에 준하는 부분, 그 밖에 최대 돌출점에서 수직선으로 닿는 각 지점을 연결하는 선에서 바깥으로 5미터부터 50미터까지의 구역 나. 보호물이 시설물로 되어 있는 경우에는 그 하부 경계에서 2미터부터 20미터까지의 구역

[비고]
국가유산청장은 자연적 조건, 인위적 조건, 그 밖의 특수한 사정이 있어 특히 필요하다고 인정하면 위 표에 따른 지정기준을 강화하거나 완화하여 적용할 수 있다.

(2) 보호물 또는 보호구역의 적정성 검토
① 국가유산청장은 보호물 또는 보호구역의 지정 및 조정의 적정성을 검토하기 위하여 필요하다고 인정하는 경우에는 시 · 도지사에게 다음 각 호에 해당하는 자료의 제출을 요청할 수 있다. 이 경우 시 · 도지사는 특별한 사유가 없으면 그 요청을 받은 날

부터 30일 이내에 해당 자료를 국가유산청장에게 제출해야 한다.
  ㉠ 보호구역등의 적정성에 관한 해당 보호물·보호구역의 토지 또는 건물 소유자의 의견
  ㉡ 보호구역등의 적정성에 관한 해당 천연기념물 또는 명승의 소유자, 관리자 또는 관리단체의 의견
  ㉢ 보호물 또는 보호구역의 역사문화환경에 관한 자료
  ㉣ 그 밖에 국가유산청장이 보호구역등의 적정성 검토에 필요하다고 인정하는 자료
② 국가유산청장은 보호구역등의 적정성을 검토하는 경우에는 관계 전문가 3명 이상의 의견을 들어야 한다.
③ 국가유산청장은 보호구역등의 적정성 검토 결과에 따라 해당 보호물 또는 보호구역 지정을 해제하거나 조정할 필요가 있다고 판단되면 그 내용을 관보에 30일 이상 예고해야 한다.
④ 국가유산청장은 ③에 따른 예고가 끝난 날부터 6개월 이내에 자연유산위원회의 심의를 거쳐 해당 보호물 또는 보호구역의 지정해제 또는 조정 여부를 결정해야 한다.
⑤ 국가유산청장은 이해관계자의 이의제기 등 부득이한 사유로 6개월 이내에 ④에 따라 지정해제 또는 조정 여부를 결정하지 못한 경우로서 그 지정해제 또는 조정 여부를 다시 결정할 필요가 있으면 ③에 따른 예고 및 ④에 따른 심의 절차를 다시 거쳐야 한다.
⑥ 국가유산청장은 ④에 따라 보호물 또는 보호구역의 지정해제 또는 조정을 결정한 경우 그 취지를 관보에 고시하고, 지체 없이 해당 천연기념물 또는 명승의 소유자, 관리자 또는 관리단체와 해당 보호물·보호구역의 토지 또는 건물 소유자에게 이를 알려야 한다.

04 지정의 고시 및 통지

1) 국가유산청장은 천연기념물 또는 명승(보호물 또는 보호구역을 포함한다)을 지정하면 그 취지를 각각 관보에 고시하고, 지체 없이 해당 천연기념물 또는 명승의 소유자등에게 알려야 한다.

2) 천연기념물 또는 명승의 지정은 관보에 고시한 날부터 효력이 발생한다.

3) 지정의 고시

국가유산청장은 천연기념물 또는 명승(보호물 또는 보호구역을 포함한다)의 지정 고시를

할 때에는 다음 각 호의 사항을 포함해야 한다.
(1) 천연기념물 또는 명승과 그 보호물 또는 보호구역의 명칭, 수량, 소재지 또는 보관장소
(2) 천연기념물 또는 명승과 그 보호물 또는 보호구역의 소유자 또는 점유자의 성명과 주소
(3) 지정의 취지 및 이유

05 지정의 해제

1) 국가유산청장은 천연기념물 또는 명승이 그 역사적·경관적·학술적 가치를 상실하거나 가치평가를 통하여 지정을 해제할 필요가 있을 때에는 자연유산위원회의 심의를 거쳐 그 지정을 해제할 수 있다.
2) 국가유산청장은 천연기념물 또는 명승의 지정이 해제된 경우에는 지체 없이 해당 보호물 또는 보호구역의 지정을 해제하여야 한다.
3) 지정 해제에 관한 고시, 통지 및 그 효력 발생 시기에 관하여는 지정의 고시 및 통지를 준용한다.
4) 천연기념물 또는 명승의 지정 해제 및 보호물 또는 보호구역의 지정 해제에 필요한 사항은 천연기념물의 지정의 규정 및 지정의 고시를 준용한다.

06 임시지정

1) 국가유산청장은 천연기념물 또는 명승으로 지정할 만한 가치가 있는 자연유산이 지정 전에 보존을 위한 긴급한 필요가 있고 자연유산위원회의 심의를 거칠 시간적 여유가 없으면 이를 천연기념물 또는 명승으로 임시지정할 수 있다.
2) 임시지정은 임시지정한 날부터 6개월 이내에 천연기념물의 지정(제11조) 또는 명승의 지정(제12조)에 따른 지정이 없으면 해제된 것으로 본다.
3) 임시지정의 효력은 임시지정된 천연기념물 또는 명승의 소유자등에게 통지한 날부터 발생한다. 이 경우 임시지정 통지에 대해서는 지정의 고시 및 통지(제14조)를 준용하되, 관보 고시는 하지 아니한다.

[제2절 허가 및 신고 등]

01 허가

1) 천연기념물 또는 명승에 대하여 아래의 어느 하나에 해당하는 행위를 하려는 자는 국가유산청장의 허가를 받아야 하며, 허가사항을 변경하려는 경우에도 또한 같다.
다만, 천연기념물 또는 명승의 소재지에 안내판 및 경고판을 설치하는 행위 등 경미한 행위에 대해서는 특별자치시장, 특별자치도지사, 시장·군수 또는 구청장의 허가(변경허가를 포함한다)를 받아야 한다.
   (1) 천연기념물 또는 명승(보호물, 보호구역과 천연기념물 중 죽은 것 및 신고(제21조 제2항)에 따라 수입·반입 신고된 것을 포함한다)의 보존에 영향을 미칠 우려가 있는 행위로서 아래에 해당하는 행위
      ① 천연기념물 또는 명승을 수리, 정비, 복구, 보존처리 또는 철거하는 행위
      ② 천연기념물을 포획, 채취(혈액, 장기, 피부 등의 채취를 포함하며 치료목적의 행위는 제외한다), 사육, 도살, 인공증식·복제, 위치추적기 부착, 자연으로의 방사(구조·치료 후 방사하는 경우는 제외한다), 표본, 박제, 매장, 소각하는 행위
      ③ 천연기념물 또는 명승 내에서 건축물 등을 신축·개축·증축·이축 및 용도변경(지목변경의 경우는 제외한다)하는 행위, 수목을 심거나 제거하는 행위, 토지·수면의 매립 등으로 정하는 행위
      ④ 천연기념물 또는 명승 내에서 수질과 수온, 수량 등에 영향을 줄 수 있는 행위
   (2) 천연기념물 또는 명승으로 지정되거나 임시지정된 구역 또는 그 보호구역에서 동물, 식물, 광물을 포획·채취하거나 이를 그 구역 밖으로 반출하는 행위
   (3) 천연기념물 또는 명승의 보존에 영향을 미칠 수 있는 탁본, 촬영 등으로 정하는 행위
   (4) 천연기념물 또는 명승의 역사문화환경 보존지역에서 천연기념물 또는 명승의 보존에 영향을 미칠 우려가 있는 행위로서 역사문화환경 보존지역의 보호(제10조 제4항)에 따라 고시하는 행위기준의 범위를 넘어서는 행위
   (5) 그 밖에 천연기념물 또는 명승 외곽 경계의 외부 지역에서 하는 행위로서 국가유산청장이 천연기념물 또는 명승의 역사적·경관적·학술적 가치에 영향을 미칠 우려가 있다고 인정하여 고시하는 행위

2) 국가유산청장은 허가 또는 변경허가를 하는 경우 해당 천연기념물 또는 명승의 역사적·경관적·학술적 가치에 미치는 영향을 최소화하기 위하여 필요한 조건을 붙일 수 있다.

3) 천연기념물 또는 명승과 시·도자연유산의 역사문화환경 보존지역이 중복되는 지역에서

1) 및 (4)의 행위에 관하여 국가유산청장이나 특별자치시장, 특별자치도지사, 시장·군수 또는 구청장의 허가를 받은 경우에는 시·도지사의 허가를 받은 것으로 본다.

4) 국가유산청장은 허가한 사항 중 경미한 사항의 변경허가에 관하여는 시·도지사에게 위임할 수 있다.

5) 국가유산청장과 특별자치시장, 특별자치도지사, 시장·군수 또는 구청장은 허가 또는 변경허가의 신청을 받은 날부터 30일 이내에 허가 여부를 신청인에게 통지하여야 한다.

6) 국가유산청장과 특별자치시장, 특별자치도지사, 시장·군수 또는 구청장이 제 5)에서 정한 기간 내에 허가 또는 변경허가 여부나 민원 처리 관련 법령에 따른 처리기간의 연장을 신청인에게 통지하지 아니하면 그 기간(민원 처리 관련 법령에 따라 처리기간이 연장 또는 재연장된 경우에는 해당 처리기간을 말한다)이 끝난 날의 다음 날에 허가 또는 변경허가를 한 것으로 본다.

7) 허가 또는 변경허가에 필요한 절차 등
  (1) 허가절차
    ① 1)의 각 호 외의 부분 본문에 따라 국가유산청장의 허가 또는 변경허가를 받으려는 자는 정하는 허가 또는 변경허가 신청서에 정하는 서류를 첨부하여 해당 천연기념물 또는 명승의 소재지를 관할하는 특별자치시장, 특별자치도지사, 시장·군수 또는 구청장(자치구의 구청장을 말한다. 이하 같다)을 거쳐 국가유산청장에게 제출해야 한다. 이 경우 시장·군수 또는 구청장은 관할 시·도지사에게 허가 또는 변경허가 신청 사항 등을 알려야 한다.
    ② 1)의 전단에도 불구하고 다음 각 호의 어느 하나에 해당하는 행위에 대한 허가 또는 변경허가를 받으려는 자는 국가유산청장에게 직접 허가 또는 변경허가 신청서를 제출해야 한다.
      ㉠ 1)의 (1) ②에 해당하는 행위 중 국가유산청장이 고시하는 행위
      ㉡ 1)의 (3)에 해당하는 행위
      ㉢ 국가유산청장이 직접 관리하고 있는 천연기념물 또는 명승 안에서 이루어지는 1)의 각 호에 해당하는 행위
    ③ 1)의 각 호 외의 부분 단서에 따라 특별자치시장, 특별자치도지사, 시장·군수 또는 구청장의 허가 또는 변경허가를 받으려는 자는 정하는 허가 또는 변경허가 신청서에 문화체육관광부령으로 정하는 서류를 첨부하여 특별자치시장, 특별자치도지사, 시장·군수 또는 구청장에게 제출해야 한다.

(2) 허가대상 행위
① 1)의 각 호 외의 부분 단서에서 "천연기념물 또는 명승의 소재지에 안내판 및 경고판을 설치하는 행위 등 대통령령으로 정하는 경미한 행위"란 다음 각 호의 어느 하나에 해당하는 행위를 말한다.
　㉠ 다음 각 목의 어느 하나에 해당하는 행위. 다만, 해당 천연기념물 또는 명승을 대상으로 하는 행위는 제외한다.
　　㉮ 건조물을 원형대로 보수하는 행위
　　㉯ 전통양식에 따라 축조된 담장을 원형대로 보수하는 행위
　　㉰ 국가유산청장이 자연유산의 특성을 고려하여 고시하는 건축물의 신축, 개축 또는 증축이나 시설물의 설치 행위
　　㉱ 천연기념물 또는 명승의 소재지에 안내판, 경고판, 표지돌 또는 보호울타리를 설치하는 행위
　　㉲ 천연기념물 또는 명승의 소재지에 「전기사업법」에 따른 전기설비 및 「소방시설 설치 및 관리에 관한 법률」에 따른 소방시설을 설치하는 행위
　　㉳ 수목의 가지고르기, 병충해 방제, 거름주기 등 수목에 대한 일반적 보호·관리
　　㉴ 학술·연구 목적이나 보존을 위한 종자 및 묘목을 채취하는 행위
　㉡ 1)의 (1) ②의 행위 중 국가유산청장이 고시하는 천연기념물을 사육·표본 또는 박제하거나, 죽은 것을 매장 또는 소각하는 행위
　㉢ 1)의 (2)의 행위 중 국가유산청장이 경미한 행위로 정하여 고시하는 행위
　㉣ ③의 각 호의 행위
　㉤ 1)의 (4)의 행위 중 국가유산청장이 경미한 행위로 정하여 고시하는 행위
② 1)의 (1) ③에서 "토지·수면의 매립 등 대통령령으로 정하는 행위"란 천연기념물(보호물, 보호구역과 천연기념물 중 죽은 것 및 법 신고(제21조제2항)에 따라 수입·반입 신고된 것을 포함한다) 또는 명승(보호물, 보호구역을 포함한다) 내에서 하는 다음 각 호의 행위를 말한다.
　㉠ 건축물 등을 신축·개축(改築)·증축·이축 또는 용도변경(지목변경의 경우는 제외한다)하는 행위
　㉡ 수목을 심거나 제거하는 행위
　㉢ 토지·수면의 매립·간척·땅파기·구멍뚫기·땅깎기 또는 흙쌓기 등 지형이나 지질의 변경을 가져오는 행위
　㉣ 소음·진동·악취 등을 유발하는 행위
　㉤ 대기오염물질·화학물질·먼지·빛 또는 열 등을 방출하는 행위
　㉥ 오수(汚水)·분뇨·폐수 등을 살포·배출·투기하는 행위
　㉦ 동물을 사육하거나 번식시키는 등의 행위

ⓘ 토석・골재・광물 또는 그 부산물・가공물을 채취・반입・반출 또는 제거하는 행위

ⓙ 광고물 등을 설치・부착하거나 각종 물건을 쌓아두는 행위

③ 1)의 (3)에서 "탁본, 촬영 등 대통령령으로 정하는 행위"란 다음 각 호의 행위를 말한다.

㉠ 천연기념물을 다른 장소로 옮겨 촬영하는 행위

㉡ 천연기념물 또는 명승의 표면에 촬영 장비를 접촉하여 천연기념물 또는 명승의 보존에 영향을 줄 수 있는 촬영 행위

㉢ 빛 또는 열 등이 지나치게 방출되어 천연기념물 또는 명승의 보존에 영향을 줄 수 있는 촬영 행위

㉣ 그 밖에 촬영 장비의 충돌・추락 등으로 천연기념물 또는 명승에 물리적 충격을 줄 수 있는 촬영 행위

(3) 허가 또는 변경허가 통지

① 국가유산청장과 특별자치시장, 특별자치도지사, 시장・군수 또는 구청장은 법 5)에 따라 허가 또는 변경허가 통지를 하는 경우에는 정하는 허가서 또는 변경허가서를 신청인에게 내주어야 한다.

② 국가유산청장은 ①에 따라 허가서 또는 변경허가서를 내주는 경우[허가절차 (1)의 ②의 각 호에 해당하는 행위에 대해 허가서를 내주는 경우는 제외한다]에는 해당 천연기념물 또는 명승의 소재지를 관할하는 특별자치시장, 특별자치도지사, 시장・군수 또는 구청장을 거쳐 내주어야 한다.

③ 국가유산청장은 ①에 따라 허가서를 내준 경우[허가절차 (1)의 ②의 각 호에 해당하는 행위에 대해 허가서를 내준 경우는 제외한다]에는 해당 천연기념물 또는 명승의 소재지를 관할하는 시・도지사(특별자치시장과 특별자치도지사는 제외한다)에게 허가사항 등을 알려야 한다.

02 허가기준

1) 국가유산청장과 특별자치시장, 특별자치도지사, 시장・군수 또는 구청장은 허가(제17조 제1항)에 따라 허가신청을 받으면 그 허가신청 대상 행위가 아래의 기준에 적합한 경우에만 허가하여야 한다.

(1) 천연기념물 또는 명승(보호물 또는 보호구역을 포함한다)의 보존・관리에 영향을 미치

지 아니할 것
  (2) 천연기념물 또는 명승의 역사문화환경을 훼손하지 아니할 것
  (3) 보호계획 및 시행계획과 「국가유산기본법」(제8조)에 따른 기본계획에 부합할 것
2) 국가유산청장과 특별자치시장, 특별자치도지사, 시장·군수 또는 구청장은 허가를 위하여 필요한 경우 관계 전문가에게 조사하게 할 수 있다.
  (1) 조사할 수 있는 관계전문가의 범위
    ① 자연유산위원회의 위원 또는 전문위원
    ② 시·도자연유산위원회의 위원 또는 전문위원
    ③ 「고등교육법」(제2조)에 따른 학교에서 자연유산 관련 학과의 조교수 이상으로 재직 중인 교원
    ④ 자연유산 업무를 담당하는 학예연구관, 학예연구사 또는 나군 이상의 전문경력관
    ⑤ 「고등교육법」(제2조)에 따른 학교에서 건축, 토목, 환경, 도시계획, 소음, 진동, 대기오염, 화학물질, 먼지 또는 열에 관련된 분야 학과의 조교수 이상으로 재직 중인 교원
    ⑥ ⑤에 따른 분야의 학회로부터 추천을 받은 사람
    ⑦ 그 밖에 자연유산 관련 분야에서 5년 이상 종사한 사람으로서 자연유산에 관한 지식과 경험이 풍부하다고 국가유산청장이 인정하는 사람
  (2) 조사를 요청받은 관계 전문가는 조사보고서를 작성하여 국가유산청장, 특별자치시장, 특별자치도지사, 시장·군수 또는 구청장에게 제출해야 한다.

03 허가 취소

1) 국가유산청장은 허가(제17조 제1항 각 호 외의 부분 본문, 같은 조 제4항), 천연기념물 수출 등의 금지(제20조 제2항·제4항) 및 천연기념물 또는 명승의 공개(제23조 제5항)에 따라 허가를 받은 자가 아래의 어느 하나에 해당하는 경우에는 허가를 취소할 수 있다.
  다만, (1)에 해당하는 경우에는 허가를 취소하여야 한다.
  (1) 거짓이나 그 밖의 부정한 방법으로 허가를 받은 때
  (2) 허가사항이나 허가조건을 위반한 때
  (3) 허가사항의 이행이 불가능하거나 현저히 공익을 해할 우려가 있다고 인정되는 때
2) 특별자치시장, 특별자치도지사, 시장·군수·구청장은 허가(제17조 제1항 각 호 외의 부분 단서)에 따라 허가를 받은 자가 1) 각 호의 어느 하나에 해당하는 경우에는 허가를 취소할 수 있다. 다만, 1)의 (1)에 해당하는 경우에는 이를 취소하여야 한다.

3) 허가(제17조 제1항)에 따라 허가를 받은 자가 신고(제21조 제1항 제6호)에 따른 착수신고를 하지 아니하고 허가기간이 지난 때에는 그 허가가 취소된 것으로 본다.

04 천연기념물 수출 등의 금지

1) 천연기념물은 국외로 수출하거나 반출할 수 없다.
2) 1)에도 불구하고 아래의 어느 하나에 해당하는 경우에는 그 반출한 날부터 2년 이내에 다시 반입할 것을 조건으로 국가유산청장의 허가를 받아 천연기념물을 반출할 수 있다.
    (1) 문화교류의 목적으로 천연기념물을 국외에서 전시하는 경우
    (2) 학술연구의 목적으로 천연기념물을 반출하는 경우
3) 2)에 따라 천연기념물의 반출 허가를 받은 자가 그 반출 기간을 연장하려는 경우에는 허가기간 만료일 5개월 전까지 문화체육관광부령으로 정하는 바에 따라 국가유산청장에게 기간 연장을 신청하여야 한다.
4) 국가유산청장은 3)에 따른 신청을 받은 경우에는 반출목적 달성이나 천연기념물의 안전 등 정하는 바에 따라 필요하다고 인정하는 경우 2년의 범위에서 그 반출 기간의 연장을 허가할 수 있다.
5) 국가유산청장은 2)에 따라 국외 반출을 허가받은 자에게 해당 천연기념물의 현황 및 보존·관리 실태 등의 자료를 제출하도록 요구할 수 있다. 이 경우 요구를 받은 자는 특별한 사유가 없으면 이에 따라야 한다.
6) 1)에도 불구하고 아래의 어느 하나에 해당하는 경우에는 국가유산청장의 허가를 받아 수출할 수 있다.
    (1) 허가(제17조 제1항 제1호)에 따른 허가를 받아 해당 천연기념물을 표본·박제 등으로 제작한 경우
    (2) 특정한 시설에서 연구 또는 관람 목적으로 증식된 천연기념물의 경우
7) 국가유산청장은 6)에 따른 허가의 신청을 받은 날부터 30일 이내에 허가 여부를 신청인에게 통지하여야 한다.
8) 국가유산청장이 7)에서 정한 기간 내에 허가 또는 변경허가 여부나 민원 처리 관련 법령에 따른 처리기간의 연장을 신청인에게 통지하지 아니하면
    (1) 그 기간(민원 처리 관련 법령에 따라 처리기간이 연장 또는 재연장된 경우에는 해당 처리기간을 말한다)이 끝난 날의
    (2) 다음 날에 허가 또는 변경허가를 한 것으로 본다.
9) 그 밖에 천연기념물의 반출·수출 허가 및 연장허가의 절차와 방법 등에 관하여 필요한 사항은 문화체육관광부령으로 정한다.

05 신고

1) 천연기념물 또는 명승의 소유자등은 해당 천연기념물 또는 명승에 아래의 어느 하나에 해당하는 사유가 발생하면 그 사실과 경위를 국가유산청장에게 신고하여야 한다. 다만, 허가(제17조 제1항 각 호 외의 부분 단서)에 따라 허가를 받고 그 행위를 착수하거나 완료한 경우에는 특별자치시장, 특별자치도지사, 시장·군수 또는 구청장에게 신고하여야 한다.
   (1) 관리자의 선임 등(제25조 제2항)에 따라 관리자를 선임하거나 해임한 경우
      (그 신고사유가 발생한 날부터 15일 이내에 천연기념물 또는 명승의 소재지를 관할하는 시장·군수·구청장 및 시·도지사를 거쳐 국가유산청장에게 제출해야 한다)
   (2) 천연기념물 또는 명승의 소유자등이 변경되었거나 소유자등의 성명이나 주소가 변경된 경우
   (3) 천연기념물 또는 명승의 소재지 지명, 지번, 지목, 면적 등이 변경된 경우
   (4) 보관 장소가 변경된 경우
   (5) 천연기념물 또는 명승의 전부 또는 일부가 멸실, 유실, 도난 또는 훼손된 경우
   (6) 허가(제17조 제1항 제1호)의 행위를 허가받아 이를 착수하거나 완료한 경우
   (7) 허가(제17조 제1항 제2호) 또는 천연기념물 수출 등의 금지(제20조 제2항)에 따라 허가를 받고 천연기념물을 반출한 후 이를 다시 반입한 경우
   (8) 동물·식물의 종이 천연기념물로 지정되는 경우 그 지정일 이전에 표본이나 박제를 소유하고 있는 경우(그 지정 일부터 3개월 이내에 해당 천연기념물의 소재지를 관할하는 시장·군수·구청장 및 시·도지사를 거쳐 국가유산청장에게 제출해야 한다)
   (9) 폐사한 천연기념물인 동물을 부검하는 경우
   (10) 천연기념물로 지정된 동물에 대하여 치료, 질병 등 위험의 방지, 보존 및 생존을 위하여 필요한 조치 등으로 정하는 행위를 한 경우
      ① 「가축전염병 예방법」에 따른 가축전염병으로 인한 사체의 긴급 매장·소각
      ② 천연기념물인 동물과 항공기 간의 충돌 등으로 인한 사고를 예방하기 위한 포획 등의 긴급 조치 및 사후처리
2) 천연기념물로 지정된 동물의 종[아종(亞種)을 포함한다]을 국외로부터 수입·반입하는 경우에는 국가유산청장에게 신고하여야 한다.

[동물의 수입·반입 신고]
   (1) 천연기념물로 지정된 동물의 종(種)[아종(亞種)을 포함한다.]의 국외 수입·반입을 신고하려는 경우에는 해당 동물의 수입·반입 후 30일 이내에 동물 수입·반입 신고서에 다음 각 호의 서류를 첨부하여 국가유산청장에게 제출해야 한다.
      ① 수입·반입의 경위를 확인할 수 있는 서류

② 원산지 증명서

③ 해당 동물의 사진

(2) 국가유산청장은 동물의 수입·반입 신고서를 제출받은 경우에는 다음 각 호의 사항을 포함한 수입·반입 신고대장을 작성·관리(전산매체를 통한 작성·관리를 포함한다)해야 한다.

① 수입·반입한 자의 성명 및 주소

② 수입·반입 목적

③ 동물의 원산지 및 수입 통관일

④ 동물의 종명, 성별, 나이, 무게 및 수입 수량 등에 관한 정보

⑤ 동물의 보관 장소

3) 신고를 하는 때에는 1)의 (1)의 경우 소유자와 관리자가, (2)의 경우에는 신·구 소유자가 각각 신고서에 함께 서명하여야 한다.

4) 국가유산청장은 신고사항과 관련하여 관계 중앙행정기관, 공공기관 등 관련 기관의 장에게 필요한 자료 또는 정보의 제공을 요청할 수 있다. 이 경우 자료 또는 정보의 제공을 요청받은 기관의 장은 특별한 사유가 없으면 이에 따라야 한다.

5) 역사문화환경 보존지역에서 건설공사를 시행하는 자는 해당 역사문화환경 보존지역에서 허가[제17조 제1항 각 호 외의 부분에 따라 허가(변경허가를 포함한다)]를 받고 허가받은 사항을 착수 또는 완료한 경우에는 정하는 바에 따라 그 사실과 경위를 국가유산청장에게 신고하여야 한다. 다만, 허가(제17조 제1항 각 호 외의 부분 단서)에 따라 허가를 받고 그 행위를 착수하거나 완료한 경우에는 특별자치시장, 특별자치도지사, 시장·군수 또는 구청장에게 신고하여야 한다.

[역사문화환경 보존지역에서의 건설공사 신고]

(1) 신고하려는 자는 문화체육관광부령으로 정하는 신고서에 1)의 각 호 외의 부분 본문에 따라 허가 또는 변경허가를 받은 행위의 착수 또는 완료 사실을 증명하는 서류를 첨부하여 해당 행위를 착수하거나 완료한 날부터 15일 이내에 해당 천연기념물 또는 명승의 소재지를 관할하는 시장·군수·구청장 및 시·도지사를 거쳐 국가유산청장에게 제출해야 한다.

(2) 단서에 따라 신고하려는 자는 신고서에 1)의 각 호 외의 부분 단서에 따라 허가 또는 변경허가를 받은 행위의 착수 또는 완료 사실을 증명하는 서류를 첨부하여 해당 행위를 착수하거나 완료한 날부터 15일 이내에 특별자치시장, 특별자치도지사, 시장·군수 또는 구청장에게 제출해야 한다.

06 행정명령

1) 국가유산청장이나 지방자치단체의 장은 천연기념물 또는 명승(보호물과 보호구역을 포함한다)과 그 역사문화환경 보존지역의 보존·관리 및 활용을 위하여 필요하다고 인정하면 아래의 사항을 명할 수 있다.(국가유산청장이나 지방자치단체의 장은 조치명령을 하는 경우에는 그 조치기한을 정하여 통보해야 한다)
   (1) 천연기념물 또는 명승의 관리 상황이 보존상 적당하지 아니하거나 특히 필요하다고 인정되는 경우 그 소유자등에 대한 행위의 금지 또는 제한
      ① 행위의 금지 또는 제한이란
      ② 다음 각 호의 행위의 금지 또는 제한을 말한다.
         ㉠ 천연기념물 또는 명승에 피해를 끼칠 우려가 있는 인공구조물 또는 훼손된 안내판 등의 방치 행위
         ㉡ 천연기념물 또는 명승을 오염시킬 우려가 있는 오염물질이나 폐기물의 방치 행위
         ㉢ 천연기념물 또는 명승의 생태계를 훼손할 우려가 있는 다음 각 목의 어느 하나에 해당하는 생물의 방치 행위
            ㉮ 「생물다양성 보전 및 이용에 관한 법률」에 따른 생태계교란 생물
            ㉯ 「해양생태계의 보전 및 관리에 관한 법률」에 따른 해양생태계교란생물
   (2) 천연기념물 또는 명승의 소유자등에 대한 해당 천연기념물 또는 명승의 수리·복원, 그 밖에 필요한 시설의 설치나 장애물의 제거
   (3) 천연기념물 또는 명승의 소유자등에 대한 해당 천연기념물 또는 명승의 보존에 필요한 긴급한 조치로서 정하는 행위
      ① 산불 진화 또는 산림병충해 방제 행위
      ② 「야생생물 보호 및 관리에 관한 법률」(제24조 제1항)에 따라 지정·고시된 야생화된 동물의 포획·반출 행위
      ③ 천연기념물인 동물 또는 식물의 질병 감염이나 개체 수 감소에 대응하기 위한 다른 동물·식물의 포획·채취 행위
      ④ ②의 ㉢에 따른 생물 또는 「야생생물 보호 및 관리에 관한 법률」에 따른 유해야생동물의 포획·채취 또는 반출 행위
   (4) 천연기념물 또는 명승으로 인하여 사람의 생명·신체 또는 동물·식물에 대한 위해 발생의 우려가 있는 경우 이를 방지하기 위하여 필요한 조치
   (5) 허가(제17조 제1항 각 호)에 따른 허가를 받지 아니하고 천연기념물 또는 명승의 보존·관리에 영향을 미칠 우려가 있는 행위 등을 한 자에 대한 행위의 중지 또는 원상회복 조치

2) 국가유산청장 또는 지방자치단체의 장은 천연기념물 또는 명승의 소유자등이 1)의 (1)부터 (4)까지에 따른 명령을 이행하지 아니하거나 그 소유자등에게 1)의 (1)부터 (4)까지의 조치를 하게 하는 것이 적정하지 아니하다고 인정되면 국가의 부담으로 직접 1)의 (1)부터 (4)까지에 따른 조치를 할 수 있다.
   (1) 국가유산청장 또는 지방자치단체의 장은 국가의 부담으로 같은 조 1)의 (1)부터 (4)까지의 조치를 하려면
   (2) 천연기념물 또는 명승의 명칭, 수량, 조치내용, 착수시기와 그 밖에 필요한 사항을
   (3) 천연기념물 또는 명승의 소유자, 관리자 또는 관리단체에 서면으로 알려야 한다.
3) 국가유산청장 또는 지방자치단체의 장은 1)의 (5)에 따른 명령을 받은 자가 명령을 이행하지 아니하는 경우「행정대집행법」에서 정하는 바에 따라 대집행하고, 그 비용을 명령을 이행하지 아니한 자로부터 징수할 수 있다.
4) 지방자치단체의 장이 1)에 따른 명령을 한 경우에는 국가유산청장에게 통지하여야 한다.

07 천연기념물 또는 명승의 공개

1) 천연기념물 또는 명승은 공개하여야 한다.
2) 1)에도 불구하고 국가유산청장이 천연기념물 또는 명승의 보존과 훼손 방지를 위하여 필요하다고 인정하는 경우에는 해당 천연기념물 또는 명승의 전부나 일부에 대하여 공개를 제한할 수 있다. 이 경우 국가유산청장은 해당 천연기념물 또는 명승의 소유자등의 의견을 들어야 한다.
3) 국가유산청장은 2)에 따라 천연기념물 또는 명승의 공개를 제한하는 경우 해당 자연유산이 소재하는 지역의 위치, 공개가 제한되는 기간 및 범위 등을 고시하고, 해당 천연기념물 또는 명승의 소유자등, 관할 시·도지사와 시장·군수 또는 구청장에게 알려야 한다.

[천연기념물 또는 명승의 공개 제한]
  (1) 국가유산청장은 천연기념물 또는 명승의 공개를 제한하려면 다음 각 호의 사항을 관보에 고시해야 한다.
    ① 해당 천연기념물 또는 명승의 명칭 및 소재지
    ② 공개가 제한되는 기간 및 범위
    ③ 공개가 제한되는 사유
    ④ 공개 제한 위반 시의 제재 내용
    ⑤ ①부터 ④까지의 사항 외의 추가적인 정보를 제공하는 인터넷 홈페이지의 주소

(2) 시・도지사 또는 시장・군수・구청장은 천연기념물 또는 명승의 공개 제한을 통보받은 경우에는 해당 천연기념물 또는 명승 주변에 (1)의 각 호의 사항을 적은 안내판을 설치해야 한다. 다만, 국가유산청장이 직접 관리하고 있는 천연기념물 또는 명승의 경우에는 국가유산청장이 안내판을 설치해야 한다.

4) 국가유산청장은 공개 제한의 사유가 소멸하면 지체 없이 제한 조치를 해제하여야 한다. 이 경우 국가유산청장은 이를 고시하고 해당 천연기념물 또는 명승의 소유자등, 관할 시・도지사와 시장・군수 또는 구청장에게 알려야 한다.
   (1) 국가유산청장은 천연기념물 또는 명승의 공개 제한을 해제하면 다음 각 호의 사항을 관보에 고시해야 한다.
      ① 해당 천연기념물 또는 명승의 명칭 및 소재지
      ② 공개 제한이 해제되는 범위
      ③ 공개 제한이 해제되는 사유
   (2) 시・도지사 또는 시장・군수・구청장은 천연기념물 또는 명승의 공개 제한의 해제 통보를 받은 경우에는 안내판을 철거해야 한다. 다만, 국가유산청장이 직접 관리하고 있는 천연기념물 또는 명승의 경우에는 국가유산청장이 안내판을 철거해야 한다.
5) 2)에 따라 공개가 제한되는 천연기념물 또는 명승에 학술연구 또는 관리실태 조사를 위하여 출입하려는 자는 국가유산청장의 허가를 받아야 한다.

[공개 제한 천연기념물 또는 명승의 출입 허가]
   (1) 출입 허가를 받으려는 자는 출입허가신청서에 학술연구 또는 관리실태 조사 계획서를 첨부하여 시장・군수・구청장 및 시・도지사를 거쳐 국가유산청장에게 제출해야 한다. 다만, 국가유산청장이 직접 관리하고 있는 천연기념물 또는 명승의 경우에는 직접 국가유산청장에게 제출해야 한다.
   (2) 국가유산청장은 천연기념물 또는 명승에의 출입 허가를 통보하는 경우 출입허가서를 신청인에게 발급해야 한다.

6) 국가유산청장은 허가의 신청을 받은 날부터 30일 이내에 허가 여부를 신청인에게 통지하여야 한다.
7) 국가유산청장이 6)에서 정한 기간 내에 허가 또는 변경허가 여부나 민원 처리 관련 법령에 따른 처리기간의 연장을 신청인에게 통지하지 아니하면
   (1) 그 기간(민원 처리 관련 법령에 따라 처리기간이 연장 또는 재연장된 경우에는 해당 처리기간을 말한다)이 끝난 날의 다음 날에
   (2) 허가 또는 변경허가를 한 것으로 본다.

[제3절 천연기념물 및 명승의 관리]

01 관리자의 선임 등

1) 천연기념물 또는 명승의 소유자는 천연기념물 또는 명승을 보존·관리함에 있어 선량한 관리자의 주의 의무를 다하여야 한다.
2) 천연기념물 또는 명승의 소유자는 필요한 경우 그에 대리하여 해당 천연기념물 또는 명승을 보존·관리할 관리자를 선임할 수 있다.

02 관리단체의 지정

1) 국가유산청장은 천연기념물 또는 명승의 소유자가 분명하지 아니하거나 그 소유자 또는 관리자에 의한 관리가 곤란하거나 또는 적당하지 아니하다고 인정하면
   (1) 해당 천연기념물 또는 명승의 관리를 위하여 지방자치단체나 해당 천연기념물 또는 명승을 관리하기에 적당한 법인 또는 단체를 관리단체로 지정할 수 있다.
   (2) 이 경우 국가유산청장은 해당 천연기념물 또는 명승의 소유자나 관리단체로 지정하려는 지방자치단체, 법인 또는 단체의 의견을 들어야 한다.
2) 국유재산인 천연기념물 또는 명승 중에서 국가가 직접 관리하지 아니하는 천연기념물 또는 명승의 관리단체는 관할 특별자치시, 특별자치도 또는 시·군·구(자치구를 말한다)가 된다. 다만, 천연기념물 또는 명승이 2개 이상의 시·군·구에 걸쳐 있는 경우에는 관할 특별시·광역시·도(특별자치시와 특별자치도는 제외한다)가 관리단체가 된다.
3) 관리단체로 지정된 지방자치단체는 국가유산청장과 협의하여 해당 천연기념물 또는 명승을 관리하기에 적당한 법인 또는 단체에 해당 천연기념물 또는 명승의 관리 업무의 전부 또는 일부를 위탁할 수 있다.
4) 1) 및 2)의 관리단체의 지정 고시, 통지 및 그 효력 발생 시기에 관하여는 지정의 고시 및 통지(제14조)를 준용한다.
5) 관리단체의 지정, 법인 또는 단체의 구체적인 선정 기준, 지정 및 위탁의 절차와 방법 등
   (1) 관리단체의 지정
      ① 국가유산청장은 관리단체를 지정하면 지정서를 발급해야 한다.

② 국가유산청장은 지정서를 발급한 경우 천연기념물 또는 명승 관리단체 지정서 발급대장에 그 내용을 적고 이를 관리해야 한다.
③ 지정서를 발급받은 관리단체는 그 지정기간이 만료되거나 지정이 해제되면 10일 안에 그 지정서를 반환해야 한다.

(2) 관리 업무의 위탁

① 관리단체로 지정된 지방자치단체는 해당 천연기념물 또는 명승의 관리 업무의 전부 또는 일부를 다음 각 호의 어느 하나에 해당하는 법인 또는 단체에 위탁할 수 있다.
  ㉠ 자연유산의 조사, 연구, 보존, 관리 및 활용을 목적으로 설립된 법인 또는 단체
  ㉡ 「고등교육법」(제2조)에 따른 학교와 그 부설기관
  ㉢ 「과학관의 설립·운영 및 육성에 관한 법률」(제6조제1항)에 따라 등록한 과학관
  ㉣ 「과학기술분야 정부출연연구기관 등의 설립·운영 및 육성에 관한 법률」에 따른 한국지질자원연구원
  ㉤ 「동물원 및 수족관의 관리에 관한 법률」(제8조)에 따라 허가를 받은 동물원 또는 수족관
  ㉥ 「수목원·정원의 조성 및 진흥에 관한 법률」(제9조 또는 제18조의4)에 따라 등록한 수목원 또는 정원
  ㉦ 그 밖에 천연기념물 또는 명승의 관리 업무에 전문성이 있다고 인정하여 해당 지방자치단체의 조례로 정하는 기관
② 관리단체로 지정된 지방자치단체는 위탁 여부를 결정할 때에는 해당 법인 또는 단체가 최근 3년간 천연기념물 또는 명승의 보존·관리 및 활용에 관한 업무를 수행한 실적을 확인해야 한다.
③ 관리단체로 지정된 지방자치단체는 업무를 위탁한 경우에는 위탁받는 자와 위탁한 업무내용을 고시해야 한다.

03 관리단체의 관리

1) 국가유산청장은 지정된 관리단체에 천연기념물 또는 명승의 보존·관리 및 활용을 위하여 필요한 조치(이하 "관리행위"라 한다)를 하도록 명령할 수 있다.
2) 누구든지 지정된 관리단체의 관리행위를 방해하여서는 아니 된다.
    (1) 관리행위의 구체적인
    (2) 범위와 내용은 다음 각 호와 같다.
        ① 해당 천연기념물·명승 및 그 보호물의 유지·관리 및 일상 점검
        ② 해당 천연기념물 또는 명승의 주변 환경의 보호
        ③ 해당 천연기념물 또는 명승의 공개·전시·홍보 등 활용 시 천연기념물 또는 명승의 훼손·멸실 등 방지
        ④ 해당 천연기념물 또는 명승의 관람·체험 등에 참여하는 사람의 안전 관리
        ⑤ 그 밖에 해당 천연기념물 또는 명승의 보존·관리 및 활용에 필요한 사항
3) 천연기념물 또는 명승의 관리행위에 필요한 경비는 해당 관리단체가 부담한다.
    (1) 다만, 관리단체가 부담능력이 없으면
    (2) 국가나 지방자치단체가 예산의 범위에서 이를 지원할 수 있다.

04 정기조사

1) 국가유산청장은 천연기념물 또는 명승의 보존·관리 및 활용 현황 등에 관하여 5년마다 조사하여야 한다.
2) 국가유산청장은 정기조사 결과 해당 천연기념물 또는 명승의 보존·관리 및 활용에 뚜렷한 변화가 있는 경우에는 그 소속 공무원에게 해당 천연기념물 또는 명승에 대하여 추가로 조사하게 할 수 있다.
3) 국가유산청장은 조사를 시행하는 경우에는 조사 개시 3일 전까지 해당 천연기념물 또는 명승의 소유자등에게 조사 시기, 기간, 방법 등을 알려야 한다. 다만, 긴급한 경우에는 사후에 그 취지를 알릴 수 있다.
4) 누구든지 조사를 방해하여서는 아니 된다.
5) 조사를 하는 공무원은 소유자등에게 천연기념물 또는 명승의 공개, 현황자료의 제출, 소재장소 출입 등 조사에 필요한 범위에서 협조를 요구할 수 있으며, 해당 천연기념물 또는 명승을

훼손하지 아니하는 범위에서 측량, 발굴, 장애물의 제거, 표본채취, 그 밖에 조사에 필요한 행위를 할 수 있다. 다만, 해가 뜨기 전이나 해가 진 후에는 소유자등의 동의를 받아야 한다.

6) 국가유산청장은 조사의 전부 또는 일부를 지방자치단체에 위임하거나 전문기관 또는 단체에 위탁할 수 있다.
이 경우 국가유산청장은 조사에 필요한 비용의 전부 또는 일부를 지원할 수 있다.

7) 조사의 구체적인 시기와 방법, 절차 등과 조사의 위임 · 위탁에 필요한 사항
    (1) 정기조사 · 추가조사의 절차
        ① 조사 및 추가로 실시하는 조사는 현지조사, 서면조사 등의 방법으로 실시하되, 다음 각 호의 내용을 포함해야 한다.
            ㉠ 천연기념물인 동물 · 식물의 개체 수 증감 및 서식 · 번식 등의 환경
            ㉡ 천연기념물인 동물 · 식물의 해당 종이 지닌 생태적 특성과 그 서식지 · 번식지 · 도래지 또는 군락지의 현황
            ㉢ 천연기념물인 동물 · 식물의 보존 · 관리 · 활용에 대한 주요 위협요인
            ㉣ 기후변화의 영향을 받는 자연경관 · 지질 등 조사대상 공간 및 생성물의 특성 · 현황
            ㉤ 조사대상 지역의 기후변화 현황
            ㉥ 그 밖에 천연기념물 또는 명승의 보존 · 관리 및 활용에 필요한 사항
        ② 정기조사와 추가조사를 하는 공무원은 협조를 요구하거나 조사에 필요한 행위를 하는 경우에는 그 권한을 표시하는 증표를 지니고 관계인에게 내보여야 한다.
        ③ (1) 및 (2)에서 규정한 사항 외에 정기조사 및 추가조사의 절차 및 방법 등에 관하여 필요한 세부 사항은 국가유산청장이 정하여 고시한다.

    (2) 정기조사 등의 위탁
        ① 국가유산청장은 천연기념물 또는 명승의 정기조사와 추가조사 업무를 다음 각 호의 어느 하나에 해당하는 기관 또는 단체에 위탁할 수 있다.
            ㉠ 자연유산 관련 조사, 연구, 교육, 수리 또는 학술 활동을 목적으로 설립된 법인 또는 단체
            ㉡ 「고등교육법」(제2조)에 따른 학교의 자연유산 관련 부설 연구기관 또는 산학협력단
            ㉢ 「과학관의 설립 · 운영 및 육성에 관한 법률」(제6조 제1항)에 따라 등록한 과학관
            ㉣ 「과학기술분야 정부출연연구기관 등의 설립 · 운영 및 육성에 관한 법률」에 따른 한국지질자원연구원
            ㉤ 「생물자원관의 설립 및 운영에 관한 법률」에 따른 생물자원관

ⓑ 「해양생태계의 보전 및 관리에 관한 법률」(제40조)에 따른 해양생물자원관
ⓢ 그 밖에 국가유산청장이 천연기념물 또는 명승의 조사 업무에 전문성이 있다고 인정하여 고시하는 기관 또는 단체
② 국가유산청장은 정기조사와 추가조사 업무를 위탁한 경우에는 위탁받는 자와 위탁한 업무내용을 고시해야 한다.

05 직권조사

1) 국가유산청장은 천연기념물이 발견되거나 천연기념물 또는 명승의 멸실·훼손이 발생하거나 발생할 우려가 있는 경우에는 그 소속 공무원에게 천연기념물 또는 명승의 보존·관리 현황 등을 조사하게 할 수 있다.
2) 직권으로 조사하는 경우에는 정기조사(제28조 제3항부터 제5항까지)를 준용한다.

06 조사 결과의 활용

1) 국가유산청장은 정기조사와 직권조사의 결과를
2) 아래의 천연기념물 또는 명승의 관리에 반영하여야 한다.
   (1) 천연기념물 또는 명승(보호물 또는 보호구역을 포함한다)의 지정 및 해제
   (2) 천연기념물 또는 명승의 수리, 복구 및 복원 등의 보존조치
   (3) 천연기념물 또는 명승의 보존을 위한 행위 제한·금지 또는 시설의 설치·제거 및 이전
   (4) 보호물 또는 보호구역의 지정 등(제13조 제2항)에 따른 보호물 또는 보호구역의 조정
   (5) 그 밖에 천연기념물 또는 명승의 관리에 필요한 사항

07 질병관리

1) 국가유산청장은 천연기념물인 동물이 질병에 걸리거나 질병을 전파·확산하지 아니하도록 관리하여야 한다.
2) 천연기념물인 동물의 소유자등은 해당 천연기념물의 연도별 질병관리계획을 수립·시행하여야 한다.

(1) 천연기념물인 동물의 소유자 등이 수립·시행하는
　　(2) 연도별 질병관리계획에는 다음 각 호의 사항이 포함되어야 한다.
　　　　① 전염병의 예방접종에 관한 사항
　　　　② 정기적인 질병진단 및 기생충 방제에 관한 사항
　　　　③ 감염병 예방 및 방지를 위한 방역 조치에 관한 사항
　　　　④ 방역관리대장 작성·비치에 관한 사항
　　　　⑤ 그 밖에 해당 동물의 질병관리에 필요한 사항
3) 천연기념물인 동물의 소유자등은 수립한 질병관리계획을 매년 1월 31일까지 국가유산청장에게 제출하여야 한다.
4) 천연기념물인 동물의 소유자등 및 위탁받은 전문기관은 전염병 등 질병예방을 위하여 다음 각 호의 사항을 시행하여야 한다.
　　(1) 전염병 예방접종
　　(2) 정기적인 질병진단
　　(3) 방역관리대장의 작성 및 비치
5) 국가유산청장은 천연기념물인 동물이 가축전염병에 걸려 천연기념물인 동물의 소유자등이 살처분 명령을 받았음에도 불구하고 아래의 어느 하나에 해당하는 경우에는 해당 시장·군수·구청장에게 살처분의 제외 또는 연기를 요청할 수 있다. 이 경우 요청을 받은 시장·군수·구청장은 특별한 사정이 없는 한 이에 따라야 한다.
　　(1) 역학조사가 필요한 경우
　　(2) 격리 등의 조치를 통하여 전염의 우려가 없고 치료가 가능한 경우
6) 국가유산청장은 2) 및 4)에 따른 조치에 필요한 비용의 전부 또는 일부를 지원할 수 있다.

08 천연기념물인 동물의 치료 등

1) 천연기념물인 동물이 조난을 당하거나 질병에 걸린 경우 구조를 위한 운반, 약물 투여, 수술, 사육 및 야생 적응훈련 등(이하 "치료"라 한다)은 시·도지사가 지정하는 천연기념물 동물치료소에서 할 수 있다.
2) 천연기념물 동물치료소의 운영자는 천연기념물인 동물의 조난 또는 질병 등으로 인하여 긴급한 보호 또는 치료가 필요한 경우에는 먼저 치료한 후 지체 없이 그 결과를 국가유산청장, 시·도지사 및 시장·군수·구청장에게 보고하여야 한다.

[천연기념물인 동물의 치료결과 보고]
(1) 천연기념물 동물치료소의 운영자는 보고를 할 때에는 천연기념물인 동물의 치료결과 보고서에
(2) 다음 각 호의 서류를 첨부하여 국가유산청장, 시·도지사 및 시장·군수·구청장에게 제출해야 한다.
   ① 치료한 동물의 사진
   ② 폐사진단서 및 처리의견서(해당 동물이 폐사한 경우에만 제출한다)
3) 국가나 지방자치단체는 천연기념물인 동물을 치료한 동물치료소에 예산의 범위에서 치료에 드는 경비를 지급할 수 있다. 이 경우 해당 경비의 지급에 관한 업무를 천연기념물의 치료·보호 관련 단체에 위탁할 수 있다.

[천연기념물인 동물의 치료 경비 지급 등]
(1) 국가유산청장은 천연기념물인 동물의 치료 경비 지급에 관한 업무를 「수의사법」(제23조)에 따라 설립된 수의사회에 위탁한다.
(2) 천연기념물인 동물의 치료 경비를 받으려는 동물치료소는 천연기념물인 동물의 치료 경비 청구서에 다음 각 호의 서류를 첨부하여 수의사회에 제출해야 한다.
   ① 치료 경비 내역서
   ② 진료기록부 사본
   ③ 치료한 동물의 사진
(3) 수의사회는 천연기념물인 동물의 치료 경비 청구를 접수하면 치료 경비 내역을 확인하여 지급하고, 그 지급 결과를 분기별로 국가유산청장에게 보고해야 한다.

09 천연기념물 동물치료소의 지정 등

1) 시·도지사는 천연기념물인 동물의 구조 또는 질병의 치료 등을 위하여 아래의 어느 하나에 해당하는 기관을 천연기념물 동물치료소로 지정할 수 있다.
   (1) 「수의사법」에 따른 수의사 면허를 받은 사람이 개설한 동물병원
   (2) 「수의사법」에 따른 수의사 면허를 받은 사람을 소속 직원으로 두고 있는 지방자치단체의 축산 관련 기관
   (3) 「수의사법」에 따른 수의사 면허를 받은 사람을 소속 회원으로 두고 있는 관리단체 또는 동물 보호단체
2) 시·도지사는 지정된 천연기념물 동물치료소가 아래의 어느 하나에 해당하면 그 지정을 취

소할 수 있다. 다만, (1) 또는 (3)에 해당하는 경우에는 지정을 취소하여야 한다.
 (1) 거짓이나 그 밖의 부정한 방법으로 지정을 받은 경우
 (2) 1)에 따른 지정 요건에 미달하게 된 경우
 (3) 고의나 중대한 과실로 치료 중인 천연기념물인 동물을 죽게 하거나 장애를 입힌 경우
 (4) 행정명령(제22조 제1항)에 따른 국가유산청장이나 지방자치단체의 장의 명령을 위반한 경우
 (5) 천연기념물인 동물의 치료 등(제32조 제2항)에 따른 치료 결과를 보고하지 아니하거나 거짓으로 보고한 경우
 (6) 천연기념물인 동물의 치료 등(제32조 제3항)에 따른 치료 경비를 거짓으로 청구한 경우
3) 시·도지사는 천연기념물 동물치료소를 지정하거나 취소하는 경우에는 국가유산청장에게 통지하여야 한다.
4) 1)에 따른 지정절차 및 그 밖에 필요한 사항은 해당 지방자치단체의 조례로 정한다.

10 천연기념물인 동물의 관리

1) 누구든지 천연기념물인 동물의 사육을 목적으로 하는 장소 또는 구역으로서 국가유산청장이 정하는 곳(이하 "관리구역"이라 한다)에 해당 천연기념물과 동일한 종(아종을 포함한다)을 반입하여서는 아니 된다. 다만, 시험·연구 등으로 정하는 사유로 인하여 시·도지사의 허가를 받은 경우에는 그러하지 아니하다.

[천연기념물인 동물의 관리구역 반입]
 (1) 단서에서 "시험·연구 등 정하는 사유"란
 (2) 다음 각 호의 어느 하나에 해당하는 경우를 말한다.
   ① 시험·연구를 위하여 필요하다고 인정되는 경우
   ② 반입하려는 동물이 중성화 수술을 하여 번식능력이 없는 경우
   ③ 품평회 참가 등 천연기념물인 동물의 홍보에 필요한 경우
   ④ 「동물보호법」(제15조)에 따라 등록되고 같은 법(제16조 제2항 제2호)에 따른 인식표가 부착된 동물을 반입하는 경우

2) 천연기념물인 동물을 관리구역 외로 반출하고자 하는 경우에는 시·도지사의 허가를 받아야 한다. 다만, 3)에 따라 위탁한 기관에 분산하여 사육하고자 하는 경우에는 그러하지 아니하다.

[천연기념물인 동물의 관리구역 반출]
(1) 시·도지사는 다음 각 호의 어느 하나에 해당하는 경우에 반출 허가를 할 수 있다.
① 번식능력이 없거나 노화 등으로 인하여 천연기념물로서 보호가치가 없는 경우
② 관리구역 외에서 개최되는 품평회 등 홍보를 위하여 천연기념물인 동물을 일정기간 반출하는 경우
③ 허가 받은 행위를 하기 위하여 일정기간 반출이 필요한 경우
(2) 천연기념물인 동물을 관리구역 외로 반출하기 위하여 허가를 받으려는 자는 반출 허가 신청서에 다음 각 호의 구분에 따른 서류를 첨부하여 시·도지사에게 제출해야 한다.
① (1)의 ①에 해당하는 경우 : 번식능력이 없거나 노화 등으로 인하여 천연기념물로서 보호가치가 없다는 사실을 증명할 수 있는 서류
② (1)의 ②에 해당하는 경우 : 품평회 등 홍보계획서
③ (1)의 ③에 해당하는 경우 : 허가서 또는 변경허가서
(3) 시·도지사는 반출 허가를 하는 경우에는 천연기념물인 동물의 관리구역 반출 허가서를 신청인에게 내주어야 한다.
(4) 시·도지사는 반출 허가를 한 경우에는 국가유산청장에게 그 사실을 통보해야 한다.

3) 천연기념물인 동물은 종의 보존 및 질병예방을 위하여 분산 사육하여야 하며, 그 일부를 전문기관에 위탁할 수 있다.

[천연기념물인 동물의 분산 사육 및 위탁]
(1) 천연기념물인 동물의 소유자등은 다음 각 호의 어느 하나에 해당하는 경우에는 해당 동물을 분산하여 사육해야 한다.
① 해당 종의 사육개체 수가 질병을 예방하기에 부적정한 경우
② 관리구역에 「가축전염병 예방법」에 따른 가축전염병에 걸린 동물의 접근이 예상되는 경우
(2) 분산 사육을 하는 해당 천연기념물인 동물의 소유자등(같은 항에 따라 그 일부를 위탁받은 전문기관을 포함한다)은 그 동물에게 해당 종의 특성에 맞는 영양분 공급, 질병 치료 등 적정한 사육환경을 제공해야 한다.
(3) 천연기념물인 동물의 소유자등은 분산 사육의 일부를 다음 각 호의 전문기관에 위탁할 수 있다. 이 경우 해당 소유자등은 국가유산청장과 협의해야 한다.
① 자연유산의 조사, 연구, 보존, 관리 및 활용을 목적으로 설립된 법인 또는 단체
② 국공립 연구기관
③ 「고등교육법」(제2조)에 따른 학교와 그 부설기관
④ 「동물원 및 수족관의 관리에 관한 법률」에 따른 동물원 또는 수족관
⑤ 「생물자원관의 설립 및 운영에 관한 법률」에 따른 생물자원관

⑥ 「해양생태계의 보전 및 관리에 관한 법률」(제40조)에 따른 해양생물자원관
⑦ 그 밖에 국가유산청장이 정하여 고시하는 기관

(4) 국가유산청장은 사육환경의 제공 및 위탁에 필요한 비용의 전부 또는 일부를 지원할 수 있다.

11 천연기념물인 식물의 상시관리 등

1) 국가유산청장은 천연기념물인 식물의 지속적인 모니터링 및 유지관리(이하 이 조에서 "상시관리"라 한다)를 수행하는 자를 선정할 수 있다.
2) 상시관리를 수행하는 자는 상시관리를 위하여 천연기념물인 식물의 소유자등에게 필요한 협조를 구할 수 있다. 이 경우 천연기념물인 식물의 소유자등은 특별한 사유가 없는 한 이에 따라야 한다.
3) 상시관리를 수행하는 자는 연도별 상시관리 결과를 다음 해 1월 31일까지 국가유산청장에게 제출하여야 하며, 특이사항을 발견하는 경우 지체 없이 국가유산청장에게 보고하여야 한다.
4) 상시관리에 필요한 비용은 천연기념물인 식물의 소유자등이 부담하는 것을 원칙으로 하되, 국가유산청장은 그 비용의 전부 또는 일부를 지원할 수 있다.
5) 상시관리의 범위, 방법 및 절차 등에 관하여 필요한 사항은 국가유산청장이 정하여 고시한다.

12 천연보호구역 관리사무소의 설치·운영 등

1) 국가 또는 지방자치단체는 천연기념물의 지정(제11조)에 따라 천연기념물로 지정된 천연보호구역의 상시적·체계적 보존 및 관리를 위하여 천연보호구역 관리사무소를 설치·운영할 수 있다.

2) 천연보호구역 관리사무소의 설치·운영

(1) 국가유산청장은 천연보호구역 관리사무소의 설치·운영을 위해 필요한 경우 그 기본계획을 수립할 수 있다.
(2) 기본계획에는 다음 각 호의 사항이 포함되어야 한다.
① 관리사무소의 정책목표와 기본방향에 관한 사항
② 관리사무소의 장기·단기 사업계획에 관한 사항

③ 천연보호구역의 보존·관리 현황 및 활용 전망에 관한 사항
④ 그 밖에 천연보호구역의 상시적·체계적 보존 및 관리를 위하여 필요한 사항
(3) 관리사무소의 기능은 다음 각 호와 같다.
① 천연보호구역의 동물·식물(그 서식지·번식지·도래지·군락지를 포함한다), 지형·지질, 생물학적 생성물 또는 자연현상(이하 "천연보호구역자원"이라 한다)에 관한 전문적·학술적인 조사·연구
② 천연보호구역자원의 수집·보존·관리 및 활용을 위한 사업 추진
③ 천연보호구역의 생태계, 시설물, 주변 환경의 보존·관리
(4) (1)부터 (3)까지에서 규정한 사항 외에 기본계획의 세부적인 수립 절차와 관리사무소의 설치·운영에 필요한 세부 사항은 국가유산청장이 정하여 고시한다.

13 명승 정비계획의 수립

1) 명승의 지정(제12조)에 따라 지정된 명승의 소유자등은 해당 명승의 효율적인 보존·관리 및 활용을 위하여 국가유산청장과 협의하여 정비계획을 수립할 수 있다.
2) 정비계획에는 아래의 사항이 포함되어야 한다.
   (1) 정비계획의 목적과 범위에 관한 사항
   (2) 명승의 역사문화환경에 관한 사항
   (3) 명승에 관한 고증 및 학술조사에 관한 사항
   (4) 명승의 보수·복원 등 보존·관리 및 활용에 관한 사항
   (5) 명승의 관리·운영에 필요한 인력 및 재원 확보에 관한 사항
   (6) 그 밖에 명승의 정비에 필요한 사항

3) 명승 정비계획의 수립 등
   (1) 명승의 소유자 등이 명승 정비계획을 수립하는 경우 그 계획기간 및 계획범위는 다음 각 호의 구분에 따른다.
      ① 계획기간 : 10년
      ② 계획범위 : 명승으로 지정된 면적 및 그 보호구역으로 지정된 면적
   (2) (1)에서 규정한 사항 외에 명승 정비계획의 수립방법, 절차 및 시행 등에 필요한 사항은 국가유산청장이 정하여 고시한다.

14 재해의 방지 및 복구

1) 천연기념물 또는 명승의 소유자등은 재해로 인한 각종 피해가 발생하거나 발생이 예상될 경우 국가유산청장에게 즉시 신고하여야 한다.
2) 국가유산청장은 천연기념물 또는 명승의 소유자등에게 재해의 방지 또는 복구에 필요한 조치로서 정하는 사항을 이행하도록 요청할 수 있다.

   [재해의 방지 또는 복구에 필요한 조치]
   (1) 재해의 방지를 위한 다음 각 호의 사항
   ① 재해의 위험을 알리는 표지, 대피경로·대피방법 등을 명시한 안내판 또는 출입 통제를 위한 울타리·표지 등의 설치에 관한 사항
   ② 하천·연못 등의 준설, 화재·산사태 등 재해 방지를 위한 시설의 설치 등 천연기념물 또는 명승의 재해 방지를 위해 필요한 조치에 관한 사항
   ③ 재해 방지를 위해 필요한 천연기념물의 이동·보관 또는 보호에 관한 사항

   (2) 재해의 복구를 위한 다음 각 호의 사항
   ① 수목의 식재, 환경정화 등 재해 복구에 필요한 응급조치에 관한 사항
   ② 재해가 발생한 천연기념물 또는 명승의 복구를 위하여 해당 구역의 전부 또는 일부에 대해 일정 기간 동안 출입을 제한하거나 금지하는 휴식년제의 실시에 관한 사항

   (3) 그 밖에 천연기념물 또는 명승에 대한 재해의 방지 및 복구에 필요하다고 국가유산청장이 정하여 고시하는 사항

3) 국가유산청장은 2)의 조치에 필요한 비용의 전부 또는 일부를 지원할 수 있다.

15 천연기념물 또는 명승의 수리 등

1) 천연기념물 또는 명승의 소유자등이 허가(제17조 제1항 제1호 각 목)의 어느 하나에 해당하는 행위를 하려는 경우에는 「국가유산수리 등에 관한 법률」(제5조)에 따라 국가유산수리업자에게 하도록 하거나 국가유산수리기술자 및 국가유산수리기능자가 함께 하도록 하여야 한다. 다만, 다음 각 호의 어느 하나에 해당하는 경우에는 그러하지 아니하다.
   (1) 해당 천연기념물 또는 명승의 보존에 영향을 미치지 아니하는 경미한 행위로서 행위
   ① 식물의 보호를 위하여 실시하는 긴급한 병충해 방제 또는 거름주기
   ② 자생 초화류(草花類)를 심거나 기존 연못 등을 준설하는 행위

③ 자연경관 등을 해치는 말라 죽은 나무나 가지를 제거하는 행위

④ 그 밖에 천연기념물 또는 명승의 보존에 영향을 미치지 않는 경미한 행위로서 국가유산청장이 정하여 고시하는 행위

(2) 천연기념물 또는 명승의 성격상 국가유산수리업자 · 국가유산수리기술자 또는 국가유산수리기능자가 없는 분야에 대한 행위로서 행위

① [법 제17조(허가) ① 제1호 나목(표본 및 박제는 제외한다)에 해당하는 행위] 천연기념물을 포획, 채취(혈액, 장기, 피부 등의 채취를 포함하며 치료목적의 행위는 제외한다), 사육, 도살, 인공증식 · 복제, 위치추적기 부착, 자연으로의 방사(구조 · 치료 후 방사하는 경우는 제외한다), 표본, 박제, 매장, 소각하는 행위

② [법 제17조(허가) ① 제1호 라목에 해당하는 행위] 천연기념물 또는 명승 내에서 수질과 수온, 수량 등에 영향을 줄 수 있는 행위

2) 그 밖에 천연기념물 또는 명승의 수리 기준, 방법 및 절차 등에 관하여는 「국가유산수리 등에 관한 법률」에 따른다.

[제4절 시·도자연유산 및 자연유산자료의 지정 및 관리]

01 시·도자연유산 또는 자연유산자료의 지정

1) 시·도지사는 그 관할 구역에 있는 자연유산 중 천연기념물의 지정(제11조)에 따른 천연기념물 또는 명승의 지정(제12조)에 따른 명승으로 지정되지 아니한 것 중 보존가치가 있다고 인정되는 것을 시·도자연유산으로 지정할 수 있다.
2) 시·도지사는 1)에 따라 지정되지 아니한 자연유산 중 향토자연보존상 필요하다고 인정하는 것을 자연유산자료로 지정할 수 있다.
3) 국가유산청장은 자연유산위원회의 심의를 거쳐 필요하다고 인정되는 자연유산에 대하여 시·도지사에게 시·도자연유산이나 자연유산자료(보호물이나 보호구역을 포함한다)로 지정할 것을 권고할 수 있다. 이 경우 시·도지사는 특별한 사유가 있는 경우를 제외하고는 자연유산의 지정절차를 이행하고 그 결과를 국가유산청장에게 통지하여야 한다.
4) 동물·식물을 시·도자연유산이나 자연유산자료로 지정하는 경우에는 해당 종의 서식지·번식지·도래지로서 중요한 지역이거나 해당 지역이 개발 등에 노출되는 등 동물·식물이 훼손될 위험이 있으면 종과 그 지역을 함께 시·도자연유산이나 자연유산자료로 지정할 수 있다.
5) 시·도자연유산이나 자연유산자료를 지정할 때에는 해당 특별시·광역시·특별자치시·도 또는 특별자치도가 지정하였다는 것을 알 수 있도록 "자연유산" 앞에 해당 특별시·광역시·특별자치시·도 또는 특별자치도의 명칭을 표시하여야 한다.
6) 시·도자연유산과 자연유산자료의 지정기준과 절차·방법 등에 관하여 필요한 사항은 해당 지방자치단체의 조례로 정한다.

02 시·도자연유산 또는 자연유산자료의 보호물 또는 보호구역의 지정

1) 시·도지사는 시·도자연유산 또는 자연유산자료의 지정(제40조)에 따른 지정을 할 때 자연유산의 보호를 위하여 특히 필요하면 이를 위한 보호물 또는 보호구역을 지정할 수 있다.
2) 시·도지사는 인위적 또는 자연적 조건의 변화 등으로 인하여 조정이 필요하다고 인정하면 1)에 따라 지정된 보호물 또는 보호구역을 조정할 수 있다.
3) 시·도지사는 1) 및 2)에 따라 보호물 또는 보호구역을 지정하거나 조정한 때에는 지정 또는

조정 후 매 10년이 되는 날 이전에 다음 각 호의 사항을 고려하여 그 지정 및 조정의 적정성을 검토하여야 한다. 다만, 특별한 사정으로 인하여 적정성을 검토하여야 할 시기에 이를 할 수 없는 경우에는 정하는 기간까지 그 검토시기를 연기할 수 있다.

(1) 보호물 또는 보호구역의 적정성 검토
① 해당 자연유산의 보존가치
② 보호물 또는 보호구역의 지정이 재산권 행사에 미치는 영향
③ 보호물 또는 보호구역의 주변 환경

(2) 시·도 자연유산 등 보호구역 등의 적정성 검토시기의 연기
① 전쟁 또는 천재지변 등 부득이한 사유로 보호구역 등의 적정성 검토가 불가능한 경우 : 그 불가능한 사유가 없어진 날부터 1년
② 시·도 자연유산 또는 자연유산 자료나 그 보호물·보호구역과 관련하여 소송이 진행 중이어서 보호구역 등의 적정성 검토가 곤란한 경우 : 그 소송이 끝난 날부터 1년

4) 지정, 조정 및 적정성 검토 등에 필요한 사항은 시·도 조례로 정한다.

5) 지정된 보호구역이 조정된 경우 시·도지사는 자연유산의 보존에 영향을 미치지 아니한다고 판단하면 역사문화환경 보존지역의 보호(제10조 제3항)에 따라 정한 역사문화환경 보존지역의 범위를 기존의 범위대로 유지할 수 있다.

03 시·도자연유산위원회의 설치

1) 시·도지사의 관할구역에 있는 자연유산의 보존·관리와 활용에 관한 사항을 조사·심의하기 위하여 시·도에 자연유산위원회를 둔다.
2) 시·도자연유산위원회의 조직과 운영 등에 관한 사항은 조례로 정하되, 아래의 사항을 포함하여야 한다.
   (1) 자연유산의 보존·관리 및 활용과 관련된 조사·심의에 관한 사항
   (2) 위원의 위촉과 해촉에 관한 사항
   (3) 분과위원회의 설치와 운영에 관한 사항
   (4) 전문위원의 위촉과 활용에 관한 사항
3) 시·도지사가 그 관할구역에 있는 천연기념물 또는 명승(보호물과 보호구역을 포함한다)의 지정 또는 해제를 국가유산청장에게 요청하려면 시·도자연유산위원회의 사전 심의를 거쳐야 한다.

04 시·도자연유산위원회의 존속기한

시·도자연유산위원회는 2026년 5월 17일까지 존속한다.

05 통지 등

1) 시·도지사는 아래의 어느 하나에 해당하는 사유가 있으면
   (1) 해당 사유가 발생한 날부터
   (2) 15일 이내에 국가유산청장에게 통지해야 한다.
      ① 시·도자연유산 또는 자연유산자료를 지정하거나 그 지정을 해제한 경우
      ② 시·도자연유산 또는 자연유산자료의 소재지나 보관 장소가 변경된 경우
      ③ 시·도자연유산 또는 자연유산자료의 전부 또는 일부가 멸실, 유실, 도난 또는 훼손된 경우
2) 국가유산청장은 1)의 행위가 적합하지 아니하다고 인정되면 시정이나 필요한 조치를 명할 수 있다.

자연유산의 보존·관리 및 활용

01 자연유산 관리협약

1) 국가 또는 지방자치단체는 천연기념물등(보호물, 보호구역 및 역사문화환경 보존지역을 포함한다)의 소유자등과 교육·관광·체험활동 등 천연기념물등의 보존·관리 및 활용을 내용으로 하는 협약(이하 "관리협약"이라 한다)을 체결할 수 있다.

2) 국가유산청장은 관리협약의 이행에 필요한 비용의 전부 또는 일부를 지원할 수 있다.

3) 국가 또는 지방자치단체는 관리협약을 체결한 당사자가 그 협약을 이행하지 아니하거나 협약을 준수하지 못할 경우에는 관리협약을 해지할 수 있으며, 해지하려는 경우 그 사실을 상대방에게 3개월 전에 통보하여야 한다.

4) 그 밖에 관리협약의 체결 방법·절차 등
   (1) 천연기념물등(보호물, 보호구역 및 역사문화환경 보존지역을 포함한다. 이하 이 조에서 같다)의 소유자, 관리자 또는 관리단체가 관리협약의 체결을 원하는 경우 다음 각 호의 사항을 포함한 관리협약안을 작성하여 국가유산청장 또는 지방자치단체의 장에게 제출해야 한다.
   ① 관리협약의 명칭
   ② 관리협약 대상 지역의 위치 및 범위
   ③ 관리협약의 목적
   ④ 관리협약의 내용
   ⑤ 관리협약을 체결하는 소유자, 관리자 또는 관리단체의 성명·명칭과 주소
   ⑥ 관리협약의 유효기간
   ⑦ 그 밖에 관리협약에 필요한 사항으로서 국가유산청이 정하여 고시하는 사항
   (2) 관리협약안을 제출받은 국가유산청장 또는 지방자치단체의 장은 해당 관리협약안을 제출한 자와 관리협약의 내용 등 필요한 사항을 협의·조정해야 한다.
   (3) 국가유산청장 또는 지방자치단체의 장은 협의·조정을 완료하여 관리협약을 체결하려는 경우에는 (1)의 각 호의 사항을 국가유산청 또는 해당 지방자치단체의 게시판과 인터넷 홈페이지에 15일 이상 게시해야 한다.

02 자연유산 관련 기관·단체의 지원

1) 국가유산청장은 자연유산의 보존·관리 및 활용을 위하여
2) 아래의 업무를 수행하는 기관·단체를 육성·지원할 수 있다.
   (1) 자연유산에 대한 정보의 수집·관리 및 활용
   (2) 천연기념물등의 증식 및 복원
   (3) 남북 자연유산의 정보 교류
   (4) 자연유산 관련 국제 교류·협력

03 전문인력 양성 및 연구개발

1) 국가와 지방자치단체는 자연유산의 보존·관리 및 활용에 필요한 전문인력을 체계적으로 양성할 수 있다.
2) 국가는 자연유산의 조사, 보존·관리 및 활용을 위하여 관련 연구 및 기술개발을 추진하여야 한다.

04 국립자연유산원의 설치·운영 등

1) 자연유산의 효과적 보존·관리를 위한 연구·조사 및 전시·홍보 등의 사업을 수행하는 국립자연유산원을 국가유산청 산하에 설립한다.
2) 국립자연유산원은 법인으로 한다.
3) 국립자연유산원은 설립목적을 달성하기 위하여 아래의 사업을 수행한다.
   (1) 자연유산 자원의 발굴 및 조사·연구
   (2) 자연유산 및 관련 서식환경 등에 대한 모니터링
   (3) 자연유산 표본 박제 및 보존
   (4) 자연유산 유전자원의 수집·보존 및 관리
   (5) 자연유산 관련 역사·민속·문화적 자료 발굴 및 연구
   (6) 자연유산의 전시·교육·홍보
   (7) 자연유산 관련 국제 교류 및 남북 협력
   (8) 관련 단체 및 인력 양성·지원

4) 국가는 예산의 범위에서 국립자연유산원의 운영 및 사업 수행에 필요한 경비를 지원할 수 있다.
5) 국가 또는 지방자치단체는 국립자연유산원의 사업 수행을 위하여 필요한 경우 국유재산이나 공유재산을 무상으로 사용·수익하게 할 수 있다.
6) 국립자연유산원에 관하여「자연유산의 보존 및 활용에 관한 법률」에서 규정한 것 외에는「민법」중 재단법인에 관한 규정을 준용한다.

05 남북 자연유산의 보존

1) 국가는 남북 자연유산의 보존·관리 및 활용을 위한 남북 간 상호교류 및 협력 증진을 위하여 노력하여야 한다.
2) 국가유산청장은 남북의 자연유산 보존을 위하여 북한의 자연유산 보호, 지정 및 관리 현황 등에 관하여 조사·연구할 수 있다.
3) 국가유산청장은 비무장지대 안의 천연기념물의 현황 등을 조사하고, 보존·관리를 위한 시책을 수립·추진하여야 한다.
4) 국가유산청장은 1)부터 3)까지에 따른 교류·협력사업과 조사·연구 등을 위하여 필요한 경우 관련 단체 등에 협력을 요청할 수 있으며, 이에 사용되는 경비의 전부 또는 일부를 지원할 수 있다.

06 관광 자원으로의 활용

1) 국가와 지방자치단체는 천연기념물등을 활용한 관광 활성화 시책을 마련하여야 한다.
2) 국가, 지방자치단체 및「공공기관의 운영에 관한 법률」에 따른 공공기관은 각종 행사 및 축제에 천연기념물등이 활용될 수 있도록 노력하여야 한다.

07 주민지원사업 등

1) 지방자치단체의 장은 천연기념물 또는 명승의 활용을 위하여 아래의 사업을 시행할 수 있다.
   (1) 천연기념물 또는 명승의 보존·관리 및 활용과 관련한 지역사업
   (2) 천연기념물 또는 명승(보호물 및 보호구역을 포함한다)에 거주하는 지역주민의 생활환경 개선을 위한 지원사업

2) 국가유산청장은 주민지원사업에 필요한 비용의 전부 또는 일부를 예산의 범위에서 지원할 수 있다.

3) 주민지원사업의 내용 및 시행

(1) 주민지원사업의 구체적인 내용은 다음 각 호와 같다.
　① 천연기념물·명승 또는 그 유전자원의 보존·관리·활용이나 역사문화환경 개선 등의 활동을 위하여 설립된 주민단체 지원 사업
　② 천연기념물 또는 명승(보호물 및 보호구역을 포함한다)에 거주하는 지역주민의 생활환경 개선을 위한 다음 각 호의 사업
　　㉠ 주택수리 등 주거환경 개선 사업
　　㉡ 도로, 주차장, 상하수도 등 기반시설 개선 사업

(2) 지방자치단체의 장은 주민지원사업을 시행하려는 경우에는 다음 각 호의 사항을 포함한 주민지원사업계획을 수립하여 매년 2월 말일까지 국가유산청장에게 제출해야 한다.
　① 사업개요
　② 사업목적
　③ 지원대상 지역 및 가구 수
　④ 재원확보계획 및 총 지원금액
　⑤ 사업별 추진계획 및 필요성
　⑥ 그 밖에 지원사업의 추진에 필요한 사항

(3) 지방자치단체의 주민지원사업계획을 수립하는 경우에는 해당 천연기념물 또는 명승에 거주하는 주민의 의견을 미리 들어야 하며, 관계 행정기관의 장과 미리 협의해야 한다.

08 천연기념물의 증식·복원

1) 국가유산청장은 천연기념물의 보존을 위하여 천연기념물의 증식·복원 등의 보존조치 및 천연기념물인 동물의 서식지·번식지·도래지 복원 등 필요한 조치를 취하여야 한다.
2) 국가유산청장 또는 시·도지사는 1)의 조치를 위하여 필요한 경우 소유자등에게 자연유산관리협약(제44조)에 따른 관리협약의 체결을 권고할 수 있다.
3) 국가유산청장은 1)에 따른 조치의 이행에 필요한 경우 관계 기관의 협조를 요청할 수 있다.

09 천연기념물인 동물의 유전자원 보존

1) 국가유산청장은 천연기념물인 동물의 유전자원을 보존하기 위하여 아래의 업무를 추진하여야 한다.
   (1) 천연기념물인 동물의 유전자원 관련 정보의 수집 및 연구
   (2) 천연기념물인 동물의 유전자원의 확보 및 관리시스템 구축
   (3) 천연기념물인 동물의 유전자원의 보존 및 활용을 위한 기반 구축
2) 국가유산청장은 1)에 따른 업무의 이행에 필요한 경우 관계 기관의 협조를 요청할 수 있다.

10 천연기념물인 식물의 후계목 육성·보급

1) 국가유산청장은 천연기념물인 식물의 후계목 육성 및 보급을 위한 다양한 시책을 수립·추진하여야 한다.

2) 국가유산청장은 1)의 시책을 추진하기 위하여 다음 각 호의 사항을 정한다.
   (1) 후계목 인증기관 선정기준
      ① 국가유산청장은 다음 각 호의 어느 하나에 해당하는 전문기관을 천연기념물인 식물의 후계목 인증기관으로 선정할 수 있다.
      ② 이 경우 국가유산청장은 해당 기관의 자연유산 유전자원 보존·조사·연구 등의 실적 및 보유 장비 등을 고려해야 한다.
         ㉠ 자연유산의 조사, 연구, 보존, 관리 및 활용을 목적으로 설립된 법인 또는 단체
         ㉡ 국공립 연구기관
         ㉢ 「수목원·정원의 조성 및 진흥에 관한 법률」(제9조)에 따라 등록한 수목원
         ㉣ 「고등교육법」(제2조)에 따른 학교와 그 부설기관
         ㉤ 그 밖에 국가유산청장이 인정하는 식물의 증식 및 육성 등에 관련된 기관

   (2) 후계목 선발 및 보급기준
      ① 천연기념물인 식물의 후계목을 선발·보급하려면
      ② 다음 각 호의 기준을 모두 갖추어야 한다.
         ㉠ 그 어미나무의 형질, 나무모양과 유사하며 생장이 우수할 것
         ㉡ 토양균·병해충 감염 등이 없고 그 줄기·가지·뿌리 등에 생리적·물리적 피해가 없을 것
         ㉢ 나무 모양이 균형을 이루고, 가지와 잎이 충실한 등 활착과 생장이 좋을 것
         ㉣ 그 밖에 국가유산청장이 후계목 선발 및 보급기준으로 인정하는 사항

(3) 후계목 육성 현장점검 및 기록관리 등
① 국가유산청장은 후계목의 증식 방법·시기 등 육성에 관한 사항과 후계목을 분양하는 경우 그 이력 등에 관한 사항을 기록관리해야 한다.
② 이 경우 국가유산청장은 해당 후계목을 육성·보급한 자에게 자료 제출 및 현장 점검 등 필요한 협조를 요청할 수 있다.

3) 2)부터 4)까지에서 규정한 사항 외에 후계목 육성·보급을 위한 시책 추진에 필요한 사항은 국가유산청장이 정하여 고시한다.

11 공개동굴의 관람환경 조성

1) 국가유산청장은 천연기념물로서 대중에게 개방된 동굴(이하 "공개동굴"이라 한다)의 안전하고 쾌적한 관람환경 조성을 위하여 소유자등에게 아래의 조치를 하도록 요청할 수 있다.
   (1) 공개동굴 관람객의 안전 확보를 위한 조치
   (2) 공개동굴의 대기·식생 등 내부환경 개선을 위한 조치

2) 공개동굴의 실태조사
   (1) 1)의 각 호 외의 부분에 따른 공개동굴의 소유자등은 다음 각 호의 사항에 대하여 해당 분야 전문가를 위촉하여 매년 공개동굴의 실태조사를 실시해야 한다.
      ① 동굴 내부환경으로서 관람객 입굴에 따른 온도, 습도, 이산화탄소, 라돈, 수질 등의 변화에 관한 사항
      ② 동굴 외부환경으로서 지형·지질의 특성, 동굴에 영향을 미칠 수 있는 요소에 관한 사항
      ③ 미지형(微地形)과 동굴 생성물의 생장·보존·오염 및 훼손 상태 및 동굴에 서식하는 생물의 변화
      ④ 동굴 내벽의 녹색·흑색오염 및 표면이 벗겨지는 현상의 실태, 발생 원인, 복원방안 및 방지 대책에 관한 사항
   (2) 공개동굴의 소유자등은 조사가 끝난 후 60일 안에 그 결과를 국가유산청장에게 보고해야 한다.
   (3) (1) 및 (2)에서 규정한 사항 외에 공개동굴의 실태조사에 필요한 사항은 국가유산청장이 정하여 고시한다.

3) 국가유산청장은 1)의 조치에 필요한 비용의 전부 또는 일부를 지원할 수 있다.

12 전통조경의 보급·육성

1) 국가유산청장은 전통조경의 보급·육성을 위하여 아래의 업무를 추진하여야 한다.
   (1) 전통조경 현황 조사·연구
   (2) 전통조경을 통하여 조성된 역사문화경관·복합경관의 가치 연구
   (3) 전통조경 관련 전문 인력의 양성 및 지원
   (4) 전통조경 기법의 계승 및 관련 재료·수종(樹種)의 보급
2) 국가유산청장은 1)에 따른 업무 추진에 필요한 경우 관계 기관의 협조를 요청할 수 있다.

13 전통조경 표준설계의 보급

1) 국가유산청장은 전통조경의 정체성 확립 및 체계적인 보존·관리를 위하여 전통조경 표준설계를 작성·보급하여야 한다.
2) 국가유산청장은 궁궐·서원·향교·민가·사찰·별서 등 전통조경의 유형별 표준설계를 정하여 고시할 수 있다.
3) 국가유산청장은 자연유산 및 「문화유산의 보존 및 활용에 관한 법률」에 따른 문화유산을 보수하거나 복원정비를 추진하는 경우 2)에 따라 고시된 전통조경 표준설계를 반영하도록 권고할 수 있다.

14 전통조경의 세계화

1) 국가유산청장은 전통조경의 세계화를 통한 국가브랜드 가치 확산을 위하여 아래의 사업을 추진할 수 있다.
   (1) 전통조경 국내외 협력망 구축 및 운영
   (2) 해외 소재 한국전통조경공간의 조성·관리 및 홍보
   (3) 전통조경 관련 국제박람회의 개최
2) 국가유산청장은 1)에 따른 사업의 수행에 필요한 경우 관계 기관의 협조를 요청할 수 있다.

15 보조금

1) 국가는 아래의 경비의 전부나 일부를 보조할 수 있다.
    (1) 천연기념물 또는 명승의 관리·보호·수리·활용 또는 기록 작성을 위하여 필요한 경비
    (2) 행정명령(제22조 제1항 제1호부터 제4호까지)에 따른 조치에 필요한 경비
2) 국가유산청장은 보조를 하는 경우 그 천연기념물 또는 명승의 수리나 그 밖의 공사를 감독할 수 있다.
3) 경비에 대한 보조금은 시·도지사를 통하여 교부하고, 그 지시에 따라 관리·사용하게 한다. 다만, 국가유산청장이 필요하다고 인정하면 소유자등에게 직접 교부하고, 그 지시에 따라 관리·사용하게 할 수 있다.
    (1) 국가의 보조를 받으려는 자는 단위사업별 예산신청서를 국가유산청장에게 제출해야 한다.
    (2) 국가유산청장은 보조금 교부를 결정하면 보조금 교부를 신청한 자에게 국고보조금 교부결정 통지서에 따라 그 결정 사실을 지체 없이 알려야 한다.
    (3) 보조금을 교부받은 자는 국가유산청장이 정하는 바에 따라 보조금 집행을 완료하거나 회계연도가 종료되면 국고보조사업 실적보고서를 국가유산청장에게 제출해야 한다.
    (4) 국가유산청장은 천연기념물 또는 명승의 수리나 그 밖의 공사를 감독하는 경우에는 그 소속 직원 중에서 감독관을 지정할 수 있다.

16 경비부담

지방자치단체는 그 관할구역에 있는 천연기념물 또는 명승으로서 지방자치단체가 소유하거나 관리하지 아니하는 천연기념물 또는 명승의 관리·보호·수리 또는 활용 등에 필요한 경비의 전부 또는 일부를 보조할 수 있다.

CHAPTER 05 보칙

01 기록의 작성·보존

1) 국가유산청장과 해당 특별자치시장, 특별자치도지사, 시장·군수 또는 구청장 및 관리단체의 장은 천연기념물 또는 명승의 보존·관리, 변경 및 활용에 관한 사항 등에 관한 기록을 작성·보존하여야 한다.
2) 국가유산청장은 천연기념물 또는 명승에 관한 전문적 지식이 있는 사람이나 연구기관으로 하여금 1)의 기록을 작성하게 할 수 있다.

02 손실의 보상

1) 국가는 아래의 어느 하나에 해당하는 자에 대해서는 그 손실을 보상하여야 한다.
   (1) 자연유산의 조사(제8조 제1항), 정기조사(제28조) 및 직권조사(제29조)에 따른 조사행위로 인하여 손실을 입은 자
   (타인 토지 등에 대한 출입, 측량, 발굴, 장애물의 제거, 표본채취나 그 밖의 조사행위로 토지·시설물 등을 원래의 목적대로 사용하지 못하게 되어 발생한 손실액)
   (2) 행정명령(제22조 제1항 제1호부터 제4호까지)에 따른 명령을 이행하여 손실을 입은 자
   (제1호부터 제4호까지에 따른 명령을 이행하는 데 드는 비용, 제1호부터 제4호까지에 따른 명령의 이행으로 인하여 천연기념물 또는 명승을 원래의 목적대로 보존·관리 또는 활용하지 못하게 되어 발생한 손실액)
   (3) 행정명령(제22조 제2항)에 따른 조치로 인하여 손실을 입은 자

2) 손실보상의 구체적인 대상 및 절차 등
   (1) 손실을 보상받으려는 자는 신청서에 천연기념물 또는 명승의 명칭, 수량, 소재지 또는 보관 장소와 그 사유를 적고 손실을 증명할 수 있는 서류를 첨부하여 국가유산청장에게 제출해야 한다.
   (2) 국가유산청장은 신청을 받으면 신청인의 의견을 들어 보상금액을 결정하고 신청인에게 알려 주어야 한다. 이 경우 그 보상금액은 신청서를 받은 날부터 15일 이내에 결정해야 한다.

(3) (1), (2)까지에서 규정한 사항 외에 손실보상의 대상 및 절차 등에 관한 세부 사항은 국가유산청장이 정하여 고시한다.

03 권한의 위임·위탁

자연유산의 보존 및 활용에 관한 법률에 따른 국가유산청장의 권한은 정하는 바에 따라 그 일부를 소속기관의 장 또는 시·도지사, 시장·군수·구청장에게 위임하거나 천연기념물 또는 명승의 보존·관리 또는 활용 등을 목적으로 설립된 기관이나 법인 또는 단체 등에 위탁할 수 있다.

04 청문

1) 국가유산청장, 시·도지사, 시장·군수 또는 구청장은
2) 아래의 어느 하나에 해당하는 처분을 하려면 청문을 실시하여야 한다.
   (1) 허가취소(제19조 제1항)에 따른 천연기념물 또는 명승에 대한 행위 허가의 취소
   (2) 천연기념물 수출 등의 금지(제20조 제2항)에 따른 천연기념물의 수출·반출 행위 허가의 취소
   (3) 천연기념물 동물치료소의 지정 등(제33조 제2항)에 따른 천연기념물 동물치료소 지정의 취소

05 벌칙 적용에서 공무원 의제

1) 아래의 어느 하나에 해당하는 사람은
2) 「형법」(제129조부터 제132조까지)을 적용할 때에는 공무원으로 본다.
   (1) 자연유산위원회 및 시·도자연유산위원회의 위원
   (2) 역사문화환경 보존지역의 보호(제10조 제2항)에 따라 천연기념물등의 보존 영향 검토에 대한 의견을 제출하는 자
   (3) 허가기준(제18조 제2항)에 따라 허가사항에 대한 조사 의견을 제출하는 자
   (4) 정기조사(제28조 제6항)에 따라 정기조사를 위탁받아 수행하는 자
   (5) 천연기념물인 동물의 치료 등(제32조 제3항)에 따라 천연기념물인 동물의 치료경비 지급업무를 위탁받아 수행하는 자
   (6) 권한의 위임·위탁(제62조)에 따라 국가유산청장의 권한을 위탁받아 사무에 종사하는 자

CHAPTER 06 벌칙

01 벌칙

1) 아래의 어느 하나에 해당하는 자는
2) 5년 이하의 징역이나 5천만 원 이하의 벌금에 처한다.
   (1) 허가[제17조 제1항 제1호, 제4호 또는 제5호(시·도자연유산 또는 자연유산자료의 관리에 관한 사항 등의 준용 : 제42조 제1항에 따라 준용되는 경우를 포함한다)]를 위반하여 허가 없이 천연기념물 또는 명승에 영향을 미칠 우려가 있는 행위를 한 자
   (2) 허가[제17조 제1항 제2호(제42조 제1항에 따라 준용되는 경우를 포함한다)]를 위반하여 허가 없이 천연기념물 또는 명승으로 지정 또는 임시지정된 구역(보호구역을 포함한다)에서 동물, 식물, 광물을 포획·채취하거나 이를 그 구역 밖으로 반출하는 행위를 한 자
   (3) 천연기념물인 동물의 관리(제34조 제1항)에 따른 허가 없이 해당 천연기념물과 동일한 종을 관리구역 내로 반입한 자
   (4) 천연기념물인 동물의 관리(제34조 제2항)에 따른 허가 없이 천연기념물인 동물을 관리구역 외로 반출한 자

02 벌칙

1) 아래의 어느 하나에 해당하는 자는 3년 이하의 징역이나 3천만 원 이하의 벌금에 처한다.
2) 이 경우 (2)의 경우에는 그 물건을 몰수한다.
   (1) 정당한 사유 없이 행정명령[제22조 제1항(제42조 제1항에 따라 준용되는 경우를 포함한다)]에 따른 명령을 위반한 자
   (2) 천연기념물 또는 시·도자연유산으로 지정 또는 임시지정된 동물의 서식지, 번식지, 도래지 등에 그 생장에 해로운 물질을 유입하거나 살포한 자

03 벌칙

1) 아래의 어느 하나에 해당하는 자는

2) 2년 이하의 징역이나 2천만 원 이하의 벌금에 처한다.
   (1) 정당한 사유 없이 건설공사시 천연기념물 등의 보호(제9조)에 따른 지시에 불응한 자
   (2) 허가 없이 허가[제17조 제1항 제3호(제42조 제1항에 따라 준용되는 경우를 포함한다)]에 규정된 행위를 한 자
   (3) 천연기념물 또는 명승의 공개(제23조 제2항)에 따른 국가유산청장의 공개 제한을 위반하여 천연기념물 또는 명승을 공개하거나 같은 조 제5항에 따른 허가를 받지 아니하고 출입한 자(제42조 제1항에 따라 준용되는 경우를 포함한다)
   (4) 관리단체의 관리[제27조 제2항(제42조 제1항에 따라 준용되는 경우를 포함한다)]을 위반하여 관리단체의 관리행위를 방해한 자
   (5) 정기조사[제28조 제5항 본문(제29조 제2항과 제42조 제1항에 따라 준용되는 경우를 포함한다)]에 따른 협조를 거부하거나 필요한 행위를 방해한 자
   (6) 5년 이하의 징역이나 5천만 원 이하의 벌금에 처하는 벌칙(제66조 각 호)의 어느 하나에 해당하는 자 중 해당 천연기념물 또는 명승이 자기 소유인 자
   (7) 천연기념물·명승이나 임시지정된 천연기념물·명승의 관리·보존에 책임이 있는 자 중 중대한 과실로 인하여 해당 자연유산을 멸실 또는 훼손하게 한 자
   (8) 거짓의 신고 또는 보고를 한 자
   (9) 천연기념물 또는 명승으로 지정된 구역이나 그 보호구역의 경계 표시를 고의로 손괴, 이동, 제거, 그 밖의 방법으로 그 구역의 경계를 식별할 수 없게 한 자

04 과태료

1) 신고[제21조 제1항 제5호(제42조 제1항에 따라 준용되는 경우를 포함한다)]에 따른 신고를 하지 아니한 자에게는 500만 원 이하의 과태료를 부과한다.
2) 신고[제21조 제1항 제6호·제9호·제10호 또는 같은 조 제2항·제5항(제42조 제1항에 따라 준용되는 경우를 포함한다)]에 따른 신고를 하지 아니한 자에게는 300만 원 이하의 과태료를 부과한다.
3) 신고[제21조 제1항 제1호부터 제4호까지 또는 제7호·제8호(제42조 제1항에 따라 준용되는 경우를 포함한다)]에 따른 신고를 하지 아니한 자에게는 200만 원 이하의 과태료를 부과한다.

05 과태료의 부과·징수

과태료(제70조)에 따른 과태료는 정하는 바에 따라 국가유산청장, 시·도지사 또는 시장·군수·구청장이 부과·징수한다.

예상문제

제1장 총칙

※ ( ) 안에 들어갈 적절한 단어를 쓰시오.(1~2)

01 「자연유산의 보존 및 활용에 관한 법률」은 역사적·경관적·학술적 가치를 지닌 자연유산을 체계적으로 (㉠)·(㉡)하고 지속가능하게 활용하는 것을 목적으로 한다.

정답 ㉠ 보존, ㉡ 관리

02 자연유산의 보존 및 활용에 관한 법령상, 자연유산의 정의는 (㉠) 또는 (㉡)과의 상호작용으로 조성된 문화적 유산을 의미한다.

정답 ㉠ 자연물, ㉡ 자연환경

03 자연유산의 보존 및 활용에 관한 법령상, "자연유산"에 해당하는 것은?

[2025년도 제43회 기출문제]

① 동물(그 서식지, 번식지 및 도래지를 포함한다)
② 식물(그 서식지, 도래지를 포함한다)
③ 자연의 뛰어난 경치에 인문적 가치가 부여된 자연경관
④ 자연환경과 별도로 사회·경제·문화적 요인 상호 간의 조화를 보여주는 역사문화경관

정답 ①

※ 자연유산의 보존 및 활용에 관한 법령상, 아래의 보기에서 물음에 답하시오. (4~6)

> ㄱ. 동물(그 서식지, 번식지 및 도래지를 포함한다)
> ㄴ. 식물(그 군락지를 포함한다)
> ㄷ. 지형, 지질, 생물학적 생성물 또는 자연현상
> ㄹ. 천연보호구역
> ㅁ. 자연경관
> ㅂ. 역사문화경관
> ㅅ. 복합경관

04 보기에서 자연유산에 해당하는 것을 모두 고르시오.
① ㄱ, ㄷ, ㅁ, ㅂ, ㅅ
② ㄱ, ㄴ, ㅁ, ㅂ, ㅅ
③ ㄱ, ㄴ, ㄷ, ㅁ, ㅅ
④ ㄱ, ㄴ, ㄷ, ㄹ, ㅁ, ㅂ, ㅅ

정답 ④

05 보기에서 천연기념물에 해당하는 것을 모두 고르시오.
① ㄱ, ㄴ, ㄷ, ㄹ
② ㄱ, ㄴ, ㄷ, ㅁ
③ ㄴ, ㄹ, ㅁ, ㅂ
④ ㄴ, ㅁ, ㅂ, ㅅ

정답 ①

06 보기에서 명승에 해당하는 것을 모두 고르시오.
① ㄱ, ㄷ, ㄹ
② ㄷ, ㄹ, ㅁ
③ ㄹ, ㅁ, ㅂ
④ ㅁ, ㅂ, ㅅ

정답 ④

07 「자연유산의 보존 및 활용에 관한 법률」의 정의에서 사용하는 천연기념물에 대한 용어의 뜻이다. (   ) 안에 알맞은 것을 고르시오.

> 1. 아래의 자연유산 중 역사적 · 경관적 · 학술적 가치가 인정되어
>   ① 동물
>   ② 식물
>   ③ 지형
>   ④ (가   )
> 2. (나   )이 지정하고 고시한 것을 말한다.

	가	나
①	자연구역	문화체육관광부장관
②	역사문화구역	국가유산청장
③	복합구역	문화체육관광부장관
④	천연보호구역	국가유산청장

정답 ④

08 「자연유산의 보존 및 활용에 관한 법률」의 정의에서 사용하는 명승에 대한 용어의 뜻이다. (   ) 안에 알맞은 것을 고르시오.

> 1. 아래의 자연유산 중 역사적 · 경관적 · 학술적 가치가 인정되어
>   ① 자연경관 : 자연 그 자체로서 (가   ) 가치가 인정되는 공간
>   ② 역사문화경관 : 자연환경과 사회 · 경제 · 문화적 요인 간의 조화를 보여주는 공간
>   ③ 복합경관 : 자연의 뛰어난 경치에 인문적 가치가 부여된 공간
> 2. (나   )이 지정하고 고시한 것을 말한다.

	가	나
①	심미적	국가유산청장
②	미시적	문화체육관광부장관
③	자연적	국가유산청장
④	전통적	문화체육관광부장관

정답 ①

09 「자연유산의 보존 및 활용에 관한 법률」에서 우리나라 고유의 역사·문화·사상 등을 담아 수목을 식재하거나 건축물을 배치하는 등 전통적인 기법으로 외부공간을 조성하는 것을 무엇이라 하는가?

① 전통조경
② 자연조경
③ 심미조경
④ 경관조경

정답 ①

10 자연유산의 보존 및 활용에 관한 법령상, 자연유산 보호의 기본원칙에 어긋나는 것은?

① 인위적인 간섭을 최대한 배제하되, 자연적인 변화 등 자연유산의 고유한 특성을 반영할 것
② 자연유산의 보존·관리는 지속가능한 활용과 조화를 이룰 것
③ 자연환경과 문화적 요인간의 조화를 보여줄 것
④ 국민의 재산권을 과도하게 제한하지 아니할 것

정답 ③

제2장 자연유산 보호정책의 수립 및 추진

11 자연유산의 보존 및 활용에 관한 법령상, 자연유산 보호계획의 수립에서 거리가 있는 것을 찾으시오.

① 국가유산청장은 관계 중앙행정기관의 장 및 시·도지사와 협의를 거쳐 자연유산의 체계적인 보존·관리 및 활용을 위하여 자연유산 보호계획을 5년마다 수립하여야 한다.
② 국가유산청장은 보호계획을 수립하는 경우 소유자 등 및 관계전문가의 의견을 들어야 한다.
③ 국가유산청장은 수립한 보호계획을 시·도지사에게 통지하고, 관보 등에 고시하여야 한다.
④ 국가유산청장은 보호계획의 수립 및 변경을 위하여 필요한 경우에는 시·도지사에게 관할 구역의 자연유산에 대한 자료를 제출하도록 요청하여야 한다.

정답 ④

12 자연유산의 보존 및 활용에 관한 법령상, 자연유산의 조사에 대한 내용이다. 옳은 것을 고르시오.

① 국가유산청장은 자연유산의 보존·관리 및 활용을 위하여 자연유산의 현황, 관리 및 활용 실태 등에 대하여 조사하고 그 기록을 작성할 수 있다.
② 국가유산청장은 조사의 효율적 실시를 위해 필요하다고 인정하는 경우에는 자연유산의 소유자 등에게 조사를 위하여 필요한 구역의 출입 등에 대한 협조를 요청하여야 한다.
③ 국가유산청장은 조사가 끝난 후 30일 이내에 조사기간 등에 관한 사항 등이 포함된 결과보고서를 작성해야 한다.
④ 국가유산청장은 조사의 대상이 천연기념물 등이 아닌 자연유산인 경우에는 사후에 해당 자연유산의 소유자 또는 관리자의 동의를 받아야 한다.

　② 요청할 수 있다.
　③ 60일 이내
　④ 사후가 아닌 사전에

정답 ①

13 자연유산의 보존 및 활용에 관한 법령상, 역사문화환경 보존지역의 보호에서 틀린 것을 찾으시오.

① 시·도지사는 천연기념물 등의 역사문화환경 보호를 위하여 국가유산청장과 협의하여 조례로 역사문화환경 보존지역을 정하여야 한다.
② 역사문화환경 보존지역의 범위는 해당 천연기념물 등의 역사적·경관적·학술적 가치와 그 외곽 경계로부터 500미터 이내로 한다.
③ 국가유산청장은 천연기념물 등의 지정 고시가 있는 날부터 3개월 안에 역사문화환경 보존지역에서 천연기념물 등의 보존에 영향을 미칠 우려가 있는 구체적인 행위기준을 정하여 고시하여야 한다.
④ 구체적인 행위기준이 고시된 지역에서 그 행위기준의 범위에서 행하여지는 건설공사에 관하여는 약식영향진단을 생략한다.

　③ 지정 고시가 있는 날부터 6개월 안에

정답 ③

제3장　자연유산의 지정 및 관리

14 자연유산의 보존 및 활용에 관한 법령상, 천연기념물의 내용이다. 보기에 (　) 안을 채우시오.

> 동물·식물을 천연기념물로 지정하는 경우에는 해당 종의 서식지·번식지·도래지로서 중요한 지역이거나 해당 지역이 개발 등에 노출되는 등 동물·식물이 훼손될 위험이 있으면 (㉠)과 그 (㉡)을 함께 천연기념물로 지정할 수 있다.

정답 ㉠ 종, ㉡ 지역

15 자연유산의 보존 및 활용에 관한 법령상, 명승의 지정에서 아래 내용 중 가장 알맞은 것을 고르시오.

> 국가유산청장은 자연유산위원회의 심의를 거쳐 역사적·경관적·학술적 가치가 높은 것으로 자연환경과 사회·경제·문화적 요인간의 조화를 보여주는 공간 또는 생활장소를 (　)으로 지정할 수 있다.

① 자연경관　　　　　　　　② 역사문화경관
③ 복합경관　　　　　　　　④ 기록경관

해설 국가유산청장은 자연유산위원회의 심의를 거쳐 아래의 어느 하나에 해당하는 자연유산 중
1. 역사적·경관적·학술적 가치가 높은 것으로
   (1) 자연경관 : 자연 그 자체로서 심미적 가치가 인정되는 공간
   (2) 역사문화경관 : 자연환경과 사회·경제·문화적 요인간의 조화를 보여주는 공간 또는 생활장소
   (3) 복합경관 : 자연의 뛰어난 경치에 인문적 가치가 부여된 공간
2. 보존의 필요성이 있는 것을 명승으로 지정할 수 있다.

정답 ②

16 자연유산의 보존 및 활용에 관한 법령상, 자연유산의 유형별 분류기준에서 복합경관과 다소 거리가 있는 것을 고르시오.

① 명산, 바위, 동굴, 암벽 등　　　② 계곡, 폭포, 용천, 동천 등
③ 정원, 원림 등 인공경관　　　　④ 구비문학, 구전 등

해설 ③ 정원, 원림 등 인공경관 : 역사문화경관

정답 ③

17 자연유산의 보존 및 활용에 관한 법령상, 국가유산청장의 허가를 받아야 하는 행위가 아닌 것은? [2025년도 제43회 기출문제]
① 명승의 소재지에 경고판을 설치하는 행위
② 천연기념물을 포획하는 행위
③ 천연기념물에 위치추적기를 부착하는 행위
④ 명승을 철거하는 행위

정답 ①

18 자연유산의 보존 및 활용에 관한 법령상, 허가에 대한 내용으로 바르지 못한 것을 찾으시오.
① 천연기념물을 포획, 채취하는 행위를 하려는 자는 국가유산청장의 허가를 받아야 한다.
② 국가유산청장은 허가 또는 변경허가를 하는 경우 해당 천연기념물 또는 명승의 역사적·경관적·학술적 가치에 미치는 영향을 최소화하기 위하여 필요한 조건을 붙일 수 있다.
③ 국가유산청장은 허가한 사항 중 경미한 사항의 변경허가에 관하여는 시장·군수·구청장에게 위임할 수 있다.
④ 국가유산청장은 허가 또는 변경허가의 신청을 받은 날부터 30일 이내에 허가 여부를 신청인에게 통지하여야 한다.

해설 ③ 시장·군수·구청장이 아니라 시·도지사이다.

정답 ③

19 자연유산의 보존 및 활용에 관한 법령상, 허가 취소에 관한 내용으로 허가를 취소하여야 하는 것에 해당하는 것을 찾으시오.
① 거짓이나 그 밖의 부정한 방법으로 허가를 받은 때
② 허가사항을 위반한 때
③ 허가조건을 위반한 때
④ 허가사항의 이행이 불가능하거나 현저히 공익을 해할 우려가 있다고 인정되는 때

정답 ①

20 자연유산의 보존 및 활용에 관한 법령상, 천연기념물 수출 등의 금지에서 틀린 것을 찾으시오.

① 천연기념물은 국외로 수출하거나 반출할 수 없다.
② 학술연구의 목적으로 천연기념물을 반출하는 것에 해당하는 경우에는 그 반출한 날부터 3년 이내에 다시 반입할 것을 조건으로 국가유산청장의 허가를 받아 천연기념물을 반출할 수 있다.
③ 국가유산청장은 허가의 신청을 받은 날부터 30일 이내에 허가여부를 신청인에게 통지하여야 한다.
④ 국가유산청장이 정한 기간 내에 허가 또는 변경허가여부나 민원처리 관련 법령에 따른 처리기한의 연장을 신청인에게 통지하지 아니하면 그 기간이 끝난 날의 다음 날에 허가 또는 변경허가를 한 것으로 본다.

해설 ② 반출한 날부터 2년 이내

정답 ②

21 자연유산의 보존 및 활용에 관한 법령상, 국가유산청장이 명승의 공개를 제한하는 경우 고시하여야 하는 사항을 모두 고른 것은? [2025년도 제43회 기출문제]

> ㄱ. 해당 명승의 명칭 및 소재지
> ㄴ. 공개가 제한되는 기간 및 범위
> ㄷ. 공개가 제한되는 사유
> ㄹ. 공개 제한 위반 시의 제재 내용
> ㅁ. 추가적인 정보를 제공하는 인터넷 홈페이지의 주소

① ㄱ, ㄴ, ㄷ
② ㄱ, ㄹ, ㅁ
③ ㄴ, ㄷ, ㄹ, ㅁ
④ ㄱ, ㄴ, ㄷ, ㄹ, ㅁ

정답 ④

22 자연유산의 보존 및 활용에 관한 법령상, 정기조사에서 바르지 못한 것은?

① 국가유산청장은 천연기념물 또는 명승의 보존·관리 및 활용 현황 등에 관하여 3년마다 조사하여야 한다.
② 국가유산청장은 정기조사 결과 해당 천연기념물 또는 명승의 보존·관리 및 활용에 뚜렷한 변화가 있는 경우에는 추가로 조사하게 할 수 있다.
③ 국가유산청장은 조사를 시행하는 경우에는 조사 개시 3일 전까지 해당 천연기념물 또는 명승의 소유자 등에게 조사 시기, 기간, 방법 등을 알려야 한다.
④ 누구든지 조사를 방해하여서는 아니 된다.

해설 ① 5년

정답 ①

23 자연유산의 보존 및 활용에 관한 법령상, 질병관리에 대한 내용으로 거리가 있는 것을 고르시오.

① 국가유산청장은 천연기념물인 동물이 질병에 걸리거나 질병을 전파·확산하지 아니하도록 관리하여야 한다.
② 천연기념물인 동물의 소유자 등은 전염병의 예방접종에 관한 사항 등을 포함한 연도별 질병관리계획을 수립·시행하여야 한다.
③ 천연기념물인 동물의 소유자 등은 수립한 질병관리계획을 매년 2월 말까지 국가유산청장에게 제출하여야 한다.
④ 천연기념물인 동물의 소유자 등은 전염병 등 질병예방을 위하여 정기적인 질병진단 등의 사항을 시행하여야 한다.

해설 ③ 매년 1월 31일까지

정답 ③

24 자연유산의 보존 및 활용에 관한 법령상, 천연기념물인 동물의 치료 등에 관한 설명으로 옳지 않은 것은?

① 천연기념물인 동물이 조난당하면 구조를 위한 운반, 약물 투여, 수술, 사육 및 야생 적응훈련 등은 시·도지사가 지정하는 동물치료소에서 하게 할 수 있다.
② 시·도지사는 동물치료소를 지정취소하는 경우에는 문화체육관광부장관에게 보고하여야 한다.
③ 천연기념물 동물치료소의 운영자는 천연기념물인 동물의 조난 등으로 인하여 긴급한 보호 또는 치료가 필요한 경우에는 먼저 치료한 후 지체 없이 그 결과를 국가유산청장에게 보고하여야 한다.
④ 지방자치단체는 천연기념물인 동물을 치료한 동물치료소에 예산의 범위에서 치료에 드는 비용을 지급할 수 있다.

해설 ② 문화체육관광부 장관이 아니라 국가유산청장에게 통지하여야 한다.

정답 ②

25 자연유산의 보존 및 활용에 관한 법령상, 천연기념물인 동물의 치료 등에서 동물치료소 지정요건과 동물치료소 지정의 취소에 대한 내용이다. 각 내용에 해당되는 것을 모두 고른 것은?

㉮ 동물치료소 지정요건	㉯ 동물치료소 지정의 취소
ㄱ. 수의사면허를 받은 사람이 개설하고 있는 동물병원 ㄴ. 수의사면허를 받은 사람을 소속직원으로 두고 있는 지방자치단체의 축산관련기관 ㄷ. 수의사면허를 받은 사람을 소속회원으로 두고 있는 관리단체 또는 동물보호 단체 ㄹ. 멸종위기 야생생활협회	ㄱ. 치료결과를 보고하지 아니하거나 거짓으로 보고한 경우 ㄴ. 고의나 중대한 과실로 치료 중인 천연기념물 동물을 죽게 하거나 장애를 입힌 경우 ㄷ. 거짓이나 그 밖의 부정한 방법으로 지정을 받은 경우 ㄹ. 지정요건에 미달하게 된 경우

① ㉮ - ㄱ, ㄹ
　㉯ - ㄱ, ㄹ
② ㉮ - ㄱ, ㄴ, ㄷ
　㉯ - ㄱ, ㄴ, ㄷ, ㄹ
③ ㉮ - ㄱ, ㄴ, ㄹ
　㉯ - ㄱ, ㄴ, ㄹ
④ ㉮ - ㄱ, ㄴ, ㄷ, ㄹ
　㉯ - ㄱ, ㄴ, ㄷ, ㄹ

해설
1. 동물치료소 지정요건 : ㄱ, ㄴ, ㄷ
2. 동물치료소 지정취소 : ㄱ, ㄴ, ㄷ, ㄹ 외
　• 치료경비를 거짓으로 청구한 경우
　• 국가유산청장이나 지방자치단체의 장의 명령을 위반한 경우

정답 ②

26 자연유산의 보존 및 활용에 관한 법령상, 천연기념물인 동물의 관리구역 반입에서 시험·연구 등 정하는 사유에 해당하는 것을 모두 고르시오.

> 누구든지 천연기념물인 동물의 사육을 목적으로 하는 장소 또는 구역으로서 국가유산청장이 정하는 곳에 해당 천연기념물과 동일한 종(아종을 포함한다)을 반입하여서는 아니 된다. 다만, 시험·연구 등으로 정하는 사유로 인하여 시·도지사의 허가를 받은 경우에는 그러하지 아니하다.
> ㄱ. 시험·연구를 위하여 필요하다고 인정되는 경우
> ㄴ. 반입하려는 동물이 중성화 수술을 하여 번식능력이 없는 경우
> ㄷ. 품평회 참가 등 천연기념물인 동물의 홍보에 필요한 경우
> ㄹ. 동물보호법에 따라 등록되고, 인식표가 부착된 동물을 반입하는 경우

① ㄱ, ㄴ
② ㄱ, ㄷ
③ ㄱ, ㄴ, ㄷ
④ ㄱ, ㄴ, ㄷ, ㄹ

정답 ④

27 자연유산의 보존 및 활용에 관한 법령상, 천연기념물인 식물의 상시관리 등에서 옳지 않은 것은?

① 국가유산청장은 천연기념물인 식물의 지속적인 모니터링 및 유지관리를 수행하는 자를 선정하여야 한다.
② 상시관리를 수행하는 자는 상시관리를 위하여 천연기념물인 식물의 소유자 등에게 필요한 협조를 구할 수 있다.
③ 상시관리를 수행하는 자는 연도별 상시관리 결과를 다음 해 1월 31일까지 국가유산청장에게 제출하여야 하며, 특이사항을 발견하는 경우 지체 없이 국가유산청장에게 보고하여야 한다.
④ 상시관리에 필요한 비용은 천연기념물인 식물의 소유자 등이 부담하는 것을 원칙으로 하되, 국가유산청장은 그 비용의 전부 또는 일부를 지원할 수 있다.

해설 ① 수행하는 자를 선정할 수 있다.

정답 ①

28 자연유산의 보존 및 활용에 관한 법령상, 명승 정비계획의 수립과 재해의 방지 및 복구에서 옳지 않은 것을 고르시오.

① 명승의 소유자 등은 해당 명승의 효율적인 보존·관리 및 활용을 위하여 국가유산청장과 협의하여 정비계획을 수립할 수 있다.
② 정비계획에는 정비계획의 목적과 범위에 관한 사항 등이 포함되어야 한다.
③ 명승의 소유자 등이 명승 정비계획을 수립하는 경우 그 계획기간은 5년이다.
④ 천연기념물 또는 명승의 소유자 등은 재해로 인한 각종 피해가 발생하거나 발생이 예상될 경우 국가유산청장에게 즉시 신고하여야 한다.
⑤ 국가유산청장은 천연기념물 또는 명승의 소유자 등에게 재해의 방지 또는 복구에 필요한 조치로서 정하는 사항을 이행하도록 요청할 수 있다.

해설 ③ 계획기간 : 10년

정답 ③

제4장 자연유산의 보존·관리 및 활용

29 자연유산의 보존 및 활용에 관한 법령상, 자연유산 관리협약에서 틀린 것을 찾으시오.

① 국가 또는 지방자치단체는 천연기념물 등의 소유자 등과 교육·관광·체험활동 등 천연기념물 등의 보존·관리 및 활용을 내용으로 하는 협약을 체결할 수 있다.
② 국가유산청장은 관리협약의 이행에 필요한 비용의 전부 또는 일부를 지원할 수 있다.
③ 국가 또는 지방자치단체는 관리협약을 체결한 당사자가 그 협약을 이행하지 아니하거나 협약을 준수하지 못할 경우에는 관리협약을 해지할 수 있다.
④ 관리협약을 해지하려는 경우, 그 사실을 상대방에게 90일 전에 통보하여야 한다.

해설 ④ 3개월 전에 통보하여야 한다.

정답 ④

30 자연유산의 보존 및 활용에 관한 법령상, 아래의 물음에 ○, × 중 알맞은 답을 고르시오.

① 국가는 남북 자연유산의 보존·관리 및 활용을 위한 남북 간 상호교류 및 협력 증진을 위하여 노력하여야 한다. (○, ×)
② 국가유산청장은 남북의 자연유산 보존을 위하여 북한의 자연유산 보호, 지정 및 현황 등에 관하여 조사·연구할 수 있다. (○, ×)
③ 국가유산청장은 비무장지대 안의 천연기념물의 현황 등을 조사하고, 보존·관리를 위한 시책을 수립·추진하여야 한다. (○, ×)
④ 국가와 지방자치단체는 천연기념물 등을 활용한 관광 활성화 시책을 마련하여야 한다. (○, ×)

정답 ① ○, ② ○, ③ ○, ④ ○

31 자연유산의 보존 및 활용에 관한 법령상, 천연기념물인 식물의 후계목을 선발·보급 시 보급기준에 해당하는 것을 모두 고르시오.

> ㄱ. 그 어미의 형질, 나무모양과 유사하며 생장이 우수할 것
> ㄴ. 토양균·병해충 감염 등이 없고 그 줄기·가지·뿌리 등에 생리적·물리적 피해가 없을 것
> ㄷ. 나무모양이 균형을 이루고, 가지와 잎이 충실한 등 활착과 생장이 좋을 것
> ㄹ. 그 밖에 국가유산청장이 후계목 선발 및 보급기준으로 인정하는 사항

① ㄱ, ㄴ
② ㄱ, ㄷ
③ ㄱ, ㄴ, ㄷ
④ ㄱ, ㄴ, ㄷ, ㄹ

해설 ④ 천연기념물인 식물의 후계목을 선발·보급하려면 위 보기의 ㄱ, ㄴ, ㄷ, ㄹ의 기준을 모두 갖추어야 한다.

정답 ④

제5장 보칙

32 자연유산의 보존 및 활용에 관한 법령상, 기록의 작성·보존에 관하여 ( ) 안을 채우시오.

> 국가유산청장과 해당 특별자치시장, 특별자치도지사, 시장·군수 또는 구청장 및 관리단체의 장은 천연기념물 또는 명승의 보존·관리, ( ) 및 활용에 관한 사항 등에 관한 기록을 작성·보존하여야 한다.

정답 변경

33 자연유산의 보존 및 활용에 관한 법령상, 손실의 보상에서 ( ) 안을 채우시오.

> 국가는 아래의 어느 하나에 해당하는 자에 대해서는 그 손실을 보상하여야 한다.
> 1. 자연유산의 조사, 정기조사 및 ( )에 따른 조사행위로 인하여 손실을 입은 자
> 2. 행정명령에 따른 명령을 이행하여 손실을 입은 자
> 3. 행정명령에 따른 조치로 인하여 손실을 입은 자

정답 직권조사

34 자연유산의 보존 및 활용에 관한 법령상, 청문에 대하여 답을 하시오.

> 국가유산청장, 시·도지사, 시장·군수 또는 구청장은 아래의 어느 하나에 해당하는 처분을 하려면 청문을 실시하여야 한다.
> 1. 허가취소에 따른 천연기념물 또는 명승에 대한 행위 허가의 취소
> 2. 천연기념물 수출 등의 금지에 따른 천연기념물의 (㉠)·(㉡)행위 허가의 취소
> 3. 천연기념물 동물치료소의 지정 등에 따른 동물치료소 지정의 취소

정답 ㉠ 수출, ㉡ 반출

제6장 벌칙

35 자연유산의 보존 및 활용에 관한 법령상, 벌칙에 대한 내용으로 (   ) 안에 맞는 것을 채우시오.

① 허가를 위반하여 허가 없이 천연기념물 또는 명승에 영향을 미칠 우려가 있는 행위를 한 자는 (㉠) 이하의 징역이나 (㉡) 이하의 벌금에 처한다.

② 정당한 사유 없이 행정명령을 위반한 자는 (㉠) 이하의 징역이나 (㉡) 이하의 벌금에 처한다.

③ 정당한 사유 없이 건설공사 시 천연기념물 등의 보호에 따른 지시에 불응한 자는 (㉠) 이하의 징역이나 (㉡) 이하의 벌금에 처한다.

④ 과태료는 국가유산청장, 시·도지사 또는 시장·군수·구청장이 (㉠) · (㉡)한다.

정답 ① ㉠ 5년, ㉡ 5천만 원
② ㉠ 3년, ㉡ 3천만 원
③ ㉠ 2년, ㉡ 2천만 원
④ ㉠ 부과, ㉡ 징수

PART 03

국가유산수리 등에 관한 법률 및 같은 법 시행령 · 시행규칙

제 1 장 | 총칙
제 2 장 | 국가유산수리기술자 및 국가유산수리기능자
제 3 장 | 국가유산수리업등의 운영
제 4 장 | 전통건축수리기술진흥재단 등
제 5 장 | 감독
제 6 장 | 보칙
제 7 장 | 벌칙

예상문제

CHAPTER 01 총칙

01 목적

「국가유산수리 등에 관한 법률」은 국가유산을 원형으로 보존·계승하기 위하여 국가유산수리·실측설계·감리와 국가유산수리업의 등록 및 기술관리 등에 필요한 사항을 정함으로써 국가유산수리의 품질향상과 국가유산수리업의 건전한 발전을 도모함을 목적으로 한다.

02 정의

「국가유산수리 등에 관한 법률」에서 사용하는 용어의 뜻은 다음과 같다.

1) 국가유산수리

다음의 어느 하나에 해당하는 것의 보수·복원·정비 및 손상 방지를 위한 조치를 말한다.
(1) 지정문화유산, 천연기념물 등
(2) 임시지정문화유산, 임시지정천연기념물 또는 임시지정명승 등
(3) 지정문화유산 및 천연기념물 등(임시지정문화유산, 임시지정천연기념물 또는 임시지정명승을 포함한다)과 함께 전통문화를 구현·형성하고 있는 주위의 시설물 또는 조경으로서 다음 각 호의 어느 하나에 해당하는 것
  ① 지정문화유산(임시지정문화유산을 포함하며, 사적은 제외한다)을 둘러싸고 있는 보호구역 안의 시설물 또는 조경
  ② 지정문화유산을 둘러싸고 있는 토지(소유자 및 관리단체가 관리하고 있는 것으로 한정한다) 내에서 지정문화유산의 보존 및 활용을 위하여 필요한 시설물 또는 조경

2) 보존처리

국가유산 원형보존을 위하여 보존처리 계획을 바탕으로 국가유산 손상 부위에 행하는 물리적·화학적 조치 등의 국가유산수리

3) 보존처리계획

인문학적·과학적 조사 및 분석을 통하여 국가유산의 손상 정도·범위를 파악하고 보존처리 방법 등을 정하는 것

4) 국가유산수리기술자

   (1) 국가유산수리에 관한 기술적인 업무를 담당하고
   (2) 국가유산수리기능자의 작업을 지도·감독하는 사람으로서
   (3) 국가유산수리기술자 자격증을 발급받은 자

5) 국가유산수리기능자

   (1) 국가유산수리기술자의 지도·감독을 받아
   (2) 국가유산수리에 관한 기능적인 업무를 담당하는 사람으로서
   (3) 국가유산수리기능자 자격증을 발급받은 자

6) 국가유산수리업

   (1) 국가유산수리 등에 관한 법률에 따른
   (2) 국가유산수리를 업으로 하는 자

7) 국가유산수리업자

   (1) 국가유산수리업의 등록을 하고
   (2) 국가유산수리업을 영위하는 자

8) 실측설계

   (1) 국가유산수리 또는 기록의 보존을 위하여
   (2) 국가유산수리에 해당하는 것을 실측(實測)하거나 고증(考證) 조사 등을 통하여
   (3) 실측도서나 설계도서 등을 작성하는 것

9) 국가유산실측설계업

   (1) 국가유산수리 등에 관한 법률에 따른
   (2) 실측설계를 업으로 하는 것

10) 국가유산실측설계업자

(1) 국가유산실측설계업의 등록을 하고
(2) 국가유산실측설계업을 영위하는 자

11) 감리

국가유산수리에 관하여 다음의 어느 하나에 해당하는 업무를 말한다.
(1) 일반감리 : 국가유산수리가 설계도서나 그 밖의 관계 서류 및 관계 법령의 내용대로 시행되는지를 확인하고 국가유산수리에 관하여 지도·감독하는 업무
(2) 책임감리 : 일반감리와 관계 법령에 따라 발주자로서 감독권한을 대행하는 업무

12) 국가유산감리업

「국가유산수리 등에 관한 법률」에 따른 감리를 업으로 하는 것

13) 국가유산감리업자

(1) 국가유산감리업의 등록을 하고
(2) 국가유산감리업을 영위하는 자

14) 국가유산감리원

(1) 국가유산수리기술자로서 국가유산감리업자 또는 전통건축수리기술진흥재단에 소속되어
(2) 국가유산수리의 감리를 업무로 하는 자

15) 도급

(1) 원도급(原都給), 하도급(下都給), 위탁, 그 밖의 어떠한 명칭으로든 상대방에게 국가유산수리, 실측설계 또는 감리를 완성하여 주기로 약정하고
(2) 다른 상대방은 그 일의 결과에 대하여 대가를 지급할 것을 약정하는 계약

16) 발주자

(1) 국가유산수리, 실측설계 또는 감리를 국가유산수리업자, 국가유산실측설계업자 또는 국가유산감리업자에게 도급하는 자
(2) 다만, 수급인(受給人)으로서 도급받은 국가유산수리를 하도급하는 자는 제외한다.

17) 수급인
 (1) 발주자로부터 국가유산수리 · 실측설계 또는 감리를 도급받은
 (2) 국가유산수리업자 · 국가유산실측설계업자 또는 국가유산감리업자를 말한다.

18) 하도급
 (1) 수급인이 도급받은 국가유산수리의 일부를 도급하기 위하여
 (2) 제3자와 체결하는 계약

19) 하수급인
 (1) 수급인으로부터
 (2) 국가유산수리를 하도급받은 자

03 국가유산수리 등의 기본원칙

[국가유산수리, 실측설계 또는 감리를 "국가유산수리 등"이라 한다.]
1) 국가유산수리, 실측설계 또는 감리는
2) 국가유산의 원형보존에 가장 적합한 방법과 기술을 사용하여야 하며
3) 국가유산수리 등으로 인하여 지정문화유산 및 천연기념물 등과 그 주변 경관이 훼손되어서는 아니 된다.

04 국가유산수리 등의 계획수립

1) 계획수립
국가유산청장은 국가유산수리 등에 관한 정책을 체계적이고 종합적으로 추진하기 위하여 특별시장 · 광역시장 · 특별자치시장 · 도지사 또는 특별자치도지사의 의견을 들은 후 국가유산수리기술위원회의 심의를 거쳐 국가유산수리 등에 관한 기본계획을 5년마다 수립하여야 한다.

2) 국가유산수리 등에 관한 기본계획을 수립할 경우에는 문화유산기본계획(「문화유산의 보존 및 활용에 관한 법률」 제6조) 및 자연유산보호계획(「자연유산의 보존 및 활용에 관한 법률」 제6조)과 연계하여야 한다.

3) 국가유산청장은 기본계획을 수립하면 그 기본계획을 시·도지사에게 통보하여야 하며, 시·도지사는 그 기본계획에 따라 세부 시행계획을 수립·시행하여야 한다.
   (1) 국가유산수리, 실측설계 또는 감리에 관한 기본계획 수립 시 포함되어야 할 사항
       ① 국가유산수리 등에 관한 기본방향
       ② 국가유산수리 등의 품질 확보 대책
       ③ 국가유산수리 등의 기술진흥에 관한 사항
       ④ 그 밖에 국가유산수리 등에 필요한 사항
   (2) 국가유산청장은 기본계획을 수립하기 위하여 필요하면 특별시장·광역시장·특별자치시장·도지사 또는 특별자치도지사에게 관할구역의 국가유산수리 등에 관한 자료를 제출하도록 요구할 수 있다.
   (3) 시·도지사는 세부 시행계획을 매년 수립하여 3월 31일까지 국가유산청장에게 제출해야 한다.

   [시행계획에는 다음 각 호의 사항이 포함되어야 한다.]
       ① 해당 연도의 국가유산수리 등에 관한 사업의 기본방향
       ② 국가유산수리 등에 관한 주요 사업별 세부 추진계획
       ③ 전년도의 시행계획에 따른 추진실적
       ④ 그 밖에 국가유산수리 등에 필요한 사항

05 국가유산수리기술위원회

1) 국가유산수리 등에 관한 다음 각 호의 사항을 심의하기 위하여 국가유산청에 국가유산수리기술위원회를 둔다.
   (1) 기본계획에 관한 사항
   (2) 국가유산수리 등의 기준에 관한 사항
   (3) 「문화유산의 보존 및 활용에 관한 법률」에 따른 국가지정문화유산, 「자연유산의 보존 및 활용에 관한 법률」에 따른 천연기념물 및 명승에 대한 국가유산수리 등의 계획에 관한 사항
   (4) 설계승인심사에 관하여 국가유산청장이 심의에 부치는 사항
   (5) 그 밖에 국가유산수리 등의 품질 향상을 위하여 정하는 사항
       ① 전통재료 수급계획의 수립에 관한 사항

② 전통재료의 비축에 관한 사항
③ 전통건축 부재(部材 : 구조물의 뼈대로 사용하기 위하여 가공한 목재·석재 등을 말한다)의 수집 및 활용에 관한 사항
④ 그 밖에 국가유산수리 등에 관한 주요 정책으로서 국가유산청장이 국가유산수리기술위원회의 심의가 필요하다고 인정하는 사항

2) 위원회는 위원장 1명을 포함하여 30명 이내의 위원으로 구성한다.
   (1) 위원회의 구성
       ① 위원회 위원장은 위원회를 대표하고, 위원회의 업무를 총괄한다.
       ② 위원회에 부위원장 1명을 두며, 부위원장은 위원 중에서 호선(互選)한다.
       ③ 위원회 위원의 임기는 3년으로 하되, 연임할 수 있다.

   (2) 위원회 위원의 제척·기피·회피
       ① 위원회 위원이 다음 각 호의 어느 하나에 해당하는 경우에는 위원회의 심의·의결에서 제척(除斥)된다.
           ㉠ 위원회 위원 또는 그 배우자나 배우자였던 사람이 해당 안건의 당사자(당사자가 법인·단체 등인 경우에는 그 임원을 포함한다)가 되거나 그 안건의 당사자와 공동권리자 또는 공동의무자인 경우
           ㉡ 위원회 위원이 해당 안건의 당사자(당사자가 법인·단체 등인 경우에는 그 임원을 포함한다)와 친족이거나 친족이었던 경우
           ㉢ 위원회 위원이 해당 안건에 대하여 증언, 진술, 자문, 연구, 용역 또는 감정을 한 경우
           ㉣ 위원회 위원이나 위원회 위원이 속한 법인이 해당 안건의 당사자의 대리인이거나 대리인이었던 경우
       ② 해당 안건의 당사자는 ①의 각 호에 따른 제척 사유가 있거나 위원회 위원에게 공정한 심의·의결을 기대하기 어려운 사정이 있을 때에는 위원회에 기피 신청을 할 수 있고, 위원회는 의결로 기피 여부를 결정한다. 이 경우 기피 신청의 대상인 위원회 위원은 그 의결에 참여하지 못한다.
       ③ 위원회 위원이 ①의 각 호의 어느 하나에 해당하는 경우에는 스스로 해당 안건의 심의·의결에서 회피(回避)해야 한다.

(3) 위원회 위원의 해촉

국가유산청장은 위원회 위원이 다음 각 호의 어느 하나에 해당하는 경우에는 해당 위원회 위원을 해촉할 수 있다.
① 심신장애로 직무를 수행할 수 없게 된 경우
② 직무와 관련된 비위사실이 있는 경우
③ 직무태만, 품위손상이나 그 밖의 사유로 위원회 위원으로 적합하지 않다고 인정되는 경우
④ 금고 이상의 형을 선고받은 경우
⑤ 위원회 위원 스스로 직무를 수행하는 것이 어렵다는 의사를 밝히는 경우
⑥ 위원회 위원이 위원회의 심의·의결에서 제척[(2)의 ①]이 되는 어느 하나에 해당하는 데에도 회피하지 않은 경우

(4) 위원회의 회의
① 위원회의 회의는 위원회 위원장이 소집하거나 국가유산청장의 요구에 따라 개최한다.
② 위원회 위원장은 회의를 소집하려는 경우에는 회의 개최일 7일 전까지 회의의 일시·장소를 위원회 위원에게 알려야 한다. 다만, 긴급히 개최해야 하거나 부득이한 사유가 있는 경우에는 회의 개최 전날까지 알릴 수 있다.
③ 위원회의 회의는 위원회 위원장이 회의마다 간사와 협의하여 위원회 위원장을 포함하여 7명 이상 15명 이내의 위원으로 구성한다. 다만, 기본계획에 관한 사항을 심의하는 경우에는 위원회의 전체 위원으로 구성한다.
④ 위원회의 회의는 회의마다 구성되는 위원회 위원 과반수의 출석으로 열리고, 출석위원 과반수의 찬성으로 의결한다.

3) 위원회의 위원은 다음 각 호의 어느 하나에 해당하는 사람 중에서 국가유산청장이 위촉하고, 위원장은 위원 중에서 호선한다.
(1) 「고등교육법」에 따른 학교에서 국가유산수리 등과 관련된 학과의 부교수 이상으로 재직하거나 재직하였던 사람
(2) 국가유산수리 등과 관련된 업무에 10년 이상 종사한 사람
(3) 건축, 자연과학, 공학, 환경, 법률, 종교, 미술, 공예 등의 업무에 10년 이상 종사한 사람으로서 국가유산수리 등에 관한 지식과 경험이 풍부한 사람

4) 1)의 각 호의 사항에 대하여 국가유산 종류별로 업무를 나누어 심의하기 위하여 위원회에 분과위원회를 둘 수 있다.

(1) 분과위원회와 분장사항 등
　① 보수분과위원회 :「문화유산의 보존 및 활용에 관한 법률」에 따른 국가지정 국가유산 가운데 건조물에 대한 국가유산수리에 관한 사항(③의 근현대분과위원회 분장사항은 제외한다)
　② 복원정비분과위원회 :「문화유산의 보존 및 활용에 관한 법률」에 따른 사적, 국가민속문화유산,「자연유산의 보존 및 활용에 관한 법률」에 따른 천연기념물 및 명승에 대한 국가유산수리에 관한 사항(①의 보수분과위원회 분장사항 및 ③의 근현대분과위원회 분장사항은 제외한다)
　③ 근현대분과위원회 : 근대 건축물 및 시설물의 수리, 보존처리 및 현대적 기술의 적용에 관한 사항
(2) 분과위원회 위원의 수는 각 분과위원회별로 국가유산청장이 정한다.
(3) 국가유산청장은 위촉된 위원의 전문분야를 고려하여 분과위원회 위원을 지정한다. 이 경우 필요하다고 인정되면 2개 이상의 분과위원회 위원을 겸직하게 할 수 있다.
(4) 분과위원회 위원장은 분과위원회 위원 중에서 호선하며, 분과위원회 위원장이 부득이한 사유로 직무를 수행할 수 없을 때에는 그가 지정한 분과위원회 위원이 그 직무를 대행한다.
(5) 분과위원회 회의는 각 분과위원회 위원장이 소집하거나 국가유산청장의 요구에 따라 개최한다.
(6) 분과위원회의 회의 소집 및 의결에 관하여는 2)의 (4)의 ②, ④를 준용한다.

5) 분과위원회는 심의 등을 위하여 필요한 경우 다른 분과위원회와 함께 분과위원회(이하 "합동분과위원회"라 한다)를 열 수 있다.
　(1) 합동분과위원회의 회의는 각 분과위원회 위원장이 소집하거나 국가유산청장의 요구에 따라 개최하며, 그 위원장은 각 분과위원회 위원장 중에서 호선한다.
　(2) 합동분과위원회의 의결에 관하여는 2)의 (4)의 ④를 준용한다.

6) 분과위원회 또는 합동분과위원회에서 1)의 (2)부터 (4)까지에 대하여 심의한 사항은 위원회에서 심의한 것으로 본다.

7) 위원회에는 국가유산청장이나 각 분과위원회 위원장의 명을 받아 위원회의 심의사항에 관한 자료 수집·조사 및 연구 등의 업무를 수행하는 전문위원을 둘 수 있다.

8) 위원회, 분과위원회 및 합동분과위원회의 조직·운영, 위원회 위원 및 전문위원의 수와 임기, 자격 등에 관한 사항

  (1) 소위원회

    ① 위원회, 분과위원회 및 합동분과위원회는 전문적·효율적 심의를 위하여 필요한 경우에는 각각 소위원회를 구성·운영할 수 있다. 이 경우 사전에 권한의 위임 범위를 정해야 한다.

    ② 소위원회 위원은 위원회 위원 중에서 위원회, 분과위원회 및 합동분과위원회 위원장이 각각 지명하되, 심의 요청된 사항의 전문성을 고려하여 필요한 경우에는 위원회 위원이 아닌 사람을 소위원회 위원으로 위촉할 수 있다.

  (2) 전문위원

    ① 전문위원은 60명 이내로 성별을 고려하여 구성한다.

    ② 전문위원은 다음 각 호의 사람 중에서 국가유산청장이 위촉한다.

      ㉠ 「고등교육법」에 따른 학교에서 국가유산수리 등과 관련된 학과의 교원 등으로 재직하거나 재직했던 사람

      ㉡ 국가유산수리 등과 관련된 업무에 5년 이상 종사한 사람

      ㉢ 그 밖에 국가유산수리 등에 관한 지식과 경험이 풍부하여 ㉠ 및 ㉡의 사람과 동등한 전문성이 있다고 인정되는 사람

    ③ 전문위원의 임기는 3년으로 하되, 연임할 수 있다.

    ④ 전문위원은 위원회, 분과위원회 및 합동분과위원회에 출석하여 발언할 수 있으며, 필요한 경우 서면으로 의견을 제출할 수 있다.

  (3) 간사 등

    ① 위원회의 사무를 처리하기 위하여 위원회에 간사와 서기 각 1명을 둔다.

    ② 간사와 서기는 국가유산청장이 소속 공무원 중에서 지명한다.

  (4) 수당

    ① 위원회, 분과위원회 및 합동분과위원회에 출석한 위원, 전문위원 및 관계 전문가에게는 예산의 범위에서 수당을 지급할 수 있다.

    ② 다만, 공무원인 위원이 그 소관 업무와 직접적으로 관련되어 위원회에 출석하는 경우에는 수당을 지급하지 않는다.

  (5) 회의록의 작성

    위원회, 분과위원회 및 합동분과위원회는 다음 각 호의 사항을 포함하여 회의록을 작성해야 한다. 이 경우 필요하다고 인정되면 속기나 녹음 또는 녹화를 할 수 있다.

① 회의일시 및 장소
② 출석위원
③ 심의내용 및 의결사항

(6) 운영세칙

규정한 사항 외에 위원회, 분과위원회 및 합동분과위원회의 운영에 필요한 사항은 국가유산청장이 정한다.

06 시·도유산수리기술위원회

1) 시·도지사는 관할 구역의 국가유산수리 등에 관한 다음 각 호의 사항을 심의하기 위하여 특별시·광역시·특별자치시·도·특별자치도에 국가유산수리기술위원회를 둘 수 있다.
    (1) 「문화유산의 보존 및 활용에 관한 법률」에 따른 시·도 지정문화유산 및 문화유산자료, 「자연유산의 보존 및 활용에 관한 법률」에 따른 시·도 자연유산에 대한 국가유산수리 등의 계획에 관한 사항
    (2) 그 밖에 국가유산수리 등의 품질 향상을 위하여 조례로 정하는 사항
2) 시·도유산수리기술위원회의 조직·운영 등에 필요한 사항은 시·도의 조례로 정한다.

07 국가유산수리 및 실측설계 제한

1) 국가유산의 소유자(관리단체에 의한 관리에 따라 지정된 관리단체를 포함한다. 이하 "소유자 등"이라 한다)가 국가유산수리를 하려는 경우에는
    (1) 국가유산수리업자에게 수리하도록 하거나
    (2) 국가유산수리기술자 및 국가유산수리기능자가 함께 수리하도록 하여야 한다.
    (3) 다만, 해당 국가유산의 보존에 영향을 미치지 아니하는 경미한 국가유산수리를 하는 경우에는 그러하지 아니하다.

✏️ **경미한 국가유산수리**

구분	경미한 국가유산수리의 범위
1. 지정문화유산, 천연기념물등, 임시지정 천연기념물, 임시지정명승에 따른 국가유산	가. 창호지, 장판지 또는 벽지를 바르는 행위 나. 벽화 및 단청이 없는 벽체나 천장의 떨어진 흙을 부분적으로 바르는 행위 다. 누수 방지를 위하여 극히 부분적으로 파손된 기와를 원형대로 교체하는 행위 라. 누수 방지를 위하여 지붕면적의 10분의 1 이하 또는 지붕면적의 20m² 이하를 기와 고르기 하는 행위 마. 화장실을 기존의 형태로 보수하는 행위 바. 표지돌, 안내판, 경고판 등을 설치하거나 보수하는 행위 사. 잔디를 보충하여 심거나 깎는 행위 아. 기존 배수로 또는 기존 연못을 준설하는 행위 자. 보호 울타리의 부식된 부분을 기존의 형태로 보수하거나 도색하는 행위 차. 진입도로, 광장 등의 토사가 유실되거나 굴곡을 형성하는 경우 토사를 채우거나 면을 고르는 행위 카. 일부 훼손된 기단, 담장, 배수로 또는 석축을 교체하거나 바로잡는 행위 타. 성곽이나 건물지 등 유적의 보존·관리를 위하여 잡목을 제거하는 행위 파. 기존의 전기·통신·소방·도난경보·오수·분뇨처리 시설을 보수하는 행위 하. 기존 초가지붕을 이엉 잇기 하는 행위 거. 기존 너와·굴피지붕의 지붕면적의 10분의 1 이하 또는 지붕면적의 20m² 이하를 기존의 형태대로 보수하는 행위 너. 일부 훼손된 바닥의 박석(薄石 : 평평한 돌), 포방전(舖方塼 : 바닥에 까는 네모난 전돌) 또는 전돌(塼乭 : 흙으로 구워 만든 벽돌)을 교체하거나 바로잡는 행위 더. 관련 분야 전문가의 지도를 받아 식물의 보호를 위하여 실시하는 긴급한 병충해의 방제 또는 거름주기 러. 자생 초화류(草花類)를 심는 행위 머. 국가유산의 경관을 해치는 말라 죽은 나무나 가지를 제거하는 행위 버. 그 밖에 국가유산청장이 현상 유지 및 관리를 위하여 필요하다고 인정하여 고시하는 행위
2. 지정문화유산 및 천연기념물등(임시지정문화유산, 임시지정 천연기념물 또는 임시지정 명승을 포함한다)과 함께 전통문화를 구현·형성하고 있는 주위의 시설물 또는 조경	가. 제1호의 경미한 국가유산수리에 해당하는 행위 나. 기존 시설물을 수리하는 행위로서 수리예정금액이 1천만 원 미만인 경우 다. 기존 시설물의 내부를 정비하는 행위 라. 기존의 전기·통신·소방·도난경보·오수·분뇨처리 시설을 보수하거나 신설하는 행위 마. 그 밖에 국가유산청장이 국가유산의 보존 또는 관리를 위하여 필요하다고 인정하여 고시하는 행위

2) 국가유산수리업자에게 수리하여야 하는 경우

1)에도 불구하고 국가유산의 소유자가 수리를 하여야 하는 경우에도 불구하고 주구조(主構造)가 철근콘크리트구조, 철골구조 또는 철골철근콘크리트 구조에 해당하는 시설물의 경우에는 「건설산업기본법」에 따른 해당 분야의 종합 공사를 시공하는 업종을 등록한 국가유산수리업자에게 수리하도록 하여야 한다.

3) 1)과 2)에도 불구하고 직접 국가유산수리를 할 수 있는 기관의 장

(1) 국가유산청
(2) 국립중앙박물관(동산문화유산 분야의 국가유산수리의 경우**만** 해당)
(3) 국립현대미술관(동산문화유산 분야의 국가유산수리의 경우**만** 해당)
(4) 국립민속박물관(동산문화유산 분야의 국가유산수리의 경우**만** 해당)
(5) 전통건축수리기술진흥재단

4) 기타 사항

1)에도 불구하고 국가유산수리기술자가 없는 분야의 국가유산수리는 국가유산수리기능자가, 국가유산수리업자·국가유산수리기술자·국가유산수리기능자가 없는 분야의 국가유산수리는 국가무형유산 보유자 또는 관계 전문가 등에게 수리하도록 할 수 있다.

5) 국가유산수리의 실측설계를 하려는 경우

(1) 국가유산실측설계업자에게 하도록 하여야 한다.
(2) 다만, 동산문화유산 분야, 경미한 국가유산수리의 실측설계나 식물보호 분야 및 국가유산청장이 직접 수행하는 보존처리를 위한 실측설계는 그러하지 아니하다.
  ① 경미한 국가유산수리의 실측설계
     ('경미한 국가유산수리'에 따른 경미한 국가유산수리의 실측설계)
  ② 식물보호 분야
     ㉠ 식물의 보존·보호를 위한 병충해 방제, 수술 및 토양개량 분야
     ㉡ 식물의 보존·보호를 위한 보호시설 설치 및 환경개선 분야

6) 국가유산실측설계업자가 조경 분야의 실측설계를 하려는 경우

(1) 조경계획과 시공업무를 담당하는 국가유산수리기술자에게 하도록 하여야 한다.
(2) 조경기술자에게 실측설계를 하여야 하는 경우
  ① 국가유산수리의 전체 실측설계 중 조경분야의 실측설계가 차지하는 비율이 100분의 20 이상인 경우

② 국가유산수리의 전체 실측설계 중 조경분야의 실측설계 예정금액이 5백만 원 이상인 경우

08 국가유산수리 제한의 예외

1) 국가유산수리 및 실측설계 제한[07의 1)]에도 불구하고 국가유산수리에 「전기공사업법」에 따른 전기공사, 「정보통신공사업법」에 따른 정보통신공사, 「소방시설공사업법」에 따른 소방시설공사, 그 밖에 대통령령으로 정하는 공사가 포함되는 경우에는 국가유산수리업자와 해당 공사를 시공하는 업종을 등록한 자가 함께 수리하여야 한다.
2) 다만, 지정문화유산 및 천연기념물 등(임시지정문화유산, 임시지정천연기념물 또는 임시지정명승을 포함한다)과 함께 전통문화를 구현·형성하고 있는 주위의 시설물 또는 조경에 해당하는 국가유산수리는 해당 공사를 시공하는 업종을 등록한 자가 단독으로 수리할 수 있다.

09 성실의무

국가유산수리 등을 하는 자는 다음의 사항을 지켜야 한다.
1) 국가유산수리 등의 업무를 신의와 성실로써 수행할 것
2) 국가유산수리 등의 기준에 맞게 국가유산수리 등의 업무를 수행할 것
3) 국가유산수리 등의 보고서를 성실하게 작성하여 발주자에게 제출할 것
4) 그 밖에 국가유산의 원형을 보존하고 국가유산수리의 품질을 향상시키기 위하여 필요하다고 인정하여 국가유산수리, 실측설계 또는 감리를 하는 자는 국가유산수리 등의 기준에 맞게 작성된 설계도서 또는 인문학적·과학적 조사 및 분석을 통해 수립된 보존처리계획에 따라 국가유산수리 등의 업무를 수행하여야 한다.

10 부정한 청탁에 의한 재물 등의 취득 및 제공 금지

1) 국가유산수리 등을 하는 자나 이해관계인은 국가유산수리 등의 업무와 관련하여
2) 부정한 청탁을 받고 재물 또는 재산상의 이익을 취득하거나 부정한 청탁을 하면서 재물 또는 재산상의 이익을 제공하여서는 아니 된다.

11   국가유산수리 등의 기준 보급

1) 국가유산청장은 국가유산수리 등을 적절하게 시행하기 위하여 기준을 정하여 사용하게 할 수 있다.

2) 국가유산수리 등의 기준
   (1) 국가유산수리 등에 필요한 기준이나 자재의 규격·품질에 관한 사항
   (2) 국가유산수리 등의 대가 지급에 관한 사항
   (3) 국가유산수리 등의 보고서 작성에 관한 사항
   (4) 그 밖에 국가유산수리 등의 시행에 필요한 사항

3) 국가유산수리 등의 기준에 관한 고시
   국가유산청장은 국가유산수리 등에 필요한 기준을 정하거나 변경 또는 폐지하면 그 내용을 관보에 고시하여야 한다.

12   전통기술의 보존·육성·보급

1) 국가유산청장은 국가유산수리 등에 관한 전통기술의 보존이나 육성·보급을 위하여 다음 각 호의 사항을 추진할 수 있다.
   (1) 국가유산수리 등에 관한 전통기법 및 전통재료의 복원 연구
   (2) 국가유산수리 등에 관한 전통기법 및 전통재료를 적용한 시범사업
   (3) 국가유산수리 등에 관한 전통기법의 교육 및 전승
   (4) 국가유산수리 등에 관한 전통재료 관련 생산 시설 또는 설비 등의 설치
   (5) 국가유산수리 등에 관한 전시 및 작품전
   (6) 그 밖에 국가유산수리 등에 관한 전통기술의 보존이나 육성·보급을 위하여 필요한 사항

2) 국가유산청장은 1)의 사항을 추진하기 위하여 필요한 경우 관련 법인이나 개인을 지원할 수 있다.

13 전통재료 수급계획의 수립 등

1) 국가유산청장은 국가유산수리 등에 관한 전통재료를 체계적으로 수급·관리하기 위하여 연도별 전통재료 수급계획을 수립하여야 한다.
   (1) 연도별 전통재료 수급계획은 다음 각 호의 전통재료를 대상으로 하여 수립한다.
      ① 목재
      ② 석재
      ③ 기와 및 전돌(塼乭 : 흙으로 구워 만든 벽돌)
      ④ 그 밖에 국가유산청장이 수급계획의 수립이 필요하다고 인정하는 전통재료
   (2) 수급계획에는 다음 각 호의 사항이 포함되어야 한다.
      ① 전통재료의 종류별·규격별 사용현황
      ② 전통재료의 예상 수요량 및 공급량
      ③ 전통재료 확보계획

2) 국가유산청장은 1)에 따른 수급계획을 합리적으로 수립하기 위하여 전통재료 수급현황에 대한 실태조사를 할 수 있다.
   (1) 전통재료 수급현황에 대한 실태조사에는 다음 각 호의 사항이 포함되어야 한다.
      ① 전통재료의 생산자 및 공급자 현황
      ② 국가유산수리에 사용된 전통재료의 종류별·규격별 현황
      ③ 그 밖에 국가유산청장이 수급계획의 수립을 위하여 실태조사가 필요하다고 인정하는 사항
   (2) 실태조사는 다음 각 호의 구분에 따라 실시한다.
      ① 정기조사 : 1년마다 실시
      ② 수시조사 : 국가유산청장이 필요하다고 인정하는 경우 특정지역이나 특정항목을 대상으로 실시

3) 국가유산청장은 2)에 따른 실태조사를 하는 경우 관계 기관·단체의 장에게 자료의 제공을 요청할 수 있다. 이 경우 자료 제공을 요청받은 관계 기관·단체의 장은 특별한 사유가 없으면 이에 따라야 한다.

4) 국가유산청장은 실태조사 결과 수급이 어려운 것으로 확인된 전통재료를 비축할 수 있다.
   (1) 국가유산청장은 전통재료를 비축하는 경우에는 전통재료의 보관에 필요한 설비와 적정한 규모를 갖춘 시설을 준비해야 한다.
   (2) 전통재료의 보관 방법 및 시설의 운영 등에 필요한 사항은 국가유산청장이 정하여 고시한다.

14. 전통재료 인증

1) 국가유산청장은 국가유산수리에 관한 전통재료의 품질 관리를 위하여 품질이 우수한 전통재료에 대하여 인증할 수 있다.

   [전통재료의 인증기준은 다음 각 호와 같다.]
   (1) 국가유산수리 등에 필요한 기준이나 자재의 규격·품질에 관한 사항에 따른 품질 기준에 적합할 것
   (2) 생산시설은 (1)에 따른 품질 기준을 지속적으로 유지할 수 있는 설비를 갖출 것
   (3) 전통 기법에 따라 전통재료를 생산하는 공정이 마련되어 있을 것
   (4) 전문인력이 생산할 것

2) 인증을 받으려는 자는 문화체육관광부령으로 정하는 바에 따라 국가유산청장에게 신청하여야 한다.
   (1) 전통재료 인증을 받으려는 자는 전통재료 인증 신청서에 다음 각 호의 서류를 첨부하여 국가유산청장(국가유산청장이 업무를 위탁한 경우에는 해당 수탁기관을 말한다)에게 제출해야 한다.
      ① 인증 신청 재료에 대한 설명자료
      ② 생산시설 현황
      ③ 생산공정에 관한 자료
      ④ 생산인력 현황
      ⑤ 그 밖에 인증심사에 필요한 서류로서 국가유산청장이 정하여 고시하는 서류
   (2) 인증 신청을 받은 국가유산청장은 전통재료 인증을 한 경우에는 국가유산청장이 정하여 고시하는 인증서를 신청인에게 발급해야 한다.
   (3) 인증을 신청하는 자는 국가유산청장이 정하여 고시하는 수수료를 납부해야 한다.

3) 인증을 받은 자는 정하는 바에 따라 인증의 표시를 할 수 있다.
   (1) 인증표시는 전통재료의 표면에 한다.
   (2) 다만, 전통재료의 표면에 표시할 수 없는 경우에는 다른 방법으로 표시할 수 있다.

4) 인증을 받지 아니한 자는 인증표시 또는 이와 유사한 표시를 하여서는 아니 된다.

5) 그 밖에 규정한 사항 외에 전통재료 인증의 세부기준, 인증표시 등에 관하여 필요한 사항은 국가유산청장이 정하여 고시한다.

15 전통재료 인증의 취소

1) 국가유산청장은 인증을 받은 자가 다음 각 호의 어느 하나에 해당하는 경우에는 정하는 바에 따라 인증을 취소할 수 있다. 다만, (1)에 해당하는 경우에는 인증을 취소하여야 한다.
   (1) 거짓이나 그 밖의 부정한 방법으로 인증을 받은 경우
   (2) 인증기준에 적합하지 아니하게 된 경우(이 경우, 전통재료 인증을 취소하기 위하여 필요한 경우에는 관계 전문가의 의견을 들을 수 있다.)

2) 전통재료 인증을 받은 자는 인증이 취소된 경우에는 인증서를 국가유산청장에게 반납해야 한다.

CHAPTER 02 국가유산수리기술자 및 국가유산수리기능자

01 국가유산수리기술자

1) 국가유산수리기술자가 되려는 자는 국가유산청장이 시행하는 기술 종류별 국가유산수리기술자 자격시험에 합격하여야 한다.
   (1) 이 경우 국가유산수리를 위한 실측설계 도서의 작성 업무를 담당하는 국가유산수리기술자 자격시험에 응시하려는 자는
   (2) 「건축사법」에 따른 건축사 자격을 가진 자이어야 한다.

2) 국가유산수리기술자의 종류 및 업무 범위와 자격시험의 응시요건
   (1) 국가유산수리기술자의 종류 및 그 업무 범위

종류	업무 범위
① 보수기술자	가. 건축·토목공사의 시공 및 감리 나. 가목과 관련된 고증·유구(遺構 : 옛 구조물의 흔적)조사 및 수리(修理)보고서의 작성과 그에 따른 업무
② 단청기술자	가. 단청 분야[불화(佛畵)를 포함한다]의 시공 및 감리 나. 가목과 관련된 고증·유구조사 및 수리보고서의 작성과 그에 따른 업무
③ 실측설계기술자	가. 국가유산수리의 실측설계 도서의 작성 및 감리 나. 가목과 관련된 고증·유구조사와 그에 따른 업무
④ 조경기술자	가. 조경공사의 조경계획과 시공 및 감리 나. 가목과 관련된 고증·유구조사 및 수리보고서의 작성과 그에 따른 업무
⑤ 보존과학기술자	가. 보존처리(동산문화유산은 제외한다) 시공 및 감리 나. 동산문화유산 보존처리계획의 수립 및 보존처리의 수행 다. 가목 및 나목과 관련된 고증·유구조사 및 수리보고서의 작성과 그에 따른 업무
⑥ 식물보호기술자	가. 식물의 보존·보호를 위한 병충해 방제, 수술, 토양개량, 보호시설 설치, 환경개선 및 감리 나. 가목과 관련된 진단, 수리보고서의 작성과 그에 따른 업무

(2) 국가유산수리기술자 자격시험의 응시요건

국가유산수리기술자(실측설계기술자는 제외한다)의 자격시험에 응시하려는 사람은 다음 각 호의 어느 하나에 해당하는 요건을 갖추어야 한다.
① 국가유산수리 분야에 1년 이상 종사한 사람일 것
② 「초·중등교육법」에 따른 중학교의 졸업자 또는 이와 같은 수준 이상의 학력이 있다고 인정되는 사람일 것
③ 「국가기술자격법」에 따른 기능사 이상의 자격을 취득한 사람일 것
④ 국가유산수리기능자일 것

(3) 국가유산수리기술자 자격시험의 면접시험 합격자 발표일을 기준으로 국가유산수리기술자의 결격사유의 각 호의 어느 하나에 해당하는 사람은 국가유산수리기술자 자격시험에 응시할 수 없다.

3) 국가유산수리기술자 자격시험의 시행 및 공고 등

(1) 자격시험의 시행 등 : 매년 1회 이상 실시한다.
(다만, 국가유산수리기술자의 수급(需給) 인원 등을 고려하여 시험을 실시하기가 적절하지 아니한 경우에는 해당 연도의 시험을 실시하지 아니할 수 있다.)

(2) 공고
① 국가유산청장은 국가유산수리기술자 자격시험을 실시하려면 다음 각 호의 사항을 모든 응시자가 알 수 있도록 시험 시행일 90일 전까지 시험실시기관의 인터넷 홈페이지에 공고하여야 한다.
② 공고 내용
  ㉠ 응시자격
  ㉡ 시험일시 및 장소
  ㉢ 시험과목
  ㉣ 합격자 발표일시, 방법 및 장소
  ㉤ 응시원서의 발급기간·장소 및 접수기간·장소
  ㉥ 그 밖에 시험의 시행에 필요한 사항

(3) 국가유산수리기술자 자격시험에 응시하려는 사람(필기시험을 면제받으려는 사람을 포함한다)은 정하는 바에 따라 응시원서에 필요한 서류를 첨부하여 국가유산청장에게 제출하여야 한다.

4) 국가유산수리기술자 자격시험은 필기시험과 면접시험으로 구분하여 실시한다.

5) 국가유산수리기술자 자격시험 중 필기시험에 합격한 자는 다음 회의 국가유산수리기술자 자격시험에 한정하여 필기시험을 면제한다.

6) 국가유산수리기술자 자격시험의 과목 및 방법 등

(1) 국가유산수리기술자 자격시험의 필기시험은 선택형 객관식 시험과 논술형 주관식 시험으로 한다.

(2) 국가유산수리기술자의 종류별 자격시험의
① 필기시험 과목 및 시험방법

종류	공통과목(2과목)	전공과목(3과목)	
	선택형	선택형	논술형
1. 보수기술자	국가유산관련법령, 한국사	한국건축사	한국건축구조, 한국건축보수실무
2. 단청기술자	국가유산관련법령, 한국사	한국건축사	단청개론, 단청보수실무
3. 실측설계기술자	국가유산관련법령, 한국사	한국건축사	한국건축실측, 한국건축설계제도실무
4. 조경기술자	국가유산관련법령, 한국사	조경사	전통조경, 전통조경설계 및 시공실무
5. 보존과학기술자	국가유산관련법령, 한국사	화학	보존과학개론, 국가유산보존실무
6. 식물보호기술자	국가유산관련법령, 한국사	토양학	수목생리, 식물보호실무

[비고]
"국가유산관련법령"이란 「문화유산의 보존 및 활용에 관한 법률」 및 같은 법 시행령·시행규칙, 「자연유산의 보존 및 활용에 관한 법률」 및 같은 법 시행령·시행규칙, 「국가유산수리 등에 관한 법률」 및 같은 법 시행령·시행규칙, 「매장유산 보호 및 조사에 관한 법률」 및 같은 법 시행령·시행규칙, 「문화유산위원회 규정」, 「고도 보존 및 육성에 관한 특별법」 및 같은 법 시행령·시행규칙, 「문화유산과 자연환경자산에 관한 국민신탁법」 및 같은 법 시행령, 「무형유산의 보전 및 진흥에 관한 법률」 및 같은 법 시행령·시행규칙을 말한다.

② 다만, 필기시험 과목 중 한국사 과목은 한국사능력검정시험으로 대체한다.
㉠ 한국사 과목을 대체하는 한국사능력검정의 종류 및 기준점수

	시험의 종류	기준등급
한국사능력검정시험	국사편찬위원회에서 주관하여 시행하는 시험(한국사능력검정시험)을 말한다.	3급 이상

　　　　　ⓒ 위 표에서 정한 시험은 국가유산수리기술자 자격시험의 필기시험 응시원서 접수 마감일까지 등급이 발표된 시험으로 한정하며, 기준등급이 확인된 시험만 인정한다. 이 경우 그 소명방법은 시험실시기관의 장이 정하여 공고한다.

(3) 필기시험에 합격한 사람이나 필기시험을 면제받은 사람은 면접시험에 응시할 수 있다.

(4) 면접시험의 평가사항
　　① 해당 기술 종류에 관한 전문지식 및 응용력
　　② 역사 및 국가유산에 대한 이해
　　③ 국가유산수리기술자로서의 사명감 및 역할에 대한 인식
　　④ 올바른 직업윤리관

(5) 국가유산수리기술자 합격자의 결정 등
　　① 필기시험 합격자
　　　　ⓐ 한국사능력검정시험의 기준등급 이상을 취득한 사람 중 한국사 과목을 제외한 나머지 과목에서 과목당 100점을 만점으로 하여
　　　　ⓑ 매 과목 40점 이상, 전 과목 평균 60점 이상을 득점한 사람으로 한다.
　　② 면접시험 합격자
　　　　ⓐ 면접위원 1명당 100점을 만점으로 하여
　　　　ⓑ 1명당 40점 이상, 전 면접위원 평균 60점 이상을 득점한 사람으로 한다.
　　③ 국가유산청장은 최종 시험합격자가 결정되면 모든 응시자가 알 수 있는 방법으로 알려야 한다.

02 국가유산수리기술자의 결격사유

다음의 어느 하나에 해당하는 사람은 국가유산수리기술자가 될 수 없다.
1) 18세 미만인 사람
2) 피성년후견인 또는 피한정후견인
3) 「건축사법」(실측설계 도서의 작성업무를 하는 사람만 해당한다) 또는 이 법을 위반하여 금고 이상의 실형을 선고받고 그 집행이 끝나거나(그 집행이 끝난 것으로 보는 경우를 포함한다) 집행이 면제된 날부터 3년이 지나지 아니한 사람
4) 3)에서 규정한 법률을 위반하여 금고 이상의 형의 집행유예를 선고받고 그 유예기간 중에 있는 사람
5) 국가유산수리기술자의 자격취소 등(법 제47조)에 따라 국가유산수리기술자의 자격이 취소된 날부터 3년이 지나지 아니한 사람

(18세 미만인 사람, 피성년후견인 또는 피한정후견인에 해당하여 자격이 취소된 사람은 제외한다.)

03 국가유산수리기술자 자격증의 발급 등

1) 국가유산청장은 국가유산수리기술자 자격시험에 합격한 자에게 국가유산수리기술자 자격증을 발급하여야 한다.
2) 국가유산수리기술자 자격증을 발급받은 자가 자격증을 잃어버리거나 자격증이 헐어 못 쓰게 된 경우에는 국가유산청장으로부터 재발급을 받을 수 있다.
3) 국가유산수리기술자는 다른 사람에게 자기의 성명을 사용하여 국가유산수리 등의 업무를 하게 하여서는 아니 되며, 누구든지 다른 국가유산수리기술자의 성명을 사용하여 국가유산수리 등의 업무를 하여서는 아니 된다.
4) 누구든지 국가유산수리기술자 자격증을 다른 사람에게 대여하거나 대여받아서는 아니 되며, 이를 알선하여서도 아니 된다.
5) 국가유산수리기술자는 둘 이상의 국가유산수리업자, 국가유산실측설계업자 또는 국가유산감리업자에게 중복하여 취업하여서는 아니 된다.
6) 국가유산수리기술자 자격증의 발급·재발급의 절차 및 그 관리에 필요한 사항은 문화체육관광부령으로 정한다.

04 국가유산수리기능자 자격시험 등

1) 국가유산수리기능자가 되려는 사람은 국가유산청장이 시행하는 기능 종류별 국가유산수리기능자 자격시험에 합격하여야 한다.
   (1) 다만, 「무형유산 보전 및 진흥에 관한 법률」에 따른 국가무형유산 및 시·도 무형유산의 보유자와 전승교육사 중 문화체육관광부령으로 정하는 국가유산수리 분야의 보유자 및 전승교육사는 소정의 교육을 마친 때부터 해당 국가유산수리기능자 자격시험에 합격한 것으로 본다.

   (2) 국가유산수리기능자 자격시험
       ① 매년 1회 이상 실시한다.
       ② 다만, 국가유산수리기능자의 수급(需給)인원 등을 고려하여 시험을 실시하기가 적절하지 아니한 경우에는 해당 연도의 시험을 실시하지 아니할 수 있다.

2) 국가유산수리기능자의 종류 및 업무 범위

종류		업무 범위
1. 한식목공	대목수	목조 건조물의 해체·조립 및 치목(治木: 나무다듬기)과 그에 따른 업무
	소목수	목조 건조물의 창호·닫집 등과 이와 유사한 구조물의 제작·설치 및 보수와 그에 따른 업무
2. 한식석공	가공석공	석재의 가공과 그에 따른 업무
	쌓기석공	석조물의 축조·해체 및 보수와 그에 따른 업무
3. 화공		단청(불화를 포함한다)과 그에 따른 업무
4. 드잡이공		드잡이(기울거나 내려앉은 구조물을 해체하지 않고 도구 등을 이용하여 바로잡는 일을 말한다)와 그에 따른 업무
5. 번와(翻瓦)와공(기와를 해체하거나 이는 사람)		기와의 해체 및 이기와 그에 따른 업무
6. 제작와공		기와·전돌(塼乭: 흙으로 구워 만든 벽돌) 등의 제작과 그에 따른 업무
7. 한식미장공		미장과 그에 따른 업무
8. 철물공		철물 등의 제작 및 보수와 그에 따른 업무
9. 조각공	목조각공	목재를 이용한 조각, 목조각물의 보수와 그에 따른 업무
	석조각공	석재를 이용한 조각, 석조각물의 보수와 그에 따른 업무
10. 칠공		옻 등의 전통 재료를 이용한 칠, 칠의 보수와 그에 따른 업무
11. 도금공		도금, 도금과 관련된 보수와 그에 따른 업무
12. 표구공		표구, 표구물의 보수와 그에 따른 업무
13. 조경공		조경의 시공과 그에 따른 업무
14. 세척공		세척과 그에 따른 업무
15. 보존과학공	훈증공	재료나 자재의 살균·살충·방부 등을 위한 훈증과 그에 따른 업무
	보존처리공	보존처리와 그에 따른 업무
16. 식물보호공		식물의 보존·보호를 위한 병충해 방제, 수술, 토양개량, 보호시설 설치 및 환경개선과 그에 따른 업무
17. 실측설계사보		실측 및 설계도서 작성과 그에 따른 업무
18. 박제 및 표본제작공		박제·표본 제작 및 보수와 그에 따른 업무
19. 모사공		서화류의 모사와 그에 따른 업무
20. 온돌공		온돌의 해체·설치 및 보수와 그에 따른 업무

3) 국가유산수리기능자 자격시험
   (1) 자격시험 : 실기시험과 면접시험으로 구분하여 실시
      (국가유산수리기능자 자격시험은 국가유산수리기능자의 종류별로 그 기능을 심사하는 실기시험과 해당 분야에 관한 전문지식 및 응용력 등을 평가하는 면접시험으로 한다.) 국가유산수리기능자 자격시험의 합격자는 합격기준을 모두 충족한 사람으로서 실시시험과 면접시험의 점수를 합산한 점수의 평균이 60점 이상인 사람으로 한다.
   (2) 실기시험 합격기준
      ① 실기시험 심사위원 1명당 70점을 만점으로 하여
      ② 1명당 30점 이상
   (3) 면접시험 합격기준
      ① 면접시험 심사위원 1명당 30점을 만점으로 하여
      ② 1명당 10점 이상

4) 국가유산수리기능자 자격 인정 교육
   (1) 국가유산수리 분야의 보유자는 전문교육을 8시간 이상 마쳐야 해당 국가유산수리기능자 자격시험에 합격한 것으로 본다.
   (2) 국가유산청장은 교육을 마친 사람에게 문화체육관광부령으로 정하는 교육수료증과 국가유산수리기능자 자격증을 발급하여야 한다.
   (3) 교육에 필요한 경비는 교육을 받는 사람이 부담한다.

5) 국가유산수리기능자 자격 인정 대상자의 범위
   (1) 국가무형유산 보유자

국가유산수리기능자의 종류		국가유산수리기능자의 종류에 해당하는 국가무형유산 보유자
가. 한식목공	대목수	대목장
	소목수	소목장
나. 화공		단청장, 불화장(불교에 관한 그림을 그리는 장인)
다. 번와와공(기와를 해체하거나 이는 사람)		번와장(기와를 해체하거나 이는 일을 하는 장인)
라. 제작와공		제와장(전통 한식기와를 만드는 일을 하는 장인)
마. 철물공		두석장(놋쇠를 오리거나 새김질하여 기구의 장식물을 만드는 일을 하는 장인)

국가유산수리기능자의 종류		국가유산수리기능자의 종류에 해당하는 국가무형유산 보유자
바. 조각공	목조각공	목조각장
사. 칠공		칠장
아. 표구공		배첩장(서화나 자수를 족자, 액자, 병풍, 서첩 따위로 꾸미는 장인)
자. 그 밖의 국가유산수리기능자		국가유산청장이 정하여 고시하는 국가무형유산 보유자

(2) 시·도무형유산 보유자

국가유산수리기능자의 종류		국가유산수리기능자의 종류에 해당하는 시·도무형유산 보유자
한식목공	대목수	대목장(광주광역시 무형유산)
		대목장(경기도 무형유산)
		대목장(강원도 무형유산)
		대목장(충청북도 무형유산)
		서천대목장(충청남도 무형유산)
		대목장(전라북도 무형유산)
		대목장(경상북도 무형유산)
철물공		두석장(경상남도 무형유산)
그 밖의 국가유산수리기능자		국가유산청장이 정하여 고시하는 시·도무형유산 보유자

05 국가유산수리기능자 자격증의 발급 등

국가유산수리기능자 자격증의 발급 등에 관하여는 '03 국가유산수리기술자 자격증의 발급 등' (법 제10조)을 준용한다.

06 부정행위자에 대한 조치

국가유산청장은 국가유산수리기술자 자격시험이나 국가유산수리기능자 자격시험에서 부정행위를 한 응시자에 대하여는
1) 그 시험을 정지시키거나 무효로 하며
2) 그 시험 시행일로부터 3년간 응시자격을 정지한다.

07 국가유산수리기술자등의 신고

1) 국가유산수리기술자 및 국가유산수리기능자로서 경력·학력·자격 및 근무처 등을 인정받으려는 자는 국가유산청장에게 신고하여야 한다. 신고사항이 변경된 경우에도 또한 같다.
2) 국가유산청장은 신고를 받은 경우에는 국가유산수리기술자 등의 경력 등에 관한 기록을 유지·관리하여야 하며, 국가유산수리기술자 등이 신청하는 경우에는 국가유산수리기술자 등의 경력 등에 관한 증명서를 발급하여야 한다.
3) 국가유산수리기술자 등은 경력 등을 거짓으로 신고하여서는 아니 된다.
4) 국가유산수리기술자 등의 신고에 필요한 자료, 경력 등에 관한 기록의 유지·관리 및 경력증의 발급 등에 필요한 사항은 문화체육관광부령으로 정한다.

국가유산수리업등의 운영

[제1절 국가유산수리업등의 등록]

01 국가유산수리업자등의 등록

1) 국가유산수리업등의 등록

(1) 국가유산수리업, 국가유산실측설계업 또는 국가유산감리업을 하려는 자는

(2) 국가유산수리업등의 등록요건(을 갖추어)

① 기술능력·자본금(개인의 경우에는 국가유산수리업등에 제공되는 자산평가액을 말한다) 및 시설 등을 갖출 것

㉠ 종합국가유산수리업

종합국가유산수리업의 종류(업종)	기술능력		자본금 (개인의 경우 영업용 자산평가액)		시설
	국가유산수리기술자	국가유산수리기능자			
보수단청업	보수기술자 1명과 보수기술자 또는 단청기술자 1명을 포함한 2명 이상	한식목공(대목수) 1명과 한식미장공, 번와와공, 화공, 드잡이공 (기울어진 구조물을 해체하지 않고 도구를 이용하여 바로 잡는 사람), 한식석공, 한식목공 중 서로 다른 분야의 기능자 2명을 포함한 3명 이상	법인	2억 원 이상	사무실
			개인	2억 원 이상	

ⓛ 전문국가유산수리업

전문국가유산수리업의 종류 (업종)	기술능력		자본금 (개인의 경우 영업용 자산 평가액)		시설
	국가유산수리 기술자	국가유산수리 기능자			
조경업	조경기술자 1명 이상	조경공 1명 이상	법인	5천만 원 이상	사무실
			개인	5천만 원 이상	
보존 과학업	보존과학기술자 1명 이상	보존처리공 1명과 훈증공, 세척공, 표구공 중 1명을 포함한 2명 이상	법인	5천만 원 이상	사무실
			개인	5천만 원 이상	
식물 보호업	식물보호기술자 1명 이상	식물보호공 1명 이상	법인	5천만 원 이상	사무실
			개인	5천만 원 이상	
단청 공사업	단청기술자 1명 이상	화공 1명 이상	법인	5천만 원 이상	사무실
			개인	5천만 원 이상	
목공사업	-	대목수 1명을 포함한 한식목공 2명 이상	법인	5천만 원 이상	사무실
			개인	5천만 원 이상	
석공사업	-	쌓기석공 1명을 포함한 한식석공 2명 이상	법인	5천만 원 이상	사무실
			개인	5천만 원 이상	
번와 공사업	-	번와와공 2명 이상	법인	5천만 원 이상	사무실
			개인	5천만 원 이상	
미장 공사업	-	한식미장공 2명 이상	법인	5천만 원 이상	사무실
			개인	5천만 원 이상	
온돌 공사업	-	온돌공 2명 이상	법인	5천만 원 이상	사무실
			개인	5천만 원 이상	

ⓒ 국가유산실측설계업

구분	기술능력		자본금 (개인의 경우 영업용 자산 평가액)		시설
	국가유산수리 기술자	국가유산수리 기능자			
국가유산 실측설계업	실측설계기술자 1명 이상	실측설계사보 1명 이상	법인	-	사무실
			개인	-	

ⓔ 국가유산감리업

구분	기술능력		자본금 (개인의 경우 영업용 자산 평가액)		시설
	국가유산수리 기술자	국가유산수리 기능자			
국가유산감리업	보수기술자 또는 실측설계기술자 중 1명과 실측설계기술자, 보수기술자, 단청기술자, 조경기술자, 보존과학기술자, 식물보호기술자 중 1명을 포함하여 2명 이상	-	법인	5천만 원 이상	-
			개인	5천만 원 이상	사무실

[비고]
1. 기술능력
   가. 위 표 중 국가유산수리기술자 및 국가유산수리기능자는 상시 근무하는 사람을 말하며, 법 제47조 및 제48조에 따라 그 자격이 정지된 사람은 제외한다.
   나. 제12조에 따른 등록 요건을 갖추어 등록한 국가유산수리업등은 국가유산수리기술자 또는 국가유산수리기능자가 사망, 신체·정신상의 장애 또는 병역의무 이행, 해외 유학·이민, 학교·공공기관 및 기업체 재직, 「고등교육법」 제2조에 따른 학교 및 같은 법 제29조에 따른 대학원 재학 등으로 상시 근무가 불가능하여 보유기준에 미달하게 된 경우에는 1개월 이내에 이를 충원해야 한다.
   다. 다른 법령에 따라 등록, 신고, 허가 등을 위한 기술인력으로 이미 등록 또는 신고 등이 되어 있는 사람은 국가유산수리업등의 등록요건 중 기술능력의 산정 시 제외한다. 다만, 「건축사법」 제23조에 따라 건축사사무소 개설신고를 한 실측설계기술자는 그러하지 아니하다.
   라. 제12조 제1항 제5호에 따라 국가유산실측설계업을 등록한 실측설계기술자가 국가유산감리업을 등록하는 경우에는 위 표 제ⓔ호 국가유산감리업 등록의 기술능력 산정 시 그 실측설계기술자를 포함할 수 있다.
2. 자본금(개인의 경우 영업용 자산평가액)
   가. 자본금(개인의 경우 영업용 자산평가액)은 국가유산수리업등을 위한 자본금(개인의 경우 영업용 자산평가액)으로 국가유산수리업 등 외의 자본금은 제외하며, 주식회사 외의 법인인 경우에는 출자금을 자본금으로 한다.
   나. 법인의 경우 납입자본금과 실질자본금이 각각 등록기준의 자본금 이상이어야 한다.
3. 사무실
   국가유산실측설계업과 국가유산감리업을 함께 등록하는 경우에는 하나의 사무실만 갖출 수 있다.

② 다음 각 목의 어느 하나에 해당하는 기관이 ①에 따른 자본금의 기준금액의 100분의 20 이상에 해당하는 금액의 담보를 제공받거나 현금을 예치 또는 출자받은 사실을 증명하여 발행하는 확인서를 제출할 것
  ㉠ 법 제42조에 따른 국가유산수리협회
  ㉡ 「은행법」에 따른 은행
  ㉢ 「보험업법」에 따른 보험회사
  ㉣ 「건설산업기본법」 제54조에 따른 공제조합
      (국가유산수리업등을 등록하려는 자가 조합원인 경우로 한정한다)
  ㉤ 그 밖에 국가유산청장이 정하여 고시하는 기관
③ 「국가를 당사자로 하는 계약에 관한 법률」 또는 「지방자치단체를 당사자로 하는 계약에 관한 법률」에 따라 부정당업자로 입찰참가자격이 제한된 경우에는 그 참가자격 제한기간이 지났을 것
④ 국가유산수리업자등의 등록 취소 등(법 제49조제1항)에 따른 영업정치처분을 받은 경우에는 그 영업정지 기간이 지났을 것
⑤ 국가유산실측설계업자(법인인 경우에는 그 대표자를 말한다)의 경우에는 국가유산수리기술자 중 실측설계기술자로서 「건축사법」에 따라 건축사 사무소 개설신고를 한 자일 것

(3) 주된 영업소의 소재지를 관할하는 시·도지사에게 등록하여야 한다.

2) 국가유산수리업등을 등록한 자는 등록사항 중 중요사항이 변경된 경우

(1) 변경된 날부터 30일 이내에 등록한 시·도지사에게 변경신고를 하여야 한다.

(2) 등록사항 중 중요사항
  ① 상호
  ② 대표자
  ③ 주된 영업소 소재지
  ④ 국가유산수리기술자 및 국가유산수리기능자 보유현황

3) 시·도지사는 변경신고를 받은 날부터 10일 이내에 변경신고수리 여부를 신고인에게 통지하여야 한다.

4) 시·도지사가 정한 기간 내에 변경신고수리 여부 또는 민원 처리 관련 법령에 따른 처리기간의 연장을 신고인에게 통지하지 아니하면 그 기간(민원 처리 관련 법령에 따라 처리기간이 연장 또는 재연장된 경우에는 해당 처리기간을 말한다)이 끝난 날의 다음 날에 변경신고를 수리한 것으로 본다.

5) 국가유산수리업등을 등록한 자가 폐업한 경우에는 정하는 바에 따라 시·도지사에게 신고하여야 한다(이 경우 시·도지사는 폐업신고를 받으면 그 등록을 말소하여야 한다).

6) 시·도지사는 국가유산수리업등의 등록, 변경신고, 폐업신고를 받으면 국가유산청장에게 통보하여야 한다.

7) 시·도지사는 국가유산수리업등의 등록을 하면 등록증 및 등록수첩을 발급하여야 한다.

8) 발급받은 등록증 또는 등록수첩을 잃어버리거나 못 쓰게 된 경우에는 재발급을 받을 수 있다.

9) 국가유산수리업등의 등록 및 변경신고의 절차와 등록증 및 등록수첩의 발급·재발급 등에 필요한 사항은 문화체육관광부령으로 정한다.

02 국가유산수리 능력의 평가 및 공시

1) 국가유산청장은 발주자가 적절한 국가유산수리업자를 선정할 수 있도록 하기 위하여 국가유산수리업자의 신청이 있는 경우 국가유산수리의 능력을 평가하여 공시하여야 한다.

2) 평가를 받으려는 국가유산수리업자는 해마다 전년도 국가유산수리 실적, 기술인력 보유현황, 재무상태, 그 밖에 문화체육관광부령으로 정하는 사항을 국가유산청장에게 신고하여야 한다.

3) 국가유산수리업자는 전년도 실적 등을 거짓으로 신고하여서는 아니 된다.

4) **국가유산수리 능력의 평가 및 공시 방법, 전년도 실적 등의 신고 등에 필요한 사항**

   (1) 국가유산수리 능력의 평가 방법

   ① 국가유산수리업자의 국가유산수리 능력 평가는 업종별로 구분하여 한다.
   ② 국가유산수리업의 양도 신고를 한 경우 양수인의 국가유산수리 능력은 ①에 따라 새로이 평가한다. 다만, 국가유산수리업의 양도가 다음의 어느 하나에 해당하는 경우에는 그러하지 아니하다.[시·도지사는 국가유산수리업의 양도가 양도인의 국가유산수리업에 관한 자산과 권리·의무의 전부를 포괄적으로 양도하는 경우로서 다음 각 호의 어느 하나에 해당하면 양도인의 국가유산수리업의 영위기간 및 국가유산수리 공사금액 실적을 합산할 수 있다.] : 시행규칙 제11조 제6항

㉠ 개인이 영위하던 국가유산수리업을 법인사업으로 전환하기 위하여 국가유산수리업을 양도하는 경우
　　　㉡ 국가유산수리업과 국가유산수리업이 아닌 업종을 같이 영위하는 국가유산수리업자인 회사가 분할에 의하여 설립된 다른 회사 또는 분할 합병한 다른 회사에 그 회사가 영위하는 국가유산수리업 전부를 양도하는 경우
　③ 국가유산수리업자가 사망한 경우에는 그 상속인은 국가유산수리업자의 모든 권리·의무를 승계하는 상속인, 시행규칙 제11조 제6항 각 호의 어느 하나에 해당하는 양수인 또는 합병 후 존속하는 법인이나 신설된 법인의 국가유산수리 능력은 피상속인, 양도인 또는 종전 법인의 국가유산수리 능력과 동일한 것으로 본다. 다만, 해당 국가유산수리업자의 신청이 있는 경우에는 정해진 기간에도 불구하고 새로이 평가할 수 있다.
　④ ③ 단서에 따라 국가유산수리 능력을 새로이 평가하는 경우 피상속인, 양도인 또는 종전 법인의 국가유산수리 실적은 상속인, 양수인 또는 합병 후 존속하는 법인이나 신설된 법인의 국가유산수리 실적에 합산한다.
　⑤ 종합국가유산수리업자가 도급받은 국가유산수리의 일부를 전문국가유산수리업자에게 하도급한 경우에는 그 하도급 부분에 해당하는 국가유산수리 실적도 해당 종합국가유산수리업자의 실적에 합산한다.
　⑥ ①부터 ⑤까지에서 규정한 사항 외에 국가유산수리 능력의 평가에 필요한 세부사항은 국가유산청장이 정하여 고시한다.

(2) 국가유산수리 능력의 공시
　① 국가유산청장(국가유산청장이 업무를 위탁한 경우에는 해당 수탁기관을 말한다)은 국가유산수리 능력을 평가한 경우에는 매년 7월 31일까지 아래의 사항을 공사하여야 한다.
　　　㉠ 상호 및 성명(법인인 경우에는 대표자의 성명을 말한다)
　　　㉡ 주된 영업소의 소재지
　　　㉢ 업종 및 등록번호
　　　㉣ 국가유산수리 능력 평가 결과
　② 국가유산청장은 ①에 따른 국가유산수리 능력의 공시를 「신문 등의 진흥에 관한 법률」에 따라 등록한 전국을 보급지역으로 하는 일반일간신문 또는 국가유산수리종합정보시스템을 통하여 하여야 한다.

03 국가유산수리업자등의 정보관리 등

1) 국가유산청장은 국가유산수리업자등의 자본금, 경영실태, 국가유산수리 등 실적, 기술인력 보유현황, 국가유산수리에 필요한 자재·인력의 수급상황 등의 정보를 종합적으로 관리하고, 이를 필요로 하는 관련 기관 또는 단체 등에 제공할 수 있다.
2) 국가유산청장은 정보를 종합적·체계적으로 관리하기 위하여 국가유산수리종합정보시스템을 구축·운영할 수 있다.
3) 국가유산청장은 정보의 종합관리를 위하여 국가유산수리업자등, 발주자, 관련 기관 및 단체 등에 필요한 자료의 제출을 요청할 수 있으며, 이 경우 요청을 받은 자는 특별한 사유가 없으면 자료를 제출하여야 한다.

04 국가유산수리업자등의 결격사유

아래의 어느 하나에 해당하는 자는 국가유산수리업자 등이 될 수 없다.
1) 미성년자
2) 국가유산실측설계업자의 경우 피성년후견인 또는 피한정후견인
3) 국가유산수리업자 또는 국가유산감리업자의 경우 정신적 제약으로 인하여 해당 직무를 수행할 수 없는 자로서 대통령령으로 정하는 자

   [대통령령으로 정하는 자]
   정신적 제약으로 국가유산수리업 또는 국가유산감리업을 정상적으로 수행하는 데 필요한 의사결정 능력이 현저히 부족하다고 해당 분야 전문의가 인정하는 사람을 말한다.

4) 「건축사법」(국가유산실측설계업자만 해당한다) 또는 이 법을 위반하여 금고 이상의 실형을 선고받고 그 집행이 끝나거나(그 집행이 끝난 것으로 보는 경우를 포함한다) 집행이 면제된 날부터 2년이 지나지 아니한 자
5) 4)에 규정된 법률을 위반하여 형의 집행유예를 선고받고 그 유예기간 중에 있는 자
6) 국가유산수리업자등의 등록이 취소된 날부터 2년이 지나지 아니한 자(기술능력, 자본금, 시설 등의 등록요건에 미달한 사실이 있는 경우에 따라 취소된 자나 미성년자 및 국가유산실측설계업자의 경우 피성년후견인 또는 피한정후견인에 해당하여 등록이 취소된 자는 제외한다)
7) 「건축사법」에 따라 건축사업무신고등의 효력상실처분을 받고 2년이 지나지 아니한 자(국가유산 실측설계업자에 한한다)
8) 「건축사법」에 따른 업무정지 처분을 받고 그 정지기간 중에 있는 자(국가유산실측 설계업자만 해당한다)
9) 법인의 임원 중 1)부터 8)까지의 규정에 해당하는 자가 있는 법인

05 국가유산수리업의 종류

1) 국가유산수리업의 종류

국가유산수리업자등의 등록에 따른 국가유산수리업은 종합국가유산수리업과 전문국가유산수리업으로 구분한다.

(1) 종합국가유산수리업 : 종합적인 계획·관리 및 조정하에 두 종류 이상의 공종(工種)이 복합된 국가유산수리를 하는 것
(2) 전문국가유산수리업 : 국가유산의 일부 또는 전문 분야에 관한 국가유산수리를 하는 것

2) 종합국가유산수리업과 전문국가유산수리업의 종류 및 업무범위

구분	종류(업종)	업무범위
종합국가유산수리업	보수단청업	가. 건축·토목공사 및 단청(불화를 포함한다)의 시공 나. 가목과 관련된 고증·유구(遺構)조사 및 수리보고서의 작성과 그에 따른 업무
전문국가유산수리업	조경업	가. 조경공사의 시공 나. 가목과 관련된 고증·유구조사 및 수리보고서의 작성과 그에 따른 업무
	보존과학업	가. 보존처리(동산문화유산은 제외한다)의 시공 나. 동산문화유산 보존처리계획의 수립 및 보존처리의 수행 다. 가목 및 나목과 관련된 고증·유구조사 및 수리보고서의 작성과 그에 따른 업무
	식물보호업	가. 식물의 보존·보호를 위한 병충해 방제, 수술, 토양개량, 보호시설 설치 및 환경개선의 시공 나. 가목과 관련된 진단, 수리보고서의 작성과 그에 따른 업무
	단청공사업	가. 단청(불화를 포함한다)의 시공 나. 가목과 관련된 고증·유구조사 및 수리보고서의 작성과 그에 따른 업무
	목공사업	목공사의 시공
	석공사업	석공사의 시공
	번와공사업	번와공사(기와를 해체하거나 이는 일)의 시공
	미장공사업	미장공사의 시공
	온돌공사업	온돌공사의 시공

[비고]
위 표의 종합국가유산수리업의 업무 범위 중 가목의 업무는 단청공사업, 목공사업, 석공사업, 번와공사업, 미장공사업 및 온돌공사업의 업무범위에 해당하는 업무를 포함한다.

3) 종합국가유산수리업과 전문국가유산수리업에도 불구하고 기술적으로 분리하기 어려운 복합된 국가유산수리로서 부대국가유산수리의 경우에는 주된 분야의 국가유산수리업자가 수리할 수 있다. 이 경우 종된 분야의 국가유산수리기능자를 참여시켜야 한다.

4) 부대 국가유산수리의 범위
   (1) 주된 분야의 국가유산수리를 시행하기 위하여 또는 시행함으로 인하여 필요한 종된 국가유산수리
   (2) 두 종류 이상의 전문 분야에 관한 국가유산수리가 복합된 국가유산수리로서 전체 국가유산수리 예정금액이 1억 원 미만이고, 주된 분야의 국가유산수리 예정금액이 전체 국가유산수리 예정금액의 2분의 1 이상인 경우 그 나머지 부분의 국가유산수리
   (3) 종된 국가유산수리 예정금액이 2천만 원 미만인 국가유산수리

06 국가유산수리업의 양도 등

1) 국가유산수리업자는 아래의 어느 하나에 해당하는 경우에는 정하는 바에 따라 시·도지사에게 신고하여야 한다.
   (1) 국가유산수리업을 양도하려는 경우
   (2) 법인인 국가유산수리업자가 합병하려는 경우
2) 시·도지사는 신고를 받은 날부터 10일 이내에 신고수리 여부를 신고인에게 통지하여야 한다.
3) 시·도지사가 정한 기간 내에 신고수리 여부 또는 민원 처리 관련 법령에 따른 처리기간의 연장을 신고인에게 통지하지 아니하면 그 기간(민원 처리 관련 법령에 따라 처리기간이 연장 또는 재연장된 경우에는 해당 처리기간을 말한다)이 끝난 날의 다음 날에 신고를 수리한 것으로 본다.
4) 국가유산수리업의 양도신고가 수리된[3)에 따라 신고를 수리한 것으로 보는 경우를 포함한다] 때에는 국가유산수리업을 양수한 자는 국가유산수리업을 양도한 자의 국가유산수리업자로서의 지위를 승계하며, 법인의 합병신고가 수리된 때에는 합병으로 설립되거나 존속하는 법인은 합병으로 소멸되는 법인의 국가유산수리업자로서의 지위를 승계한다.
5) 국가유산수리업을 양도하려는 자는 그 사실을 30일 이상 공고하여야 한다.

07 국가유산수리업 양도의 내용

1) 국가유산수리업의 권리·의무의 양도내용
국가유산수리업을 양도하려는 자는 국가유산수리업에 관한 다음의 권리·의무를 모두 양도하여야 한다.
- (1) 시행 중인 국가유산수리의 도급에 관한 권리·의무
- (2) 국가유산수리가 끝났으나 그에 관한 하자담보 책임기간 중에 있는 경우에는 그 국가유산수리의 하자보수에 관한 권리·의무

2) 시행 중인 국가유산수리가 있는 때에는 해당 국가유산수리의 발주자의 동의를 받거나 해당 국가유산수리의 도급을 해지한 후가 아니면 국가유산수리업을 양도할 수 없다.

08 국가유산수리업 양도의 제한

1) 국가유산수리업자가 국가유산수리업을 양도할 수 없는 경우
- (1) 국가유산수리업자등의 등록취소 등(법 제49조)에 따른 영업정지 처분기간 중에 있는 경우
- (2) 국가유산수리업자등의 등록취소 등(법 제49조)에 따라 국가유산수리업의 등록취소 처분을 받고「행정심판법」또는「행정소송법」에 따라 그 처분이 집행정지 중에 있는 경우
- (3) 「국가를 당사자로 하는 계약에 관한 법률」또는「지방자치단체를 당사자로 하는 계약에 관한 법률」에 따라 부정당업자(不正當業者)로서 입찰참가자격 제한처분을 받고 그 처분기간 중에 있는 경우

2) 다만, 상속인이 국가유산수리업자의 결격사유(법 제15조)에 해당하여 국가유산수리업을 양도하여야 하는 경우에는 그러하지 아니하다.

09 국가유산수리업의 상속

1) 국가유산수리업자가 사망한 경우에는 그 상속인은 이 법에 따른 국가유산수리업자의 모든 권리·의무를 승계한다.

2) 국가유산수리업등의 상속신고 등
    (1) 국가유산수리업등 상속신고서를 상속개시일부터 60일 이내에
    (2) 시·도지사에게 제출하여야 한다.
3) 상속인이 국가유산수리업자의 결격사유(법 제15조)에 해당하는 경우에는 상속개시일부터 3개월 이내에 그 국가유산수리업을 다른 사람에게 양도하여야 한다.

10 등록증 등의 대여 금지

1) 국가유산수리업자는 다른 사람에게 자기의 성명 또는 상호를 사용하여 국가유산수리를 수급받게 하거나 시행하게 하여서는 아니 되며
2) 발급받은 등록증 또는 등록 수첩을 대여하여서는 아니 된다.

11 등록취소 처분 등을 받은 후의 국가유산수리

1) 국가유산수리업자등의 등록취소 등(법 제49조)에 따른 영업정지 처분이나 등록취소 처분을 받은 국가유산수리업자 및 그 포괄 승계인은 그 처분을 받기 전에 도급을 체결하였거나 관계 법령에 따라 허가·인가 등을 받아 착수한 국가유산수리에 대하여는 이를 계속하여 시행할 수 있다.
2) 국가유산수리업자등의 등록취소 등(법 제49조)에 따른 영업정지 처분이나 등록취소 처분을 받은 국가유산수리업자 및 그 포괄승계인은 그 처분의 내용을 지체 없이 해당 국가유산수리의 발주자에게 알려야 한다.
3) 국가유산수리업자가 국가유산수리업의 등록이 취소된 후 국가유산수리를 계속하는 경우에는 그 국가유산수리를 완성할 때까지는 국가유산수리업자로 본다.
4) 국가유산수리의 발주자는 특별한 사유가 있는 경우 외에는 해당 국가유산수리업자로부터 등록취소 등에 따른 통지를 받은 날이나 그 사실을 안 날부터 30일 이내에만 도급을 해지할 수 있다.

[제2절 도급 및 하도급]

01 국가유산수리 등에 관한 도급의 원칙

1) 도급의 원칙
   (1) 국가유산수리 등에 관한 도급의 당사자는 각각 대등한 입장에서
   (2) 합의에 따라 공정하게 계약을 체결하고
   (3) 신의에 따라 성실하게 계약내용을 이행하여야 한다.

2) 국가유산수리 등에 관한 도급의 당사자는 계약을 체결할 때에 도급금액, 수리기간과 그 밖에 정하는 사항을 계약서에 분명하게 밝혀야 하며, 서명날인한 계약서를 각각 보관하여야 한다.

   (1) 도급계약의 내용
      ① 국가유산수리 등의 구체적 내용
      ② 국가유산수리 등의 착수시기와 완성시기
      ③ 도급금액의 선급금이나 기성금의 지급에 관하여 약정을 한 경우에는 각각 그 지급의 시기 · 방법 및 금액
      ④ 국가유산수리 등의 중지 또는 계약 해제나 천재지변의 경우 발생하는 손해의 부담에 관한 사항
      ⑤ 설계변경 · 물가변동 등으로 인한 도급금액 또는 국가유산수리 등의 내용변경에 관한 사항
      ⑥ 산업안전보건법에 따른 산업안전보건관리비의 지급에 관한 사항
      ⑦ 산업재해보상법에 따른 산업재해보상보험료, 고용보험법에 따른 고용보험료, 그 밖에 해당 국가유산수리 등과 관련하여 법령에 따라 부담하는 각종 부담금의 금액과 부담방법에 관한 사항
      ⑧ 해당 국가유산수리에서 발생된 폐기물의 처리방법과 재활용에 관한 사항
      ⑨ 도급목적물의 인도를 위한 검사 및 인도시기
      ⑩ 국가유산수리 등의 완성 후의 도급금액 지급시기
      ⑪ 계약이행 지체의 경우 위약금 · 지연이자의 지급 등 손해배상에 관한 사항
      ⑫ 하자 담보책임 기간 및 하자 담보방법
      ⑬ 그 밖에 다른 법령 또는 양쪽의 합의에 따라 명시되는 사항

(2) 국가유산청장은 계약당사자가 대등한 입장에서 공정하게 계약을 체결하도록 하기 위하여 국가유산수리 등의 도급 및 하도급에 관한 표준계약서를 정하여 보급할 수 있다.

3) 도급대장
(1) 수급인은 국가유산수리 등에 관한 내용이 적힌 대장을 주된 영업소에 보관하여야 한다.

(2) 보관하여야 할 도급대장
① 국가유산수리업자 : 국가유산수리 도급대장
② 국가유산실측설계업자 : 실측설계 도급대장
③ 국가유산감리업자 : 감리 도급 대장

02 하도급의 제한 등

1) 국가유산수리를 도급받은 국가유산수리업자는 그 국가유산수리를 직접 수행하여야 한다. 다만, 종합국가유산수리업자는 도급받은 국가유산수리의 일부를 국가유산수리 내용에 맞는 전문국가유산수리업자에게 하도급할 수 있다.

2) 하도급의 통보 등
(1) 하도급을 하는 경우에는 도급받은 국가유산수리 금액의 100분의 50을 초과하여 전문국가유산수리업자에게 하도급할 수 없으며,
(2) 하도급을 한 종합국가유산수리업자는 정하는 바에 따라 발주자에게 그 사실을 알려야 한다.
① 하도급계약을 체결한 날부터 30일 이내에 발주자에게 통보하여야 한다.
② 하도급계약을 변경하거나 해제한 경우에도 또한 같다.
③ 국가유산감리업자가 감리를 하는 국가유산수리로서 하도급을 한 종합국가유산수리업자가 하도급계약을 체결한 날부터 30일 이내에 국가유산감리업자에게 통보한 경우에는 이를 발주자에게 알린 것으로 본다.

3) 종합국가유산수리업자로부터 국가유산수리의 일부를 하도급받은 전문국가유산수리업자는 이를 다시 하도급할 수 없다.

4) 감리를 도급받은 수급인은 그 감리를 제3자에게 하도급할 수 없다.

03 하도급계약의 적정성 심사 등

1) 발주자는 다음 각 호의 어느 하나에 해당하는 경우에는 하수급인의 국가유산수리 능력 또는 하도급계약 내용의 적정성을 심사할 수 있다.
   (1) 국가유산수리의 규모와 전문성 등을 고려할 때 하수급인의 국가유산수리 능력이 현저히 부족하다고 인정되는 경우
   (국가유산청장은 하수급인의 국가유산수리 능력, 하도급계약 내용의 적정성 등의 심사기준을 정하여 고시하여야 한다)
   (2) 하도급계약 금액이 정하는 비율에 따른 금액에 미달하는 경우
   ① 하도급계약 금액이 도급금액 중 하도급부분에 상당하는 금액의 100분의 82에 미달하는 경우
   (하도급하려는 국가유산수리 부분에 대하여 수급인의 도급금액 산출내역서의 계약단가[직접·간접노무비, 재료비 및 경비를 포함한다]를 기준으로 산출한 금액에 일반관리비, 이윤 및 부가가치세를 포함한 금액을 말하며, 수급인이 하수급인에게 직접 지급하는 자재의 비용과 관계 법령에 따라 수급인이 부담하는 금액은 제외한다)
   ② 하도급계약 금액이 하도급부분에 대한 발주자의 예정가격의 100분의 70에 미달하는 경우

2) 발주자는 심사 결과 하수급인의 국가유산수리 능력 또는 하도급계약 내용이 적정하지 아니하다고 인정되는 경우에는 그 사유를 분명하게 밝혀 수급인에게 하수급인 또는 하도급계약 내용의 변경을 요구할 수 있다. (발주자는 하수급인 또는 하도급계약 내용의 변경을 요구하려면 하도급계약 체결의 통보를 받은 날 또는 그 사유가 있음을 안 날부터 30일 이내에 서면으로 하여야 한다)

3) 발주자는 수급인이 정당한 이유 없이 2)의 요구에 따르지 아니하여 국가유산수리 결과에 중대한 영향을 미칠 우려가 있는 경우에는 해당 국가유산수리의 도급계약을 해지할 수 있다.

04 하수급인 등의 지위

1) 하수급인은 하도급받은 국가유산수리에 관하여는 발주자에 대하여 수급인과 같은 의무를 진다.
2) 수급인과 하수급인 간의 법률관계에는 영향을 미치지 아니한다.

05 하수급인의 의견청취

1) 수급인은 도급받은 국가유산수리를 함에 있어 하수급인이 있는 경우에는
2) 그 국가유산수리에 관한 기법 및 공정, 그 밖에 필요하다고 인정되는 사항에 관하여 미리 하수급인의 의견을 들어야 한다.

06 하도급 대금의 지급 등

1) 하수급인에게 현금으로 지급하여야 할 경우
   (1) 수급인은 발주자로부터 도급받은 국가유산수리에 대한 준공금을 받았을 때에는 하도급 대금의 전부를
   (2) 기성금(旣成金)을 받았을 때에는 하수급인이 국가유산수리한 부분에 상당한 금액을 각각 지급받은 날(수급인이 발주자로부터 국가유산수리 대금을 어음으로 받았을 때에는 그 어음 만기일을 말한다)부터
   (3) 15일 이내에 하수급인에게 현금으로 지급하여야 한다.

2) 선급금을 받은 경우
   (1) 수급인은 발주자로부터 선급금을 받은 경우에는 하수급인이 국가유산수리를 착수할 수 있도록 그가 받은 선급금의 내용과 비율에 따라 하수급인에게 선급금을 지급하여야 한다.
   (2) 이 경우 수급인은 하수급인이 선급금을 반환하여야 할 경우에 대비하여 하수급인에게 보증을 요구할 수 있다.

3) 수급인은 하도급을 한 후 설계 변경 또는 물가 변동 등의 사정으로 도급 금액이 조정되는 경우에는 조정된 국가유산수리 금액과 비율에 따라 하수급인에게 하도급 금액을 늘리거나 줄여서 지급할 수 있다.

07 하도급 대금의 직접 지급

1) 하도급 대금의 직접 지급
(1) 발주자는 하수급인이 국가유산수리를 한 부분에 해당하는 하도급 대금을 하수급인에게 직접 지급할 수 있다.

(2) 이 경우 발주자의 수급인에 대한 대금 지급채무는 하수급인에게 지급한 한도에서 소멸한 것으로 본다.

(3) 발주자가 하수급인에게 직접 지급이 가능한 경우
　① 발주자와 수급인 간에 하도급 대금을 하수급인에게 직접 지급할 수 있다는 뜻과 그 지급의 방법·절차를 명백히 하여 합의한 경우
　② 하수급인이 수급인을 상대로 그가 국가유산수리한 부분에 대한 하도급 대금의 지급을 명하는 확정판결을 받은 경우
　③ 국가, 지방자치단체 또는 「공공기관의 운영에 관한 법률」에 따른 공공기관이 발주한 경우로서 아래의 어느 하나에 해당하는 경우
　　㉠ 수급인이 하도급 대금의 지급을 1회 이상 지체한 경우
　　㉡ 국가유산수리 예정가격에 대비하여 100분의 82에 미달하는 금액으로 하도급을 체결한 경우
　④ 수급인의 지급정지·파산 등으로 인하여 수급인이 하도급 대금을 지급할 수 없는 명백한 사유가 있다고 발주자가 인정하는 경우

2)
수급인은 국가, 지방자치단체 또는 「공공기관의 운영에 관한 법률」에 따른 공공 기관이 발주한 경우에 해당하는 경우로서 하수급인에게 책임이 있는 사유로 자신이 피해를 입을 우려가 있다고 인정되는 경우에는 그 사유를 분명하게 밝혀 발주자에게 대금의 직접지급을 중지할 것을 요청할 수 있다.

3) 하도급 대금을 직접 지급하는 경우와 그 지급방법 및 절차
(1) 국가, 지방자치단체 또는 「공공기관의 운영에 관한 법률」에 따른 공공기관이 발주한 경우
　① 수급인이 하도급 대금의 지급을 1회 이상 지체한 경우
　　㉠ 하수급인은 수급인이 하도급 대금의 지급을 지체한 경우에는 발주자에게 관련 서류를 첨부하여 하도급 대금의 직접지급을 요청할 것
　　㉡ 발주자는 하수급인으로부터 하도급 대금의 직접 지급을 요청받았을 때에는 그

　　　　사실을 즉시 수급인에게 통보하고, 하도급 대금을 하수급인에게 지급할 것을 권고할 것
　　ⓒ 발주자는 수급인이 권고를 받은 날부터 5일 이내에 하도급 대금을 하수급인에게 지급하지 아니하는 경우에는 다음 국가유산수리의 하도급 대금부터 하수급인에게 직접 지급할 것(이 경우 하수급인이 받지 못한 하도급 대금을 포함하여 지급하고, 수급인에게는 국가유산수리 대금에서 이를 공제한 금액을 지급한다)
　② 국가유산수리 예정가격에 대비하여 100분의 82에 미달하는 금액으로 하도급을 체결한 경우
　　㉠ 발주자는 수급인이 국가유산수리의 대금을 청구할 때 하수급인이 국가유산수리한 부분의 하도급 대금을 분명하게 밝혀 청구하도록 하되, 하도급 대금의 수령인을 그 하수급인으로 지정하도록 할 것
　　㉡ 발주자는 하도급 대금을 하수급인에게 지급하고, 그 사실을 수급인에게 통보할 것

(2) 수급인의 지급정지·파산 등으로 인하여 수급인이 하도급 대금을 지급할 수 없는 명백한 사유가 있다고 발주자가 인정하는 경우
　① 발주자는 수급인의 지급정지·파산 등으로 인하여 수급인이 하도급 대금을 지급할 수 없는 명백한 사유가 있다고 인정한 때에는 기성(既成)부분과 하수급인이 국가유산수리한 부분의 금액을 확정한 후 하수급인에게 하도급 대금의 직접 지급을 청구할 수 있다는 뜻과 지급할 금액을 통보할 것
　② 하수급인은 통보를 받은 날부터 15일 이내에 하도급 대금의 직접 지급을 청구할 것
　③ 발주자는 청구를 한 하수급인에게 하도급 대금을 직접 지급하고, 그 사실을 수급인에게 통보할 것
　④ 발주자는 하도급 대금을 직접 받을 하수급인이 다수인 경우에는 하도급한 국가유산수리의 완료시점 또는 기성순위를 기준으로 하도급 대금 지급의 우선순위를 정하고, 그 우선순위가 같은 경우에는 하도급 대금의 직접 지급 청구서의 접수일(②에 따른 직접지급의 청구 접수일)을 기준으로 할 것

(3) 발주자는 수급인이 직접 지급을 중지할 것을 요청한 경우에는 하수급인에게 책임이 있는 사유로 수급인이 피해를 입을 우려가 있다고 인정되면 하도급 대금의 직접 지급을 중지할 수 있으며, 하수급인에게 그 중지 사실을 통보하여야 한다.

08 발주자의 부당한 지시 금지 등

1) 국가유산수리에 관한 도급을 체결한 발주자는 수급인이나 하수급인에게 이 법을 위반하여 부당한 지시를 하여서는 아니 된다.
2) 수급인은 자신의 우월적 지위를 이용하여 정당한 사유 없이 하수급인에게 국가유산수리와 관련된 불공정한 행위를 강요하여서는 아니 된다.

09 검사 및 인도

1) 수급인은 하수급인으로부터 하도급 국가유산수리의 완료 또는 기성(旣成)부분의 통지를 받은 경우에는 10일 이내에 이를 확인하기 위한 검사를 하여야 한다.
2) 수급인은 검사 결과 하도급 국가유산수리가 계약대로 끝난 경우에는 지체 없이 이를 인수하여야 한다.

10 하수급인의 변경요구

1) 하수급인의 변경요구
   (1) 발주자는 하수급인이 국가유산수리를 하면서 관계법령을 위반하여 국가유산수리를 하거나 설계도서대로 국가유산수리를 하지 아니한다고 인정될 때에는
   (2) 그 사유가 있음을 안 날부터 15일 이내 또는 그 사유가 있은 날부터 30일 이내에 서면으로 그 사유를 분명하게 밝혀
   (3) 수급인에게 하수급인을 변경하도록 요구할 수 있다.

2) 발주자는 수급인이 정당한 사유 없이 하수급인 변경요구에 따르지 아니하여 국가유산수리 결과에 중대한 영향을 초래할 우려가 있다고 인정하는 경우에는 국가유산수리에 관한 도급을 해지할 수 있다.

[제3절 국가유산수리]

01 국가유산수리기술자의 배치

1) 국가유산수리기술자의 현장배치 기준 등

(1) 국가유산수리업자(전통건축수리기술진흥재단을 포함한다)는 국가유산수리에 관한 기술적인 업무를 수행하도록 하기 위하여

(2) 국가유산수리 현장(동산문화유산의 경우에는 실제로 보존처리가 이루어지는 장소를 말한다)에 해당 국가유산수리기술자 1명 이상을 배치하고 이를 발주자에게 서면으로 알려야 한다. 다만, 발주자의 승낙을 받은 경우에는 해당 국가유산수리업무의 수행에 지장이 없는 범위에서 1명의 국가유산수리기술자를 둘 이상의 국가유산수리 현장에 배치할 수 있다.

① 국가유산수리업자는 국가유산수리의 품질 및 안전에 지장을 주지 아니하는 범위에서 발주자의 승낙을 받아 1명의 국가유산수리기술자를 3개 이하의 국가유산수리 현장에 배치할 수 있다.(국가유산수리가 일시적으로 중지된 현장 및 식물보호기술자의 업무 중 병충해 방제를 하는 현장은 그 개수 계산에서 제외한다.)

② 다만, 국가유산수리 예정금액이 1억 원 미만인 국가유산수리를 포함하는 경우에는 5개 이하의 국가유산수리 현장에 배치할 수 있다.(국가유산수리가 일시적으로 중지된 현장 및 식물보호기술자의 업무 중 병충해 방제를 하는 현장은 그 개수 계산에서 제외한다.)

③ ②에도 불구하고 국가유산수리업자는 책임감리를 하는 국가유산수리 현장에 배치된 국가유산수리기술자의 경우 둘 이상의 국가유산수리 현장에 배치할 수 없다.

(3) 국가유산수리기술자의 현장 배치기준 등

① 국가유산수리업자(전통건축수리기술진흥재단을 포함한다)는 해당 국가유산수리의 종류에 상응하는 아래의 기준에 따른 국가유산수리기술자를 해당 국가유산수리의 착수와 동시에 국가유산수리 현장에 배치하여야 한다.(다만, 국가유산수리의 중요성 및 특성을 고려하여 도급계약 당사자 간의 합의에 의하여 국가유산수리 현장에 배치하여야 할 국가유산수리기술자의 종류, 경력 또는 인원수를 강화된 기준으로 정한 경우에는 그 기준에 따른다.)

㉠ 지정문화유산 및 천연기념물등, 임시지정문화유산, 임시지정천연기념물, 임시지정명승에 해당하는 경우로서 국가유산수리 예정금액이 10억 원 이상인 국가유산수리 : 국가유산수리기술자의 자격을 취득한 후 해당 분야에 7년 이상 종사한 사람

ⓛ 지정문화유산 및 천연기념물등(임시지정문화유산, 임시지정천연기념물 또는 임시지정명승을 포함한다)과 함께 전통문화를 구현·형성하고 있는 주위의 시설물 또는 조경에 해당하는 경우로서 국가유산수리 예정금액이 30억 원 이상인 국가유산수리 : 국가유산수리기술자의 자격을 취득한 후 해당 분야에 5년 이상 종사한 사람

ⓒ 지정문화유산 및 천연기념물등(임시지정문화유산, 임시지정천연기념물 또는 임시지정명승을 포함한다)과 함께 전통문화를 구현·형성하고 있는 주위의 시설물 또는 조경에 해당하는 경우로서 국가유산수리 예정금액이 20억 원 이상 30억 원 미만인 국가유산수리 : 국가유산수리기술자의 자격을 취득한 후 해당 분야에서 3년 이상 종사한 사람

ⓔ ㉠, ㉡, ㉢에서 규정한 경우 외의 국가유산수리 : 국가유산수리기술자의 자격을 취득한 사람

② 국가유산수리기술자를 배치할 때에 두 종류 이상의 전문분야가 복합된 국가유산수리의 경우에는 국가유산수리의 금액이 큰 기술분야의 국가유산수리기술자를 배치하여야 한다.

(4) 국가유산수리기술자의 현장 배치 확인

① 국가유산수리업자(전통건축수리기술진흥재단을 포함한다)는 국가유산수리기술자를 국가유산수리 현장에 배치할 때에는 배치일로부터 14일 이내에 해당 국가유산수리기술자로 하여금 현장 배치 확인표에 발주자의 확인을 받도록 하여야 한다.

② 이 경우 국가유산수리기술자를 발주자가 다른 둘 이상의 국가유산수리 현장에 배치할 때에는 각각의 발주자로부터 확인을 받도록 하여야 한다.

2) 배치된 국가유산수리기술자는 그 국가유산수리 발주자의 승낙을 받지 아니하고는 정당한 사유 없이 그 국가유산수리 현장을 이탈하여서는 아니 된다.

3) 국가유산수리기술자의 교체 요청

(1) 발주자는 배치된 국가유산기술자의 업무수행 능력이 현저히 부족하다고 인정되는 경우에는 수급인에게 그 국가유산수리기술자를 교체하도록 요청할 수 있다.

(2) 이 경우 수급인은 정당한 사유가 없으면 이에 따라야 한다.

4) 1)에도 불구하고 대통령령으로 정하는 국가유산수리업을 등록한 전문국가유산수리업자가 하도급의 제한 등(법 제25조 제1항)의 단서에 따라 종합국가유산수리업자로부터 국가유산수리의 일부를 하도급받은 경우에는 해당 국가유산수리기술자를 배치하지 아니할 수 있다.

[대통령령으로 정하는 국가유산수리업이란 다음 각 호의 전문국가유산수리업을 말한다.]
(1) 목공사업
(2) 석공사업
(3) 번와공사업
(4) 미장공사업
(5) 온돌공사업

(법 제25조 제1항)
국가유산수리를 도급받은 국가유산수리업자는 그 국가유산수리를 직접 수행하여야 한다.

> 다만, 종합국가유산수리업자는 도급받은 국가유산수리의 일부를 국가유산수리 내용에 맞는 전문국가유산수리업자에게 하도급할 수 있다.

02 국가유산수리의 설계승인

1) 발주자는 다음 각 호의 어느 하나에 해당하는 국가유산 등을 수리를 하려는 경우 국가유산청장으로부터 설계승인을 받아야 한다. 다만, 국가유산수리 및 실측설계 제한(법 제5조 ①)의 단서에 따른 경미한 국가유산수리를 하려는 경우에는 설계승인을 받지 아니한다.
   (1) 지정문화유산, 천연기념물등, 임시지정문화유산, 임시지정천연기념물, 임시지정명승에 해당하는 국가유산(동산문화유산은 제외한다)
   (2) 지정문화유산 및 천연기념물등(임시지정문화유산, 임시지정천연기념물 또는 임시지정명승을 포함한다)과 함께 전통문화를 구현·형성하고 있는 주의의 시설물 또는 조경으로서 국가유산청장이 시·도지사와 협의하여 고시한 것

2) 발주자는 1)에 따른 설계승인을 받으려는 경우 설계도서 등 정하는 서류를 갖추어 국가유산청장에게 신청하여야 한다.

[신청 시 첨부서류]
(1) 사업계획서
(2) 설계도서
(3) 현황사진

3) 국가유산청장은 2)에 따라 발주자의 설계승인 신청을 받은 경우에는 다음 각 호의 사항을 종합적으로 심사하여야 한다.
   (1) 국가유산의 원형을 보존하기 위한 적합한 방법과 기술을 사용하였을 것
   (2) 전통적 기술과 원래의 재료를 사용하였을 것. 다만, 전통적 기술이나 원래의 재료를 사용하지 아니하는 경우 그 유효성이 입증된 것이어야 한다.
   (3) 해당 국가유산의 지역적 특성을 고려하였을 것

4) 국가유산청장은 3)에 따른 심사를 위하여 필요한 경우 발주자에게 필요한 자료를 요청할 수 있다.

5) 국가유산청장은 3)에 따른 심사 후 설계승인 여부를 발주자에게 통지하여야 한다.

6) 국가유산수리의 설계심사 세부기준
   (1) 국가유산청장은 설계승인에 따른 심사를 하는 경우에는 다음 각 호의 세부기준에 따라 종합적으로 심사해야 한다.
      ① 해당 국가유산과 관련된 문헌·사진 등의 고증자료를 충분히 수집하였을 것
      ② 해당 국가유산을 실측하고, 재료 및 구조 현황 등을 조사하여 설계에 반영하였을 것
      ③ 국가유산의 보존에 영향을 줄 수 있는 주변 여건에 대하여 조사하였을 것
      ④ 형태와 재료를 변경하거나 부재(部材 : 구조물의 뼈대로 사용하기 위하여 가공한 목재·석재 등을 말한다)를 교체해야 하는 사유가 분명할 것
      ⑤ 전통 기법 및 재료를 우선적으로 사용하되, 보강 기법 및 재료를 사용하려는 경우 그 유효성을 입증할 것
      ⑥ 가설구조물 및 기반설비 등의 설치 계획이 구체적이며, 수리 계획에 부합할 것
      ⑦ 참여 기술인력의 안전과 해당 국가유산의 보호에 관한 조치 계획이 마련되어 있을 것
   (2) 국가유산청장은 국가유산수리의 기술 향상 및 품질 확보를 위하여 국가유산 종류별로 설계심사의 세부기준을 정할 수 있다.

   (3) 국가유산수리 착수·완료의 보고
      설계승인을 받은 자는 국가유산수리를 착수 또는 완료한 경우에는 국가유산수리 착수(완료)보고서를 국가유산청장에게 제출해야 한다.

03 국가유산수리 현황의 보고

1) 국가유산수리의 설계승인에 따라 설계승인을 받은 자는 국가유산수리 중 다음 각 호의 어느 하나에 해당하는 사유가 발생하면 국가유산청장에게 보고하여야 한다.
   (1) 국가유산수리를 착수 또는 완료한 경우
   (2) 설계승인 사항과 수리 대상 국가유산의 현황이 현저히 다른 경우
   (3) 원래의 부재를 교체하여 새로운 부재로 설치하려는 경우
   (4) 그 밖에 정하는 경우
   　　① 새로운 고증자료 등을 확보한 경우
   　　② 국가유산의 가치를 높이기 위하여 설계승인 사항과 다른 기법 또는 재료를 사용하려는 경우
   　　③ 그 밖에 설계승인 당시에 예상하지 못한 사유가 발생한 경우

2) 국가유산청장은 1)의 (2)부터 (4)까지의 사유로 보고받은 사항에 대하여 그 적정성 여부를 검토하여 필요한 경우 국가유산수리 계획을 변경하도록 명할 수 있다.

3) **교체 부재의 표시**
   발주자는 1)의 (3)의 사유에 따라 새로운 부재를 설치한 경우 정하는 바에 따라 표시를 하여야 한다.
   (1) 설치한 새로운 부재에는 다음 각 호의 사항을 표시해야 한다.
   　　① 교체연도
   　　② 발주자명
   (2) (1)에 따른 표시는 새로운 부재의 표면 가운데 겉으로 드러나지 않는 부위에 한다.
   (3) (1)에 따른 표시는 새로운 부재의 성능이 저하되지 않도록 하고, 표시의 효과가 영구적으로 나타나는 재료를 사용해야 한다.
   (4) (1)부터 (3)까지의 규정에도 불구하고 전통재료 인증(법 제7조의4)에 따라 인증을 받은 전통재료로서 제조일자가 그 표면에 명기된 부재에는 표시를 하지 않을 수 있다.
   (5) 발주자는 새로 설치한 부재의 표시를 국가유산수리 도급계약에 포함시켜야 하며, 그 비용도 반영해야 한다.

04 설계심사관의 지정

1) 국가유산청장은 발주자의 설계승인 신청을 받은 경우에는 종합적으로 심사(법 제33조의2 ③)를 하여야 하는데 이에 따른 심사를 위하여 소속 공무원 중 정하는 자격을 갖춘 사람을 설계심사관으로 둘 수 있다.

2) 설계심사관의 지정
"정하는 자격을 갖춘 사람"이란 다음 각 호의 요건을 모두 갖춘 사람을 말한다.
   (1) 국가유산수리 등의 업무에 5년 이상 종사했을 것. 다만, 시·도지사가 지정하는 설계심사관의 경우 해당 지역의 여건 등을 고려하여 필요하면 해당 특별시·광역시·특별자치시·도 또는 특별자치도의 규칙으로 경력기간을 달리 정할 수 있다.
   (2) 「한국전통문화대학교 설치법」에 따른 전통문화전문과정 중 설계심사 업무와 관련된 연수과정을 수료했을 것

05 국가유산수리의 기술지도

1) 국가유산청장은 국가유산수리 현황의 보고(법 제33조의3)에 따라 보고를 받은 경우 발주자와 협의하여 국가유산수리업자에게 국가유산수리에 필요한 중요 사항을 지도할 수 있다.
2) 국가유산청장은 기술지도에 필요한 경우 관계 전문가의 의견을 들을 수 있다.
3) 국가유산수리업자는 기술지도의 내용을 국가유산수리에 반영할 수 있다.
4) 기술지도에 필요한 사항은 국가유산청장이 정하여 고시한다.

06 국가유산수리업자의 손해배상책임

1) 국가유산수리업자는 고의 또는 과실로 국가유산수리를 부실하게 하여 타인에게 손해를 가한 경우에는 그 손해를 배상할 책임이 있다.
2) 국가유산수리업자는 손해가 발주자의 고의 또는 중대한 과실로 발생한 경우에는 발주자에 대하여 구상권을 행사할 수 있다.
3) 수급인은 하수급인이 고의 또는 과실로 하도급 받은 국가유산수리의 관리를 부실하게 하여 타인에게 손해를 가한 경우에는 하수급인과 연대하여 그 손해를 배상할 책임이 있다.

4) 수급인은 손해를 배상한 경우에는 배상할 책임이 있는 하수급인에 대하여 구상권을 행사할 수 있다.

07 국가유산수리업자의 하자담보책임

1) 하자담보책임

(1) 국가유산수리업자는 발주자에 대하여 국가유산수리의 완공일부터 10년 이내의 범위에서 국가유산수리의 종류별 하자담보책임 기간에 발생하는 하자에 대하여 담보책임이 있다.

(2) 국가유산수리의 종류별 하자 담보책임기간

종류	세부 공종	책임기간
1. 성곽	가. 석성(石城 : 돌로 쌓은 성) 　1) 화강석 등을 방형 형태로 다듬어 쌓은 구조 　2) 자연상태의 돌을 사용하여 쌓은 구조 나. 토성(土城 : 흙으로 쌓은 성), 혼축성(混築城 : 돌과 흙을 섞어 쌓은 성) 다. 전축성(塼築城 : 벽돌로 쌓은 성) 라. 목책성(木柵城 : 나무로 둘러막은 성)	5년 3년 2년 3년 1년
2. 탑·석조물	가. 석불(石佛), 승탑(僧塔 : 고승의 사리를 모신 탑), 비석(碑石), 석등(石燈), 당간지주(괘불이나 불교적 내용을 그린 깃발을 건 장대를 지탱하기 위해 좌우로 세운 기둥), 고인돌, 석빙고(石氷庫 : 돌로 만든 얼음창고), 석탑(石塔), 석교(石橋 : 돌다리) 등 나. 전탑(塼塔) 다. 새로운 재료로 교체한 석재부분	5년 3년 5년
3. 목조건축물	가. 지붕 　1) 산자(橵子 : 가는 나뭇가지를 엮어 지붕 서까래나 고미가래 위를 덮는 것) 또는 개판(서까래 위를 덮는 널빤지) 이상의 기와지붕 　2) 산자 또는 개판 이상의 너와지붕 　3) 억새 등을 이용한 선사시대 움집 　4) 산자 또는 개판 이상의 초가지붕 나. 목부재(木部材) 　1) 기둥, 창방(昌枋), 대들보, 도리(서까래를 받치기 위해 기둥과 기둥 사이에 설치한 부재) 등 주요 구조재 　2) 그 밖의 구조재 다. 목조건축물의 수장재(修粧材 : 내외부 장식재)	3년 2년 1년 1년 3년 2년 1년

종류	세부 공종	책임기간
3. 목조건축물	라. 기초 및 기단 　1) 정(井)자형 장대석 기초 　2) 강회잡석 적심기초, 화강석 가공주초(加工柱礎 : 원석을 다듬은 주춧돌) 　3) 도드락다듬(돌기가 달린 망치로 석재를 다듬는 일) 이상의 석조(石造) 기단·월대(月臺 : 궁궐 또는 향교 등 주요 건물 앞에 설치하는 넓은 기단 형식의 대) 　4) 그 밖의 기초 및 기단 마. 미장(벽이나 천장, 바닥 등의 바탕면에 진흙이나 회 등을 바름) 및 아궁이, 굴뚝, 방고래(구들장 밑에 불길과 연기가 통하는 길) 등 구들과 관련되는 시설의 수리 바. 건축물의 단청(벽화, 불화 포함)	10년 7년 5년 3년 1년 2년
4. 담	가. 사괴석(四塊石) 담장 나. 돌담, 자연석담, 판축(版築)담(판자 사이에 흙을 넣어 다진 담), 토(土)담, 전축(塼築)담(벽돌로 쌓은 담), 와편(瓦片)담(진흙과 깨어진 기와 조각으로 쌓은 담)	3년 2년
5. 분묘	가. 봉분 시설(잔디심기는 제외한다) 나. 구조부 　1) 적석총(積石塚 : 돌무지무덤), 석곽묘(石槨墓 : 돌덧널무덤) 　2) 전축분(塼築墳 : 벽돌을 쌓아 돌린 무덤) 　3) 목곽묘(木槨墓 : 나무덧널무덤) 다. 병풍석(屛風石)	2년 5년 3년 1년 3년
6. 도로	가. 암거(暗渠 : 속도랑), 배수로, 측구(側溝 : 길도랑), 맨홀 나. 포장 　1) 박석(薄石), 포방전(鋪方塼) 　2) 마사토(磨砂土 : 점성이 없는 백토), 강회다짐(생석회 흙다짐), 혼합토 등	2년 2년 1년
7. 철물	가. 장식철물, 보호철물, 관리철물 나. 구조철물, 보강철물	2년 3년
8. 조경·식물보호·발굴지정비·벽화 등	가. 조경 시설물 및 조경 식재 나. 식물 보호 다. 발굴지 정비 라. 불상개금(佛像改金 : 불상에 금칠을 다시 하는 것), 도금(鍍金), 탱화(부처, 보살, 성현을 그려 벽에 거는 그림), 옻칠 등	2년 3년 2년 5년
9. 국가유산보호·보강시설	전통한옥양식 건축물 또는 보호각(국가유산을 보호하기 위한 시설물), 보호시설의 철골 또는 철근 콘크리트 구조로 된 내력벽, 기둥이나 주요 구조부	5년

[적용방법]
1. 위 표의 하자담보책임 기간은 새로운 재료를 사용하여 기초부터 다시 복원하거나 신설할 때를 기준으로 한 것으로서 다음 각 목의 어느 하나에 해당하는 경우에는 하자담보책임 기간을 위 책임 기간의 3분의 2로 한다.
   가. 기존의 유구(遺構)나 건축물의 가구 등에 덧붙이거나 보충하여 복원·보수하는 경우
   나. 기존 구조나 부재를 해체한 후 해체한 부재의 전부 또는 일부를 다시 사용하여 복원하거나 보수하는 경우
2. 위 표에 없는 국가유산수리 공종(工種)은 위 표의 유사공종에 따르며, 현대식 재료·공법으로 시공한 구조물의 경우에는 「건설산업기본법」 등 관계 법령의 하자담보책임 기간에 관한 규정을 준용한다.
3. 둘 이상의 공종이 복합된 공사에서 공종별로 하자책임을 구분할 수 없는 경우에는 책임 기간이 긴 기간으로 하고, 구분할 수 있는 경우에는 각각의 세부 공종별 하자담보책임 기간으로 한다.

2) 하자담보책임이 없는 경우

국가유산수리업자는 아래의 어느 하나에 해당하는 사유로 발생한 하자에 대하여는 1)에도 불구하고 하자담보책임이 없다. 다만, 국가유산수리업자가 그 재료 또는 지시가 적당하지 아니함을 알고도 발주자에게 알리지 아니한 경우에는 그러하지 아니하다.
(1) 발주자가 제공한 국가유산수리 재료로 인한 경우
(2) 발주자의 지시에 따라 국가유산수리를 한 경우
(3) 발주자가 국가유산수리의 목적물을 통상적인 사용 범위를 넘어서 사용하는 경우

3) 국가유산수리업자의 하자담보책임에도 불구하고 국가유산수리업자와 발주자 사이에 체결한 도급 계약서에 국가유산수리업자의 하자담보책임에 관한 특약을 정한 경우에는 그 특약에 따른다.(다만, 그 특약에서 하자담보책임기간을 국가유산수리의 종류별 하자담보책임기간의 3분의 2 미만으로 정한 경우에는 그 기간의 3분의 2로 정한 것으로 본다)

08 국가유산수리 보고서의 작성

1) 국가유산수리업자는 도급받은 국가유산수리에 대하여 착수부터 완료까지의 전반을 기록화하기 위하여 국가유산수리 보고서를 국가유산수리의 완료일부터 60일 이내에 발주자에게 제출하여야 한다.(다만, 천재지변이나 그 밖에 부득이한 사유가 있는 경우에는 기간을 연장할 수 있다.)

[국가유산수리 보고서의 제출기간 연장 사유]
(1) 국가유산수리의 완료일부터 30일 이내에 설계 변경을 한 경우
(2) 국가유산수리업자나 국가유산수리 현장에 배치된 국가유산수리기술자가 국가유산수리의 완료일부터 60일 이내에 변경된 경우
(3) 다음의 어느 하나에 해당하는 경우로서 발주자가 기간 연장이 필요하다고 인정하는 경우
　① 실측설계도면 또는 준공도면 작성의 난이도가 매우 높은 경우
　② 국가유산수리 과정에서 실시한 연구 또는 조사 결과를 국가유산수리 보고서에 반영하여야 하는 경우

2) 국가유산수리 현장에 배치된 국가유산수리기술자는 국가유산수리 보고서를 성실하게 작성하여야 한다. 이 경우 국가유산수리기술자는 필요 시 국가유산실측설계업자의 협조를 요청할 수 있고, 요청을 받은 국가유산실측설계업자는 성실하게 응하여야 한다.
3) 국가유산수리 보고서를 제출받은 발주자는 그 날부터 30일 이내에 국가유산청장 및 관할 시·도지사에게 제출하여야 한다.
4) 국가유산수리 보고서에는 수리대상의 현황, 준공도면 등으로 정하는 사항이 포함되어야 한다.
　(1) 수리대상의 현황, 준공도면 등으로 정하는 사항
　　① 국가유산의 연혁, 구조, 양식, 보존상태 및 주변상황 등 수리대상의 현황
　　② 국가유산수리의 내용
　　③ 국가유산수리에 참여한 아래의 사람의 명단
　　　㉠ 국가유산수리기술자
　　　㉡ 국가유산수리기능자
　　　㉢ 그 밖에 국가유산수리와 관련하여 감독·설계·감리 또는 자문을 한 사람
　　④ 국가유산수리에 필요한 기술자문에 관한 사항
　　⑤ 국가유산의 설계 변경에 관한 사항
　　⑥ 실측설계도면 및 준공도면
　　⑦ 그 밖에 국가유산수리의 기록화를 위하여 필요하다고 인정되어 국가유산청장이 정하여 고시하는 사항
　(2) 국가유산수리 보고서에는 해당 보고서를 전자문서화한 파일을 첨부하여야 한다.
　(3) 국가유산청장은 국가유산수리 보고서를 효율적으로 전자문서화할 수 있도록 (2)에 따른 파일의 규격, 저장매체 및 제출 방법 등의 세부 기준을 정하여 고시할 수 있다.
5) 국가유산청장은 제출받은 국가유산수리 보고서 및 제출받은 감리 보고서에 대한 데이터베이스를 구축하고 인터넷 홈페이지 등을 이용하여 일반인에게 알려야 한다.

09 국가유산수리 현장의 점검 등

1) 국가유산청장, 시·도지사 또는 시장·군수·구청장(자치구의 구청장을 말한다)은 국가유산수리의 부실을 방지하기 위하여 국가유산수리 현장이나 관계법령에 따라 현장에 비치하여야 할 서류 등을 점검할 수 있으며, 점검 결과 관계 법령을 위반하거나 설계도서와 다르게 국가유산수리 등을 한 경우에는 국가유산수리업자등, 국가유산수리기술자 또는 국가유산감리원에게 시정명령 등 필요한 조치를 하거나 관계 법령에 따른 영업정지 처분 등을 하도록 요청할 수 있다.
2) 국가유산청장은 국가유산이 원형대로 수리될 수 있도록 하기 위하여 다음 각 호의 사항을 지도하거나 자문할 수 있다.
   (1) 고증, 양식, 국가유산수리의 기법 및 범위 등에 관한 사항
   (2) 현장관리, 품질관리, 안전관리 및 환경관리 등에 관한 사항

10 국가유산수리 현장의 공개

1) 발주자는 국가유산수리 현장을 공개할 수 있다. 다만, 국가유산수리의 설계승인(법 제33조의2)에 따라 국가유산청장 또는 시·도지사로부터 설계승인을 받은 경우에는 국가유산수리 현장을 공개하여야 한다.
   (1) 이 단서에 따라 국가유산수리 현장을 공개하려는 경우 국가유산청장 또는 시·도지사와 현장의 공개 방법 등을 협의해야 한다.
   (2) 단서에 따라 국가유산수리 현장을 공개하는 경우 다음 각 호의 사항을 고려해야 한다.
      ① 안전 확보를 위하여 작업 공간과 관람 동선을 분리하는 등 필요한 조치를 할 것
      ② 국가유산수리의 품질이 저하되지 않도록 국가유산수리 현장의 공개 범위를 수급인과 협의할 것
      ③ 국가유산수리 관련 안내 자료를 일반인이 쉽게 알 수 있도록 게시할 것
   (3) (1) 및 (2)에서 규정한 사항 외에 국가유산수리 현장의 공개에 필요한 사항은 국가유산청장이 정하여 고시한다.
2) 발주자는 1)에 따른 공개를 하는 경우 안전사고 예방에 필요한 조치를 하고 해당 국가유산수리 관련 안내 자료를 갖추어야 한다.
3) 2)에 따른 조치 및 안내 자료 구비에 소요되는 비용은 발주자가 부담한다.

11 국가유산수리 정보의 공개

국가유산청장 또는 시·도지사는 국가유산수리의 설계승인(법 제33조의2 ①)에 따라 설계승인한 국가유산수리에 관한 다음 각 호의 정보를 국가유산수리업자등의 정보관리 등(법 제14조의 3)에 따른 국가유산수리종합정보시스템을 통하여 공개하여야 한다.

1) 해당국가유산수리의 개요
2) 참여 기술인력
3) 그 밖에 정하는 국가유산수리 관련 정보
   (1) 국가유산수리 착수 전 현황 사진
   (2) 국가유산수리 계획을 나타낸 도면
   (3) 그 밖에 국가유산수리 계획과 관련하여 국가유산청장이 공개할 필요가 있다고 인정하는 정보

[제4절 동산문화유산 보존처리]

01 보존처리계획의 수립 등

1) 소유자 등은 동산문화유산을 보존처리하려는 경우 대통령령으로 정하는 국가유산수리 업자로 하여금 보존처리계획을 수립하도록 하여야 한다. 다만, 직접 국가유산수리를 할 수 있는 기관의 장은 직접 보존처리계획을 수립할 수 있다.

   [직접 국가유산수리를 할 수 있는 기관의 장]
   (1) 국가유산청
   (2) 국립중앙박물관(동산문화유산 분야의 국가유산수리의 경우만 해당)
   (3) 국립현대미술관(동산문화유산 분야의 국가유산수리의 경우만 해당)
   (4) 국립민속박물관(동산문화유산 분야의 국가유산수리의 경우만 해당)
   (5) 전통건축수리기술진흥재단

2) 발주자는 1)에 따라 수립된 보존처리계획을 대통령령으로 정하는 절차에 따라 국가유산청장(시·도지정문화유산 및 문화유산자료에 해당하는 국가유산인 경우에는 "시·도지사"를 말한다)으로부터 승인받아야 하며, 승인 사항을 변경하려는 경우에도 국가유산청장의 승인을 받아야 한다.

3) 1) 및 2)의 동산문화유산 보존처리계획의 수립·승인에 필요한 사항은 대통령령으로 정한다.

02 보존처리의 수행 등

1) 소유자 등은 동산문화유산의 보존처리를 하려는 경우 대통령령으로 정하는 국가유산수리업자로 하여금 보존처리를 수행하도록 하여야 한다.
2) 발주자는 1)에 따른 보존처리의 수행 중 다음 각 호의 어느 하나에 해당하는 사유가 발생하면 국가유산청장에게 보고하여야 한다.
   (1) 보존처리를 착수 또는 완료한 경우
   (2) 동산문화유산을 파손하거나 원형을 훼손한 경우
   (3) 그 밖에 대통령령으로 정하는 경우
3) 동산문화유산 보존처리의 기술지도에 관하여는 국가유산수리의 기술지도(법 제33조의6)를 준용한다.
4) 1) 및 2)의 동산문화유산 보존처리의 수행 및 보존처리 현황의 보고에 필요한 사항은 대통령령으로 정한다.

[제5절 감리]

01 감리의 시행 등

1) 발주자는 그가 발주하는 국가유산수리의 품질 확보 및 향상을 위하여 국가유산감리업자로 하여금 일반감리 또는 책임감리를 하게 하여야 한다.

2) 발주자는 1)에도 불구하고 국가가 경비의 전부 또는 일부를 지원하여 시행하는 국가유산수리 중 대통령령으로 정하는 국가유산수리에 대하여는 전통건축수리기술진흥재단으로 하여금 일반감리 또는 책임감리를 하게 할 수 있다.
   (1) 국가유산감리업자로 하여금 일반감리를 하게 하여야 할 국가유산수리의 대상
      ① 지정문화유산, 천연기념물등, 임시지정문화유산, 임시지정천연기념물 또는 임시지정명승의 경우
         ㉠ 국가유산수리 예정금액이 1억 원 이상인 국가유산수리
         ㉡ 다만, 동산문화유산의 경우는 제외한다.
      ② 지정문화유산 및 천연기념물등(임시지정문화유산, 임시지정천연기념물 또는 임시지정명승을 포함한다)과 함께 전통문화를 구현·형성하고 있는 주위의 시설물 또는 조경의 경우

㉠ 국가유산수리 예정금액이
　　　㉡ 3억 원 이상인 국가유산수리
　③ ① 및 ② 외의 국가유산수리로서 역사적·학술적·경관적 또는 건축적 가치가 커서 국가유산청장 또는 시·도지사가 일반감리가 필요하다고 인정하여 별도로 정하여 고시하는 국가유산의 수리

(2) (1)에도 불구하고 문화체육관광부령으로 정하는 기관이 발주하는 국가유산수리 중 다음 각 호의 어느 하나에 해당하는 국가유산수리에 대해서는 책임감리를 하게 하여야 한다.
　① 지정문화유산, 천연기념물등, 임시지정문화유산, 임시지정천연기념물 또는 임시지정명승의 경우
　　　㉠ 국가유산수리 예정금액이 30억 원 이상인 국가유산수리
　　　㉡ 다만, 동산문화유산의 경우 제외한다.
　② 지정문화유산 및 천연기념물등(임시지정문화유산, 임시지정천연기념물 또는 임시지정명승을 포함한다)과 함께 전통 문화를 구현·형성하고 있는 주위의 시설물 또는 조경의 경우
　　　㉠ 국가유산수리 예정금액이
　　　㉡ 50억 원 이상인 국가유산수리
　③ ① 및 ② 외의 국가유산수리로서 역사적·학술적·경관적 또는 건축적 가치가 커서 발주자가 책임감리가 필요하다고 인정하는 국가유산수리

(3) 2)에서 대통령령으로 정하는 국가유산수리란 다음 각 호에 해당하는 국가유산수리를 말한다.
　① 지정문화유산에 대한 국가유산수리 중 국가유산청장이 문화유산위원회의 심의를 거쳐 정하는 국가유산수리
　② 천연기념물등에 대한 국가유산수리 중 국가유산청장이 자연유산위원회의 심의를 거쳐 정하는 국가유산수리

(4) 문화체육관광부령으로 정하는 기관
　① 국가
　② 지방자치단체
　③ 「공공기관의 운영에 관한 법률」에 따른 공기업 또는 준정부기관
　④ 국가 또는 지방자치단체의 출연기관 중 ③ 이외의 출연기관
　⑤ 「지방공기업」에 따른 지방공사 또는 지방공단

3) 국가유산감리원의 업무 범위

(1) 일반감리를 하는 국가유산감리원의 업무 범위

(일반감리를 하는 국가유산감리원은 다음 각 호에 따라 상주국가유산감리원과 비상주국가유산감리원으로 구분한다.)

① 상주국가유산감리원

한 개의 국가유산수리현장에서 상주감리하는 업무를 수행하는 국가유산감리원

② 비상주국가유산감리원

수시로 또는 필요한 때 국가유산수리 현장에서 비상주감리하는 업무를 수행하는 국가유산감리원

구분	업무범위
① 상주 국가유산 감리원	가. 국가유산수리 계획 및 공정표의 검토 나. 국가유산수리업자가 작성한 시공상세도면의 검토 · 확인 다. 설계도서의 내용이 현장 조건에 적합한지와 시공 가능성에 관한 사전 검토 라. 국가유산수리가 설계도서 및 관련 규정의 내용에 적합하게 시행되고 있는지에 대한 확인 마. 국가유산수리를 위한 국가유산 원형 및 고증 관련 자문 내용의 검토 · 확인 바. 사용 자재의 규격 및 적합성에 관한 검토 · 확인 사. 재해예방 대책, 안전관리 및 환경관리의 확인 아. 설계 변경에 관한 사항의 검토 · 확인 자. 국가유산수리 진척 부분에 대한 조사 및 검사 차. 하도급에 대한 타당성 검토 카. 준공 도면의 검토 및 준공 사실의 확인 타. 국가유산수리에 참여하는 국가유산수리기술자 및 국가유산수리기능자의 업무수행 내용 확인 파. 그 밖에 국가유산수리의 질적 향상을 위하여 필요한 사항
② 비상주 국가유산 감리원	가. 국가유산수리 계획 및 공정표의 검토 나. 국가유산수리가 설계도서 및 관련 규정의 내용에 적합하게 시행되고 있는지에 대한 확인 다. 국가유산수리를 위한 국가유산 원형 및 고증 관련 자문 내용의 검토 · 확인 라. 사용 자재의 규격 및 적합성에 관한 검토 · 확인 마. 설계 변경에 관한 사항의 검토 바. 국가유산수리 진척 부분에 대한 조사 및 검사 사. 준공 도면의 검토 및 준공 사실의 확인 아. 국가유산수리에 참여하는 국가유산수리기술자 및 국가유산수리기능자의 업무수행 내용 확인 자. 그 밖에 국가유산수리의 질적 향상을 위하여 필요한 사항

(2) 책임감리를 하는 국가유산감리원의 업무범위
① 국가유산수리 계획 및 공정표의 검토
② 국가유산수리업자가 작성한 시공 상세도면의 검토·확인
③ 설계도서의 내용이 현장 조건에 적합한지와 시공 가능성에 관한 사전 검토
④ 국가유산수리가 설계도서 및 관련 규정의 내용에 적합하게 시행되고 있는지에 대한 확인
⑤ 설계 변경에 관한 사항의 검토·확인
⑥ 사용 자재의 규격 및 적합성에 관한 검토·확인
⑦ 국가유산수리를 위한 국가유산 원형 및 고증 관련 자문 내용의 검토·확인
⑧ 재해예방 대책, 안전관리 및 환경관리의 확인, 그 밖에 안전 관리 및 환경관리의 지도
⑨ 하도급에 관한 타당성 검토
⑩ 국가유산수리 진척 부분에 대한 조사 및 검사
⑪ 국가유산수리 품질관리 및 품질시험의 검토·확인
⑫ 준공 도면의 검토 및 국가유산수리 준공검사
⑬ 국가유산수리에 참여하는 국가유산수리기술자 및 국가유산수리기능자의 업무수행 내용 확인
⑭ 국가유산수리보고서의 검토·확인
⑮ 그 밖에 「국가를 당사자로 하는 계약에 관한 법률」 및 「지방자치단체를 당사자로 하는 계약에 관한 법률」에 따른 감독권한을 대행하는 업무

4) 국가유산감리업자(전통건축수리기술진흥재단을 포함한다)는 일반감리 또는 책임감리를 할 때에는 그에게 소속된 국가유산감리원을 국가유산수리 현장에 배치하여야 한다.
(1) 국가유산감리업자(전통건축수리기술진흥재단을 포함한다)는 일반감리를 하는 경우에는 국가유산감리원을 아래의 기준에 따라 국가유산수리현장에 배치하여야 한다.
① 배치기준에 따라 상주국가유산감리원 또는 비상주국가유산감리원을 배치할 것

[국가유산감리원의 배치기준]
㉠ 상주국가유산감리원
㉮ 지정문화유산, 천연기념물등, 임시지정문화유산, 임시지정천연기념물 또는 임시지정명승의 경우 : 국가유산수리예정 금액이 20억 원 이상인 국가유산수리
㉯ 지정문화유산 및 천연기념물등(임시지정문화유산, 임시지정천연기념물 또는 임시지정명승을 포함한다)과 함께 전통문화를 구현·형성하고 있는 주위의 시설물 또는 조경의 경우 : 국가유산수리 예정금액이 40억 원 이상인 국가유산수리

㉰ ㉮ 및 ㉯ 외의 국가유산수리로서 발주자가 국가유산수리의 중요성을 고려하여 상주감리가 필요하다고 인정하는 국가유산수리

　ⓒ 비상주국가유산감리원
　　상주국가유산감리원에 따른 상주국가유산감리원의 배치기준에 해당하지 않는 국가유산수리

② 국가유산수리의 종류에 해당하는 국가유산감리원을 배치할 것. 다만, 국가유산수리의 종류가 둘 이상 복합된 경우에는 국가유산수리 금액의 비중이 큰 종류에 해당하는 국가유산감리원을 배치하여야 한다.

③ 상주국가유산감리원이 감리를 하는 기간 동안에는 해당 상주국가유산감리원을 다른 국가유산수리 현장에 중복하여 배치하지 아니할 것

④ 1명의 비상주국가유산감리원은 5개 이하의 국가유산수리 현장에 배치할 것. 다만, 영 제20조제1항제3호에 해당하는 경우로서 국가유산수리 예정금액의 합이 3억 원 미만이고, 동일한 시(특별시, 광역시 및 특별자치시를 포함한다)·군에서 국가유산수리가 행하여지는 때에는 이를 1개의 국가유산수리 현장으로 본다.

(2) 국가유산감리업자는 책임감리를 하는 경우에는 국가유산감리원을 다음 각 호의 기준에 따라 국가유산수리 현장에 배치하여야 한다.

① 국가유산수리의 종류에 해당하는 국가유산감리원으로서 문화체육관광부령으로 정하는 요건을 갖춘 국가유산감리원을 국가유산수리 기간 동안 1명 이상 계속하여 배치할 것. 다만, 국가유산수리의 종류가 둘 이상 복합된 경우에는 국가유산수리 금액의 비중이 큰 종류에 해당하는 국가유산감리원을 배치하여야 한다.

② 국가유산수리의 종류가 둘 이상 복합된 경우에는 ①에 따라 배치하는 국가유산감리원 외에 각 종류별 국가유산감리원을 해당 종류의 국가유산수리 기간 동안 각각 1명 이상 계속하여 추가로 배치할 것. 다만, 다음 각 목의 어느 하나에 해당하는 경우에는 해당 종류의 국가유산감리원을 추가로 배치하지 아니할 수 있다.

　㉠ 지정문화유산, 천연기념물등, 임시지정문화유산, 임시지정천연기념물 또는 임시지정명승의 경우 : 국가유산수리 예정금액이 3억 원 미만인 국가유산수리

　ⓒ 지정문화유산 및 천연기념물등(임시지정문화유산, 임시지정천연기념물 또는 임시지정명승을 포함한다)의 경우 : 국가유산수리 예정금액이 5억 원 미만인 국가유산수리

③ ①, ②에 따라 배치하는 국가유산감리원이 감리를 하는 기간 동안에는 해당 국가유산감리원을 다른 국가유산수리 현장에 중복하여 배치하지 아니할 것.

(3) 발주자는 이미 배치되었거나 배치될 국가유산감리원이 해당 국가유산수리의 감리 업무 수행에 적합하지 아니하다고 인정되는 경우에는 그 이유를 명시하여 국가유산감리업자

에게 국가유산감리원의 교체를 요구할 수 있으며, 국가유산감리업자가 스스로 국가유산감리원을 교체하려는 경우에는 미리 발주자의 승인을 받아야 한다.
    (4) 국가유산감리업자는 감리 업무에 종사하는 국가유산감리원이 국가유산수리의 감리 업무 수행기간 중에 따른 전문교육이나 「민방위기본법」 또는 「예비군법」에 따른 교육을 받는 경우나 유급휴가로 현장을 이탈하게 되는 경우에는 국가유산수리의 감리 업무에 지장이 없도록 필요한 조치를 하여야 하며, 발주자는 국가유산감리원이 교육을 받는 기간에 대한 감리 대가를 지급하여야 한다.
    (5) 국가유산수리 현장에 배치된 국가유산감리원은 감리일지를 기록·유지하여야 한다.
    (6) 국가유산청장은 국가유산 감리원의 배치기준에 관하여 필요한 세부기준을 정하여 고시할 수 있다.

5) 국가유산감리업자는 정하는 바에 따라 일반감리 또는 책임감리보고서를 작성하여 발주자에게 제출하여야 한다.

6) 감리보고서를 제출받은 발주자는 그 날부터 30일 이내에 국가유산청장 및 관할 시·도지사에게 감리보고서를 제출하여야 한다.

7) 일반감리 또는 책임감리업무를 수행하는 국가유산감리원의 권한, 업무범위 및 배치, 일반감리 또는 책임감리의 방법 및 절차와 그 밖에 필요한 사항은 대통령령으로 정한다.

02 국가유산감리원의 재시행 명령 등

1) 국가유산감리원은 국가유산수리업자가 국가유산수리의 설계도서·시방서나 그 밖의 관계 서류의 내용과 적합하지 아니하게 국가유산수리를 하는 경우에는 재시행 또는 중지명령이나 그 밖에 필요한 조치를 할 수 있다.
2) 국가유산감리원으로부터 재시행 또는 중지명령이나 그 밖에 필요한 조치에 관한 지시를 받은 국가유산수리업자는 특별한 사유가 없으면 그 지시에 따라야 한다.
3) 국가유산감리원은 국가유산수리업자에게 재시행 또는 중지명령이나 그 밖에 필요한 조치를 한 경우에는 지체 없이 그 사실을 그 국가유산수리의 발주자에게 통지하여야 한다.
4) 발주자는 국가유산감리원으로부터 3)에 따른 통지를 받으면 지체 없이 이에 필요한 조치를 하여야 한다.
    (1) 발주자는 국가유산감리원으로부터 재시행 또는 중지명령 등의 통지를 받은 경우에는 그 내용을 검토한 후 시정여부의 확인, 국가유산수리 재개 지시 등 필요한 조치를 하여야 한다.
    (2) 발주자는 국가유산감리원의 재시행 또는 중지명령 등의 조치를 이유로 국가유산감리원

의 변경, 현장 상주의 거부, 감리대가 지급의 거부·지체, 그 밖에 국가유산감리원에게 불이익한 처분을 하여서는 아니 된다.

03 국가유산감리원에 대한 시정조치

1) 발주자는 국가유산감리원이 업무를 성실하게 수행하지 아니하여 국가유산수리가 부실하게 될 우려가 있는 경우에는 그 국가유산감리원에게 시정지시를 하거나 국가유산감리업자에게 국가유산감리원을 변경하도록 요구할 수 있다.
2) 발주자로부터 시정지시를 요구 받은 국가유산감리원이나 국가유산감리원의 변경을 요구받은 국가유산감리업자는 정당한 사유가 없으면 그 요구에 따라야 한다.

04 감리의 제한

국가유산수리업자와 국가유산감리업자가 같은 자이거나 아래의 어느 하나에 해당될 때에는 그 국가유산수리와 감리를 함께할 수 없다.
1) 모회사와 자회사 관계인 경우(「독점규제 및 공정거래에 관한 법률」에 해당하는 경우를 말한다)
2) 법인과 그 법인의 임직원 관계인 경우
3) 친족관계인 경우(「민법」 제777조)
4) 전통건축수리기술진흥재단이 직접 국가유산수리를 하는 경우

CHAPTER 04 전통건축수리기술진흥재단 등

01 전통건축수리기술진흥재단의 설립 등

1) 전통건축수리기술의 진흥을 위한 다음 각 호의 사업을 종합적 · 체계적으로 수행하기 위하여 국가유산청 산하에 전통건축수리기술진흥재단을 설립한다.
   (1) 전통건축의 부재(部材 : 구조물의 뼈대로 사용하기 위하여 가공한 목재 · 석재 등)와 재료 등의 수집 · 보존 및 조사 · 연구 · 전시
   (2) 전통재료의 수급관리, 보급확대 및 산업화 지원
   (3) 전통수리 기법의 조사 · 연구 및 전승 활성화
   (4) 국가유산수리(국가유산수리의 중요도와 난이도가 높거나 긴급한 조치가 필요한 경우로서 아래와 같이 정하는 경우에 한정한다.)
      ① 국가유산청장이 국가지정문화유산에 대하여 문화유산위원회의 심의를 거쳐 재단으로 하여금 국가유산수리를 하게 한 경우
      ② 국가유산청장이 천연기념물 및 명승에 대하여 자연유산위원회의 심의를 거쳐 재단으로 하여금 국가유산수리를 하게 한 경우
   (5) 감리의 시행(법 제38조 ②)에 따른 일반감리 또는 책임감리
   (6) 북한의 전통건축에 대한 조사 · 연구 및 보존 지원
   (7) 국가유산청장 또는 지방자치단체의 장이 위탁하는 사업
   (8) 그 밖에 재단의 설립 목적에 필요한 사업
2) 재단은 법인으로 한다.
3) 재단에는 정관으로 정하는 바에 따라 임원과 필요한 직원을 둔다.
4) 국가는 재단의 설립과 운영에 소요되는 경비를 충당하기 위하여 필요한 자금을 예산의 범위에서 출연 또는 보조할 수 있다.
5) 발주자는 국가가 경비의 전부 또는 일부를 지원하여 시행하는 국가유산수리가 1)의 (4)에 해당하는 경우에는 재단으로 하여금 국가유산수리를 하게 할 수 있다.

02 국가유산수리협회의 설립

1) 국가유산수리협회의 설립
   (1) 국가유산수리업자등은 품위의 유지, 기술의 향상 등 국가유산수리 등과 관련된 사업의 건전한 발전과 공제사업 등을 위하여 국가유산수리협회를 설립할 수 있다.
   (2) 국가유산수리협회는 법인으로 한다.
   (3) 국가유산수리협회는 주된 사무소에서 설립등기를 함으로써 성립한다.
   (4) 국가유산수리협회의 회원 자격과 임원에 관한 사항은 정관으로 정하며, 필요에 따라 지회나 분회를 둘 수 있다.

2) 국가유산수리협회 정관의 기재사항
   (1) 목적
   (2) 명칭
   (3) 주된 사무소의 소재지
   (4) 회원의 자격, 가입과 탈퇴, 권리 · 의무에 관한 사항
   (5) 총회에 관한 사항
   (6) 이사회 · 분회(分會) · 지회(支會) · 위원회에 관한 사항
   (7) 임원에 관한 사항
   (8) 자산과 회계에 관한 사항
   (9) 정관의 변경에 관한 사항
   (10) 해산과 잔여재산의 처리에 관한 사항
   (11) 업무와 그 집행에 관한 사항
   (12) 그 밖에 국가유산수리 등이나 국가유산수리협회 운영 등에 필요한 사항

3) 국가유산수리협회의 공제사업 등
   (1) 공제사업의 범위
      ① 회원의 업무수행에 따른 입찰 · 계약(공사이행 보증을 포함한다) · 손해보상 · 선급금지급 · 하자보수 등에 대한 보증사업
      ② 회원에 대한 자금의 융자를 위한 공제사업
      ③ 회원의 업무수행에 따른 손해배상책임을 보장하는 공제사업
      ④ 회원 및 회원에게 고용된 사람의 복지향상과 업무상 재해로 인한 손실을 보상하는 공제사업

(2) 국가유산수리협회가 공제사업을 하려는 경우에는 공제규정을 제정하여 국가유산청장의 승인을 받아야 한다.(공제규정을 변경하는 경우에도 또한 같다)
(3) 공제규정에는 공제계약의 내용, 공제금, 공제료 등 공제사업의 운영에 필요한 사항을 정하여야 한다.
(4) 국가유산청장은 공제규정을 승인하거나 공제사업의 감독에 관한 기준을 정하는 경우에는 미리 금융위원회와 협의하여야 한다.
(5) 국가유산청장은 공제사업에 대하여 「금융위원회의 설치 등에 관한 법률」에 따른 금융감독원의 장에게 검사를 요청할 수 있다.
(6) 국가유산수리협회는 매 회계연도 개시 전까지 사업계획과 수지예산서를 국가유산청장에게 제출하여야 한다.

03 국가유산수리협회 설립의 인가절차 등

1) 인가절차 등
(1) 회원의 자격이 있는 자 10명 이상이 발기하고
(2) 회원의 자격이 있는 국가유산수리업자등의 3분의 1 이상의 동의를 받아
(3) 창립총회에서 정관을 작성한 후
(4) 국가유산청장에게 국가유산수리협회 인가를 신청하여야 한다.

2) 국가유산청장은 신청에 따라 인가를 하였을 때에는 그 사실을 공고하여야 한다.

3) 국가유산수리협회가 성립되고 임원이 선임될 때까지 필요한 사무는 발기인이 행한다.

04 민법의 준용

1) 재단에 관하여 「국가유산수리 등에 관한 법률」에 규정된 것을 제외하고는 「민법」 중 재단법인에 관한 규정을 준용한다.
2) 국가유산수리협회에 관하여 「국가유산수리 등에 관한 법률」에 규정한 것 외에는 「민법」 중 사단법인에 관한 규정을 준용한다.

CHAPTER 05 감독

01 국가유산수리 현황의 검사 등

1) 국가유산청장 또는 시·도지사는 등록기준에의 적합 여부, 하도급의 적정 여부 등을 판단하기 위하여 필요하다고 인정하면 국가유산수리업자등에게 그 업무 및 국가유산수리 현황 등에 관하여 보고하게 하거나 자료를 제출하도록 명할 수 있으며, 소속 공무원으로 하여금 국가유산수리업자등의 경영실태를 조사하게 하거나 관계 서류와 시설을 검사하게 할 수 있다.
2) 조사나 검사를 하는 공무원은 그 권한을 표시하는 증표를 지니고 이를 관계인에게 내보여야 한다.
3) 국가유산청장 또는 시·도지사는 필요한 경우 국가유산수리 등의 발주자·국가유산감리원 등 국가유산수리 등과 관련된 자에게 국가유산수리 등에 관한 자료를 제출하도록 요구할 수 있다.

02 시정명령 등

1) 시정명령
   (1) 시정명령권자

   국가유산청장, 시·도지사 또는 시장·군수·구청장

   (2) 시정명령권자는 국가유산수리업자등이 아래의 어느 하나에 해당하면 기간을 정하여 그 시정을 명하거나 그 밖에 필요한 지시를 할 수 있다.

   ① 국가유산수리업등을 등록한 자는 등록사항 중 중요사항이 변경된 경우에는 변경된 날부터 30일 이내에 등록한 시·도지사에게 변경신고를 하여야 하는데 이를 위반(법 제14조 ②)하여 변경신고를 하지 아니한 경우
   ② 국가유산수리 등에 관한 도급의 원칙(법 제24조 ③)을 위반하여 국가유산수리 도급 대장, 실측설계 도급 대장 또는 감리 도급 대장을 주된 영업소에 보관하지 아니한 경우

③ 하도급 대금의 지급 등(법 제28조)을 위반하여 하도급 대금을 지급하지 아니한 경우
④ 발주자의 부당한 지시금지 등(법 제30조 ②)을 위반하여 하수급인에게 불공정한 행위를 강요한 경우
⑤ 국가유산수리 현황의 보고(법 제33조의3 ①)를 위반하여 보고하지 아니한 경우
⑥ 국가유산수리보고서의 작성(법 제36조 ① 또는 ②)을 위반하여 국가유산수리보고서를 제출하지 아니하거나 부실하게 작성한 경우
⑦ 국가유산수리기술자 및 국가유산감리원의 전문교육(법 제53조 ③)을 위반하여 경비를 부담하지 아니하거나 불이익을 주는 처우를 한 경우
⑧ 정당한 사유 없이 도급받은 국가유산수리를 이행하지 아니한 경우

2) 국가유산청장은 국가유산수리기술자나 국가유산감리원이 국가유산수리기술자 및 국가유산감리원의 전문교육에 따른 전문교육을 받지 아니한 경우 기간을 정하여 그 시정을 명하거나 그 밖에 필요한 지시를 명할 수 있다.

03 국가유산수리기술자의 자격취소 등

1) 국가유산청장은 국가유산수리기술자가 다음 각 호의 어느 하나에 해당하는 경우에는 그 자격을 취소하거나 문화체육관광부령으로 정하는 바에 따라 3년 이내의 기간을 정하여 그 자격의 정지를 명할 수 있다.
   (1) 거짓이나 그 밖의 부정한 방법으로 자격을 취득한 경우
      (그 자격을 취소하여야 한다.)
   (2) 자격정지 처분을 받고도 계속하여 그 업무를 한 경우
      (그 자격을 취소하여야 한다.)
   (3) 국가유산수리 중에 지정문화유산 및 천연기념물등을 파손하거나 훼손한 경우
   (4) 성실의무(법 제6조)에 따라 지켜야 할 사항을 위반하여 국가유산수리 등을 한 경우
   (5) 부정한 청탁에 의한 재물 등의 취득 및 제공금지(법 제6조의2)를 위반하여 부정한 청탁을 받고 재물 또는 재산상의 이익을 취득하거나 부정한 청탁을 하면서 재물 또는 재산상의 이익을 제공한 경우
   (6) 국가유산수리기술자의 종류 및 그 업무 범위(법 제8조 ②)를 위반하여 국가유산수리기술자가 자격을 취득한 기술 분야 외의 다른 분야의 국가유산수리 등의 업무를 한 경우
   (7) 국가유산수리기술자의 결격사유(법 제9조)의 어느 하나에 해당하여 국가유산수리기술자가 될 수 없는 경우

(그 자격을 취소하여야 한다.)
　(8) 국가유산수리기술자 자격증의 발급 등(법 제10조 ③)을 위반하여 다른 사람에게 자기의 성명을 사용하여 국가유산수리 등의 업무를 하게 한 경우
　(9) 국가유산수리기술자 자격증의 발급 등(법 제10조 ④)을 위반하여 국가유산수리기술자 자격증을 대여한 경우
　(10) 국가유산수리기술자 자격증의 발급 등(법 제10조 ④)을 위반하여 둘 이상의 국가유산수리업자등에게 중복하여 취업한 경우
　(11) 국가유산수리기술자등의 신고(법 제13조의2 ③)를 위반하여 경력 등을 거짓으로 신고 또는 변경신고한 경우
　(12) 국가유산수리기술자의 배치(법 제33조 ②)를 위반하여 정당한 사유 없이 국가유산수리 현장을 이탈한 경우
　(13) 국가유산수리 현장의 점검 등(법 제37조 ①)에 따른 시정명령 등 필요한 조치를 이행하지 아니한 경우
　(14) 감리의 시행 등(법 제38조 ⑦)에 따른 대통령령으로 정하는 국가유산감리원의 업무범위를 위반하여 감리를 수행한 경우
2) 국가유산수리기술자의 자격이 취소된 자는 지체 없이 국가유산청장에게 국가유산수리기술자 자격증을 반납하여야 한다.
3) 국가유산청장은 국가유산수리기술자의 자격을 정지할 경우 국가유산수리기술자 자격증에 처분내용 및 처분사유를 기재하여야 한다.
4) 중앙행정기관의 장이나 지방자치단체의 장은 소관 업무 중 국가유산수리 등의 업무를 수행하면서 국가유산수리기술자가 국가유산수리기술자의 자격취소 등의 어느 하나에 해당하는 사실이 있는 경우에는 그 사실을 국가유산청장에게 통보하여야 한다.
5) 국가유산청장은 국가유산수리기술자의 자격을 취소한 경우에는 그 국가유산수리기술자에 관한 아래 사항을 공고하고 그 사실을 시·도지사에게 통보하여야 한다.
　(1) 성명
　(2) 자격종목 및 자격번호
　(3) 처분의 내용, 사유 및 근거

04 국가유산수리기능자의 자격취소 등

국가유산수리기능자의 자격취소 등에 관하여는 국가유산수리기술자의 자격취소 등[같은 조 제1항 제6호(국가유산수리기술자의 결격사유의 어느 하나에 해당하여 국가유산수리기술자가 될 수 없는 경우)는 제외한다]을 준용한다.

05 국가유산수리업자등의 등록취소 등

1) 시·도지사는 국가유산수리업자등의 등록에 따라 등록한 국가유산수리업자등이 다음 각 호의 어느 하나에 해당하면 그 등록을 취소하거나 문화체육관광부령으로 정하는 바에 따라 3년 이내의 기간을 정하여 그 영업의 정지를 명할 수 있다.
   (1) 거짓이나 그 밖의 부정한 방법으로 등록한 경우
      (그 등록을 취소하여야 한다.)
   (2) 성실의무(법 제6조)에 따라 지켜야 할 사항을 위반하여 국가유산수리 등을 한 경우
   (3) 부정한 청탁에 의한 재물 등의 취득 및 제공 금지(법 제6조의2)를 위반하여 부정한 청탁을 받고 재물 또는 재산상의 이익을 취득하거나 부정한 청탁을 하면서 재물 또는 재산상의 이익을 제공한 경우
   (4) 영업정지 기간 중에 영업을 하거나 2) (국가유산실측설계업자가 「건축사법」에 따라 건축사업무신고 등의 효력상실 처분을 받은 경우에는 그 처분일로부터 영업을 하여서는 아니 되며, 건축사 업무정지 처분을 받은 경우에는 그 업무정지기간 동안 영업을 하여서는 아니 된다)를 위반하여 영업을 한 경우
      (그 등록을 취소하여야 한다.)
   (5) 국가유산수리업자등의 등록(법 제14조 ①)에 따른 기술능력, 자본금, 시설 등의 등록요건에 미달한 사실이 있는 경우(다만, 자본금이 일시적으로 등록요건에 미달하는 등은 예외로 한다.)

   [일시적인 등록요건 미달]
   ① 국가유산수리업등의 등록 요건(시행령 별표 7)에 따른 자본금 요건에 미달한 경우 중 다음 각 목의 어느 하나에 해당하는 경우
      ㉠ 「채무자 회생 및 파산에 관한 법률」에 따라 법원이 회생절차개시의 결정을 하고 그 절차가 진행 중인 경우
      ㉡ 「채무자 회생 및 파산에 관한 법률」에 따라 법원이 회생계획의 수행에 지장이 없다고 인정하여 해당 국가유산수리업자 또는 국가유산감리업자에 대한 회생절차

종결의 결정을 하고 그 회생계획을 수행 중인 경우

ⓒ 「기업구조조정촉진법」에 따라 금융채권자협의회가 금융채권자협의회에 의한 공동관리절차 개시의 의결을 하고 그 절차가 진행 중인 경우

② 「상법」 제542조의8 제1항 단서의 적용대상 법인이 최근 사업연도 말 현재의 자본의 감소로 인하여 등록요건에 미달되는 경우로서 그 기간이 50일 이내인 경우

(6) 국가유산수리업자등의 결격사유(법 제15조) 각 호의 어느 하나에 해당하게 된 경우 **(그 등록을 취소하여야 한다.)**

① 국가유산실측설계업자가 「건축사법」에 따른 업무정지 처분을 받고 그 정지기간 중에 있는 자(제7호)에 해당하는 경우나

② 국가유산수리업자등이 국가유산수리업의 상속(법 제20조 ③)에 따라 3개월 이내에 국가유산수리업 등을 양도한 경우는 제외한다.

③ 다만, 국가유산수리업자등의 결격사유 제8호(법인의 임원중 제1호부터 제7호까지의 규정에 해당하는 자가 있는 법인)에 해당하여 해당 법인의 임원이 제1호부터 제7호까지의 어느 하나에 해당하게 되는 경우 3개월 이내에 그 임원을 바꾸어 선임하는 경우는 그러하지 아니하다.

(7) 국가유산수리업의 양도 등(법 제17조 ①)·국가유산수리업의 상속(법 제20조 ②)에 따른 신고를 하지 아니하거나 거짓 또는 그 밖의 부정한 방법으로 신고를 하고 국가유산수리업등을 영위한 경우

(8) 등록증 등의 대여 금지(법 제21조)를 위반하여 다른 사람에게 자기의 성명 또는 상호를 사용하여 국가유산수리 등을 수급받게 하거나 시행하게 한 경우 또는 등록증이나 등록수첩을 대여한 경우

(9) 국가유산수리 등을 하는 중에 지정문화유산 및 천연기념물등을 파손하거나 원형을 훼손한 경우

(10) 명백하게 사실과 다른 실측설계로 인하여 국가유산의 가치를 훼손하거나 국가유산수리가 불가능하게 된 경우

(11) 국가유산수리업자등이 다른 사람의 국가유산수리기술자 자격증 또는 국가유산수리기능자 자격증을 대여받아 사용한 경우

(12) 하도급의 제한 등(법 제25조)을 위반하여 하도급한 경우

(13) 국가유산수리기술자의 배치(법 제33조 ①)에 따라 국가유산수리기술자를 국가유산수리 현장에 배치하지 아니한 경우

(14) 국가유산수리업자의 하자담보책임(법 제35조 ①)에 따른 하자담보책임을 이행하지 아니한 경우

(15) 국가유산수리 현장의 점검 등(법 제37조 ①)에 따른 시정명령 등 필요한 조치를 위반한 경우

(16) 감리의 시행 등(법 제38조 ④ 및 ⑦)에 따른 국가유산감리원 배치기준을 위반한 경우
(17) 감리의 시행 등(법 제38조 ⑤)을 위반하여 감리보고서를 제출하지 아니하거나 거짓으로 또는 불성실하게 작성한 경우
(18) 국가유산감리원의 재시행명령 등(법 제39조 ②)에 따른 국가유산감리원의 재시행·중지명령이나 그 밖에 필요한 조치에 관한 지시를 정당한 사유 없이 이행하지 아니하거나 거부한 경우
(19) 국가유산수리업자등이 등록한 업종 외의 국가유산수리 등을 한 경우
(20) 시정명령 등(법 제46조 ①)에 따른 시정명령을 이행하지 아니한 경우 또는 지시를 따르지 아니한 경우

2) 국가유산수리업자등의 등록취소 등에도 불구하고 국가유산실측설계업자가 「건축사법」에 따라 건축사업무신고등의 효력 상실 처분을 받은 경우에는 그 처분일부터 영업을 하여서는 아니 되며, 건축사 업무정지 처분을 받은 경우에는 그 업무정지기간 동안 영업을 하여서는 아니 된다.

3) 중앙행정기관의 장이나 지방자치단체의 장은 소관업무 중 국가유산수리 등의 업무를 수행하면서 국가유산수리업자등이 '국가유산수리업자등의 등록취소 등'의 어느 하나에 해당하는 사실이 있는 경우에는 그 사실을 그 국가유산수리업자등이 등록된 시·도지사에게 통보하여야 한다.

4) 시·도지사는 국가유산수리업자등의 등록취소 등에 따라 등록을 취소하거나 영업의 정지를 명한 경우에는 그 사실을 국가유산청장과 다른 시·도지사에게 지체 없이 통보하고, 해당 국가유산수리업자등에 관한 다음 각 호의 사항을 해당 시·도의 공보 또는 인터넷 홈페이지에 공고하여야 한다.
(1) 상호 및 성명(법인인 경우에는 대표자의 성명을 말한다.)
(2) 주된 영업소의 소재지
(3) 업종 및 등록번호
(4) 행정처분의 내용, 사유 및 근거

CHAPTER 06 보칙

01 임금에 대한 압류의 금지

1) 국가유산수리업등이 도급받은 국가유산수리에 관한 도급 금액 중 그 국가유산수리(하도급한 국가유산수리를 포함한다)에 종사한 근로자에게 지급하여야 할 임금에 상당하는 금액에 대하여는 압류할 수 없다.

2) 압류대상에서 제외되는 임금의 산정방법 등
   (1) 임금에 상당하는 금액은 해당 국가유산수리(하도급한 국가유산수리를 포함한다)의 도급금액 중 산출내역서에 적힌 임금을 합산하여 이를 산정한다.
   (2) 국가유산수리의 발주자(하도급의 경우에는 수급인을 말한다)는 임금을 도급계약서(하도급의 경우에는 하도급계약서를 말한다)에 명시하여야 한다.

02 수수료

1) 자격시험 등의 수수료

구분	수수료
1. 자격시험의 응시	
가. 국가유산수리기술자(필기시험)	3만 원
나. 국가유산수리기술자(면접시험)	2만 원
다. 국가유산수리기능자[소목수, 화공, 드잡이공(기울어진 구조물을 해체하지 않고 도구를 이용하여 바로잡는 사람), 제작와공, 목조각공, 조경공, 훈증공, 실측설계사보]	2만 원
라. 국가유산수리기능자(대목수, 가공석공, 철물공, 석조각공, 세척공, 보존처리공, 모사공)	3만 원
마. 국가유산수리기능자[쌓기석공, 번와(翻瓦)화공, 한식미장공, 칠공, 도금공, 표구공, 식물보호공, 박제 및 표본제작공, 온돌공]	5만 원

구분	수수료
2. 국가유산수리기술자 자격증 재발급	5천 원
3. 국가유산수리기능자 자격증 재발급	5천 원
4. 국가유산수리기술자 등의 신고에 따른 국가유산수리기술자 등의 경력증 등의 발급	국가유산청장이 정하여 고시하는 금액
5. 국가유산수리업등의 등록 　가. 종합국가유산수리업 　나. 전문국가유산수리업 　다. 국가유산실측설계업 　라. 국가유산감리업	 5만 원 3만 원 3만 원 3만 원
6. 국가유산수리업자등의 등록증 또는 등록수첩의 재발급	5천 원. 다만, 국가유산수리종합정보시스템을 통해 등록증을 재발급하는 경우는 무료로 한다.
7. 국가유산수리 능력의 평가 및 공시에 따른 국가유산수리 능력에 평가 신청	국가유산청장이 정하여 고시하는 금액
8. 국가유산수리업자 등의 정보관리 등에 따른 국가유산수리 관련 정보 제공	국가유산청장이 정하여 고시하는 금액

2) 권한의 위임·위탁(법 제56조 ②)에 따른 업무를 위탁받은 자가 수수료를 징수하는 경우 그 수수료 수입은 업무를 위탁받은 자의 수입으로 한다.

03 직무상 알게 된 사실의 누설 금지

아래의 어느 하나에 해당하는 자는 정당한 사유가 없으면 그 직무상 알게 된 국가유산수리업자 등의 재산 및 업무 상황을 누설하여서는 아니 된다.
1) 「국가유산수리 등에 관한 법률」에 따른 등록 또는 감독 사무 등에 종사하는 공무원 또는 공무원이었던 자
2) 권한의 위임·위탁에 따라 위탁 사무에 종사하는 자 또는 종사하였던 자

04 전문교육

1) 국가유산수리기술자 및 국가유산감리원은 국가유산수리 등의 기술과 자질을 향상시키기 위하여 국가유산청장이 실시하는 전문교육을 받아야 한다.

2) 1)에 따른 전문교육을 받아야 할 국가유산수리기술자 및 국가유산감리원의 범위와 전문교육의 실시에 관하여 필요한 사항

   (1) 국가유산수리기술자 및 국가유산감리원의 전문교육

   국가유산수리기술자(국가유산감리원을 포함한다)는 1)에 따라 다음 각 호의 구분에 따른 전문교육을 정하는 시간 이상 받아야 한다.
   ① 신규교육 : 국가유산수리기술자 자격증을 발급받은 날부터 1년이 되기 전까지 32시간
   ② 정기교육 : 신규교육의 교육을 받은 날을 기준으로 5년마다 64시간(다만, 정기교육을 받아야 하는 기간 동안 업무에 종사한 사실이 없는 사람은 정기교육 대상에서 제외한다.)

   (2) 전문교육의 내용 및 방법
   ① 전문교육의 내용
      ㉠ 국가유산수리기술자가 갖추어야 하는 소양 관련 법령·제도 등에 관한 이해 증진을 위한 교육
      ㉡ 해당 업무 분야의 전문기술능력의 향상을 위한 교육
   ② 전문교육의 방법
      ㉠ 집합교육 : 국가유산청장이 교육 일시와 장소를 정하여 공고하는 교육에 출석하고 개설된 강의 과정을 이수
      ㉡ 이러닝교육 : 영상과 음성을 동시에 송수신하는 장치를 통해 강의 과정이 마련되어 있는 시스템에 접속하여 해당 과정을 단방향으로 수강
      ㉢ 자율교육 : 해당 기술 분야와 관련하여 국가유산수리기술자가 기술능력 향상을 위하여 일상적으로 하는 활동 중 다음의 어느 하나에 해당하는 것
         ㉮ 국내외 석사·박사 학위 취득
         ㉯ 논문 게재, 저술, 기고
         ㉰ 국내외 학회·학술단체 등이 실시하는 학술발표대회·교육·연수·토론회 등에서의 주제발표·토론·강연
         ㉱ 관련 협회·단체 등이 실시하는 교육, 설명회, 청문회 등 국가유산청장이 인정하는 활동에 참여

[비고]
1. ②의 ㉡ 및 ㉢의 교육을 이수하여 합산한 시간은 신규교육과 정기교육에 따른 교육시간의 최대 100분의 50까지로 한정하여 인정된다.
2. ②의 ㉢의 자율교육의 종류별 인정 대상 · 시간 · 방법은 국가유산청장이 정하여 고시한다.

(3) 국가유산청장은 전문교육을 수료현황을 기록 · 관리해야 한다.
(4) 「한국전통문화대학교설치법」에 따른 한국전통문화대학교의 장은 전문교육을 수료한 국가유산수리기술자 및 국가유산감리원에게 교육수료증을 발급해야 하고, 전문교육 실시결과를 국가유산청장에게 보고하여야 한다.
(5) 국가유산청장은 전문교육을 실시하려는 경우에는 교육일시 · 교육장소 등 교육실시에 필요한 사항을 그 교육 실시 60일 전까지 국가유산청의 홈페이지 등에 공고하여야 한다.

3) 국가유산수리기술자 및 국가유산감리원을 고용하고 있는 국가유산수리업자등은 국가유산수리기술자 및 국가유산감리원이 전문교육을 받는 데에 필요한 경비를 부담하여야 하며, 이를 이유로 해당 국가유산수리기술자 및 국가유산감리원에게 불이익을 주어서는 아니 된다.

4) 국가유산청장은 국가유산수리기능자의 직무능력을 향상시키기 위하여 전문교육을 실시할 수 있다.

05 국가유산수리업자의 평가 등

1) 평가 대상
(1) 국가유산수리업자
(2) 국가유산실측설계업자

2) 평가목적
(1) 기술수준 및
(2) 국가유산수리의 품질을 높이기 위하여

3) 평가자
(1) 국가유산수리 또는 실측설계를 발주한
(2) 국가유산청장이나 지방자치단체의 장

4) 국가유산수리업자의 평가 등

(1) 국가유산수리 또는 실측설계를 발주한 국가유산청장이나 지방자치단체의 장은 그 국가유산수리 또는 실측설계 중 기준 이상에 해당하는 것에 대하여 평가를 할 수 있다.
(2) 국가유산청장이나 지방자치단체의 장은 평가결과가 우수한 국가유산수리업자 또는 국가유산 실측설계업자에 대하여는 1년 동안 우수업자로 지정할 수 있다(이 경우 국가유산청장이나 지방자치단체의 장은 그 사실을 공고하여야 한다).

5) 지방자치단체의 장은 우수업자가 지정기간 동안 등록취소 등의 처분을 받을 경우 이를 감경할 수 있다.

6) 국가유산청장이나 지방자치단체의 장은 평가를 하기 위하여 국가유산수리 현장 등을 직접 점검하거나, 국가유산수리업자 또는 국가유산실측설계업자에게 평가에 필요한 자료를 제출하게 할 수 있다.

06 청문

1) 국가유산청장이나 시·도지사는 다음 각 호의 어느 하나에 해당하는 처분을 하려면 청문을 하여야 한다.

2) 청문을 하여야 하는 경우

(1) 전통재료 인증의 취소(법 제7조의5)에 따른 **인증의 취소**
(2) 국가유산수리기술자의 자격취소 등(법 제47조)에 따른 **국가유산수리기술자의 자격취소 시**
(3) 국가유산수리기능자의 자격취소 등(법 제48조)에 따른 **국가유산수리기능자의 자격취소 시**
(4) 국가유산수리업자등의 등록취소 등(법 제49조)에 따른 **국가유산수리업자등의 등록취소 시**

07 권한의 위임·위탁

1) 권한의 위임
(1) 이 법에 따른 국가유산청장의 권한은 정하는 바에 따라 그 일부를 한국전통문화대학교의 장 또는 시·도지사에게 위임할 수 있다.
(2) 국가유산수리기술자 및 국가유산감리원의 전문교육에 관한 권한을 「한국전통문화대학교 설치법」에 따른 한국전통문화대학교의 장에게 위임한다.

2) 권한의 위탁
(1) 국가유산청장 또는 시·도지사는 이 법에 따른 다음 각 호의 업무를 정하는 바에 따라
(2) 관계전문기관 또는 단체 등에 위탁할 수 있다.
   ① 전통재료 수급현황에 대한 실태조사
   ② 전통재료의 비축
   ③ 전통재료 인증 및 전통재료 인증의 취소
   ④ 국가유산수리기술자 자격시험의 실시 및 관리
   ⑤ 국가유산수리기능자 자격시험의 실시 및 관리
   ⑥ 국가유산기술자 등의 신고(법 제13조의 2)에 따른 신고의 접수와 기록의 유지·관리 및 경력증의 발급
   ⑦ 국가유산수리의 능력 평가 및 공시와 전년도 실적 등에 대한 신고의 접수
   ⑧ 국가유산수리업자 등에 관한 정보와 국가유산수리 관련 정보의 관리·제공, 국가유산수리종합정보시스템의 구축·운영
   ⑨ 국가유산수리 보고서 및 감리 보고서의 데이터베이스 구축·운영 및 공개
   ⑩ 국가유산수리기능자의 전문교육
(3) 이 경우 그 소요비용을 예산의 범위에서 보조할 수 있다.

CHAPTER 07 벌칙

01 3년 이하의 징역 또는 3천만 원 이하의 벌금에 처하는 경우

1) 국가유산수리업자등의 등록에 따른 등록을 하지 아니하거나 거짓 또는 그 밖의 부정한 방법으로 등록을 하고 국가유산수리업등을 영위한 자
2) 국가유산수리기술자의 자격취소 등 또는 국가유산수리업자등의 등록취소 등에 따른 자격정지 처분, 영업정지 처분을 받고 그 정지기간 중에 업무를 한 자 또는 영업을 한 자
3) 국가유산수리기술자 자격증의 발급 등(법 제10조 ③)을 위반(법 제12조[국가유산수리기능자 자격증의 발급 등]에서 준용하는 경우를 포함한다)하여 다른 사람에게 자기의 성명을 사용하여 국가유산수리 등의 업무를 하게 한 자 또는 다른 국가유산수리기술자·국가유산수리기능자의 성명을 사용하여 국가유산수리 등의 업무를 한 자
4) 국가유산수리기술자 자격증의 발급 등(법 제14조 ④)을 위반(법 제12조[국가유산수리기능자 자격증의 발급 등]에서 준용하는 경우를 포함한다)하여 자격증을 대여하거나 대여받은 자 또는 이를 알선한 자
5) 국가유산수리의 설계승인(법 제33조의2 ①)을 위반하여 설계승인을 받지 아니하고 국가유산수리 등의 수리를 발주한 자

02 1년 이하의 징역 또는 1천만 원 이하의 벌금에 처하는 경우

1) 국가유산수리 및 실측설계 제한을 위반하여 국가유산수리나 실측설계를 하게 한 자
2) 동산문화유산 보존처리에서 보존처리계획의 수립 등을 위반하여 동산문화유산 보존처리계획을 수립하도록 하거나 보존처리의 수행 등을 위반하여 동산문화유산 보존처리를 수행하도록 한 자
3) 국가유산수리기술자 자격증의 발급 등을 위반하여 둘 이상의 국가유산수리업자등에 중복하여 취업한 자
4) 등록증 등의 대여금지를 위반하여 다른 사람에게 자기의 성명 또는 상호를 사용하여 국가유산수리 등을 수급 또는 시행하게 하거나 등록증 또는 등록수첩을 대여한 자 또는 다른 국가유

산수리업자등의 성명 또는 상호를 사용하거나 등록 증 또는 등록수첩을 대여받아 사용한 자
5) 하도급의 제한 등(법 제25조)을 위반하여 하도급을 한 자(같은 조 ②를 위반하여 발주자에게 하도급 사실을 알리지 아니한 자는 제외한다)
6) 감리의 시행 등(법 제38조 ①)을 위반하여 국가유산감리업자로 하여금 일반감리 또는 책임감리를 하게 하지 아니한 발주자
7) 감리의 제한(법 제41조)을 위반하여 국가유산수리와 감리를 함께 한 자

03 500만 원 이하의 벌금에 처하는 경우

1) 거짓이나 그 밖의 부정한 방법으로 전통재료의 인증을 받은 자
2) 인증을 받지 아니한 자는 인증표시 또는 이와 유사한 표시를 하여서는 아니 된다(법 제7의4 ④)를 위반하여 인증표시를 한 자
3) 국가유산수리기술자의 배치를 위반하여 국가유산수리기술자를 국가유산수리 현장에 배치하지 아니한 자
4) 국가유산수리 현장의 점검 등에 따른 국가유산수리 현장의 점검 등을 거부·방해 또는 기피한 자
5) 직무상 알게 된 사실의 누설금지를 위반하여 직무상 알게 된 사실을 누설한 자

04 양벌규정

1) 법인의 대표자나 법인 또는 개인의 대리인, 사용인, 그 밖의 종업원이 그 법인 또는 개인의 업무에 관하여 아래 벌칙에 해당하는 위반 행위를 하면 그 행위자를 벌하는 외에 그 법인 또는 개인에게도 해당 조문의 벌금형을 과(科)한다.
   (1) 3년 이하의 징역 또는 3천만 원 이하의 벌금에 해당하는 경우
   (2) 1년 이하의 징역 또는 1천만 원 이하의 벌금에 해당하는 경우
   (3) 500만 원 이하의 벌금에 해당하는 경우
2) 다만, 법인 또는 개인이 그 위반행위를 방지하기 위하여 해당 업무에 관하여 상당한 주의와 감독을 게을리하지 아니한 경우에는 그러하지 아니하다.

05 과태료

1) 다음 각 호의 어느 하나에 해당하는 자에게는 250만 원 이하의 과태료를 부과한다.

[과태료의 부과기준]

위반행위	근거 법조문	과태료 금액 (단위 : 만 원)
(1) 법 제13조의2 제3항을 위반하여 경력등을 거짓으로 신고한 경우	법 제62조 제1항제2호의2	100
(2) 법 제14조 제2항에 따른 변경신고를 하지 않은 경우	법 제62조 제1항 제1호	50
(3) 법 제14조 제3항에 따른 폐업신고를 하지 않은 경우	법 제62조 제1항 제2호	50
(4) 법 제14조의2 제3항을 위반하여 전년도 실적 등을 거짓으로 신고한 경우	법 제62조 제1항 제2호의3	100
(5) 법 제22조 제2항에 따른 처분내용을 알리지 않은 경우	법 제62조 제1항 제3호	50
(6) 법 제25조 제2항에 따른 하도급사실을 알리지 않은 경우	법 제62조 제1항 제4호	100
(7) 법 제30조를 위반하여 부당한 지시를 하거나 불공정한 행위를 강요한 경우	법 제62조 제1항 제5호	100
(8) 법 제33조 제2항을 위반하여 정당한 사유 없이 국가유산수리 현장을 이탈한 경우	법 제62조 제1항 제6호	50
(9) 법 제45조 제1항에 따른 조사 또는 검사를 거부·방해 또는 기피한 경우 또는 보고·자료 제출을 하지 않거나 거짓으로 자료를 제출하거나 보고를 한 경우	법 제62조 제1항 제7호	100
(10) 법 제45조 제3항에 따라 자료를 제출하지 않은 경우	법 제62조 제1항 제8호	50
(11) 법 제46조 제2항에 따른 시정명령을 이행하지 않은 경우 또는 지시를 따르지 않은 경우	법 제62조 제1항 제9호	50
(12) 법 제54조 제4항에 따른 평가 자료를 사실과 다르게 제출한 경우	법 제62조 제1항 제10호	50

2) 과태료는 정하는 바에 따라 국가유산청장, 시·도지사 또는 시장·군수·구청장이 부과·징수한다.

3) 국가유산청장, 시·도지사 또는 시장·군수·구청장은 위반행위의 정도, 위반횟수, 위반행위의 동기와 그 결과 등을 고려하여 과태료의 부과 기준에 따른 과태료의 금액의 2분의 1 범위에서 그 금액을 가중하거나 감경할 수 있다.

예상문제

제1장 총칙

01 다음은 「국가유산수리 등에 관한 법률」의 목적이다. ( )에 들어갈 내용은?

> 국가유산을 ( )으로 보존·계승하기 위하여 국가유산수리·실측설계·감리와 국가유산수리업의 등록 및 기술 관련 등에 필요한 사항을 정함으로써 국가유산수리의 품질 향상과 국가유산수리업의 건전한 발전을 목적으로 한다.

① 원형
② 원칙
③ 예능
④ 기능
⑤ 전용

정답 ①

02 국가유산수리 등에 관한 법령에서 아래의 보기 중 국가유산수리의 대상에 해당하는 것을 모두 고르시오.

> ㄱ. 보물 및 국보
> ㄴ. 국가무형문화유산
> ㄷ. 국가민속문화유산
> ㄹ. 임시지정문화유산

① ㄱ, ㄴ
② ㄱ, ㄷ
③ ㄱ, ㄴ, ㄷ
④ ㄱ, ㄷ, ㄹ
⑤ ㄱ, ㄴ, ㄷ, ㄹ

해설 국가유산수리
다음의 어느 하나에 해당하는 것의 보수·복원·정비 및 손상 방지를 위한 조치를 말한다.
(1) 지정문화유산, 천연기념물 등
(2) 임시지정문화유산, 임시지정천연기념물 또는 임시지정명승 등
(3) 지정문화유산 및 천연기념물등(임시지정문화유산, 임시지정천연기념물 또는 임시지정명승을 포함한다)과 함께 전통문화를 구현·형성하고 있는 주위의 시설물 또는 조경으로서 다음 각 호의 어느 하나에 해당하는 것

① 지정문화유산(임시지정문화유산을 포함하며, 사적은 제외한다)을 둘러싸고 있는 보호구역 안의 시설물 또는 조경
② 지정문화유산을 둘러싸고 있는 토지(소유자 및 관리단체가 관리하고 있는 것으로 한정한다) 내에서 지정문화유산의 보존 및 활용을 위하여 필요한 시설물 또는 조경

정답 ④

03 국가유산수리 등에 관한 법령에서 국가유산수리에 대한 정의의 내용이다. 보기에서 바른 것을 찾으시오.

> 가. 지정문화유산, 천연기념물 등에 해당하는 것의 보수 · 복원 · 정비 및 손상방지를 위한 조치를 말한다. (○, ×)
> 나. 국가무형문화유산은 국가유산수리의 대상이다. (○, ×)
> 다. 임시지정문화유산, 임시지정천연기념물도 국가유산수리의 대상에 포함이 된다. (○, ×)
> 라. 지정문화유산과 함께 전통문화를 구현 · 형성하고 있는 주위의 시설물 또한 국가유산수리의 대상이다. (○, ×)

	가	나	다	라
①	○	○	○	○
②	○	×	○	×
③	○	×	○	○
④	×	×	×	×

정답 ③

04 「국가유산수리 등에 관한 법률」상, 아래의 내용 중에서 바르지 못한 것을 찾으시오.

① 국가유산수리상, "보조처리"의 정의는 국가유산 원형보존을 위하여 보존처리 계획을 바탕으로 국가유산 손상 부위에 행하는 물리적 · 화학적 조치 등의 국가유산수리를 말한다.
② 국가유산수리상, 감리는 일반감리와 책임감리로 나누어진다.
③ 국가유산수리상, 수급인으로서 도급받은 국가유산수리를 하도급하는 자를 포함하여 발주자로 본다.
④ 국가유산수리상, 국가유산수리 등의 기본원칙은 국가유산의 원형보존에 가장 적합한 방법과 기술을 사용하여야 한다.

해설 ③ 수급인으로서 도급받은 국가유산수리를 하도급하는 자는 제외한다.

정답 ③

05 국가유산수리 등에 관한 법령상, 용어 정의에 관한 설명으로 옳지 않은 것은?

① "국가유산수리"에는 임시지정문화유산의 보수·복원·정비 및 손상 방지를 위한 조치가 포함된다.
② "감리"란 국가유산수리에 관한 일반감리와 책임감리에 해당하는 업무를 말한다.
③ 수급인(受給人)으로서 도급받은 국가유산수리를 하도급하는 자는 "발주자"에 해당한다.
④ "하도급"이란 수급인이 도급받은 국가유산수리의 일부를 도급하기 위하여 제3자와 체결하는 계약을 말한다.

정답 ③

06 국가유산수리 등에 관한 법령상, 국가유산수리등의 기본원칙에 관한 규정의 일부이다. ( )에 들어갈 내용으로 옳은 것은?　　　　　　　　　　　　　　　　　[2025년도 제43회 기출문제]

> 국가유산수리, 실측설계 또는 감리는 국가유산의 (ㄱ)에 가장 적합한 방법과 기술을 사용하여야 하며, 국가유산수리등으로 인하여 (ㄴ) 및 천연기념물등과 그 주변 경관이 훼손되어서는 아니 된다.

① ㄱ : 원형보존, ㄴ : 지정문화유산
② ㄱ : 가치보전, ㄴ : 지정문화유산
③ ㄱ : 원형보존, ㄴ : 매장유산
④ ㄱ : 가치보전, ㄴ : 매장유산

정답 ①

07 「국가유산수리 등에 관한 법률」상, 국가유산수리 등에 관한 기본계획 수립 시 포함되어야 할 사항들 중에서 거리가 있는 것을 고르시오.

① 국가유산수리 등에 관한 기본방향
② 국가유산수리 등의 품질확보 대책
③ 문화유산 안전관리에 관한 사항
④ 국가유산수리 등의 기술진흥에 관한 사항

해설 국가유산수리 등에 관한 기본계획 수립 시 포함되어야 할 사항
1. 국가유산수리 등에 관한 기본방향
2. 국가유산수리 등의 품질확보 대책
3. 국가유산수리 등의 기술진흥에 관한 사항
4. 그 밖에 국가유산수리 등에 필요한 사항

③ 문화유산 안전관리에 관한 사항은 「문화유산의 보존 및 활용에 관한 법률」에서 문화유산보호정책의 수립 및 추진에서 종합적인 기본계획(5년마다 수립) 수립 시 포함하여야 할 사항 중 하나이다.

정답 ③

08 국가유산수리 등에 관한 법령상, 국가유산수리 등에 관한 기본계획에 포함되어야 할 사항이 아닌 것은?   [2025년도 제43회 기출문제]

① 국가유산수리 등에 관한 기본방향
② 국가유산수리 등의 품질 확보 대책
③ 국가유산수리 등에 관한 주요 사업별 세부 추진계획
④ 국가유산수리 등의 기술진흥에 관한 사항

정답 ③

09 국가유산수리 등에 관한 법령상, 국가유산수리 등의 계획 수립에 관한 설명으로 옳지 않은 것은?

① 국가유산청장은 국가유산수리 등에 관한 기본계획을 5년마다 수립하여야 한다.
② 국가유산청장은 국가유산수리 등에 관한 기본계획을 수립하면 그 기본계획을 시·도지사에게 통보하여야 한다.
③ 국가유산수리 등의 품질 확보 대책은 국가유산수리 등에 관한 기본계획에 포함되어야 한다.
④ 시·도지사는 국가유산수리 등에 관한 기본계획을 통보받은 후 6개월 이내에 세부 시행계획을 수립하여 국가유산청장에게 제출하여야 한다.

정답 ④

10 국가유산수리 등에 관한 법령상, 국가유산수리 등의 계획에 관한 설명으로 옳지 않은 것은?

① 국가유산청장은 국가유산수리 등에 관한 기본계획을 5년마다 수립하여야 한다.
② 국가유산청장이 국가유산수리 등에 관한 기본계획을 수립하는 경우에는 국가유산수리기술위원회의 심의를 거쳐야 한다.
③ 시·도지사는 국가유산수리 등에 관한 기본계획에 따라 매년 세부 시행계획을 수립하여 3월 31일까지 국가유산청장에게 제출해야 한다.
④ 국가유산수리 등에 관한 기본계획에는 국가유산수리 등에 관한 주요 사업별 세부 추진계획이 포함되어야 한다.

정답 ④

11 국가유산수리 등에 관한 법령상 "국가유산수리 등의 계획 수립"에 관한 설명으로 옳지 않은 것은?

① 국가유산청장은 국가유산수리 등에 관한 기본계획을 5년마다 수립하여야 한다.
② 국가유산수리 등에 관한 기본계획은 「문화유산의 보존 및 활용에 관한 법률」에 따른 국가유산기본계획과 연계하여 수립하여야 한다.
③ 국가유산청장은 국가유산수리 등에 관한 기본계획을 수립하면 그 기본계획을 시·도지사에게 통보하여야 한다.
④ 시·도지사는 국가유산수리 등에 관한 기본계획에 따라 세부 시행계획을 매년 수립하여 1월 31일까지 국가유산청장에게 제출해야 한다.

해설 국가유산수리 등의 계획수립

1. 계획수립
   국가유산청장은 국가유산수리 등에 관한 정책을 체계적이고 종합적으로 추진하기 위하여 특별시장·광역시장·특별자치시장·도지사 또는 특별자치도지사의 의견을 들은 후 국가유산수리기술위원회의 심의를 거쳐 국가유산수리 등에 관한 기본계획을 5년마다 수립하여야 한다.
2. 국가유산수리 등에 관한 기본계획을 수립할 경우에는 문화유산기본계획(「문화유산의 보존 및 활용에 관한 법률」) 및 자연유산보호계획(「자연유산의 보존 및 활용에 관한 법률」)과 연계하여야 한다.
3. 국가유산청장은 기본계획을 수립하면 그 기본계획을 시·도지사에게 통보하여야 하며, 시·도지사는 그 기본계획에 따라 세부 시행계획을 수립·시행하여야 한다.
   (1) 국가유산수리, 실측설계 또는 감리에 관한 기본계획 수립 시 포함되어야 할 사항
       ① 국가유산수리 등에 관한 기본방향
       ② 국가유산수리 등의 품질 확보 대책
       ③ 국가유산수리 등의 기술진흥에 관한 사항
       ④ 그 밖에 국가유산수리 등에 필요한 사항
   (2) 국가유산청장은 기본계획을 수립하기 위하여 필요하면 특별시장·광역시장·특별자치시장·도지사 또는 특별자치도지사에게 관할구역의 국가유산수리 등에 관한 자료를 제출하도록 요구할 수 있다.
   (3) 시·도지사는 세부 시행계획을 매년 수립하여 3월 31일까지 국가유산청장에게 제출해야 한다.

   [시행계획에는 다음 각 호의 사항이 포함되어야 한다.]
       ① 해당 연도의 국가유산수리 등에 관한 사업의 기본방향
       ② 국가유산수리 등에 관한 주요 사업별 세부 추진계획
       ③ 전년도의 시행계획에 따른 추진실적
       ④ 그 밖에 국가유산수리 등에 필요한 사항

정답 ④

12 「국가유산수리 등에 관한 법률」상, 국가유산수리기술위원회의 내용으로 옳은 것을 찾으시오.

① 국가유산수리 등에 관한 사항을 심의하기 위하여 국가유산청에 국가유산수리기술위원회를 둘 수 있다.
② 위원회는 위원장 1명을 포함하여 20명 이내의 위원으로 구성한다.
③ 국가유산청장은 국가유산수리 등과 관련된 업무에 7년 이상 종사한 사람을 위원회의 위원으로 위촉할 수 있다.
④ 위원회에는 국가유산청장의 명을 받아 위원회의 심의사항에 관한 자료수집 등의 업무를 수행하는 전문위원을 둘 수 있다.

해설 ① 둔다.　② 30명 이내　③ 10년 이상

정답 ④

13 「국가유산수리 등에 관한 법률」상, 국가유산수리기술위원회의 심의사항 중, 국가유산수리 등의 품질 향상을 위하여 정하는 사항에 해당하는 심의사항으로 틀린 것을 고르시오.

① 전통건축 부재의 수집에 관한 사항
② 전통재료의 비축에 관한 사항
③ 전통건축 부재의 활용에 관한 사항
④ 국가유산수리 등에 관한 주요 정책으로서 국가유산수리기술위원회의 위원장이 심의가 필요하다고 인정하는 사항

해설 국가유산수리기술위원회의 위원장이 아니라 국가유산청장이 심의가 필요하다고 인정하는 사항

정답 ④

14 「국가유산수리 등에 관한 법률」상, 국가유산수리 제한에서 경미한 국가유산수리에 해당하는 것을 모두 찾으시오.

> ㄱ. 창호지, 장판지 또는 벽지를 바르는 행위
> ㄴ. 누수 방지를 위하여 극히 부분적으로 파손된 기와를 원형대로 교체하는 행위
> ㄷ. 산자 또는 개판 이상의 기와지붕을 교체하는 행위
> ㄹ. 잔디심기를 제외한 봉분시설의 수리 행위
> ㅁ. 기존 초가지붕을 이엉잇기 하는 행위
> ㅂ. 기존 시설물의 내부를 정비하는 행위

① ㄱ, ㄴ, ㄷ, ㄹ　② ㄱ, ㄴ, ㄷ, ㅁ
③ ㄱ, ㄴ, ㄹ, ㅁ　④ ㄱ, ㄴ, ㅁ, ㅂ

ㄷ. 국가유산수리의 종류별 하자 담보 책임기간 : 3년
ㄹ. 국가유산수리의 종류별 하자 담보 책임기간 : 2년

정답 ④

15 국가유산수리 등에 관한 법령에서 국가유산수리 및 실측설계 제한에서 옳지 않은 것을 고르시오.
① 국가유산의 소유자가 국가유산수리를 하려는 경우에는 국가유산수리업자에게 수리하도록 하여야 한다.
② 국가유산의 관리단체가 국가유산수리를 하려는 경우에는 국가유산수리업자에게 수리하도록 하여야 한다.
③ 국가유산의 소유자나 관리단체가 국가유산수리를 하려는 경우에는 국가유산수리기술자 및 국가유산수리기능자가 함께 수리하도록 하여야 한다.
④ 국가유산의 소유자가 국가유산수리를 하려는 경우 해당 국가유산의 보존에 영향을 미치지 아니하는 경미한 국가유산수리를 하는 경우에는 국가유산수리업자에게 수리하도록 하여야 한다.

정답 ④

16 국가유산수리 등에 관한 법령에서 동산문화유산 분야의 국가유산수리만 할 수 있는 기관의 장을 모두 찾으시오.

| ㄱ. 국가유산청 | ㄴ. 국립중앙박물관 |
| ㄷ. 국립현대미술관 | ㄹ. 국립민속박물관 |

① ㄱ
② ㄱ, ㄴ
③ ㄱ, ㄷ
④ ㄱ, ㄴ, ㄷ
⑤ ㄴ, ㄷ, ㄹ

해설 직접 국가유산수리를 할 수 있는 기관의 장
1. 국가유산청
2. 국립중앙박물관(동산문화유산 분야의 국가유산수리의 경우만 해당)
3. 국립현대미술관(동산문화유산 분야의 국가유산수리의 경우만 해당)
4. 국립민속박물관(동산문화유산 분야의 국가유산수리의 경우만 해당)
5. 전통건축수리기술진흥재단

정답 ⑤

17 국가유산수리 등에 관한 법령상, 동산문화유산 분야의 국가유산수리를 직접 할 수 있는 기관으로 옳지 않은 것은?

① 국립중앙박물관장
② 국립현대미술관장
③ 국가유산수리업협회장
④ 전통건축수리기술진흥재단이사장

정답 ③

18 「국가유산수리 등에 관한 법률」에서 국가유산수리의 정의 중 바르지 않은 것을 찾으시오.

① 지정문화유산의 보수를 위한 조치
② 임시지정문화유산의 복원을 위한 조치
③ 임시지정천연기념물의 손상방지를 위한 조치
④ 사적을 둘러싸고 있는 보존구역 안의 시설물 또는 조경의 정비

정답 ④

19 「국가유산수리 등에 관한 법률」에서 ( ) 안에 들어갈 알맞은 내용을 고르시오.

> "국가유산수리, 실측설계 또는 감리는 국가유산의 원형보존에 가장 적합한 방법과 기술을 사용하여야 하며 국가유산수리 등으로 인하여 지정문화유산 및 천연기념물등과 그 주변 경관이 훼손되어서는 아니 된다."
> 위 내용은 국가유산수리 등의 ( )에 대한 내용이다.

① 계획수립　　　　　　　　② 기준보급
③ 기본원칙　　　　　　　　④ 성실의무

정답 ③

20 「국가유산수리 등에 관한 법률」에서, 국가유산수리 등의 계획수립에 대한 것으로 옳은 것을 모두 고르시오.

> ㄱ. 계획수립은 국가유산청장이 한다.
> ㄴ. 기본계획은 10년마다 수립한다.
> ㄷ. 정책을 체계적이고 종합적으로 추진하기 위하여 특별자치도지사의 의견을 들어서 수립한다.
> ㄹ. 기본방향, 품질확보대책, 기술진흥에 관한 사항 등은 기본계획 수립 시 포함되어야 할 사항이다.
> ㅁ. 시·도지사는 세부 시행계획을 매년 수립하여 3월 31일까지 국가유산청장에게 제출하여야 한다.

① ㄱ, ㄹ, ㅁ
② ㄱ, ㄷ, ㅁ
③ ㄱ, ㄴ, ㄷ, ㄹ
④ ㄱ, ㄷ, ㄹ, ㅁ

 ㄴ. 국가유산청장은 국가유산수리 등에 관한 정책을 체계적이고 종합적으로 추진하기 위하여 특별시장·광역시장·특별자치시장·도지사 또는 특별자치도지사의 의견을 들은 후 국가유산수리기술위원회의 심의를 거쳐 국가유산수리 등에 관한 기본계획을 5년마다 수립하여야 한다.

정답 ④

21 국가유산수리 등에 관한 법령상, 국가유산수리 제한의 내용으로 옳지 않은 것은?
① 국가유산의 소유자가 대통령령으로 정하는 경미한 국가유산수리를 하려는 경우에도 국가유산수리업자에게 수리하도록 하거나 국가유산수리기술자 및 국가유산수리기능자가 함께 수리하도록 하여야 한다.
② 주구조(主構造)가 철근콘크리트 구조에 해당하는 시설물은 「건설산업기본법」에 따른 해당 분야의 종합공사를 시공하는 업종을 등록한 국가유산수리업자에게 수리하도록 하여야 한다.
③ 국립민속박물관은 동산문화유산 분야의 국가유산수리를 할 수 있는 기관이다.
④ 국립중앙박물관은 동산문화유산 분야의 국가유산수리를 할 수 있는 기관이다.

정답 ①

22 국가유산수리 등에 관한 법령상, 국가유산수리 및 실측설계 제한에 관한 설명으로 옳은 것은?

① 주구조(主構造)가 철골구조에 해당하는 시설물인 국가유산의 수리는 「건설산업기본법」에 따른 해당 분야의 종합공사를 시공하는 업종을 등록한 국가유산수리업자에게 수리하도록 하여야 한다.
② 국가유산청장은 직접 국가유산수리를 할 수 있으나, 국가유산청장의 직접 수리는 동산문화유산 분야의 국가유산수리에 한정된다.
③ 국가유산수리업자·국가유산수리기술자·국가유산수리기능자가 없는 분야의 국가유산수리는 국가유산청장이 직접 수리하여야 한다.
④ 국가유산수리의 전체 실측설계 중 조경 분야의 실측설계 예정금액이 3백만 원 이상인 경우, 국가유산실측설계업자는 조경 분야의 실측설계를 조경기술자인 국가유산수리기술자에게 하도록 하여야 한다.

정답 ①

23 국가유산수리의 실측설계 시 식물보호 분야에 포함되지 않는 것은?

① 병충해 방제　　② 토양개량
③ 환경개선　　　④ 칠공 분야

정답 ④

24 국가유산수리 등에 관한 법령상, 국가유산수리 등(국가유산수리, 실측설계 또는 감리)을 하는 자의 성실의무에 관한 내용이 아닌 것은?

① 국가유산수리 등의 보고서를 성실하게 작성하여 국가유산청장에게 제출할 것
② 국가유산수리 등의 기준에 맞게 작성된 설계도서에 따라 국가유산수리 등의 업무를 수행할 것
③ 국가유산수리 등의 업무를 신의와 성실로써 수행할 것
④ 국가유산수리 등의 기준에 맞게 국가유산수리 등의 업무를 수행할 것

정답 ①

25 국가유산수리 등에 관한 법령상, 국가유산수리 등을 하는 자의 성실의무에 해당하지 않는 것은?

[2025년도 제43회 기출문제]

① 국가유산수리 등의 업무를 신의와 성실로써 수행할 것
② 국가유산수리 등의 기준에 맞게 국가유산수리 등의 업무를 수행할 것
③ 국가유산수리 등에 관한 계획을 성실하게 작성하여 발주자에게 제출할 것
④ 국가유산수리 등의 기준에 맞게 작성된 설계도서 또는 인문학적·과학적 조사 및 분석을 통해 수립된 보존처리계획에 따라 국가유산수리 등의 업무를 수행할 것

정답 ③

26 국가유산수리 등에 관한 법령상, 국가유산수리 등의 기준 보급을 적절하게 시행하기 위하여 국가유산청장이 기준을 정하여 사용하게 할 수 있는 사항을 모두 고른 것은?

ㄱ. 국가유산수리 등에 필요한 자재의 규격에 관한 사항
ㄴ. 국가유산수리 등에 필요한 자재의 품질에 관한 사항
ㄷ. 국가유산수리 등의 대가 지급에 관한 사항
ㄹ. 국가유산수리 등의 보고서 작성에 관한 사항

① ㄱ, ㄴ
② ㄱ, ㄷ
③ ㄴ, ㄷ, ㄹ
④ ㄱ, ㄴ, ㄷ, ㄹ

정답 ④

27 국가유산수리 등에 관한 법령상, 전통재료의 인증에 관한 설명으로 옳지 않은 것은?

[2025년도 제43회 기출문제]

① 문화체육관광부장관은 국가유산수리 등에 관한 전통재료의 품질 관리를 위하여 품질이 우수한 전통재료에 대하여 인증할 수 있다.
② 전통재료의 인증을 받으려는 자는 문화체육관광부령으로 정하는 바에 따라 국가유산청장에게 신청하여야 한다.
③ 전통재료의 인증을 받은 자는 문화체육관광부령으로 정하는 바에 따라 인증의 표시를 할 수 있다.
④ 전통재료의 인증을 받지 아니한 자는 인증표시 또는 이와 유사한 표시를 하여서는 아니 된다.

정답 ①

제2장　국가유산수리기술자 및 국가유산수리기능자

28 「국가유산수리 등에 관한 법률」상, 국가유산수리기술자 자격시험에서 부정행위자에 대한 조치로 맞지 않는 내용은?

① 그 시험의 정지　　② 그 시험의 무효
③ 과태료 부과　　④ 3년간 응시자격 정지

해설 1. 국가유산청장은 국가유산수리기술자 자격시험이나 국가유산수리기능자 자격시험에서 부정행위를 한 응시자에 대하여는
2. 그 시험을 정지시키거나 무효로 하며
3. 그 시험 시행일로부터 3년간 응시자격을 정지한다.

정답 ③

29 「국가유산수리 등에 관한 법률」에서 국가유산수리기술자에 대한 것으로 거리가 있는 것을 고르시오.

① 국가유산수리기술자의 자격시험의 시행은 매년 1회 이상 실시한다.
② 국가유산수리기술자 자격시험은 시험 시행일 90일 전까지 시험실시기관의 인터넷 홈페이지에 공고하여야 한다.
③ 18세 미만인 사람, 피성년후견인, 피한정후견인 또는 파산자는 국가유산수리기술자의 결격사유이다.
④ 국가유산수리기술자는 둘 이상의 국가유산수리업자, 국가유산실측설계업자 또는 국가유산감리업자에게 중복하여 취업하여서는 아니 된다.

해설 국가유산수리기술자의 결격사유
1. 18세 미만인 사람
2. 피성년후견인 또는 피한정후견인
3. 금고 이상의 실형을 선고받고 그 집행이 끝나거나 집행이 면제된 날부터 3년이 지나지 아니한 사람
4. 형의 집행유예를 선고받고 그 유예기간 중에 있는 자
5. 국가유산수리기술자의 자격취소 등에 따라 국가유산수리기술자의 자격이 취소된 날부터 3년이 지나지 아니한 사람(18세 미만인 사람, 피성년후견인 또는 피한정후견인에 해당하여 자격이 취소된 자는 제외한다.)

정답 ③

30 국가유산수리 등에 관한 법령상, 국가유산수리기술자에 관한 설명으로 옳지 않은 것은?

① 국가유산수리기술자가 되려는 자는 기술 종류별 국가유산수리기술자 자격시험에 합격하여야 한다.
② 「국가유산수리 등에 관한 법률」을 위반하여 금고 이상의 실형을 선고받고 그 집행이 면제된 날부터 3년이 지나지 아니한 사람은 국가유산수리기술자가 될 수 없다.
③ 국가유산수리기술자는 둘 이상의 국가유산수리업자, 국가유산실측설계업자 또는 국가유산감리업자에게 중복하여 취업할 수 있다.
④ 국가유산청장은 국가유산수리기술자 자격시험에서 부정행위를 한 응시자에 대하여는 그 시험을 정지시키거나 무효로 하며, 그 시험 시행일부터 3년간 응시자격을 정지한다.

정답 ③

31 국가유산수리 등에 관한 법령상, 국가유산수리기술자에 관한 설명으로 옳지 않은 것은?

① 국가유산수리기술자가 되려는 자는 국가유산청장이 시행하는 기술 종류별 국가유산수리기술자 자격시험에 합격하여야 한다.
② 국가유산수리기술자는 둘 이상의 국가유산감리업자에게 중복하여 취업할 수 있다.
③ 국가유산수리기술자 자격증의 발급·재발급의 절차 및 그 관리에 필요한 사항은 문화체육관광부령으로 정한다.
④ 18세 미만인 사람은 국가유산수리기술자가 될 수 없다.

해설 국가유산수리기술자

1. 국가유산수리에 관한 기술적인 업무를 담당하고 국가유산수리기능자의 작업을 지도·감독하는 자로서 국가유산수리기술자 자격증을 발급받은 자(국가유산수리기술자가 되려는 자는 국가유산청장이 시행하는 기술종류별 국가유산수리기술자 자격시험에 합격하여야 한다)
2. 국가유산수리기술자 자격증의 발급
   (1) 국가유산청장은 국가유산수리기술자 자격시험에 합격한 자에게 국가유산수리 기술자 자격증을 발급하여야 한다.
   (2) 국가유산수리기술자 자격증을 발급 받은 자가 자격증을 잃어버리거나 자격증이 헐어 못쓰게 된 경우에는 국가유산청장으로부터 재발급을 받을 수 있다.
   (3) 국가유산수리기술자는 다른 사람에게 자기의 성명을 사용하여 국가유산수리 등의 업무를 하게 하여서는 아니 되며, 누구든지 다른 국가유산수리기술자의 성명을 사용하여 국가유산수리 등의 업무를 하여서는 아니 된다.
   (4) 누구든지 국가유산수리기술자 자격증을 다른 사람에게 대여하거나 대여받아서는

아니 되며, 이를 알선하여서도 아니 된다.
　　　(5) 국가유산수리기술자는 둘 이상의 국가유산수리업자, 국가유산실측설계업자 또는 국가유산감리업자에게 중복하여 취업하여서는 아니 된다.
　　　(6) 국가유산수리기술자 자격증의 발급·재발급의 절차 및 그 관리에 필요한 사항은 문화체육관광부령으로 정한다.
　　3. 국가유산수리기술자의 결격 사유
　　　(1) 18세 미만인 사람
　　　(2) 피성년후견인 또는 피한정후견인
　　　(3) 건축사법(실측설계 도서의 작성업무를 하는 사람만 해당한다) 또는 이 법을 위반하여 금고 이상의 실형을 선고받고 그 집행이 끝나거나(그 집행이 끝난 것으로 보는 경우를 포함한다) 집행이 면제된 날부터 3년이 지나지 아니한 사람
　　　(4) (3)에서 규정한 법률을 위반하여 금고 이상의 형의 집행유예를 선고 받고 그 유예기간 중에 있는 사람
　　　(5) 국가유산수리기술자의 자격취소 등에 따라 국가유산수리기술자의 자격이 취소된 날부터 3년이 지나지 아니한 사람(18세 미만인 사람, 피성년후견인 또는 피한정후견인에 해당하여 자격이 취소된 사람은 제외한다.)

정답 ②

32 국가유산수리 등에 관한 법령상, 국가유산수리기술자에 관한 설명으로 옳지 않은 것은?
① 피성년후견인은 국가유산수리기술자가 될 수 없다.
② 국가유산수리기술자의 자격이 취소된 날부터 3년이 지나지 아니한 사람은 국가유산수리기술자가 될 수 없다.
③ 국가유산수리기술자는 둘 이상의 국가유산수리업자, 국가유산실측설계업자 또는 국가유산감리업자에게 중복하여 취업하여서는 아니 된다.
④ 국가유산수리기술자는 대통령령이 정하는 경우에는 다른 사람에게 그 자격증을 대여할 수 있다.

정답 ④

33 국가유산수리 등에 관한 법령상, 국가유산수리기술자에 관한 설명으로 옳지 않은 것은?

① 국가유산수리를 위한 실측설계 도서의 작성 업무를 담당하는 국가유산수리기술자 자격시험에 응시하려는 자는 건축사법에 따른 건축사 자격을 가진 자이어야 한다.
② 국가유산청장은 문화유산위원회의 심의를 거쳐 국가유산수리기술자 자격시험을 매년 1회 이상 실시하여야 한다.
③ 18세 미만인 사람은 국가유산수리기술자가 될 수 없다.
④ 국가유산청장은 국가유산수리기술자 자격시험의 최종 합격자가 결정되면 모든 응시자가 알 수 있는 방법으로 알려야 한다.

정답 ②

34 국가유산수리 등에 관한 법령상, 국가유산수리기술자에 관한 설명으로 옳지 않은 것은?

① 국가유산수리기술자는 보수기술자, 단청기술자, 실측설계기술자, 조경기술자, 보존과학기술자, 식물보호기술자의 6종류가 있다.
② 국가유산수리기술자는 다른 사람에게 국가유산수리기술자 자격증을 대여하려면 이를 국가유산청장에게 신고하여야 한다.
③ 피성년후견인은 국가유산수리기술자가 될 수 없다.
④ 국가유산수리기술자는 둘 이상의 국가유산수리업자, 국가유산설계실측업자, 국가유산감리업자에게 중복하여 취업하여서는 아니된다.

정답 ②

35 국가유산수리 등에 관한 법령상, 국가유산수리기술자 자격시험의 면접시험 평가항목이 아닌 것은?

① 다른 국가자격의 소지 여부
② 국가유산수리기술자로서의 사명감 및 역할에 대한 인식
③ 역사 및 국가유산에 대한 이해
④ 올바른 직업윤리관

> **해설** [국가유산수리기술자 자격시험의 과목 및 방법 등] 면접시험의 평가방법
> 1. 해당 기술 종류에 관한 전문지식 및 응용력
> 2. 역사 및 국가유산에 대한 이해
> 3. 국가유산수리기술자로서의 사명감 및 역할에 대한 인식
> 4. 올바른 직업윤리관

정답 ①

제3장 국가유산수리업등의 운영

[제1절 국가유산수리업의 등록]

36 국가유산수리 등에 관한 법령상, 국가유산수리업자 등의 등록에 관한 설명으로 옳지 않은 것은?

① 국가유산수리업 등을 하려는 자는 시설 등의 등록 요건을 갖추어 국가유산청장에게 등록하여야 한다.
② 국가유산수리업 등을 등록한 자는 등록 사항 중 대통령령으로 정하는 중요사항이 변경된 경우 변경된 날부터 30일 이내에 변경신고를 하여야 한다.
③ 국가유산수리업 등을 등록한 자가 폐업한 경우에는 주된 영업소의 소재지를 관할하는 시·도지사에게 신고하여야 한다.
④ 시·도지사는 국가유산수리업등의 등록을 하면 등록증 및 등록수첩을 발급하여야 한다.

정답 ①

37 「국가유산수리 등에 관한 법률」상, 국가유산수리업등의 등록요건이 아닌 것은?

① 기술능력   ② 자본금
③ 영업실적   ④ 시설

해설 국가유산수리업등의 등록요건
1. 기술능력, 자본금 및 시설을 갖출 것
2. 국가유산수리협회, 국가유산청장이 지정하는 은행·보험회사, 공제조합(국가유산수리업 등을 등록하려는 자가 조합원인 경우로 한정한다)이 자본금의 기준금액의 100분의 20 이상에 해당하는 금액의 담보를 제공받거나 현금을 예치 또는 출자받은 사실을 증명하여 발행하는 확인서를 제출할 것
3. 부정당업자로 입찰참가 자격이 제한된 경우에는 그 참가자격 제한기간이 지났을 것
4. 국가유산수리업자등의 등록 취소 등에 따른 영업정지처분을 받은 경우에는 그 영업정지기간이 지났을 것
5. 국가유산 실측설계업자의 경우에는 국가유산수리기술자 중 실측설계기술자로서 건축사법에 따라 건축사 업무신고를 한 자일 것

정답 ③

38 「국가유산수리 등에 관한 법률」상 국가유산수리업 등의 등록요건에서 자본금의 기준금액의 100분의 20 이상에 해당하는 금액의 담보를 제공받는 등의 확인서를 제출할 수 있는 기관을 모두 고르시오.

| ㄱ. 국가유산수리협회 | ㄴ. 「은행법」에 따른 은행 |
| ㄷ. 「보험업법」에 따른 보험회사 | ㄹ. 「건설산업기본법」에 따른 공제조합 |

① ㄱ
② ㄱ, ㄴ
③ ㄱ, ㄴ, ㄷ
④ ㄱ, ㄴ, ㄷ, ㄹ

해설 국가유산수리업 등의 등록 요건
1. 기술능력·자본금 및 시설을 갖출 것(자본금의 경우 개인일 경우에는 국가유산수리업 등에 제공되는 자산평가액을 말한다)
2. 다음 각 호의 어느 하나에 해당하는 기관이 1에 따른 자본금의 기준금액의 100분의 20 이상에 해당하는 금액의 담보를 제공받거나 현금을 예치 또는 출자받은 사실을 증명하여 발행하는 확인서를 제출할 것
   (1) 법 제42조에 따른 국가유산수리협회
   (2) 은행법에 따른 은행
   (3) 보험업법에 따른 보험회사
   (4) 건설산업법 제54조에 따른 공제조합(국가유산수리업 등을 등록하려는 자가 조합인 경우로 한정한다)
   (5) 그 밖에 국가유산청장이 정하여 고시하는 기관
3. 부정당업자로 입찰 참가자격이 제한된 경우에는 그 참가자격 제한 기간이 지났을 것
4. 국가유산수리업자등의 등록취소 등에 따른 영업정지처분을 받은 경우에는 그 영업정지기간이 지났을 것
5. 국가유산실측설계업자의 경우에는 국가유산수리기술자 중 실측설계기술자로서 건축사법에 따라 건축사업무신고를 한 자일 것

정답 ④

39 국가유산수리 등에 관한 법령상, 국가유산수리업 등을 등록한 자는 등록사항 중 중요사항이 변경된 경우, 변경신고를 하여야 한다. 등록사항 중 중요사항이 아닌 것을 찾으시오.
① 상호
② 대표자
③ 주된 영업소의 소재지
④ 국가유산수리기술자 및 국가유산수리기능자 보유현황
⑤ 국가유산수리 도급대장

국가유산수리업 등을 등록한 자는 등록사항 중 중요사항이 변경된 경우
1. 변경된 날부터 30일 이내에 등록한 시·도지사에게 변경신고를 하여야 한다.
2. 등록사항 중 중요사항
   (1) 상호
   (2) 대표자
   (3) 주된 영업소 소재지
   (4) 국가유산수리기술자 및 국가유산수리기능자 보유현황

정답 ⑤

40 국가유산수리 등에 관한 법령상, 국가유산수리업자 등의 등록에 관한 설명으로 옳은 것을 고르시오.
① 국가유산수리업 등을 하려는 자는 시설 등의 등록요건을 갖추어 국가유산청장에게 등록하여야 한다.
② 국가유산수리업 등을 등록한 자는 등록 사항 중 중요사항이 변경된 경우 변경된 날부터 60일 이내에 변경신고를 하여야 한다.
③ 국가유산수리업 등을 등록한 자가 폐업한 경우에는 국가유산청장에게 신고하여야 한다.
④ 시·도지사는 국가유산수리업 등의 등록을 하면 등록증을 발급하여야 한다.

 ① 시·도지사에게
② 30일 이내
③ 시·도지사에게

정답 ④

41 국가유산수리 등에 관한 법령상, 국가유산수리업자 등의 등록과 국가유산수리 능력의 평가 및 공시에 관한 설명으로 옳지 않은 것은?
① 시·도지사는 국가유산수리업등의 등록, 변경신고, 폐업신고를 받는 경우 이 사실을 국가유산청장에게 통보할 필요는 없다.
② 시·도지사는 국가유산수리업등의 등록을 하면 등록증 및 등록수첩을 발급하여야 한다.
③ 국가유산수리업자는 전년도 실적 등을 거짓으로 신고하여서는 아니 된다.
④ 국가유산청장은 발주자가 적절한 국가유산수리업자를 선정할 수 있도록 하기 위하여 국가유산수리업자의 신청이 있는 경우 국가유산수리의 능력을 평가하여 공시하여야 한다.

> **해설** 국가유산수리업등의 등록
> 1. 국가유산수리업, 국가유산실측설계업 또는 국가유산감리업을 하려는 자는 주된 영업소의 소재지를 관할하는 시·도지사에게 등록하여야 한다.
> 2. 국가유산수리업등을 등록한 자는 등록사항 중 중요사항이 변경된 경우, 변경된 날부터 30일 이내에 등록한 시·도지사에게 변경신고를 하여야 한다.
> 3. 국가유산수리업등을 등록한 자가 폐업한 경우에는 정하는 바에 따라 시·도지사에게 신고하여야 한다(이 경우 시·도지사는 폐업신고를 받으면 그 등록을 말소하여야 한다).
> 4. 시·도지사는 국가유산수리업등의 등록, 변경신고, 폐업신고를 받으면 국가유산청장에게 통보하여야 한다.
>
> **정답** ①

42 「국가유산수리 등에 관한 법률」에서 국가유산수리업을 양도하여야 하는 경우는 어느 것인가?

① 영업정지 처분기간 중에 있는 경우
② 국가유산수리업의 등록취소 처분을 받고 그 처분이 집행정지 중에 있는 경우
③ 부정당업자로서 입찰참가자격 제한 처분을 받고 그 처분기간 중에 있는 경우
④ 국가유산수리업자의 상속인이 미성년자인 경우

> **해설**
> 1. 국가유산수리업을 양도할 수 없는 경우 : ①, ②, ③
> 2. 양도하여야 하는 경우
>   (1) 상속인이 국가유산수리업자등의 결격사유에 해당하는 경우에는 상속개시일부터 3개월 이내에 그 국가유산수리업을 다른 사람에게 양도하여야 한다.
>   (2) 국가유산수리업자등의 결격 사유
>   ① 미성년자
>   ② 국가유산실측설계업자의 경우 피성년후견인 또는 피한정후견인 등
>
> **정답** ④

43 국가유산수리 등에 관한 법령상, 국가유산수리업의 양도 등에 대해 틀린 것은?

① 법인인 국가유산수리업자등이 합병하려는 경우에는 30일 이내에 법인합병신고서를 작성하여 제출하여야 한다.
② 국가유산수리업을 양도하려는 경우 시·도지사에게 양도신고서를 작성하여 제출하여야 한다.
③ 국가유산수리업자가 사망한 경우에는 상속신고서를 상속개시일로부터 60일 이내에 제출하여야 한다.
④ 상속인이 국가유산수리업자의 결격사유에 해당하는 경우에는 6개월 이내에 다른 사람에게 양도하여야 한다.

해설 ④ 상속개시일부터 3개월 이내에 그 국가유산수리업을 다른 사람에게 양도하여야 한다.

정답 ④

44 「국가유산수리 등에 관한 법률」에서 국가유산수리업자 등의 등록에 대하여 거리가 있는 것을 찾으시오.

① 종합국가유산수리업, 전문국가유산수리업, 국가유산실측설계업, 국가유산감리업을 하려는 자는 주된 영업소의 소재지를 관할하는 시·도지사에게 등록하여야 한다.
② 등록신청 시 서류는 유효기간을 넘기지 아니한 것으로서 제출일 전 1개월 이내에 작성되거나 발행된 것이어야 하며, 기업진단보고서는 시·도지사가 정하여 고시하는 바에 따라 작성된 것이어야 한다.
③ 국가유산수리업 등을 등록한 자는 등록사항 중 중요사항이 변경된 경우, 변경된 날부터 30일 이내에 등록한 시·도지사에게 변경신고를 하여야 한다.
④ 국가유산수리업 등을 등록한 자가 폐업한 경우에는 시·도지사에게 신고하여야 한다. 이 경우 시·도지사는 폐업신고를 받으면 그 등록을 말소하여야 한다.

해설
1. 기업진단보고서는 국가유산청장이 정하여 고시하는 바에 따라 작성된 것이어야 한다.
2. 시·도지사는 국가유산수리업등의 등록, 변경신고, 폐업신고를 받으면 국가유산청장에게 통보하여야 한다.

정답 ②

45 국가유산수리 등에 관한 법령상, ( ) 안에 들어갈 내용으로 옳은 것은?

> 두 종류 이상의 전문 분야에 관한 국가유산수리가 복합된 국가유산수리로서 전체 국가유산수리 예정금액이 ( )원 미만이고, 주된 분야의 국가유산수리 예정금액이 전체 국가유산수리 예정금액의 ( ) 이상인 경우 그 나머지 부분의 국가유산수리는 대통령령으로 정하는 부대 국가유산수리에 해당한다.

① 1억, 3분의 1   ② 1억, 2분의 1
③ 2억, 3분의 1   ④ 2억, 2분의 1

정답 ②

46 「국가유산수리 등에 관한 법률」에서 국가유산수리의 종류와 범위 등으로 옳은 것을 고르시오.

> 1. 주된 분야의 국가유산수리를 시행하기 위하여 또는 시행함으로 인하여 필요한 종된 국가유산수리
> 2. 두 종류 이상의 전문분야에 관한 국가유산수리가 복합된 국가유산수리로서 전체 국가유산수리 예정금액이 1억 원 미만이고, 주된 분야의 국가유산수리 예정금액이 전체 국가유산수리 예정금액의 2분의 1이상인 경우 그 나머지 부분의 국가유산수리
> 3. 종된 국가유산수리 예정금액이 2천만 원 미만인 국가유산수리

① 종합국가유산수리 ② 복합국가유산수리
③ 전문국가유산수리 ④ 부대국가유산수리

해설 국가유산수리업의 종류(범위)
1. 종합국가유산수리업 : 종합적인 계획·관리 및 조정하에 두 종류 이상의 공종이 복합된 국가유산수리를 하는 것
2. 전문국가유산수리업 : 국가유산의 일부 또는 전문 분야에 관한 국가유산수리를 하는 것
3. 부대국가유산수리 범위 : 종합국가유산수리와 전문국가유산수리에도 불구하고 기술적으로 분리하기 어려운 복합된 국가유산수리로서 부대국가유산수리의 경우에는 주된 분야의 국가유산수리업자가 수리할 수 있다. [부대국가유산수리의 범위] 보기 1, 2, 3.

정답 ④

47 「국가유산수리 등에 관한 법률」상 국가유산수리업자 등의 등록에서 등록 취소처분 등을 받은 후의 국가유산수리에 대하여 옳은 것을 고르시오.
① 영업정지처분이나 등록취소처분을 받은 국가유산수리업자 및 그 포괄승계인은 그 처분을 받기 전에 도급을 체결하였거나 관계법령에 따라 허가·인가 등을 받아 착수한 국가유산수리에 대하여는 이를 계속하여 시행할 수 없다.
② 영업정지처분이나 등록취소처분을 받은 국가유산수리업자 및 그 포괄 승계인은 그 처분의 내용을 30일 이내에 해당 국가유산수리의 발주자에게 알려야 한다.
③ 국가유산수리업자가 국가유산수리업의 등록이 취소된 후 국가유산수리를 계속하는 경우, 국가유산수리업자로 볼 수 없다.
④ 국가유산수리의 발주자는 특별한 사유가 있는 경우 외에는 해당 국가유산수리업자로부터 등록 취소 등에 따른 통지를 받은 날이나 그 사실을 안 날부터 30일 이내에 만 도급을 해지할 수 있다.

해설 등록취소 처분 등을 받은 후의 국가유산수리
① 이를 계속하여 시행할 수 있다.
② 그 처분의 내용을 지체 없이 해당 국가유산수리의 발주자에게 알려야 한다.
③ 그 국가유산수리를 완성할 때까지는 국가유산수리업자로 본다.

정답 ④

48 국가유산수리 등에 관한 법령상, 국가유산수리업의 양도에 관한 설명이다. ( )에 들어갈 내용은?

> - 시·도지사는 국가유산수리업의 양도에 따른 신고를 받은 날부터 (ㄱ)일 이내에 신고 수리 여부를 신고인에게 통지하여야 한다.
> - 국가유산수리업을 양도하려는 자는 문화체육관광부령으로 정하는 바에 따라 그 사실을 (ㄴ)일 이상 공고하여야 한다.

① ㄱ : 10, ㄴ : 20
② ㄱ : 10, ㄴ : 30
③ ㄱ : 20, ㄴ : 30
④ ㄱ : 20, ㄴ : 60

정답 ②

49 국가유산수리 등에 관한 법령상, 국가유산수리업의 양도 및 상속에 관한 설명으로 옳은 것은?
① 시행 중인 국가유산수리가 있는 때에는 해당 국가유산수리의 발주자의 동의를 받거나 해당 국가유산수리의 도급을 해지한 후가 아니면 국가유산수리업을 양도할 수 없다.
② 국가유산수리업을 양도하려는 자는 문화체육관광부령으로 정하는 바에 따라 그 사실을 15일 이상 공고하여야 한다.
③ 상속인이 국가유산수리업자의 결격사유에 해당하는 경우에는 상속개시일부터 5개월 이내에 그 국가유산수리업을 다른 사람에게 양도하여야 한다.
④ 국가유산수리업을 양도하려는 자가 국가유산수리에 관한 하자담보 책임기간 중에 있는 경우에는 그 국가유산수리의 하자보수에 관한 권리·의무를 양도할 수 없다.

해설 국가유산수리업의 양도 및 상속
1. 국가유산수리업을 양도하려는 자는 그 사실을 30일 이상 공고하여야 한다.
    (1) 양도인의 주된 영업소의 소재지를 관할하는 시·도의 구역에서 발행되는 일간 신문에
    (2) 1회 이상 게재하여야 한다.

2. 국가유산수리업 양도의 내용
    (1) 국가유산수리업의 권리 · 의무의 양도내용
        ① 시행 중인 국가유산수리의 도급에 관한 권리 · 의무
        ② 국가유산수리가 끝났으나 그에 관한 하자 담보 책임기간 중에 있는 경우에는 그 국가유산수리의 하자 보수에 관한 권리 · 의무
    (2) 시행 중인 국가유산수리가 있는 때에는 해당 국가유산수리의 발주자의 동의를 받거나 해당 국가유산수리의 도급을 해지한 후가 아니면 국가유산수리업을 양도할 수 없다.
3. 국가유산수리업의 상속
    (1) 국가유산수리업자가 사망한 경우에는 그 상속인은 국가유산수리업자의 모든 권리 · 의무를 승계한다.
    (2) 국가유산수리업등의 상속신고 등
        ① 국가유산수리업 등 상속신고서를 상속개시일부터 60일 이내에
        ② 시 · 도지사에게 제출하여야 한다.
    (3) 상속인이 국가유산수리업자등의 결격사유에 해당하는 경우에는 상속 개시일부터 3개월 이내에 그 국가유산수리업을 다른 사람에게 양도하여야 한다.

정답 ①

50 「국가유산수리 등에 관한 법률」상 국가유산수리업에 관한 규정의 내용이다. ( ) 안에 들어갈 내용으로 옳은 것은?

> 국가유산수리업의 상속인이 국가유산수리업자의 결격사유에 해당하는 경우에는 상속 개시일부터 ( ) 이내에 그 국가유산수리업을 다른 사람에게 양도하여야 한다.

① 3개월   ② 6개월
③ 1년   ④ 3년

정답 ①

51 국가유산수리 등에 관한 법령상, 국가유산수리업의 양도 등에 관한 설명으로 옳지 않은 것은?

① 법인인 국가유산수리업자가 합병하려는 경우에는 문화체육관광부령으로 정하는 바에 따라 시 · 도지사에게 신고하여야 한다.
② 국가유산수리업을 양도하려는 자는 문화체육관광부령으로 정하는 바에 따라 그 사실을 30일 이상 공고하여야 한다.
③ 시행 중인 국가유산수리가 있는 국가유산수리업을 양도하기 위해서는 국가유산청장

의 허가를 받아야 한다.
④ 국가유산수리업을 양도하려는 자는 시행 중인 국가유산수리의 도급에 관한 권리·의무가 있으면 이를 모두 양도하여야 한다.

정답 ③

52 국가유산수리 등에 관한 법령상, 국가유산수리업의 양도 및 상속에 관한 설명으로 옳지 않은 것은?
① 국가유산수리업자가 국가유산수리업을 양도하려는 경우에는 문화체육관광부령으로 정하는 바에 따라 시·도지사에게 신고하여야 한다.
② 국가유산수리업을 양도하려는 자는 문화체육관광부령으로 정하는 바에 따라 그 사실을 30일 이상 공고하여야 한다.
③ 상속인이 국가유산수리업자의 결격사유에 해당하는 경우에는 상속개시일부터 3개월 이내에 그 국가유산수리업을 다른 사람에게 양도하여야 한다.
④ 국가유산수리업자의 상속인은 문화체육관광부령으로 정하는 바에 따라 상속사실을 시장·군수·구청장에게 신고하여야 한다.

정답 ④

53 국가유산수리 등에 관한 법령상, 국가유산수리업의 양도에 관한 설명으로 옳지 않은 것은?
① 국가유산수리업자는 국가유산수리업을 양도하려는 경우 주된 영업소를 관할하는 시·도지사에게 신고하여야 하고, 그 시·도지사는 신고를 받은 날부터 10일 이내에 신고수리여부를 신고인에게 통지하여야 한다.
② 주된 영업소를 관할하는 시·도지사는 국가유산수리업의 양도신고가 있는 경우에 문화체육관광부령이 정하는 바에 따라 그 사실을 30일 이상 공고하여야 한다.
③ 국가유산수리업을 양도하려는 자는 국가유산수리가 끝났으나 그에 관한 하자담보 책임기간 중에 있는 경우에 그 국가유산수리의 하자보수에 관한 권리·의무도 양도하여야 한다.
④ 국가유산수리업을 상속받은 상속인이 국가유산수리업자의 결격사유에 해당하여 국가유산수리업을 양도하는 경우에는 영업정지 처분기간 중에 있더라도 영업을 양도할 수 있다.

정답 ②

54 국가유산수리 등에 관한 법령상, 국가유산수리업등의 운영에 관한 내용으로 옳은 것을 고르시오.

① 국가유산수리업은 종합국가유산수리업과 전문국가유산수리업으로 구분한다.
② 기술적으로 분리하기 어려운 복합된 국가유산수리로서, 종된 국가유산수리 예정금액이 5천만 원 미만인 국가유산수리의 경우에는 주된 분야의 국가유산수리업자가 수리할 수 있다.
③ 국가유산수리업자의 상속인이 국가유산수리업자의 결격사유에 해당하는 경우에는 상속개시일부터 2개월 이내에 다른 사람에게 양도하여야 한다.
④ 국가유산수리업 등을 등록한 자는 등록 사항 중 "상호"가 변경된 경우에는 변경된 날부터 60일 이내에 등록한 시·도지사에게 변경신고를 하여야 한다.

② 2천만 원
③ 3개월 이내
④ 30일 이내

정답 ①

55 「국가유산수리 등에 관한 법률」상, 등록취소 처분 등을 받은 후의 국가유산수리에 관한 내용으로 옳지 않은 것은?

① 영업정지 처분이나 등록취소 처분을 받은 국가유산수리업자 및 그 포괄승계인은 그 처분의 내용을 지체없이 해당 국가유산수리의 발주자에게 알려야 한다.
② 영업정지 처분이나 등록취소 처분을 받은 국가유산수리업자 및 그 포괄승계인은 그 처분을 받기 전에 도급을 체결하였거나 관계 법령에 따라 인가·허가 등을 받아 착수한 국가유산수리에 대하여는 이를 계속하여 시행할 수 있다.
③ 국가유산수리의 발주자는 특별한 사유가 있는 경우 외에는 해당 국가유산수리업자로부터 영업정지 처분이나 등록취소 처분을 받았다는 통지를 받은 날부터 40일 이내, 그 사실을 안 날부터 45일 이내에만 도급을 해지할 수 있다.
④ 국가유산수리업자가 국가유산수리업의 등록이 취소된 후 국가유산수리 등에 관한 법률 제22조 제1항에 따라 국가유산수리를 계속하는 경우에는 그 국가유산수리를 완성할 때까지는 국가유산수리업자로 본다.

정답 ③

[제2절 도급 및 하도급]

56 「국가유산수리 등에 관한 법률」상, 도급의 원칙에서 거리가 있는 것을 찾으시오.
① 도급의 당사자는 각각 대등한 입장에서 합의에 따라 공정하게 계약을 체결하고, 신의에 따라 성실하게 계약내용을 이행하여야 한다.
② 서명날인한 계약서를 각각 보관하여야 한다.
③ 계약당사자가 대등한 입장에서 공정하게 계약을 체결하도록 하기 위하여 국가유산청장은 국가유산수리 등의 도급 및 하도급에 관한 표준계약서를 정하여 보급하여야 한다.
④ 수급인은 국가유산수리 등에 관한 내용이 적힌 대장을 주된 영업소에 보관하여야 한다.

해설
① 도급의 원칙
② 도급계약의 내용(서명날인한 계약서를 각각 보관하여야 한다)
③ 표준계약서를 정하여 보급할 수 있다.
④ 도급대장
  • 수급인은 국가유산수리 등에 관한 내용이 적힌 대장을 주된 영업소에 보관하여야 한다.
  • 보관하여야 할 도급대장
    - 국가유산수리업자 : 국가유산수리 도급대장
    - 국가유산실측설계업자 : 실측설계 도급대장
    - 국가유산 감리업자 : 감리도급대장

정답 ③

57 국가유산수리 등에 관한 법령상, 국가유산수리 등에 관한 도급의 당사자가 계약을 체결할 때 계약서에 분명하게 밝혀야 할 사항이 아닌 것은?
① 기술능력, 자본금(개인의 경우에는 국가유산수리업 등에 제공되는 자산평가)에 관한 사항
② 해당 국가유산수리에서 발생된 폐기물의 처리방법과 재활용에 관한 사항
③ 물가 변동 등으로 인한 도급금액 또는 국가유산수리 등의 내용 변경에 관한 사항
④ 국가유산수리 등의 완성 후의 도급금액 지급 시기

정답 ①

58 「국가유산수리 등에 관한 법률」상, 하도급의 통보에서 내용이 맞지 않는 것은 어느 것인가?
① 하도급의 통보는 하도급계약을 체결한 날부터 30일 이내에 발주자에게 통보하여야 한다.
② 하도급계약을 변경하거나 해제한 경우에는 지체 없이 발주자에게 통보하여야 한다.
③ 국가유산감리업자가 감리를 하는 국가유산수리로서 하도급을 한 종합국가유산수리업자가 하도급계약을 체결한 날부터 30일 이내에 국가유산감리업자에게 통보한 경우에는 이를 발주자에게 알린 것으로 본다.
④ 하수급인은 하도급받은 국가유산수리에 관하여는 발주자에 대하여 수급인과 같은 의무를 진다.

해설 ② 하도급계약을 변경하거나 해제한 경우에도 또한 같다(하도급의 통보는 하도급계약을 체결한 날부터 30일 이내에 발주자에게 통보하여야 한다).

정답 ②

59 국가유산수리 등에 관한 법령상, 도급 및 하도급에 관한 설명으로 옳은 것을 고르시오.
① 종합국가유산수리업자는 도급받은 국가유산수리의 일부를 국가유산수리 내용에 맞는 전문국가유산수리업자에게 하도급할 수 없다.
② 감리를 도급받은 수급인은 그 감리를 제3자에게 하도급할 수 있다.
③ 하수급인은 하도급받은 국가유산수리에 관하여는 발주자에 대하여 수급인과 같은 의무를 진다.
④ 수급인은 하수급인으로부터 하도급 국가유산수리의 완료 또는 기성부분의 통지를 받은 경우에는 15일 이내에 이를 확인하기 위한 검사를 하여야 한다.

해설 1. 하도급의 제한 등
  (1) 국가유산수리를 도급받은 국가유산수리업자는 그 국가유산수리를 직접 수행하여야 한다. 다만, 종합국가유산수리업자는 도급받은 국가유산수리의 일부를 국가유산수리 내용에 맞는 전문 국가유산수리업자에게 하도급할 수 있다.
  (2) 하도급의 통보 등
    ① 하도급을 하는 경우에는 도급받은 국가유산수리 금액의 100분의 50을 초과하여 전문국가유산수리업자에게 하도급할 수 없다.
    ② 하도급의 통보
      ㉠ 하도급계약을 체결한 날부터 30일 이내에 발주자에게 통보하여야 한다.
      ㉡ 하도급계약을 변경하거나 해제한 경우에도 또한 같다.
      ㉢ 국가유산감리업자가 감리를 하는 국가유산수리로서 하도급을 한 종합국가유산수리업자가 하도급계약을 체결한 날부터 30일 이내에 국가유산감리업자에게 통보한 경우에는 이를 발주자에게 알린 것으로 본다.

(3) 종합국가유산수리업자로부터 국가유산수리의 일부를 하도급받은 전문국가유산수리업자는 이를 다시 하도급할 수 없다.
(4) 감리를 도급받은 수급인은 그 감리를 제3자에게 하도급할 수 없다.

2. 하수급인 등의 지위
   (1) 하수급인은 하도급받은 국가유산수리에 관하여는 발주자에 대하여 수급인과 같은 의무를 진다.
   (2) 수급인과 하수급인 간의 법률관계에는 영향을 미치지 아니한다.

3. 검사 및 인도
   (1) 수급인은 하수급인으로부터 하도급 국가유산수리의 완료 또는 기성(旣成)부분의 통지를 받은 경우에는 10일 이내에 이를 확인하기 위한 검사를 하여야 한다.
   (2) 수급인은 검사 결과 하도급 국가유산수리가 계약대로 끝난 경우에는 지체 없이 이를 인수하여야 한다.

정답 ③

60 국가유산수리 등에 관한 법령상, 하도급 대금의 지급 등에서 옳은 것을 찾으시오.

① 수급인은 발주자로부터 도급받은 국가유산수리에 대한 준공금을 받았을 때에는 하도급 대금의 전부를 30일 이내에 하수급인에게 현금으로 지급하여야 한다.
② 수급인은 발주자로부터 선급금을 받은 경우에는 하수급인이 국가유산수리를 완공할 수 있도록 그가 받은 선급금의 전부를 하수급인에게 지급하여야 한다.
③ 하수급인에게 선급금을 지급하고자 할 경우, 수급인은 하수급인이 선급금을 반환하여야 할 경우에 대비하여 하수급인에게 보증을 요구할 수 있다.
④ 수급인은 하도급을 한 경우 설계변경 등의 사정으로 도급금액이 조정되는 경우, 하수급인에게 하도급 금액을 줄이는 등의 불이익을 줄 수 없다.

해설
① 15일 이내에
② 내용과 비율에 따라 지급
④ 줄여서 지급할 수 있다.

정답 ③

61 국가유산수리 등에 관한 법령상, 국가유산수리업자의 하도급 대금지급방법에 관한 설명으로 옳은 것은?

① 수급인은 발주자로부터 도급받은 국가유산수리에 대한 기성금을 어음으로 받았을 때에는 하수급인이 국가유산수리한 부분에 상당한 금액을 어음으로 받은 날부터 15일 이내에 하수급인에게 현금으로 지급하여야 한다.
② 수급인은 발주자로부터 선급금을 받은 경우에는 하수급인이 국가유산수리를 착수할 수 있도록 그가 받은 선급금 대금의 전부를 지급받은 날부터 15일 이내에 하수급인에게 현금으로 지급하여야 한다.
③ 지방자치단체가 발주한 경우로서 국가유산수리 예정가격에 대비하여 100분의 82에 미달하는 금액으로 하도급을 체결한 경우 발주자는 하수급인이 국가유산수리를 한 부분에 해당하는 하도급 대금을 하수급인에게 직접 지급할 수 있다.
④ 발주자가 하수급인이 국가유산수리를 한 부분에 해당하는 하도급 대금을 하수급인에게 직접 지급한 경우 발주자의 수급인에 대한 대금 지급채무는 전부 소멸한 것으로 추정한다.

정답 ③

62 「국가유산수리 등에 관한 법률」에서 발주자는 하수급인이 국가유산수리를 한 부분에 해당하는 하도급 대금을 하수급인에게 직접 지급할 수 있는데, 직접 지급이 가능한 경우를 모두 고르시오.

> ㄱ. 발주자와 수급인간에 하도급 대금을 하수급인에게 직접 지급할 수 있다는 뜻과 그 지급의 방법·절차를 명백히 하여 합의한 경우
> ㄴ. 하수급인이 수급인을 상대로 그가 국가유산수리한 부분에 대한 하도급 대금의 지급을 명하는 확정판결을 받은 경우
> ㄷ. 국가에서 발주한 경우로서, 수급인이 하도급 대금의 지급을 1회 이상 지체한 경우
> ㄹ. 지방자치단체 또는 공공기관이 발주한 경우로서 국가유산수리 예정가격에 대비하여 100분의 82에 미달하는 금액으로 하도급을 체결한 경우
> ㅁ. 수급인의 지급정지·파산 등으로 인하여 수급인이 하도급 대금을 지급할 수 없는 명백한 사유가 있다고 발주자가 인정하는 경우

① ㄱ, ㄴ
② ㄱ, ㄴ, ㄷ
③ ㄱ, ㄴ, ㄷ, ㄹ
④ ㄱ, ㄴ, ㄷ, ㄹ, ㅁ

해설 수급인은 국가, 지방자치단체 또는 공공기관이 발주한 경우(ㄷ, ㄹ)에 해당하는 경우로서 하수급인에게 책임이 있는 사유로 자신이 피해를 입을 우려가 있다고 인정되는 경우에는 그 사유를 분명하게 밝혀 발주자에게 대금의 직접 지급을 중지할 것을 요청할 수 있다.

정답 ④

63 국가유산수리 등에 관한 법령상, 국가유산수리 등에 관한 하도급에 관한 설명으로 옳은 것은?

① 종합국가유산수리업자로부터 국가유산수리의 일부를 하도급받은 전문국가유산수리업자는 하도급받은 국가유산수리의 일부를 다시 하도급할 수 있다.
② 하도급 계약 금액이 하도급 부분에 대한 발주자의 예정가격의 100분의 82에 미달하는 경우에 발주자는 하도급 계약 내용의 적정성을 심사할 수 있다.
③ 수급인은 하수급인으로부터 하도급 국가유산수리의 완료의 통지를 받은 경우에는 지체 없이 이를 확인하기 위한 검사를 하여야 한다.
④ 발주자가 지방자치단체인 경우, 수급인이 하도급 대금의 지급을 1회 이상 지체하였다면 발주자는 하도급 대금을 하수급인에게 직접 지급할 수 있다.

정답 ④

64 국가유산수리 등에 관한 법령상, 국가유산수리 등에 관한 도급의 원칙이 아닌 것은?

① 대등의 원칙　　② 공정의 원칙
③ 성실의무의 원칙　　④ 적정이윤 보장의 원칙

해설 도급의 원칙
1. 도급의 당사자는 각각 대등한 입장에서
2. 합의에 따라 공정하게 계약을 체결하고
3. 신의에 따라 성실하게 계약내용을 이행하여야 한다.

정답 ④

65 국가유산수리 등에 관한 법령상, 국가유산수리업 등의 도급 및 하도급에 관한 설명으로 옳지 않은 것은?

① 국가유산수리 등에 관한 도급의 당사자는 각각 대등한 입장에서 합의에 따라 공정하게 계약을 체결하고, 신의에 따라 성실하게 계약 내용을 이행하여야 한다.
② 종합국가유산수리업자가 도급받은 국가유산수리의 일부를 국가유산수리 내용에 맞는 전문국가유산수리업자에게 하도급하는 경우, 도급받은 국가유산수리 금액의 100분의 50을 초과하여 하도급할 수 없다.
③ 감리를 도급받은 수급인은 그 감리를 제3자에게 하도급할 수 있다.
④ 수급인은 발주자로부터 도급받은 국가유산수리에 대한 준공금을 받았을 때에는 하도급 대금의 전부를 지급받은 날부터 15일 이내에 하수급인에게 현금으로 지급하여야 한다.

정답 ③

66 「국가유산수리 등에 관한 법률」상, 발주자가 하수급인의 국가유산수리를 한 부분에 해당하는 대금을 하수급인에게 직접 지급할 수 있는 경우가 아닌 것은?

① 발주자와 수급인 간에 하도급 대금을 하수급인에게 직접 지급할 수 있다는 뜻과 그 지급의 방법·절차를 명백히 하여 합의한 경우
② 국가가 발주한 경우로서 수급인이 하도급 대금의 지급을 1회 이상 지체한 경우
③ 수급인의 지급정지·파산 등으로 인하여 수급인이 하도급대금을 지급할 수 없는 명백한 사유가 있다고 발주자가 인정하는 경우
④ 국가 또는 지방자치단체가 발주한 경우로서 국가유산수리예정가격에 대비하여 85% 이상으로 하도급을 체결한 경우

해설 하도급 대금의 직접지급
(법 제29조 제1항 제3호 나목에서 문화체육관광부령으로 정하는 비율이란) 100분의 82를 말한다.

정답 ④

67 「국가유산수리 등에 관한 법률」상, 하도급의 제한 등에서 아래의 내용이 맞지 않는 것을 고르시오.

① 국가유산수리를 도급받은 국가유산수리업자는 그 국가유산수리를 직접 수행하여야 한다. 다만, 종합 국가유산수리업자는 도급받은 국가유산수리의 일부를 국가유산수리의 내용에 맞는 전문국가유산수리업자에게 하도급할 수 있다.
② 하도급을 하는 경우에는 도급받은 국가유산수리금액의 100분의 50 이상을 전문국가유산수리업자에게 하도급할 수 없다.
③ 종합국가유산수리업자로부터 국가유산수리의 일부를 하도급받은 전문국가유산수리업자는 이를 다시 하도급할 수 없다.
④ 감리를 도급받은 수급인은 그 감리를 제3자에게 하도급할 수 없다.

해설 ② 도급받은 국가유산수리금액의 100분의 50을 초과하여 전문국가유산수리업자에게 하도급할 수 없다.

정답 ②

68 국가유산수리 등에 관한 법령상, 국가유산수리업의 하도급 제한에 관한 설명으로 옳지 않은 것은?

① 종합국가유산수리업자는 도급받은 국가유산수리의 일부를 국가유산수리 내용에 맞는 전문국가유산수리업자에게 하도급할 수 있다.
② 하도급을 한 종합국가유산수리업자는 대통령령으로 정하는 바에 따라 발주자에게 그 사실을 알려야 한다.
③ 종합국가유산수리업자로부터 국가유산수리의 일부를 하도급받은 전문국가유산수리업자는 국가유산의 특성에 따라 이를 다시 하도급할 수 있다.
④ 감리를 도급받은 수급인은 그 감리를 제3자에게 하도급할 수 없다.

정답 ③

69 국가유산수리 등에 관한 법령상, 도급 및 하도급에 관한 설명으로 옳은 것은?

① 감리를 도급받은 수급인은 그 감리를 제3자에게 하도급할 수 있다.
② 하수급인은 하도급받은 국가유산수리에 관하여는 발주자에 대하여 수급인과 같은 의무를 진다.
③ 종합국가유산수리업자로부터 국가유산수리의 일부를 하도급받은 전문국가유산수리업자는 이를 다시 하도급할 수 있다.
④ 발주자는 하수급인이 국가유산수리를 한 부분에 해당하는 하도급 대금을 하수급인에게 직접 지급할 수 없다.
⑤ 수급인은 하수급인으로부터 하도급 국가유산수리의 완료 통지를 받은 경우에는 30일 이내에 이를 확인하기 위한 검사를 하여야 한다.

해설 도급 및 하도급

1. 하도급의 제한 등
    (1) 국가유산수리를 도급받은 국가유산수리업자는 그 국가유산수리를 직접 수행하여야 한다.(다만, 종합국가유산수리업자는 도급받은 국가유산수리의 일부를 국가유산수리 내용에 맞는 전문국가유산수리업자에게 하도급할 수 있다.)
    (2) 하도급의 통보 등
        하도급을 하는 경우에는 도급받은 국가유산수리 금액의 100분의 50을 초과하여 전문국가유산수리업자에게 하도급할 수 없다.
    (3) 종합국가유산수리업자로부터 국가유산수리의 일부를 하도급 받은 전문국가유산수리업자는 이를 다시 하도급할 수 없다.
    (4) 감리를 도급받은 수급인은 그 감리를 제3자에게 하도급할 수 없다.

2. 하수급인 등의 지위
    하수급인은 하도급받은 국가유산수리에 관하여는 발주자에 대하여 수급인과 같은 의무를 진다.(수급인과 하수급인 간의 법률관계에는 영향을 미치지 아니한다)

3. 검사 및 인도
    (1) 수급인은 하수급인으로부터 하도급 국가유산수리의 완료 또는 기성 부분의 통지를 받은 경우에는 10일 이내에 이를 확인하기 위한 검사를 하여야 한다.
    (2) 수급인은 검사결과 하도급 국가유산수리가 계약대로 끝난 경우에는 지체 없이 이를 인수하여야 한다.

정답 ②

70 국가유산수리 등에 관한 법령상, 도급 및 하도급에 관한 설명으로 옳지 않은 것은?
① 종합국가유산수리업자는 도급받은 국가유산수리의 일부를 국가유산수리 내용에 맞는 전문국가유산수리업자에게 하도급할 수 있다.
② 수급인은 하수급인으로부터 하도급 국가유산수리의 완료통지를 받은 경우에는 10일 이내에 이를 확인하기 위한 검사를 하여야 한다.
③ 수급인은 하수급인이 고의 또는 과실로 하도급받은 국가유산수리의 관리를 부실하게 하여 타인에게 손해를 가한 경우에는 하수급인과 연대하여 그 손해를 배상할 책임이 있다.
④ 하수급인이 국가유산수리를 하면서 설계도서대로 국가유산수리를 하지 아니한다고 인정될 때에는 발주자는 국가유산수리에 관한 하도급을 해지할 수 있다.

정답 ④

71 국가유산수리 등에 관한 법령상, 국가유산수리의 도급 및 하도급에 관한 설명으로 옳지 않은 것은?
① 발주자는 하수급인의 국가유산수리 능력의 적정성을 심사한 결과 그 능력이 적정하지 아니하다고 인정되는 경우에는 수급인에게 하수급인의 변경을 요구할 수 있다.
② 하수급인은 하도급받은 국가유산수리에 관하여는 발주자에 대하여 수급인과 같은 의무를 진다.
③ 발주자가 「공공기관의 운영에 관한 법률」에 따른 공공기관인 경우 수급인이 하도급 대금의 지급을 지체하더라도 발주자가 하도급 대금을 하수급인에게 직접 지급할 수는 없다.
④ 발주자는 하수급인이 설계도서대로 국가유산수리를 하지 아니한다고 인정될 때에는 수급인에게 하수급인을 변경하도록 요구할 수 있다.

정답 ③

[제3절　국가유산수리]

72 국가유산수리 등에 관한 법령상, 국가유산수리기술자의 배치에 관한 설명으로 옳지 않은 것은?

① 국가유산수리업자가 국가유산수리기술자를 국가유산수리 현장에 배치하려면 발주자의 승낙을 얻어야 한다.
② 국가유산수리기술자를 국가유산수리 현장에 배치한 국가유산수리업자는 배치일부터 14일 이내에 해당 국가유산수리기술자로 하여금 현장 배치 확인표에 발주자의 확인을 받도록 하여야 한다.
③ 국가유산수리 현장에 배치된 국가유산수리기술자는 발주자의 승낙을 받지 아니하고는 정당한 사유 없이 그 현장을 이탈하여서는 아니 된다.
④ 발주자는 국가유산수리 현장에 배치된 국가유산수리기술자의 업무수행 능력이 현저히 부족하다고 인정되는 경우에는 수급인에게 그 국가유산수리기술자를 교체하도록 요청할 수 있다.

정답 ①

73 국가유산수리 등에 관한 법령상, 국가유산수리업을 등록한 전문국가유산수리업자가 종합국가유산수리업자로부터 국가유산수리의 일부를 하도급받은 경우 해당국가유산수리기술자를 배치하지 아니할 수 있는 국가유산수리업은? [2025년도 제43회 기출문제]

① 목공사업
② 식물보호업
③ 단청공사업
④ 보존과학업

정답 ①

74 「국가유산수리 등에 관한 법률」에서 국가유산수리의 종류별 하자담보 책임기간의 내용으로 옳은 것을 모두 고르시오.

> ㄱ. 국가유산수리의 하자담보책임기간은 새로운 재료를 사용하여 기초부터 다시 복원하거나 신설할 때를 기준으로 한 것이다.
> ㄴ. 기존의 유구나 건축물의 가구 등에 덧붙이거나 보충하여 복원·보수하는 경우나, 기존구조나 부재를 해체한 후 해체한 부재의 전부 또는 일부를 다시 사용하여 복원하거나 보수하는 경우에는 하자담보책임기간을 국가유산수리의 종류별 하자 담보책임기간의 3분의 2로 한다.
> ㄷ. 국가유산수리의 종류별 하자담보책임기간에 없는 국가유산수리의 공정은 하자담보책임기간의 유사공종에 따른다.
> ㄹ. 현대식 재료·공법으로 시공한 구조물의 경우에는 건설산업기본법 등 관계법령의 하자담보책임기간에 관한 규정을 준용한다.
> ㅁ. 둘 이상의 공종이 복합된 공사에서 공종별로 하자책임을 구분할 수 없는 경우에는 수리의 금액이 큰 공종을 기준 기간으로 하고, 구분할 수 있는 경우에는 각각의 세부공종별 하자담보책임 기간으로 한다.

① ㄱ, ㄴ, ㄷ ② ㄱ, ㄷ, ㄹ
③ ㄱ, ㄴ, ㄷ, ㄹ ④ ㄱ, ㄷ, ㄹ, ㅁ

 ㅁ. 둘 이상의 공종이 복합된 공사에서 공종별로 하자책임을 구분할 수 없는 경우에는 책임기간이 긴 기간으로 한다.

정답 ③

75 「국가유산수리 등에 관한 법률」에서 국가유산수리업자의 하자담보책임이 없는 것을 나열하였다. 거리가 있는 것 하나만 고르시오(국가유산수리업자가 그 재료 또는 지시가 적당하지 아니함을 알고도 발주자에게 알리지 아니한 경우에는 하자담보책임이 있다).

> ㄱ. 발주자가 제공한 국가유산수리 재료로 인한 경우
> ㄴ. 발주자의 지시에 따라 국가유산수리를 한 경우
> ㄷ. 발주자가 국가유산수리의 목적물을 통상적인 사용범위를 넘어서 사용하는 경우
> ㄹ. 국가유산수리업자와 발주자 사이에 하자담보책임기간의 3분의 2 미만으로 특약을 정한 경우

① ㄱ ② ㄴ
③ ㄷ ④ ㄹ

ㄹ. 국가유산수리업자의 하자담보책임에도 불구하고 국가유산수리업자와 발주자 사이에 체결한 도급계약서에 국가유산수리업자의 하자담보책임에 관한 특약을 정한 경우에는 그 특약에 따른다.(다만, 그 특약에서 하자담보책임기간을 국가유산수리의 종류별 하자담보책임기간의 3분의 2 미만으로 정한 경우에는 그 기간의 3분의 2로 정한 것으로 본다)

정답 ④

76 국가유산수리 등에 관한 법령상, 하자담보책임 내용에서 양쪽이 맞는 것은?

① 자연상태의 돌을 사용하여 쌓은 구조의 석성 : 3년
② 억새 등을 이용한 선사시대 움집 : 2년
③ 적석총 : 3년
④ 조경시설물 : 3년

 국가유산수리의 종류별 하자 담보책임기간
   ② 1년   ③ 5년   ④ 2년

정답 ①

77 「국가유산수리 등에 관한 법률」상, 국가유산수리기술자의 현장 배치기준 등의 내용과 거리가 있는 것을 고르시오.

① 해당 국가유산수리의 종류에 상응하는 국가유산수리기술자로서 해당 국가유산수리의 착수와 동시에 배치하여야 한다.
② 국가유산수리 공사의 중요성 및 수리기법의 특성을 고려하여 도급계약 당사자 간의 합의에 의하여 따로 정한 경우에는 그에 따른다.
③ 국가유산수리기술자를 배치할 때에 두 종류 이상의 전문분야가 복합된 국가유산수리의 경우에는 국가유산수리의 금액이 큰 기술분야의 국가유산수리기술자를 배치하여야 한다.
④ 배치일로부터 7일 이내에 해당 국가유산수리기술자로 하여금 현장 배치 확인표에 발주자의 확인을 받아야 하는데 발주자가 다른 둘 이상의 국가유산수리 현장에 배치할 때에는 각각의 발주자로부터 확인을 받도록 하여야 한다.

배치일로부터 14일 이내

정답 ④

78 「국가유산수리 등에 관한 법률」에서 국가유산수리의 종류별 하자 담보 책임기간에 대하여 ( ) 안을 채우시오.

종류	세부 공종	책임기간
1. 성곽	가. 석성/화강석 등을 방형 형태로 다듬어 쌓은 구조	(㉠)년
	나. 토성, 혼축성	(㉡)년
	다. 목책성	(㉢)년
2. 탑·석조물	가. 전탑	(㉣)년
3. 목조 건축물	가. 기초 및 기단 • 강회잡석 적심기초, 화강석 가공주초 • 정자형 장대석 기초	(㉤)년 (㉥)년

순위	㉠	㉡	㉢	㉣	㉤	㉥
①	5	2	1	5	7	10
②	5	2	1	5	10	7
③	5	2	1	3	10	7
④	5	2	1	3	7	10

정답 ④

79 국가유산수리 등에 관한 법령상 국가유산수리의 종류별 하자담보책임 기간으로 옳은 것은?

	종류	세부 공종	책임 기간
①	성곽	목책성(木柵城)	1년
②	탑·석조물	전탑(塼塔)	1년
③	목조건축물 (벽화, 불화 포함)	건축물의 단청	1년
④	분묘	병풍석(屛風石)	1년

정답 ④

80 국가유산수리 등에 관한 법령상, 국가유산수리의 종류별 하자담보책임 기간으로 옳은 것은?

① 목책성(木柵城) : 2년
② 건축물의 단청 : 3년
③ 배수로 : 5년
④ 식물 보호 : 3년

정답 ④

81 국가유산수리 등에 관한 법령상, 국가유산수리의 종류(세부 공종)와 하자담보책임 기간의 연결이 옳지 않은 것은?

① 탑·석조물(새로운 재료로 교체한 석재부분) – 3년
② 담(자연석담) – 2년
③ 도로(맨홀) – 2년
④ 철물(보강철물) – 3년

해설 하자담보책임
1. 국가유산수리업자는 발주자에 대하여 국가유산수리의 완공일부터 10년 이내의 범위에서 국가유산수리의 종류별 하자담보책임 기간에 발생하는 하자에 대하여 담보책임이 있다.
2. 탑·석조물(새로운 재료로 교체한 석재부분) : 5년

정답 ①

82 「국가유산수리 등에 관한 법률」에서, 국가유산수리업자의 하자담보책임에 대한 내용이다. 바르지 못한 것을 고르시오.

① 국가유산수리업자는 발주자에 대하여 국가유산수리의 완공일로부터 10년 이내의 범위에서 발생하는 하자에 대하여 담보책임이 있다.
② 발주자가 제공한 국가유산수리 재료로 인하여 하자 발생 시, 하자 담보의 책임이 없는 경우이다.
③ 국가유산수리업자의 하자담보책임에도 불구하고 국가유산수리업자와 발주자 사이에 체결한 도급계약서에 국가유산수리업자의 하자담보책임에 관한 특약을 정한 경우에는 그 특약에 따른다.
④ 그 특약에서 하자담보책임기간을 국가유산수리의 종류별 하자담보책임기간의 3분의 2 미만으로 정한 경우에는 하자담보책임기간으로 정한 것으로 본다.

1. 하자담보책임이 없는 경우(국가유산수리업자가 그 재료 또는 지시가 적당하지 아니함을 알고도 발주자에게 알리지 아니한 경우에는 그러하지 아니하다.)
   (1) 발주자가 제공한 국가유산수리 재료로 인한 경우
   (2) 발주자의 지시에 따라 국가유산수리를 한 경우
   (3) 발주자가 국가유산수리의 목적물을 통상적인 사용범위를 넘어서 사용하는 경우
2. ④ 국가유산수리의 종류별 하자담보책임기간의 3분의 2 미만으로 정한 경우에는 그 기간의 3분의 2로 정한 것으로 본다.

정답 ④

83 국가유산수리 등에 관한 법령상, 발주자가 국가유산 등을 수리하려는 경우 국가유산청장으로부터 설계승인을 받아야 하는 내용으로 틀린 것을 고르시오.

① 지정문화유산
② 무형문화유산
③ 임시지정문화유산
④ 지정문화유산과 함께 전통문화를 구현하고 있는 주위의 시설물로 국가유산청장이 시·도지사와 협의하여 고시한 것

정답 ②

84 국가유산수리 등에 관한 법령상, 국가유산수리 현황의 보고에서 교체부재의 표시 내용으로 적절하지 않은 것을 고르시오.

① 설치한 새로운 부재에는 교체연도, 발주자명 등의 사항을 표시해야 한다.
② 설치한 새로운 부재의 표시는 새로운 부재의 표면 가운데 겉으로 잘 드러나 보이는 부위에 한다.
③ 전통재료 인증에 따라 인증을 받은 전통재료로서 제조일자가 그 표면에 명기된 부재에는 표시를 하지 않을 수 있다.
④ 발주자는 새로운 부재의 표시를 국가유산수리 도급계약에 포함시켜야 한다.

정답 ②

85 국가유산수리 등에 관한 법령상, 국가유산수리업자의 손해배상책임과 하자담보책임에 관한 설명으로 옳은 것은?

① 국가유산수리업자가 손해배상책임을 부담하는 경우에는 그 손해가 발주자의 중대한 과실로 발생하였더라도 발주자에 대하여 구상권을 행사할 수 없다.
② 국가유산수리업자가 고의가 아닌 과실로 국가유산수리를 부실하게 하여 타인에게 손해를 가한 경우에는 그 손해를 배상할 책임이 없다.
③ 발주자의 지시가 적당하지 아니함을 알고도 발주자에게 알리지 않고 그 지시대로 국가유산수리를 한 국가유산수리업자는 하자담보책임 기간에 발생하는 하자에 대하여 담보책임이 있다.
④ 국가유산수리업자는 발주자에 대하여 국가유산수리의 발주일부터 10년 이내의 범위에서 대통령령으로 정하는 국가유산수리의 종류별 하자담보책임 기간에 발생하는 하자에 대하여 담보책임이 있다.

1. 국가유산수리업자의 손해배상책임
    (1) 국가유산수리업자는 고의 또는 과실로 국가유산수리를 부실하게 하여 타인에게 손해를 가한 경우에는 그 손해를 배상할 책임이 있다.
    (2) 국가유산수리업자는 손해가 발주자의 고의 또는 중대한 과실로 발생한 경우에는 발주자에 대하여 구상권을 행사할 수 있다.
    (3) 수급인은 하수급인이 고의 또는 과실로 하도급 받은 국가유산수리의 관리를 부실하게 하여 타인에게 손해를 가한 경우에는 하수급인과 연대하여 그 손해를 배상할 책임이 있다.
    (4) 수급인은 손해를 배상한 경우에는 배상할 책임이 있는 하수급인에 대하여 구상권을 행사할 수 있다.
2. 국가유산수리업자의 하자담보책임
    (1) 국가유산수리업자는 발주자에 대하여 국가유산수리의 완공일로부터 10년 이내의 범위에서 발생하는 하자에 대하여 담보책임이 있다.
    (2) 하자담보 책임이 없는 경우(다만, 국가유산수리업자가 그 재료 또는 지시가 적당하지 아니함을 알고도 발주자에게 알리지 아니한 경우에는 그러하지 아니하다.)
        ① 발주자가 제공한 국가유산수리 재료로 인한 경우
        ② 발주자의 지시에 따라 국가유산수리를 한 경우
        ③ 발주자가 국가유산수리의 목적물을 통상적인 사용 범위를 넘어서 사용하는 경우
    (3) 특약을 정한 경우에는 그 특약에 따른다.(다만, 그 특약에서 하자담보 책임기간을 국가유산수리의 종류별 하자담보 책임기간의 3분의 2 미만으로 정한 경우에는 그 기간의 3분의 2로 정한 것으로 본다.)

정답 ③

86 국가유산수리 등에 관한 법령상, 국가유산수리의 부실을 방지하기 위하여 국가유산수리 현장을 점검할 수 있는 자에 해당하지 않는 자는?

① 국가유산청장
② 국가유산감리원
③ 시장 · 군수 · 구청장(자치구의 구청장을 말한다)
④ 시 · 도지사

정답 ②

87 국가유산수리 등에 관한 법령상, 국가유산수리 보고서의 작성 및 현장의 점검에 관한 설명으로 옳지 않은 것은?(단, 권한의 위임·위탁에 관한 규정은 고려하지 않음)

① 국가유산수리업자는 도급받은 국가유산수리에 대하여 착수부터 완료까지의 전반을 기록화하기 위하여 국가유산수리 보고서를 발주자에게 제출하여야 한다.
② 국가유산수리업자가 발주자에게 제출하는 국가유산수리 보고서에는 수리대상의 현황, 실측 설계도면 및 준공도면이 포함되어야 한다.
③ 국가유산청장은 제출받은 국가유산수리 보고서에 대한 데이터베이스를 구축하고 인터넷 홈페이지 등을 이용하여 일반인에게 알려야 한다.
④ 국가유산청장은 국가유산이 원형대로 수리될 수 있도록 하기 위한 경우에도 고증·양식·국가유산수리의 기법 및 범위에 관한 사항은 자문할 수 없다.

정답 ④

88 국가유산수리 등에 관한 법령상, 국가유산수리 현장의 공개에 대한 내용으로 옳은 것을 고르시오.

① 발주자는 국가유산수리 현장을 공개하여야 한다.
② 다만, 국가유산수리의 설계승인에 따라 국가유산청장으로부터 설계승인을 받은 경우에는 국가유산수리 현장을 공개할 수도 있다.
③ 발주자는 공개를 하는 경우 안전사고 예방에 필요한 조치를 하고 해당 국가유산수리 관련 안내 자료를 갖추어야 한다.
④ 기타 국가유산수리 현장의 공개에 필요한 사항은 문화체육관광부장관이 정하여 고시한다.

정답 ③

89 국가유산수리 등에 관한 법령상, 설계승인한 국가유산수리에 관한 정보 중 국가유산청장 또는 시·도지사가 국가유산수리종합정보시스템을 통하여 공개하여야 하는 것을 모두 고른 것은? [2025년도 제43회 기출문제]

| ㄱ. 참여 기술인력 | ㄴ. 해당 국가유산수리의 개요 |
| ㄷ. 국가유산수리 착수 전 현황사진 | ㄹ. 국가유산수리 계획을 나타낸 도면 |

① ㄱ, ㄴ
② ㄱ, ㄷ, ㄹ
③ ㄴ, ㄷ, ㄹ
④ ㄱ, ㄴ, ㄷ, ㄹ

정답 ④

[제4절 동산문화유산 보존처리]

90 「국가유산수리 등에 관한 법률」상, 동산문화유산 보존처리에서 옳은 것을 고르시오.
① 소유자 등은 동산문화유산을 보존처리하려는 경우 정하는 바에 따라 국가유산수리업자로 하여금 보존처리계획을 수립하도록 하여야 한다.
② 직접 국가유산수리를 할 수 있는 기관의 장은 직접 보존처리계획을 수립하여야 한다.
③ 발주자는 수립된 보존처리계획을 정하는 절차에 따라 시·도지사의 승인을 받아야 한다.
④ 문화유산자료의 경우 승인사항을 변경하려는 경우 국가유산청장의 승인을 받아야 한다.

> **해설**
> ② 수립할 수 있다.
> ③ 국가유산청장의 승인
> ④ 시·도지사의 승인
>
> **정답** ①

91 「국가유산수리 등에 관한 법률」상, 동산문화유산 보존처리에서 보존처리의 수행 중 국가유산청장에게 보고를 하여야 하는 사유로 틀린 것을 고르시오.
① 동산문화유산의 지정 장소를 변경한 경우
② 보존처리를 착수한 경우
③ 동산문화유산 원형을 훼손한 경우
④ 동산문화유산을 파손한 경우

> **해설**
> 보존처리의 수행 등에서 발주자는 보존처리의 수행 중 다음 각 호의 어느 하나에 해당하는 사유가 발생하면 국가유산청장에게 보고하여야 한다.
> 1. 보존처리를 착수 또는 완료한 경우
> 2. 동산문화유산을 파손하거나 원형을 훼손한 경우
> 3. 그 밖에 대통령령으로 정하는 경우
>
> **정답** ①

[제5절 감리]

92 국가유산수리 등에 관한 법령상, 감리에 관한 설명으로 옳지 않은 것은?

① 국가유산감리원은 국가유산수리업자가 국가유산수리의 설계도서·시방서의 내용과 적합하지 아니하게 국가유산수리를 하는 경우에는 재시행 또는 중지명령이나 그 밖에 필요한 조치를 하여야 한다.
② 국가유산수리의 설계도서의 내용과 적합하지 아니하게 국가유산수리를 함으로 인해 국가유산감리원으로부터 재시행 지시를 받은 국가유산수리업자는 특별한 사유가 없으면 그 지시에 따라야 한다.
③ 국가유산감리원은 국가유산수리의 시방서의 내용과 적합하지 아니하게 국가유산수리를 함으로 인해 국가유산수리업자에게 중지명령을 한 경우에는 지체 없이 그 사실을 그 국가유산수리의 발주자에게 통지하여야 한다.
④ 발주자는 국가유산감리원이 업무를 성실하게 수행하지 아니하여 국가유산수리가 부실하게 될 우려가 있는 경우에는 그 국가유산감리원에게 시정지시를 하거나 국가유산감리업자에게 국가유산감리원을 변경하도록 요구할 수 있다.

정답 ①

93 국가유산수리 등에 관한 법령상, 상주감리원과 비상주감리원이 할 수 있는 동일한 업무범위에 해당하지 않는 것은?

① 국가유산수리 계획 및 공정표의 검토
② 국가유산수리 진척 부분에 대한 조사 및 검사
③ 국가유산수리업자가 작성한 시공상세도면의 검토·확인
④ 완료 도면의 검토 및 완료 사실의 확인

정답 ③, ④

94 국가유산수리 등에 관한 법령상, 상주국가유산감리원과 비상주국가유산감리원의 공통 업무범위로 명시된 것은?

① 국가유산수리업자가 작성한 시공상세도면의 검토·확인
② 설계도서의 내용이 현장 조건에 적합한지와 시공 가능성에 관한 사전 검토
③ 재해예방 대책, 안전관리 및 환경관리의 검토·확인
④ 국가유산수리가 설계도서 및 관련 규정의 내용에 적합하게 시행되고 있는지에 대한 확인

정답 ④

95 국가유산수리 등에 관한 법령상, 국가유산수리의 감리에 관한 설명으로 옳은 것을 고르시오.

① 발주자는 그가 발주하는 국가유산수리의 품질 확보를 위하여 국가유산감리업자로 하여금 책임감리만을 하게 하여야 한다.
② 전통건축수리기술진흥재단이 법령에 따라 일반감리를 할 때에는 그에게 소속된 국가유산감리원을 국가유산수리 현장에 배치하여야 한다.
③ 국가유산감리업자는 정하는 바에 따라 책임감리보고서만 작성하여 발주자에게 제출하여야 한다.
④ 감리보고서를 제출받은 발주자는 그 날부터 20일 이내에 국가유산청장 및 관할 시·도지사에게 감리 보고서를 제출하여야 한다.

① 일반감리 또는 책임감리를 하게 하여야 한다.
③ 일반감리 또는 책임감리 보고서를 작성하여
④ 30일 이내

정답 ②

96 국가유산수리 등에 관한 법령상, 국가유산수리의 감리에 관한 설명으로 옳지 않은 것은?

① 국가유산감리업자는 일반감리 또는 책임감리 보고서를 작성한 날로부터 30일 이내에 국가유산청장에게 제출해야 한다.
② 지정문화유산으로서 국가유산수리 예정금액이 5억 원인 동산문화유산이 아닌 국가유산의 수리는 일반감리의 대상이 된다.
③ 국가유산청장은 제출받은 감리보고서에 대한 데이터베이스를 구축하고 인터넷 홈페이지 등을 이용하여 일반인에게 알려야 한다.
④ 전통건축수리기술진흥재단이 직접 국가유산을 수리하는 경우에는 국가유산수리와 감리를 함께 할 수 없다.

정답 ①

97 국가유산수리 등에 관한 법령상, 국가유산감리원의 재시행 명령과 시전조치에 대한 내용으로 알맞은 것을 찾으시오.

① 국가유산감리원으로부터 재시행에 관한 지시를 받은 국가유산수리업자는 특별한 사유가 있을 시 그 지시에 따르지 않을 수 있다.
② 국가유산감리원은 국가유산수리업자에게 재시행에 필요한 조치를 한 경우에는 30일 이내에 그 사실을 그 국가유산수리의 발주자에게 알려야 한다.
③ 발주자는 국가유산감리원의 재시행 등의 조치를 이유로 국가유산감리원의 변경, 현장상주의 거부, 감리대가 지급의 거부·지체, 그 밖에 국가유산감리원에게 불이익한 처분을 하여서는 아니 된다.
④ 발주자로부터 시정지시를 요구 받은 국가유산감리원은 정당한 요구가 있다하더라도 그 요구에 따라야 한다.

① 그 지시에 따라야 한다.
② 지체 없이
③ 정당한 사유가 없으면 그 요구에 따라야 한다.

정답 ③

98 「국가유산수리 등에 관한 법률」에서 국가유산수리와 감리를 함께 할 수 없는 경우는 다음의 어느 것인가?

① 국가유산수리업자와 국가유산감리업자가 다른 자
② 모회사와 자회사 관계가 아닌 경우
③ 법인과 그 법인의 임직원 관계가 아닌 경우
④ 배우자인 경우

감리의 제한
(국가유산수리업자와 국가유산감리업자가 같은 자이거나 아래의 어느 하나에 해당될 때에는 그 국가유산수리와 감리를 함께할 수 없다.)
1. 모회사와 자회사 관계인 경우
2. 법인과 그 법인의 임직원 관계인 경우
3. 친족관계인 경우
4. 전통건축수리기술진흥재단이 직접 국가유산수리를 하는 경우

정답 ④

제4장 전통건축수리기술진흥재단 등

99 「국가유산수리 등에 관한 법률」상, 전통건축수리기술진흥재단의 사업에 해당하지 않는 것은?
[2025년도 제43회 기출문제]

① 전통건축의 부재와 재료 등의 수집 · 보존 및 조사 · 연구 · 전시
② 북한 전통건축의 보급확대 및 산업화 지원
③ 전통수리 기법의 조사 · 연구 및 전승 활성화
④ 지방자치단체의 장이 위탁하는 사업

정답 ②

100 「국가유산수리 등에 관한 법률」에서, 국가유산수리협회 회원의 업무수행에 따른 공제사업의 범위가 아닌 것을 찾으시오.

① 입찰 · 계약(공사이행보증을 포함한다)
② 공정품질 · 손해보상
③ 선급금지급
④ 하자보수

해설 국가유산수리협회 공제사업의 범위
1. 회원의 업무수행에 따른 입찰 · 계약(공사이행보증을 포함한다) · 손해보상 · 선급금지급 · 하자보수
2. 회원에 대한 자금의 융자를 위한 공제사업

정답 ②

101 「국가유산수리 등에 관한 법률」에서 국가유산수리협회 설립의 인가절차 등에 대하여 옳은 것을 모두 고르시오.

ㄱ. 회원의 자격이 있는 자 10명 이상이 발기하여야 한다.
ㄴ. 회원의 자격이 있는 국가유산수리업자등의 3분의 1 이상의 동의를 받아야 한다.
ㄷ. 창립총회에서 정관을 작성하여야 한다.
ㄹ. 국가유산청장에게 국가유산수리협회 인가를 신청하여야 한다.
ㅁ. 국가유산수리협회에 관하여 국가유산수리 등에 관한 법률에서 규정한 것 외에는 민법 중 재단법인에 관한 규정을 준용한다.

① ㄱ, ㄴ, ㄷ
② ㄱ, ㄷ, ㄹ
③ ㄱ, ㄴ, ㄷ, ㄹ
④ ㄱ, ㄷ, ㄹ, ㅁ

> **해설** ㅁ. 「민법」 중 사단법인에 관한 규정을 준용한다.

정답 ③

제5장 감독

102 국가유산수리 등에 관한 법령상, 국가유산수리업자 등에 대한 시정명령으로 틀린 것을 고르시오.

① 국가유산수리 등에 관한 도급의 원칙을 위반하여 국가유산수리도급대장 등을 주된 영업소에 보관하지 아니한 경우 시정을 명할 수 있다.
② 국가유산수리업자 등이 등록을 위반하여 변경신고를 하지 아니한 경우 시정을 명할 수 있다.
③ 하도급 대금을 지급하지 아니한 경우, 시장·군수·구청장은 시정을 명하거나 그 밖에 필요한 지시를 하여야 한다.
④ 국가유산수리 보고서를 제출하지 아니한 경우 국가유산청장은 시정을 명하거나 필요한 지시를 할 수 있다.

> **해설** ③ 그 밖에 필요한 지시를 할 수 있다.

정답 ③

103 「국가유산수리 등에 관한 법률」에서, 1차 위반 시의 행정처분기준이 국가유산수리업자 등의 등록을 취소하여야 하는 경우가 아닌 것을 모두 고르시오.

> ㄱ. 국가유산수리 표준시방서 등 국가유산수리 등의 기준을 위반하여 국가유산수리 등의 업무를 수행한 경우
> ㄴ. 국가유산수리업자 등의 결격사유의 어느 하나에 해당하게 된 경우
> ㄷ. 자본금 또는 시설이 등록 요건에 미달한 사실이 있는 경우
> ㄹ. 도급받은 국가유산수리금액의 100분의 50을 초과하여 하도급한 경우
> ㅁ. 영업정지기간 중에 영업을 한 경우
> ㅂ. 시정명령을 이행하지 아니한 경우 또는 지시를 따르지 아니한 경우

① ㄱ, ㄴ, ㄷ, ㄹ
② ㄱ, ㄴ, ㄹ, ㅁ
③ ㄱ, ㄷ, ㄹ, ㅂ
④ ㄱ, ㄹ, ㅁ, ㅂ

(1차 위반 시) 국가유산수리업자등의 등록을 취소하여야 하는 경우
1. 거짓이나 그 밖의 부정한 방법으로 등록한 경우
2. 영업정지기간 중에 영업을 하거나, 법 제49조 제2항을 위반하여 영업을 한 경우 법 제49조 제2항 : 국가유산실측설계업자가 건축사 업무 신고 등의 효력상실 처분을 받은 경우에는 그 처분일로부터 영업을 하여서는 아니 되며, 건축사 업무정지 처분을 받은 경우에는 그 업무정지기간 동안 영업을 하여서는 아니 된다.
3. 국가유산수리업자 등의 결격사유의 어느 하나에 해당하게 된 경우

정답 ③

104 국가유산수리 등에 관한 법령상, 문화체육관광부장관이나 국가유산청장의 권한의 위임 사항이 아닌 것은?
① 권한의 일부를 한국전통문화대학교의 장에게 위임할 수 있다.
② 권한의 일부를 시 · 도지사에게 위임할 수 있다.
③ 국가유산수리기술자 및 국가유산감리원의 전문교육에 관한 권한을 한국전통문화대학교의 장에게 위임한다.
④ 국가유산수리기술자 및 국가유산수리기능자의 자격시험을 한국산업인력공단에 위임할 수 있다.

 권한의 위임 · 위탁
1. 권한의 위임
   (1) 국가유산청장의 권한을 그 일부를 한국전통문화대학교의 장 또는 시 · 도지사에게 위임할 수 있다.
   (2) 국가유산수리 기술자 및 국가유산 감리원의 전문교육에 관한 권한을 한국전통문화대학교의 장에게 위임한다.
2. 권한의 위탁
   (1) 국가유산청장은 권한의 일부를 관계전문기관 또는 단체 등에 위탁할 수 있다.
   (2) 한국산업인력공단에의 위탁업무
      ① 국가유산수리기술자 자격시험
      ② 국가유산수리기능자 자격시험
   (3) 이 경우 그 소요 비용을 예상의 범위에서 보조할 수 있다.

정답 ④

105 「국가유산수리 등에 관한 법률」에서 국가유산수리기술자의 자격을 취소하여야 하는 경우(1차 위반 시)에 해당하는 것을 모두 고르시오.

> ㄱ. 국가유산수리 등을 성실하게 수행하지 않음으로써 지정문화유산 주위의 시설물 또는 조경을 파손하거나 훼손한 경우
> ㄴ. 자격정지 처분을 받고도 계속하여 그 업무를 한 경우
> ㄷ. 지정문화유산의 주요부를 소실 · 변형 · 결실 · 탈락 · 파손시켜 지정문화유산의 가치를 상실하게 하거나 저하시킨 경우
> ㄹ. 둘 이상의 국가유산수리업자 등에게 중복하여 취업한 경우

① ㄱ   ② ㄴ
③ ㄴ, ㄷ   ④ ㄴ, ㄹ

해설 국가유산수리기술자의 자격을 취소하여야 하는 경우(1차 위반 시)
1. 거짓이나 그 밖의 부정한 방법으로 자격을 취득한 경우
2. 자격정지 처분을 받고도 계속하여 그 업무를 한 경우
3. 국가유산수리기술자의 결격사유의 어느 하나에 해당하여 국가유산수리기술자가 될 수 없는 경우

정답 ②

106 국가유산수리 등에 관한 법령상, 국가유산수리기술자의 자격을 취소하여야만 하는 경우를 모두 고른 것은?

> ㄱ. 피한정후견인에 해당하는 자인 경우
> ㄴ. 자격정지 처분을 받고도 계속하여 그 업무를 한 경우
> ㄷ. 다른 사람에게 국가유산수리기술자 자격증을 대여한 경우
> ㄹ. 국가유산수리 중에 지정문화유산을 파손하거나 훼손한 경우

① ㄱ, ㄴ   ② ㄱ, ㄷ
③ ㄴ, ㄹ   ④ ㄷ, ㄹ

정답 ①

107 국가유산수리 등에 관한 법령상, 국가유산수리업자의 등록취소 사유로 옳지 않은 것은?
① 거짓이나 그 밖의 부정한 방법으로 등록한 경우
② 국가유산수리업자가 등록한 업종 외의 국가유산수리를 한 경우
③ 자격정지 처분을 받고도 계속하여 그 업무를 한 경우
④ 국가유산수리 등을 하는 중에 지정문화유산을 파손하거나 원형을 훼손한 경우

정답 ③

108 국가유산수리 등에 관한 법령상, 감독에 관한 내용으로 옳지 않은 것을 찾으시오.
① 국가유산수리기술자가 자격정지 처분을 받고도 계속하여 그 업무를 한 경우, 국가유산청장은 그 자격을 취소하여야 한다.
② 시·도지사는 등록한 국가유산수리업자가 영업정지기간 중에 영업을 한 경우 그 등록을 취소하여야 한다.
③ 시·도지사는 등록을 취소한 경우 그 사실을 30일 이내에 국가유산청장에게 통보하여야 한다.
④ 국가유산청장은 국가유산수리기술자가 결격사유에 해당하여 국가유산수리기술자가 될 수 없는 경우에는 그 자격을 취소하여야 한다.

해설 그 사실을 지체 없이 국가유산청장, 다른 시·도지사에게 통보하여야 한다.

정답 ③

109 국가유산수리 등에 관한 법령상, 감독에 관한 설명으로 옳은 것은?
① 국가유산청장은 국가유산수리기술자가 자격정지 처분을 받고도 계속하여 그 업무를 한 경우 3년 이내의 기간을 정하여 그 자격의 정지를 명할 수 있다.
② 시·도지사는 등록한 국가유산수리업자가 영업정지 기간 중에 영업을 한 경우 3년 이내의 기간을 정하여 그 영업의 정지를 명할 수 있다.
③ 시·도지사는 등록을 취소한 경우 그 사실을 국가유산청장에게만 지체 없이 통보하면 되고 다른 시·도지사에게 통보할 필요는 없다.
④ 국가유산청장은 국가유산수리기술자가 결격사유에 해당하여 국가유산수리기술자가 될 수 없는 경우 그 자격을 취소하여야 한다.

해설 국가유산수리 등에 관한 법령상 감독

1. 국가유산수리기술자의 자격취소 등
   국가유산청장은 국가유산수리기술자가 다음 각 호의 어느 하나에 해당하는 경우에는 그 자격을 취소하거나 문화체육관광부령으로 정하는 바에 따라 3년 이내의 기간을 정하여 그 자격의 정지를 명할 수 있다.
   (1) 거짓이나 그 밖의 부정한 방법으로 자격을 취득한 경우
       (그 자격을 취소하여야 한다)
   (2) 자격정지 처분을 받고도 계속하여 그 업무를 한 경우
       (그 자격을 취소하여야 한다)
   (3) 국가유산수리 중에 지정문화유산을 파손하거나 훼손한 경우
   (4) 성실의무(법 제6조)에 따라 지켜야 할 사항을 위반하여 국가유산수리 등을 한 경우
   (5) 부정한 청탁에 의한 재물 등의 취득 및 제공금지(법 제6조의2)를 위반하여 부정한 청탁을 받고 재물 또는 재산상의 이익을 취득하거나 부정한 청탁을 하면서 재물 또는 재산상의 이익을 제공한 경우
   (6) 국가유산수리기술자의 종류 및 그 업무 범위(법 제8조 ②)를 위반하여 국가유산수리기술자가 자격을 취득한 기술 분야 외의 다른 분야의 국가유산수리 등의 업무를 한 경우
   (7) 국가유산수리기술자의 결격사유(법 제9조)의 어느 하나에 해당하여 국가유산수리기술자가 될 수 없는 경우(그 자격을 취소하여야 한다)
   (8) 국가유산수리기술자 자격증의 발급 등(법 제10조 ③)을 위반하여 다른 사람에게 자기의 성명을 사용하여 국가유산수리 등의 업무를 하게 한 경우
   (9) 국가유산수리기술자 자격증의 발급 등(법 제10조 ④)을 위반하여 국가유산수리기술자 자격증을 대여한 경우
   (10) 국가유산수리기술자 자격증의 발급 등(법 제10조 ④)을 위반하여 둘 이상의 국가유산수리업자등에게 중복하여 취업한 경우
   (11) 국가유산수리기술자등의 신고(법 제13조의2 ③)를 위반하여 경력 등을 거짓으로 신고 또는 변경신고한 경우
   (12) 국가유산수리기술자의 배치(법 제33조 ②)를 위반하여 정당한 사유 없이 국가유산수리 현장을 이탈한 경우
   (13) 국가유산수리 현장의 점검 등(법 제37조 ①)에 따른 시정명령 등 필요한 조치를 이행하지 아니한 경우
   (14) 감리의 시행 등(법 제38조 ⑦)에 따른 대통령령으로 정하는 국가유산감리원의 업무범위를 위반하여 감리를 수행한 경우

2. 국가유산수리업자등의 등록취소
   1) 시·도지사는 국가유산수리업자등의 등록에 따라 등록한 국가유산수리업자등이 다음 각 호의 어느 하나에 해당하면 그 등록을 취소하거나 문화체육관광부령으로 정하는 바에 따라 3년 이내의 기간을 정하여 그 영업의 정지를 명할 수 있다.
      (1) 거짓이나 그 밖의 부정한 방법으로 등록한 경우

(그 등록을 취소하여야 한다)
(2) 성실의무(법 제6조)에 따라 지켜야 할 사항을 위반하여 국가유산수리 등을 한 경우
(3) 부정한 청탁에 의한 재물 등의 취득 및 제공 금지(법 제6조의2)를 위반하여 부정한 청탁을 받고 재물 또는 재산상의 이익을 취득하거나 부정한 청탁을 하면서 재물 또는 재산상의 이익을 제공한 경우
(4) 영업정지 기간 중에 영업을 하거나 제2항(국가유산 실측설계업자가 「건축사법」에 따라 건축사업무신고 등의 효력상실 처분을 받은 경우에는 그 처분일로부터 영업을 하여서는 아니 되며, 건축사 업무정지 처분을 받은 경우에는 그 업무정지기간 동안 영업을 하여서는 아니 된다.)을 위반하여 영업을 한 경우(그 등록을 취소하여야 한다)
(5) 국가유산수리업자등의 등록(법 제14조 ①)에 따른 기술능력, 자본금, 시설 등의 등록 요건에 미달한 사실이 있는 경우(다만, 자본금이 일시적으로 등록요건에 미달하는 등 정하는 경우는 예외로 한다)

[일시적인 등록요건 미달]
① 국가유산수리업등의 등록 요건(시행령 별표 7)에 따른 자본금 요건에 미달한 경우 중 다음 각 목의 어느 하나에 해당하는 경우
　㉠ 「채무자 회생 및 파산에 관한 법률」에 따라 법원이 회생절차개시의 결정을 하고 그 절차가 진행 중인 경우
　㉡ 「채무자 회생 및 파산에 관한 법률」에 따라 법원이 회생계획의 수행에 지장이 없다고 인정하여 해당 국가유산수리업자 또는 국가유산감리업자에 대한 회생절차종결의 결정을 하고 그 회생계획을 수행 중인 경우
　㉢ 「기업구조조정촉진법」에 따라 금융채권자협의회가 금융채권자협의회에 의한 공동관리절차 개시의 의결을 하고 그 절차가 진행 중인 경우
② 「상법」 제542조의8 제1항 단서의 적용대상 법인이 최근 사업연도 말 현재의 자본의 감소로 인하여 등록요건에 미달되는 경우로서 그 기간이 50일 이내인 경우

(6) 국가유산수리업자등의 결격사유(법 제15조)가 각 호의 어느 하나에 해당하게 된 경우(그 등록을 취소하여야 한다)
① 국가유산실측설계업자가 「건축사법」에 따른 업무정지 처분을 받고 그 정지기간 중에 있는 자(제7호)에 해당하는 경우나
② 국가유산수리업자등이 국가유산수리업의 상속(법 제20조 ③)에 따라 3개월 이내에 국가유산수리업 등을 양도한 경우는 제외한다.
③ 다만, 국가유산수리업자등의 결격사유 제8호(법인의 임원 중 제1호부터 제7호까지의 규정에 해당하는 자가 있는 법인)에 해당하여 해당 법인의 임원이 제1호부터 제7호까지의 어느 하나에 해당하게 되는 경우 3개월 이내에 그 임원을 바꾸어 선임하는 경우는 그러하지 아니하다.
(7) 국가유산수리업의 양도 등(법 제17조 ①)·국가유산수리업의 상속(법 제20

조 ②)에 따른 신고를 하지 아니하거나 거짓 또는 그 밖의 부정한 방법으로 신고를 하고 국가유산수리업등을 영위한 경우
(8) 등록증 등의 대여 금지(법 제21조)를 위반하여 다른 사람에게 자기의 성명 또는 상호를 사용하여 국가유산수리 등을 수급받게 하거나 시행하게 한 경우 또는 등록증이나 등록수첩을 대여한 경우
(9) 국가유산수리 등을 하는 중에 지정문화유산을 파손하거나 원형을 훼손한 경우
(10) 명백하게 사실과 다른 실측설계로 인하여 국가유산의 가치를 훼손하거나 국가유산수리가 불가능하게 된 경우
(11) 국가유산수리업자등이 다른 사람의 국가유산수리기술자 자격증 또는 국가유산수리기능자 자격증을 대여받아 사용한 경우
(12) 하도급의 제한 등(법 제25조)을 위반하여 하도급한 경우
(13) 국가유산수리기술자의 배치(법 제33조 ①)에 따라 국가유산수리기술자를 국가유산수리 현장에 배치하지 아니한 경우
(14) 국가유산수리업자의 하자담보책임(법 제35조 ①)에 따른 하자담보책임을 이행하지 아니한 경우
(15) 국가유산수리 현장의 점검 등(법 제37조 ①)에 따른 시정명령 등 필요한 조치를 위반한 경우
(16) 감리의 시행 등(법 제38조 ④ 및 ⑦)에 따른 국가유산감리원 배치기준을 위반한 경우
(17) 감리의 시행 등(법 제38조 ⑤)을 위반하여 감리보고서를 제출하지 아니하거나 거짓으로 또는 불성실하게 작성한 경우
(18) 국가유산감리원의 재시행명령 등(법 제39조 ②)에 따른 국가유산감리원의 재시행·중지명령이나 그 밖에 필요한 조치에 관한 지시를 정당한 사유 없이 이행하지 아니하거나 거부한 경우
(19) 국가유산수리업자등이 등록한 업종 외의 국가유산수리 등을 한 경우
(20) 시정명령 등(법 제46조 ①)에 따른 시정명령을 이행하지 아니한 경우 또는 지시를 따르지 아니한 경우

2) 시·도지사는 국가유산수리업자등의 등록취소 등에 따라 등록을 취소하거나 영업의 정지를 명한 경우에는 그 사실을 국가유산청장과 다른 시·도지사에게 지체 없이 통보하고, 해당 국가유산수리업자등에 관한 사항을 해당 시·도의 공보 또는 인터넷 홈페이지에 공고하여야 한다.

정답 ④

제6장　보칙

※ ○, × 중 알맞은 답을 고르시오. (110~111)

110 국가유산수리업자 등이 도급받은 국가유산수리에 관한 도급금액 중 그 국가유산수리에 종사한 근로자에게 지급하여야 할 임금에 상당하는 금액에 대하여는 압류할 수 없다.
(○, ×)

정답 ○

111 국가유산청장이나 지방자치단체의 장은 평가결과가 우수한 국가유산수리업자 또는 국가유산실측설계업자에 대하여는 1년 동안 우수업자로 지정할 수 있다. (○, ×)

정답 ○

112 국가유산수리업자의 평가 등에 대한 내용으로 (　) 안에 알맞은 것은?

구분	국가유산수리	실측설계
기준	수리금액이 5억 원 이상인 국가유산수리	실측설계금액이 (㉠)원 이상인 실측설계
평가시기	수리가 (㉡)퍼센트 이상 완료된 때에 실시	해당하는 실측설계가 완료된 때에 실시

정답 ㉠ 3천만, ㉡ 90

113 국가유산수리 등에 관한 법령에서, 국가유산수리기술자는 전문교육을 받아야 하는데 다음에서 (　) 안에 알맞은 것을 고르시오.

> 1. 국가유산수리기술자는 국가유산수리 등의 기술과 자질을 향상시키기 위하여 국가유산청장이 실시하는 전문교육을 받아야 한다.
> 2. 전문교육 중, 신규교육은 국가유산수리기술자 자격증을 발급받은 날부터 1년이 되기 전까지 (　)시간 이상 받아야 한다.

① 32　　　　　　　　② 23
③ 36　　　　　　　　④ 26
⑤ 30

해설 국가유산수리기술자(국가유산감리원을 포함한다)는 아래 각 호의 구분에 따른 전문교육을 정하는 시간 이상 받아야 한다.
1. 신규교육 : 국가유산수리기술자 자격증을 발급받은 날부터 1년이 되기 전까지 32시간
2. 정기교육 : 신규교육을 받은 날을 기준으로 5년마다 64시간(다만, 정기교육을 받아야 하는 기간 동안 업무에 종사한 사실이 없는 사람은 정기교육 대상에서 제외한다.)

정답 ①

114 「국가유산수리 등에 관한 법률」에서, 시·도지사가 청문을 하여야 하는 경우를 고르시오.

> ㄱ. 국가유산수리기술자의 자격 취소 시
> ㄴ. 국가유산수리기능자의 자격 취소 시
> ㄷ. 국가유산수리업자등의 등록 취소 시

① ㄱ ② ㄴ
③ ㄷ ④ ㄴ, ㄷ

해설 (국가유산수리 등에 관한 법률상의) 청문
1. 청문권자 : 국가유산청장, 시·도지사
2. 청문을 하여야 하는 경우
   (1) 전통재료 인증의 취소 : 국가유산청장
   (2) 국가유산수리기술자의 자격 취소 시 : 국가유산청장
   (3) 국가유산수리기능자의 자격 취소 시 : 국가유산청장
   (4) 국가유산수리업자등의 등록취소 시 : 시·도지사

정답 ③

115 국가유산수리 등에 관한 법령상, 국가유산청장이나 시·도지사가 처분에 앞서 반드시 청문을 하여야 하는 경우가 아닌 것은?

① 국가유산수리기술자의 자격취소
② 국가유산수리기능자의 자격취소
③ 국가유산수리협회 설립의 인가취소
④ 국가유산수리업자등의 등록취소
⑤ 전통재료 인증의 취소

정답 ③

116 국가유산수리 등에 관한 법령상, 국가유산청장이나 시·도지사가 처분을 하기 전에 청문을 하여야 하는 경우를 모두 고른 것은?

> ㄱ. 국가유산수리기술자의 자격취소 ㄴ. 국가유산수리기술자의 자격정지
> ㄷ. 국가유산수리기능자의 자격취소 ㄹ. 국가유산수리기능자의 자격정지
> ㅁ. 국가유산수리업자의 등록취소

① ㄱ, ㄴ
② ㄱ, ㄷ
③ ㄱ, ㄷ, ㅁ
④ ㄴ, ㄹ, ㅁ

정답 ③

제7장 벌칙

117 「국가유산수리 등에 관한 법률」상 벌칙에서, 3년 이하의 징역 또는 3천만 원 이하의 벌금에 처하는 것은?

① 국가유산수리업자 등의 등록에 따른 등록을 하지 아니하거나 거짓 또는 그 밖의 부정한 방법으로 등록을 하고 국가유산수리업 등을 영위한 자
② 국가유산수리를 위반하여 국가유산을 수리한 자
③ 둘 이상의 국가유산수리업자등에 중복하여 취업한 자
④ 하도급의 제한 등의 규정을 위반하여 하도급을 한 자
⑤ 국가유산감리업자로 하여금 일반감리 또는 책임감리를 하게 하지 아니한 발주자

정답 ①

118 「국가유산수리 등에 관한 법률」상 벌칙에서, 1년 이하의 징역 또는 1천만 원 이하의 벌금에 처하는 것은?

① 국가유산수리기술자를 국가유산수리 현장에 배치하지 아니한 자
② 국가유산수리 현장의 점검 등을 거부·방해 또는 기피한 자
③ 다른 사람에게 자기의 성명을 사용하여 국가유산수리 등의 업무를 하게 한 자
④ 동산문화유산 보존처리에서 보존처리계획의 수립 등을 위반하여 수립하도록 한 자

정답 ④

PART 04

매장유산 보호 및 조사에 관한 법률 및 같은 법 시행령·시행규칙

제 1 장 | 총칙
제 2 장 | 매장유산 지표조사
제 3 장 | 매장유산의 발굴 및 조사
제 4 장 | 발견신고된 매장유산의 처리 등
제 5 장 | 매장유산 조사기관
제 6 장 | 보칙
제 7 장 | 벌칙

예상문제

CHAPTER 01 총칙

01 목적

이 법은 매장유산을 보존하여 민족문화의 원형(原形)을 유지·계승하고, 매장유산을 효율적으로 보호·조사 및 관리하는 것을 목적으로 한다.

02 정의

「매장유산 보호 및 조사에 관한 법률」에서 "매장유산"이란 다음 각 호의 것을 말한다.

1) 토지 또는 수중에 매장되거나 분포되어 있는 문화유산
2) 건조물 등의 부지에 매장되어 있는 문화유산
3) 지표·지중·수중(바다·호수·하천을 포함한다) 등에 생성·퇴적되어 있는 천연동굴·화석, 그 밖에 지질학적인 가치가 큰 것

[지질학적으로 가치가 큰 매장유산]

(1) 지각의 형성과 관계되거나 한반도 지질계통을 대표하는 암석과 지질구조의 주요 분포지와 지질 경계선
   ① 지판(地板) 이동의 증거가 되는 지질구조나 암석
   ② 지구 내부의 구성 물질로 해석되는 암석이 산출되는 분포지
   ③ 각 지질시대를 대표하는 전형적인 노두(路頭 : 지표에 드러난 부분)와 그 분포지
   ④ 한반도 지질계통의 전형적인 지질 경계선

(2) 한반도 지질 현상을 해석하는 데 주요한 지질구조·퇴적구조와 암석
   ① 지질구조 : 습곡, 단층, 관입(貫入), 부정합, 주상절리 등
   ② 퇴적구조 : 연흔(漣痕 : 물결자국), 건열(乾裂), 사층리(斜層理), 우흔(雨痕) 등
   ③ 그 밖에 특이한 구조의 암석 : 베개 용암(pillow lava), 어란암(魚卵岩, oolite), 구상(球狀) 구조나 구과상(球顆狀) 구조를 갖는 암석 등

(3) 학술적 가치가 큰 자연환경
  ① 구조운동에 의하여 형성된 지형 : 고위평탄면(高位平坦面), 해안단구, 하안단구, 폭포 등
  ② 화산활동에 의하여 형성된 지형 : 단성화산체(單成火山體), 분화구(噴火丘), 칼데라(caldera), 기생화산, 환상 복합암체 등
  ③ 침식 및 퇴적 작용에 의하여 형성된 지형 : 사구(砂丘 : 모래언덕), 해빈(海濱), 갯벌, 육계도, 사행천(蛇行川), 석호(潟湖), 카르스트 지형, 돌개구멍(pot hole), 침식분지, 협곡, 해식애(海蝕崖), 선상지(扇狀地), 삼각주, 사주(砂州) 등
  ④ 풍화작용과 관련된 지형 : 토르(tor), 타포니(tafoni), 암괴류 등
  ⑤ 그 밖에 한국의 지형 현상을 대표할 수 있는 전형적 지형

(4) 그 밖에 학술적 가치가 높은 지표 · 지질현상
  ① 얼음골, 풍혈
  ② 샘 : 온천, 냉천, 광천
  ③ 특이한 해양 현상 등

03 수중에 매장되거나 분포되어 있는 문화유산 범위

"수중에 매장되거나 분포되어 있는 문화유산"이란 다음 각 호의 어느 하나에 해당하는 것을 말한다.
1) 「내수면어업법」에 따른 내수면, 「영해 및 접속수역법」에 따른 영해와 「배타적 경제수역법 및 대륙붕에 관한 법률」에 따른 배타적 경제수역에 존재하는 문화유산
2) 공해에 존재하는 대한민국 기원 문화유산

04 매장유산 유존지역의 보호

1) 매장유산이 존재하는 것으로 인정되는 지역(매장유산 유존지역)은 원형이 훼손되지 아니하도록 보호되어야 하며
2) 누구든지 「매장유산 보호 및 조사에 관한 법률」에서 정하는 바에 따르지 아니하고는 매장유산 유존지역을 조사 · 발굴하여서는 아니 된다.

(1) 매장유산 유존지역의 범위
  ① 국가와 지방자치단체에서 작성한 문화유적분포지도에 매장유산이 존재하는 것으로 표시된 지역
  ② 국가 등에 의한 매장유산 지표조사(법 제6조의2 ①)에 따른 지표조사의 결과에 관한 보고서 중 지표조사 보고서의 제출(영 제5조의3 ①)에 따라 제출되어 국가유산청장이 적정하게 작성한 것으로 인정한 지표조사 보고서에 매장유산이 존재하는 것으로 표시된 지역
  ③ 「국가유산영향진단법」에 따라 국가유산청장이 검토결과를 통보한 진단보고서에 매장유산이 존재하는 것으로 표시된 지역
  ④ 매장유산에 대한 발굴 이후에 발굴된 매장유산의 보존조치(법 제14조)에 따라 그 매장유산이 보존조치된 지역
  ⑤ 발견신고 등(법 제17조)에 따른 발견신고 및 확인절차를 거쳐서 매장유산이 존재하는 것으로 인정된 지역
  ⑥ 국가지정문화유산[「문화유산의 보존 및 활용에 관한 법률」(제2조 ③ 제1호)], 시·도지정문화유산(같은 조 ③ 제2호) 및 임시지정문화유산(같은 법 제32조)이 있는 지역
  ⑦ 천연기념물(「자연유산의 보존 및 활용에 관한 법률」 제2조제2호), 명승(같은 조 제3호), 시·도자연유산(같은 조 제4호) 및 임시지정된 천연기념물 또는 명승(같은 법 제16조)이 있는 지역
  ⑧ 보호구역[「문화유산의 보존 및 활용에 관한 법률」(제2조 ⑤) 또는 「자연유산의 보존 및 활용에 관한 법률」(제2조 제7호)]에 따른 보호구역에서 국가유산청장이 매장유산에 대하여 조사한 결과 매장유산이 존재하는 것으로 인정된 지역
  ⑨ 국가에 의한 매장유산 발굴(법 제13조 ① 각 호)에 따른 매장유산 유존지역
(2) 국가유산청장은 매장유산 유존지역의 위치에 관한 정보를 전자적인 방법을 통하여 상시적으로 유지·관리하여야 하며, 그 정보를 국가유산청의 인터넷 홈페이지 등에 공개하여야 한다.
  ① 유존지역의 위치에 관한 정보를 상시적으로 공개할 때에는 축척 2만 5천분의 1의 지도에 표시해서 하여야 한다.
  ② 매장유산 지표조사를 실시하는 건설공사의 시행자, 매장유산의 발굴허가를 받으려는 자 및 해당 사업지역을 관할하는 지방자치단체의 장은 매장유산 유존지역에 대한 상세한 정보가 추가로 필요한 경우 매장유산 유존지역 정보 공개 청구서에 따라 국가유산청장에게 그 정보의 공개를 청구할 수 있다.
  ③ 정보의 공개를 청구 받은 국가유산청장은 그 청구일로부터 7일 이내에 상세한 정보를 공개할 수 있다(이 경우 국가유산청장은 정보의 공개를 청구한 자와의 협의를 거

쳐 정보의 구체적인 내용을 조정할 수 있다).

(3) 지방자치단체의 장은 매장유산 유존지역의 적정성, 현재 지형 현황 등에 대한 의견을 국가유산청장에게 제출할 수 있다.

(4) 매장유산 유존지역의 위치에 관한 정보의 구체적 표시방법 및 추가정보의 공개 등에 필요한 사항은 문화체육관광부령으로 정한다.

05 개발사업계획·시행자의 책무

1) 국가와 지방자치단체 등 개발사업을 계획·시행하고자 하는 자는 매장유산이 훼손되지 아니하도록 하여야 한다.
2) 개발사업 시행자는 공사 중 매장유산을 발견한 때에는 즉시 해당 공사를 중지하여야 한다.

06 다른 법률과의 관계

1) 매장유산의 보호 및 조사에 관하여 다른 법률에 특별한 규정이 있는 경우를 제외하고는 이 법에서 정하는 바에 따른다.
2) 개발계획 또는 건설공사의 시행으로 인한 매장유산의 보호에 관하여는 「국가유산영향진단법」을 우선 적용한다.

CHAPTER 02 매장유산 지표조사

01 국가 등에 의한 매장유산 지표조사

1) 국가 또는 지방자치단체는 국가유산이 매장·분포되어 있는지를 확인하기 위하여 매장유산 지표조사를 실시할 수 있다.
2) 지표조사는 매장유산 조사기관이 수행한다.
3) 국가 등에 의한 지표조사의 방법 및 절차 등에 필요한 사항
   (1) 중앙행정기관의 장이나 지방자치단체의 장은 지표조사를 실시하려는 때에는 미리 국가유산청장에게 알려야 한다.
   (2) 지방자치단체의 장은 관할 지역이 아닌 지역을 포함하여 국가등지표조사를 실시하려는 경우에는 해당 지역을 관할하는 지방자치단체의 장과 사전에 협의를 해야 한다.
   (3) (1) 및 (2)에서 규정한 사항 외에 국가 등 지표조사의 방법 및 절차 등에 관하여 필요한 사항은 국가유산청장이 정하여 고시한다.

02 지표조사 보고서 제출

국가 또는 지방자치단체는 국가 등에 의한 매장유산 지표조사에 따른 지표조사를 마치면 그 결과에 관한 보고서를 정하는 바에 따라 국가유산청장에게 제출하여야 한다.

1) 국가등지표조사를 실시한 중앙행정기관의 장이나 지방자치단체의 장은 조사를 마친 날부터 20일 이내에 지표조사 보고서를 국가유산청장에게 제출해야 한다.
2) 지표조사 보고서에는 다음 각 호의 사항이 포함되어야 한다.
   (1) 조사지역의 역사, 고고, 민속, 지질 및 자연 환경에 대한 문헌조사 내용
   (2) 조사지역의 유물·유구 산포지(散布地), 민속, 고건축물(근대건축물을 포함한다), 지질 및 자연 환경 등에 대한 현장조사 내용
   (3) 조사를 수행한 매장유산 조사기관의 등록에 따른 매장유산 조사기관의 의견
3) 1) 및 2)에서 규정한 사항 외에 지표조사 보고서의 작성 및 제출 등에 관하여 필요한 사항은 국가유산청장이 정하여 고시한다.

03 지표조사에 따른 매장유산 유존지역의 보호

1) 지표조사 보고서 제출(법 제7조)에 따라 지표조사 보고서를 받은 국가유산청장은 해당 지표조사 보고서가 적절하게 작성되었는지 검토하고, 검토 결과를 지표조사 보고서를 제출한 기관과 관할 지방자치단체의 장에게 통보하여야 한다.
   (1) 국가유산청장은 지표조사 보고서가 적절하게 작성되었는지 검토하기 위하여 매장유산 관련 전문가의 의견을 듣거나 현장조사를 실시할 수 있다. 이 경우 매장유산 관련 전문가는 매장유산의 발굴 및 조사 등과 관련된 학위를 취득한 사람으로서 다음 각 호의 어느 하나에 해당하는 사람을 말한다.
      ① 조사기관에서 조사단장, 책임조사원 또는 조사원으로 재직 중인 사람
      ②「고등교육법」에 따른 학교에서 조교수 이상으로 재직하고 있거나 재직했던 교원
      ③ 다음 각 목의 기관에 재직 중인 학예연구관 또는 학예연구사
         ㉮「박물관 및 미술관 진흥법」에 따른 국립 박물관 또는 공립 박물관
         ㉯ 국립문화유산연구원 또는 국립해양유산연구소
         ㉰「과학관의 설립·운영 및 육성에 관한 법률」에 따른 과학관
      ④ 다음 각 목의 어느 하나에 해당하는 위원회의 위원 또는 전문위원
         ㉮「문화유산의 보존 및 활용에 관한 법률」에 따른 문화유산위원회 또는 같은 법에 따른 시·도문화유산위원회
         ㉯「자연유산의 보존 및 활용에 관한 법률」에 따른 자연유산위원회 또는 같은 법에 따른 시·도자연유산위원회
   (2) 국가유산청장은 지표조사 보고서가 적절하게 작성되었는지 검토하기 위하여 필요한 경우에는 해당 지표조사 대상 지역을 관할하는 지방자치단체의 장에게 지표조사 보고서에 대한 의견 제출을 요청할 수 있다. 이 경우 해당 지방자치단체의 장은 요청을 받은 날부터 7일 이내에 국가유산청장에게 의견을 제출해야 한다.
   (3) 국가유산청장은 지표조사 보고서를 제출받은 날부터 30일 이내에 해당 지표조사 보고서에 대한 검토 결과를 해당 지표조사 보고서를 제출한 기관과 관할 지방자치단체의 장에게 통보해야 한다.
   (4) 국가유산청장은 국가등지표조사를 실시한 중앙행정기관의 장이나 지방자치단체의 장의 동의를 받으면 지표조사 보고서를 국가유산청의 인터넷 홈페이지에 공개할 수 있다.

2) 지표조사 결과 매장유산의 존재가 확인된 경우 국가유산청장과 관할 지방자치단체의 장은 해당 지역을 매장유산 유존지역으로서 보호(법 제4조)하여야 한다.
   (1) 지표조사 결과 매장유산의 존재가 확인된 경우 국가유산청장과 관할 지방자치단체의 장은
   (2) 해당 지표조사 대상 지역이 매장유산 유존지역이 된 사실을
   (3) 국가유산청 및 해당 지방자치단체의 인터넷 홈페이지에 각각 공고한다.

CHAPTER 03 매장유산의 발굴 및 조사

01 매장유산의 발굴허가 등

1) 매장유산 유존지역은 발굴할 수 없다.

   (1) 예외인 경우

   다만, 아래의 어느 하나에 해당하는 경우로서 국가유산청장의 허가를 받은 때에는 발굴할 수 있다.
   ① 연구 목적으로 발굴하는 경우
   ② 유적(遺蹟)의 정비사업을 목적으로 발굴하는 경우
   ③ 토목공사, 토지의 형질 변경 또는 그 밖에 건설공사를 위하여 부득이 발굴할 필요가 있는 경우
   ④ 멸실·훼손 등의 우려가 있는 유적을 긴급하게 발굴할 필요가 있는 경우

   (2) (1)의 단서에 따라 발굴허가를 받은 자는 허가사항 중 중요한 사항을 변경하려는 때에는 국가유산청장의 변경허가를 받아야 한다.

   [대통령령으로 정하는 중요한 사항]
   ① 발굴기간
   ② 발굴면적
   ③ 매장유산 발굴조사에 규정된 발굴조사의 유형

   (3) 발굴허가 방법 등
   ① 국가유산청장은 발굴할 수 있는 예외의 경우에 해당하는 사업(법 제11조 ① 각 호)으로서 다음 각호의 어느 하나에 해당하는 사업에 대해서는 문화유산위원회나 자연유산위원회의 심의를 거친 후에 발굴허가 여부를 결정하여야 한다.
      ㉠ 심의를 거친 후에 발굴허가 여부를 결정하여야 하는 건설공사
         ㉮ 「문화유산의 보존 및 활용에 관한 법률」에 따른 국가지정문화유산, 시·도지정문화유산 및 보호구역에서 시행되는 건설공사
         ㉯ 「자연유산의 보존 및 활용에 관한 법률」에 따른 천연기념물, 명승, 시·도자연유산 및 보호구역에서 시행되는 건설공사

㉰ 「고도 보존 및 육성에 관한 특별법」에 따라 지정된 역사문화환경 보존육성지구 및 역사문화환경 특별보존지구에서 시행되는 건설공사
ⓒ 조사기관과 발급허가를 받으려는 자 사이에 출자 등의 관계가 있어서 업무처리 공정성의 침해가 우려되는 사업
ⓒ 발굴기간이 200일 이상인 사업
㉣ 발굴기간, 발굴비용 및 발굴에 참여하는 인력이 매장유산 조사 용역 대가의 기준에 따라 국가유산청장이 정한 용역 대가의 기준에 현저히 맞지 아니하여 매장유산 발굴조사가 부실하게 될 우려가 있는 경우
② 매장유산을 훼손할 우려가 커서 부득이 매장유산을 발굴할 필요가 있는 경우 그 공사의 시행자는 국가유산청장의 발굴허가를 받아야 한다.
③ 국가유산청장은 매장유산의 발굴허가 등(법 제11조)에 따른 발굴허가를 하는 경우 신청인과 해당 사업지역을 관할하는 지방자치단체의 장에게 그 내용을 동시에 통보하여야 한다.

(4) 허가 취소 등
① 국가유산청장은 부분단서(법 제11조 ① 각 호 외의 부분단서) 및 발굴을 허가(같은 조 ②)하는 경우 해당 토지에 대한 권리 취득에 따른 허가의 효력발생시기 등 허가의 목적 달성에 필요한 부관을 붙일 수 있다.
② 국가유산청장은 부분단서 및 발굴허가를 받은 건설공사의 시행자가 그 허가 내용(부관을 포함한다) 및 발굴 시 준수하도록 한 사항 등 지시사항을 위반한 경우 그 허가를 취소할 수 있다.

2) 국가유산청장은 1) (1)의 단서에 따라 발굴허가를 하는 경우 그 허가의 내용을 정하거나 필요한 사항을 지시할 수 있으며, 허가를 한 경우에도 발굴의 정지 또는 중지를 명하거나 그 허가를 취소할 수 있다.

(1) 발굴의 정지나 중지를 명할 수 있는 경우
국가유산청장은 매장유산의 발굴을 계속할 수 없는 사유가 발생한 경우에는 기간을 명시하여 발굴의 정지나 중지를 명할 수 있다.
① 학술적으로 중요한 유물·유구가 출토되는 경우
② 조사기관에서 발굴조사단의 구성인력을 발굴조사의 진행 중에 변경하거나 축소하는 경우
(2) 해당 사업지역을 관할하는 지방자치단체의 장은 지시사항의 위반행위 또는 발굴의 정지나 중지를 명할 수 있는 사유가 발생한 것을 알게 된 경우에는 국가유산청장에게 발굴의 정지나 중지 또는 그 허가의 취소를 요청할 수 있다.

(3) 국가유산청장은 발굴의 정지나 중지를 명하거나 그 허가를 취소하는 경우에는 해당 사업지역을 관할하는 지방자치단체의 장에게 통보하여야 한다.

3) 매장유산 유존지역을 발굴하는 경우 그 경비의 부담

(1) 해당 국가유산의 발굴을 허가받은 자가 부담해야 할 경우
① 연구목적으로 발굴하는 경우
② 유적의 정비사업을 목적으로 발굴하는 경우
③ 멸실·훼손 등의 우려가 있는 유적을 긴급하게 발굴할 필요가 있는 경우

(2) 토목공사, 토질의 형질변경 또는 그 밖에 건설공사를 위하여 부득이 발굴할 필요가 있는 경우에는 해당공사의 시행자가 경비를 부담한다.

(3) 다만, 발굴경비를 지원하는 건설공사의 범위에 대해서는 예산의 범위에서 국가나 지방자치단체가 지원할 수 있다.

[발굴경비를 지원하는 건설공사의 범위]
다만, 국가, 지방자치단체, 공공기관, 지방공기업, 「지방공기업법」에 따른 지방공사가 출자할 수 있는 한도에서 해당 법인의 자본금 중 2분의 1 이상을 출자한 법인, 한국방송공사, 한국교육방송공사가 시행하는 건설공사는 제외한다.
① 「건축법 시행령」에 따른 단독 주택으로서 그 건축물의 대지면적이 792제곱미터 이하인 건설공사(다만, 「주택법」에 따라 등록한 주택건설사업자가 시행하는 건설공사는 제외한다)
② 「농업·농촌 및 식품산업 기본법」에 따른 농업인 또는 「수산업·어촌 발전 기본법」에 따른 어업인이 그 사업 목적에 활용하기 위하여 설치하는 시설물로서 그 건축물의 대지면적이 2천 644제곱미터 이하인 건설공사
③ 개인사업자가 자기의 사업 목적에 활용하기 위하여 설치하는 시설물로서 그 건축물의 연면적이 264제곱미터 이하이면서 대지면적이 792제곱미터 이하인 건설공사
④ 「산업집적활성화 및 공장설립에 관한 법률」에 따른 공장으로서 그 건축물의 대지면적이 2천 644제곱미터 이하인 건설공사
⑤ 그 밖에 국가유산청장이 매장유산 발굴경비를 지원할 필요가 있다고 인정하여 고시하는 건설공사

02 발굴허가의 신청

1) 발굴허가의 신청
(1) 매장유산의 발굴 허가를 받으려는 자는 매장유산 조사기관의 등록(법 제24조)에 따른 매장유산 조사기관으로서 직접 발굴할 기관과 그 대표자, 조사단장 및 책임조사원 등을 적은 발굴허가신청서와 구비 서류를,
(2) 해당 사업지역을 관할하는 지방자치단체의 장과 국가유산청장에게 제출하여야 한다.
(3) 발굴허가 신청서를 제출받은 지방자치단체의 장은 7일 이내에 발굴의 필요 여부 및 범위, 현장 여건에 적합한 보존 방안 등에 관하여 국가유산청장에게 의견을 제출하여야 한다.

2)
국가유산청장은 매장유산 발굴허가의 신청을 받은 날부터 10일 이내에 허가 여부 또는 처리 지연 사유를 신청인에게 통지하여야 한다.
(다만, 「문화유산의 보존 및 활용에 관한 법률」에 따른 문화유산위원회의 심의를 거치는 경우에는 그 심의를 마친 날부터 7일 이내에 허가 여부 또는 처리 지연 사유를 신청인에게 통지하여야 한다)

3) 발굴허가의 신청 및 제한
(1) 국가유산청장은 제출된 신청서 중 조사기관의 등록 취소 등(법 제25조 ①)에 따라 등록이 취소되거나 업무가 정지된 조사기관 및 이와 직접 관련된 대표자, 조사단장 또는 책임조사원이 포함된 경우에는 발굴허가를 제한할 수 있다.

(2) 발굴허가 제한기간
　① 일반기준
　　㉠ 위반행위가 둘 이상인 경우에는 가장 중한 허가제한기간에 나머지 각각의 허가제한기간의 2분의 1의 범위까지 더하여 처분할 수 있되, 그 합산한 기간은 3년을 초과할 수 없다.
　　㉡ 행정처분권자는 위반행위의 내용으로 보아 그 위반 정도가 경미할 때에는 그 허가제한기간의 2분의 1의 범위에서 경감할 수 있다.
　② 개별기준
　　㉠ 제출된 발굴허가 신청서 중 거짓이나 그 밖의 부정한 방법으로 조사기관으로 등록하여 그 등록이 취소된 조사기관이나 그 등록이 취소된 조사기관과 직접 관련된 대표자, 조사단장 또는 책임조사원이 포함된 경우(허가제한기간 3년)
　　㉡ 제출된 발굴허가 신청서 중 고의나 중과실로 유물 또는 유적을 훼손하여 그 등록

이 취소된 조사기관이나 그 등록이 취소된 조사기관과 직접 관련된 대표자, 조사단장 또는 책임조사원이 포함된 경우(허가제한기간 3년)
ⓒ 제출된 발굴허가 신청서 중 고의나 중과실로 지표조사 보고서 또는 발굴조사 보고서를 사실과 다르게 작성하여 그 등록이 취소된 조사기관이나 그 등록이 취소된 조사기관과 직접 관련된 대표자, 조사단장 또는 책임조사원이 포함된 경우(허가제한기간 2년)
ⓔ 제출된 발굴허가 신청서 중 고의나 중과실로 「국가유산영향진단법」에 따른 진단 보고서를 사실과 다르게 작성하여 그 등록이 취소된 조사기관이나 그 등록이 취소된 조사기관과 직접 관련된 대표자, 조사단장 또는 책임조사원이 포함된 경우(허가제한기간 1년)
ⓜ 제출된 발굴허가 신청서 중 지표조사 또는 발굴조사를 거짓이나 그 밖의 부정한 방법으로 행하여 그 업무가 정지된 조사기관이나 그 업무가 정지된 조사기관과 직접 관련된 대표자, 조사단장 또는 책임조사원이 포함된 경우
　㉮ 조사기관이 1차 위반으로 업무정지 중인 경우(허가제한기간 1년)
　㉯ 조사기관이 2차 이상 위반으로 업무정지 중인 경우(허가제한기간 2년)
ⓑ 제출된 발굴허가 신청서 중 지표조사 보고서 또는 발굴조사 보고서를 부실하게 작성한 것으로 문화유산위원회에서 인정하여 그 업무가 정지된 조사기관이나 그 업무가 정지된 조사기관과 직접 관련된 대표자, 조사단장 또는 책임조사원이 포함된 경우
　㉮ 조사기관이 2차 위반으로 업무정지 중인 경우(허가제한기간 1년)
　㉯ 조사기관이 3차 이상 위반으로 업무정지 중인 경우(허가제한기간 2년)
ⓢ 제출된 발굴허가 신청서 중 발굴허가 내용이나 허가 관련 지시를 위반하여 그 업무가 정지된 조사기관이나 그 업무가 정지된 조사기관과 직접 관련된 대표자, 조사단장 또는 책임조사원이 포함된 경우
　㉮ 조사기관이 2차 위반으로 업무정지 중인 경우(허가제한기간 1년)
　㉯ 조사기관이 3차 이상 위반으로 업무정지 중인 경우(허가제한기간 2년)
ⓞ 제출된 발굴허가 신청서 중 제출기한까지 발굴조사 보고서를 제출하지 않거나 제출기한을 넘겨서 발굴조사 보고서를 제출하여 그 업무가 정지된 조사기관이나 그 업무가 정지된 조사기관과 직접 관련된 대표자, 조사단장 또는 책임조사원이 포함된 경우(허가제한기간 6개월)
ⓩ 제출된 발굴허가 신청서 중 정한 등록기준에 미달하여 그 등록취소 또는 업무정지된 조사기관이나 그 등록취소 또는 업무정지된 조사기관과 직접 관련된 대표자, 조사단장 또는 책임조사원이 포함된 경우
　㉮ 조사기관이 등록취소된 경우(허가제한기간 6개월)

㉯ 조사기관이 업무정지 중인 경우(허가제한기간 3개월)
㉲ 제출된 발굴허가 신청서 중 「국가유산영향진단법」에 따른 영향진단을 거짓이나 그 밖의 부정한 방법으로 행하여 그 업무가 정지된 조사기관이나 그 업무가 정지된 조사기관과 직접 관련된 대표자, 조사단장 또는 책임조사원이 포함된 경우
㉮ 조사기관이 2차 위반으로 업무정지 중인 경우(허가제한기간 6개월)
㉯ 조사기관이 3차 이상 위반으로 업무정지 중인 경우(허가제한기간 1년)
㉳ 제출된 발굴허가 신청서 중 「국가유산영향진단법」에 따른 진단보고서를 부실하게 작성한 것으로 문화유산위원회에서 인정하여 그 업무가 정지된 조사기관이나 그 업무가 정지된 조사기관과 직접 관련된 대표자, 조사단장 또는 책임조사원이 포함된 경우
㉮ 조사기관이 2차 위반으로 업무정지 중인 경우(허가제한기간 3개월)
㉯ 조사기관이 3차 이상 위반으로 업무정지 중인 경우(허가제한기간 6개월)

4) 발굴에 참여하는 인력의 업무범위 등

조사기관의 발굴에 참여하는 인력의 업무범위는 다음 각 호와 같다.

(1) 조사단장

매장유산 발굴 업무를 총괄적으로 지휘·감독

(2) 책임조사원

① 매장유산 발굴 업무를 실질적으로 지휘·감독하면서
② 발굴 현장의 운용·발굴조사 보고서 발간, 매장유산 관리 등에 대한 업무 수행

(3) 조사원

책임조사원을 보조하여 매장유산 발굴 업무와 사후 정리 과정에 대한 업무수행

(4) 준조사원

조사원을 보조하여 매장유산 발굴 업무와 사후 정리 과정에 대한 업무 수행

(5) 보조원

준조사원을 보조하여 매장유산 발굴 업무와 사후 정리과정에서 매장유산 세척 등 단순 업무 수행

(6) 보존과학연구원

책임조사원을 보조하여 발굴된 매장유산의 보존처리 업무 수행

5) 발굴완료의 보고
　(1) 매장유산의 발굴허가 등(법 제11조)에 따라 발굴허가를 받은 자는 발굴허가의 신청(법 제12조)에 따라 발굴이 완료되면,
　(2) 그 완료된 날부터 20일 이내에 출토된 유물의 현황 및 조사의견 등의 내용을
　(3) 해당 사업지역을 관할하는 지방자치단체의 장과 국가유산청장에게 동시에 통보하여야 한다. 다만, 다량의 유물이 출토되는 등 정당한 사유가 있는 경우에는 국가유산청장에게 보고기간의 연장을 요청할 수 있다.

03 매장유산 발굴의 착수 · 완료 신고 등

1) 매장유산의 발굴허가 등에 따른 발굴허가를 받은 자가 발굴에 착수하는 경우에는 정하는 바에 따라 국가유산청장에게 착수신고서를 제출하여야 한다.
2) 발굴허가를 받은 자는 허가일부터 1년 이내에 발굴에 착수하여야 하며, 그러하지 아니한 경우 국가유산청장은 발굴허가를 취소할 수 있다. 다만, 정당한 사유가 있다고 인정되는 경우 국가유산청장은 1년의 범위에서 착수기간을 연장할 수 있다.
3) 발굴허가를 받은 자는 매장유산의 발굴이 끝난 날부터 20일 이내에 정하는 바에 따라 국가유산청장에게 완료신고서를 제출하여야 한다.

04 발굴현장 안전관리 등

1) 발굴허가를 받은 자는 발굴현장의 안전관리 등에 따른 발굴허가의 내용과 지시사항을 준수하여야 한다.
2) 국가유산청장은 안전관리 등 발굴허가 내용의 이행 여부를 관리 · 감독하기 위하여 발굴현장을 점검하거나 발굴허가를 받은 자 또는 매장유산 조사기관에 자료제출을 요구하거나 필요한 조치를 지시할 수 있다.
3) **발굴현장 점검 등**
　(1) 발굴현장 점검은 다음 각 호의 사항에 대해 실시한다.
　　① 발굴조사 인력 · 시설 및 장비에 관한 사항
　　② 발굴현장 안전관리에 관한 사항
　　③ 그 밖에 발굴허가 내용의 이행에 관한 사항

(2) 점검을 하는 공무원은 그 권한을 나타내는 증표를 지니고, 이를 관계인에게 보여주어야 한다.
(3) 국가유산청장은 발굴허가를 받은 자 또는 매장유산 조사기관에 관한 자료의 제출을 요구할 수 있다. 이 경우 기간을 정하여 서면으로 해야 한다.

05 국가에 의한 매장유산 발굴

1) 국가에 의한 매장유산 발굴의 경우
(1) 국가유산청장은 학술조사 또는 공공목적 등에 필요한 경우 매장유산 유존지역을 발굴할 수 있다.

(2) 학술조사 또는 공공목적 등으로 매장유산 유존지역을 발굴할 수 있는 경우
① 「고도 보존 및 육성에 관한 특별법」에 따른 고도(古都)지역
② 수중유산 분포지역
③ 폐사지(廢寺址) 등 역사적 가치가 높은 지역
④ 그 밖에 국가유산청장이 매장유산 보호 등을 위하여 특별히 발굴할 필요가 있다고 판단하는 지역

2) 학술조사 또는 공공목적 등의 필요에 따라 발굴할 경우
국가유산청장은 학술조사 또는 공공목적 등에 따라 발굴할 경우 매장유산 조사기관의 등록(법 제24조)에 따른 매장유산 조사기관으로 하여금 발굴하게 할 수 있다.

3) 국가에 의한 매장유산 발굴 절차 등
(1) 국가유산청장은 국가에 의한 매장유산발굴에 따라 발굴할 경우 매장유산 유존지역의 소유자, 관리자 또는 점유자에게
① 발굴의 목적, 방법, 착수시기 및 소요기간 등의 내용을 발굴착수일 2주일 전까지 미리 알려주어야 하며
② 발굴이 완료된 경우에는 완료된 날부터 30일 이내에 출토유물 현황 등 발굴의 결과를 알려주어야 한다.
(2) 통보를 받은 매장유산 유존지역의 소유자, 관리자 또는 점유자는 그 발굴에 대하여 국가유산청장에게 의견을 제출할 수 있다.
(3) 국가유산청장은 제출받은 의견이 타당하다고 판단되는 경우에는 매장유산을 발굴할 때에 그 의견을 반영하여야 한다.

(4) 국가유산청장은 국가에 의한 매장유산 발굴(법 제13조 ① · ②)에 따른 발굴현장에 아래의 내용을 알리는 안내판을 설치하여야 한다.
   ① 발굴의 목적
   ② 조사기관
   ③ 소요기간 등

4) 통보받은 매장유산 유존지역의 소유자, 관리자 또는 점유자는 발굴을 거부하거나 방해 또는 기피하여서는 아니 된다.

5) 국가는 발굴로 손실을 받은 자에게 그 손실을 보상하여야 한다.

6) 손실보상에 관하여는 국가유산청장과 손실을 받은 자가 협의하여야 하며, 협의가 성립되지 아니하거나 협의를 할 수 없는 때에는 관할 토지수용위원회에 재결을 신청할 수 있다.

7) 관할 토지수용위원회 재결에 관하여는 「공익사업을 위한 토지 등의 취득 및 보상에 관한 법률」의 규정을 준용한다.

06 발굴된 매장유산의 보존조치

1) 발굴된 매장유산의 보존 조치 지시

(1) 국가유산청장은 발굴된 매장유산이 역사적 · 예술적 또는 학술적으로 가치가 큰 경우 「문화유산의 보존 및 활용에 관한 법률」에 따른 문화유산위원회의 심의를 거쳐 발굴허가를 받은 자에게 그 발굴된 매장유산에 대하여 다음 각 호의 보존 조치를 지시할 수 있다.

[보존 조치의 구체적인 내용]
① 현지보존 : 국가유산의 전부 또는 일부를 발굴 전 상태로 다시 메워 보존하거나 외부에 노출시켜 보존하는 것
② 이전보존 : 국가유산의 전부 또는 일부를 발굴현장에서 개발사업 부지 내의 다른 장소로 이전하거나 박물관, 전시관 등 개발사업 부지 밖의 장소로 이전하여 보존하는 것
③ 기록보존 : 발굴조사 결과를 정리하여 그 기록을 보존하는 것
④ 그 밖에 매장유산의 보존과 관리에 필요한 사항

(2) 발굴된 매장유산의 보존 조치 평가

국가유산청장은 발굴된 매장유산에 대하여 현지보존, 이전보존 또는 기록보존의 조치

를 지시하기 위하여 아래의 사항에 대하여 평가하여야 한다.
① 매장유산의 가치 : 매장유산의 역사성, 시대성, 희소성, 지역성
② 매장유산의 보존상태 : 매장유산의 내부·외부 및 매장유산 주변의 보존 상태
③ 매장유산의 활용성 : 매장유산의 접근성, 이용성, 주변 경관과의 조화성, 주변 관광자원과의 연계성
④ 보존 조치로 침해되는 이익 : 매장유산 보존 조치로 침해되는 공익·사익

2) 보존조치를 지시받은 자 및 해당 사업지역을 관할하는 지방자치단체의 장은 국가유산청장에게 발굴된 매장유산의 보존방법 등에 관한 의견을 제출할 수 있다.

3) 보존조치를 지시받은 자는 그 조치를 한 후, 해당 사업지역을 관할하는 지방자치단체의 장과 국가유산청장에게 그 보존 조치의 결과를 각각 제출하여야 한다.

4) 국가유산청장은 보존 조치를 지시한 매장유산이 그 가치를 상실하거나 가치 평가를 통하여 보존 조치의 필요성이 없다고 판단되는 경우에는 문화유산위원회의 심의를 거쳐 보존 조치를 해제할 수 있다.

07 중요출토자료의 연구 및 보관 등

1) 발굴허가를 받은 자는 매장유산 유존지역에서 인골(人骨), 미라 등 역사적·학술적 자료가 출토되면 그 현상(現狀)을 변경하지 말고 지체 없이 그 출토된 사실을 국가유산청장에게 신고하여야 한다.

   (1) 인골(人骨), 미라 등 역사적·학술적 자료
      ① 인골·미라 등 인체유래물
      ② 동물 뼈
      ③ 목재·초본류

   (2) (1)의 어느 하나에 해당하는 자료로서 출토경위, 잔존 상태 및 희귀성에 비추어 연구·보관의 가치기 있는 자료

   (3) 발굴허가를 받은 자가 신고를 할 때에는 다음 각 호의 사항이 포함된 서류를 국가유산청장에게 제출해야 한다.

① 출토 경위
② 사진 등 출토자료의 현황 자료
③ 출토자료의 잔존 상태 및 희귀성
④ 출토자료의 연구ㆍ보관 필요성
⑤ 조사기관의 의견서
(발굴허가를 받은 자와 발굴을 직접 수행하는 조사기관이 다른 경우에만 해당한다)

2) 국가유산청장은 1)에 따라 신고를 받은 자료가 연구 또는 보관할 필요가 인정되어 중요자료에 해당하는 경우 이를 연구하거나 보관하도록 조치할 수 있다. 다만, 인골 또는 미라에 대하여는 다음 각 호의 어느 하나에 해당하는 경우에만 조치할 수 있다.

(1) 「장사 등에 관한 법률」에서 연고자가 없거나 연고자를 알 수 없는 경우
(2) 연고자의 동의를 얻은 경우
(3) **중요자료(에 해당하는 경우)**
① 당대의 문화ㆍ생활ㆍ환경 등을 추정하기에 유용한 자료
② 복원ㆍ보존을 통한 전시ㆍ교육 등에 활용할 필요성이 높은 자료

3) 국가유산청장이 2)의 단서에 따라 연고자가 없거나 연고자를 알 수 없는 인골 또는 미라에 대하여 연구하거나 보관하도록 조치를 하는 경우에는 「장사 등에 관한 법률」에도 불구하고 인골 또는 미라를 매장 또는 봉안하지 아니할 수 있다.

4) 국가유산청장은 2)에 따른 연구 및 보관 여부를 결정하기 위하여 관련 전문가 2인 이상의 자문을 받아야 한다.

[관련 전문가의 자격요건]
(1) 국가유산청장이 자문할 수 있는 관련 전문가는
(2) 의학ㆍ인류학ㆍ동식물학 등 출토자료와 관련된 분야의 석사 이상의 학위를 소지한 사람으로서 다음 각 호의 사람으로 한다.
① 「고등교육법」에 따른 학교에서 조교수 이상으로 재직 중인 교원
② 「박물관 및 미술관 진흥법」에 따른 국립박물관 또는 공립박물관 또는 국립고궁박물관, 국립문화유산연구원 또는 국립해양유산연구소의 기관에 재직중인 학예연구관 또는 학예연구사
③ 문화유산위원회, 시ㆍ도문화유산위원회, 자연유산위원회 또는 시ㆍ도자연유산위원회의 위원이나 전문위원

5) 국가유산청장은 중요출토자료의 체계적인 연구 및 보관을 위하여 전문기관을 지정하여 중요출토자료의 연구 또는 보관업무를 수행하게 할 수 있다.
   (1) 국가유산청장은 다음 각 호의 기관 중 중요출토자료의 연구·보관 역량이 뛰어나다고 인정하는 기관을 중요출토자료 전문기관으로 지정할 수 있다.
      ① 조사기관
      ②「고등교육법」에 따른 학교
      ③「박물관 및 미술관 진흥법」에 따른 박물관
      ④「의료법」에 따른 병원급 의료기관
   (2) 국가유산청장은 중요출토자료전문기관이 거짓이나 그 밖의 부정한 방법으로 지정을 받은 경우에는 그 지정을 취소할 수 있다.
   (3) 중요출토자료전문기관은 다음 각 호의 어느 하나에 해당하는 경우에는 중요출토자료를 폐기할 수 있다. 이 경우 중요출토자료전문기관은 폐기사실을 국가유산청장에게 알려야 한다.
      ① 해당 자료가 부식·부패 등으로 인해 더 이상 연구·보관할 필요성이 없어진 경우
      ② 해당 자료가 더 이상 복원·보존을 통하여 전시·교육 등에 활용할 필요성이 없어진 경우

6) 국가유산청장은 중요출토자료 전문기관에 대하여 연구 또는 보관 등에 필요한 비용의 전부 또는 일부를 지원할 수 있다.

08 보존조치에 따른 비용 지원

1) 국가나 지방자치단체는 현지보존 또는 이전보존(법 제14조 ① 제1, 2호)을 지시받은 자에게 예산의 범위에서 해당 보존조치 이행을 위한 비용의 전부 또는 일부를 지원할 수 있다.
2) 보존조치에 따른 비용 지원의 대상 및 범위[영 제14의6, 시행일 : 2026.3.26]
   (1) 비용 지원의 대상은 다음 각 호와 같다. 다만, 국가, 지방자치단체,「공공기관의 운영에 관한 법률」에 따른 공공기관,「지방공기업법」에 따른 지방공기업,「지방공기업법」에 따른 지방공사가 같은 법에 따라 출자할 수 있는 한도에서 해당 법인의 자본금 중 2분의 1 이상을 출자한 법인,「방송법」에 따른 한국방송공사,「한국교육방송공사법」에 따른 한국교육방송공사가 시행하는 건설공사는 제외한다.
      ①「건축법 시행령」에 따른 단독주택으로서 그 건축물의 대지면적이 792제곱미터 이

하인 건설공사. 다만, 「주택법」에 따라 등록한 주택건설사업자가 시행하는 건설공사는 제외한다.

② 「농업·농촌 및 식품산업 기본법」에 따른 농업인 또는 「수산업·어촌 발전 기본법」에 따른 어업인이 그 사업 목적에 활용하기 위하여 설치하는 시설물로서 그 건축물의 대지면적이 2천644제곱미터 이하인 건설공사

③ 개인사업자가 자기의 사업 목적에 활용하기 위하여 설치하는 시설물로서 그 건축물의 연면적이 264제곱미터 이하이면서 대지면적이 792제곱미터 이하인 건설공사

④ 「산업집적활성화 및 공장설립에 관한 법률」에 따른 공장으로서 그 부지면적이 2천644제곱미터 이하인 건설공사

⑤ 그 밖에 지방자치단체가 지원하는 경우로서 해당 지방자치단체의 조례로 정하는 건설공사

(2) 국가나 지방자치단체는 예산의 범위에서 다음 각 호의 조치를 이행하기 위한 비용의 전부 또는 일부를 지원할 수 있다.

① 유구의 보호를 위한 흙쌓기, 잔디의 식재 등 보존조치
② 유구의 해체, 운반 및 재설치
③ ① 또는 ②의 조치를 이행하기 위한 측량·설계 또는 보호울타리·안내판 등의 시설물 설치
④ 그 밖에 지방자치단체가 지원하는 경우로서 보존조치 이행에 관하여 해당 지방자치단체의 조례로 정하는 조치

09 발굴조사 보고서

1) 발굴결과에 관한 보고서 제출

매장유산의 발굴 허가 등(법 제11조)에 따라 발굴허가를 받은 자(허가를 받은 자와 발굴을 직접 행하는 매장유산 조사기관이 다른 경우에는 발굴을 직접 행하는 기관을 말한다)는 발굴이 끝난 날부터 2년 이내에 그 발굴결과에 관한 보고서를 국가유산청장에게 제출하여야 한다.

2) 발굴조사보고서 제출기한의 연장

국가유산청장은 발굴된 유적의 성격을 규명하는 데에 장시간 연구가 필요하거나 출토된 유물을 보존처리하는 등 정당한 사유가 있다고 인정되는 경우에는 2년의 범위에서 발굴조사보고서의 제출기한을 연장할 수 있다.

3) 국가유산청장은 발굴조사보고서를 전문기관에 의뢰하여 평가할 수 있다.

CHAPTER 04 발견신고된 매장유산의 처리 등

01 발견신고 등

1) 발견신고
    (1) 매장유산을 발견한 때에는 그 발견자나 매장유산 유존지역의 소유자·점유자 또는 관리자는 그 현상을 변경하지 말고 그 발견된 사실을 국가유산청장에게 신고하여야 한다.
    (2) 발견신고는 매장유산을 발견한 날부터 30일 이내에 방문 또는 전화 등의 연락수단을 통하여 하여야 한다.
    (3) 신고기관
        (2)에 따른 신고는 다음 각 호의 어느 하나에 해당하는 기관을 통하여 할 수 있다. 이 경우 해당 기관에 신고가 접수된 날에 국가유산청장에게 신고한 것으로 본다.
        ① 매장유산이 발견된 장소를 관할하는 경찰서장 또는 자치경찰단을 설치한 제주특별자치도지사
        ② 매장유산이 발견된 장소를 관할하는 특별자치시장·시장·군수·구청장(구청장은 자치구의 구청장을 말한다)
    (4) (3)에 따라 발견신고를 받은 기관은 아래 구비서류를 첨부하여 지체 없이 국가유산청장에게 그 발견된 사실을 통보하여야 한다.
        ① 매장유산 발견신고서 사본
        ② 발견신고된 매장유산의 사진

2) 발견신고를 받은 특별자치시장·시장·군수·구청장은 즉시 관할 경찰서장에게 그 발견된 사실을 알려야 한다.
    이 경우 발견신고자로부터 해당 매장유산을 제출받은 경우에는 관할 경찰서장에게 인계하여야 한다.

02 발견신고된 국가유산의 처리방법

1) 국가유산청장은 발견신고 등에 따른 발견신고가 있으면 해당 국가유산의 소유자가 밝혀진 경우에는 그 발견자가 소유자에게 반환하게 하고, 소유자가 판명되지 아니한 경우에는 「유실물법」에도 불구하고 관할 경찰서장 또는 자치경찰단을 설치한 제주특별자치도지사에게 이를 알려야 한다.
2) 경찰서장 또는 자치경찰단을 설치한 제주특별자치도지사는 1)의 통지를 받으면 지체 없이 해당 국가유산에 관하여 「유실물법」에 따라 공고하여야 한다.

03 경찰서장 등에 신고된 국가유산의 처리 방법

1) 공고 · 보고 · 제출
(1) 「유실물법」에 따라 경찰서장 또는 자치경찰단을 설치한 제주특별도지사에게 매장물 또는 유실물로서 제출된 물건이 국가유산으로 인정되는 경우에는, 경찰서장 또는 자치경찰단을 설치한 제주특별도지사는 「유실물법」에 따라 이를 공고하고,
(2) 국가유산으로 인정되는 매장물 또는 유실물이 제출된 사실을 국가유산청장에게 보고하며,
(3) 그 물건을 소유자에게 반환하는 경우 외에는 제출된 날부터 20일 이내에 국가유산청장에게 제출하여야 한다.

2) 제출된 물건의 감정(鑑定) 결과 처리방법
(1) 국가유산청장은 1)에 따라 제출된 물건을 감정한 결과, 해당 물건이 국가유산으로 밝혀지는 경우에는 그 물건이 국가유산이라는 취지를 경찰서장 또는 자치경찰단을 설치한 제주특별자치도지사에게 통지하며,
(2) 해당 물건이 국가유산이 아닌 경우에는 그 물건이 국가유산이 아니라는 것을 알리는 문서를 첨부하여 그 물건을 경찰서장 또는 자치경찰단을 설치한 제주특별자치도지사에게 반환한다.

04 발견신고된 국가유산의 소유권 판정 및 국가귀속

1) 발견신고된 국가유산의 처리방법(법 제18조 ②)과 경찰서장 등에 신고된 국가유산의 처리방법(법 제19조 ①)에 따라 경찰서장 또는 자치경찰단을 설치한 제주특별자치도지사가 공고한 후 90일 이내에
   (1) 해당 국가유산의 소유자임을 주장하는 자가 있는 경우 국가유산청장은 소유권 판정절차를 거쳐 정당한 소유자에게 반환하고
      ① 발견신고된 국가유산의 소유권 판정 절차
         ㉠ 국가유산의 소유권을 판정받으려는 자는 공고 후 90일 이내에 해당 국가유산의 소유자임을 증명할 수 있는 자료를 첨부하여 국가유산청장에게 소유권 판정 신청을 하여야 한다.
         ㉡ 국가유산청장은 소유권 판정 신청을 받으면 발견신고된 국가유산의 처리 방법(법 제18조 ②) 및 경찰서장 등에 신고된 국가유산의 처리 방법(법 제19조 ①)에 따라 공고한 후 90일이 경과한 날부터 60일 이내에 그 소유권의 존재 여부를 판정하여야 한다.
      ② 이 경우 해당 국가유산 전문가, 법률전문가, 이해관계자 및 관계기관의 의견을 들어야 한다.
   (2) 정당한 소유자가 없는 경우 국가에서 직접 보존할 필요가 있는 국가유산이 있으면 「민법」의 규정에도 불구하고 국가에 귀속한다.

2) 발견신고된 국가유산의 국가귀속대상 국가유산의 범위 등
   (1) 발견신고된 국가유산의 국가귀속대상 범위
      ① 소유권 판정절차를 거친 결과 정당한 소유권자가 없는 국가유산으로서 역사적·예술적 또는 학술적 가치가 커서
      ② 국가에서 직접 보존할 필요가 있는 국가유산은 국가 귀속대상으로 한다.
   (2) 국가에 귀속된 국가유산 관리규정의 마련
      ① 국가유산청장은 국가에 귀속된 국가유산의 보관·관리, 전시, 활용 및 대여 등에 관한 사항을 정한 관리규정을 마련하여야 한다.
      ② 관리청(「문화유산의 보존 및 활용에 관한 법률」 및 「자연유산의 보존 및 활용에 관한 법률」에 따른)과 관리를 위임받은 지방자치단체나 관리를 위탁받은 비영리법인 또는 법인 아닌 비영리단체는 국가유산청장과 협의하여 국가에 귀속된 국가유산의 보관·관리, 전시, 활용 및 대여 등에 관한 사항을 정한 관리규정을 마련하여야 한다.

(3) 국가에 귀속된 국가유산의 대여
　① 국가유산청장, 관리청 또는 지방자치단체나 비영리법인 또는 법인 아닌 비영리단체는 교육연구기관 및 박물관 등으로부터 국가에 귀속된 국가유산의 대여 신청을 받으면 아래의 어느 하나에 해당하는 경우에는 그 국가유산을 대여할 수 있다.
　　㉠ 교육 자료로 필요한 경우
　　㉡ 연구·조사를 위하여 필요한 경우
　　㉢ 그 밖에 국가유산 전시 등을 위하여 필요한 경우
　② 국가에 귀속된 국가유산를 대여하는 경우 그 기간은 1년 이내로 한다(다만, 특별한 사유가 있는 경우에는 대여기간을 연장할 수 있다).

(4) 국가 귀속대상이 아닌 국가유산의 처리 방법
　① 국가유산청장은 소유권 판정 절차를 거친 결과 정당한 소유자가 없는 국가유산으로서 국가 귀속대상이 아닌 국가유산을 교육이나 학술 자료 등으로 활용하게 하거나 일정한 장소에 보관하게 할 수 있다.
　② 이에 따른 국가유산의 처리 방법에 관한 구체적인 사항은 국가유산청장이 정한다.

05 발견신고된 국가유산의 보상금과 포상금

1) 보상금

(1) 국가유산청장이 해당 국가유산을 국가에 귀속하는 경우
　그 국가유산의 발견자, 습득자(拾得者) 및 발견된 토지나 건조물 등의 소유자에게 「유실물법」에 따라 보상금을 지급한다.
　① 이 경우 발견자나 습득자가 토지 또는 건조물 등의 소유자와 동일인이 아니면 보상금을 균등하게 분할하여 지급한다.
　② 다만, 발견하거나 습득할 때 경비를 지출한 경우에는 그 지급액에 차등을 둘 수 있다.
　　㉠ 국가유산청장은 보상금을 분할하여 지급하는 경우에는 발견자나 습득자에게 발견하거나 습득할 때 지출한 경비를 보상금 중에서 우선 지급하고
　　㉡ 그 차액을 발견자나 습득자와 그 국가유산이 발견된 토지 또는 건조물 등의 소유자에게 균등하게 분할하여 지급한다.
　③ 지급하는 보상금의 구체적인 지급기준은 국가유산청장이 정하여 고시할 수 있다.

③ 포상금의 지급기준

등급	포상금의 지급 대상	포상금
1등급	발굴된 국가유산의 평가액이 1억 원 이상인 경우	2,000만 원 + (국가유산의 평가액 − 1억 원) × (5/100)
2등급	발굴된 국가유산의 평가액이 7천만 원 이상인 경우	1,500만 원
3등급	발굴된 국가유산의 평가액이 4천만 원 이상인 경우	1,000만 원
4등급	발굴된 국가유산의 평가액이 1천 500만 원 이상인 경우	500만 원
5등급	발굴된 국가유산의 평가액이 500만 원 이상인 경우	200만 원

[비고] 1등급의 포상금은 1억 원을 초과할 수 없다.

2) 발견신고 등(법 제17조)에 따라 매장유산이 발견신고된 장소(발견신고가 원인이 되어 발굴하게 된 지역이나 그곳과 유구가 연결된 지역을 포함한다)에서 매장유산의 발굴허가 등(법 제11조 ①) 또는 국가에 의한 매장유산 발굴(법 제13조 ①)에 따라 발굴된 매장유산은 보상금 지급 대상으로 보지 아니한다.

3) **포상금**

국가유산청장은 발견신고자로서 발굴의 원인을 제공한 자에게는 발굴된 국가유산의 가치와 규모를 고려하여 포상금을 지급할 수 있다.

4) 보상금이나 포상금을 지급하는 경우 국가유산청장은 문화유산위원회의 심의를 거쳐 그 지급액을 결정할 수 있다.
   (1) 국가유산청장은 보상금 또는 포상금 지급액을 결정하면 이를 보상금 또는 포상금 지급 대상자에게 통보하여야 한다.
   (2) 보상금 또는 포상금 지급액을 통보받은 자는 보상금 또는 포상금 지급 청구서를 특별자치시장·특별자치도지사·시장·군수·구청장을 거쳐 국가유산청장에게 제출하여야 한다.
   (3) 보상금 또는 포상금을 청구하려는 자가 2명 이상이면 연명(連名)으로 하여야 한다. 이 경우 보상금 또는 포상금 지급액의 배분액을 미리 합의한 경우에는 그 합의된 사항을 적은 서류를 청구서에 첨부하여야 한다.

06 국가유산조사에 따른 발견 또는 발굴된 국가유산의 처리방법

1) 국가유산청장은 지표조사와 발굴조사로 국가유산이 발견 또는 발굴된 경우에는 해당 국가유산의 발견 또는 발굴 사실을 공고하여야 한다.
2) 국가유산청장은 국가유산이 발견 또는 발굴된 경우에는 그 발견 또는 발굴 사실을 게시판이나 홈페이지 등에 14일간 공고하여야 한다.

07 국가유산조사로 발견 또는 발굴된 국가유산의 소유권 판정과 국가귀속

1) 국가유산청장은 국가유산조사에 따른 발견 또는 발굴된 국가유산의 처리방법(법 제22조)에 따라 공고를 한 후 90일 이내에
   (1) 해당 국가유산의 소유자임을 주장하는 자가 있어 이를 반환할 필요가 있거나
   (2) 정당한 소유자가 없어 국가에 귀속할 필요가 있는 경우
2) 그 처리에 관하여는 발견신고된 국가유산의 소유권 판정 및 국가귀속(법 제20조)을 준용한다.

CHAPTER 05 매장유산 조사기관

01 매장유산 조사기관의 등록

1) 매장유산의 조사기관

매장유산에 대한 지표조사 또는 발굴은 다음 각 호의 어느 하나에 해당하는 기관으로서 국가유산청장에게 등록한 기관이 한다.
(1) 「민법」에 따라 설립된 비영리법인으로서 매장유산 발굴 관련 사업의 목적으로 설립된 법인
(2) 국가 또는 지방자치단체가 설립·운영하는 매장유산 발굴 관련 기관
(3) 「고등교육법」에 따라 매장유산 발굴을 위하여 설립된 부설 연구시설
(4) 「박물관 및 미술관진흥법」에 따른 박물관
(5) 「국가유산기본법」에 따른 국가유산진흥원

2) 조사기관의 종류 및 등록기준 등

(1) 발굴분야별 조사기관의 종류

① 육상지표조사기관
② 육상발굴조사기관
③ 수중지표조사기관
④ 수중발굴조사기관

(2) 조사기관의 등록기준

① 조사기관으로 등록하려는 자는 조사기관등록신청서에 아래의 서류를 첨부하여 국가유산청장에게 제출하여야 한다.
　㉠ 인력 및 시설 현황 1부
　㉡ 조사요원의 자격을 증명할 수 있는 서류 1부
　㉢ 조사요원의 재직을 증명하는 서류(국민연금·국민건강보험·고용보험 또는 산업재해보상보험의 가입증명서 등 근무사실이 확인되는 증명서를 말한다) 1부
　㉣ 시설의 평면도 및 배치도 1부
　㉤ 시설의 임대차계약서 사본(임차한 경우에만 해당한다) 1부
② ①에 따라 신청서를 제출받은 국가유산청장은 「전자정부법」에 따른 행정정보의 공

동이용을 통해 건물 등기사항증명서를 확인해야 한다.
③ 조사기관의 대표자는 ①에 따라 등록한 사항이 변경된 경우에는 변경사항이 발생한 날부터 1개월 이내에 국가유산청장에게 알려야 한다.
④ 국가유산청장은 등록한 조사기관에 대하여 조사기관 등록증을 발급하여야 한다. 이 경우 국가유산청장은 그 등록사항을 국가유산청의 인터넷 홈페이지에 공고하여야 한다.

3) 국가와 지방자치단체는 매장유산의 조사·발굴 및 보존을 위하여 예산의 범위에서 조사기관을 육성·지원할 수 있다.

4) 매장유산 지표조사(법 제6조) 또는 매장유산의 발굴허가 등(법 제11조 ①)에 따라 건설공사의 사업시행자가 조사기관과 지표조사 또는 발굴조사를 위한 계약을 체결할 때에는 해당 공사 관련 계약과 분리하여 체결하여야 한다.

02 조사기관의 등록 취소 등

1) 국가유산청장은 조사기관이 다음 각 호의 어느 하나에 해당하는 경우에는 그 등록을 취소하거나, 2년 이내의 범위에서 업무의 전부 또는 일부의 정지를 명할 수 있다.
   (1) 거짓이나 그 밖의 부정한 방법으로 조사기관으로 등록을 한 경우(**등록을 취소하여야 한다.**)
   (2) 고의나 중과실로 유물 또는 유적을 훼손한 경우(**등록을 취소하여야 한다.**)
   (3) 고의나 중과실로 지표조사 보고서 또는 발굴조사 보고서 또는 「국가유산영향진단법」에 따른 진단보고서를 사실과 다르게 작성한 경우(**등록을 취소하여야 한다.**)
   (4) 지표조사 또는 발굴조사를 거짓이나 그 밖의 부정한 방법으로 행하거나 지표조사 보고서 또는 발굴조사 보고서를 부실하게 작성한 것으로 문화유산위원회에서 인정한 경우
   (5) 매장유산의 발굴허가 등(법 제11조 ②)에 따른 발굴허가 내용이나 허가 관련 지시를 위반한 경우
   (6) 발굴조사 보고서(법 제15조)에 따른 제출기한까지 발굴조사 보고서를 제출하지 아니하거나 제출기한을 넘겨서 발굴조사 보고서를 제출한 경우
   (7) 매장유산 조사기관의 등록(법 제24조 ②)에서 정한 등록기준에 미달한 경우
   (8) 「국가유산영향진단법」(제9조)에 따른 영향진단을 거짓이나 그 밖의 부정한 방법으로 행하거나 진단보고서를 부실하게 작성한 것으로 문화유산위원회에서 인정한 경우

2) 국가유산청장은 등록이 취소된 조사기관에 대하여 3년의 범위에서 「매장유산 보호 및 조사에 관한 법률」에 따른 조사기관 등록을 제한할 수 있다.

3) 업무정지 처분 또는 등록취소 처분을 받은 조사기관이나 그 포괄 승계인(包括承繼人)은 그 처분을 받기 전에 지표조사 또는 매장유산의 발굴허가 등(법 제11조)에 따른 발굴에 관한 용역계약을 체결하였거나 이를 착수한 경우에는 해당 국가유산 조사에 대하여는 이를 계속할 수 있다.
이 경우 등록취소처분을 받은 조사기관이나 포괄승계인이 지표조사 또는 발굴조사를 계속하는 경우에는 해당 지표조사 또는 발굴조사를 완성할 때까지는 조사기관으로 본다.

4) 국가유산청장은 등록취소 처분 또는 업무정지 처분을 한 경우 그 사실을 홈페이지 등을 통하여 공고하여야 한다.

CHAPTER 06 보칙

01 조사기관에 대한 지도·감독

1) 국가유산청장은 조사기관 등록기준 점검 등 정하는 바에 따라 조사기관에 대하여 감독상 필요한 보고나 자료제출을 요구할 수 있으며, 소속 공무원으로 하여금 조사기관의 사무실이나 그 밖에 필요한 장소에 출입하여 서류, 시설, 장비 등을 검사하게 할 수 있다.

   [국가유산청장은 조사기관에 다음 각 호의 자료를 제출하도록 요구할 수 있다.]
   (1) 조사기관 등록에 관한 자료
   (2) 조사기관이 조사기관의 등록취소 등(법 제25조 ①)의 각 호의 어느 하나에 따른 등록취소나 업무정지 사유에 해당하는지를 확인할 수 있는 자료

2) 1)에 따른 검사를 하는 공무원은 그 권한을 나타내는 증표를 지니고 이를 관계인에게 보여주어야 한다.

02 조사 요원 교육

1) 조사기관의 조사 요원은 정하는 바에 따라 안전교육 등을 받아야 한다.
   (1) 조사기관의 조사 요원은 다음 각 호의 사항에 관하여 국가유산청장이 실시하는 교육을 받아야 한다.
      ① 매장유산 발굴조사 현장의 안전사고 예방 및 대응방법에 관한 교육
         (조사기관의 조사요원이 「산업안전보건법」에 따른 근로자에 대한 안전보건교육을 받은 경우에는 교육을 받은 것으로 본다)
      ② 매장유산 조사 요원이 갖추어야 하는 소양에 관한 교육
      ③ 발굴조사 분야의 전문기술능력 향상을 위한 교육
   (2) (1)의 각 호의 교육에 필요한 사항은 국가유산청장이 정하여 고시한다.

2) 국가유산청장과 조사기관은 조사 요원이 1)에 따른 교육훈련을 받을 수 있도록 노력하여야 한다.

03 국가유산 보존조치에 따른 토지 등의 매입

1) 발굴된 매장유산의 보존조치(법 제14조)에 따른 국가유산 보존조치로 인하여 개발사업의 전부를 시행 또는 완료하지 못하게 된 경우 국가 또는 지방자치단체는 해당 토지 등을 매입할 수 있다. 다만, 국가 또는 지방자치단체나 대통령령으로 정하는 법인이 시행하는 건설공사인 경우에는 제외한다.

   (1) 대통령령으로 정하는 법인
      ① 「공공기관의 운영에 관한 법률」에 따른 공공기관인 법인
      ② 「지방공기업법」에 따른 지방공사 또는 지방공단
      ③ 「지방공기업법」에 따른 지방공사가 출자할 수 있는 한도에서 해당법인의 자본금 중 2분의 1 이상을 출자한 법인
      ④ 「방송법」에 따른 한국방송공사
      ⑤ 「한국교육방송공사법」에 따른 한국교육방송공사

   (2) 토지 등을 매입하려는 경우 그 가격의 산정시기·방법 및 기준 등에 관하여는 「공익사업을 위한 토지 등의 취득 및 보상에 관한 법률」을 준용한다.

2) 토지 등 매입의 대상은 다음 각 호의 토지로 한다.
   (1) 현지보존 조치를 한 토지
   (2) 현지보존토지에 인접한 토지로서 다음 각 목의 요건을 모두 갖춘 토지
      ① 현지보존토지의 소유자가 소유한 토지일 것
      ② 현지보존토지가 매입될 경우 다음의 어느 하나에 해당하는 토지일 것
         ㉠ 면적이 너무 작거나 부정형(不定形) 등의 사유로 건축물을 건축할 수 없거나 건축물의 건축이 현저히 곤란한 대지
         ㉡ 농기계의 진입과 회전이 곤란할 정도로 폭이 좁고 길게 남거나 부정형 등의 사유로 영농이 현저히 곤란한 농지

3) 국가유산청장은 매입한 토지의 정비 등을 위하여 지방자치단체에 그 비용의 일부를 지원할 수 있다.

04 매장유산 조사 용역 대가의 기준

1) 국가유산청장은 매장유산 지표조사나 발굴조사에 대한 용역 대가의 기준과 그 산정방법 등을 기획재정부장관과 협의하여 정할 수 있다.
2) 국가유산청장은 매장유산 지표조사나 발굴조사에 대한 용역 대가의 기준을 정하면 관보에 고시하여야 한다.

05 표준계약서의 보급 등

국가유산청장은 매장유산 지표조사나 발굴조사 계약의 체결에 필요한 표준계약서를 작성하여 보급하고 활용하게 할 수 있다.

06 매장유산의 기록 작성 등

1) 국가와 지방자치단체는 확인된 매장유산의 기록을 작성·유지하고, 그 포장된 지역에 대한 적절한 보호 방안을 강구하여야 한다.

2) 매장유산의 보호 방안
(1) 국가는 매장유산이 포장된 지역에 대한 보호가 필요한 아래의 어느 하나에 해당하는 경우에는 지방자치단체에 그 조사비용을 지원할 수 있다.
   ① 수해, 사태(沙汰), 도굴 및 유물 발견 등으로 훼손의 우려가 큰 매장유산의 발굴조사
   ② 보호·관리를 위하여 정비가 필요한 매장유산에 대한 조사
   ③ 「문화유산의 보존 및 활용에 관한 법률」에 따른 지정문화유산 또는 「자연유산의 보존 및 활용에 관한 법률」에 따른 천연기념물 등으로 지정하기 위하여 필요한 매장유산에 대한 조사
(2) 국가는 지방자치단체가 매장유산이 포장된 지역에 대하여 적절한 보호 방안을 실시하는 경우 예산의 범위에서 지출되는 비용 중 일부를 지원할 수 있다.

3) 국가유산청장은 매장유산의 기록을 전자적인 방법을 통하여 상시적으로 유지·관리하여야 한다.

07 청문

국가유산청장은 매장유산의 발굴허가 등(법 제11조)에 따른 발굴허가를 취소하거나 매장유산 조사기관의 등록(법 제24조)에 따른 조사기관의 등록을 취소하려면 청문을 하여야 한다.

08 권한의 위임과 위탁

1) 권한의 위임

이 법에 따른 국가유산청장의 권한은 그 일부를 특별시장·광역시장·특별자치시장·도지사·특별자치도지사 또는 소속기관의 장에게 위임할 수 있다.

(1) 국가유산청장은 국가유산조사에 따른 발견 또는 발굴된 국가유산의 처리 방법(법 제22조)에 따라 발견 또는 발굴된 국가유산의 공고에 관한 권한을 특별시장·광역시장·특별자치시장·도지사 또는 특별자치도지사에게 위임한다.

(2) 국가유산청장은 권한의 위임(법 제29조 ①)에 따라 다음 각 호의 권한을 국립문화유산연구원장에게 위임한다.
　① 중요출토자료의 연구 및 보관 등(법 제14조의2 ②)에 따른 중요출토자료의 연구·보관 조치
　② 발굴조사보고서(법 제15조 ③)에 따른 발굴조사 보고서의 평가 및 전문기관에의 평가의뢰

(3) 국가유산청장은 권한의 위임(법 제29조 ①)에 따라 경찰서장 등에 신고된 국가유산의 처리방법(법 제19조 ②)에 따른 감정(鑑定), 통지 및 반환에 관한 권한을 국립고궁박물관장, 국립문화유산연구원장 및 국립해양유산연구소장에게 위임할 수 있다.

2) 권한의 위탁

(1) 국가유산청장은 매장유산의 조사, 발굴 및 보호에 관한 업무를 관련 사업을 수행하는 「민법」에 따라 설립된 법인에 위탁할 수 있다.

(2) 관련사업을 수행하는 「민법」에 따라 설립된 법인에 위탁할 수 있는 업무
　① 매장유산의 조사·발굴 결과에 대한 홍보
　② 매장유산 보호의 중요성에 관한 홍보
　③ 매장유산에 관한 연구성과물 출판
　④ 매장유산과 관련된 전문인력 교육
　⑤ 그 밖에 매장유산의 조사·발굴 및 보호에 관한 업무에 관계되는 사항

CHAPTER 07 벌칙

01 도굴 등의 죄

1) 5년 이상 15년 이하의 유기징역
(1) 「문화유산의 보존 및 활용에 관한 법률」에 따른 지정문화유산(임시지정문화유산을 포함한다)이나 그 보호물 또는 보호구역, 「자연유산의 보존 및 활용에 관한 법률」에 따른 천연기념물등(임시지정천연기념물 또는 임시지정명승을 포함한다)이나 그 보호물 또는 보호구역에서
(2) 허가 또는 변경허가 없이 매장유산을 발굴한 자

2) 10년 이하의 징역이나 1억 원 이하의 벌금
(1) 1) 외의 장소에서 허가 또는 변경허가 없이 매장유산을 발굴한 자
(2) 이미 확인되었거나 발굴 중인 매장유산 유존지역의 현상을 변경한 자
(3) 매장유산 발굴의 정지나 중지 명령을 위반한 자

3) 7년 이하의 징역이나 7천만 원 이하의 벌금
(1) 1) 또는 2)를 위반하여 발굴되었거나 현상이 변경된 국가유산을 그 정황을 알고
(2) 유상이나 무상으로 양도, 양수, 취득, 운반, 보유 또는 보관한 자

4) 3)의 보유 또는 보관행위 이전에 타인이 행한 도굴, 현상변경, 양도, 양수, 취득, 운반, 보유 또는 보관행위를 처벌할 수 없는 경우에도 해당 보유 또는 보관행위자가 그 정황을 알고 해당 국가유산에 대한 보유·보관행위를 개시한 때에는 같은 항에서 정한 형으로 처벌한다.

5) 3)의 행위를 알선한 자도 같은 항에서 정한 형으로 처벌한다.

6) 3년 이하의 징역 또는 3천만 원 이하의 벌금
(1) 발견신고 등(법 제17조)을 위반하여 매장유산을 발견한 후 이를 신고하지 아니하고,

(2) 은닉 또는 처분하거나 현상을 변경한 자

7) 2년 이하의 징역 또는 2천만 원 이하의 벌금
(1) 개발사업계획·시행자의 책무(법 제5조 ②)를 위반하여
(2) 공사를 중지하지 아니한 자

8) 1)부터 6)까지의 경우 해당 국가유산은 몰수한다.

02 가중죄

1) 단체나 다중(多衆)의 위력(威力)을 보이거나 위험한 물건을 몸에 지녀서 도굴 등의 죄(법 제31조)를 저지르면 같은 조에서 정한 형의 2분의 1까지 가중한다.
2) 1)의 죄를 저질러 지정문화유산(임시지정문화유산을 포함한다)이나 천연기념물(임시지정천연기념물 또는 임시지정명승을 포함한다)을 관리 또는 보호하는 사람을 상해에 이르게 한 때에는 무기 또는 5년 이상의 징역에 처한다. 사망에 이르게 한 때에는 사형, 무기 또는 5년 이상의 징역에 처한다.

03 미수범

1) 도굴 등의 죄(법 제31조)의 미수범은 처벌한다.
2) 도굴 등의 죄(법 제31조)를 범할 목적으로 예비하거나 음모한 자는 2년 이하의 징역 또는 2천만 원 이하의 벌금에 처한다.

04 과실범

1) 업무상 과실 또는 중대한 과실로
2) 도굴 등의 죄(법 제31조 ③)에 따른 죄를 저지른 자는
3) 3년 이하의 금고 또는 3천만 원 이하의 벌금에 처하고 해당 국가유산을 몰수한다.

05 매장유산 조사 방해죄

1) 정당한 사유 없이 매장유산 지표조사(법 제6조)에 따른 지표조사를 거부하거나 방해 또는 기피한 자는 5년 이하의 징역 또는 5천만 원 이하의 벌금에 처한다.
2) 국가에 의한 매장유산 발굴(법 제13조)에 따른 매장유산의 발굴을 거부하거나 방해 또는 기피한 자는 2년 이하의 징역 또는 2천만 원 이하의 벌금에 처한다.

06 행정명령 위반 등의 죄

정당한 사유 없이 다음 각호의 명령 또는 지시를 위반한 자는 3년 이하의 징역 또는 3천만 원 이하의 벌금에 처한다.
1) 매장유산의 발굴허가 등(법 제11조 ②)에 따른 발굴의 정지 또는 중지명령(매장유산 현상변경(법 제16조)에 따라 준용하는 경우를 포함한다)
2) 발굴된 매장유산의 보존조치(법 제14조)에 따른 발굴완료 후 필요한 사항의 지시[매장유산 현상변경(법 제16조)에 따라 준용하는 경우를 포함한다]

07 양벌규정

1) 법인의 대표자나 법인 또는 개인의 대리인, 사용인, 그 밖의 종업원이 법인 또는 개인의 업무에 관하여

2) **도굴 등의 죄(법 제31조)**
   (1) 가중죄(법 제32조)
   (2) 과실범(법 제34조)
   (3) 매장유산조사 방해죄(법 제35조)
   (4) 행정명령 위반 등의 죄(법 제36조)까지의

3) 어느 하나에 해당하는 위반행위를 하면

4) 그 행위자를 벌하는 외에 그 법인 또는 개인에게도 해당 조문의 벌금형을 과(科)하고,

5) 벌금형이 없는 경우에는 3억 원 이하의 벌금에 처한다.

6) 다만, 법인 또는 개인이 그 위반 행위를 방지하기 위하여 해당 업무에 관하여 상당한 주의와 감독을 게을리 하지 아니한 경우에는 그러하지 아니하다.

08 과태료

1) 다음 각 호의 어느 하나에 해당하는 자에게는 500만 원 이하의 과태료를 부과한다.
    (1) 매장유산 발굴의 착수·완료 등(법 제12조의2 ① 또는 ③)에 따른 신고서를 제출하지 아니한 자
    (2) 발굴현장 안전관리 등(법 제12조의3 ①)에 따른 발굴허가의 내용과 지시사항을 준수하지 아니한 자
    (3) 발굴현장 안전관리 등(법 제12조의3 ②)에 따른 점검이나 자료제출 요구 또는 지시에 따르지 아니한 자
    (4) 발견신고 등(법 제17조)에 따른 신고를 하지 아니한 자
    (5) 조사기관의 등록취소 등(법 제25조의2 ①)에 따른 자료제출 요구나 공무원의 출입·검사를 거부하거나 방해 또는 기피한 자
2) 과태료는 국가유산청장이 부과·징수한다.

예상문제

제1장 총칙

01 「매장유산 보호 및 조사에 관한 법률」의 목적은 매장유산을 보존하여 민족문화의 원형(原形)을 유지·계승하고, 매장유산을 효율적으로 보호·조사 및 관리하는 것을 목적으로 한다.(○, ×)

정답 ○

02 매장유산 보호 및 조사에 관한 법령상, 수중에 매장되거나 분포되어 있는 문화유산 범위에서 옳은 것을 찾으시오.
① 토지에 매장되어 있는 문화유산
② 수중에 분포되어 있는 문화유산
③ 「배타적 경제수역법 및 대륙붕에 관한 법률」에 따른 배타적 경제수역에 존재하는 문화유산
④ 지표에 생성·퇴적되어 있는 천연동굴로 지질학적인 가치가 큰 것

해설 수중에 매장되거나 분포되어 있는 문화유산 범위
1) 「내수면어업법」에 따른 내수면, 「영해 및 접속수역법」에 따른 영해와 「배타적 경제수역 및 대륙붕에 관한 법률」에 따른 배타적 경제수역에 존재하는 문화유산
2) 공해에 존재하는 대한민국 기원 문화유산
※ ①, ②, ④는 매장유산의 정의에 대한 내용

정답 ③

03 매장유산 보호 및 조사에 관한 법령 중 매장유산에 해당되지 않는 것은?

① 토지 또는 수중에 분포되어 있는 문화유산
② 건조물 등의 부지에 매장되어 있는 문화유산
③ 지표 · 지중 · 수중(바다 · 호수 · 하천을 포함한다) 등에 생성되어 있는 천연동굴 · 화석, 그 밖에 지질학적 가치가 큰 것
④ 공해에 존재하는 모든 문화유산

정답 ④

04 매장유산 보호 및 조사에 관한 법령상, 매장유산에 대해 옳은 것을 모두 고르시오.

> ㄱ. 토지에 매장되거나 분포되어 있는 문화유산
> ㄴ. 바다 · 호수 · 하천을 포함한 수중 등에 생성 · 퇴적되어 있는 천연동굴 · 화석, 그 밖에 지질학적인 가치가 큰 것
> ㄷ. 수중에 매장되거나 분포되어 있는 문화유산은 매장유산이 아니다.
> ㄹ. 건조물 등의 부지에 매장되어 있는 문화유산

① ㄱ
② ㄱ, ㄴ
③ ㄱ, ㄷ
④ ㄱ, ㄴ, ㄷ
⑤ ㄱ, ㄴ, ㄹ

해설 매장유산의 정의
ㄱ. 토지 또는 수중에 매장되거나 분포되어 있는 문화유산
ㄴ. 건조물 등의 부지에 매장되어 있는 문화유산
ㄷ. 지표 · 지중 · 수중(바다 · 호수 · 하천을 포함한다) 등에 생성 · 퇴적되어 있는 천연동굴 · 화석, 그 밖에 지질학적인 가치가 큰 것

정답 ⑤

05 매장유산 보호 및 조사에 관한 법령상 지질학적으로 가치가 큰 매장유산 중에서 '지각의 형성과 관계되거나 한반도 지질계통을 대표하는 암석과 지질구조의 주요 분포지와 지질 경계선'에 해당하지 않는 것은?

① 분화구(噴火口), 칼데라(Caldera)와 같은 화산활동에 의하여 형성된 지형
② 지구 내부의 구성 물질로 해석되는 암석이 산출되는 분포지
③ 한반도 지질계통의 전형적인 지질 경계선
④ 지판(地板) 이동의 증거가 되는 지질구조나 암석

정답 ①

06 매장유산 보호 및 조사에 관한 법령상, 매장유산에 관한 설명으로 옳은 것은?
① 건조물 등의 부지에 매장되어 있는 문화유산은 매장유산이 아니다.
② 토지에 매장되어 있는 문화유산은 매장유산이다.
③ 지표에 퇴적되어 있는 화석은 매장유산이 아니다.
④ 공해에 존재하는 모든 문화유산은 매장유산이다.

정답 ②

07 매장유산 보호 및 조사에 관한 법령상, 매장유산의 정의에 해당하지 않는 것은?
① 공해에 매장되어 있는 모든 문화유산
② 하천에 생성되어 있는 천연동굴
③ 「배타적 경제수역 및 대륙붕에 관한 법률」에 따른 배타적 경제수역에 존재하는 문화유산
④ 건조물 등의 부지에 매장되어 있는 문화유산

정답 ①

08 매장유산 보호 및 조사에 관한 법령상, 매장유산 유존지역의 보호에 대해 옳은 것을 찾으시오.
① 매장유산이 존재하는 것으로 인정되는 지역은 원형이 훼손되지 아니하도록 보호를 할 수 있다.
② 누구든지 정하는 바에 따르지 아니하고는 매장유산 유존지역을 조사·발굴하여서는 아니 된다.
③ 유존지역의 위치에 관한 정보를 상시적으로 공개할 때에는 축척 2만분의 1의 지도에 표시해서 하여야 한다.
④ 지방자치단체의 장은 매장유산 유존지역의 적정성, 현재 지형현황 등에 대한 의견을 국가유산청장에게 제출하여야 한다.

해설 ① 훼손되지 아니하도록 보호되어야 한다.
③ 축적 2만 5천분의 1
④ 국가유산청장에게 제출할 수 있다.

정답 ②

09 매장유산 보호 및 조사에 관한 법령상, 매장유산에 해당되지 않는 것은?

① 토지에 분포되어 있는 문화유산
② 공해에 존재하는 외국기원 문화유산
③ 바다에 생성되어 있는 화석
④ 학술적 가치가 높은 냉천

해설 매장유산의 정의(매장유산에 해당되는 것)
1. 토지 또는 수중에 매장되거나 분포되어 있는 문화유산
   ※ 수중에 매장되거나 분포되어 있는 문화유산 범위
   1) 내수면
      영해
      배타적 경제수역에 존재하는 문화유산
   2) 공해에 존재하는 대한민국 기원 문화유산
2. 건조물 등의 부지에 매장되어 있는 문화유산
3. 지표・지중・수중(바다・호수・하천을 포함한다) 등에 생성・퇴적되어 있는 천연동굴・화석 그 밖에 지질학적인 가치가 큰 것
4. 지질학적으로 가치가 큰 매장유산
   (1) 지각의 형성과 관계되거나 한반도 지질계통을 대표하는 암석과 지질구조의 주요 분포지와 지질경계선
   (2) 한반도 지질 현상을 해석하는 데 주요한 지질구조・퇴적 구조와 암석
   (3) 학술적 가치가 큰 자연환경
   (4) 그 밖에 학술적 가치가 높은 지표・지질현상
      ① 얼음물, 풍혈
      ② 샘 : 온천, 냉천, 광천
      ③ 특이한 해양 현상 등

정답 ②

10 매장유산 보호 및 조사에 관한 법령상, 지질학적으로 가치가 큰 매장유산 중에서 학술적 가치가 큰 자연지형에 해당하지 않는 것은?

① 화산활동에 의하여 형성된 분화구(噴火口)
② 풍화작용과 관련된 토르(tor)
③ 퇴적구조와 관련된 관입(貫入)
④ 구조운동에 의하여 형성된 폭포

정답 ③

제2장 　 매장유산 지표조사

11 매장유산 보호 및 조사에 관한 법령상, 국가 등에 의한 매장유산 지표조사의 내용으로 바르지 못한 것을 찾으시오.
　① 국가는 국가유산이 매장되어 있는지를 확인하기 위하여 매장유산 지표조사를 실시하여야 한다.
　② 지방자치단체는 국가유산이 매장·분포되어 있는지를 확인하기 위하여 매장유산 지표조사를 실시할 수 있다.
　③ 지표조사는 매장유산 조사기관이 수행한다.
　④ 국가 등 지표조사의 방법 등에 필요한 사항은 국가유산청장이 정하여 고시한다.

정답 ①

12 매장유산 보호 및 조사에 관한 법령에서 국가 등에 의한 매장유산 지표조사에서 지표조사 결과보고서에 포함되어야 할 사항으로 옳지 못한 것은?
　① 조사지역의 자연환경에 대한 문헌조사 내용
　② 조사지역의 역사, 고고, 민속에 대한 문헌조사 내용
　③ 조사지역의 고건축물(근대건축물을 포함하지 않는다)에 대한 현장조사 내용
　④ 조사를 수행한 조사기관의 의견

정답 ③

제3장 매장유산의 발굴 및 조사

※ 「매장유산 보호 및 조사에 관한 법률」상, 매장유산의 발굴 허가 등에 대한 내용이다. 아래 내용을 보고 다음 물음에 답하시오.(13~16)

> ㄱ. 연구 목적으로 발굴하는 경우
> ㄴ. 유적의 정비사업을 목적으로 발굴하는 경우
> ㄷ. 토목공사, 토지의 형질변경 또는 그 밖에 건설공사를 위하여 부득이 발굴할 필요가 있는 경우
> ㄹ. 멸실·훼손 등의 우려가 있는 유적을 긴급하게 발굴할 필요가 있는 경우

13 매장유산 유존지역은 발굴할 수 없지만 정하는 바에 따라 국가유산청장의 허가를 받은 때에는 발굴할 수 있다. 예외의 경우는 어느 것인가?

① ㄱ
② ㄱ, ㄴ
③ ㄱ, ㄴ, ㄷ
④ ㄱ, ㄴ, ㄷ, ㄹ

해설 매장유산 유존지역의 발굴 예외인 경우와 경비 부담

순위	내용	(발굴의) 예외인 경우	허가받은 자가 부담해야 할 경우	시행자가 부담 해야 할 경우
①	연구목적으로 발굴하는 경우	○	○	
②	유적의 정비사업을 목적으로 발굴하는 경우	○	○	
③	토목공사, 토질의 형질변경 또는 그 밖에 건설공사를 위하여 부득이 발굴할 필요가 있는 경우	○		○
④	멸실·훼손 등의 우려가 있는 유적을 긴급하게 발굴할 필요가 있는 경우	○	○	

정답 ④

14 발굴할 수 있는 예외의 단서에 따라 발굴허가를 받은 자는 허가사항 중 중요한 사항을 변경하려는 때에는 국가유산청장의 허가를 받아야 하는데 그 중요한 사항이 아닌 것은?

① 발굴 기간
② 발굴 면적
③ 발굴 연구
④ 매장유산

정답 ③

15 매장유산 유존지역을 발굴하는 경우 그 경비의 부담에 관한 것으로 해당 매장유산의 발굴을 허가받은 자가 부담해야 할 경우는 어느 것인가?

① ㄱ, ㄴ
② ㄱ, ㄷ
③ ㄱ, ㄴ, ㄷ
④ ㄱ, ㄴ, ㄹ

해설 13번 문제 해설 참조

정답 ④

16 해당 공사의 시행자가 경비를 부담하여야 하는 경우는?

① ㄱ
② ㄴ
③ ㄷ
④ ㄹ

해설 13번 문제 해설 참조

정답 ③

17 매장유산 보호 및 조사에 관한 법령상, 국가유산청장의 발굴허가를 받아야 하는 사항을 모두 고른 것은?   [2025년도 제43회 기출문제]

> ㄱ. 연구 목적으로 발굴하는 경우
> ㄴ. 유적의 정비사업을 목적으로 발굴하는 경우
> ㄷ. 토목공사를 위하여 부득이 발굴할 필요가 있는 경우
> ㄹ. 멸실의 우려가 있는 유적을 긴급하게 발굴할 필요가 있는 경우

① ㄱ, ㄴ
② ㄱ, ㄷ, ㄹ
③ ㄴ, ㄷ, ㄹ
④ ㄱ, ㄴ, ㄷ, ㄹ

정답 ④

18 매장유산 보호 및 조사에 관한 법령상, 매장유산의 발굴의 변경허가를 받아야 하는 중요한 사항에 해당하지 않는 것은?   [2025년도 제43회 기출문제]

① 발굴기간
② 발굴면적
③ 매장유산 발굴조사의 유형
④ 조사단장

정답 ④

19 매장유산 보호 및 조사에 관한 법령상, 발굴현장 안전관리 등에 관한 다음 내용 중 틀린 것은?

① 발굴허가를 받은 자는 발굴현장의 안전관리 등에 따른 발굴허가의 내용과 지시사항을 준수하여야 한다.
② 국가유산청장은 안전관리 등 발굴허가 내용의 이행여부를 관리·감독하기 위하여 발굴현장을 점검하거나 발굴허가를 받은 자 또는 매장유산 조사기관에 자료제출을 요구하거나 필요한 조치를 지시하여야 한다.
③ 발굴현장 점검은 발굴조사 인력·시설 및 장비에 관한 사항 등에 대해 실시한다.
④ 국가유산청장은 발굴허가를 받은 자 또는 매장유산 조사기관에 관한 자료의 제출을 요구할 수 있다. 이 경우 기간을 정하여 서면으로 해야 한다.

정답 ②

20 매장유산 보호 및 조사에 관한 법령상, 발굴된 매장유산에 대한 국가유산청장의 보존조치 중 발굴 전 상태로 다시 메워 보존하는 조치는?

① 실물보존 ② 현지보존
③ 현상보존 ④ 현물보존

정답 ②

21 「매장유산 보호 및 조사에 관한 법률」상, 발굴된 매장유산의 보존조치 결정에서 아래의 내용은 현지보존, 이전보존 또는 기록보존의 어떠한 조치를 하기 위한 평가인지 맞는 것을 찾으시오.

> 매장유산의 접근성, 이용성, 주변 경관과의 조화성, 주변 관광자원과의 연계성

① 매장유산의 가치 ② 매장유산의 보존상태
③ 매장유산의 활용성 ④ 매장유산의 발굴경위

해설 발굴된 매장유산의 보존 조치 결정

국가유산청장은 발굴된 매장유산에 대하여 현지보존, 이전보존 또는 기록보존의 조치를 하기 위하여 아래의 사항에 대하여 평가하여야 한다.
1. 매장유산의 가치 : 매장유산의 역사성, 시대성, 희소성, 지역성
2. 매장유산의 보존상태 : 매장유산의 내부·외부 및 매장유산 주변의 보존 상태
3. 매장유산의 활용성 : 매장유산의 접근성, 이용성, 주변 경관과의 조화성, 주변 관광자원과의 연계성
4. 보존조치로 침해되는 이익 : 매장유산 보호 조치로 침해되는 공익·사익

정답 ③

22 매장유산 보호 및 조사에 관한 법령에서 규정되어 있는 발굴된 매장유산의 보존조치 결정 평가사항이 아닌 것은?

① 매장유산의 가치
② 매장유산의 보존상태
③ 매장유산의 사회성 · 교육성
④ 매장유산의 활용성

정답 ③

23 매장유산 보호 및 조사에 관한 법령상, 발굴된 매장유산의 보존 조치 결정에 있어 평가할 사항으로 옳지 않은 것은?

① 매장유산의 역사성, 원형성, 희소성, 보편성
② 매장유산의 내부 · 외부의 보존 상태
③ 매장유산의 접근성, 이용성
④ 매장유산의 주변 관광자원과의 연계성

정답 ①

24 매장유산 보호 및 조사에 관한 법령상, 발굴허가를 받은 자가 매장유산 유존지역에서 출토된 역사적 · 학술적 자료로 그 현상을 변경하지 말고 지체 없이 그 출토된 사실을 국가유산청장에게 신고하여야 하는 것에 해당하지 않는 것은? [2025년도 제43회 기출문제]

① 인골 · 미라 등 인체유래물
② 동물 뼈
③ 목재 · 초본류
④ 서적류

정답 ④

25 매장유산 보호 및 조사에 관한 법령상, 매장유산의 발굴 및 조사에 관한 설명으로 옳은 것을 찾으시오.

① 국가유산청장은 매장유산 발굴허가의 신청을 받은 날부터 15일 이내에 허가여부 또는 처리지연 사유를 신청인에게 통지하여야 한다.
② 발굴허가를 받은 자는 매장유산의 발굴이 끝난 날부터 20일 이내에 정하는 바에 따라 국가유산청장에게 완료신고서를 제출하여야 한다.
③ 국가는 발굴로 손실을 받은 자에게 그 손실을 보상할 수 있다.
④ 발굴허가를 받은 자는 발굴이 끝난 날부터 3년 이내에 그 발굴결과에 관한 보고서를 국가유산청장에게 제출하여야 한다.

① 10일 이내에
③ 그 손실을 보상하여야 한다.
④ 2년 이내

정답 ②

제4장 발견신고된 매장유산의 처리 등

26 「매장유산 보호 및 조사에 관한 법률」에서 발견신고된 매장유산의 처리 등에서 거리가 있는 내용을 고르시오.

① 매장유산을 발견한 때에는 그 발견자는 그 현상을 변경하지 말고 그 발견된 사실을 국가유산청장에게 신고하여야 한다.

② 발견신고는 매장유산을 발견한 날부터 30일 이내에 방문 또는 전화 등의 연락 수단을 통하여 하여야 한다.

③ 해당 기관에 신고가 접수된 날에 국가유산청장에게 신고한 것으로 보며, 매장유산이 발견된 장소를 관할하는 경찰서장은 신고기관이다.

④ 발견신고가 있으면 해당 국가유산의 소유자가 판명된 경우에는 「유실물법」에도 불구하고 관할 경찰서장에게 이를 알려야 한다.

① 매장유산을 발견한 때에는 그 발견자나 매장유산 유존지역의 소유자·점유자 또는 관리자는 그 현상을 변경하지 말고 그 발견된 사실을 국가유산청장에게 신고하여야 한다.

③ 신고기관(해당 기관에 신고가 접수된 날에 국가유산청장에게 신고한 것으로 본다)
  1. 매장유산이 발견된 장소를 관할하는 경찰서장 또는 자치경찰단을 설치한 제주특별자치도지사
  2. 매장유산이 발견된 장소를 관할하는 특별자치시장·시장·군수·구청장(구청장은 자치구의 구청장)

④ 국가유산청장은 발견신고가 있으면 해당 국가유산의 소유자가 판명된 경우에는 그 발견자가 소유자에게 반환하게 하고, 소유자가 판명되지 아니한 경우에는 「유실물법」에도 불구하고 관할 경찰서장 또는 자치경찰단을 설치한 제주특별자치도지사에게 이를 알려야 한다.(통지를 받으면 경찰서장 또는 제주특별자치도지사는 지체 없이 해당 국가유산에 관하여 「유실물법」에 따라 공고하여야 한다)

정답 ④

27 매장유산 보호 및 조사에 관한 법령상, 발견신고된 매장유산의 처리 등에 관련된 일자로 옳지 않은 것은?

① 매장유산 발견신고는 매장유산을 발견한 날부터 30일 이내
② 국가유산의 소유권 판정신청은 「유실물법」에 따른 공고 후 90일 이내
③ 소유권 판정신청을 받은 국가유산청장의 소유권의 존재 여부 판정은 「유실물법」에 따른 공고 후 90일이 경과한 날부터 60일 이내
④ 매장물로서 경찰서장에게 제출된 물건이 국가유산으로 인정된 경우, 경찰서장의 국가유산청장에 대한 제출은 경찰서장에게 제출된 날부터 30일 이내

해설
1. 발견신고
   (1) 매장유산을 발견한 때에는 그 발견자나 매장유산 유존지역의 소유자 · 점유자 또는 관리자는 그 현상을 변경하지 말고 그 발견된 사실을 국가유산청장에게 신고하여야 한다.
   (2) 발견신고는 매장유산을 발견한 날부터 30일 이내에 방문 또는 전화 등의 연락수단을 통하여 하여야 한다.

2. 발견신고된 국가유산의 처리방법(법 제18조 ②)과 경찰서장 등에 신고된 국가유산의 처리방법(법 제19조 ①)에 따라 경찰서장 또는 자치경찰단을 설치한 제주특별자치도지사가 공고한 후 90일 이내에
   (1) 해당 국가유산의 소유자임을 주장하는 자가 있는 경우 국가유산청장은 소유권 판정절차를 거쳐 정당한 소유자에게 반환한다.
      ① 발견신고된 국가유산의 소유권 판정 절차
         ㉠ 국가유산의 소유권을 판정받으려는 자는 공고 후 90일 이내에 해당 국가유산의 소유자임을 증명할 수 있는 자료를 첨부하여 국가유산청장에게 소유권 판정 신청을 하여야 한다.
         ㉡ 국가유산청장은 소유권 판정 신청을 받으면 발견신고된 국가유산의 처리 방법(법 제18조 ②) 및 경찰서장 등에 신고된 국가유산의 처리 방법(법 제19조 ①)에 따라 공고한 후 90일이 경과한 날부터 60일 이내에 그 소유권의 존재 여부를 판정하여야 한다.
         ② 이 경우 해당 국가유산 전문가, 법률전문가, 이해관계자 및 관계기관의 의견을 들어야 한다.
   (2) 정당한 소유자가 없는 경우 국가에서 직접 보존할 필요가 있는 국가유산이 있으면 「민법」의 규정에도 불구하고 국가에 귀속한다.

3. 공고 · 보고 · 제출
   (경찰서장 등에 신고된 국가유산의 처리방법)
   (1) 「유실물법」에 따라 경찰서장 또는 자치경찰단을 설치한 제주특별도지사에게 매장물 또는 유실물로서 제출된 물건이 국가유산으로 인정되는 경우에는, 경찰서장 또는 자치경찰단을 설치한 제주특별도지사는 「유실물법」에 따라 이를 공고하고,

(2) 국가유산으로 인정되는 매장물 또는 유실물이 제출된 사실을 국가유산청장에게 보고하며,
(3) 그 물건을 소유자에게 반환하는 경우 외에는 제출된 날부터 20일 이내에 국가유산청장에게 제출하여야 한다.

정답 ④

28 매장유산 보호 및 조사에 관한 법령상, 발견신고된 국가유산의 소유권 판정 및 국가귀속 등에 관한 설명으로 옳지 않은 것은? [2025년도 제43회 기출문제]

① 국가유산청장은 정당한 소유자가 없는 경우 국가에서 직접 보존할 필요가 있는 국가유산이 있으면 「민법」에도 불구하고 국가에 귀속한다.
② 국가유산의 소유권을 판정받으려는 자는 관련 법률에 따른 공고 후 90일 이내에 국가유산청장에게 소유권 판정 신청을 하여야 한다.
③ 국가유산청장은 소유권 판정 신청을 받으면 관련 법률에 따라 공고한 후 60일이 경과한 날부터 90일 이내에 그 소유권의 존재 여부를 판정하여야 한다.
④ 국가유산청장이 국가에 귀속된 국가유산을 대여하는 경우 그 기간은 특별한 사정이 없는 한 1년 이내로 한다.

정답 ③

29 「매장유산 보호 및 조사에 관한 법률」상, 발견신고된 국가유산의 소유권 판정에서 국가에 귀속된 경우, 그 국가유산을 대여할 수 있는 사유가 아닌 것을 찾으시오.

① 교육자료로 필요한 경우
② 연구·조사를 위하여 필요한 경우
③ 멸실·훼손 등의 우려가 없는 경우
④ 국가유산 전시 등을 위하여 필요한 경우

해설 국가에 귀속된 국가유산의 대여
1. 국가유산청장, 관리청 또는 지방자치단체나 비영리법인 또는 법인 아닌 비영리단체는 연구기관 및 박물관 등으로부터 국가에 귀속된 국가유산의 대여신청을 받으면 아래의 어느 하나에 해당하는 경우에는 그 국가유산을 대여할 수 있다.
   (1) 교육자료로 필요한 경우
   (2) 연구·조사를 위하여 필요한 경우
   (3) 그 밖에 국가유산 전시 등을 위하여 필요한 경우
2. 국가에 귀속된 국가유산을 대여하는 경우 그 기간은 1년 이내로 한다.
   (다만, 특별한 사유가 있는 경우에는 대여기간을 연장할 수 있다.)

정답 ③

30 「매장유산 보호 및 조사에 관한 법률」에서, 발견신고된 국가유산의 공고는 어느 법의 적용을 받는가?

① 유실물법
② 국유재산법
③ 민법
④ 매장유산 보호 및 조사에 관한 법률

해설 발견신고된 국가유산의 처리방법
경찰서장 또는 자치경찰단을 설치한 제주특별자치도지사는 통지를 받으면(발견 신고된 국가유산의 소유자가 판명되지 아니한 경우) 지체 없이 해당 국가유산에 관하여 「유실물법」에 따라 공고하여야 한다.

정답 ①

31 「매장유산 보호 및 조사에 관한 법률」상, 발견신고된 매장유산의 처리 등에서 틀린 것은?

① 매장유산을 발견한 때에는 발견자는 현상을 변경하지 말고 신고하여야 한다.
② 발견신고된 해당 국가유산의 소유자임을 주장하는 자가 있을 경우 소유권 판정절차를 거쳐 정당한 소유자에게 반환한다.
③ 발견신고된 국가유산이 국가에 귀속된 경우, 교육자료로 필요한 경우와 멸실·훼손 등의 우려가 없는 경우의 사유에는 그 국가유산을 대여할 수 있으며 기간은 2년 이내로 한다.
④ 해당 국가유산을 국가에 귀속하는 경우 국가유산의 발견자, 습득자 및 발견된 토지나 건조물 등의 소유자에게 보상금을 지급한다.

해설 국가에 귀속된 국가유산의 대여
국가에 귀속된 국가유산을 대여하는 경우 그 기간은 1년 이내로 한다. 다만, 특별한 사유가 있는 경우에는 대여기간을 연장할 수 있다.
㉠ 교육자료로 필요한 경우
㉡ 연구·조사를 위하여 필요한 경우
㉢ 그 밖에 국가유산 전시 등을 위하여 필요한 경우

정답 ③

32 매장유산 보호 및 조사에 관한 법령상, 발견신고된 매장유산의 처리에 관한 설명으로 옳은 것은?

① 매장유산을 발견한 때에는 매장유산 유존지역의 소유자는 그 발견된 사실을 관할 지방자치단체에 신고하여야 한다.
② 지방자치단체장은 발견신고된 국가유산의 소유자가 판명되지 아니한 경우에는 국가유산청장에게 알려야 한다.
③ 국가유산 발견자나 습득자가 토지 또는 건조물 등의 소유자와 동일인이 아니면 보상금을 차등하게 분할하여 지급한다.
④ 발견신고된 국가유산에 대해 소유권 판정 절차를 거친 결과 정당한 소유자가 없는 국가유산으로 역사적·예술적 또는 학술적 가치가 커서 국가에서 직접 보존할 필요가 있는 국가유산은 국가 귀속대상으로 한다.

정답 ④

33 「매장유산 보호 및 조사에 관한 법률」상, 발견신고 된 국가유산의 보상금과 포상금에 관한 내용으로 옳은 것은?

① 국가유산청장은 해당 국가유산을 국가에 귀속하는 경우에 국가유산의 발견자, 습득자 및 발견된 토지나 건조물 등의 소유자에게 유실물법에 따라 보상금을 지급할 수 있다.
② 보상금 지급 시 습득자가 토지 또는 건조물 등의 소유자와 동일인이 아니면 보상금을 균등하게 분할하여 지급할 수 있다.
③ 보상금을 분할하여 지급하는 경우에는 발견자나 습득자에게 발견하거나 습득할 때 지출한 경비를 보상금 중에서 우선 지급할 수 있고, 그 차액을 발견자나 습득자와 그 국가유산이 발견된 토지 또는 건조물 등의 소유자에게 균등하게 분할하여 지급할 수 있다.
④ 국가유산청장은 발견 신고자로서 발굴의 원인을 제공한 자에게는 발굴된 국가유산의 가치와 규모를 고려하여 포상금을 지급할 수 있다.

해설
- 보상금 : 지급한다.
- 포상금 : 지급할 수 있다.

정답 ④

34 「매장유산 보호 및 조사에 관한 법률」에서 포상금의 내용에 대하여 틀린 것을 찾으시오.

① 발견신고자로서 발굴의 원인을 제공한 자에게는 포상금을 지급할 수 있다.
② 포상금의 1등급 지급기준은 2,000만 원+(국가유산의 평가액−1억 원)×5/100이다.
③ 1등급의 포상금은 1억 원을 초과할 수 없다.
④ 5등급의 포상금은 300만 원이다.

해설 ① 국가유산청장은 발견신고자로서 발굴의 원인을 제공한 자에게는 발굴된 국가유산의 가치나 규모를 고려하여 포상금을 지급할 수 있다.
④ 5등급의 포상금은 200만 원이다.

정답 ④

35 매장유산 보호 및 조사에 관한 법령상, 보상금과 포상금에 관한 설명으로 옳지 않은 것은? [2025년도 제43회 기출문제]

① 국가유산청장은 국가유산을 국가에 귀속하는 경우 그 국가유산의 발견자에게 「유실물법」에 따라 보상금을 지급한다.
② 포상금을 지급하는 경우 지급 기준에 관하여 필요한 사항은 국회에서 법률로 정하여야 한다.
③ 국가유산청장은 국가유산 발견신고자로서 발굴의 원인을 제공한 자에게 포상금을 지급할 수 있다.
④ 국가유산청장은 국가유산을 국가에 귀속하는 경우 발견자나 습득자가 토지 또는 건조물 등의 소유자와 동일인이 아니면 보상금을 균등하게 분할하여 지급한다.

정답 ②

36 매장유산의 보호 및 조사에 관한 법령상, 발견신고된 매장유산과 관련하여 포상금을 지급받을 수 있는 자는?

① 발견신고자로서 발굴의 원인을 제공한 자
② 발견된 토지・건조물의 소유자
③ 국가유산의 발견자
④ 국가유산의 습득자

정답 ①

제5장 　 매장유산 조사기관

37 매장유산 보호 및 조사에 관한 법령상, 매장유산 조사기관으로 등록할 수 있는 기관에 해당하지 않는 것은?

① 「민법」에 따라 설립된 영리법인으로서 매장유산 발굴 관련 사업의 목적으로 설립된 법인
② 국가 또는 지방자치단체가 설립·운영하는 매장유산 발굴 관련 기관
③ 「고등교육법」에 따라 매장유산 발굴을 위하여 설립된 부설 연구시설
④ 「박물관 및 미술관 진흥법」에 따른 박물관

정답 ①

38 매장유산 보호 및 조사에 관한 법령상, 매장유산 조사기관으로 등록될 수 없는 기관은?

① 「국가유산기본법」에 따른 국가유산진흥원
② 「박물관 및 미술관 진흥법」에 따른 미술관
③ 「고등교육법」에 따라 매장유산 발굴을 위하여 설립된 부설 연구시설
④ 국가 또는 지방자치단체가 설립·운영하는 매장유산 발굴 관련 기관

정답 ②

39 매장유산 조사기관이 아닌 것은?

① 육상수중합동 조사기관
② 육상지표조사기관
③ 육상발굴조사기관
④ 수중지표조사기관
⑤ 수중발굴조사기관

정답 ①

40 「매장유산 보호 및 조사에 관한 법률」에서 매장유산 조사기관의 등록을 취소하여야 하는 경우가 아닌 것을 고르시오.

> ㄱ. 거짓이나 그 밖의 부정한 방법으로 조사기관으로 등록을 한 경우
> ㄴ. 지표조사 또는 발굴조사를 거짓이나 그 밖의 부정한 방법으로 행한 경우
> ㄷ. 발굴허가 내용이나 허가 관련 지시를 위반한 경우
> ㄹ. 고의나 중과실로 유물 또는 유적을 훼손한 경우
> ㅁ. 고의나 중과실로 지표조사 보고서 또는 발굴조사보고서 또는 「국가유산영향진단법」에 따른 진단보고서를 사실과 다르게 작성한 경우

① ㄱ, ㄴ
② ㄴ, ㄷ
③ ㄷ, ㄹ
④ ㄹ, ㅁ

매장유산 조사기관의 등록을 취소하여야 하는 경우
1. 거짓이나 부정한 방법으로 조사기관을 등록한 경우
2. 고의나 중과실로 유물 또는 유적을 훼손한 경우
3. 고의나 중과실로 지표조사보고서 또는 발굴조사 보고서 또는 「국가유산영향진단법」에 따른 진단보고서를 사실과 다르게 작성한 경우

정답 ②

41 매장유산 보호 및 조사에 관한 법령상, 매장유산 조사기관의 등록을 반드시 취소하여야 하는 사유가 아닌 것은?
① 거짓으로 조사기관으로 등록을 한 경우
② 고의나 중과실로 유물을 훼손한 경우
③ 지표조사를 거짓으로 행한 경우
④ 고의나 중과실로 발굴조사 보고서 또는 「국가유산영향진단법」에 따른 진단보고서를 사실과 다르게 작성한 경우

정답 ③

42 매장유산 보호 및 조사에 관한 법령상, 매장 국가유산 조사기관으로 등록할 수 없는 것은?
① 「상법」에 따라 설립된 법인으로서 매장유산 발굴 관련 사업의 목적으로 설립된 법인
② 지방자치단체가 설립·운영하는 매장유산 발굴 관련 기관
③ 「고등교육법」에 따라 매장유산 발굴을 위하여 설립된 부설 연구시설
④ 「국가유산기본법」의 국가유산진흥원

 매장유산 조사기관의 등록
1. 매장유산 조사기관
 매장유산에 대한 지표조사 또는 발굴을 하며 국가유산청장에게 등록한 기관
 (1) 「민법」에 따라 설립된 비영리법인으로서 매장유산 발굴 관련 사업의 목적으로 설립된 법인
 (2) 국가 또는 지방자치단체가 설립·운영하는 매장유산 발굴 관련 기관
 (3) 「고등교육법」에 따라 매장유산 발굴을 위하여 설립된 부설연구시설
 (4) 「박물관 및 미술관진흥법」에 따른 박물관
 (5) 「국가유산기본법」의 국가유산진흥원

2. 발굴분야별 조사기관의 종류
    (1) 육상지표조사기관
    (2) 육상발굴조사기관
    (3) 수중지표조사기관
    (4) 수중발굴조사기관

정답 ①

제6장 보칙

43 매장유산 보호 및 조사에 관한 법령상, 국가유산 보존조치에 따른 토지의 매입 등에 관하여 대통령령으로 정하는 법인으로 틀린 것은?

① 「공공기관의 운영에 관한 법률」에 따른 공공기관인 법인
② 「지방공기업법」에 따른 지방공사 또는 지방공단
③ 「지방공기업법」에 따른 지방공사가 출자할 수 있는 한도에서 해당 법인의 자본금 중 3분의 2 이상을 출자한 법인
④ 「방송법」에 따른 한국방송공사
⑤ 「한국교육방송공사법」에 따른 한국교육방송공사

정답 ③

44 매장유산 보호 및 조사에 관한 법령상, 발굴된 매장유산의 보존조치로 인하여 개발사업의 전부를 시행 또는 완료하지 못하게 된 경우 국가 또는 지방자치단체가 해당 토지를 매입할 수 있는 건설공사는?

① 「한국교육방송공사법」에 따른 한국교육방송공사가 시행하는 공사
② 「지방공기업법」에 따른 지방공단이 시행하는 공사
③ 「방송법」에 따른 한국방송공사가 시행하는 공사
④ 「지방공기업법」에 따른 지방공사가 같은 법 시행령에 따라 출자할 수 있는 한도에서 해당 법인의 자본금 중 3분의 1을 출자한 법인이 시행하는 공사

정답 ④

45 「매장유산 보호 및 조사에 관한 법률」상 매장유산의 기록·작성 등에 관하여 틀린 것은?

① 확인된 매장유산의 기록을 작성·유지하고, 포장된 지역에 대한 적절한 보호방안을 국가와 지방자치단체는 강구하여야 한다.
② 수해, 사태, 도굴 및 유물 발견 등으로 훼손의 우려가 큰 매장유산의 발굴조사의 경우에는 조사비용을 지원할 수 있다.
③ 매장유산의 보호방안에서「문화유산의 보존 및 활용에 관한 법률」에 따른 지정문화유산으로 지정하기 위하여 필요한 매장유산에 대한 조사 시에는 그 조사비용을 지원할 수 없다.
④ 매장유산의 기록을 전자적인 방법을 통하여 상시적으로 유지·관리하여야 한다.

해설 매장유산의 보호방안

국가는 매장유산이 포장된 지역에 대한 보호가 필요한 경우 아래의 어느 하나에 해당하는 경우에는 지방자치단체에 그 조사비용을 지원할 수 있다.
1. 수해, 사태, 도굴 및 유물 발견 등으로 훼손의 우려가 큰 매장유산의 발굴조사
2. 보호·관리를 위하여 정비가 필요한 매장유산에 대한 조사
3. 「문화유산의 보존 및 활용에 관한 법률」에 따른 지정문화유산 또는「자연유산의 보존 및 활용에 관한 법률」에 따른 천연기념물 등으로 지정하기 위하여 필요한 매장유산에 대한 조사

정답 ③

제7장 벌칙

46 「매장유산 보호 및 조사에 관한 법률」상, 도굴 등의 죄에서 지정문화유산이나 그 보호물 또는 보호구역에서 허가 또는 변경허가 없이 매장유산을 발굴한 자의 처벌로 합당한 것을 찾으시오.

① 10년 이하의 징역이나 1억 원 이하의 벌금
② 7년 이하의 징역이나 7천만 원 이하의 벌금
③ 5년 이상 15년 이하의 유기징역
④ 3년 이하의 징역 또는 3천만 원 이하의 벌금

정답 ③

47 다음 벌칙 중에서 잘못된 것은?

① 단체나 다중의 위력을 보이거나 위험한 물건을 몸에 지녀서 도굴 등의 죄를 저지르면 정한 형의 2분의 1까지 가중한다.
② 도굴 등의 죄를 범할 목적으로 예비하거나 음모한 자는 2년 이하의 징역 또는 2천만 원 이하의 벌금에 처한다.
③ 정당한 사유 없이 매장유산 지표조사를 거부하거나 방해 또는 기피한 자는 5년 이하의 징역 또는 5천만 원 이하의 벌금에 처한다.
④ 발견신고 등에 따른 신고를 하지 아니한 자에게는 500만 원 이하의 과태료를 부과한다.
⑤ 매장유산 보호 및 조사에 관한 법률의 벌칙 중에서 과태료는 국가유산청장, 시 · 도지사, 시장 · 군수 · 구청장이 부과 · 징수한다.

정답 ⑤

PART 05

문화유산위원회 규정

문화유산위원회 규정

문화유산위원회 규정

01 목적

이 영은 문화유산위원회의 조직과 운영 등에 관한 사항을 규정함을 목적으로 한다.

관련근거 : 「문화유산의 보존 및 활용에 관한 법률」 제8조(문화유산위원회의 설치)

02 구성

1) 위원장 1명 및 부위원장 2명을 포함한 100명 이내의 위원으로 구성한다.

2) 위촉된 위원의 임기 : 2년으로 한다.
   (1) 보궐위원의 임기는 전임자 임기의 남은 기간으로 한다.
   (2) 위원은 임기가 만료된 경우에도 후임 위원이 위촉될 때까지 계속하여 그 직무를 수행한다.
   (3) 국가유산청장은 특별시·광역시·특별자치시·도·특별자치도에 두는 문화유산위원회(법 제71조 ①)의 위원인 사람을 문화유산위원회의 위원으로 위촉할 수 없다.

03 위원장과 부위원장

1) 위원회의 위원장과 부위원장은 위원회에서 각각 호선(互選)한다.

2) 위원장
   (1) 위원장은 위원회의 사무를 통괄하며
   (2) 위원회를 대표하고

(3) 회의를 소집하여 의장이 된다.

3) 부위원장
(1) 부위원장은 위원장을 보좌하고,
(2) 위원장이 부득이한 사유로 직무를 수행할 수 없을 때에는 위원장이 지정한 부위원장이 그 직무를 대행한다.
(3) 다만, 위원장이 지정한 부위원장이 없으면 부위원장 중에서 연장자 순으로 직무를 대행한다.

04 의사정족수 및 의결정족수

1) 위원회의 회의는 재적위원 과반수의 출석으로 열리고
2) 출석위원 과반수의 찬성으로 의결한다.

05 분과위원회와 분장사항

1) 국가유산종류별로 업무를 나누어 조사·심의하기 위하여 문화유산위원회에 두는 분과위원회와 그 분장사항은 다음 각 호와 같다.

2) 분과위원회와 분장사항
(1) 건축문화유산분과위원회 : 유형문화유산(법 제2조 ① 제1호) 중 건조물에 관한 사항. 다만, 궁능문화유산분과위원회 분장사항은 제외한다.
(2) 동산문화유산분과위원회 : 유형문화유산 중 건조물을 제외한 유형문화유산에 관한 사항. 다만, 궁능문화유산분과위원회 분장사항은 제외한다.
(3) 사적분과위원회 : 기념물에 관한 사항. 다만, 근현대문화유산분과위원회 분장사항 및 궁능문화유산분과위원회 분장사항은 제외한다.
(4) 매장문화유산분과위원회 : 「매장문화유산 보호 및 조사에 관한 법률」에 따른 매장문화유산에 관한 사항. 다만, 「자연유산의 보존 및 활용에 관한 법률」에 따른 자연유산위원회(제7조의3 ①)의 심의사항은 제외한다.
(5) 근현대문화유산분과위원회 : 기념물 중 근현대 시설물 및 국가등록문화유산에 관한 사항.

다만, 궁능문화유산분과위원회 분장사항은 제외한다
(6) 민속문화유산분과위원회 : 민속문화유산에 관한 사항
(7) 세계유산분과위원회 : 「국가유산기본법」에 따른 세계유산 등의 등재, 잠정목록 대상의 조사·발굴, 「세계문화유산 및 자연유산의 보호에 관한 협약」에 관한 사항과 이미 등재된 세계유산 등의 유지·관리 및 지원 업무 중 국가유산청장이 회의에 부치는 사항. 다만, 「자연유산의 보존 및 활용에 관한 법률」에 따른 자연유산위원회의 심의사항은 제외한다.
(8) 궁능문화유산분과위원회 : 궁능유적본부장의 소관 문화유산에 관한 사항. 다만, 다음 각 호의 사항은 제외한다.
　① 「문화유산의 보존 및 활용에 관한 법률」 제8조(문화유산위원회의 설치) 제1항 제2호, 제3호, 제8호
　　(문화유산의 보존·관리 및 활용에 관한 다음 각 호의 사항을 조사·심의하기 위하여 국가유산청에 문화유산위원회를 둔다)
　　㉠ 제2호 : 국가지정문화유산의 지정과 그 해제에 관한 사항
　　㉡ 제3호 : 국가지정문화유산의 보호물 또는 보호구역 지정과 그 해제에 관한 사항
　　㉢ 제8호 : 「근현대문화유산의 보존 및 활용에 관한 법률」에 따른 국가등록문화유산의 등록, 등록 말소 및 보존에 관한 사항
　② 「자연유산의 보존 및 활용에 관한 법률」 제7조의3(자연유산위원회의 심의사항 등) ①에 따른 심의사항
　　(자연유산위원회는 자연유산의 보존 및 활용에 관한 다음 각 호의 사항을 심의한다)
　　㉠ 자연유산 보호계획에 관한 사항
　　㉡ 천연기념물 및 명승의 지정과 그 해제에 관한 사항
　　㉢ 천연기념물 및 명승의 보호물 또는 보호구역의 지정과 그 해제에 관한 사항
　　㉣ 천연기념물 및 명승의 현상변경에 관한 사항
　　㉤ 천연기념물 및 명승의 역사문화환경 보호에 관한 사항
　　㉥ 천연기념물의 국외 반출·입에 관한 사항
　　㉦ 천연기념물 및 명승의 보존관리에 관한 전문적 또는 기술적 사항으로 중요하다고 인정되는 사항
　　㉧ 국제연합교육과학문화기구("유네스코") 자연유산 선정에 관한 사항
　　㉨ 그 밖에 자연유산의 보존 및 활용 등에 관하여 국가유산청장이 심의에 부치는 사항

06 분과위원회의 조직

1) 분과위원회 위원 수는 각 분과위원회별로 국가유산청장이 정한다.

2) 국가유산청장은 위촉된 위원의 전문분야를 고려하여 분과위원회 위원을 지정한다. 이 경우 필요하다고 인정하면 2개 이상의 분과위원회의 위원을 겸직하게 할 수 있다.

3) 분과위원회의 위원장은 분과위원회에서 호선한다.

4) **분과위원회 위원장**
   (1) 분과위원회의 위원장이 부득한 사유로 직무를 수행할 수 없을 때에는 그가 지정한 분과위원회의 위원이 직무를 대행하고
   (2) 분과위원회의 위원장이 지정한 분과위원회의 위원이 없으면 분과위원회의 위원 중에서 연장자 순으로 직무를 대행한다.

5) **분과위원회 회의 개최**
   (1) 분과위원회 회의는 분과위원회의 위원장이 소집하거나
   (2) 국가유산청장 또는 분과위원회의 위원 3분의 1 이상의 요구에 따라 개최한다.

07 합동분과위원회

1) 분과위원회는 조사·심의 등을 위하여 필요한 경우 다른 분과위원회와 함께 위원회를 열 수 있다.(「문화유산의 보존 및 활용에 관한 법률」 제8조 ④)에 따른

2) **합동분과위원회 회의**
   (1) 합동분과위원회의 회의는 각 분과위원회의 위원장이 소집하거나 국가유산청장의 요구에 따라 개최하며,
   (2) 그 **의장**은 합동분과위원회에서 호선한다.

08 소위원회

1) 분과위원회나 합동분과위원회는 심의사항 등에 관한 전문적·효율적 심의를 위하여 필요한 경우에는 소위원회를 구성·운영할 수 있다.

2) 소위원회 위원은 분과위원회나 합동분과위원회의 위원과 해당 분야의 전문가 중에서 분과위원회의 **위원장**이나 합동분과위원회의 **의장**이 지정한다.

09 분과위원회 회의 등의 의사정족수

분과위원회, 합동분과위원회 및 소위원회의 회의는 재적위원 과반수의 출석으로 열리고 출석위원 과반수의 찬성으로 의결한다.

10 회의록의 비공개

1) 작성된 회의록은 공개하여야 한다. 다만, 특정인의 재산상의 이익에 영향을 미치거나 사생활의 비밀을 침해하는 등의 경우에는 해당위원회의 의결로 공개하지 아니할 수 있다.

2) **공개하지 아니할 수 있는 경우**
   (1) 위원회의 위원, 전문위원 등의 이름·주민등록번호 등 개인에 관한 사항이 공개될 경우 재산상의 이익이나 사생활의 비밀 또는 자유를 침해할 우려가 있는 경우
   (2) 문화유산의 보존·관리 및 활용에 관한 조사·심의가 진행 중에 있어 해당 사항이 공개될 경우 공정한 조사·심의에 영향을 줄 수 있다고 인정되는 경우
   (3) 그 밖에 공개하면 위원회 심의의 공정성을 크게 저해할 우려가 있다고 인정되는 경우

11 위원의 제척·기피 등

1) 위원회, 분과위원회, 합동분과위원회 및 소위원회의 위원은 다음 각 호의 어느 하나에 해당하는 사항에 대해서는 위원회 등의 조사·심의에서 제척(除斥)된다.

2) **위원의 제척·기피 등의 사항**
   (1) 위원, 또는 그 배우자나 배우자이었던 사람이 해당 안건의 당사자이거나 그 안건 당사자와 공동권리자 또는 공동의무자의 관계에 있는 경우
   (2) 위원이 해당 안건의 당사자와 친족이거나 친족이었던 경우
   (3) 위원 또는 위원이 속한 법인(법인의 상근·비상근 임직원을 포함한다)이 해당 안건의 당사자의 대리인으로 관여하거나 관여하였던 경우
   (4) 위원이 해당 안건에 관하여 용역을 수행하거나 그 밖의 방법으로 직접 관여한 경우
   (5) 그 밖에 해당 안건의 당사자와 직접적인 이해관계가 있다고 인정되는 경우

3) 해당 안건의 당사자는 위원에게 공정한 심의·의결을 기대하기 어려운 사정이 있는 경우에는 위원회 등에 기피신청을 할 수 있고, 위원회 등은 의결로 기피 여부를 결정해야 한다. 이 경우 기피 신청의 대상인 위원은 그 의결에 참여할 수 없다.

4) 위원이 2)의 제척 사유에 해당하는 경우에는 스스로 해당 안건의 심의·의결에서 회피(回避)해야 한다.

12 전문위원

1) 위원회에 200명 이내의 비상근 전문위원을 둘 수 있다.

2) 전문위원의 위촉자격(국가유산청장이 위촉)
    (1) 「고등교육법」에 따른 대학에서 문화유산의 보존·관리 및 활용과 관련된 학과의 조교수 이상에 재직하거나 재직하였던 자
    (2) 문화유산의 보존·관리 및 활용과 관련된 업무에 5년 이상 종사한 자

3) 전문위원은 국가유산청장이나 각 분과위원회의 위원장의 명을 받아 심의사항에 관한 자료 수집·조사·연구와 계획의 입안을 하고 당해 분과위원회에 출석하여 발언할 수 있다.

4) 전문위원의 임기는 2년으로 한다. 다만, 전문위원의 사임 등으로 인하여 새로이 위촉된 전문위원의 임기는 전임자 임기의 남은 기간으로 한다.

13 해촉

1) 국가유산청장은 위원회등의 위원 또는 전문위원이 다음 각 호의 어느 하나에 해당하는 경우에는 해촉할 수 있다.

2) 해촉사유
    (1) 질병·심신쇠약·해외체류 등으로 장기간 직무를 수행할 수 없게 되거나 위원회 등의 회의에 장기간 출석하지 아니한 경우
    (2) 위원이 문화유산매매업자, 국가유산수리업자, 국가유산실측설계업자, 국가유산감리업자 또는 「민법」에 따라 설립된 비영리법인으로서 매장문화유산 발굴 관련 사업의 목적으로 설립된 법인의 대표자나 상근 임직원이 된 경우
    (3) 직무와 관련하여 부당하게 영향력을 행사하거나, 부정한 청탁을 받는 등 윤리강령(제13조)에 따른 윤리규정에 위반한 경우
    (4) 분과위원회의 개편 등으로 해당 분과위원회가 운영되지 않는 경우

(5) 위원회의 제척·기피 등의 어느 하나에 해당하는 데에도 불구하고 회피하지 않은 경우
(6) 위원 스스로 직무 수행이 곤란하다고 의사를 밝히는 경우
(7) 시·도문화유산위원회의 위원으로 위촉된 경우

14 윤리강령

위원회는 위원회 등의 위원과 전문위원이 문화유산에 관한 업무를 수행하면서 지켜야 할 사항을 문화유산위원회 윤리강령으로 정할 수 있다.

15 간사 등

1) 위원회 등의 사무를 처리하기 위하여 위원회등에 간사 및 서기를 둔다.
2) 간사와 서기는 국가유산청장이 소속 공무원 중에서 임명한다.
3) 간사는 위원회등의 운영과 관련된 업무를 담당하고 회의 중에 발언할 수 있으며, 서기는 간사를 보조한다.

16 수당과 여비

위원회 등의 위원과 전문위원에게는 예산의 범위에서 수당과 여비를 지급한다.

17 관계자의 의견청취

위원회와 각 분과위원회 또는 합동분과위원회는 필요하다고 인정할 때에는 관계공무원, 전문가 또는 이해당사자를 회의에 출석하게 하여 의견을 들을 수 있다.

18 위임사항

이 영에 규정된 것 외에 위원회의 운영에 관하여 필요한 사항은 위원회의 의결을 거쳐 위원장이 정한다.

예상문제

01 문화유산의 보존 및 활용에 관한 법령상, 문화유산위원회의 조사·심의 사항으로 옳지 않은 것은?

① 매장유산 발굴 및 평가에 관한 사항
② 문화유산기본계획에 관한 연도별 시행계획의 수립 및 공표에 관한 사항
③ 국가무형유산 보유단체의 해제에 관한 사항
④ 국가지정문화유산의 역사문화환경 보호에 관한 사항

해설

1. 문화유산위원회의 조사·심의사항
   (1) 기본계획에 관한 사항
   (2) 국가지정문화유산의 지정과 그 해제에 관한 사항
   (3) 국가지정문화유산의 보호물 또는 보호구역 지정과 그 해제에 관한 사항
   (4) 국가지정문화유산의 현상변경에 관한 사항
   (5) 국가지정문화유산의 국외 반출에 관한 사항
   (6) 국가지정문화유산의 역사문화환경 보호에 관한 사항
   (7) 「근현대문화유산의 보존 및 활용에 관한 법률」에 따른 국가등록문화유산의 등록, 등록 말소 및 보존에 관한 사항
   (8) 「근현대문화유산의 보존 및 활용에 관한 법률」에 따른 근현대문화유산지구의 지정, 구역의 변경 및 지정의 해제에 관한 사항
   (9) 매장문화유산 발굴 및 평가에 관한 사항
   (10) 국가지정문화유산의 보존·관리에 관한 전문적 또는 기술적 사항으로서 중요하다고 인정되는 사항
   (11) 그 밖에 문화유산의 보존·관리 및 활용 등에 관하여 국가유산청장이 심의에 부치는 사항

2. 문화유산 보존 시행계획 수립
   (1) 국가유산청장 및 시·도지사는 기본계획에 관한 연도별 시행계획을 수립·시행하여야 한다.
   (2) 시·도지사는 해당 연도의 시행계획 및 전년도의 추진실적을 정하는 바에 따라 매년 국가유산청장에게 제출하여야 한다.
   (3) 국가유산청장 및 시·도지사는 시행계획을 수립한 때에는 이를 공표하여야 한다.

정답 ②, ③

02 문화유산위원회의 분과위원회 중에서 세계유산분과위원회에서 다루지 않는 내용은?

① 세계유산 등의 등재
② 잠정목록대상의 조사 · 발굴
③ 「세계문화유산 및 자연유산의 보호에 관한 협약」에 관한 사항
④ 기념물 중 근현대시설물 및 국가등록유산에 관한 사항
⑤ 이미 등재된 세계유산 등의 유지 · 관리 및 지원 업무 중 국가유산청장이 회의에 부치는 사항

정답 ④

03 다음 중 문화유산의 보존 및 활용에 관한 법령상, 문화유산위원회의 내용이다. 바르지 않은 것을 고르시오.

① 문화유산위원회는 위원장 1명 및 부위원장 2명을 포함한 100명 이내의 위원으로 구성한다.
② 국가유산 종류별로 업무를 나누어 조사 · 심의하기 위하여 문화유산위원회에 분과위원회를 둘 수 있다.
③ 분과위원회는 조사 · 심의 등을 위하여 필요한 경우 다른 분과위원회와 함께 위원회를 열 수 있다. 분과위원회나 합동분과위원회는 심의사항 등에 관한 전문적 · 효율적 심의를 위하여 필요한 경우에는 소위원회를 구성 · 운영할 수 있다.
④ 위원회에 120명 이내의 비상근전문위원을 둘 수 있다.

해설 전문위원 : 위원회에 200명 이내의 비상근전문위원을 둘 수 있다.

정답 ④

04 문화유산위원회 규정상, 문화유산위원회의 구성에 관한 설명으로 옳은 것을 찾으시오.

① 문화유산위원회 규정은 「문화유산의 보존 및 활용에 관한 법률」에 따른 문화유산위원회의 조직과 운영 등에 관한 사항을 규정한다.
② 문화유산위원회는 120명 이내의 위원으로 구성한다.
③ 위원의 임기는 3년으로 한다.
④ 보궐 위원의 임기는 2년을 보장한다.

해설 ② 100명   ③ 2년   ④ 전임자 임기의 남은 기간으로 한다.

정답 ①

05 문화유산위원회 규정상, 문화유산위원회의 내용이다. 옳은 것을 고르시오.

① 문화유산위원회는 위원장 1명 및 부위원장 1명을 포함한 100명 이내의 위원으로 구성한다.
② 국가유산 종류별로 업무를 나누어 조사·의결하기 위하여 문화유산위원회에 분과위원회를 둔다.
③ 분과위원회나 합동분과위원회는 심의사항 등에 관한 전문적·효율적 심의를 위하여 소위원회를 구성·운영하여야 한다.
④ 위원회에 200명 이내의 비상근전문위원을 둘 수 있다.

해설
① 위원장 1명 및 부위원장 2명
② 조사·심의
③ 필요한 경우에는 소위원회를 구성·운영할 수 있다.

정답 ④

06 문화유산위원회 규정상 회의록 작성과 관계없는 위원회는?

① 문화유산위원회 ② 분과위원회
③ 합동분과위원회 ④ 소위원회

정답 ④

07 문화유산의 보존 및 활용에 관한 법령에서 문화유산위원회의 회의록을 공개하지 아니할 수 있는 경우가 아닌 것은?

> ㄱ. 위원회의 위원, 전문위원, 국가무형유산 보유자 등의 이름·주민등록번호 등 개인에 관한 사항이 공개될 경우 재산상의 이익이나 사생활의 비밀 또는 자유를 침해할 우려가 있는 경우
> ㄴ. 문화유산의 보호·관리 및 활용에 관한 조사·심의가 진행 중에 있어 해당 사항이 공개될 경우 공정한 조사·심의에 영향을 줄 수 있다고 인정되는 경우
> ㄷ. 국가무형유산의 보유자 인정 등에 관한 회의록이 공개될 경우 당사자의 명예가 훼손될 우려가 있다고 인정되는 경우
> ㄹ. 그 밖에 공개하면 위원회 심의의 공정성을 크게 저해할 우려가 있다고 인정되는 경우

① ㄱ ② ㄴ
③ ㄷ ④ ㄹ

> **해설** 회의록의 비공개
> 회의록은 공개하여야 한다. 다만, 특정인의 재산상의 이익에 영향을 미치거나 사생활의 비밀을 침해하는 등의 경우에는 해당 위원회의 의결로 공개하지 아니할 수 있다.
> ㄷ. 「무형유산의 보전 및 진흥에 관한 법률」에 해당한다.

정답 ③

08 문화유산위원회 규정상, 문화유산위원회의 내용으로 옳은 것을 고르시오.
① 위원회의 위원장과 부위원장은 위원회에서 각각 호선한다.
② 위원회의 회의는 재적위원 과반수의 출석으로 열리고 출석위원 3분의 2 이상의 찬성으로 의결한다.
③ 분과위원회, 합동분과위원회 및 소위원회의 회의에서 의결한 사항은 회의록을 작성하여야 한다.
④ 특정인의 재산상의 이익에 영향을 미칠 경우에 한해서 회의록을 공개하지 아니할 수 있다.

> **해설**
> ② 출석위원 과반수의 찬성
> ③ 소위원회의 경우 회의록을 작성하지 않아도 된다.
> ④ 특정인의 재산상의 이익에 영향을 미치거나 사생활의 비밀을 침해할 우려가 있는 경우 회의록을 공개하지 아니할 수 있다.

정답 ①

09 문화유산위원회, 분과위원회, 합동분과위원회 및 소위원회의 위원은 위원의 제척·기피 등의 사항에 해당될 경우에는 조사·심의에서 제척된다. 위원의 제척·기피 등의 사항과 거리가 있는 것은?
① 위원 또는 그 배우자나 배우자이었던 사람이 해당 안건의 당사자이거나 그 안건 당사자와 공동권리자 또는 공동의무자의 관계에 있는 경우
② 위원이 해당 안건의 당사자와 친족이거나 친족이었던 경우
③ 위원 또는 위원이 속한 법인이 당사자의 대리인으로 관여하거나 관여하였던 경우(단, 법인의 비상근 임직원은 비포함한다)
④ 위원이 해당 안건에 관하여 용역을 수행하거나 그 밖의 방법으로 직접 관여한 경우

정답 ③

10 문화유산의 보존 및 활용에 관한 법령상, 문화유산위원회 위원의 제척·기피 등으로 가장 옳지 않은 것을 찾으시오.

① 위원회, 분과위원회, 합동분과위원회 및 소위원회의 위원은 조사·심의에서 제척될 수 있다.
② 위원회 등의 회의에 장기간 출석하지 아니하는 경우는 위원의 제척·기피 등의 사항이다.
③ 당사자는 위원에게 공정한 심의·의결을 기대하기 어려운 사정이 있는 경우에는 기피 신청을 할 수 있다.
④ 위원이 제척·기피 등의 사항에 해당하는 때에는 스스로 그 사항의 심의·의결에서 회피할 수 있다.

해설 위원의 제척·기피 등
1. 위원회/분과위원회/합동분과위원회/및 소위원회의 위원은 조사·심의에서 제척될 수 있다.
2. 위원의 제척·기피 등의 사항
   ① 위원 또는 그 배우자나 배우자이었던 사람이 해당 안건의 당사자이거나 그 안건 당사자와 공동권리자 또는 공동의무자의 관계에 있는 경우
   ② 위원이 해당 안건의 당사자와 친족이거나 친족이었던 경우
   ③ 위원 또는 위원이 속한 법인이 해당 안건의 당사자의 대리인으로 관여하거나 관여하였던 경우
   ④ 위원이 해당 안건에 관하여 용역을 수행하거나 그 밖의 방법으로 직접 관여한 경우
   ⑤ 그 밖에 해당 안건의 당사자와 직접적인 이해가 있다고 인정되는 경우

정답 ②

11 문화유산위원회의 전문위원에 대한 설명으로 옳지 않은 것은?

① 위원회에 120명 이내의 비상근전문위원을 둘 수 있다.
② 전문위원은 국가유산청장이 위촉하며 전문위원의 위촉자격은 고등교육법에 따른 대학에서 문화유산의 보존·관리 및 활용과 관련된 조교수 이상에 재직하거나 재직하였던 자와 문화유산의 보존·관리 및 활용과 관련된 업무에서 5년 이상 종사한 자로 한다.
③ 전문위원은 국가유산청장이나 각 분과위원회의 위원장의 명을 받아 심의사항에 관한 자료수집·조사·연구와 계획의 입안을 하고 당해분과 위원회에 출석하여 발언할 수 있다.
④ 전문위원의 임기는 2년으로 한다.

정답 ①

12 문화유산위원회의 규정상, 문화유산위원회 등의 위원 또는 전문위원을 해촉할 수 있는 경우로 틀린 것을 찾으시오.

① 국가유산청장은 위원회 등의 위원을 해촉할 수 있다.
② 질병 등으로 장기간 위원으로서의 직무를 수행할 수 없을 시 해촉사유가 된다.
③ 위원이 문화유산매매업자 등과 같이 문화유산관련사업의 목적으로 설립된 법인의 대표나 임직원이 된 경우는 해촉사유가 아니다.
④ 직무와 관련하여 윤리강령에 따른 윤리규정에 위반한 경우 해촉사유가 된다.

정답 ③

PART 06

고도 보존 및 육성에 관한 특별법 및 같은 법 시행령·시행규칙

제 1 장 | 총칙
제 2 장 | 고도의 지정 등
제 3 장 | 보존육성사업 등
제 4 장 | 보칙
제 5 장 | 벌칙

예상문제

CHAPTER 01 총칙

01 목적

1) 이 법은 우리 민족의 문화적 자산인 고도(古都)의 역사문화환경을 효율적으로 보존 · 육성함으로써
2) 고도의 정체성을 회복하고 주민의 생활을 개선하여 고도를 활력 있는 역사문화도시로 조성하는 데 기여함을 목적으로 한다.

02 정의

1) 고도
 (1) 과거 우리 민족의 정치 · 문화의 중심지로서 역사상 중요한 의미를 지닌
 (2) 경주 · 부여 · 공주 · 익산, 고령을 말한다.

2) 고도의 역사문화환경
 (1) 고도의 생성 · 발전 과정의 배경이 되는 자연환경과 역사적 의의를 갖는
 (2) 유형 · 무형의 문화유산 등 고도를 구성하고 있는 모든 요소

3) 고도보존육성사업
 (1) 고도보존육성기본계획의 수립 등(법 제8조)에 따른
 (2) 고도보존육성기본계획에 따라 시행하는 사업
 (3) 다만, 주민지원사업은 제외한다.

4) 주민지원사업
 (1) 고도보존육성기본계획(법 제8조)에 따라 지구의 지정 등(법 제10조)에 따른 지정지구에 거주하는 주민의 생활환경을 개선하고
 (2) 복리를 증진하기 위하여 시행하는 사업

03 국가와 지방자치단체의 책무

국가와 지방자치단체는 고도의 역사문화환경을 보존하기 위하여 노력하여야 한다.

04 다른 법률에 따른 계획과의 관계

1) 이 법에 따른 고도보존육성기본계획은 다른 법률에 따른 보존 및 개발계획보다 우선한다.
2) 다만, 「국토기본법」(법 제6조)으로 정하는 국토종합계획 및 군사에 관한 계획에 대해서는 우선하지 아니한다.

05 고도보존육성중앙심의위원회

1) 다음 각 호의 사항을 심의하고 보존육성사업과 주민지원사업을 효율적으로 추진하기 위하여
    (1) 국가유산청에 고도보존육성중앙심의위원회를 둔다.

    (2) 고도보존육성중앙심의위원회의 심의사항
        ① 고도의 지정에 관한 사항(법 제7조)
        ② 고도보존육성기본계획에 관한 사항(법 제8조)
        ③ 지구의 지정·해제 또는 변경에 관한 사항(법 제10조)
        ④ 역사문화환경 특별보존지구에서의 행위허가에 관한 사항(법 제11조 ①)
        ⑤ 사업시행자 지정에 관한 사항(법 제15조)
        ⑥ 그 밖에 보존육성사업과 주민지원사업에 필요한 사항으로서 정하는 사항
            ㉠ 이주대책의 수립·시행에 관한사항
            ㉡ 고도보존육성기본계획의 시행에 필요한 조직, 인력 및 재원의 조달 등에 관한 사항
            ㉢ 그 밖에 고도보존육성사업 및 주민지원사업에 관하여 고도보존육성중앙심의위원회의 위원장이 심의에 부치는 사항

2) 중앙심의위원회의 구성
    (1) 위원장 1명, 부위원장 2명을 포함한
    (2) 20명 이내의 위원으로 구성

3) 중앙심의위원회의 위원장은 국가유산청장이 되고 부위원장은 국토교통부장관과 국가유산청장이 각각 지명하는 고위공무원단에 속하는 공무원이 된다.

4) 중앙심의위원회의 위원
(1) 아래의 어느 하나에 해당하는 사람 중에서 국가유산청장이 임명하거나 위촉한다.
① 관계 중앙행정기관의 장이 지명하는 고위공무원단에 속하는 공무원
② 고도를 관할하는 광역 지방자치단체의 장이 지명하는 2급 · 3급 또는 이에 상당하는 공무원
③ 국가유산에 관한 학식과 경험이 풍부한 사람 2명 이상
④ 도시계획에 관한 학식과 경험이 풍부한 사람으로서 국토교통부장관이 추천하는 사람 2명 이상

(2) 이 경우 기획재정부장관, 행정안전부장관 및 문화체육관광부장관이 각각 지명하는 공무원은 당연직위원으로 한다.

5) 중앙심의위원회의 업무를 효율적으로 지원하고 전문적인 조사 · 연구를 수행하기 위하여 필요하다고 인정되는 때에는 예산의 범위에서 전문위원을 둘 수 있다.
(1) 전문위원은 15명 이내로 하고, 국가유산, 도시계획, 토목, 경관, 환경, 역사, 관광 등에 관한 학식과 경험이 풍부한 사람 중에서 성별을 고려하여 국가유산청장이 위촉한다.
(2) 전문위원의 임기는 2년으로 한다. 다만, 전문위원의 사임 등으로 인하여 새로 위촉된 전문위원의 임기는 전임 전문위원 임기의 남은 기간으로 한다.
(3) 국가유산청장은 전문위원이 다음의 어느 하나에 해당하는 경우에는 해당 전문위원을 해촉할 수 있다.
① 심신장애로 인하여 직무를 수행할 수 없게 된 경우
② 직무와 관련된 비위사실이 있는 경우
③ 직무 태만, 품위 손상이나 그 밖의 사유로 인하여 전문위원으로 적합하지 아니하다고 인정되는 경우
④ 전문위원 스스로 직무를 수행하는 것이 곤란하다고 의사를 밝히는 경우

6) 그 밖에 중앙심의위원회의 조직과 운영, 전문위원의 임명 등
(1) 위원장의 직무 등
① 중앙심의위원회의 위원장은 중앙심의위원회를 대표하고, 중앙심의위원회의 사무를 총괄한다.

② 중앙심의위원회의 부위원장은 중앙심의위원회의 위원장을 보좌하고, 위원장이 부득이한 사유로 그 직무를 수행할 수 없을 때에는 국가유산청장이 지명하는 고위공무원단에 속하는 공무원인 부위원장, 국토교통부장관이 지명하는 고위공무원단에 속하는 공무원인 부위원장의 순으로 그 직무를 대행한다.

(2) 위원의 임기
① 공무원이 아닌 위원의 임기는 2년으로 하되,
② 보궐위원의 임기는 전임자 임기의 남은 기간으로 한다.

(3) 중앙심의위원회의 회의
① 중앙심의위원회의 회의는 위원장이 필요하다고 인정하거나 재적위원 5명 이상이 요구하면 위원장이 소집한다.
② 위원장이 회의를 소집할 때에는 회의 개최 3일 전까지 회의의 일시·장소 및 심의안건을 중앙심의위원회의 위원에게 알려야 한다. 다만, 긴급한 경우에는 회의 개최 전 날까지 알릴 수 있다.
③ 중앙심의위원회의 회의는 재적위원 과반수의 출석으로 열리고, 출석위원 과반수의 찬성으로 의결한다.
④ 공무원인 위원이 부득이한 사유로 회의에 출석하지 못하는 경우에는 그 바로 하위직위에 있는 공무원이 대리로 출석하여 그 직무를 대행할 수 있다.

(4) 위원의 제척·기피·회피
① 중앙심의위원회의 위원이 다음 각 호의 어느 하나에 해당하는 경우에는 해당 안건의 심의·의결에서 제척(除斥)된다.
  ㉠ 중앙심의위원회의 위원 또는 그 배우자나 배우자이었던 사람이 해당 안건의 당사자(당사자가 법인·단체 등인 경우에는 그 임원을 포함한다.)이거나 그 안건의 당사자와 공동권리자 또는 공동의무자인 경우
  ㉡ 중앙심의위원회의 위원이 해당 안건의 당사자와 친족이거나 친족이었던 경우
  ㉢ 중앙심의위원회의 위원이 해당 안건에 대하여 자문, 연구, 용역(하도급을 포함한다), 감정 또는 조사를 한 경우
  ㉣ 중앙심의위원회의 위원이나 위원이 속한 법인·단체 등이 해당 안건 당사자의 대리인이거나 대리인이었던 경우
  ㉤ 중앙심의위원회의 위원이 임원 또는 직원으로 재직하고 있거나 최근 3년 내에 재직하였던 기업 등이 해당 안건에 관하여 자문, 연구, 용역(하도급을 포함한다), 감정 또는 조사를 한 경우
② 중앙심의위원회의 심의 대상인 안건의 당사자는 중앙심의위원회의 위원에게 공정

한 심의·의결을 기대하기 어려운 사정이 있는 경우에는 중앙심의위원회에 기피 신청을 할 수 있고, 중앙심의위원회는 의결로 기피 여부를 결정하여야 한다. 이 경우 기피 신청의 대상인 위원은 그 의결에 참여할 수 없다.

③ 중앙심의위원회의 위원이 ①의 각 호에 따른 제척 사유에 해당하는 경우에는 중앙심의위원회에 그 사실을 알리고 스스로 해당 안건의 심의·의결에서 회피하여야 한다.

(5) 위원의 해촉

국가유산청장은 중앙심의위원회의 위원이 다음 각 호의 어느 하나에 해당하는 경우에는 해당 위원을 해촉(解囑)할 수 있다.

① 해당 안건의 심의·의결에서 제척(영 제6조의2 ① 각 호)되는 각 호의 어느 하나에 해당함에도 불구하고 해당 안건의 심의·의결에서 회피하지 아니한 경우

② 직무태만, 품위손상이나 그 밖의 사유로 인하여 위원으로 적합하지 아니하다고 인정되는 경우

(6) 간사 및 서기

① 중앙심의위원회에는 중앙심의위원회의 사무를 담당할 간사 1명과 서기 1명을 둔다.
② 간사와 서기는 국가유산청 소속 공무원 중에서 국가유산청장이 임명한다.

(7) 소위원회

① 중앙심의위원회가 위임한 사항을 심의하고 처리하기 위하여 중앙심의위원회에 소위원회를 둘 수 있다.
② 소위원회는 위원장이 지명하는 7명 이내의 위원으로 구성하고, 필요하면 관계 전문가를 출석시켜 의견을 들을 수 있다.
③ 소위원회의 심의를 거친 사항 중 중앙심의위원회가 지정한 사항은 중앙심의위원회의 심의를 거친 것으로 본다.
④ 위원 등의 수당 지급
  ㉠ 소위원회에 출석하는 위원과 관계전문가에게는 예산의 범위에서 수당을 지급할 수 있다.
  ㉡ 다만, 공무원인 위원이 그 소관업무와 직접 관련하여 출석한 경우에는 수당을 지급하지 아니한다.
  ㉢ 전문위원에게는 예산의 범위에서 조사·연구 등에 필요한 수당, 여비 그 밖의 필요한 경비를 지급할 수 있다.
⑤ 그 밖에 소위원회의 운영에 필요한 사항은 중앙심의위원회의 의결을 거쳐 위원장이 정한다.

(8) 운영세칙
　① 이 영에 규정된 사항 외에 중앙심의위원회의 운영에 필요한 사항은
　② 중앙심의위원회의 의결을 거쳐 위원장이 정한다.

06 고도보존육성지역심의위원회

1) 고도의 보존ㆍ육성에 관한 다음 각 호의 사항을 심의하기 위하여

(1) 해당 특별자치시ㆍ특별자치도 또는 시ㆍ군ㆍ구(자치구를 말한다)에 고도보존육성지역심의위원회를 둔다.

(2) 고도보존육성지역 심의위원회의 심의사항
　① 고도보존육성시행계획에 관한 사항
　② 역사문화환경 보존육성지구에서의 행위 허가에 관한 사항
　③ 그 밖에 고도의 역사문화환경 보존ㆍ육성 및 주민지원을 위하여 필요하다고 인정하여 조례로 정하는 사항

2) 지역심의위원회의 구성

(1) 위원장 1명을 포함한
(2) 15명 이내의 위원으로 구성한다.

3) 지역심의위원회의 위원

(1) 다음에 해당하는 사람 중에서 해당 특별자치시장ㆍ특별자치도지사 또는 시장ㆍ군수ㆍ구청장이 위촉하며
　① 특별자치시ㆍ특별자치도 또는 시ㆍ군ㆍ구 의회가 추천하는 2명 이내의 지방의회 의원
　② 특별자치시ㆍ특별자치도 또는 시ㆍ군ㆍ구 의회가 추천하는 4명 이내의 지역주민 대표
　③ 국가유산, 경관 및 도시계획 관련 전문가 각 3명 이내

(2) 위원장은 위원 중에서 호선한다.

4) 지역심의위원회의 업무를 효율적으로 지원하고 전문적인 조사ㆍ연구업무를 수행하기 위하여 필요하다고 인정되는 때에는 예산의 범위에서 전문위원을 둘 수 있다.

5) 그 밖에 지역심의위원회의 구성과 운영, 전문위원의 임명 등에 필요한 사항은 특별자치시 · 특별자치도 또는 시 · 군 · 구 조례로 정한다.

07 위원의 결격 사유

아래의 어느 하나에 해당하는 사람은 중앙심의위원회 및 지역심의위원회 위원이 될 수 없다.
1) 파산선고를 받은 사람으로서 복권되지 아니한 사람
2) 금고 이상의 형의 선고를 받고 그 집행이 종료(집행이 종료된 것으로 보는 경우를 포함한다)되거나 집행이 면제된 날부터 2년이 지나지 아니한 사람
3) 금고 이상의 형의 집행유예를 선고받고 그 유예기간 중에 있는 사람
4) 법원의 판결 또는 법률에 의하여 자격이 정지된 사람

CHAPTER 02 고도의 지정 등

01 타당성조사 및 기초조사

1) 타당성조사

국가유산청장, 특별시장·광역시장·도지사, 특별자치시장·특별자치도지사 또는 시장·군수·구청장은 고도로 지정하는 것을 검토할 필요가 있는 지역에 대하여 타당성조사를 할 수 있다.

(1) 타당성조사에는 고도로 지정하는 것을 검토할 필요가 있다고 인정되는 지역에 대한 다음 각 호의 사항이 포함되어야 한다.
① 국가유산(보호구역을 포함한다)의 현황
② 국가유산의 분포 예상지역 현황
③ (①과 ②에 따른) 국가유산과 국가유산의 분포예상지역 주변 토지의 이용 현황 및 계획
④ 지질, 환경 및 경관 등에 관한 사항
⑤ 「국토의 계획 및 이용에 관한 법률」에 따른 도시·군기본계획 및 도시·군관리계획에 관한 사항과 기반시설의 현황·계획
⑥ 해당 지역의 역사적·학술적 중요성
⑦ 해당 지역의 역사문화환경 보존의 필요성
⑧ 고도 지정이 주변지역 등에 미치는 영향
⑨ 그 밖에 국가유산청장, 특별시장·광역시장·도지사, 특별자치시장·특별자치도지사 또는 시장·군수·구청장이 필요하다고 인정하는 사항

(2) 국가유산청장, 시·도지사, 특별자치시장·특별자치도지사 또는 시장·군수·구청장은 관계 행정기관의 장에게 타당성 조사에 필요한 자료 제출을 요청할 수 있다.

(3) 국가유산청장, 시·도지사, 특별자치시장·특별자치도지사 또는 시장·군수·구청장은 타당성조사를 하는 경우 그 조사할 사항에 관하여 다른 법령에 따라 조사한 자료가 있는 경우에는 그 자료를 활용할 수 있다.

(4) 국가유산청장, 시 · 도지사, 특별자치시장 · 특별자치도지사 또는 시장 · 군수 · 구청장은 타당성조사를 관련 전문기관에 의뢰할 수 있다.

2) 기초조사

국가유산청장, 시 · 도지사, 특별자치시장 · 특별자치도지사 또는 시장 · 군수 · 구청장은 고도보존육성기본계획을 수립 · 변경하여야 하는 지역에 대하여 기초조사를 할 수 있다.

(1) 기초조사에는 고도보존육성기본계획을 수립 · 변경하여야 하는 지역에 대한 다음 각 호의 사항이 포함되어야 한다.
　① 국가유산(보호구역을 포함한다)의 현황
　② 국가유산의 분포 예상지역 현황
　③ (①과 ②에 따른) 국가유산과 국가유산의 분포 예상지역 주변 토지의 이용 현황 및 계획
　④ 인구, 자연환경 등 지역적 특성
　⑤ 문화산업 및 관광산업 현황
　⑥ 「국토의 계획 및 이용에 관한 법률」에 따른 도시 · 군기본계획 및 도시 · 군관리계획에 관한 사항과 기반시설의 현황 · 계획
　⑦ 그 밖에 시 · 도지사, 특별자치시장 · 특별자치도지사 또는 시장 · 군수 · 구청장이 필요하다고 인정하는 사항

(2) (1)에 따른 기초조사에 관하여는 타당성 조사에 대한 규정을 준용한다. 이 경우 "타당성 조사"는 "기초조사"로 본다.

3) 국가유산청장은 1) 및 2)에 따른 조사를 할 때에 필요하면 관할 시 · 도지사, 특별자치시장, 특별자치도지사 또는 시장 · 군수 · 구청장에게 해당 조사를 실시하도록 하고 그 결과를 요청할 수 있다.

4) 1) 및 2)에 따른 조사에 관한 계획의 수립과 방법 · 절차 등에 필요한 사항은 대통령령으로 정한다.

02 고도의 지정 등

1) 국가유산청장이 타당성조사 결과에 따라 고도로 지정하기 위해서는 중앙심의위원회의 심의 절차를 거쳐야 한다.

2) 시·도지사, 특별자치시장·특별자치도지사 또는 시장·군수·구청장은 국가유산청장에게 고도의 지정을 요청할 수 있다. 이 경우 시장·군수·구청장은 고도의 지정을 요청하기 전에 관할 시·도지사와 협의하여야 하고, 시·도지사는 고도의 지정을 요청하기 전에 해당 시장·군수·구청장의 의견을 들어야 한다.

3) 고도의 지정 기준 등(법 제7조)에 따른 고도의 지정 기준은 다음 각 호와 같다.
   (1) 역사적 가치가 큰 지역으로서 다음 각 목의 어느 하나에 해당하는 지역일 것
       ① 특정 시기의 수도 또는 임시 수도
       ② 특정 시기의 정치·문화의 중심지
   (2) 해당 지역에 고도와 관련된 유형·무형의 문화유산이 보존되어 있을 것

4) 고도의 지정 요청
   (1) 시·도지사, 특별자치시장·특별자치도지사 또는 시장·군수·구청장은 고도의 지정을 요청하려는 경우에는 다음 각 호의 서류를 국가유산청장에게 제출하여야 한다.
       ① 타당성조사 및 기초조사(법 제6조 ①)에 따른 타당성조사 결과서
       ② 지역주민 등의 의견 수렴 결과를 적은 서류
       ③ 관할 시·도지사와의 협의 결과를 적은 서류(시장·군수·구청장만 해당한다)
       ④ 해당 시장·군수·구청장의 의견 청취 결과를 적은 서류(시·도지사만 해당한다.)
       ⑤ 고도 지정 요청지역의 보존·육성을 위한 기본계획서
   (2) 다만, 시장·군수·구청장은 시·도지사를 거쳐 해당 서류를 국가유산청장에게 제출하여야 한다.

5) 국가유산청장은 타당성조사 결과서[4]의 (1) ①]를 제출받은 경우에는 중앙심의위원회의 심의를 거치기 전에 그 타당성조사 결과서의 적정성을 검토해야 한다.

03 고도보존육성기본계획의 수립 등

1) 국가유산청장은 고도를 지정하면 5년 단위의 고도보존육성기본계획을 수립하여야 한다.

2) **기본계획에 포함되어야 할 사항**
   (1) 고도의 역사문화환경 보존·육성에 관한 사항
   (2) 지구의 지정·해제 또는 변경에 관한 사항
   (3) 고도의 문화예술 진흥 및 문화시설의 설치·운영에 관한 사항
   (4) 고도의 관광산업 진흥 및 기반조성에 관한 사항
   (5) 고도의 홍보 및 국제교류에 관한 사항
   (6) 지구지정에서 토지와 건물 등의 보상에 관한 사항
   (7) 주민지원사업에 관한 사항
   (8) 이주대책에 관한 사항
   (9) 보존육성사업 및 주민지원사업을 위한 재원확보에 관한 사항
   (10) 그 밖에 고도의 보존·육성 및 주민지원에 필요한 사항
      ① 민간자본을 유치할 필요가 있는 경우 대상 사업과 유치 방안
      ② 보존육성사업 및 주민지원사업의 연도별 추진계획
      ③ 연도별 재원 투자계획
      ④ 보존육성사업 및 주민지원사업의 추진기구에 관한 사항

3) 국가유산청장은 1)에 따라 기본계획을 수립하려면 관계 중앙행정기관의 장 및 관할 특별자치시장·특별자치도지사 또는 시장·군수·구청장과 협의한 후 중앙심의위원회의 심의를 거쳐야 한다.

4) 국가유산청장은 기본계획을 수립하면 관계 중앙행정기관의 장, 관할 시·도지사, 해당 특별자치시장·특별자치도지사 또는 시장·군수·구청장에게 통보하여야 하며, 정하는 바에 따라 고시하여야 한다.
   (1) 국가유산청장은 다음 각 호의 사항을 관보에 고시해야 한다.
      ① 기본계획의 주요 내용
      ② 기본계획의 변경 사항(기본계획의 내용을 변경한 경우만 해당한다)
   (2) 국가유산청장은 고시를 한 때에는 지체 없이 기본계획의 전체 내용을 국가유산청의 인터넷 홈페이지에 게재해야 한다.

04 고도보존육성시행계획의 수립 등

1) 고도보존육성시행계획 수립

(1) 사업시행자(법 제15조)는 기본계획에 따라 관할 시·도지사 또는 특별자치시장·특별자치도지사와 협의(특별자치시장 또는 특별자치도지사가 사업시행자인 경우에는 제외한다)하고

(2) 지역심의위원회의 심의를 거쳐 고도보존육성시행계획을 수립한 후

[고도보존육성시행계획에 포함될 사항]
① 사업추진방향
② 세부사업 계획
③ 사업비 및 재원조달 계획

(3) 국가유산청장의 승인을 받아야 한다.

2) 승인 후 절차 등

(1) 국가유산청장은 시행계획을 승인하면 관계 중앙행정기관의 장, 관할 시·도지사, 해당 특별자치시장·특별자치도지사 또는 시장·군수·구청장에게 관계 서류를 송부하여야 하며,

(2) 관계서류를 받은 특별자치시장·특별자치도지사 또는 시장·군수·구청장은 지체 없이 그 계획을 공고하고 일반인이 열람할 수 있도록 하여야 한다.

[시행계획의 공고]
① 특별자치시장·특별자치도지사 또는 시장·군수·구청장은 시행계획을 공고하려는 경우에는 시행계획을 둘 이상의 일간신문과 특별자치시·특별자치도·시·군·구의 게시판 및 인터넷 홈페이지에 공고하고,
② 30일 이상 일반이 열람할 수 있도록 하여야 한다.

3) 시행계획의 변경이나 폐지 시

(1) 시행계획을 변경하거나 폐지하는 경우에는 고도보존 육성시행계획 수립의 1)을 준용한다.

(2) 다만, 경미한 사항을 변경하는 경우에는 시·도지사 또는 특별자치시장·특별자치도지사와의 협의, 지역심의위원회 심의 및 주민 등의 의견 청취(법 제9조) 절차를 거치지 아니할 수 있다.

(3) 경미한 사항을 변경하는 경우
　① 고도보존육성사업 및 주민지원사업 사업비를 100분의 10 이내의 범위에서 변경하는 경우
　② 해당 사업연도 내에서 사업의 시행 시기 또는 기간을 변경하는 경우
　③ 계산착오, 오기(誤記), 누락, 그 밖에 이에 준하는 사유로서 그 변경 근거가 분명한 사항을 변경하는 경우

4) 그 밖에 시행계획의 수립 · 시행에 필요한 사항은 대통령령으로 정한다.

05 주민 등의 의견 청취

1) 국가유산청장, 특별자치시장 · 특별자치도지사 또는 시장 · 군수 · 구청장은 다음 각 호의 어느 하나에 해당하면 해당 고도의 주민과 관계 전문가 등으로부터 의견을 들어야 하고,

(1) 주민 등의 의견 청취
　① 고도를 지정하거나 고도의 지정을 요청하는 경우
　② 기본계획 또는 시행계획을 수립하거나 변경하는 경우
　③ 지구를 지정 · 해제 또는 변경하는 경우

(2) 그 의견이 타당하다고 인정하면 이를 반영하여야 한다.

2) 지역 주민 등의 의견 수렴
(1) 국가유산청장, 특별자치시장 · 특별자치도지사 또는 시장 · 군수 · 구청장은 지역 주민의 의견을 수렴하려는 경우에는 둘 이상의 일간신문과 국가유산청, 특별자치시 · 특별자치도 또는 시 · 군 · 구의 게시판 및 인터넷 홈페이지에 공고하고 30일 이상 일반이 열람할 수 있도록 하여야 한다.
(2) 열람내용에 대하여 의견이 있는 사람은 열람기간에 의견을 제출할 수 있으며 국가유산청장, 특별자치시장 · 특별자치도지사 또는 시장 · 군수 · 구청장은 열람기간이 끝난 날부터 60일 이내에 제출된 의견을 반영할 것인지를 검토하여 그 결과를 의견 제출자에게 통보하여야 한다.

06 지구의 지정 등

1) 국가유산청장은 기본계획의 시행을 위하여 중앙심의위원회의 심의를 거쳐 정하는 바에 따라 고도에 다음 각 호의 지구를 지정할 수 있다.

   (1) 역사문화환경 보존육성지구

   고도의 원형을 보존하기 위하여 추가적인 조사가 필요한 지역이나 역사문화환경 특별보존지구 주변의 지역 등 고도의 역사문화환경을 보존·육성할 필요가 있는 지역

   (2) 역사문화환경 특별보존지구

   고도의 역사문화환경 보존에 핵심이 되는 지역으로 그 원형을 보존하거나 원상이 회복되어야 하는 지역

   (3) 국가유산청장은 역사문화환경 보존육성지구 및 역사문화환경 특별보존지구의 형태와 범위가 변경된 경우에는 지체 없이 변경된 내용을 반영하여 기본계획을 정비해야 한다.

2) 지정지구의 해제 또는 변경

   국가유산청장은 아래의 어느 하나에 해당하면 중앙심의위원회의 심의를 거쳐 지정지구를 해제하거나 변경할 수 있다.
   (1) 지구의 지정이 필요 없게 된 경우
   (2) 지구의 지정내용에 변경 사유가 발생한 경우
   (3) 시·도지사, 특별자치시장·특별자치도지사 또는 시장·군수·구청장의 요청이 있는 경우
       ① 역사문화환경 보존육성지구 및 역사문화환경 특별보존지구의 지정해제나 지구의 형태 및 범위의 변경을 요청하려면
       ② 아래의 서류를 국가유산청장에게 제출하여야 한다.
           ㉠ 지정지구의 지정해제 또는 변경 사유서
           ㉡ 지역주민 등의 의견 수렴결과를 적은 서류
       ③ 이 경우 시장·군수·구청장은 시·도지사를 거쳐 요청서를 제출하여야 한다.

3) 국가유산청장은 고도의 역사문화환경을 효율적으로 보존·육성하기 위하여 필요하면 대통령령으로 정하는 바에 따라 지정지구를 다시 세분하여 지정하거나 변경할 수 있다.

4) 지구를 지정·해제 또는 변경 시

   (1) 국가유산청장은 지구를 지정·해제 또는 변경하면 정하는 바에 따라 고시하고

① 국가유산청장은 지정지구의 지정 · 해제 또는 변경에 관하여 고시를 하려는 경우에는
② 아래의 사항을 관보에 게재하여야 한다.
　㉠ 지정지구의 명칭 · 위치 및 면적 등 자세한 내용
　㉡ 지정 등의 사유
　㉢ 그 밖에 지정 등에 필요한 사항

(2) 관할 시 · 도지사, 해당 특별자치시장 · 특별자치도지사 또는 시장 · 군수 · 구청장에게 관계 서류의 사본을 송부하여야 한다.
① 관계서류의 사본을 받은 특별자치시장 · 특별자치도지사 또는 시장 · 군수 · 구청장은 그 사본의 내용을 둘 이상의 일간신문과 특별자치시 · 특별자치도 또는 시 · 군 · 구의 게시판 및 인터넷 홈페이지에 공고하고
② 30일 이상 일반이 열람할 수 있도록 하여야 한다.

(3) 이 경우 지형도면 고시 등에 관하여는 「토지이용규제 기본법」에 따르고, 관계 서류의 사본을 송부받은 특별자치시장 · 특별자치도지사 또는 시장 · 군수 · 구청장은 지체 없이 일반인이 열람할 수 있도록 하여야 하며, 그 내용을 「국토의 계획 및 이용에 관한 법률」에 따른 도시 · 군 기본계획 및 도시 · 군관리 계획에 반영하여야 한다.

07 지정지구에서의 행위제한

1) 특별보존지구

(1) 특별보존지구에서는 아래의 어느 하나에 해당하는 행위를 할 수 없다.
① 건축물이나 각종 시설물의 신축 · 개축 · 증축 · 이축 및 용도 변경
② 택지의 조성, 토지의 개간 또는 토지의 형질 변경
③ 수목(樹木)을 심거나 벌채 또는 토석류(土石類)의 채취 · 적치(積置)
④ 도로의 신설 · 확장 및 포장
⑤ 고도의 역사문화환경의 보존에 영향을 미치거나 미칠 우려가 있는 행위
　㉠ 토지 및 수면의 매립 · 땅깎기 · 흙쌓기 · 땅파기 · 구멍뚫기 등 지형을 변경시키는 행위
　㉡ 수로 · 수질 및 수량을 변경시키는 행위
　㉢ 소음 · 진동을 유발하거나 대기오염물질, 화학물질, 먼지, 열 등을 방출하는 행위
　㉣ 오수 · 분뇨 · 폐수 등을 살포 · 배출 · 투기하는 행위
　㉤ 「옥외광고물 등의 관리와 옥외광고 산업지흥에 관한 법률 시행령」(제4조 ①) 각 호의 광고물을 설치 · 부착하는 행위

(2) 다만, 정하는 바에 따라 중앙심의위원회의 심의를 거쳐 국가유산청장의 허가를 받은 행위는 할 수 있다.

(3) 위의 단서에도 불구하고 대통령령으로 정하는 경미한 행위와 대통령령으로 정하는 허가 기준에 부합되는 행위는 국가유산청장이 중앙심의위원회의 심의를 거치지 아니하고 허가할 수 있다.

[역사문화환경 특별보존지구에서의 경미한 행위]
① 「건축법」에 따른 가설건축물을 존치기간 3년, 최고높이 5미터(경사지붕의 경우에는 7.5미터) 및 바닥면적 50제곱미터를 초과하지 아니하는 범위에서 신축하거나 이축하는 행위
② 지구 지정 당시의 건축물을 층수의 변경 없이 바닥면적 합계의 10퍼센트를 초과하지 아니하는 범위에서 1회에 한정하여 증축하는 행위
③ 총 330제곱미터를 초과하지 아니하는 범위에서 수목을 심거나 벌채하는 행위
④ 병충해 방제 또는 수목의 생육을 위하여 벌채나 솎아 베는 행위
⑤ 존치기간 2년, 최고높이 2미터 및 바닥면적 25제곱미터를 초과하지 아니하는 범위에서 토석류(土石類)를 적치(積置)하는 행위
⑥ 도로의 폭이 6미터를 초과하지 아니하는 범위에서 도로를 확장하거나 재포장하는 행위

2) 보존육성지구

(1) 보존육성지구 안에서 아래의 어느 하나에 해당하는 행위를 하려는 자는 정하는 바에 따라 지역심의위원회의 심의를 거쳐 해당 특별자치시장·특별자치도지사 또는 시장·군수·구청장의 허가를 받아야 한다.
① 건축물이나 각종 시설물의 신축·개축·증축 및 이축
② 택지의 조성, 토지의 개간 또는 토지의 형질 변경
③ 수목을 심거나 벌채 또는 토석류의 채취
④ 도로의 신설·확장
⑤ 그 밖에 고도의 역사문화환경보존·육성에 영향을 미치는 행위
  ㉠ 토지 및 수면의 매립·땅깎기·흙쌓기·땅파기·구멍뚫기 등 지형을 변경시키는 행위
  ㉡ 수로·수질 및 수량을 변경시키는 행위

(2) 위 (1)에도 불구하고 대통령령으로 정하는 경미한 행위와 대통령령으로 정하는 허가 기준에 부합되는 행위는 해당 특별자치시장·특별자치도지사 또는 시장·군수·구청장

이 지역심의위원회의 심의를 거치지 아니하고 허가할 수 있다.

[역사문화환경 보존육성지구에서의 경미한 행위]
① 「건축법」에 따른 가설건축물을 존치기간 3년, 최고높이 10미터(경사지붕의 경우에는 12미터) 및 바닥면적 85제곱미터를 초과하지 아니하는 범위에서 신축하거나 이축하는 행위
② 건축물을 층수의 변경 없이 바닥면적 합계가 85제곱미터를 초과하지 아니하는 범위에서 개축하거나 증축하는 행위
③ 지구 지정 당시의 건축물(바닥면적 합계가 85제곱미터를 초과하는 경우로 한정한다)을 층수의 변경 없이 바닥면적 합계의 20퍼센트를 초과하지 아니하는 범위에서 1회에 한정하여 증축하는 행위
④ 총 330제곱미터를 초과하지 아니하는 범위에서 수목을 심거나 벌채하는 행위
⑤ 병충해 방제 또는 수목의 생육을 위하여 벌채나 솎아 베는 행위
⑥ 도로의 폭이 6미터를 초과하지 아니하는 범위에서 도로를 확장하는 행위
⑦ 「지하수법」에 따라 지하수를 개발·이용하기 위한 토지의 땅파기·구멍뚫기 등 지형을 변경시키는 행위

(3) 허가를 받지 아니하고 할 수 있는 행위

보존육성지구 안에서 아래의 사항의 행위에 대해서는 특별자치시장·특별자치도지사 또는 시장·군수·구청장의 허가를 받지 아니하고 할 수 있다.
① 건조물의 외부 형태를 변경시키지 아니하는 내부시설의 개·보수
② 60제곱미터 이하의 형질변경(같은 목적으로 몇 회에 걸쳐 부분적으로 형질 변경하거나 연접하여 형질변경하는 경우 그 전체 면적을 말한다)
③ 고사(枯死)한 수목의 벌채
④ 그 밖에 시설물의 외형을 변경시키지 아니하는 개·보수

3) 국가유산청장, 특별자치시장·특별자치도지사 또는 시장·군수·구청장은 특별보존지구·보존육성지구에서 행위제한에 따른 허가신청을 받았을 경우, 허가신청을 받은 날부터 30일 이내에 허가 여부 또는 허가처리 지연 사유를 통지하여야 한다. 이 경우 그 기한 내에 허가 여부 또는 허가처리 지연 사유를 통지하지 아니하면 그 기한이 종료된 다음 날에 허가한 것으로 본다.

4) 국가유산청장, 특별자치시장·특별자치도지사 또는 시장·군수·구청장이 허가처리 지연 사유를 통지하는 경우에는 허가처리 기한을 15일 이내에서 연장할 수 있다.

5) 국가유산청장은 특별보존지구 및 보존육성지구에 해당하는 행위에 대한 구체적인 허가 기준을 대통령령으로 정하여야 한다. 다만, 특별자치시장·특별자치도지사 또는 시장·군수·구청장은 지정지구의 특성에 따라 허가 기준을 다르게 정할 필요가 있으면 국가유산청장과 협의한 후 대통령령으로 정하는 바에 따라 조례로 정할 수 있다.

08 허가의 취소

1) **취소권자** : 국가유산청장, 특별자치시장·특별자치도지사 또는 시장·군수·구청장은

2) 지정지구에서의 행위제한(법 제11조 ①부터 ④까지)에 따라 허가를 받은 자가

3) 아래의 어느 하나에 해당하는 경우에는 허가를 취소할 수 있다.
   (1) 거짓이나 그 밖의 부정한 방법으로 허가를 받은 경우(여기에 해당하는 경우에는 허가를 취소하여야 한다)
   (2) 허가사항 또는 허가조건을 위반한 경우
   (3) 허가사항의 이행이 불가능한 경우

09 행정 명령

1) 국가유산청장, 관할 시·도지사, 특별자치시장·특별자치도지사 또는 시장·군수·구청장은
2) 아래의 어느 하나에 해당하는 자에게 보존육성사업을 위하여 필요한 범위에서 원상회복을 명하거나 원상회복이 현저히 곤란하다고 인정하는 경우에는
3) 그에 상응하는 필요한 조치를 취할 것을 명할 수 있다.
   (1) 허가를 받지 아니하고 지정지구에서의 행위제한(법 제11조 ① 특별보존지구 및 ③ 보존육성지구 각 호의 어느 하나)에 해당하는 행위를 한 자
   (2) 지정지구에서의 행위제한(법 제11조 ①부터 ④까지)에 따른 허가사항을 위반한 자
   (3) 거짓이나 그 밖의 부정한 방법으로 지정지구에서의 행위제한(법 제11조 ①부터 ④까지)에 따른 허가를 받은 자
4) 국가유산청장, 특별자치시장·특별자치도지사 또는 시장·군수·구청장은 위 사항의 어느 하나에 해당하는 자가 명령을 이행하지 아니하면 「행정대집행법」에 따라 이를 대집행할 수 있다.

CHAPTER 03 보존육성사업 등

01 사업시행자

보존육성사업 및 주민지원사업은 고도를 관할하는 지방자치단체의 장 또는 해당 지방자치단체의 장이 국가유산청장과의 협의와 중앙심의위원회의 심의를 거쳐 사업시행자로 지정하는 자가 시행한다.

02 사업 비용

1) 국가는 예산의 범위에서 보존육성사업 및 주민지원사업에 사용되는 비용의 전부 또는 일부를 부담할 수 있다.
2) 국가와 지방자치단체는 보존육성사업 및 주민지원 사업을 위하여 보존육성사업 및 주민지원 사업을 위한 재원확보에 관한 사항(법 제8조 ② 제9호)에 따른 재원을 확보하도록 노력하여야 한다.

03 협의 또는 수용에 의한 취득 등

1) 취득 또는 사용
  (1) 사업시행자는 보존육성사업 및 주민지원사업에 필요한 물건 또는 권리를
  (2) 그 소유자 및 관계인과 협의하여 취득 또는 사용할 수 있다.
  (3) 취득 또는 사용할 수 있는 물건 또는 권리
   ① 토지·건축물 또는 그 토지에 정착한 물건
   ② 토지·건축물 또는 그 토지에 정착한 물건의 소유권 외의 권리

2) 사업시행자는 취득 또는 사용(물건 또는 권리)에 따른 협의가 성립되지 아니하면 지정지구 안에서 보존육성사업 및 주민지원 사업에 필요한 토지 등을 수용하거나 사용할 수 있다.

3) 사업시행자는 지정지구의 효율적인 관리를 위하여 필요하면 대통령령으로 정하는 지정지구 밖의 토지등을 협의하여 취득 또는 사용할 수 있다.

[대통령령으로 정하는 지정지구 밖의 토지 등이란 아래의 어느 하나에 해당하는 물건 또는 권리를 말한다]
   (1) 보존육성사업 또는 주민지원사업을 시행하기 위하여 취득 또는 사용이 필요한 협의 또는 수용에 의한 취득 등(법 제17조 ①)의 물건 또는 권리
   (2) 지정지구로 둘러싸여 있거나 지정지구와 연접하여 고도의 역사문화환경을 직접적으로 해할 우려가 있는 토지 등

4) 1)부터 3)까지의 규정에 따른 협의에 의한 취득·사용, 수용 및 사용에 관하여는 「공익사업을 위한 토지 등의 취득 및 보상에 관한 법률」을 준용하며, 지구의 지정(법 제10조)이 있으면 사업인정 및 사업인정의 고시가 있는 것으로 본다. 이 경우 「공익사업을 위한 토지 등의 취득 및 보상에 관한 법률」에 따른 사업인정 효력기간은 적용하지 아니한다.

04 주민지원사업

[주민지원사업의 종류]
1) 소득증대사업
2) 복리증진사업
3) 주택수리 등 주거환경 개선사업
4) 도로, 주차장, 상하수도 등 기반 시설 개선사업
5) 그 밖에 주민의 생활 편익, 교육문화사업 등을 위하여 정하는 사업
   (1) 역사문화체험학습장·전통문화예술공방의 설치 및 지원사업
   (2) 마을도서관·전시관의 건립 및 운영사업
   (3) 고도의 역사문화환경 개선 등의 활동을 위하여 설립된 주민단체의 운영 및 지원사업

05 주민 재산권 보장 등

국가 및 지방자치단체의 장은 지정지구에 거주하는 주민의 재산권 보장을 위하여 필요한 행정적·재정적 지원 방안을 강구하여야 한다.

06 지정지구의 주민 우선 고용

특별자치시장·특별자치도지사 또는 시장·군수·구청장은 보존육성사업 및 주민지원사업에 지정지구 내 주민을 우선 고용할 수 있는 방안을 강구하여야 한다.

07 사업시행자에 대한 지원

국가유산청장 또는 지방자치단체의 장은 사업시행자(법 제15조)에 따라 지정된 사업시행자에 대하여 재정적·행정적으로 지원할 수 있다.

08 이주대책

1) 이주대책의 수립 및 시행
(1) 사업시행자는 보존육성사업으로 인하여 주거용 건축물을 제공함에 따라 생활의 터전을 잃게 되는 자가 있으면 이주대책을 수립하여 시행하여야 한다.

(2) 이주대책에 포함하여야 할 사항
① 이주지의 위치
② 이주대책에 필요한 토지 등의 매입계획
③ 택지 조성 및 주택의 건설계획
④ 이주정착지의 기반시설 설치 계획
⑤ 이주보상액, 보상시기, 보상방법 및 보상기준
⑥ 이주방법과 이주시기

2) 이주대책을 수립·시행하려면 미리 해당 고도를 관할하는 특별자치시장·특별자치도지사 또는 시장·군수·구청장과 협의하여야 한다.

3) 이주대책의 수립에 관하여는 「공익사업을 위한 토지 등의 취득 및 보상에 관한 법률」을 준용한다.

09 토지·건물 등에 관한 매수 청구

1) 다음 각 호의 어느 하나에 해당하는 자는 고도의 역사 문화환경 보존·육성을 이유로 지정지구에서의 행위제한(법 제11조 ①부터 ④까지)에 따른 허가를 받지 못하여 본래의 용도로 이용할 수 없게 되면 사업시행자에게 토지·건물 등의 매수를 청구할 수 있다.
   (1) 지정지구의 지정 이전부터 지정지구 안의 해당 토지·건물 등을 계속 소유한 자
   (2) (1)에 따른 소유자로부터 해당 토지·건물 등을 상속받아 소유한 자
   (3) 지정지구에서 해당 토지·건물 등을 소유한 자로서 대통령령으로 정하는 자

2) 사업시행자는 매수 청구를 받은 토지·건물 등이 매수대상 기준에 해당하는 때에는 매수하여야 한다.

3) 매수 청구를 받은 토지·건물 등의 보상액·보상시기·보상방법 및 보상기준 등에 관하여는 「공익사업을 위한 토지 등의 취득 및 보상에 관한 법률」을 준용한다.

4) 토지·건물 등을 매수하는 경우의 매수 대상 기준, 매수 기한, 매수 절차, 그 밖에 필요한 사항
   (1) 매수절차 등
      ① 매수를 청구하려는 자는 지정지구에서의 행위제한(법 제11조 ①부터 ④까지)의 규정에 따른 불허가통지를 받은 날부터 60일 이내에 정하는 바에 따라 매수 청구 신청서를 사업시행자에게 제출하여야 한다.
      ② 사업시행자는 매수청구를 받으면 청구를 받은 날부터 60일 이내에 매수 대상여부와 매수 예상가격 등을 매수 청구자에게 통보하여야 하며, 매수를 통보한 날부터 5년 이내에 매수 청구를 받은 토지·건물 등을 매수하여야 한다.
   (2) 매수대상기준
      ① 토지·건물 등에 따른 매수대상기준은 다음 각 호와 같다.
         ㉠ 지정지구에서의 행위제한으로 해당 토지·건물 등을 사실상 사용 또는 수익하는 것이 불가능할 것

ⓒ 매수를 청구할 당시 지정지구 지정 이전의 지목(매수를 청구하려는 자가 지정지구 지정 이전에 적법하게 지적공부(地籍公簿)상의 지목과 다르게 이용하고 있었음을 공적 자료로 증명하는 경우에는 지정지구 지정 이전의 실제 용도를 지목으로 본다)대로 사용할 수 없어 매수를 청구한 날의 해당 토지의 개별공시지가(부동산 가격공시에 관한 법률에 따른 개별공시지가를 말한다)가 그 토지가 있는 읍·면·동의 지정지구 내 같은 지목의 개별공시지가 평균치의 70퍼센트 미만일 것(토지만 해당한다)

② 이 경우 토지·건물 등을 본래의 용도로 이용할 수 없게 된 것에 대하여 매수를 청구하려는 자의 귀책사유가 없어야 한다.

CHAPTER 04 보칙

01 국·공유지의 처분제한 등

1) 지정지구 안에 있는 국가나 지방자치단체 소유의 토지는 보존육성사업 및 주민지원사업 외의 목적으로 매각하거나 양도할 수 없다.
2) 사업시행자는 지정지구 안에 있는 국가나 지방자치단체 소유의 재산을 「국유재산법」 및 「공유재산 및 물품관리법」, 그 밖의 법률에도 불구하고 보존육성사업 및 주민지원사업에 필요하면 무상으로 사용할 수 있다.

02 조세의 감면

국가나 지방자치단체는 지정지구 안의 토지 등을 양도하거나 취득함에 따라 발생하는 소득이나 대통령령으로 정하는 사업을 경영함에 따라 발생하는 소득 등에 대하여는 「조세특례제한법」 및 「지방세특례제한법」으로 정하는 바에 따라 조세를 감면할 수 있다.

03 보고 및 검사

1) 국가유산청장, 관할 시·도지사, 특별자치시장·특별자치도지사 또는 해당 시장·군수·구청장은 사업시행자에게 필요한 사항을 보고하도록 하거나 자료제출을 명할 수 있으며, 소속공무원에게 보존육성사업 및 주민지원사업에 관한 업무를 검사하도록 할 수 있다.
2) 보존육성사업 및 주민지원사업에 관한 업무를 검사하는 공무원은 그 권한을 표시하는 증표를 지니고 이를 관계인에게 내보여야 한다.

04 토지 출입 등

1) 타당성조사 및 기초조사(법 제6조)에 따른 조사를 실시하는 자 또는 보존육성사업 및 주민지원사업을 시행하는 사업시행자는 필요하면 타인의 토지에 출입하거나 타인의 토지를 일시 사용할 수 있으며, 나무·토석, 그 밖의 장애물을 변경하거나 제거할 수 있다.
2) 타인의 토지에 출입하는 경우 등에 관하여는 「공익사업을 위한 토지 등의 취득 및 보상에 관한 법률」의 규정을 준용한다.

05 권한의 위임·위탁

이 법에 따른 국가유산청장의 권한은 그 일부를 대통령령으로 정하는 바에 따라 지방자치단체의 장에게 위임하거나 대통령령으로 정하는 자에게 위탁할 수 있다.

06 청문

국가유산청장, 관할 시·도지사, 특별자치시장·특별자치도지사 또는 시장·군수·구청장은 허가의 취소(법 제13조)에 따라 허가를 취소하거나 행정명령(법 제14조)에 따라 원상회복 또는 그에 상응하는 조치를 명령하려면 미리 상대방에게 청문을 하여야 한다.

CHAPTER 05 벌칙

01 벌칙

1) 3년 이하의 징역 또는 3천만 원 이하의 벌금에 처하는 경우(지정지구에서의 행위제한(법 제11조 ①[특별보존지구])을 위반하여 허가를 받지 아니하고 같은 항 각호의 어느 하나에 해당하는 행위를 한 자)
   (1) 건축물이나 각종 시설물의 신축·개축·증축·이축 및 용도 변경
   (2) 택지의 조성, 토지의 개간 또는 토지의 형질 변경
   (3) 수목을 심거나 벌채 또는 토석류의 채취·적치
   (4) 도로의 신설·확장 및 포장
   (5) 그 밖에 고도의 역사 문화환경의 보존에 영향을 미치거나 미칠 우려가 있는 행위로서 정하는 아래의 행위
      ① 토지 및 수면의 매립·땅깎기·흙쌓기·땅파기·구멍뚫기 등 지형을 변형시키는 행위
      ② 수로·수질 및 수량을 변경시키는 행위
      ③ 소음·진동을 유발하거나 대기오염물질·화학물질, 먼지, 열 등을 방출하는 행위
      ④ 오수·분뇨·폐수 등을 살포·배출·투기하는 행위
      ⑤ 「옥외광고물 등의 관리와 옥외광고산업진흥에 관한 법률」 시행령(제4조 ①)각 호의 광고물을 설치·부착하는 행위

2) 2년 이하의 징역 또는 2천만 원 이하의 벌금에 처하는 경우(지정지구에서의 행위제한(법 제11조 ③[보존육성지구])을 위반하여 허가를 받지 아니하고 같은 항 각호의 어느 하나에 해당하는 행위를 한 자)
   (1) 건축물이나 각종 시설물의 신축·개축·증축·이축
   (2) 택지의 조성, 토지의 개간 또는 토지의 형질 변경
   (3) 수목을 심거나 벌채 또는 토석류의 채취
   (4) 도로의 신설·확장
   (5) 그 밖에 고도의 역사 문화환경 보존·육성에 영향을 미치는 행위로서 정하는 아래의 행위

① 토지 및 수면의 매립·땅깎기·흙쌓기·땅파기·구멍뚫기 등 지형을 변경시키는 행위
② 수로·수질 및 수량을 변경시키는 행위

3) 1년 이하의 징역 또는 1천만 원 이하의 벌금에 처하는 경우

행정명령(법 제14조 ①)에 따른 국가유산청장, 관할 시·도지사, 특별자치시장·특별자치도지사 또는 시장·군수·구청장의 원상회복 등의 명령에 불응한 자

02 양벌규정

1) 법인의 대표자나 법인 또는 개인의 대리인, 사용인, 그 밖의 종업원이 그 법인 또는 개인의 업무에 관하여 벌칙(법 제26조)의 위반행위를 하면
2) 그 행위자를 벌하는 외에 그 법인 또는 개인에게도 해당 조문의 벌금형을 과(科)한다.
3) 다만, 법인 또는 개인이 그 위반행위를 방지하기 위하여 해당 업무에 관하여 상당한 주의와 감독을 게을리하지 아니한 경우에는 그러하지 아니하다.

03 과태료

1) 300만 원 이하의 과태료를 부과하는 경우

(1) 보고 및 검사(법 제22조)를 위반하여 정당한 사유 없이 보고 또는 자료제출을 거부하거나 거짓으로 보고한 자 또는 검사를 거부·방해·기피한 자
(2) 토지출입 등(법 제23조)에 따른 공무원과 사업시행자 등의 토지 출입·사용을 정당한 사유 없이 거부하거나 방해한 자

2) 과태료 부과·징수권자

(1) 국가유산청장
(2) 시·도지사, 특별자치시장·특별자치도지사
(3) 시장·군수·구청장

예상문제

01 고도 보존 및 육성에 관한 특별법령에서, 아래의 정의 중에서 맞는 것을 모두 고르시오.

> ㄱ. 고도란 과거 우리민족의 정치·문화의 중심지로서 역사상 중요한 의미를 지닌 경주·부여·공주·익산, 고령을 말한다.
> ㄴ. 고도의 생성·발전 과정의 배경이 되는 자연환경과 역사적 의의를 갖는 유형·무형의 문화유산 등 고도를 구성하고 있는 모든 요소를 고도의 역사문화환경이라 한다.
> ㄷ. 고도보존육성사업이란 고도보존육성기본계획의 수립 등(법 제8조)에 따른 고도보존육성 기본계획에 따라 시행하는 사업을 말한다. 다만, 주민지원사업은 제외한다.
> ㄹ. 고도보존육성 기본계획에 따라 지정지구에 거주하는 주민의 생활환경을 개선하고 복리를 증진하기 위하여 시행하는 사업을 주민지원사업이라 한다.

① ㄱ, ㄴ, ㄷ, ㄹ
② ㄱ, ㄴ, ㄷ
③ ㄱ, ㄴ
④ ㄱ

정답 ①

02 고도 보존 및 육성에 관한 특별법령에서 정하는 고도로 옳은 것을 찾으시오.
① 목포, 고령
② 부여, 한양
③ 익산, 목포
④ 공주, 고령

해설 고도
과거 우리민족의 정치·문화의 중심지로서 역사상 중요한 의미를 지닌 경주·부여·공주·익산, 고령을 말한다.

정답 ④

03 고도 보존 및 육성에 관한 특별법령상, 고도보존육성 중앙심의위원회 심의사항이 아닌 것을 찾으시오.
① 고도의 지정에 관한 사항
② 지구의 지정에 관한 사항
③ 역사문화환경 보존육성지구에서의 행위허가에 관한 사항
④ 사업시행자 지정에 관한 사항

정답 ③

04 고도 보존 및 육성에 관한 특별법령상, 지구의 지정 등에 대한 내용으로 가장 적절하지 않은 것을 찾으시오.
① 고도의 원형을 보존하기 위하여 추가적인 조사가 필요한 지역 등 고도의 역사문화환경을 보존·육성할 필요가 있는 지역을 역사문화환경 보존육성지구라 한다.
② 고도의 역사문화환경 보존에 핵심이 되는 지역으로 그 원형을 보존하거나 원상이 회복되어야 하는 지역을 역사문화환경 특별보존지구라 한다.
③ 국가유산청장은 지구의 지정이 필요 없게 된 경우 등의 사유가 발생 시 중앙심의위원회의 심의를 거쳐 지정지구를 해제하거나 변경할 수 있다.
④ 국가유산청장은 고도의 역사문화환경을 효율적으로 보존·육성하기 위하여 필요하면 정하는 바에 따라 지정지구를 통합하여 변경하여야 한다.

해설 정하는 바에 따라 지정지구를 다시 세분하여 지정하거나 변경할 수 있다.

정답 ④

05 고도 보존 및 육성에 관한 특별법령상, 고도보존육성중앙심의위원회에 대한 아래 내용 중에서 옳은 것을 찾으시오.
① 국가유산청에 고도보존육성중앙심의위원회를 둘 수 있다.
② 고도의 지정에 관한 사항은 고도보존육성중앙심의위원회의 심의사항 중의 하나이다.
③ 중앙심의위원회의 구성은 위원장 1명, 부위원장 2명을 포함한 25명 이내의 위원으로 구성한다.
④ 중앙심의위원회의 위원장은 위원회에서 호선한다.

해설 ① 둔다.
③ 20명 이내의 위원으로 구성한다.

④ 중앙심의위원회의 위원장은 국가유산청장이 된다(부위원장은 국토교통부장관과 국가유산청장이 각각 지명하는 고위공무원단에 속하는 공무원이 된다).

정답 ②

06 고도 보존 및 육성에 관한 특별법령상, 고도보존육성심의위원회에 해당하는 것을 모두 고르시오.

> ㄱ. 위원장 1명, 부위원장 2명을 포함한 15명 이내의 위원으로 구성한다.
> ㄴ. 보존육성사업과 주민지원사업을 효율적으로 추진하기 위하여 국가유산청에 고도보존육성중앙심의위원회를 둔다.
> ㄷ. 고도의 보존·육성에 관한 사항을 심의하기 위하여 해당 특별자치시·특별자치도 또는 시·군·구(자치구를 말한다)에 고도보존육성지역심의위원회를 둔다.
> ㄹ. 파산선고를 받은 사람으로서 복권되지 아니한 사람은 위원의 결격 사유이다.
> ㅁ. 소위원회에 출석하는 위원과 관계전문가, 소관업무와 직접 관련하여 출석한 공무원인 위원에게는 예산의 범위에서 수당을 지급할 수 있다.

① ㄱ, ㄴ, ㄷ
② ㄴ, ㄷ, ㄹ
③ ㄷ, ㄹ, ㅁ
④ ㄱ, ㄴ, ㄹ

해설

1. 고도보존육성중앙·지역심의위원회

구분	중앙심의위원회	지역심의위원회
구성	위원장 1명, 부위원장 2명을 포함한 20명 이내의 위원으로 구성	위원장 1명을 포함한 15명 이내의 위원으로 구성
	추진(보존육성사업과 주민지원사업을 효율적으로 추진하기 위하여)	심의(고도의 보존·육성에 관한 사항을 심의하기 위하여)
소속	국가유산청에 둔다.	해당 특별자치시·특별자치도 또는 시·군·구에 둔다.

2. 위원의 결격사유
   아래의 어느 하나에 해당하는 사람은 중앙심의위원회 및 지역심의위원회 회원이 될 수 없다.
   (1) 파산선고를 받은 사람으로서 복권되지 아니한 사람
   (2) 금고 이상의 형의 선고를 받고 그 집행이 종료되거나 집행이 면제된 날부터 2년이 지나지 아니한 사람
   (3) 금고 이상의 형의 집행유예를 선고받고 그 유예기간 중에 있는 사람
   (4) 법원의 판결 또는 법률에 의하여 자격이 정지된 사람

3. 위원 등의 수당지급
    (1) 소위원회에 출석하는 위원과 관계전문가에는 예산의 범위에서 수당을 지급할 수 있다.
    (2) 다만, 공무원인 위원이 그 소관업무와 직접 관련하여 출석한 경우에는 수당을 지급하지 아니한다.

정답 ②

07 고도 보존 및 육성에 관한 특별법령에서 고도보존육성지역심의위원회의 심의사항을 모두 고르시오.

> ㄱ. 고도의 지정에 관한 사람
> ㄴ. 고도보존육성 시행계획에 관한 사항
> ㄷ. 역사문화환경 보존육성지구에서의 행위허가에 관한 사항
> ㄹ. 그 밖에 고도의 역사문화환경 보존·육성 및 주민지원을 위하여 필요하다고 인정하여 정하는 사항

① ㄱ, ㄴ
② ㄱ, ㄷ, ㄹ
③ ㄴ, ㄷ
④ ㄴ, ㄷ, ㄹ

 고도보존육성 중앙·지역 심의위원회 심의사항

고도보존육성중앙심의위원회	고도보존육성지역심의위원회
1. 고도의 지정에 관한 사항 2. 고도보존육성 기본계획에 관한 사항 3. 지구의 지정·해제 또는 변경에 관한 사항 4. 역사문화환경 특별보존지구에서의 행위허가에 관한 사항 5. 사업시행자 지정에 관한 사항 6. 그 밖에 보존육성사업과 주민지원사업에 필요한 사항으로서 정하는 사항 　(1) 이주대책의 수립·시행에 관한 사항 　(2) 고도보존육성기본계획의 시행에 관한 사항 　(3) 그 밖에 고도보존육성사업 및 주민지원사업에 관하여 고도보존육성중앙심의위원회의 위원장이 심의에 부치는 사항	1. 고도보존육성시행계획에 관한 사항 2. 역사문화환경 보존육성지구에서의 행위허가에 관한 사항 3. 그 밖에 고도의 역사문화환경보존·육성 및 주민지원을 위하여 필요하다고 인정하여 조례로 정하는 사항

정답 ④

08 고도 보존 및 육성에 관한 특별법령상, 고도보존육성지역심의위원회의 심의사항으로 옳은 것은?

① 고도보존육성시행계획에 관한 사항
② 지구의 지정·해제 또는 변경에 관한 사항
③ 사업시행자 지정에 관한 사항
④ 고도의 지정에 관한 사항

정답 ①

09 고도 보존 및 육성에 관한 특별법령상, 고도보존육성기본계획의 수립 등에서 기본계획에 포함되어야 할 사항을 고르시오.

① 고도의 관광산업 진흥 및 기반조성에 관한 사항
② 사업추진방향
③ 세부사업계획
④ 사업비 및 재원조달 계획

해설 ②, ③, ④는 고도보존육성 시행계획에 포함될 사항

정답 ①

10 고도 보존 및 육성에 관한 특별법령에서 고도보존육성기본계획의 수립 등에서 옳지 않는 것을 찾으시오.

① 국가유산청장은 고도를 지정하면 5년 단위의 고도보존육성기본계획을 수립하여야 한다.
② 고도의 홍보 및 국제교류에 관한 사항은 기본계획에 포함되어야 할 사항이다.
③ 국가유산청장은 기본계획을 수립하려면 고도보존육성지역심의위원회의 심의를 거쳐야 한다.
④ 기본계획의 주요내용 등을 국가유산청장은 관보에 고시해야 한다.

정답 ③

11 고도 보존 및 육성에 관한 특별법령상, 고도로 지정할 것을 검토할 필요가 있는 지역에 대한 타당성조사에 포함하여야 하는 사항에 해당하지 않는 것은?

① 국가유산의 현황
② 인구, 자연환경 등 지역적 특성
③ 지질, 환경 및 경관 등에 관한 사항
④ 해당 지역의 역사적·학술적 중요성

정답 ②

12 고도 보존 및 육성에 관한 특별법령상, 고도의 지정 등에 관한 설명으로 옳지 않은 것은?

[2025년도 제43회 기출문제]

① 시장·군수·구청장은 고도로 지정하는 것을 검토할 필요가 있는 지역에 대하여 타당성조사를 할 수 있다.
② 고도의 지정을 위한 타당서조사에는 고도로 지정하는 것을 검토할 필요가 있다고 인정되는 지역의 경관에 관한 사항이 포함되어야 한다.
③ 특정 시기의 경제의 중심지는 고도의 지정기준 중 중요한 요소이다.
④ 시장·군수·구청장이 고도의 지정을 요청하기 위해서는 법령이 정하는 서류를 갖추어 시·도지사를 거쳐 해당 서류를 국가유산청장에게 제출해야 한다.

정답 ③

13 고도 보존 및 육성에 관한 특별법령상, 고도보존육성기본계획을 수립·변경하여야 하는 지역에 대한 기초조사를 하는 경우 기초조사에 포함되어야 하는 사항이 아닌 것은?

① 국가유산의 분포 예상지역 현황
② 지질, 환경 및 경관 등에 관한 사항
③ 문화산업 및 관광산업 현황
④ 국가유산(보호구역을 포함한다)의 현황

정답 ②

14 고도 보존 및 육성에 관한 특별법령상, 고도의 지정 등에 관한 설명으로 바르지 않은 것은?

① 국가유산청장이 타당성조사 결과에 따라 고도로 지정하기 위해서는 지역심의위원회의 심의절차를 거쳐야 한다.
② 시·도지사, 특별자치시장·특별자치도지사 또는 시장·군수·구청장은 국가유산청장에게 고도의 지정을 요청할 수 있다.
③ 시·도지사는 고도의 지정을 요청하기 전에 해당 시장·군수·구청장의 의견을 들어야 한다.
④ 특정 시기의 수도 또는 임시 수도는 고도의 지정 기준 등에 따른 것이다.

정답 ①

15 고도 보존 및 육성에 관한 특별법령상, 고도보존육성기본계획에 포함되지 않는 사항은?

① 고도의 역사문화환경 보존·육성에 관한 사항
② 고도의 지역 내 건축물의 신축·개축·증축 및 이축에 관한 사항
③ 고도의 문화예술 진흥 및 문화시설의 설치·운영에 관한 사항
④ 고도의 홍보 및 국제교류에 관한 사항

해설 고도보존육성기본계획의 수립 등
1. 국가유산청장은 고도를 지정하면 5년 단위의 고도보존육성기본계획을 수립하여야 한다.
2. 기본계획에는 다음 각 호의 사항이 포함되어야 한다.
   (1) 고도의 역사문화환경 보존·육성에 관한 사항
   (2) 지구의 지정·해제 또는 변경에 관한 사항
   (3) 고도의 문화예술 진흥 및 문화시설의 설치·운영에 관한 사항
   (4) 고도의 관광산업 진흥 및 기반조성에 관한 사항
   (5) 고도의 홍보 및 국제교류에 관한 사항
   (6) 지정지구에서의 토지나 건물 등의 보상에 관한 사항
   (7) 주민지원사업에 관한 사항
   (8) 이주대책에 관한 사항
   (9) 보존육성사업 및 주민지원사업을 위한 재원확보에 관한 사항
   (10) 그 밖에 고도의 보존·육성 및 주민지원에 필요한 사항
      ① 민간자본을 유치할 필요가 있는 경우 대상 사업과 유치방안
      ② 보존육성사업 및 주민지원사업의 연도별 추진계획
      ③ 연도별 재원 투자계획
      ④ 보존육성사업 및 주민지원사업의 추진기구에 관한 사항

정답 ②

16 고도 보존 및 육성에 관한 특별법령상, 고도보존육성기본계획에 포함되어야 하는 사항에 해당하지 않는 것은?

① 보존육성사업 및 주민지원사업을 위한 재원확보에 관한 사항
② 문화유산의 분포 예상지역현황에 관한 사항
③ 고도의 역사문화환경 보존·육성에 관한 사항
④ 고도의 홍보 및 국제교류에 관한 사항

정답 ②

17 고도 보존 및 육성에 관한 특별법령에서 고도보존육성시행계획의 경미한 사항을 변경하는 경우에 해당하는 것을 모두 고르시오.

> ㄱ. 고도보존육성시행계획 수립의 승인을 받고 난 후, 이를 변경하거나 폐지하는 경우
> ㄴ. 고도보존육성사업 및 주민지원사업 사업비를 100분의 10 이내의 범위에서 변경하는 경우
> ㄷ. 해당 사업연도 내에서 사업의 시행 시기 또는 기간을 변경하는 경우
> ㄹ. 계산착오, 오기, 누락, 그 밖에 이에 준하는 사유로서 그 변경 근거가 분명한 사항을 변경하는 경우

① ㄱ, ㄴ
② ㄱ, ㄴ, ㄷ
③ ㄴ, ㄹ
④ ㄴ, ㄷ, ㄹ

해설 고도보존육성시행계획의 수립 등
1. 시행계획을 변경하거나 폐지하는 경우에는 국가유산청장의 승인을 받아야 한다.
2. 경미한 사항을 변경하는 경우에는
   (1) 시·도지사 또는 특별자치시장·특별자치도지사와의 협의, 지역심의위원회 심의 및 주민 등의 의견청취 절차를 거치지 아니할 수 있다.
   (2) 경미한 사항을 변경하는 경우는 문제의 ⓒ, ⓒ, ㉣이다.

정답 ④

18 고도 보존 및 육성에 관한 특별법령상, 국가유산청장, 특별자치시장·특별자치도지사 또는 시장·군수·구청장이 해당 고도의 주민과 관계 전문가 등으로부터 의견을 들어야 하는 사항으로 옳지 않은 것은?

① 고도의 지정 또는 지정 요청
② 역사문화환경 특별보존지구에서의 제한 행위의 허가
③ 역사문화환경 보존육성지구의 지정·해제 또는 변경
④ 고도보존육성기본계획의 수립 또는 변경

정답 ②

19 「고도 보존 및 육성에 관한 특별법」에서 지구의 지정 등에 대해서 맞지 않는 것을 찾으시오.

① 기본계획의 시행을 위하여 중앙심의위원회의 심의를 거쳐 국가유산청장은 지구(역사문화환경 보전육성지구, 역사문화환경 특별보존지구)를 지정할 수 있다.
② 국가유산청장은 중앙심의위원회의 심의를 거쳐 지정지구를 해제하거나 변경할 수 있다.
③ 지구의 지정이 필요 없게 된 경우는 지정지구의 해제 또는 변경신청의 사유에 해당하지 않는다.
④ 국가유산청장은 고도의 역사문화환경을 효율적으로 보존·육성하기 위하여 필요하면 정하는 바에 따라 지정지구를 다시 세분하여 지정하거나 변경할 수 있다.

해설 ① (1) 역사문화환경 보존육성지구
고도의 원형을 보존하기 위하여 추가적인 조사가 필요한 지역이나 역사문화환경 특별보존지구 주변의 지역 등 고도의 역사문화환경을 보존·육성할 필요가 있는 지역
(2) 역사문화환경 특별보존지구
고도의 역사문화환경 보존에 핵심이 되는 지역으로 그 원형을 보존하거나 원상이 회복되어야 하는 지역
③ 지정지구의 해제 또는 변경신청(국가유산청장은 아래의 어느 하나에 해당하면 중앙심의위원회 심의를 거쳐 지정지구를 해제하거나 변경할 수 있다)
(1) 지구의 지정이 필요 없게 된 경우
(2) 지구의 지정내용에 변경사유가 발생한 경우
(3) 시·도지사, 특별자치시장·특별자치도지사 또는 시장·군수·구청장의 요청이 있는 경우

정답 ③

20 「고도 보존 및 육성에 관한 특별법」상, 해당 고도의 주민과 관계전문가 등으로부터 의견을 들어야 하는데, 주민들의 의견 청취와 가장 거리가 있는 것은?

① 국가유산청장
② 특별시장·광역시장·도지사
③ 특별자치시장·특별자치도지사
④ 시장·군수·구청장

해설 국가유산청장, 특별자치시장·특별자치도지사 또는 시장·군수·구청장은 해당 고도의 주민과 관계전문가 등으로부터 의견을 들어야 한다.
1. 주민 등의 의견 청취
(1) 고도를 지정하거나 고도의 지정을 요청하는 경우
(2) 기본계획 또는 시행계획을 수립하거나 변경하는 경우
(3) 지구를 지정·해제 또는 변경하는 경우
2. 그 의견이 타당하다고 인정되면 이를 반영하여야 한다.

정답 ②

21 고도 보존 및 육성에 관한 특별법령상, 국가유산청장이 역사문화환경 특별보존지구에서 중앙심의위원회의 심의를 거치지 않고 허가할 수 있는 경미한 행위에 해당하지 않는 것은?
[2025년도 제43회 기출문제]

① 지구 지정 당시의 건축물을 층수의 변경 없이 바닥면적 합계의 10퍼센트를 초과하지 아니하는 범위에서 1회에 한정하여 증축하는 행위
② 총 330제곱미터를 초과하지 아니하는 범위에서 수목을 심는 행위
③ 폭이 9미터인 도로를 확장하는 행위
④ 병충해 방제 또는 수목의 생육을 위한 벌채

정답 ③

22 고도 보존 및 육성에 관한 특별법령상, 보존육성지구 안에서 하는 행위 중 해당 특별자치시장 · 특별자치도지사 또는 시장 · 군수 · 구청장의 허가를 받아야 할 사항이 아닌 것은?

① 건축물이나 각종 시설물의 증축 및 이축
② 수로 · 수질 및 수량을 변경시키는 행위
③ 소음 · 진동을 유발하는 행위
④ 토석류의 채취
⑤ 도로의 신설 · 확장

해설 허가사항 및 비허가 행위 비교표

허가사항		(보존육성지구 안에서의) 비허가 행위
보존육성지구(해당 특별자치시장 · 특별자치도지사, 시장 · 군수 · 구청장)	특별보존지구 (국가유산청장)	
① 건축물이나 각종시설물의 신축 · 개축 · 증축 및 이축	①+용도변경	① 건조물의 외부 형태를 변경시키지 아니하는 내부시설의 개 · 보수
② 택지의 조성, 토지의 개간 또는 토지의 형질 변경	② 좌측과 동일	② 60제곱미터 이하의 형질 변경
③ 수목을 심거나 벌채 또는 토석류의 채취	③+적치(積置)	③ 고사(枯死)한 수목의 벌채
④ 도로의 신설 · 확장	④+포장	④ 그 밖에 시설물의 외형을 변경시키지 아니하는 개 · 보수
⑤ 그 밖에 고도의 역사 문화 환경의 보존에 영향을 미치는 행위로서 아래와 같이 정하는 행위 ㉠ 토지 및 수면의 매립 · 땅깎기 · 흙쌓기 · 땅파기 · 구멍뚫기 등 지형을 변경시키는 행위 ㉡ 수로 · 수질 및 수량을 변경시키는 행위	⑤ 그 밖에 고도의 역사 문화환경의 보존에 영향을 미치거나 미칠 우려가 있는 행위로서 정하는 아래의 행위 ㉠ 토지 및 수면의 매립 · 땅깎기 · 흙쌓기 · 땅파기 · 구멍뚫기 등 지형을 변경시키는 행위 ㉡ 수로 · 수질 및 수량을 변경시키는 행위 ㉢ 소음 · 진동을 유발하거나 대기오염물질 · 화학물질 · 먼지 · 열 등을 방출하는 행위 ㉣ 오수 · 분뇨 · 폐수 등을 살포 · 배출 · 투기하는 행위 ㉤ 옥외 광고물 등의 관리와 옥외광고 산업진흥에 관한 법률 시행령(제4조 ①) 각호의 광고물을 설치 · 부착하는 행위	-

정답 ③

23 고도 보존 및 육성에 관한 특별법령상, 보존육성지구 안에서 허가를 받지 않고 할 수 있는 행위는?

① 건축물의 신축 ② 택지의 조성
③ 고사(枯死)한 수목의 벌채 ④ 토석류의 채취

정답 ③

24 고도 보존 및 육성에 관한 특별법령상, 역사문화환경 보존육성지구에서 고도보존육성지역심의위원회의 심의를 거치지 아니하고 허가될 수 있는 경미한 행위에 해당하는 것은?

① 건축물을 층수의 변경 없이 바닥면적 합계가 80제곱미터가 되도록 개축하는 행위
② 총 350제곱미터의 범위에서 수목을 벌채하는 행위
③ 보존육성지구 지정 당시의 바닥면적 합계가 90제곱미터인 건축물을 층수의 변경 없이 바닥면적 합계의 25퍼센트가 되도록 처음 증축하는 행위
④ 도로의 폭이 7미터가 되도록 도로를 확장하는 행위

해설 역사문화환경 보존육성지구에서의 경미한 행위
1. 「건축법」에 따른 가설건축물을 존치기간 3년, 최고높이 10미터(경사지붕의 경우에는 12미터) 및 바닥면적 85제곱미터를 초과하지 아니하는 범위에서 신축하거나 이축하는 행위
2. 건축물을 층수의 변경 없이 바닥면적 합계가 85제곱미터를 초과하지 아니하는 범위에서 개축하거나 증축하는 행위
3. 지구 지정 당시의 건축물(바닥면적 합계가 85제곱미터를 초과하는 경우로 한정한다)을 층수의 변경 없이 바닥면적 합계의 20퍼센트를 초과하지 아니하는 범위에서 1회에 한정하여 증축하는 행위
4. 총 330제곱미터를 초과하지 아니하는 범위에서 수목을 심거나 벌채하는 행위
5. 병충해 방제 또는 수목의 생육을 위하여 벌채나 솎아 베는 행위
6. 도로의 폭이 6미터를 초과하지 아니하는 범위에서 도로를 확장하는 행위
7. 「지하수법」에 따라 지하수를 개발·이용하기 위한 토지의 땅파기·구멍뚫기 등 지형을 변경시키는 행위

정답 ①

25 고도 보존 및 육성에 관한 특별법령상, 특별보존지구에서의 행위 허가를 반드시 취소하여야 하는 경우는?
① 거짓이나 그 밖의 부정한 방법으로 허가를 받은 경우
② 허가사항을 위반한 경우
③ 허가조건을 위반한 경우
④ 허가사항의 이행이 불가능한 경우

정답 ①

26 고도 보존 및 육성에 관한 특별법령상, 보존육성지구 안에서 허가를 받아야 하는 행위의 유형이 아닌 것은?
① 건축물의 용도변경　　② 택지의 조성
③ 수목을 심는 행위　　④ 도로의 신설

정답 ①

27 고도 보존 및 육성에 관한 특별법령상, 주민지원사업으로 명시되지 않는 것은?
① 지정지구 안의 토지 양도 시 발생하는 소득에 대한 조세 감면
② 전통문화예술공방의 설치 및 지원 사업
③ 마을도서관 건립 및 운영 사업
④ 도로, 주차장, 상하수도 등 기반시설 개선사업
⑤ 주택수리등 주거환경 개선사업

정답 ①

28 고도 보존 및 육성에 관한 특별법령상, 주민지원사업이 아닌 것은?
① 토지매수 및 보상 사업
② 주택수리 등 주거환경 개선사업
③ 전통문화예술공방의 설치 및 지원 사업
④ 마을도서관의 건립 및 운영 사업

정답 ①

29 고도 보존 및 육성에 관한 특별법령상, 주민지원사업에 관한 설명으로 옳은 것은?

① 주민지원사업으로서 소득증대사업을 시행할 수는 없다.
② 지정지구 안에 있는 국가 소유의 토지는 주민지원사업의 목적으로 매각하거나 양도할 수 없다.
③ 사업시행자는 지정지구 안에서 주민지원사업에 필요한 토지등의 취득에 관한 협의가 성립되지 아니하면 해당 토지등을 수용할 수 있다.
④ 사업시행자는 주민지원사업으로 인하여 생활의 터전을 잃게 되는 자가 있으면 이주대책을 수립하여 시행하여야 한다.

정답 ③

30 고도 보존 및 육성에 관한 특별법령상, 보존육성사업 및 주민지원사업에 관한 설명으로 옳은 것은?

① 사업시행자는 지정지구의 효율적인 관리를 위하여 필요한 경우라도 지정지구 밖의 토지들을 협의하여 취득 또는 사용할 수 없다.
② 사업시행자가 사업에 필요한 토지 등을 수용하는 경우, 사업시행자로 지정된 때에 「공익사업을 위한 토지 등의 취득 및 보상에 관한 법률」에 따른 사업인정 및 사업인정의 고시가 있는 것으로 본다.
③ 지정지구 안에 토지를 소유한 자는 지정지구에서 제한된 행위의 허가를 받지 못한 경우에 그 토지에 대하여 매수청구를 할 수 있고 사업시행자는 그 토지를 매수하여야 한다.
④ 주민지원사업인 주거환경개선사업으로 설치되는 공용·공공용 시설에 대하여는 「개발이익환수에 관한 법률」에 따른 개발부담금을 면제한다.

정답 ④

31 고도 보존 및 육성에 관한 특별법령상, 보존육성사업등에서 토지·건물 등의 매수청구에 관한 설명으로 옳은 것은?

① 지정지구의 지정 이전부터 지정지구 안의 해당 건물에 입주한 임차인은 그 건물에 대해 매수청구를 할 수 있다.
② 사업시행자는 매수청구를 받으면 청구를 받은 날부터 30일 이내에 매수 대상 여부와 매수예상가격 등을 매수청구자에게 통보하여야 한다.
③ 사업시행자는 매수를 통보한 날부터 5년 이내에 매수청구를 받은 토지·건물 등을 매수하여야 한다.
④ 매수청구를 받은 토지의 보상방법 및 보상기준 등은 문화체육관광부령으로 정한다.
⑤ 매수대상기준은 지정지구에서의 행위제한으로 해당 토지·건물 등을 사실상 사용 또는 수익하는 것이 가능하여야 한다.

해설 토지·건물 등에 관한 매수청구
1. 사업시행자에게 토지·건물 등의 매수를 청구할 수 있는 경우
　(1) 지정지구의 지정 이전부터 지정지구 안의 해당 토지·건물 등을 계속 소유한 자
　(2) (1)에 따른 소유자로부터 해당 토지·건물 등을 상속받아 소유한 자
　(3) 지정지구에서 해당 토지·건물 등을 소유한 자로서 대통령령으로 정하는 자
2. 사업시행자는 매수청구를 받은 토지·건물 등이 매수대상기준에 해당하는 때에는 매수하여야 한다.
3. 매수 청구를 받은 토지·건물 등의 보상액·보상 시기·보상 방법 및 보상기준 등에 관하여는 「공익사업을 위한 토지 등의 취득 및 보상에 관한 법률」을 준용한다.
4. 토지·건물 등을 매수하는 경우의 매수 대상기준, 매수기한, 매수절차, 그 밖에 필요한 사항
　(1) 매수를 청구하려는 자는 지정지구에서의 행위 제한의 규정에 따른 불허가 통지를 받은 날부터 60일 이내에 정하는 바에 따라 매수 청구 신청서를 사업시행자에게 제출하여야 한다.
　(2) 사업시행자는 매수 청구를 받으면 청구를 받은 날부터 60일 이내에 매수 대상 여부와 매수 예상가격 등을 매수 청구자에게 통보하여야 하며, 매수를 통보한 날부터 5년 이내에 매수하여야 한다.

 ③

PART 07

문화유산과 자연환경자산에 관한 국민신탁법 및 같은 법 시행령

제 1 장 | 총칙
제 2 장 | 국민신탁법인의 설립 등
제 3 장 | 국민신탁법인의 재산 등
제 4 장 | 국민신탁법인의 기관 등
제 5 장 | 보전협약
제 6 장 | 국민신탁단체
제 7 장 | 보칙
제 8 장 | 벌칙

예상문제

CHAPTER 01 총칙

01 목적

이 법은 문화유산 및 자연환경자산에 대한 자발적인 보전·관리 활동을 촉진하기 위하여 문화유산국민신탁 및 자연환경국민신탁의 설립 및 운영 등에 관한 사항과 이에 대한 국가 및 지방자치단체의 지원에 관한 사항을 규정함을 목적으로 한다.

02 정의

1) 국민신탁
(1) 국민신탁법인의 설립(법 제3조)에 따른 국민신탁법인 또는 국민신탁단체의 지정 등(법 제20조의2 ①)에 따른 국민신탁단체가 국민·기업·단체 등으로부터 기부·증여를 받거나 위탁받은 재산 및 회비 등을 활용하여
(2) 보전가치가 있는 문화유산과 자연환경자산을 취득하고 이를 보전·관리함으로써
(3) 현세대는 물론 미래세대의 삶의 질을 높이기 위하여 민간차원에서 자발적으로 추진하는 보전 및 관리 행위를 말한다.

2) 문화유산(아래의 어느 하나에 해당하는 것)
(1) 「문화유산의 보존 및 활용에 관한 법률」의 규정(법 제2조 ①)에 따른 문화유산
(2) (1)의 문화유산의 규정에 따른 문화유산을 보존·보호하기 위한 보호물 및 보호구역
(3) (1)의 규정에 따른 문화유산과 (2)의 규정에 따른 보호물 및 보호구역에 준하여 보전할 필요가 있는 것

3) 자연환경 자산(아래의 어느 하나에 해당하는 지역의 토지·습지 또는 그 지역에 서식하는 「야생생물보호 및 관리에 관한 법률」(제2조 제2호)에 따른 멸종위기 야생 생물을 말한다)
(1) 「자연환경보전법」의 규정에 따른 지역
(2) 「습지 보전법」의 규정에 따른 지역

(3) 「야생생물보호 및 관리에 관한 법률」에 따른 멸종위기 야생생물의 보호 및 번식을 위하여 특별히 보전할 필요가 있는 지역과 야생생물 특별보호구역에 준하여 보호할 필요가 있는 지역
(4) 「자연공원법」에 따른 자연공원
(5) 「백두대간 보호에 관한 법률」에 따른 백두대간보호지역

4) 보전재산
국민신탁법인 또는 국민신탁단체의 재산 중 문화유산 또는 자연환경자산에 해당하는 것

5) 일반재산
국민신탁법인 또는 국민신탁단체의 재산 중 보전재산을 제외한 것

CHAPTER 02 국민신탁법인의 설립 등

01 국민신탁법인의 설립

1) 국민신탁법인의 설립
    (1) **문화유산국민신탁** : 문화유산을 취득하고 이를 보전·관리하기 위하여 문화유산국민신탁을 설립한다.
    (2) **자연환경국민신탁** : 자연환경자산을 취득하고 이를 보전·관리하기 위하여 자연환경국민신탁을 설립한다.
2) 문화유산국민신탁 및 자연환경국민신탁은 이를 각각 법인으로 한다.
3) 국민신탁법인은 그 주된 사무소의 소재지에서 설립 등기를 함으로써 성립한다.
4) 국민신탁법인은 정관이 정하는 바에 따라 지방사무소를 둘 수 있다.

02 정관

1) 국민신탁법인의 정관에는 다음 각 호의 사항을 기재하여야 한다.
    (1) 목적
    (2) 명칭
    (3) 주된 사무소의 소재지와 지방사무소에 관한 사항
    (4) 설립 당시의 자산의 종류·상태 및 평가가액
    (5) 자산의 관리방법과 회계에 관한 사항
    (6) 총회 및 이사회에 관한 사항
    (7) 회원의 종류·자격 및 회비에 관한 사항
    (8) 이사 및 감사의 정수·임기 및 그 임면에 관한 사항
    (9) 이사의 의결권 행사 및 대표권에 관한 사항
    (10) 정관의 변경에 관한 사항

(11) 공고 및 그 방법에 관한 사항
　　　(12) 업무감사 및 회계검사에 관한 사항
　　　(13) 보전재산의 관리에 관한 사항
　　　(14) 보전협약(법 제19조)에 따른 보전협약의 요건·내용·절차에 관한 사항
　　　(15) 보전재산의 대상에 관한 세부기준
　　　(16) 문화유산 또는 자연환경자산의 보전에 이바지한 자의 명예를 위하여 필요한 사항
　　　(17) 국민신탁법인의 사무처리를 위한 조직의 설치에 관한 사항
　2) 국민신탁법인은 정관을 변경하고자 하는 때에는 해당 중앙행정기관의 장의 인가를 받아야 한다.
　　　(1) 문화유산국민신탁의 경우 중앙행정기관의 장은 국가유산청장
　　　(2) 자연환경국민신탁의 경우 중앙행정기관의 장은 환경부장관

03 기본계획

1) 기본계획 수립
　(1) 국민신탁법인은 이사회의 의결을 거쳐 문화유산 및 자연환경자산의 취득 및 보전·관리를 위한
　(2) 장기적인 계획을 10년마다 수립하여야 한다.

2) 기본계획에 포함되어야 할 사항
　(1) 문화유산 및 자연환경자산의 취득 및 보전·관리를 위한 목표·추진전략에 관한 사항
　(2) 보전재산의 기준·분류에 관한 사항
　(3) 보전재산으로 취득할 필요가 있는 대상물의 조사 및 목록작성에 관한 사항

3) 국민신탁법인은 기본계획을 수립하고자 하는 때에는 미리 해당 중앙행정기관의 장과 협의하여야 한다.

4) 국민신탁법인은 기본계획을 수립하고자 하는 때에는 해당 기본계획에 포함되는 사항이 국가의 국방·군사·농지·산림 또는 개발 등에 관한 정책·사업과 상충되는지 여부에 관하여 미리 관계 중앙행정기관의 장과 협의하여야 한다.

5) 국민신탁법인은 기본계획을 수립한 때에는 해당 중앙행정기관 및 관계중앙행정기관의 장에게 이를 송부하여야 한다.

6) 3)부터 5)까지의 규정은 기본계획을 변경하고자 하는 경우에 이를 준용한다.
   (1) 다만, 경미한 사항을 변경하는 때에는 그러하지 아니하다.
   (2) 기본계획의 경미한 변경
      ① 보전재산의 취득 및 보전·관리에 드는 비용의 산정과 재원의 조달방안에 관한 사항 중에서 총액의 100분의 30 미만을 변경하는 경우
      ② 일반재산의 취득·관리 등 운용에 관한 사항을 변경하는 경우
      ③ 국민신탁법인의 사무처리를 위하여 설치된 사무조직의 운영에 관한 사항을 변경하는 경우
      ④ 그 밖에 기본계획(법 제5조 ②)의 어느 하나에 해당되지 아니하는 사항을 변경하는 경우

7) 그 밖의 기본계획의 수립 및 시행에 관하여 필요한 사항은 국민신탁 법인의 정관으로 정한다.

04 시행계획

1) 연도별 시행계획
   (1) 국민신탁법인은 기본계획(법 제5조)에 따라 수립된 기본계획에 따라 연도별 시행계획을 매년 수립하여야 한다.
   (2) 시행계획에 포함되어야 할 사항
      ① 문화유산 및 자연환경자산의 취득 및 보전·관리에 관한 당해 연도 목표 및 추진전략에 관한 사항
      ② 당해 연도에 보전재산으로 취득할 필요가 있는 대상물의 목록
      ③ 당해 연도의 보전재산 및 보전·관리에 드는 비용의 산정과 재원의 조달 방안에 관한 사항
      ④ 보전재산의 취득 및 보전·관리사업에 관한 사항
      ⑤ 그 밖에 홍보·교육·국제협력 등 주요 사업에 관한 사항

2) 국민신탁법인은 시행계획과 그 추진실적을 점검·평가하고 그 결과를 다음 기본계획을 수립할 때 반영하여야 한다.

   (1) 기본계획 및 시행계획의 협의절차
   ① 관계 중앙행정기관의 장은 기본계획 또는 시행계획의 협의 요청을 받은 날부터 30일 이내에 그 결과를 국민신탁법인에 통보하여야 한다.
   ② 다만, 부득이한 사유가 있는 경우에는 그 기간을 10일의 범위 내에서 연장할 수 있다.

   (2) 시행계획의 경미한 변경
   ① 해당 연도의 보전재산의 취득 및 보전·관리에 드는 비용의 산정과 재원의 조달 방안에 관한 사항 중에서 총액의 100분의 30 미만을 변경하는 경우
   ② 해당 연도의 일반재산의 취득·관리 등 운용에 관한 사항을 변경하는 경우
   ③ 그 밖에 시행계획에 포함되어야 할 사항(영 제3조 1 또는 2)에 해당되지 아니하는 사항을 변경하는 경우

05 실태조사

1) 국민신탁법인은 기본계획과 시행계획을 효율적으로 수립·시행하기 위하여 문화유산과 자연환경자산의 취득 및 보전·관리에 대한 실태조사를 할 수 있다.
2) 실태조사의 범위와 방법 등에 관하여 필요한 사항은 국민신탁법인의 정관으로 정한다.

06 보전·관리계획

1) 국민신탁법인은 기본계획 및 시행계획에 따라 전체 보전재산을 구성하는 각각의 문화유산 및 자연환경 자산에 대하여 이사회의 의결을 거쳐 보전·관리를 수립하여야 한다.(다만, 효율적인 보전·관리를 위하여 필요하다고 인정되는 경우에는 각각의 문화유산 및 자연환경 자산을 통합하여 보전·관리계획을 수립할 수 있다)
2) 보전·관리계획의 수립 및 시행에 관하여 필요한 사항은 정관으로 정한다.

07 문화유산 및 자연환경자산 목록작성 및 공고

1) 국민신탁법인은 문화유산 및 자연환경 자산의 소유자·점유자 또는 그 대리인과 협의하여 보전할 가치가 있는 문화유산 및 자연환경자산을 매년 조사하여야 한다.

   (1) 문화유산의 경우

   ① 문화유산의 명칭·위치·면적·재산현황
   ② 문화유산의 작자·유래
   ③ 문화유산의 재료·품질·구조·형식·크기·형태
   ④ 문화유산 주변 토지의 이용현황
   ⑤ 문화유산의 주변 환경보전 상황
   ⑥ 문화유산의 보전을 위하여 특별히 조사할 필요가 있다고 국민신탁법인이 정관으로 정하는 사항

   (2) 자연환경자산의 경우

   ① 자연환경자산의 명칭·위치·면적·재산현황
   ② 지형·지질·자연경관의 특수성
   ③ 자연생태현황(식생현황, 멸종위기 야생 동·식물 및 국내 고유생물종의 서식현황을 포함한다)
   ④ 토양의 특성
   ⑤ 그 밖에 자연환경자산의 보전을 위하여 특별히 조사할 필요가 있다고 국민신탁법인이 정관으로 정하는 사항

   (3) 문화유산 또는 자연환경자산의 조사방법

   ① 직접 현지를 조사하는 것을 원칙으로 하되
   ② 청문·자료·문헌 등을 통한 간접조사의 방법에 의할 수 있다.

2) 국민신탁법인은 조사한 결과를 목록으로 작성하여 공고하여야 한다.

   (1) 국민신탁법인은 조사한 결과를 작성하여 해당 중앙행정기관의 장에게 제출하고

   ① 문화유산국민신탁의 경우에는 국가유산청장이 중앙행정기관의 장
   ② 자연환경국민신탁의 경우에는 환경부장관이 중앙행정기관의 장

   (2) 일반인에게 공고하여야 한다.

CHAPTER 03 국민신탁법인의 재산 등

01 재산현황의 공개 등

1) 국민신탁법인은 정하는 바에 따라 보전재산의 목록을 작성하고 이를 비치하여야 한다.
   국민신탁법인은 보전재산의 목록을 작성하여 그 주된 사무소에 비치하여야 한다.
2) 국민신탁법인은 회계연도별로 보전재산 및 일반재산의 현황을 작성하고 정하는 바에 따라 이를 공개하여야 한다.
   (1) 보전재산 및 일반재산의 현황을 작성하여 그 주된 사무소에 비치하여야 한다.
   (2) 국민신탁법인은 작성한 보전재산 및 일반재산의 현황을 인터넷 등을 통하여 공개하여야 한다.

02 재산의 보전 및 운용

1) 국민신탁법인은 보전재산 및 일반재산을 신의에 따라 성실하게 보전·운용하여야 한다.
2) 보전재산은 이를 매각·교환·양여·담보 또는 신탁하거나 출자의 목적으로 제공하지 못하며, 이를 위반한 행위는 무효로 한다.
3) 일반재산은 문화유산 및 자연환경자산의 매입 및 보전·관리와 국민신탁법인의 운영에 소요되는 경비 등으로 사용할 수 있다.
4) 국민신탁법인은 취득한 보전재산 및 보전협약을 체결한 문화유산 또는 자연환경자산이 부동산인 경우 국민이 이를 쉽게 알 수 있도록 안내판 등을 설치하여 관리할 수 있다(이 경우 국가 및 지방자치단체는 안내판 등의 설치 비용을 지원할 수 있다).

03 지정기탁재산

1) 문화유산 및 자연환경자산의 매입·보전 또는 관리로 용도를 지정하여 기탁된 현금·유가증권 또는 부동산 등의 재산은 기탁자와 합의한 경우를 제외하고는 그 용도를 변경할 수 없다. 다만, 기탁자의 사망 등의 사유로 합의할 수 없는 경우에 한정하여 이사회 및 총회의 의결을 거친 때에는 그러하지 아니하다.
2) 지정기탁재산은 지정된 용도별로 다른 일반재산과 구분하여 회계처리하여야 한다.

04 문화유산 및 자연환경자산의 매입

국민신탁법인은 문화유산 및 자연환경자산을 매입하고자 하는 때에는 이사회의 의결을 거쳐야 한다.

05 이용료 및 입장료

1) 국민신탁법인은 보전재산을 이용하는 사람들에게 이용료 또는 입장료를 부과·징수할 수 있다.

2) 이용료 또는 입장료의 징수
    (1) 국민신탁법인은 이용료 또는 입장료를 정하려는 경우에는 해당 중앙행정기관의 장의 승인을 얻어야 한다.
    (2) 보전재산의 이용료 또는 입장료는 보전재산의 취득 및 보전·관리에 드는 비용을 고려하여 정한다.
    (3) 이용료 또는 입장료를 징수하지 아니하는 자
        ① 6세 이하 또는 65세 이상인 자
        ②「장애인복지법」에 따른 장애인
        ③「국가유공자 등 예우 및 지원에 관한 법률 시행령」각 호의 어느 하나에 해당하는 자
        ④「5.18 민주유공자 예우 및 단체설립에 관한 법률 시행령」각 호의 어느 하나에 해당하는 자

⑤ 「참전유공자 예우 및 단체설립에 관한 법률」에 따른 참전유공자
⑥ 공무수행을 위하여 그 시설을 이용하는 자
⑦ 그 밖에 국민신탁법인이 정관으로 그 출입을 인정하는 자

(4) 국민신탁법인은 이용료 또는 입장료를 징수하려는 경우에는 시설의 입구 등에 이용료 또는 입장료에 관한 안내판을 설치하여야 한다.

06 회계 등

1) 국민신탁법인의 회계연도는 정부의 회계연도에 따른다.
2) 국민신탁법인은 매 회계 연도 종료 전까지 다음 회계연도의 사업계획 및 예산안을 해당 중앙행정기관의 장에게 제출하여 승인을 얻어야 한다.
3) 승인을 얻어야 하는 경우의 규정은 사업계획 또는 예산안을 변경하는 경우에는 이를 준용한다.
   (1) 다만, 경미한 사항을 변경하는 때에는 그러하지 아니하다.
   (2) 경미한 사항
      ① 사업계획 : 예산안의 변경을 수반하지 아니하는 사항
      ② 예산 : 예산액의 100분의 30 미만을 변경하는 사항
4) 국민신탁법인은 회계연도마다 공인회계사 또는 회계법인의 회계감사를 받아 결산서를 작성하여야 한다.
5) 국민신탁법인은 사업실적 및 작성된 결산서를 회계연도 종료 후 90일 이내에 해당 중앙행정기관의 장에게 제출하여야 한다.
6) **예산안 및 결산서의 공개**(인터넷 등을 통하여 공개하여야 한다.)
   (1) 예산안 : 회계연도 개시 후 1개월 이내에
   (2) 결산서 : 회계연도 종료 후 4개월 이내에

07 조세감면

1) 국가 또는 지방자치단체는 문화유산 및 자연환경자산의 보전활동을 활성화하기 위하여 국민신탁법인에 출연 또는 기부된 재산과 국민신탁법인에 대하여
2) 조세관련 법률이 정하는 바에 따라 조세를 감면할 수 있다.

08 재정지원

국가 및 지방자치단체는 국민신탁법인 또는 국민신탁법인과 보전협약(법 제19조)의 규정에 따른 보전협약을 체결한 법인·단체에 대하여 예산의 범위 안에서 보전재산의 보전·관리에 직접 소요되는 경비의 일부를 보조할 수 있다.

CHAPTER 04

국민신탁법인의 기관 등

01 총회 및 이사회

1) 국민신탁법인에 회원으로 구성되는 총회를 둔다.

2) 총회의 의결을 얻어야 하는 사항
   (1) 임원의 선임에 관한 사항
   (2) 예산 및 결산
   (3) 기본계획 및 시행계획
   (4) 정관의 변경에 관한 사항
   (5) 그 밖에 정관으로 정하는 사항

3) 이사회
   (1) 국민신탁법인에 이사로 구성되는 이사회를 두며, 이사회는 다음 각 호의 사항을 심의·의결한다.
   (2) 이사회의 심의·의결사항
      ① 기본계획안의 수립
      ② 시행계획안의 수립
      ③ 보전재산에 대한 보전·관리계획의 수립
      ④ 보전재산으로 취득하고자 하는 문화유산 및 자연환경자산의 목록
      ⑤ 보전재산의 취득·보전 및 관리에 관한 사항
      ⑥ 보전재산 및 일반재산의 운용계획
      ⑦ 그 밖에 정관으로 정하는 사항

02 준용

국민신탁법인에 관하여 이 법에 규정된 사항을 제외하고는 「민법」 중 사단법인에 관한 규정을 준용한다.

03 국민신탁운동협의체의 구성·운영 등

1) 해당 중앙행정기관의 장은 국민신탁과 관련한 경험을 공유하고 관계기관 협력 등을 통한 국민신탁의 원활한 추진을 위하여 필요한 경우 국민신탁법인, 국민신탁단체, 관계 전문가 등으로 구성된 국민신탁운동협의체를 구성·운영할 수 있다.

2) **국민신탁운동협의체의 구성 및 운영**
   (1) 국민신탁운동협의체는 위원장 1명을 포함하여 10명 이내의 위원으로 구성한다.
   (2) 국민신탁운동협의체의 위원은 다음 각 호의 사람 중에서 해당중앙행정기관의 장이 성별을 고려하여 임명하거나 위촉한다.
      ① 해당중앙행정기관 소속의 국민신탁업무를 담당하는 4급 이상 공무원
      ② 국민신탁법인이나 국민신탁단체에 소속된 임직원
      ③ 국민신탁 관련 분야의 학식과 경험이 풍부한 사람
   (3) (2)의 ②, ③에 해당하는 위원의 임기는 2년으로 한다.
   (4) 국민신탁운동협의체의 위원장은 (2)의 ②, ③의 위원 중에서 호선(互選)한다.
   (5) 국민신탁운동협의체의 회의는 위원장이 회의 개최가 필요하다고 인정하거나 위원 과반수가 회의 개최를 요구하는 경우에 개최한다.
   (6) 국민신탁운동협의체를 효율적으로 운영하기 위하여 간사위원 1명을 두며, 간사위원은 (2)의 ①의 위원으로 한다.
   (7) (1)부터 (6)까지에서 규정한 사항 외에 국민신탁운동협의체의 구성 및 운영에 필요한 사항은 국민신탁운동협의체의 의결을 거쳐 국민신탁운동협의체의 위원장이 정한다.

CHAPTER 05 보전협약

01 보전협약

1) 보전협약의 체결
(1) 국민신탁법인은 문화유산 및 자연환경자산의 효율적인 보전·관리를 위하여
(2) 문화유산 및 자연환경자산의 소유자·점유자 또는 대리인과 협약을 체결하고, 협약체결일부터 1개월 이내에 인터넷 등을 통하여 공개하여야 한다.
(3) 소유자·점유자 또는 대리인이 해당 문화유산 및 자연환경자산을 성실하게 보전·관리할 수 있도록 필요한 지원을 하거나
(4) 당해 문화유산 및 자연환경자산을 대차하여 직접 보전활동을 할 수 있다.

2) 보전협약의 내용 및 체결방법·절차 등에 관하여 필요한 사항은 정관으로 정한다.

02 권리변동의 통지

1) 국민신탁법인과 보전협약을 체결한 문화유산 및 자연환경자산의 소유자·점유자 또는 대리인은 해당 재산의 권리관계가 변동되었거나 변동될 것으로 예상되는 때에는 그 사실을 지체없이 국민신탁법인에 통지하여야 한다.
2) 권리변동의 통지내용에는 다음 각 호의 내용이 포함되어야 한다.
   (1) 국민신탁법인과 보전협약을 체결한 당해 재산의 소재지·면적 및 권리내용
   (2) 보전협약을 체결한 당시의 소유자·점유자 또는 대리인의 성명·주소 및 전화번호
   (3) 당해 재산의 권리관계의 변동사유·변동일 또는 변동예정일
   (4) 당해 재산의 새로운 소유자·점유자 또는 대리인의 성명·주소 및 전화번호(권리관계가 변동된 경우에 한한다)
   (5) 당해 재산의 권리관계 변동사실을 증빙할 수 있는 서류의 사본(권리관계가 변동된 경우에 한한다)

CHAPTER 06 국민신탁단체

01 국민신탁단체의 지정 등

1) 해당 중앙행정기관의 장은 문화유산 또는 자연환경자산을 취득하여 보전·관리하고 이를 공익용 목적으로 사용·수익하는 비영리법인을 문화유산국민신탁단체 또는 자연환경국민신탁단체로 지정할 수 있다.

2) 국민신탁단체로 지정받으려는 자는 다음 각 호의 서류를 첨부하여 해당 중앙행정기관의 장에게 신청하여야 한다.
   (1) 법인등기부등본 및 정관 사본
   (2) 문화유산 또는 자연환경자산의 취득·보전·관리계획
   (3) 국민신탁단체의 운영계획

3) 해당 중앙행정기관의 장은 2)에 따라 신청한 법인을 국민신탁단체로 지정하려는 경우 다음 각 호의 사항을 종합적으로 고려하여야 한다.
   (1) 해당 법인의 문화유산 또는 자연환경자산 보유 현황
   (2) 해당 법인의 국민신탁 경험 및 수행능력
   (3) 문화유산 또는 자연환경자산의 취득·보전·관리계획의 타당성
   (4) 법인 소재지를 관할하는 특별시장·광역시장·특별자치시장·도지사 또는 특별자치도지사(이하 "시·도지사"라 한다)의 의견

4) 해당 중앙행정기관의 장은 국민신탁단체를 지정하기 위하여 필요한 경우에는 시·도지사, 관계 기관·단체 등의 의견을 듣거나 관련 자료의 제출을 요청할 수 있다. 이 경우 자료의 제출을 요청받은 자는 특별한 사유가 없으면 이에 따라야 한다.

5) 해당 중앙행정기관의 장은 2)에 따른 신청을 받은 경우 국민신탁단체의 지정 여부를 결정하고, 그 결과를 신청인에게 문서(전자문서를 포함한다)로 통지하여야 한다.

6) 해당 중앙행정기관의 장은 국민신탁단체를 지정하였을 때에는 다음 각 호의 사항을 관보에 고시하고 해당 중앙행정기관의 홈페이지에 게재하여야 한다.
   (1) 국민신탁단체의 명칭

(2) 국민신탁단체의 지정일 및 지정사유

7) 그 밖에 국민신탁단체의 신청 및 지정 등에 필요한 사항은 대통령령으로 정한다.

02 국민신탁단체의 지정 취소

1) 해당 중앙행정기관의 장은 국민신탁단체가 다음 각 호의 어느 하나에 해당하는 경우에는 그 지정을 취소할 수 있다.
   (1) 거짓이나 그 밖의 부정한 방법으로 지정을 받은 경우(지정을 취소하여야 한다)
   (2) 국민신탁단체의 수행 업무가 그 지정 목적을 벗어난 것으로 인정되는 경우

2) 해당 중앙행정기관의 장은 국민신탁단체의 지정을 취소하였을 때에는 다음 각 호의 사항을 관보에 고시하고 해당 중앙행정기관의 홈페이지에 게재하여야 한다.
   (1) 지정이 취소된 국민신탁단체의 명칭
   (2) 국민신탁단체 지정 취소일 및 취소사유

3) 1)에 따른 국민신탁단체의 지정 취소 등에 필요한 사항은 대통령령으로 정한다.

03 국민신탁단체의 회계 등

1) 국민신탁단체는 국가 및 지방자치단체로부터 재정지원을 받은 경우 정부의 회계연도 종료 후 90일 이내에 지원받은 금액에 대한 결산서를 작성하여 해당 중앙행정기관의 장에게 제출하여야 한다.
2) 국민신탁단체는 1)에 따라 작성한 결산서를 제출한 날부터 30일 이내에 결산서를 해당 국민신탁단체의 인터넷 홈페이지에 공개해야 한다.

04 국민신탁단체의 보전·관리계획 수립·시행

1) 국민신탁단체는 전체 보전재산을 구성하는 각각의 문화유산 또는 자연환경자산에 대하여 보전·관리계획을 수립·시행하여야 한다. 다만, 효율적인 보전·관리를 위하여 필요하다고 인정되는 경우에는 각각의 문화유산 또는 자연환경자산을 통합하여 보전·관리계획을 수립할 수 있다.
2) 1)의 규정에 따른 보전·관리계획의 수립·시행에 필요한 사항은 정관으로 정한다.

CHAPTER 07 보칙

01 행정계획 등의 협의

1) 행정계획 등의 협의
(1) 관계 중앙행정기관의 장, 시·도지사 및 시장·군수·구청장은 국민 신탁법인의 보전재산 또는 보전협약에 따라 체결된 보전협약의 대상이 되는 문화유산 또는 자연환경자산에 직접적인 영향을 미치는 행정계획을 수립·확정하거나 개발사업을 인가·허가·승인·면허·결정·지정 등을 하고자 하는 때에는 그 영향을 미리 검토하여 해당 중앙행정기관의 장에게 협의를 요청하여야 한다.
(2) 다만, 해당 행정계획 또는 개발사업이 「환경영향평가법(제9조)」에 따른 전략환경영향평가 대상계획, 같은 법 제22조에 따른 환경영향평가 대상사업 또는 같은 법 제43조에 따른 소규모 환경영향평가 대상사업인 경우에는 환경부장관과의 협의를 생략할 수 있다.

2) 협의 시기의 구분
(1) 행정계획 : 당해 계획의 수립·확정 전
(2) 개발사업 : 당해 사업의 허가 등을 하기 전

3) 관계 행정기관의 장이 해당 중앙행정기관의 장에게 협의를 요청하는 때에는 미리 해당 행정계획 또는 개발사업에 관한 국민신탁법인의 의견을 조회한 후 그 결과(개발사업의 경우에는 사업시행자가 국민신탁법인의 의견을 조회한 결과를 말한다)를 첨부하여야 한다.

4) 관계 행정기관의 장은 조회한 국민신탁법인의 의견을 검토하고 합리적이라고 인정되는 경우에는 이를 해당 행정계획 또는 개발사업에 반영하기 위하여 필요한 조치를 하여야 한다.

5) 행정계획 등의 협의 절차
(1) 관계행정기관의 장이 해당중앙행정기관의 장에게 협의를 요청하는 경우 아래의 내용에 포함된 서류를 제출하여야 한다.

① 행정계획 또는 개발사업의 목적·필요성·사업기간·소요예산·추진절차 등 관계 법령에 따라 해당 사업계획에 포함되어야 하는 내용
② 대상지역 토지의 지번·지목·면적·소유자
③ 행정계획 또는 개발사업으로 인해 영향을 받게 되는 보전재산의 명칭, 지번, 지목 및 면적
④ 국민신탁법인의 의견 조회 결과 및 반영내용(법 제21조 ③ 관련)

(2) 관계행정기관의 장이 협의를 요청하는 경우에는 협의요청서류 10부와 그 내용을 수록한 디스켓 또는 시디롬(CD-ROM) 등 전산보조기억매체 1장을 해당중앙행정기관의 장에게 제출하여야 한다.

02 모금

1) 국민신탁법인은 문화유산 및 자연환경자산의 매입·보전·관리를 위하여 필요하다고 인정되는 때에는 해당 중앙행정기관의 장의 승인을 얻어 모금을 할 수 있다.

2) 국민신탁법인은 모금 목적 외에 기부금품을 사용할 수 없다. 기부금품의 모금을 중단 또는 완료한 때에는 그 결과를 공개하여야 한다.

3) 모금의 승인 및 실적보고 등

(1) 국민신탁법인은 모금에 따라 모금의 승인을 얻으려는 때에는 아래의 서류를 갖추어 모금 개시일 1개월 이전에 해당 중앙행정기관의 장에게 제출하여야 한다.
① 모금목적 및 그 사용계획·모금지역·모금기간·모금예정총액 등이 기재된 모금계획서
② 모금비용의 예정액 명세와 충당방법

(2) 국민신탁법인은 모금이 중단되거나 완료하는 때에는 해당 중앙행정기관의 장에게 모금 실적보고서를 지체 없이 제출하고 인터넷 등을 통하여 공개하여야 한다.

03 청문

해당 중앙행정기관의 장은 국민신탁단체의 지정 취소(제20조의3 ①)에 따라 국민신탁단체의 지정을 취소하려면 청문을 하여야 한다.

CHAPTER 08 벌칙

01 과태료

1) 아래의 어느 하나에 해당하는 국민신탁법인에 대하여는 2천만 원 이하의 과태료를 부과한다.
   (1) 재산의 보전 및 운용(법 제10조 ②)의 규정을 위반하여 보전재산을 매각·교환·양여·담보 또는 신탁하거나 출자의 목적으로 제공한 경우
   (2) 지정기탁 재산(법 제11조 ①)의 규정을 위반하여 지정기탁재산의 용도를 변경한 경우
   (3) 모금(법 제22조 ②)의 규정을 위반하여 모금한 기부금품을 모금 목적 외에 사용하거나 기부금품의 모금을 중단 또는 완료한 때 그 결과를 공개하지 아니한 경우

2) 과태료의 부과·징수
   (1) 부과·징수권자 : 해당 중앙행정기관의 장
   (2) 해당 중앙행정기관의 장은 과태료를 부과하려는 때에는 그 위반행위를 조사·확인한 후 위반사실·이의방법·이의기관을 서면으로 명시하여 이를 납부할 것을 과태료 처분대상자에게 통지하여야 한다.
   (3) 해당 중앙행정기관의 장은 과태료를 부과하려는 때에는 10일 이상의 기간을 정하여 과태료 처분 대상자에게 구술 또는 서면에 따른 의견 제출의 기회를 주어야 한다. 이 경우 의견 제출이 없는 경우에는 의견이 없는 것으로 본다.
   (4) 해당 중앙행정기관의 장은 과태료의 금액을 정하려는 때에는 그 위반 행위의 동기와 결과 등을 고려하여야 한다.
   (5) 과태료는 수입징수관의 사무처리에 관한 절차에 따라 징수한다. 이 경우 납입고지서에는 이의방법 및 이의기간 등을 함께 기재하여야 한다.

예상문제

01 문화유산과 자연환경자산에 관한 국민신탁법은 문화유산 및 자연환경자산에 대한 자발적인 보전·관리 활동을 촉진하기 위하여 문화유산국민신탁 및 자연환경국민신탁의 설립 및 운영 등에 관한 사항과 이에 대한 국가 및 지방자치단체의 지원에 관한 사항을 규정함을 목적으로 한다.(○, ×)

정답 ○

02 국민신탁의 정의에 대하여 틀린 것은?
① 국민신탁법인이 국민·기업·단체등으로부터 기부·증여를 받거나 위탁받은 재산 및 회비 등을 활용한다.
② 보전가치가 있는 문화유산과 자연환경자산을 취득하고 이를 보전·관리한다.
③ 현세대는 물론 미래세대의 삶의 질을 높이기 위하여 민간차원에서 자발적으로 추진하는 보전 및 관리행위를 말한다.
④ 국민신탁법인의 재산 중 문화유산 또는 자연환경자산에 해당하는 것을 말한다.

정답 ④

03 문화유산에 해당하지 않는 것은?
① 문화유산
② 보호물 및 보호구역
③ 보호물 및 보호구역에 준하여 보전할 필요가 있는 것
④ 습지 보전법의 규정에 따른 지역

정답 ④

04 문화유산과 자연환경자산에 관한 국민신탁법령상, 문화유산의 정의에 해당하는 것을 고르시오.
① 보전가치가 있는 문화유산과 자연환경자산을 취득하고 이를 보전·관리하는 것
② 문화유산의 규정에 따른 문화유산을 보존·보호하기 위한 보호물 및 보호구역은 문화유산의 정의의 하나에 해당한다.
③ 「자연공원법」에 따른 자연공원을 문화유산이라 한다.
④ 국민신탁법인 또는 국민신탁단체의 재산 중 보전재산을 제외한 것을 문화유산이라 한다.

① 국민신탁의 정의 중 하나
③ 자연환경자산의 정의 중 하나
④ 일반재산에 대한 정의

정답 ②

05 자연환경자산의 정의로 맞지 않는 것은?
① 「자연환경보전법」의 규정에 따른 지역
② 「습지보전법」의 규정에 따른 지역
③ 국민신탁법인의 재산 중 보전재산을 제외한 것
④ 멸종위기 야생 생물의 보호 및 번식을 위하여 특별히 보전할 필요가 있는 지역과 야생 생물 특별보호구역에 준하여 보호할 필요가 있는 지역

정답 ③

06 다음의 용어를 설명하시오.
① 보전재산이란?
② 일반재산이란?

정답 ① 국민신탁법인 또는 국민신탁단체의 재산 중 문화유산 또는 자연환경자산에 해당하는 것
② 국민신탁법인 또는 국민신탁단체의 재산 중 보전재산을 제외한 것

07 국민신탁법인에 대한 설명으로 아래 내용 중에서 틀린 것은 어느 것인가?
① 국민신탁이란, 현세대는 물론 미래세대의 삶의 질을 높이기 위하여 민간차원에서 자발적으로 추진하는 보전 및 관리행위를 말한다.
② 「자연환경보전법」에 따른 지역의 토지·습지 또는 그 지역에서 서식하는 멸종위기 야생생물을 자연환경자산이라 한다.
③ 국민신탁법인의 재산 중 문화유산 또는 자연환경자산에 해당하는 것을 보전재산이라 하고 국민신탁 법인의 재산 중 보전재산을 재외한 것을 일반재산이라 한다.
④ 자연환경자산을 취득하고 이를 보전·관리하기 위하여 문화유산국민신탁을 설립한다.

정답 ④

08 국민신탁법인의 설립과 정관변경에 대한 내용으로 거리가 먼 것은?
① 문화유산을 취득하고 이를 보전·관리하기 위하여 문화유산국민신탁을 설립한다.
② 자연환경자산을 취득하고 이를 보전·관리하기 위하여 자연환경국민신탁을 설립한다.
③ 문화유산국민신탁 및 자연환경국민신탁은 이를 각각 법인으로 한다.
④ 국민신탁법인은 그 주된 사무소의 소재지에서 설립등기를 함으로써 성립한다.
⑤ 문화유산국민신탁의 경우 정관을 변경하고자 하는 때에는 환경부장관의 인가를 받아야 한다.

정답 ⑤

09 국민신탁법인은 문화유산 및 자연환경자산의 취득 및 보전·관리를 위한 장기계획을 몇 년마다 수립하여야 하는가?
① 10년　　② 7년
③ 5년　　④ 3년

정답 ①

10 문화유산과 자연환경자산에 관한 국민신탁법령상, 기본계획에 관한 설명과 거리가 먼 것을 찾으시오.

① 국민신탁법인은 이 사회의 의결을 거쳐 장기적인 계획을 5년마다 수립하여야 한다.
② 보전재산의 기준·분류에 관한 사항은 기본계획에 포함되어야 할 사항이다.
③ 국민신탁법인은 기본계획을 수립하고자 하는 때에는 미리 해당 중앙행정기관의 장과 협의하여야 한다.
④ 국민신탁법인은 기본계획을 수립한 때에는 해당 중앙행정기관의 장에게 이를 송부하여야 한다.

해설 ① 10년마다 수립하여야 한다.

정답 ①

11 국민신탁법인은 보전할 가치가 있는 문화유산 및 자연환경자산을 매년 조사하여야 하는데 문화유산의 조사와 거리가 있는 것?

① 문화유산의 작자·유래
② 문화유산의 재료·품질·구조·크기·형태
③ 문화유산 주변 토지의 이용현황
④ 지형·지질·자연경관의 특수성
⑤ 문화유산의 주변환경 보전상황

정답 ④

12 문화유산과 자연환경자산에 관한 국민신탁법령상, 재산의 보전 및 운용 등에 관한 설명으로 옳지 않은 것은? [2025년도 제43회 기출문제]

① 지정기탁재산은 지정된 용도별로 다른 일반재산과 구분하여 회계처리하여야 한다.
② 보전재산은 이를 매각·교환·양여·담보 또는 신탁하거나 출자의 목적으로 제공할 수 있다.
③ 일반재산은 문화유산 및 자연환경자산의 매입 및 보전·관리와 국민신탁법인의 운영에 소요되는 경비 등으로 사용할 수 있다.
④ 국민신탁법인은 취득한 보전재산이 부동산인 경우 국민이 이를 쉽게 알 수 있도록 안내판 등을 설치하여 관리할 수 있다.

정답 ②

13 국민신탁법인이 보전재산을 이용하는 사람들에게 이용료 또는 입장료를 징수하는 자는?
① 6세 이하 또는 65세 이상인 자
② 「장애인복지법」에 따른 장애인
③ 군인 · 경찰 공무원
④ 「5.18 민주유공자예우 및 단체설립에 관한 법률 시행령」의 어느 하나에 해당하는 자
⑤ 「참전유공자 예우 및 단체설립에 관한 법률」에 따른 참전유공자

정답 ③

14 국민신탁법인의 재산 등에 대한 아래의 내용 중에서 옳지 않은 것은?
① 지정기탁재산은 기탁자와 합의한 경우를 제외하고는 그 용도를 변경할 수 없다. 다만, 기탁자의 사망 등의 사유로 합의할 수 없는 경우에 한정하여 이사회 및 총회의 의결을 거친 때에는 그러하지 아니하다.
② 국민신탁법인은 문화유산 및 자연환경자산을 매입하고자 하는 때에는 이사회 및 총회의 의결을 거쳐야 한다.
③ 국민신탁법인은 6세 이하 또는 65세 이상인 자가 보전재산을 이용할 때에는 이용료 또는 입장료를 징수하지 아니한다.
④ 국민신탁법인은 매회계연도 종료 전까지 다음 회계연도의 사업계획 및 예산안을 해당 중앙행정기관의 장에게 제출하여 승인을 얻어야 하는데, 예산안의 변경을 수반하지 아니하는 사업계획의 경우에는 그러하지 아니하다.

정답 ②

15 문화유산과 자연환경자산에 관한 국민신탁법령의 내용에 관한 설명으로 옳지 않은 것은?
① 국민신탁법인이 수립한 기본계획에서 일반재산의 취득 · 관리 등 운용에 관한 사항을 변경하는 것은 기본계획의 경미한 변경에 해당한다.
② 보전재산의 취득 및 보전 · 관리사업에 관한 사항은 국민신탁법인이 수립한 시행계획에 포함되어야 할 사항에 해당한다.
③ 시 · 도지사는 국민신탁법인의 보전재산에 직접적인 영향을 미치는 행정계획을 수립 · 확정하는 때에는 그 계획이 환경영향평가법령상 전략환경영향평가 대상계획인 경우에도 환경부장관과의 협의를 생략할 수 없다.
④ 국민신탁법인이 보전재산을 교환한 경우 그 행위는 무효이다.

1. 기본계획의 경미한 변경
   (1) 보전재산의 취득 및 보전·관리에 드는 비용의 산정과 재원의 조달방안에 관한 사항 중에서 총액의 100분의 30 미만을 변경하는 경우
   (2) 일반재산의 취득·관리 등 운용에 관한 사항을 변경하는 경우
   (3) 국민신탁법인의 사무처리를 위하여 설치된 사무조직의 운영에 관한 사항을 변경하는 경우
   (4) 그 밖에 기본계획(법 제5조 ②)의 어느 하나에 해당되지 아니하는 사항을 변경하는 경우

2. 시행계획에 포함되어야 할 사항
   (1) 문화유산 및 자연환경자산의 취득 및 보전·관리에 관한 당해 연도 목표 및 추진전략에 관한 사항
   (2) 해당 연도에 보전재산으로 취득할 필요가 있는 대상물의 목록
   (3) 해당 연도의 보전재산 및 보전·관리에 드는 비용의 산정과 재원의 조달 방안에 관한 사항
   (4) 보전재산의 취득 및 보전·관리사업에 관한 사항
   (5) 그 밖에 홍보·교육·국제협력 등 주요 사업에 관한 사항

3. 행정계획 등의 협의
   (1) 관계 중앙행정기관의 장, 시·도지사 및 시장·군수·구청장은 국민신탁법인의 보전재산 또는 보전협약에 따라 체결된 보전협약의 대상이 되는 문화유산 또는 자연환경자산에 직접적인 영향을 미치는 행정계획을 수립·확정하거나 개발사업을 인가·허가·승인·면허·결정·지정 등을 하고자 하는 때에는 그 영향을 미리 검토하여 해당 중앙행정기관의 장에게 협의를 요청하여야 한다.
   (2) 다만, 해당 행정계획 또는 개발사업이 「환경영향평가법(제9조)」에 따른 전략환경영향평가 대상계획, 같은 법 제22조에 따른 환경영향평가 대상사업 또는 같은 법 제43조에 따른 소규모 환경영향평가 대상사업인 경우에는 환경부장관과의 협의를 생략할 수 있다.

4. 재산의 보전 및 운용
   (1) 국민신탁법인은 보전재산 및 일반재산을 신의에 따라 성실하게 보전·운용하여야 한다.
   (2) 보전재산은 이를 매각·교환·양여·담보 또는 신탁하거나 출자의 목적으로 제공하지 못하며, 이를 위반한 행위는 무효로 한다.
   (3) 일반재산은 문화유산 및 자연환경자산의 매입 및 보전·관리와 국민신탁법인의 운영에 소요되는 경비 등으로 사용할 수 있다.
   (4) 국민신탁법인은 취득한 보전재산 및 보전협약을 체결한 문화유산 또는 자연환경자산이 부동산인 경우 국민이 이를 쉽게 알 수 있도록 안내판 등을 설치하여 관리할 수 있다(이 경우 국가 및 지방자치단체는 안내판 등의 설치 비용을 지원할 수 있다).

정답 ③

16 문화유산과 자연환경자산에 관한 국민신탁법령상, 기본계획의 경미한 변경으로 알맞지 않은 것을 고르시오.

① 보전재산의 취득에 드는 비용의 산정에 관한 사항 중에서 100분의 20 미만을 변경하는 경우
② 일반재산의 취득 등 운용에 관한 사항을 변경하는 경우
③ 국민신탁법인의 사무처리를 위하여 설치된 사무조직의 운영에 관한 사항을 변경하는 경우
④ 그 밖에 기본계획의 어느 하나에 해당되지 아니하는 사항을 변경하는 경우

해설 ① 100분의 30 미만을 변경하는 경우

정답 ①

17 문화유산과 자연환경자산에 관한 국민신탁법령상, 국민신탁단체의 지정 등에 대한 내용으로 바르지 않은 것을 고르시오.

① 해당 중앙행정기관의 장은 문화유산을 취득하여 보전·관리하고 이를 공익용 목적으로 사용·수익하는 비영리법인을 문화유산국민신탁단체로 지정할 수 있다.
② 해당 중앙행정기관의 장은 국민신탁단체를 지정하기 위하여 필요한 경우에는 시장·군수·구청장, 관계기관·단체 등의 의견을 듣거나 자료의 제출을 요청할 수 있다.
③ 해당 중앙행정기관의 장은 국민신탁단체로 지정을 받고자 신청을 받은 경우 국민신탁단체의 지정 여부를 결정하고, 그 결과를 신청인에게 문서로 통지하여야 한다.
④ 해당 중앙행정기관의 장은 국민신탁단체를 지정하였을 때에는 국민신탁단체의 명칭 등의 사항을 관보에 고시하고 해당 중앙행정기관의 홈페이지에 게재하여야 한다.

해설 ② 시·도지사

정답 ②

18 문화유산과 자연환경자산에 관한 국민신탁법령상, 국민신탁단체로 지정하려는 경우 해당 중앙행정기관의 장이 종합적으로 고려하여야 할 내용으로 적절하지 않은 것을 고르시오.

① 해당 법인의 문화유산 또는 자연환경자산 보유 현황
② 해당 법인의 국민신탁 경험 및 수행능력
③ 문화유산 또는 자연환경자산의 취득·보전·관리계획의 타당성
④ 법인 소재지를 관할하는 시장·군수·구청장의 의견

④ 법인 소재지를 관할하는 특별시장·광역시장·특별자치시장·도지사 또는 특별자치도지사의 의견

정답 ④

19 국민신탁법인의 모금에 관한 기술로 적합하지 않은 것은?
① 국민신탁법인은 문화유산 및 자연환경자산의 매입·보전·관리를 위하여 필요하다고 인정될 때에는 해당 중앙행정기관의 장의 승인을 얻어 모금을 할 수 있다.
② 국민신탁법인은 모금 목적 외에 기부금품을 사용할 수 없다.
③ 기부금품의 모금을 중단 또는 완료한 때에는 그 결과를 공개하여야 한다.
④ 국민신탁법인은 모금의 승인을 얻으려는 때에는 모금개시일 3개월 이전에 해당 중앙행정기관의 장에게 관련 서류를 제출하여야 한다.

정답 ④

PART 08

무형유산의 보전 및 진흥에 관한 법률 및 같은 법 시행령·시행규칙

제 1 장 | 총칙
제 2 장 | 무형유산 정책의 수립 및 추진
제 3 장 | 국가무형유산의 지정 등
제 4 장 | 보유자 및 보유단체 등의 인정
제 5 장 | 전수교육 및 공개
제 6 장 | 시·도무형유산
제 7 장 | 무형유산의 진흥
제 8 장 | 유네스코 협약 이행
제 9 장 | 보칙
제10장 | 벌칙

예상문제

CHAPTER 01 총칙

01 목적

이 법은 무형유산의 보전과 진흥을 통하여 전통문화를 창조적으로 계승하고, 이를 활용할 수 있도록 함으로써 국민의 문화적 향상을 도모하고 인류문화의 발전에 이바지하는 것을 목적으로 한다.

02 정의

1) 무형유산
「국가유산기본법」(제3조 제4호)에 해당하는 유산으로서(여러 세대에 걸쳐 전승되어, 공동체·집단과 역사·환경의 상호작용으로 끊임없이 재창조된 무형의 문화적 유산을 말한다) 다음 각 목의 것을 말한다.
(1) 전통적 공연·예술
(2) 공예, 미술 등에 관한 전통기술
(3) 한의약, 농경·어로 등에 관한 전통지식
(4) 구전 전통 및 표현
(5) 의식주 등 전통적 생활관습
(6) 민간신앙 등 사회적 의식(儀式)
(7) 전통적 놀이·축제 및 기예·무예

2) 전형(典型)
(1) 해당 무형유산의 가치를 구성하는 본질적인 특징으로서
(2) 여러 세대에 걸쳐 전승·유지되고 구현되어야 하는 고유한 기법, 형식 및 지식을 말한다.

3) 보유자

보유자 등의 인정(법 제17조 ①) 또는 시·도무형유산 등의 지정 등(법 제32조 ②)에 따라 인정되어 무형유산의 기능·예능 등을 보유자 등의 인정(영 제16조 ①·④ 및 ⑤)에 따른 요건 및 절차를 갖추어 전형대로 체득·실현할 수 있는 사람을 말한다.

4) 보유단체

보유자 등의 인정(법 제17조 ①) 또는 시·도무형유산 등의 지정 등(법 제32조 ②)에 따라 인정되어 무형유산의 기능, 예능 등을 보유자 등의 인정(영 제16조 ①·②·④ 및 ⑤)에 따른 요건 및 절차를 갖추어 전형대로 체득·실현할 수 있는 단체를 말한다.

5) 전승교육사

전승교육사의 인정(법 제19조 ①)에 따라 인정되어 전수교육을 실시하는 사람을 말한다.

6) 이수자

전수교육 이수증(법 제26조 ①)에 따라 전수교육 이수증을 받은 사람을 말한다.

7) 전승자

보유자, 보유단체, 전승교육사, 이수자의 어느 하나에 해당하는 사람 또는 단체를 말한다.

8) 명예보유자

국가무형유산의 보유자 중에서 명예보유자의 인정(법 제18조 ①)에 따라 인정된 사람 및 전승교육사 중에서 명예보유자로(법 제18조 ②에 따라) 인정된 사람을 말한다.

9) 전수교육

국가무형유산의 보호·육성(법 제25조) 또는 전수교육학교의 선정 등(법 제30조)에 따라 보유자 및 보유단체, 전승교육사, 전수교육학교가 실시하는 교육을 말한다.

10) 전승공예품

무형유산 중 전통기술 분야의 전승자가 해당 기능을 사용하여 제작한 것을 말한다.

11) 전승공동체

보유자 등의 인정 단서(법 제17조 ①)에 따라 보유자, 보유단체를 인정하기 어려운 경우로서 무형유산을 지역적 또는 역사적으로 공유하며 일정한 유대감 및 정체성을 가지고 자발적으로 무형유산을 실현·향유함으로써 전승하고 있는 공동체를 말한다.

(1) [법 제17조(보유자 등의 인정) ①]

국가유산청장은 국가무형유산을 지정하는 경우 해당 국가무형유산의 보유자, 보유단체를 인정하여야 한다. 다만, 대통령령으로 정하는 바에 따라 해당 국가무형유산의 특성상 보유자, 보유단체를 인정하기 어려운 경우에는 그러하지 아니하다.

(2) (1)의 단서에 따라 "보유자, 보유단체를 인정하기 어려운 경우(영 제16조 ③)"란 해당 국가무형유산의 기능·예능 또는 지식이 보편적으로 공유되거나 관습화된 것으로서 특정인 또는 특정단체만이 전형대로 체득·보존하여 그대로 실현할 수 있다고 인정하기 어려운 경우를 말한다.

03 기본원칙

무형유산의 보전 및 진흥은 전형 유지를 기본원칙으로 하며, 다음 각 호의 사항이 포함되어야 한다.
1) 민족정체성 함양
2) 전통문화의 계승 및 발전
3) 무형유산의 가치 구현과 향상

04 국가와 지방자치단체의 책무

1) 국가는 무형유산의 보전 및 진흥을 위한 종합적인 시책을 수립하고 시행하여야 한다.
2) 지방자치단체는 국가의 시책과 지역적 특색을 고려하여 무형유산의 보전 및 진흥을 위한 시책을 수립·추진하여야 한다.
3) 국가와 지방자치단체는 1) 및 2)에 따른 책무를 다하기 위하여 이에 수반하는 예산을 확보하여야 한다.

05 무형유산 전승자의 책무

무형유산의 전승자는 전승활동을 충실히 수행함으로써 무형유산의 계승 및 발전을 위하여 노력하여야 한다.

06 다른 법률과의 관계

무형유산의 보전 및 진흥에 관하여 다른 법률에 특별한 규정이 있는 경우를 제외하고는 이 법에서 정하는 바에 따른다.

무형유산 정책의 수립 및 추진

01 무형유산 기본계획의 수립

1) 국가유산청장은 특별시장·광역시장·특별자치시장·도지사 또는 특별자치도지사와의 협의를 거쳐 무형유산의 보전 및 진흥을 위하여 다음 각 호의 사항이 포함된 기본계획을 5년마다 수립하여야 한다.

   [기본계획에 포함되어야 할 사항]
   (1) 무형유산의 보전 및 진흥에 관한 기본방향
   (2) 무형유산의 보전 및 진흥을 위한 재원 확보 및 배분에 관한 사항
   (3) 무형유산의 교육, 전승 및 전문인력 육성에 관한 사항
   (4) 무형유산의 조사, 기록 및 정보화에 관한 사항
   (5) 무형유산의 국제화에 관한 사항
   (6) 그 밖에 무형유산의 보전 및 진흥에 필요한 사항

2) 국가유산청장은 기본계획을 수립하는 경우 미리 전승자, 관련 단체 및 전문가 등의 의견을 들어야 한다.
3) 국가유산청장은 기본계획을 수립하면 이를 시·도지사에게 알리고, 관보(官報) 등에 고시하여야 한다.
4) 국가유산청장은 기본계획을 수립하기 위하여 필요하면 시·도지사에게 관할구역의 무형유산에 대한 자료를 제출하도록 요청할 수 있다.

02 시행계획의 수립·시행

1) 국가유산청장 및 시·도지사는 기본계획에 관한 시행계획을 매년 수립·시행하여야 한다.

   [시행계획에 포함되어야 할 사항]
   (1) 해당 연도의 사업 추진방향

(2) 주요 사업별 추진방침
(3) 주요 사업별 세부 계획
(4) 그 밖에 무형유산의 보전 및 진흥을 위하여 필요한 사항

2) 시·도지사는 시행계획을 수립하거나 시행을 완료하였을 때에는 그 결과를 국가유산청장에게 제출하여야 한다.
(1) 특별시장·광역시장·특별자치시장·도지사 또는 특별자치도지사는 해당 연도 시행계획과 전년도 시행계획의 시행 결과를
(2) 매년 1월 31일까지 국가유산청장에게 제출하여야 한다.

3) 국가유산청장 및 시·도지사는 시행계획을 수립하였을 때에는 이를 공표하여야 하고,
(1) 해당 연도의 시행계획을 매년 2월 말일까지 해당 기관의 인터넷 홈페이지에 공고하여야 한다.
(2) 시행계획을 시행하는 데 필요한 재원을 우선적으로 확보하여야 한다.

03 국회 보고

국가유산청장은 기본계획, 해당 연도 시행계획 및 전년도 추진실적을 확정한 후 지체 없이 국회 소관 상임위원회에 제출하여야 한다.

04 무형유산위원회의 설치

1) 무형유산의 보전 및 진흥에 관한 사항을 조사·심의하기 위하여 국가유산청에 무형유산위원회를 둔다.

2) 위원회는 위원장 1명을 포함하여 30명 이내의 위원으로 구성한다.

3) 위원은 다음 각 호의 사람 중에서 국가유산청장이 위촉한다. 다만, 위원장은 위원 중에서 호선한다.
(1) 위원의 위촉 자격
① 「고등교육법」에 따른 학교에서 무형유산과 관련된 학과의 부교수 이상의 지위로 재직하거나 재직하였던 사람

② 무형유산의 보전 및 진흥과 관련된 업무에 10년 이상 종사한 사람
③ 인류학, 민속학, 법학, 경영학, 전통공연예술, 전통공예기술 등 무형유산 관련 분야 업무에 10년 이상 종사한 사람으로서 무형유산에 관한 지식과 경험이 있는 전문가

(2) 무형유산위원회의 구성
① 무형유산위원회의 위원장은 위원회를 대표하고, 위원회의 업무를 총괄한다.
② 위원회에 부위원장을 두며, 부위원장은 위원 중에서 호선(互選)한다.
③ 위원장이 부득이한 사유로 직무를 수행할 수 없을 때에는 부위원장이 그 직무를 대행하며, 위원장과 부위원장이 모두 부득이한 사유로 그 직무를 수행할 수 없을 때에는 위원회의 위원 중 연장자 순으로 그 직무를 대행한다.

4) 위원회 위원의 임기는 2년으로 하되 연임할 수 있으며, 보궐위원의 임기는 전임자 임기의 남은 기간으로 한다.

5) 위원회에는 국가유산청장이나 위원회의 위원장 또는 위원회의 심의사항 등(법 제10조 ②)에 따른 분과위원회 위원장의 명을 받아 위원회의 심의사항에 관한 자료수집·조사 및 연구 등의 업무를 수행하는 비상근 전문위원을 둘 수 있다.

[전문위원]
(1) 전문위원은 50명 이내로 한다.
(2) 전문위원은 다음 각 호의 사람 중에서 성별을 고려하여 국가유산청장이 위촉한다.
전문위원의 위촉 자격은,
① 「고등교육법」에 따른 학교 또는 「한국전통문화대학교 설치법」에 따른 한국전통문화대학교에서 무형유산과 관련된 학과의 조교수 이상의 직위로 재직하거나 재직하였던 사람
② 무형유산의 보전 및 진흥과 관련된 업무에 5년 이상 종사한 사람

(3) 전문위원의 임기는 2년으로 한다. 다만, 전문위원의 사임 등으로 인하여 새로 위촉된 전문위원의 임기는 전임위원 임기의 남은 기간으로 한다.
(4) 국가유산청장은 전문위원이 위원의 해촉(영 제6조) 각 호의 어느 하나에 해당하는 경우에는 해당 전문위원을 해촉할 수 있다.

05 위원회의 심의사항 등

1) 위원회는 무형유산의 보전 및 진흥에 관한 다음 각 호의 사항을 심의한다.
    (1) 위원회의 심의사항
        ① 기본계획에 관한 사항
        ② 국가무형유산의 지정과 그 해제에 관한 사항
        ③ 국가무형유산의 보유자, 보유단체, 명예보유자 또는 전승교육사의 인정과 그 해제에 관한 사항
        ④ 국가긴급보호무형유산의 지정과 그 해제에 관한 사항
        ⑤ 국제연합교육과학문화기구 무형유산 선정에 관한 사항
        ⑥ 그 밖에 무형유산의 보전 및 진흥 등에 관하여 국가유산청장이 심의에 부치는 사항
    (2) 위원의 제척・기피・회피
        ① 위원이 다음 각 호의 어느 하나에 해당하는 경우에는 위원회의 심의・의결에서 제척(除斥)된다.
            ㉠ 위원 또는 그 배우자나 배우자이었던 사람이 해당 안건의 당사자(당사자가 법인・단체 등인 경우에는 그 임원을 포함한다.)가 되거나 그 안건의 당사자와 공동권리자 또는 공동의무자인 경우
            ㉡ 위원이 해당 안건의 당사자와 친족이거나 친족이었던 경우
            ㉢ 위원이 해당 안건에 대하여 증언, 진술, 자문, 연구, 용역 또는 감정을 한 경우
            ㉣ 위원이나 위원이 속한 법인이 해당 안건의 당사자의 대리인이거나 대리인이었던 경우
        ② 당사자는 위원에게 공정한 심의・의결을 기대하기 어려운 사정이 있는 경우에는 위원회에 기피 신청을 할 수 있고, 위원회는 의결로 이를 결정한다. 이 경우 기피 신청의 대상인 위원은 그 의결에 참여하지 못한다.
        ③ 위원이 ①의 각 호에 따른 제척 사유에 해당하는 경우에는 스스로 해당 안건의 심의・의결에서 회피(回避)하여야 한다.
    (3) 위원의 해촉
        국가유산청장은 위원이 다음 각 호의 어느 하나에 해당하는 경우에는 해당 위원을 해촉할 수 있다.
        ① 심신장애로 인하여 직무를 수행할 수 없게 된 경우
        ② 직무와 관련된 비위사실이 있는 경우
        ③ 직무태만, 품위손상이나 그 밖의 사유로 인하여 위원으로 적합하지 아니하다고 인정되는 경우

④ 위원의 제척·기피·회피(영 제5조 ①)의 각 호의 어느 하나에 해당하는 데에도 불구하고 회피하지 아니한 경우
⑤ 위원 스스로 직무를 수행하는 것이 곤란하다고 의사를 밝히는 경우

2) 위원회의 심의사항 각 호의 사항에 관하여 무형유산 종류별로 업무를 나누어 조사·심의하기 위하여 위원회에 분과위원회를 둘 수 있다.

(1) 분과위원회의 구성 및 운영

(위원회에 두는 분과위원회와 그 분장 사항은 다음 각 호와 같다)
① 전통예능분과위원회 : 「전통적 공연·예술」에 해당하는 무형유산에 관한 사항
② 전통기술분과위원회 : 「공예, 미술 등에 관한 전통기술」에 해당하는 무형유산에 관한 사항
③ 전통지식분과위원회 : 「한의약, 농경·어로 등에 관한 전통지식」, 「구전 전통 및 표현」, 「의식주 등 전통적 생활관습」, 「민간신앙 등 사회적 의식」, 「전통적 놀이·축제 및 기예·무예」에 해당하는 무형유산에 관한 사항

(2) (1)에 따른 각 분과위원회는 분과위원회의 위원장 1명을 포함하여 10명 이내의 위원으로 구성한다.
(3) 분과위원회의 위원은 위원회의 위원 중에서 위원회의 위원장이 지명한다. 이 경우 필요하다고 인정되면 둘 이상의 분과위원회의 위원으로 지명할 수 있다.
(4) 분과위원회의 위원장은 분과위원회의 위원 중에서 호선한다.
(5) 분과위원회의 위원장이 부득이한 사유로 직무를 수행할 수 없을 때에는 분과위원회의 위원 중 연장자 순으로 그 직무를 대행한다.

3) 분과위원회는 조사·심의 등을 위하여 필요한 경우 다른 분과위원회와 함께 위원회("합동분과위원회"라 한다)를 열 수 있다.
(합동분과위원회의 위원장은 합동분과위원회의 위원 중에서 호선한다.)

4) 분과위원회 또는 합동분과위원회에서 1)의 (1) 위원회의 심의사항 ②~⑥까지에 관하여 조사·심의한 사항은 위원회에서 조사·심의한 것으로 본다.

5) 위원회 운영 등에 필요한 사항

(1) 위원회의 회의

① 위원장은 위원회의 회의를 소집하고, 그 의장이 된다.

② 위원회의 회의는 재적위원 과반수의 출석으로 개의(開議)하고, 출석위원 과반수의 찬성으로 의결한다.

(2) 소위원회
① 위원회는 전문적 · 효율적 심의를 위하여 필요한 경우에는 소위원회를 구성 · 운영할 수 있다.
② 소위원회의 위원은 위원회의 위원과 해당 분야의 전문가 중에서 위원장이 지명한다.

(3) 간사 등
① 위원회의 사무를 처리하기 위하여 위원회에 간사와 서기를 둔다.
② 간사와 서기는 국가유산청 소속 공무원 중에서 국가유산청장이 지명한다.

(4) 수당
① 위원회에 출석한 위원, 전문위원 및 전문가에게는 예산의 범위에서 수당을 지급할 수 있다.
② 다만, 공무원인 위원이 그 소관 업무와 직접적으로 관련되어 위원회에 출석하는 경우에는 그러하지 아니하다.

(5) 운영세칙
이 시행령에서 규정한 사항 외에 위원회, 분과위원회, 합동분과위원회 및 소위원회의 구성 및 운영 등에 필요한 사항은 국가유산청장이 정한다.

06 회의록의 작성 및 공개

1) 위원회, 분과위원회 및 합동분과위원회는 다음 각 호의 사항을 적은 회의록을 작성하여야 한다. 이 경우 필요하다고 인정되면 속기나 녹음 또는 녹화를 할 수 있다.
   (1) 회의일시 및 장소
   (2) 출석위원
   (3) 심의내용 및 의결사항

2) 작성된 회의록은 공개하여야 한다.
   (1) 다만, 특정인의 재산상 이익에 영향을 미치거나 사생활의 비밀을 침해하는 등의 경우에는 해당 위원회의 의결로 공개하지 아니할 수 있다.

(2) 회의록의 비공개에 해당하는 경우
　① 위원회·분과위원회·합동분과위원회 및 소위원회의 위원, 전문위원, 국가무형유산 보유자 등의 이름·주민등록번호 등 개인에 관한 사항이 공개되면 재산상의 이익이나 사생활의 비밀 또는 자유를 침해할 우려가 있는 경우
　② 위원회의 심의사항 등(법 제10조 ①)의 각 호의 사항에 관한 조사·심의가 진행 중이어서 해당 사항이 공개되면 공정한 조사·심의에 영향을 줄 수 있다고 인정되는 경우
　③ 국가무형유산의 보유자 인정 등에 관한 회의록이 공개되면 당사자의 명예가 훼손될 우려가 있다고 인정되는 경우
　④ 그 밖에 공개되면 위원회 심의의 공정성을 크게 해칠 우려가 있다고 인정되는 경우

CHAPTER 03 국가무형유산의 지정 등

01 국가무형유산의 지정

1) 국가유산청장은 위원회의 심의를 거쳐 무형유산 중 중요한 것을 국가무형유산으로 지정할 수 있다.

[국가무형유산의 지정 대상 및 기준]

(1) 지정 대상

① 음악, 춤, 연희, 종합예술, 그 밖의 전통적 공연·예술 등
② 공예, 건축, 미술, 그 밖의 전통기술 등
③ 민간의약지식, 생산지식, 자연·우주지식, 그 밖의 전통지식 등
④ 언어표현, 구비전승(口碑傳承), 그 밖의 구전 전통 및 표현 등
⑤ 절기풍속(節氣風俗), 의생활, 식생활, 주생활, 그 밖의 전통적 생활관습 등
⑥ 민간신앙의례, 일생의례, 종교의례, 그 밖의 사회적 의식·의례 등
⑦ 전통적 놀이·축제 및 기예·무예 등

(2) 기준

국가유산청장은 무형유산 중에서 관련 공동체, 집단, 개인들에게 정체성과 지속성을 제공하여 문화적 다양성을 증진시키는 무형의 문화적 유산으로서 다음 각 목의 기준을 모두 갖춘 무형유산을 국가무형유산으로 지정할 수 있다. 다만, 개별 무형유산의 특성상 다음 각 목의 기준을 모두 적용하기 어려운 경우에는 다음 각 목의 기준 중에서 일부 기준만을 선별하여 적용할 수 있다.

① 문헌, 기록, 구술 등의 자료를 통하여 오랫동안 지속되어 왔음을 증명할 수 있는 것으로서 역사적 가치가 있는 것
② 한국의 문화 연구에 기여할 수 있는 귀중한 자료로서 학술적 가치가 있는 것
③ 표현미, 형식미 등이 전통문화의 고유성을 지닌 것으로서 예술적 가치가 있는 것
④ 제작 기법 및 관련 지식이 전통성과 고유성을 지닌 것으로서 기술적 가치가 있는 것
⑤ 지역 또는 한국의 전통문화로서 대표성을 지닌 것
⑥ 사회문화적 환경에 대응하고 세대 간의 전승을 통하여 그 전형을 유지하고 있는 것

2) 국가유산청장은 조사보고서 제출(영 제34조)에 따른 조사보고서를 검토한 후 해당 무형유산이 국가무형유산으로 지정될 만한 가치가 있다고 판단되는 경우에는 위원회에서 심의할 내용을 관보에 30일 이상 예고하여야 한다.
3) 국가유산청장은 예고가 끝난 날부터 6개월 이내에 위원회의 심의를 거쳐 국가무형유산의 지정 여부를 결정하여야 한다.
4) 국가유산청장은 이해관계자의 이의제기 등 부득이한 사유로 3)에 따른 기간 이내에 지정 여부를 결정하지 못하여 그 지정 여부를 다시 결정하려는 경우에는 2) 및 3)에 따른 절차를 다시 거쳐야 한다.
5) 국가무형유산 지정 기준의 세부 지표와 배점 등에 관하여는 국가유산청장이 정하여 고시한다.

02 국가긴급보호무형유산의 지정

1) 국가유산청장은 무형유산 중에서 위원회의 심의를 거쳐 특히 소멸할 위험에 처한 무형유산을 긴급히 보전하기 위하여 국가긴급보호무형유산으로 지정할 수 있다.

2) 국가유산청장은 지정된 국가긴급보호무형유산에 대하여는 다음 각 호에 해당하는 지원을 할 수 있다.
   (1) 예술적, 기술적, 과학적 연구
   (2) 전승자 발굴
   (3) 전수교육 및 전승활동
   (4) 무형유산의 기록

3) 국가긴급보호무형유산의 지정
   (1) 국가유산청장은 다음 각 호의 어느 하나에 해당하는 국가무형유산을 국가긴급보호무형유산으로 지정할 수 있다.
      ① 전승여건 및 생활환경의 변화로 인하여 소멸할 위험성이 커진 국가무형유산
      ② 보유자 또는 보유단체로 인정할 만한 사람 또는 단체가 상당한 기간 동안 없는 국가무형유산
      ③ 국가무형유산으로서의 전형이 현저히 상실되어 그 전승이 불가능하거나 어려워진 국가무형유산

(2) 국가긴급보호무형유산의 지정 절차에 관하여는 "국가무형유산의 지정"(영 제14조 ②·③·④)의 규정을 준용한다. 다만, 국가무형유산의 보전을 위하여 긴급한 필요가 있는 경우에는 위원회의 심의를 거쳐 그 기간을 단축하거나 지정 절차 중 일부를 생략할 수 있다.

(3) 국가유산청장은 무형유산의 보전을 위하여 긴급한 필요가 있는 경우에는 국가무형유산의 지정(법 제12조 ①)과 국가긴급보호무형유산의 지정(법 제13조 ①)을 함께 할 수 있다. 이 경우 위원회의 심의를 거쳐 지정 기간을 단축하거나 지정 절차 중 일부를 생략할 수 있다.

(4) (1), (2), (3)까지에서 규정한 사항 외에 국가긴급보호무형유산의 지정 및 지원에 필요한 사항은 국가유산청장이 정한다.

03 국가무형유산 등의 지정 고시 및 효력 발생시기

1) 국가유산청장이 국가무형유산 또는 국가긴급보호무형유산을 지정하였을 때에는 그 취지와 내용을 관보에 고시하여야 한다.

   [관보에 고시해야 하는 사항]
   (1) 국가무형유산 또는 국가 긴급보호무형유산의 명칭
   (2) 지정 또는 지정 해제의 사유

2) 국가무형유산 또는 국가긴급보호무형유산의 지정은 관보에 고시한 날부터 그 효력을 발생한다.

04 지정 또는 인정의 취소

국가유산청장은 국가무형유산의 지정(법 제12조) 및 국가긴급보호무형유산의 지정(법 제13조)에 따른 지정 또는 보유자 등의 인정(법 제17조), 명예보유자의 인정(법 제18조), 전승교육사의 인정(법 제19조)의 규정에 따른 인정의 과정에서 거짓 또는 부정한 방법이 있는 경우에는 이를 취소하여야 한다.

05 국가무형유산 등의 지정 해제

1) 국가유산청장은 국가무형유산 또는 국가긴급보호무형유산이 다음 각 호의 어느 하나에 해당하는 경우 위원회의 심의를 거쳐 그 지정을 해제할 수 있다.
    (1) 가치의 소멸
    (2) 전승의 단절·불가능
    (3) 소멸위험이 현저히 없어졌을 경우
2) 지정의 해제에 관한 고시 및 효력 발생시기에 관하여는 국가무형유산 등의 지정 고시 및 효력 발생시기(법 제14조)를 준용한다.

CHAPTER 04 보유자 및 보유단체 등의 인정

01 보유자 등의 인정

1) 국가유산청장은 국가무형유산을 지정하는 경우 해당 국가무형유산의 보유자, 보유단체를 인정하여야 한다.
   다만, 대통령령으로 정하는 바에 따라 해당 국가무형유산의 특성상 보유자, 보유단체를 인정하기 어려운 경우에는 그러하지 아니하다.
   (1) 국가유산청장은 다음 각 호의 요건을 모두 갖춘 사람 또는 단체를 국가무형유산의 보유자 또는 보유단체로 인정할 수 있다.
      ① 해당 무형유산에 대한 전승기량 및 전승기반을 갖추고 있을 것
      ② 해당 무형유산에 대한 전승실적 및 전승의지가 높을 것
      ③ 해당 무형유산의 전승에 기여하였을 것
   (2) 보유단체는 다음 각 호의 어느 하나의 경우에 해당하여야 한다.
      ① 해당 무형유산의 기능·예능 또는 지식의 성질상 개인이 실현할 수 없고 단체를 이루어서만 실현할 수 있는 경우
      ② 해당 무형유산의 보유자로 인정할 만한 사람이 여럿인 경우
      ③ 해당 무형유산이 전승되는 곳에서 주민 다수가 단체 또는 공동체를 이루어 기능·예능 또는 지식을 실현하고 있는 경우
   (3) "다만, 대통령령으로 정하는 바에 따라 해당 국가무형유산의 특성상 보유자, 보유단체를 인정하기 어려운 경우"란 **해당 국가무형유산의 기능·예능 또는 지식이 보편적으로 공유되거나 관습화된 것으로서 특정인 또는 특정단체만이 전형대로 체득·보존하여 그대로 실현할 수 있다고 인정하기 어려운 경우**를 말한다.
   (4) 국가무형유산의 보유자 또는 보유단체의 인정에 관하여는 국가무형유산의 지정(영 제14조 ②·③·④)의 규정을 준용한다. 이 경우 "국가무형유산"은 "국가무형유산의 보유자 또는 보유단체"로, "지정"은 "인정"으로 본다.
   (5) 국가무형유산의 보유자 또는 보유단체 인정의 세부 기준과 배점 등에 관하여는 국가유산청장이 정하여 고시한다.

2) 1)에 따라 인정하는 보유단체는 「민법」에 따라 국가유산청장의 허가를 받아 설립된 비영리 법인으로 한다.
3) 국가유산청장은 1)에 따라 인정한 보유자, 보유단체 외에 해당 국가무형유산의 보유자, 보유단체를 추가로 인정할 수 있다.

02 명예보유자의 인정

1) 국가유산청장은 국가무형유산의 보유자가 다음 각 호의 어느 하나에 해당하는 경우 전수교육과 전승활동 업적을 고려하여 위원회의 심의를 거쳐 명예보유자로 인정할 수 있다. 이 경우 국가무형유산 보유자가 명예보유자로 인정되면 그 때부터 보유자의 인정은 해제된 것으로 본다.
   (1) 무형유산의 전수교육 또는 전승활동을 정상적으로 실시하기 어려운 경우
   (2) 보유자가 신청하는 경우

2) 국가유산청장은 국가무형유산의 전승교육사가 아래의 어느 하나에 해당하는 경우 전형의 수준과 전승활동 업적을 고려하여 위원회의 심의를 거쳐 명예보유자로 인정할 수 있다. 이 경우 국가무형유산 전승교육사가 명예보유자로 인정되면 그 때부터 전승교육사의 인정은 해제된 것으로 본다.
   (1) 전수교육을 정상적으로 실시하기 어려운 경우
   (2) 전승교육사가 신청하는 경우

3) 국가유산청장은 명예보유자에게 특별지원금을 지원할 수 있다.

4) 명예보유자의 인정
   (1) 국가유산청장은 국가무형유산의 보유자를 명예보유자로 인정하려는 경우에는 다음 각 호의 사항을 모두 고려하여야 한다.
      ① 국가무형유산 보유자의 무형유산 전승활동 기간 및 실적
      ② 국가무형유산 보유자의 무형유산 공개 행사 및 전수교육 실적
      ③ 국가무형유산 보유자의 전수교육 또는 전승활동의 지속가능성
   (2) 국가유산청장은 국가무형유산의 전승교육사를 명예보유자로 인정하려는 경우에는 다음 각 호의 사항을 모두 고려해야 한다.

① 전승활동 또는 전수교육 중에 무형유산의 기능·예능 또는 지식을 전형대로 체득·실현한 수준
② 전수교육 기간 및 실적
③ 전수교육 또는 전승활동의 지속가능성

(3) 국가무형유산의 보유자 또는 전승교육사가 명예보유자의 인정을 신청하는 경우에는 그 신청서를 확인하는 것으로 관계 전문가 등의 조사(법 제53조 ①)에 따른 조사를 갈음할 수 있다.

(3) 명예보유자의 인정에 관하여는 국가무형유산의 지정(영 제14조 ②·③·④)의 규정을 준용한다. 이 경우 "국가무형유산"은 "명예보유자"로, "지정"은 "인정"으로 본다.

03 전승교육사의 인정

1) 국가유산청장은 국가무형유산의 전수교육을 실시하기 위하여 전승교육사를 위원회의 심의를 거쳐 인정할 수 있다.

2) 전승교육사의 인정

(1) 국가유산청장은 전승교육사를 인정하려면 위원회의 심의를 거쳐 전승교육사가 필요한 국가무형유산의 분야별 종목을 미리 선정하여야 한다.
(2) 국가유산청장은 선정된 종목의 이수자 중에서 다음 각 호의 요건을 모두 갖춘 사람을 전승교육사로 인정할 수 있다.
　① 다음 각 목의 어느 하나에 해당하는 사람일 것
　　㉠ 국가무형유산의 이수자가 된 이후 5년 이상 전승활동을 한 사람
　　㉡ 시·도 무형유산 보유자로서의 경력이나 전승교육자로서의 경력을 가지고 국가무형유산의 이수자가 된 이후 1년 이상 전승활동을 한 사람(해당 시·도 무형유산의 보유자 또는 보유단체가 국가무형유산의 보유자 또는 보유단체로 인정된 경우만 해당한다.)
　② 해당 무형유산에 대한 전승기량 및 전승기반을 갖추고 있을 것
　③ 해당 무형유산에 대한 전승실적 및 전승의지가 높을 것
　④ 해당 무형유산의 전승에 기여했을 것

04 전승자 등의 결격사유

다음 각 호의 어느 하나에 해당하는 사람은 국가무형유산의 보유자, 명예보유자 또는 전승교육사가 될 수 없다.

1) 「국가공무원법」 제33조 각 호(제1호 및 제2호는 제외한다)의 어느 하나에 해당하는 사람
   (1) 피성년후견인[제외]
   (2) 파산선고를 받고 복권되지 아니한 자[제외]
   (3) 금고 이상의 실형을 선고받고 그 집행이 끝나거나(집행이 끝난 것으로 보는 경우를 포함한다) 집행이 면제된 날부터 5년이 지나지 아니한 자
   (4) 금고 이상의 형의 집행유예를 선고받고 그 유예기간이 끝난 날부터 2년이 지나지 아니한 자
   (5) 금고 이상의 형의 선고유예를 받은 경우에 그 선고유예 기간 중에 있는 자
   (6) 법원의 판결 또는 다른 법률에 따라 자격이 상실되거나 정지된 자
   (7) 공무원으로 재직기간 중 직무와 관련하여 「형법」에 규정된 죄를 범한 자로서 300만 원 이상의 벌금형을 선고받고 그 형이 확정된 후 2년이 지나지 아니한 자
   (8) 다음 각 목의 어느 하나에 해당하는 죄를 범한 사람으로서 100만 원 이상의 벌금형을 선고받고 그 형이 확정된 후 3년이 지나지 아니한 사람
      ① 「성폭력범죄의 처벌 등에 관한 특례법」에 따른 성폭력범죄
      ② 「정보통신망 이용촉진 및 정보보호 등에 관한 법률」(제74조 ① 제2호 및 제3호)에 규정된 죄
      ③ 「스토킹범죄의 처벌 등에 관한 법률」에 따른 스토킹범죄
   (9) 미성년자에 대한 다음 각 목의 어느 하나에 해당하는 죄를 저질러 파면·해임되거나 형 또는 치료감호를 선고받아 그 형 또는 치료감호가 확정된 사람(집행유예를 선고받은 후 그 집행유예기간이 경과한 사람을 포함한다)
      ① 「성폭력범죄의 처벌 등에 관한 특례법」에 따른 성폭력범죄
      ② 「아동·청소년의 성보호에 관한 법률」에 따른 아동·청소년대상 성범죄
   (10) 징계로 파면처분을 받은 때부터 5년이 지나지 아니한 자
   (11) 징계로 해임처분을 받은 때부터 3년이 지나지 아니한 자

2) 지정 또는 인정의 취소(법 제15조)에 따라 인정이 취소된 날 또는 전승자 등의 인정 해제(법 제21조)에 따른 인정 해제의 통지를 받은 날부터 5년이 지나지 아니한 사람

05　인정의 고시 및 통지 등

1) 국가유산청장은 국가무형유산의 보유자, 보유단체, 명예보유자 또는 전승교육사를 인정하면 그 취지와 내용을 관보에 고시하고, 지체 없이 해당 국가무형유산의 보유자, 보유단체, 명예보유자 또는 전승교육사에게 알려야 한다.

2) 국가유산청장은 국가무형유산의 보유자, 보유단체, 명예보유자 또는 전승교육사를 인정하면 그 보유자, 보유단체, 명예보유자 또는 전승교육사에게 해당 인정서를 내주어야 한다.
   (1) 인정서는 그 인정 대상별로 구분하여 각각 문화체육관광부령으로 정한다.
   (2) **국가무형유산 보유자 증서 등의 발급**
   국가 무형유산의 보유자 또는 보유단체에 해당 인정서를 내주는 경우에는 대통령이 수여하는 별지(제1호 서식)의 국가무형유산 보유자 증서 또는 별지(제2호 서식)의 국가무형유산 보유단체 증서를 발급할 수 있다.

3) 국가무형유산의 보유자, 보유단체, 명예보유자 또는 전승교육사의 인정은 그 인정의 통지를 받은 날부터 효력을 발생한다.

4) 1)에 따른 인정의 고시 및 통지, 인정서 교부 등에 필요한 사항

   [인정 또는 인정 해제의 고시 등에 따라 관보에 고시해야 하는 사항]
   (1) 인정 또는 인정 해제의 사유
   (2) 다음 각 목의 구분에 따른 사항
      ① 국가무형유산의 보유자, 명예보유자 또는 전승교육사의 경우 : 성명 및 주소(시·군·구까지만 적는다.)
      ② 국가무형유산의 보유단체의 경우 : 명칭, 소재지, 설립일 및 대표자의 성명

06　전승자 등의 인정 해제

1) 국가유산청장은 국가무형유산의 보유자, 보유단체, 명예보유자 또는 전승교육사가 다음 각 호의 어느 하나에 해당하는 경우 위원회의 심의를 거쳐 인정을 해제할 수 있다.
   (1) 보유자, 명예보유자 또는 전승교육사가 사망한 경우
      (그 인정을 해제하여야 한다.)
   (2) 전통문화의 공연·전시·심사 등과 관련하여 벌금 이상의 형을 선고받거나 그 밖의 사유로 금고 이상의 형을 선고받고 그 형이 확정된 경우
      (그 인정을 해제하여야 한다.)

(3) 전승자 등의 결격사유[법 제19조의2 제1호 : 「국가공무원법」 제33조 각 호(제1호 및 제2호는 제외한다)]에 따른 결격사유에 해당하게 된 경우
(그 인정을 해제하여야 한다.)
(4) 국외로 이민을 가거나 외국 국적을 취득한 경우
(그 인정을 해제하여야 한다.)
(5) 국가무형유산 등의 지정 해제(법 제16조)에 따라 국가무형유산의 지정이 해제된 경우
(그 인정을 해제하여야 한다.)
(6) 신체상 또는 정신상의 장애 등으로 인하여 해당 국가무형유산의 보유자로 적당하지 아니한 경우
(7) 정기조사 등(법 제22조)에 따른 정기조사 또는 재조사 결과 보유자, 보유단체 및 전승교육사의 기량이 현저하게 떨어져 해당 국가무형유산을 전형대로 실현·강습하지 못하는 것이 확인된 경우
(8) 국가무형유산의 보호·육성(법 제25조 ②)에 따른 전수교육을 특별한 사유 없이 1년 동안 실시하지 아니한 경우
(9) 국가무형유산의 공개의무 등(법 제28조 ①)에 따른 공개를 특별한 사유 없이 매년 1회 이상 하지 아니하는 경우
(10) 그 밖에 대통령령으로 정하는 사유
① 보유단체가 해산된 경우
② 전승교육사가 시·도무형유산 등의 지정 등(법 제32조 ②)에 따른 시·도무형유산의 보유자로 인정된 경우
③ 국가무형유산의 보유자, 보유단체, 명예보유자 또는 전승교육사가 스스로 본인에 대한 인정 해제를 요청하는 경우

2) 인정의 해제에 관한 고시 및 통지와 그 효력 발생시기에 관하여는 인정의 고시 및 통지 등(법 제20조)을 준용한다.

07 결격사유 및 인정 해제 사유 확인을 위한 범죄경력조회 등

1) 국가유산청장은 전승자 등의 결격사유(법 제19조의2)에 따른 전승자 등의 결격사유 및 전승자 등의 인정 해제(법 제21조)에 따른 인정 해제 사유를 확인하기 위하여 경찰청장에게 「형의 실효 등에 관한 법률」에 따른 범죄경력조회를 요청할 수 있다.

(1) 범죄경력조회의 조회대상 범죄의 범위는 다음 각 호와 같다.
　　　① 전승자 등의 결격사유(법 제19조의2 제1호 : 「국가공무원법」 제33조 각호)에 따른 결격사유에 해당하는 범죄
　　　② 전통문화의 공연・전시・심사 등과 관련하여 벌금 이상의 형을 선고받거나 그 밖의 사유로 금고 이상의 형을 선고받고 그 형이 확정된 경우(법 제21조 ① 제2호)
　　(2) 국가유산청장은 범죄경력조회를 요청하는 경우에는 범죄경력조회 요청서에 범죄경력조회 대상자의 동의서를 첨부하여 경찰청장에게 제출해야 한다.
　　(3) 경찰청장은 범죄경력조회를 요청 받아 그 결과를 통보하려는 경우에는 문화체육관광부령으로 정하는 범죄경력조회 회신서에 따라 통보한다.

2) 국가유산청장은 1)에 따른 업무를 수행하기 위하여 보유단체 및 관계기관의 장에게 필요한 자료의 제공을 요청할 수 있다.
　　(1) 국가유산청장은 보유단체 및 관계기관의 장에게 필요한 자료의 제공을 요청하는 경우에는
　　(2) 해당 자료의 명칭・목록, 제공 필요성, 제공 방법, 제공 기한 등에 관한 사항을 명시한 문서로 해야 한다.

3) 1) 또는 2)의 요청을 받은 관계기관의 장 등은 정당한 사유 없이 이를 거부하여서는 아니 된다.

08 정기조사 등

1) 국가유산청장은 국가무형유산의 보전 및 진흥을 위한 정책 수립에 활용하기 위하여 국가무형유산의 전수교육 및 전승활동 등 전승의 실태와 그 밖의 사항 등에 관하여 5년마다 정기적으로 조사하여야 한다.

2) 국가유산청장은 정기조사 후 추가적인 조사가 필요한 경우 소속 공무원에게 해당 국가무형유산에 대하여 재조사하게 할 수 있다.

3) 조사를 하는 공무원은 전승자, 관계 공공기관 또는 단체 등에 필요한 자료의 제출, 전승활동 공간 출입 등 조사에 필요한 범위에서 협조를 요청할 수 있다. 이 경우 협조를 요청받은 전승자, 관계 공공기관 또는 단체 등은 특별한 사유가 없으면 이에 협조하여야 한다.

4) 1)과 2)에 따라 조사하는 경우에는 미리 해당 국가무형유산의 전승자, 관계 공공기관 또는 단체 등에 그 뜻을 알려야 한다.
　　다만, 긴급한 경우에는 사후에 그 취지를 알릴 수 있다.

5) 조사를 하는 공무원은 그 권한을 표시하는 증표를 지니고 이를 관계인에게 보여주어야 한다.

6) 국가유산청장은 정기조사와 재조사의 전부 또는 일부를 대통령령으로 정하는 바에 따라 소속 기관에 위임하거나 전문기관 또는 단체에 위탁할 수 있다.

7) 국가유산청장은 정기조사·재조사의 결과를 다음 각 호의 업무에 반영하여야 한다.
   (1) 국가무형유산 및 국가긴급보호무형유산의 지정과 그 해제
   (2) 국가무형유산의 보유자, 보유단체, 명예보유자 및 전승교육사의 인정과 그 해제
   (3) 그 밖에 국가무형유산 및 국가긴급보호무형유산의 보전 및 진흥에 필요한 사항

8) **정기조사의 대상**
   (1) 국가무형유산 보유자, 보유단체 및 전승교육사의 기능·예능 현황
   (2) 전수교육 및 전승활동 현황
   (3) 국가무형유산의 전승자 현황
   (4) 국가무형유산의 보호·육성(법 제25조 ③)에 따라 지원된 전수교육에 필요한 경비의 관리·운영 현황
   (5) 전수교육시설 현황

09 신고 사항

국가무형유산의 전승자 및 명예보유자는 성명 또는 주소가 변경된 경우 15일 이내에 그 사실을 국가유산청장에게 신고하여야 한다.

10 행정명령

국가유산청장은 국가무형유산의 가치 구현과 향상을 위하여 필요하다고 인정되면 다음 각 호의 사항을 명할 수 있다.
1) 국가무형유산 전승자가 전승활동 과정에서 그 무형유산의 전형을 훼손하거나 저해하는 경우 그 활동에 대한 일정한 행위의 금지나 제한
2) 국가무형유산 전승자 간의 분쟁으로 그 무형유산의 보전 및 진흥에 장애를 초래하는 경우 그 전승자의 전수교육, 공개 등에 대한 일정한 행위의 금지나 제한
3) 그 밖에 국가무형유산의 원활한 전승환경을 위하여 필요하다고 인정되는 경우 전승자에 대한 무형유산 보존에 필요한 긴급한 조치

CHAPTER 05 전수교육 및 공개

01 국가무형유산의 보호 · 육성

1) 국가는 전통문화의 계승과 발굴을 위하여 국가무형유산을 보호 · 육성하여야 한다.

2) 국가무형유산의 보전 및 진흥을 위하여 보유자 등의 인정(법 제17조 ①)에 따라 인정된 보유자, 보유단체 및 전승교육사의 인정(법 제19조 ①)에 따라 인정된 전승교육사는 해당 국가무형유산의 전수교육을 실시하여야 한다.
다만, 정하는 사유가 있는 경우에는 그러하지 아니하다.

   [전수교육 실시의 예외]
   (1) 질병 또는 그 밖의 사고로 전수교육이 불가능한 경우
   (2) 국외의 대학 또는 연구기관에서 1년 이상 연구 · 연수하게 된 경우

3) 국가는 예산의 범위에서 보유자, 보유단체 또는 전승교육사가 실시하는 전수교육에 필요한 경비 및 수당을 지원할 수 있다.
   (1) 국가유산청장은 전수교육에 필요한 경비 및 수당은 매월 지급한다.
   (2) 국가유산청장은 다음 각 호의 어느 하나에 해당하는 경우에는 지원을 중단할 수 있다.
      ① 국가무형유산의 보유자, 보유단체 또는 전승교육사가 정당한 사유 없이 전수교육 또는 전승활동을 이행하지 않거나 이행하지 못하게 된 경우
      ② 전수교육 또는 전승활동과 관련하여 금품수수 등의 부정한 행위를 한 경우

4) 국가는 국가무형유산의 이수자 중에서 국가무형유산 보유자, 보육단체, 전승교육사 또는 전수교육학교의 선정 등에 따른 전수교육학교의 추천을 받아 우수 이수자를 선정하여 필요한 지원을 할 수 있다.

   [우수 이수자의 선정 · 지원]
   (1) 국가유산청장은 4)에 따라 이수자가 된 이후 3년 이상 전승활동을 한 사람으로서 전수교육 참여 및 전승활동 실적이 우수한 사람을 우수 이수자로 선정할 수 있다.
   (2) 국가유산청장은 (1)에 따라 선정된 우수 이수자에게 공연, 교육, 연구 등 전승활동에 필요한 비용의 전부 또는 일부를 예산의 범위에서 지원할 수 있다.

(3) 우수 이수자를 추천한 국가무형유산 보유자, 보유단체 또는 전수교육학교는 (1)에 따라 선정된 우수 이수자가 다음 각 호의 어느 하나에 해당하면 지체 없이 국가유산청장에게 그 사실을 보고하여야 한다.
① 신체적·정신적 장애나 그 밖의 사유로 전승활동을 할 수 없게 된 경우
② 전승활동과 관련하여 금품수수 등의 부정한 행위를 한 경우
③ 전수교육 참여 및 전승활동 실적이 불량한 경우
(4) 국가유산청장은 선정된 우수 이수자가 (3)의 각 호의 어느 하나에 해당하면 지원을 중단하여야 한다.
(5) 위의 규정한 사항 외에 우수 이수자의 선정·지원에 필요한 사항은 국가유산청장이 정하여 고시한다.

5) 국가 또는 지방자치단체는 전수교육을 목적으로 설립 또는 취득한 국·공유재산을 무상으로 사용하게 할 수 있다.

6) 국가는 전승공동체에 대하여 예산의 범위에서 필요한 지원을 할 수 있다.

[전승공동체에 대한 지원]
① 공연·전시, 체험·교육활동, 학술대회, 경연대회 등 전승공동체가 추진하는 전승활동
② 전승공동체 간의 국내외 교류 및 협력체계 구축
③ 그 밖에 국가유산청장이 전승공체의 전승활동 활성화를 위하여 지원이 필요하다고 인정하는 사항

7) 3)에 따른 전수교육에 필요한 경비 및 수당의 지원 내용 및 방법 등에 필요한 사항은 대통령령으로 정한다.

02 전수교육 이수증

1) 국가유산청장은 전수교육[전수교육 대학의 선정 등(법 제30조)에 따른 대학등에서의 전수교육을 포함한다.] 과정을 수료한 사람 중에서 정하는 바에 따라 그 기량을 심사하여 전수교육 이수증을 발급한다.

2) 이수증 발급 및 심사 등에 필요한 사항
(1) 전수교육 과정을 수료한 사람은 다음 각 호의 어느 하나에 해당하는 사람으로 한다.
① 국가무형유산의 보유자, 보유단체 또는 전승교육사로부터 해당 국가무형유산의 전수교육을 3년 이상 받은 사람

② 시·도무형유산 이수자로서의 경력을 가지고 국가무형유산의 보유자, 보유단체 또는 전승교육사로부터 해당 국가무형유산의 전수교육을 1년 이상 받은 사람(해당 시·도무형유산의 보유자 또는 보유단체가 국가무형유산의 보유자 또는 보유단체로 인정된 경우만 해당된다)
③ 전수교육학교의 선정 등(법 제30조)에 따른 전수교육학교의 전수교육과정을 수료한 사람
(2) 국가유산청장은 기량을 심사할 때에는 해당 국가무형유산에 관한 학식과 경험이 풍부한 전문가 3명 이상이 참여하도록 하여 그 의견을 들어야 한다.
(3) 국가유산청장은 기량을 심사한 결과, 해당 국가무형유산의 분야별 종목에 대한 이해가 높고, 그 기능·예능이 상당한 수준에 이르렀다고 판단되면 전수교육 이수증을 발급한다.
(4) 국가유산청장은 기량의 심사에 관한 기록을 5년간 보존·관리하여야 한다.
(5) 국가유산청장은 거짓 또는 그 밖의 부정한 방법으로 이수자가 된 경우에는 전수교육 이수증 발급을 취소하여야 한다.
(6) 전수교육 이수증 발급을 위한 심사 항목과 지표 등 세부 심사기준에 관하여는 국가유산청장이 정하여 고시한다.

03 전수장학생

1) 국가유산청장은 국가무형유산의 전수교육[전수교육학교의 선정 등(법 제30조)에 따른 대학 등에서의 전수교육은 제외한다]을 받은 사람 중에서 국가무형유산 보유자 또는 보유단체의 추천을 받아 전수장학생을 선정하여 장학금을 지급할 수 있다.

2) 전수장학생의 선정 방법 및 절차, 장학금의 지급 기간 등에 필요한 사항
(1) 국가유산청장은 전수장학생을 선정하여 장학금을 지급하려면 위원회의 심의를 거쳐 장학금을 지급할 국가무형유산의 분야별 종목을 미리 선정하여야 한다.
(2) 국가유산청장은 선정된 종목에 관한 전수교육을 6개월 이상 받은 사람으로서 해당 종목의 기능·예능에 소질이 있는 사람을 전수장학생으로 선정할 수 있다.
(3) 전수장학생에 대한 장학금은 매월 지급하되, 그 지급기간은 5년으로 한다.
다만, 전수장학생이 전수교육 이수증을 발급받은 경우에는 장학금 지급을 중단하여야 한다.
(4) 전수장학생을 추천한 국가무형유산의 보유자 또는 보유단체는 전수장학생이 다음 각 호의 어느 하나에 해당하면 지체 없이 국가유산청장에게 보고하여야 한다.

① 신체적 · 정신적 장애나 그 밖의 사유로 국가무형유산의 전수교육을 받을 수 없게 된 경우
② 전수실적이 불량한 경우
(5) 국가유산청장은 전수장학생이 (4)의 각 호의 어느 하나에 해당하면 장학금 지급을 중단하여야 한다.
(6) 전수장학생에 대한 장학금의 지급액 및 지급 시기에 관하여는 국가유산청장이 정하여 고시한다.

04 국가무형유산의 공개의무 등

1) 국가무형유산의 보유자 또는 보유단체는 대통령령으로 정하는 특별한 사유가 있는 경우를 제외하고는 매년 1회 이상 해당 국가무형유산을 공개하여야 한다.

   [국가무형유산의 공개 예외 사유]
   (1) 질병 또는 그 밖의 사고로 기능 · 예능을 공개하는 것이 불가능한 경우
   (2) 국외의 대학 또는 연구기관에서 1년 이상 연구 · 연수하게 된 경우

2) 국가는 예산의 범위에서 1)에 따른 공개에 필요한 비용의 전부 또는 일부를 지원할 수 있다.

3) 국가무형유산의 공개 절차 · 방법 및 점검 등에 필요한 사항
   (1) 국가무형유산의 보유자 또는 보유단체는 국가무형유산을 공개하려는 경우에는 공개계획서를 작성하여 공개일 30일 전까지 국가유산청장에게 제출하여야 한다.
   (2) 국가무형유산의 보유자 또는 보유단체는 국가무형유산을 공개하려는 경우에는 공연장 · 전시장이나 전수교육시설 등의 공개된 장소에서 일반 국민을 대상으로 공연하거나 실연(實演)하여야 한다.
   (3) (2)에도 불구하고 전통기술 분야의 전승공예품을 제작하는 국가무형유산 보유자 또는 보유단체는 직접 제작한 전승공예품과 해당 전승공예품의 제작과정이 촬영된 영상물을 전시하는 것으로 실연을 갈음할 수 있다. 이 경우 전승공예품은 전년도의 실연 또는 전시 행사 이후 제작한 전승공예품이어야 한다.
   (4) 국가무형유산의 보유자 또는 보유단체는 공개를 완료한 날부터 30일 이내에 공개결과보고서를 국가유산청장에게 제출하여야 한다.
   (5) (1), (2), (3)에서 규정한 사항 외에 공개의 기간, 내용, 장소 및 방법 등 국가무형유산의 공개에 필요한 사항은 국가유산청장이 정하여 고시한다.

4) 국가무형유산의 공개 점검

(1) 국가유산청장은 국가무형유산의 공개에 대한 효율적인 점검을 위하여 그 공개 과정을 영상매체를 이용하여 기록할 수 있다.
(2) 국가유산청장은 국가무형유산의 공개에 대한 점검 기록을 5년간 보존·관리하여야 한다.

05 관람료의 징수

1) 국가무형유산의 보유자 또는 보유단체는 그 무형유산을 공개하는 경우 관람자로부터 관람료를 징수할 수 있다.
2) 관람료는 해당 국가무형유산의 보유자 또는 보유단체가 정한다.

06 전수교육학교의 선정 등

1) 국가유산청장은 국가무형유산의 전수교육을 실시하려는 다음의 학교 중에서 전수교육학교를 선정할 수 있다.
   (1) 「초·중등교육법」에 따라 설립된 국립국악고등학교 및 국립전통예술고등학교
   (2) 「고등교육법」에 따른 학교
   (3) 「한국전통문화대학교 설치법」에 따른 한국전통문화대학교

   [전수교육학교의 선정에 필요한 심사 항목]
   (1) 전수교육을 실시하려는 국가무형유산의 교육과정 운영 계획
   (2) 국가무형유산의 전수교육을 위한 교원 현황 및 향후 확보 계획
   (3) 국가무형유산의 전수교육을 위한 시설 및 장비 구축 현황
   (4) 3년간의 재정운영계획
   (5) 그 밖에 전수교육학교의 운영에 필요한 사항

2) 국가무형유산의 전수교육을 실시하려는 대학등은 교육과정, 교육시설 등에 따라 전수교육계획을 수립하여 국가유산청장에게 신청하여야 한다.

[전수교육대학의 전수교육 계획에는 전수교육학교의 선정에 필요한 심사항목 각호의 사항이 포함되어야 한다]
(1) 전수교육을 실시하려는 국가무형유산의 교육과정 운영 계획
(2) 국가무형유산의 전수교육을 위한 교수요원 현황 및 향후 확보 계획
(3) 국가무형유산의 전수교육을 위한 시설 및 장비 구축 현황
(4) 3년간의 재정운영계획서
(5) 그 밖에 전수교육대학의 운영에 필요한 사항

3) 국가는 선정된 전수교육학교에 대하여 필요한 지원을 할 수 있다.
국가유산청장은 전수교육대학의 전수교육에 필요한 다음 각 호에 해당하는 경비의 전부 또는 일부를 지원할 수 있다.
(1) 교원의 강사료 및 각종 수당
(2) 교재비 및 실습재료비
(3) 시설·장비의 구축비
(4) 그 밖에 국가유산청장이 전수교육에 필요하다고 인정하는 경비

4) 국가유산청장은 전수교육학교에서 전수교육을 받는 학생 중 학업성적이 우수한 학생에게 예산의 범위에서 전수장학금을 지급할 수 있다.

5) 국가유산청장은 전수교육학교의 전수교육 실태를 점검하고 그 성과를 평가할 수 있으며 그 결과에 따라 차등하여 재정적 지원을 할 수 있다.

6) 전수교육학교의 선정·심사, 지원, 성과평가 등에 필요한 사항
   (1) 전수교육대학의 성과평가 항목
      ① 교육과정의 체계성 및 교육내용의 적절성
      ② 전승자의 교육과정 참여율
      ③ 시설·장비 등 교육환경의 조성 정도
      ④ 그 밖에 국가유산청장이 전수교육학교의 성과평가에 필요하다고 인정하는 사항
   (2) 국가유산청장은 성과평가를 완료하면 평가 결과를 국가유산청의 인터넷 홈페이지에 공개하여야 한다.
   (3) (1), (2)에서 규정한 사항 외에 성과평가의 절차와 세부 기준 등 성과평가에 필요한 사항은 국가유산청장이 정하여 고시한다.

CHAPTER 06 시·도무형유산

01 시·도무형유산위원회의 설치

1) 시·도지사의 관할구역에 있는 무형유산의 보전 및 진흥에 관한 사항을 심의하기 위하여 시·도에 무형유산위원회를 둔다.

2) 시·도무형유산위원회의 조직과 운영 등에 필요한 사항은 조례로 정하되, 다음 각 호의 사항을 포함하여야 한다.
    (1) 무형유산의 보존·관리 및 활용과 관련된 조사·심의에 관한 사항
    (2) 위원의 위촉과 해촉에 관한 사항
    (3) 분과위원회의 설치와 운영에 관한 사항
    (4) 전문위원의 위촉과 활용에 관한 사항

3) 시·도지사가 그 관할구역에 있는 시·도무형유산의 국가무형유산으로의 지정을 국가유산청장에게 신청하려면 시·도무형유산위원회의 사전 심의를 거쳐야 한다.

02 시·도무형유산 등의 지정 등

1) 시·도지사는 그 관할구역 안에 있는 무형유산으로서 국가무형유산으로 지정되지 아니한 무형유산 중 보존가치가 있다고 인정되는 것을 시·도무형유산위원회의 심의를 거쳐 시·도무형유산으로 지정할 수 있다.
다만, 시·도무형유산으로 지정하려는 무형유산이 국가무형유산으로 지정되어 있는 경우에는 국가유산청장과의 사전 협의를 거쳐야 한다.

2) 시·도지사는 시·도무형유산을 지정하는 경우 국가무형유산의 보유자, 보유단체가 아닌 사람 또는 단체 중에서 보유자, 보유단체를 인정할 수 있다.

3) 시·도무형유산의 보유자, 보유단체, 전승교육사가 국가무형유산의 보유자, 보유단체, 전승교육사로 인정되는 경우 해당 시·도무형유산의 보유자, 보유단체, 전승교육사의 인정은 해제된 것으로 본다.

4) 국가유산청장은 위원회의 심의를 거쳐 필요하다고 인정되는 무형유산에 대하여 시·도지사에게 시·도무형유산으로 지정할 것을 권고할 수 있다.

   [시·도무형유산의 지정 권고]
   (1) 시·도지사는 시·도무형유산의 지정 권고를 받은 경우에는
   (2) 그 권고를 받은 날부터 1년 이내에 시·도무형유산위원회의 심의를 거쳐 그 지정 여부를 결정하여야 한다.

5) 시·도지사는 시·도무형유산위원회의 심의를 거쳐 그 관할구역 안의 시·도무형유산 중 특히 소멸할 위험에 처하였으나 국가긴급보호무형유산으로 지정되지 아니한 무형유산을 시·도긴급보호무형유산으로 지정할 수 있다.
6) 시·도무형유산 또는 시·도긴급보호무형유산을 지정할 때에는 해당 시·도의 명칭을 표시하여야 한다.

03 보고 사항

시·도지사는 다음 각 호의 어느 하나에 해당하는 사유가 있으면 그 사유가 발생한 날부터 15일 이내에 국가유산청장에게 보고하여야 한다.
1) 시·도무형유산의 지정 및 해제
2) 시·도긴급보호무형유산의 지정 및 해제
3) 시·도무형유산의 보유자, 보유단체, 명예보유자 또는 전승교육사의 인정 및 해제
4) 시·도무형유산에 대한 행정명령 및 그 위반 등의 죄

04 전문인력의 배치

시·도지사는 무형유산에 관한 전문인력을 해당 지방자치단체에 배치하도록 노력하여야 한다.

05 이북5도 무형유산

1) 국가유산청장 및 「이북5도에 관한 특별조치법」에 따라 임명된 도지사는 북한지역에서 전승되던 무형유산으로서 보존가치가 있다고 인정되는 무형유산이 있는 경우에는 현재 그 무형유산이 전승되고 있는 지역을 관할하고 있는 시·도지사에게 시·도무형유산으로 지정할 것을 권고할 수 있다.
2) 1)에도 불구하고 도지사는 이북5도에서 전승되던 무형유산으로서 국가무형유산 또는 시·도무형유산으로 지정되지 아니한 무형유산 중 보존가치가 있다고 인정되는 것을 이북5도 무형유산으로 지정할 수 있다.
3) 국가는 2)에 따라 지정된 무형유산의 기능, 예능, 지식 및 관련 기술 등을 전형대로 체득·실현하거나 전수교육을 실시하는 사람 또는 단체에 대하여 필요한 경비 및 수당을 예산의 범위에서 지원할 수 있다.
4) 2) 및 3)에 따른 이북5도 무형유산의 지정 절차, 경비 및 수당의 대상과 지급 기준 등에 필요한 사항은 도지사가 정한다.

CHAPTER 07 무형유산의 진흥

01 전승지원 등

1) 국가 또는 지방자치단체는 무형유산의 보전 및 진흥을 위하여 예산의 범위에서 다음 각 호의 지원을 할 수 있다.
    (1) 전승자의 전승공예품 원재료 구입 지원
    (2) 전승자의 공연 또는 전시 등에 필요한 시설 및 장비 지원
    (3) 전승자의 초·중등학교 교육 및 평생교육 활동 지원

2) 국가 또는 지방자치단체는 무형유산의 전승, 교육, 공연 등의 활성화를 장려하기 위한 전수교육시설을 마련하도록 노력하여야 한다.

3) 국가 또는 지방자치단체는 1), 2)의 경우 외에 무형유산 보전 및 진흥에 필요한 경비를 예산의 범위에서 전부 또는 일부를 보조할 수 있다.

[전수교육시설 지원]
국가유산청장 또는 시·도지사는 무형유산 전수교육시설의 설치 및 운영에 필요한 비용을 예산의 범위에서 지원할 수 있다.

02 무형유산의 교육 지원 등

국가 또는 지방자치단체는 「문화예술교육 지원법」에 따른 학교문화예술교육 및 사회문화예술교육을 지원하거나 「문화예술진흥법」에 따라 문화강좌를 설치하는 경우에 무형유산에 관한 교육이나 강좌가 포함되도록 노력하여야 한다.

03 행사 등에서의 지원

1) 국가, 지방자치단체 및 「공공기관의 운영에 관한 법률」에 따른 공공기관은 각종 행사 및 축제에 무형유산의 전승자가 참여할 수 있도록 노력하여야 한다.
2) 국가와 지방자치단체는 국가무형유산 또는 시·도무형유산이 관광 활성화에 기여하도록 필요한 시책을 마련하여야 한다.

04 전통기술 개발의 지원

1) 국가유산청장은 무형유산 중 공예, 미술 등에 관한 전통기술의 진흥을 위하여 원재료, 제작공정 등의 기술개발 및 디자인·상품화 등에 필요한 지원을 할 수 있다.
   (1) 국가유산청장은 지원 대상을 선정하기 위하여 심사위원회를 구성하거나
   (2) 한국무형유산진흥센터에 심사를 의뢰할 수 있다.

2) **지원 기준 및 절차 등**
   (1) 전승공예품의 원활한 공급을 위한 원재료의 생산 및 가공
   (2) 전승공예품 제작공정의 생산성 향상을 위한 기술연구
   (3) 전승공예품의 상품화를 위한 디자인·포장재 개발과 시제품 생산 등

05 무형유산 전승공예품 인증

1) 국가유산청장은 인증심사를 거쳐 전승공예품에 대하여 인증을 할 수 있다.
2) 국가유산청장은 인증을 위하여 해당 전승자에게 관련 자료의 제출을 요청할 수 있으며, 필요한 경우 소속 공무원 또는 관련 전문가에게 전승공예품 제작공정을 참관하게 할 수 있다.
3) 인증을 받은 해당 전승자는 자신이 제작한 전승공예품에 인증의 표시를 할 수 있다.
4) 누구든지 인증을 받지 아니한 상품에 국가유산청장이 정한 인증표시와 동일하거나 유사한 표시를 하여서는 아니 된다.
5) 인증의 유효기간은 인증을 받은 날부터 4년으로 하되, 재심사를 거쳐 그 기간을 연장할 수 있다.
6) 인증의 기준 및 심사 절차, 표시의 방법 등에 필요한 사항은 국가유산청장이 정하여 고시한다.

06 인증의 취소

1) 국가유산청장은 인증과 관련하여 다음 각 호의 어느 하나에 해당하는 경우 그 인증을 취소할 수 있다.
   (1) 거짓이나 그 밖의 부정한 방법으로 인증을 받은 경우
      (인증을 취소하여야 한다.)
   (2) 인증기준에 맞지 아니하게 제작된 전승공예품에 인증표시를 한 경우
   (3) 해당 전승자가 인증표시의 사용 기준을 위반한 경우

2) 인증 취소에 관한 구체적 절차와 내용
   (1) 국가유산청장은 전승공예품 인증을 취소하려는 경우에는 전승자에게 해당 전승공예품의 설명서 및 견본품 등 관련 자료의 제출을 요구할 수 있다.
   (2) 국가유산청장은 전승공예품 인증을 취소하였을 때에는 지체 없이 당사자에게 그 사실을 통보하고, 국가유산청의 인터넷 홈페이지에 공고하여야 한다.

07 전승공예품은행

1) 국가유산청장은 전통기술의 전승활성화 및 전통공예의 우수성 홍보 등을 위하여 전승공예품의 구입·대여 및 전시 등의 업무를 수행하는 은행을 운영할 수 있다.
2) 전승공예품은행의 운영에 필요한 사항은 국가유산청장이 정하여 고시한다.

08 전승공예품의 우선구매 등

1) 국가유산청장 및 시·도지사는 전통기술의 전승활성화 및 전통공예의 수요 창출을 위하여 다음 각 호의 어느 하나의 기관 또는 단체에 전승공예품(법 제2조 제10호에 따른)을 우선 구매하도록 요청할 수 있다.
   (1) 국가 및 지방자치단체
   (2) 「공공기관의 운영에 관한 법률」에 따른 공공기관
   (3) 「지방공기업법」에 따른 지방공기업
   (4) 무형유산 관련 단체

2) 국가유산청장 및 시·도지사는 우선구매를 하는 기관 또는 단체 등에 예산의 범위에서 재정 지원을 하는 등 필요한 지원을 할 수 있다.

09 창업·제작·유통 등 지원

1) 국가와 지방자치단체는 무형유산 전승자의 창업·제작·유통 및 해외시장의 진출 등을 촉진하기 위하여 필요한 지원을 할 수 있다.
2) 국가유산청장이나 지방자치단체의 장은 1)에 따라 전승자가 다음 각 호의 활동을 하는 경우 그에 필요한 지원을 할 수 있다.
　(1) 전승공예품의 생산, 판매, 전시, 홍보 및 유통
　(2) 전통공연예술 프로그램의 제작, 홍보 및 유통
　(3) 전승공예품의 해외 전시, 무형유산의 해외 공연 등 해외시장 진출 활동

10 무형유산의 국제교류 지원

1) 국가는 국제기구 및 다른 국가와의 협력을 통하여 전통공연·예술 분야 무형유산의 해외공연, 전승공예품의 해외 전시·판매 등 무형유산의 국제교류를 적극 추진하여야 한다.
2) 국가유산청장은 예산의 범위에서 무형유산의 국제교류 및 협력에 필요한 비용의 전부 또는 일부를 지원할 수 있다.

11 한국무형유산진흥센터

국가유산청장은 무형유산의 진흥에 관한 사업과 활동을 효율적으로 지원하기 위하여 국가유산진흥원(「국가유산기본법」 제32조)에 한국무형유산진흥센터를 둔다.

CHAPTER 08 유네스코 협약 이행

01 유네스코 아시아·태평양 무형문화유산 국제정보네트워킹센터의 설치

1) 유네스코의 「무형문화유산의 보호를 위한 협약」 이행을 장려하고, 아시아·태평양 지역 등의 무형문화유산 보호활동 등을 지원하기 위하여 국가유산청 산하에 유네스코 아시아·태평양 무형문화유산 국제정보네트워킹센터를 둔다.
2) 유네스코 아·태무형유산센터는 법인으로 한다.
3) 유네스코 아·태무형유산센터는 정관으로 정하는 바에 따라 임원과 필요한 직원을 둔다.
4) 유네스코 아·태무형유산센터에 관하여 이 법에서 규정한 것 외에는 「민법」 중 재단법인에 관한 규정을 준용한다.
5) 유네스코 아·태무형유산센터의 운영에 필요한 경비는 국고에서 지원할 수 있다.
6) 국가 또는 지방자치단체는 유네스코 아·태무형유산센터의 업무 수행을 위하여 필요한 경우 국유재산이나 공유재산을 무상으로 사용·수익하게 할 수 있다.
7) 유네스코 아·태무형유산센터는 다음 각 호의 사업을 한다.
   (1) 무형유산 정보공유의 체계 구축 및 활용을 위한 활동 지원
   (2) 무형유산 보호 관련 교육, 출판, 학술조사·연구, 전시 및 콘텐츠 개발과 활용
   (3) 무형유산 관련 개인, 비정부기구·시민사회단체 등 단체 및 교육기관·학술기관 등 기관 간의 교류·협력체계의 구축과 이를 위한 행사의 개최
   (4) 공유된 무형유산 정보의 국내활용을 위한 사업
   (5) 국가·지방자치단체 또는 공공기관 등으로부터 위탁받은 사업
   (6) 유네스코 아·태무형유산센터의 설립목적을 달성하기 위하여 정관으로 정하는 사업
8) 유네스코 아·태무형유산센터는 7)의 각 호의 사업을 위하여 필요하다고 인정하면 「기부금품의 모집 및 사용에 관한 법률」에도 불구하고 자발적으로 기탁되는 기부금품을 사업목적에 부합하는 범위에서 접수할 수 있다.

9) 기부금품의 접수 절차 등
   (1) 자발적으로 기탁되는 기부금품을 접수한 때에는 기부자에게 영수증을 발급해야 한다.

다만, 익명으로 기부하거나 기부자를 알 수 없는 경우에는 영수증을 발급하지 않을 수 있다.
(2) 유네스코 아·태무형유산센터는 기부자가 기부금품의 용도를 지정한 때에는 그 용도로만 사용해야 한다. 다만, 기부자가 지정한 용도로 사용하기 어려운 특별한 사유가 있는 경우에는 기부자의 동의를 받아 다른 용도로 사용할 수 있다.
(3) 유네스코 아·태무형유산센터는 기부금품의 접수 현황 및 사용 실적 등에 관한 장부를 갖추어 두고, 기부자가 열람할 수 있도록 해야 한다.

10) 유네스코 아·태무형유산센터는 제 8)에 따라 접수한 기부금품을 별도 계정으로 관리하여야 한다.

02 무형문화유산 보호를 위한 국제적 협력

1) 국가는 유네스코 협약에 따라 인류의 무형유산을 보호하기 위하여 관련 국제기구, 국제 전문가단체 및 다른 국가와의 협력관계를 증진하도록 노력하여야 한다.
2) 국가는 개발도상국가가 유네스코 협약에 따라 무형유산을 체계적으로 보전 및 진흥할 수 있도록 재정지원을 하는 등 무형유산 보호를 위한 국제사회의 노력에 이바지하여야 한다.
3) 국가유산청장은 1)에 따른 무형유산보호를 위한 관련 국제기구, 국제 전문가단체 및 다른 국가와의 협력을 증진하기 위하여 다음 각 호의 사업을 추진할 수 있다.
   (1) 유네스코 인류무형문화유산에 등재된 국내외 무형유산의 보전 및 진흥 지원
   (2) 무형유산 보호를 위한 관련 국제기구, 국제 전문가단체 및 다른 국가와의 정보교류 및 공동 조사·연구
   (3) 무형유산 보호 분야 국제 연수 및 전문인력 교류
   (4) 무형유산의 보호를 목표로 수행되는 국내외 프로그램 및 활동의 지원
   (5) 그 밖에 무형유산 보호를 위한 국제 교류·협력을 추진하기 위하여 필요하다고 인정하는 사항

CHAPTER 09 보칙

01 조사 및 기록화

1) 국가유산청장 및 시·도지사는 무형유산의 분포현황, 전승실태 및 내용 등에 대하여 조사하고 이를 녹음·사진촬영·영상녹화·속기 등의 방법으로 관련 기록을 수집·작성하고 유지·보존하여야 한다.
2) 국가유산청장 및 시·도지사는 무형유산의 보전 및 전승을 위하여 필요하다고 인정하면 무형유산에 관한 전문적 지식이 있는 사람이나 관련된 연구기관 또는 단체에 무형유산의 조사, 관련 기록의 수집 및 작성을 위탁할 수 있다.
3) 국가유산청장 및 시·도지사는 수집·작성된 기록을 디지털 자료로 구축하여 누구나 이용이 가능하도록 하여야 한다.

02 무형유산의 지식재산 보호

1) 국가유산청장은 국내외 특허 취득을 방지하기 위하여 무형유산에 관한 전승 내역과 구성요소 등을 디지털 자료로 구축하여 국제특허협약에 따른 효력을 가진 홈페이지에 게재하는 등 국내외 특허로부터 무형유산을 보호하여야 한다.
2) 국가유산청장은 무형유산의 전승활성화를 위하여 무형유산의 진보된 지식 또는 기술이 창출될 수 있도록 노력하여야 하며, 「지식재산 기본법」에 따라 전승자의 지식재산을 보호하기 위하여 필요한 조치를 하여야 한다.

03 보유자 등에 대한 예우

국가와 지방자치단체, 「공공기관의 운영에 관한 법률」에 따른 공공기관, 「지방공기업법」에 따른 지방공사 또는 지방공단은 보유자 및 명예보유자의 전승활동을 촉진하기 위하여 세제상의 조치, 공공시설 이용료 감면 및 그 밖에 필요한 정책을 강구하여야 한다.

04 유사명칭 사용의 금지

이 법에 따른 보유자, 보유단체, 명예보유자, 전승교육사 및 이수자가 아닌 자는 보유자, 보유단체, 명예보유자, 전승교육사, 이수자 또는 이와 유사한 명칭을 사용하지 못한다.

05 청문

국가유산청장은 다음 각 호의 어느 하나에 해당하는 처분을 하려면 「행정절차법」에 따른 청문을 하여야 한다.
1) 지정 또는 인정의 취소(법 제15조)에 따른 지정 또는 인정의 취소
2) 국가무형유산 등의 지정 해제(법 제16조)에 따른 지정의 해제
3) 전승자 등의 인정 해제(법 제21조)에 따른 인정의 해제
4) 인증의 취소(법 제42조)에 따른 인증의 취소

06 관계 전문가 등의 조사

1) 국가무형유산의 지정 및 국가긴급보호무형유산의 지정과 보유자, 보유단체의 인정 및 명예보유자의 인정, 전승교육사의 인정을 하는 경우
   (1) 위원회의 해당 분야의 위원이나 전문위원 또는 해당 무형유산에 관한 학식과 경험이 풍부한 전문가 3명 이상에게 필요한 조사를 하게 하여야 한다.
   (2) 조사를 한 관계 전문가 등은 조사 후 조사보고서를 작성하여 국가유산청장에게 제출하여야 한다.
2) 관계 전문가 등의 조사 방법 및 절차 등에 필요한 사항은 대통령령으로 정한다.

07 권한의 위임 및 위탁

1) 이 법에 따른 국가유산청장의 권한은 대통령령으로 정하는 바에 따라 그 일부를 시·도지사 또는 소속 기관의 장에게 위임하거나, 무형유산의 보전 및 진흥을 목적으로 설립된 기관이나 법인 또는 단체 등에 위탁할 수 있다.

[국가유산청장은 다음 각 호의 권한을 국립무형유산원의 장에게 위임한다.]
(1) 명예보유자에 대한 특별지원금의 지원
(2) 정기조사와 재조사
(3) 전수교육에 필요한 경비 및 수당의 지원
(4) 우수 이수자의 선정 및 지원
(5) 기량 심사 및 전수교육 이수증의 발급
(6) 전수장학생의 선정, 장학금의 지급과 지급 중단
(7) 장학금의 지급액과 지급 시기에 관한 고시
(8) 국가무형유산의 공개에 필요한 비용의 지원
(9) 국가무형유산의 공개 점검
(10) 전통기술 개발의 지원
(11) 전승공예품 인증
(12) 전승공예품 인증의 취소
(13) 전승공예품은행의 운영
(14) 무형유산 전승자의 창업·제작·유통 등 지원
(15) 무형유산의 조사 및 기록화
(16) 전승공예품 인증의 취소에 대한 청문

2) 국가유산청장은 보유자 또는 보유단체를 인정하지 않는 국가무형유산[법 제17조(보유자 등의 인정) ① 단서에 따른 경우로 한정한다]의 활용 및 홍보 업무를 한국무형유산진흥센터에 위탁한다.

08 벌칙 적용에서 공무원 의제

다음 각 호의 어느 하나에 해당하는 사람은 「형법」을 적용할 때에는 공무원으로 본다.
1) 무형유산위원회의 설치(법 제9조 ①)에 따라 무형유산의 보전 및 진흥에 관한 사항을 조사·심의하는 위원회의 위원(시·도무형유산위원회의 위원을 포함한다)
2) 정기조사 등(법 제22조 ⑥)에 따른 정기조사 또는 재조사를 국가유산청장으로부터 위탁받아 수행하는 사람
3) 관계 전문가 등의 조사(법 제53조)에 따라 조사를 수행하는 관계 전문가 등
4) 권한의 위임 및 위탁(법 제54조)에 따라 국가유산청장의 권한을 위탁받은 사무에 종사하는 사람

CHAPTER 10 벌칙

01 행정명령 위반 등의 죄

정당한 사유 없이 행정명령(법 제24조)에 따른 명령을 위반한 사람은 3년 이하의 징역이나 3천만 원 이하의 벌금에 처한다.

02 관리행위 방해 등의 죄

다음 각 호의 어느 하나에 해당하는 사람은 2년 이하의 징역이나 2천만 원 이하의 벌금에 처한다.
1) 정기조사 등(법 제22조 ③ 전단 : 조사를 하는 공무원은 전승자, 관계 공공기관 또는 단체 등에 필요한 자료의 제출, 무형유산의 소재장소 출입 등 조사에 필요한 범위에서 협조를 요청할 수 있다.)에 따른 협조를 특별한 사유 없이 거부한 사람
2) 거짓 또는 부정한 방법으로 보유자, 보유단체, 명예보유자 또는 전승교육사로 인정된 사람
3) 거짓의 신고 또는 보고를 한 사람

03 과태료

1) 다음 각 호의 어느 하나에 해당하는 자에게는 1천만 원 이하의 과태료를 부과한다.
   (1) 무형유산 전승공예품 인증(법 제41조 ④ : 누구든지 인증을 받지 아니한 상품에 국가유산청장이 정한 인증표시와 동일하거나 유사한 표시를 하여서는 아니 된다.)을 위반한 자
   (2) 유사명칭 사용의 금지(법 제51조)를 위반한 자

2) 과태료는 대통령령 또는 조례로 정하는 바에 따라 국가유산청장 또는 시·도지사가 부과·징수한다.

[과태료의 부과기준]
(1) 일반기준

① 위반행위의 횟수에 따른 과태료의 부과기준은 최근 1년간 같은 위반행위로 과태료 부과처분을 받은 경우에 적용한다. 이 경우 기간의 계산은 위반행위에 대하여 과태료 부과처분을 받은 날과 그 처분 후 다시 같은 위반 행위를 하여 적발된 날을 기준으로 한다.

② ①에 따라 가중된 부과처분을 하는 경우 가중처분의 적용 차수는 그 위반행위 전 부과처분 차수(①목에 따른 기간 내에 과태료 부과처분이 둘 이상 있었던 경우에는 높은 차수를 말한다)의 다음 차수로 한다.

③ 부과권자는 다음의 어느 하나에 해당하는 경우에는 (2)의 개별기준에 따른 과태료 금액의 2분의 1의 범위에서 그 금액을 줄일 수 있다. 다만, 과태료를 체납하고 있는 위반행위자의 경우에는 그렇지 않다.
  ㉠ 위반행위가 사소한 부주의나 오류로 인한 것으로 인정되는 경우
  ㉡ 위반행위자가 법 위반상태를 시정하거나 해소하기 위하여 노력한 것으로 인정되는 경우
  ㉢ 그 밖에 위반행위의 정도, 횟수, 동기와 그 결과 등을 고려하여 과태료의 금액을 줄일 필요가 있다고 인정되는 경우

④ 부과권자는 다음의 어느 하나에 해당하는 경우에는 (2)의 개별기준에 따른 과태료 금액의 2분의 1의 범위에서 그 금액을 늘릴 수 있다. 다만, 늘리는 경우에도 법 제58조 제1항에 따른 과태료 금액의 상한을 넘을 수 없다.
  ㉠ 법 위반상태의 기간이 6개월 이상인 경우
  ㉡ 그 밖에 위반행위의 정도, 횟수, 동기와 그 결과 등을 고려하여 과태료의 금액을 늘릴 필요가 있다고 인정되는 경우

(2) 개별기준

(단위 : 만 원)

위반행위	근거 법조문	과태료 금액		
		1차 위반	2차 위반	3차 이상 위반
① 법 제41조제4항을 위반하여 인증을 받지 않은 상품에 국가유산청장이 정한 인증표시와 동일하거나 유사한 표시를 한 경우	법 제58조 제1항 제1호	300	450	600
② 법 제51조를 위반하여 보유자, 보유단체, 명예보유자, 전승교육사 및 이수자가 아닌 자가 보유자, 보유단체, 명예보유자, 전승교육사 및 이수자 또는 이와 유사한 명칭을 사용한 경우	법 제58조 제1항 제2호	400	600	800

예상문제

제1장 총칙

01 무형유산의 보전 및 진흥에 관한 법률은 무형유산의 보전과 진흥을 통하여 전통문화를 창조적으로 계승하고, 이를 활용할 수 있도록 함으로써 국민의 문화적 향상을 도모하고 인류문화의 발전에 이바지하는 것을 목적으로 한다. (O, ×)

정답 O

02 무형유산의 보전 및 진흥에 관한 법령상, 아래에서 무형유산에 해당하는 것을 모두 고르시오.

ㄱ. 전통적 공연·예술	ㄴ. 한의약, 농경·어로 등에 관한 전통지식
ㄷ. 의식주 등 전통적 생활관습	ㄹ. 전통적 놀이·축제 및 기예·무예

① ㄱ
② ㄱ, ㄴ
③ ㄴ, ㄷ
④ ㄱ, ㄴ, ㄷ
⑤ ㄱ, ㄴ, ㄷ, ㄹ

해설 "무형유산"이란 여러 세대에 걸쳐 전승되어, 공동체·집단과 역사·환경의 상호작용으로 끊임없이 재창조된 무형의 문화적 유산을 말한다.
1. 전통적 공연·예술
2. 공예, 미술 등에 관한 전통기술
3. 한의약, 농경·어로 등에 관한 전통지식
4. 구전 전통 및 표현
5. 의식주 등 전통적 생활관습
6. 민간신앙 등 사회적 의식(儀式)
7. 전통적 놀이·축제 및 기예·무예

정답 ⑤

03 아래 보기의 내용은 무엇을 설명하는 것인가?

> (1) 해당 무형유산의 가치를 구성하는 본질적 특징으로서
> (2) 여러 세대에 걸쳐 전승·유지되고 구현되어야 하는 고유한 기법, 형식 및 지식을 말한다.

정답 전형(典型)

04 다음 설명 중 옳지 않은 것을 찾으시오.
① "명예보유자"란 국가무형유산의 보유자와 보유단체 중에서 인정된 사람과 단체를 말한다.
② "전수교육"이란 보유자 및 보유단체, 전승교육사, 전수교육학교가 실시하는 교육을 말한다.
③ "전승공예품"이란 무형유산 중 전통기술 분야의 전승자가 해당 기능을 사용하여 제작한 것을 말한다.
④ "이수자"란 전수교육 이수증을 받은 사람을 말한다.

해설 "명예보유자" : 국가무형유산의 보유자 중에서 명예보유자의 인정(법 제18조 ①)에 따라 인정된 사람 및 전승교육사 중에서 명예보유자로(법 제18조 ②에 따라) 인정된 사람을 말한다.

정답 ①

05 무형유산의 보전 및 진흥은 전형 유지를 기본원칙으로 하며, 다음 각 호의 사항이 포함되어야 한다. ( ) 안을 완성하시오.

> ① (   ) 함양
> ② 전통문화의 계승 및 발전
> ③ 무형유산의 가치 구현과 향상

정답 민족정체성

제2장 　 무형유산 정책의 수립 및 추진

06 무형유산의 보전 및 진흥에 관한 법령상, 시행계획의 수립·시행에서 시행계획에 포함되어야 할 사항으로 맞는 것을 찾으시오.

① 무형유산의 교육 및 전문인력 육성에 관한 사항
② 주요사업별 추진방침
③ 무형유산의 조사 및 정보화에 관한 사항
④ 무형유산의 국제화에 관한 사항

해설 무형유산정책의 수립 및 추진

기본계획에 포함되어야 할 사항	시행계획에 포함되어야 할 사항
1. 무형유산의 보전 및 진흥에 관한 기본방향 2. 무형유산의 보전 및 진흥을 위한 재원 확보 및 배분에 관한 사항 3. 무형유산의 교육, 전승 및 전문인력 육성에 관한 사항 4. 무형유산의 조사, 기록 및 정보화에 관한 사항 5. 무형유산의 국제화에 관한 사항 6. 그 밖에 무형유산의 보전 및 진흥에 필요한 사항	1. 해당 연도의 사업 추진방향 2. 주요 사업별 추진방침 3. 주요 사업별 세부계획

정답 ②

07 무형유산위원회의 설치에 대한 내용이다. 옳은 것을 찾으시오.

① 무형유산의 보전 및 진흥에 관한 사항을 조사·의결하기 위하여 국가유산청에 무형유산위원회를 둔다.
② 위원회는 위원장 1명을 포함하여 20명 이내의 위원으로 구성한다.
③ 위원은 국가유산청장이 위촉한다. 다만, 위원장은 위원 중에서 호선한다.
④ 위원회 위원의 임기는 3년으로 한다.

해설 ① 조사·의결이 아니라 조사·심의이다.
　　② 30명 이내의 위원으로 구성한다.
　　④ 위원회 위원의 임기는 2년으로 한다.(단, 연임할 수 있으며, 보궐위원의 임기는 전임자 임기의 남은 기간으로 한다)

정답 ③

08 무형유산의 보전 및 진흥에 관한 법령상, 무형유산위원회에 관한 설명으로 옳지 않은 것은?
① 위원회는 무형유산의 보전 및 진흥을 위한 기본계획에 관한 사항을 심의한다.
② 위원회의 위원은 국가유산청장이 위촉하며, 위원장 및 부위원장은 위원 중에 호선한다.
③ 위원회 위원의 임기는 2년이며 보궐위원의 임기는 위촉된 날부터 2년이다.
④ 무형유산의 보전 및 진흥과 관련된 업무에 5년 이상 종사한 사람은 위원회의 비상근 전문위원으로 위촉될 수 있다.

정답 ③

09 위원회는 무형유산의 보전 및 진흥에 관한 사항을 심의한다. 위원회의 심의사항을 아래의 보기에서 모두 고르시오.

> ㄱ. 기본계획에 관한 사항
> ㄴ. 국가무형유산의 지정에 관한 사항
> ㄷ. 국가무형유산의 보유자 인정에 관한 사항
> ㄹ. 국가긴급보호무형유산의 해제에 관한 사항

① ㄱ
② ㄱ, ㄴ
③ ㄱ, ㄴ, ㄷ
④ ㄱ, ㄴ, ㄷ, ㄹ

 위원회의 심의사항

위원회는 무형유산의 보전 및 진흥에 관한 다음 각 호의 사항을 심의한다.
1. 기본계획에 관한 사항
2. 국가무형유산의 지정과 그 해제에 관한 사항
3. 국가무형유산의 보유자, 보유단체, 명예보유자 또는 전승교육사의 인정과 그 해제에 관한 사항
4. 국가긴급보호무형유산의 지정과 그 해제에 관한 사항
5. 국제연합교육과학문화기구 무형유산 선정에 관한 사항
6. 그 밖에 무형유산의 보전 및 진흥 등에 관하여 국가유산청장이 심의에 부치는 사항

정답 ④

제3장　국가무형유산의 지정 등

10 무형유산의 보전 및 진흥에 관한 법령상, 국가유산청장은 위원회의 심의를 거쳐 무형유산 중 중요한 것을 국가무형유산으로 지정할 수 있다. 아래의 보기 중에서 국가무형유산의 지정 대상에 해당하는 것을 모두 고르시오.

> ㄱ. 음악, 춤, 연희, 종합예술, 그 밖의 전통적 공연·예술 등
> ㄴ. 민간의약지식, 생산지식, 자연·우주지식, 그 밖의 전통지식 등
> ㄷ. 절기풍속, 의생활, 식생활, 주생활, 그 밖의 전통적 생활관습 등
> ㄹ. 전통적 놀이·축제 및 기예·무예 등

① ㄱ
② ㄱ, ㄴ
③ ㄴ, ㄷ
④ ㄱ, ㄴ, ㄷ
⑤ ㄱ, ㄴ, ㄷ, ㄹ

해설 국가무형유산의 지정 대상
1. 음악, 춤, 연희, 종합예술, 그 밖의 전통적 공연·예술 등
2. 공예, 건축, 미술, 그 밖의 전통기술 등
3. 민간의약지식, 생산지식, 자연·우주지식, 그 밖의 전통지식 등
4. 언어표현, 구비전승, 그 밖의 구전 전통 및 표현 등
5. 절기풍속, 의생활, 식생활, 주생활, 그 밖의 전통적 생활관습 등
6. 민간신앙의례, 일생의례, 종교의례, 그 밖의 사회적 의식·의료 등
7. 전통적 놀이·축제 및 기예·무예 등

정답 ⑤

11 무형유산의 보전 및 진흥에 관한 법령상, 지정된 국가긴급보호무형유산에 대하여 국가유산청장이 할 수 있는 지원에 해당하지 않는 것은? [2025년도 제43회 기출문제]

① 예술적, 기술적, 과학적 연구
② 무형유산 간의 통합·개선
③ 전수교육 및 전승활동
④ 무형유산의 기록

해설 국가유산청장은 지정된 국가긴급보호무형유산에 대하여는 다음 각 호에 해당하는 지원을 할 수 있다.
1. 예술적, 기술적, 과학적 연구
2. 전승자 발굴
3. 전수교육 및 전승활동
4. 무형유산의 기록

정답 ②

12 국가긴급보호무형유산의 지정에 대한 설명으로 틀린 것을 찾으시오.

① 전승여건 및 생활환경의 변화로 인하여 소멸할 위험성이 커진 국가무형유산은 국가긴급보호무형유산의 지정 대상이다.
② 보유자로 인정할 만한 사람이 상당한 기간 동안 없는 국가무형유산도 국가긴급보호무형유산의 지정 대상이다.
③ 국가무형유산으로서의 전형이 현저히 상실되어 그 전승이 불가능하거나 어려워진 국가무형유산도 국가긴급보호무형유산의 지정 대상이다.
④ 국가유산청장은 국가긴급보호무형유산의 지정 대상에 해당이 되면 국가긴급보호무형유산으로 지정하여야 한다.

해설 국가유산청장은 다음 각 호의 어느 하나에 해당하는 국가무형유산을 국가긴급보호무형유산으로 지정할 수 있다.
1. 전승여건 및 생활환경의 변화로 인하여 소멸할 위험성이 커진 국가무형유산
2. 보유자 또는 보유단체로 인정할 만한 사람 또는 단체가 상당한 기간 동안 없는 국가무형유산
3. 국가무형유산으로서의 전형이 현저히 상실되어 그 전승이 불가능하거나 어려워진 국가무형유산

정답 ④

13 무형유산의 보전 및 진흥에 관한 법령상, 국가무형유산 등의 지정 및 해제에 관한 설명으로 옳지 않은 것은?

① 국가무형유산의 지정은 국가유산청장이 그 취지와 내용을 관보에 고시한 날부터 효력을 발생한다.
② 국가유산청장은 전승여건 및 생활환경의 변화로 인하여 소멸할 위험성이 커진 국가무형유산을 국가긴급보호무형유산으로 지정할 수 있다
③ 국가유산청장은 국가무형유산의 보전을 위하여 긴급한 필요가 있는 경우에는 무형유산위원회의 심의를 생략하고 국가긴급보호무형유산으로 지정할 수 있다.
④ 국가유산청장은 무형유산의 보전을 위하여 긴급한 필요가 있는 경우에는 국가무형유산의 지정과 국가긴급보호무형유산의 지정을 함께 할 수 있다.

정답 ③

제4장　보유자 및 보유단체 등의 인정

14 다음의 보유자 등의 인정에 대한 설명 중 틀린 것을 찾으시오.
① 국가유산청장은 국가무형유산을 지정하는 경우 해당 국가무형유산의 보유자, 보유단체를 인정할 수 있다.
② 보유자 등의 인정에 따라 인정하는 보유단체는 「민법」에 따라 국가유산청장의 허가를 받아 설립된 비영리법인으로 한다.
③ 국가유산청장은 보유자 등의 인정에 따라 인정한 보유자, 보유단체 외에 국가무형유산의 보유자, 보유단체를 추가로 인정할 수 있다.
④ 국가무형유산의 보유자가 무형유산의 전수교육 또는 전승활동을 정상적으로 실시하기 어려운 경우 국가유산청장은 위원회의 심의를 거쳐 명예보유자로 인정할 수 있다.

> 해설 ① 국가유산청장은 국가무형유산을 지정하는 경우 해당 국가무형유산의 보유자, 보유단체를 인정하여야 한다. 다만, 해당 국가무형유산의 기능·예능 또는 지식이 보편적으로 공유되거나 관습화된 것으로서 특정인 또는 특정단체만이 전형대로 체득·보존하여 그대로 실현할 수 있다고 인정하기 어려운 경우에는 그러하지 아니하다.

정답 ①

15 무형유산의 보전 및 진흥에 관한 법령상, 국가무형유산 명예보유자에 관한 설명으로 옳은 것은?
① 전승교육사가 전수교육을 정상적으로 보조하기 어려운 경우 해당 보유자는 명예 보유자로 인정된다.
② 명예보유자 인정은 무형유산위원회의 심의를 거쳐 국가유산청장이 한다.
③ 명예보유자 인정에는 보유자의 연령 및 무형유산 전승활동 실적이 고려되어야 한다.
④ 전승교육사가 명예보유자로 인정되면 국가유산청장은 보유자의 인정을 해제하여야 한다.

정답 ②

16 무형유산의 보전 및 진흥에 관한 법령상, 보유자 및 보유단체 등의 인정에 관한 설명으로 옳지 않은 것은?

① 국가유산청장이 인정하는 보유단체는 민법 제32조에 따라 국가유산청장의 허가를 받아 설립된 비영리법인으로 한다.
② 국가유산청장은 국가무형유산의 전수교육을 실시하기 위하여 이수자 중에서 무형유산위원회의 심의를 거쳐 전승교육사를 인정할 수 있다.
③ 국가유산청장은 명예보유자에게 특별지원금을 지원할 수 있다.
④ 국가무형유산의 보유자가 신체상 장애로 인하여 그 보유자로 적당하지 아니한 경우는 국가유산청장이 그 인정을 해제하여야만 하는 사유에 해당한다.

해설 전승자 등의 인정 해제

국가유산청장은 국가무형유산의 보유자, 보유단체, 명예보유자 또는 전승교육사가 다음 각 호의 어느 하나에 해당하는 경우 위원회의 심의를 거쳐 인정을 해제할 수 있다.

1. 보유자, 명예보유자 또는 전승교육사가 사망한 경우
   (그 인정을 해제하여야 한다)
2. 전통문화의 공연·전시·심사 등과 관련하여 벌금 이상의 형을 선고받거나 그 밖의 사유로 금고 이상의 형을 선고받고 그 형이 확정된 경우
   (그 인정을 해제하여야 한다)
3. 전승자 등의 결격사유[법 제19조의2 제1호 : 「국가공무원법」 제33조 각 호(제1호 및 제2호는 제외한다)]에 따른 결격사유에 해당하게 된 경우(그 인정을 해제하여야 한다)
4. 국외로 이민을 가거나 외국 국적을 취득한 경우
   (그 인정을 해제하여야 한다)
5. 국가무형유산 등의 지정 해제(법 제16조)에 따라 국가무형유산의 지정이 해제된 경우(그 인정을 해제하여야 한다)
6. 신체상 또는 정신상의 장애 등으로 인하여 해당 국가무형유산의 보유자로 적당하지 아니한 경우
7. 정기조사 등(법 제22조)에 따른 정기조사 또는 재조사 결과 보유자, 보유단체 및 전승교육사의 기량이 현저하게 떨어져 해당 국가무형유산을 전형대로 실현·강습하지 못하는 것이 확인된 경우
8. 국가무형유산의 보호·육성(법 제25조 ②)에 따른 전수교육을 특별한 사유 없이 1년 동안 실시하지 아니한 경우
9. 국가무형유산의 공개의무 등(법 제28조 ①)에 따른 공개를 특별한 사유 없이 매년 1회 이상 하지 아니하는 경우
10. 그 밖에 대통령령으로 정하는 사유
    (1) 보유단체가 해산된 경우
    (2) 전승교육사가 시·도무형유산 등의 지정 등(법 제32조 ②)에 따른 시·도무형유산의 보유자로 인정된 경우

(3) 국가무형유산의 보유자, 보유단체, 명예보유자 또는 전승교육사가 스스로 본인에 대한 인정 해제를 요청하는 경우

정답 ④

17 아래의 내용은 전승자 등의 인정 해제의 사유이다. 보기 중에서 그 인정을 해제하여야 하는 것에 해당하는 것을 모두 고르시오.

> ㄱ. 국외로 이민을 가거나 외국 국적을 취득한 경우
> ㄴ. 국가무형유산의 지정이 해제된 경우
> ㄷ. 신체상 장애로 인하여 해당 국가무형유산의 보유자로 적당하지 아니한 경우
> ㄹ. 보유단체가 해산된 경우

① ㄱ
② ㄴ
③ ㄱ, ㄴ
④ ㄷ, ㄹ

해설 전승자 등의 인정 해제

국가유산청장은 국가무형유산의 보유자, 보유단체, 명예보유자 또는 전승교육사가 다음 각 호의 어느 하나에 해당하는 경우 위원회의 심의를 거쳐 인정을 해제할 수 있다.

해제하여야 하는 경우	해제할 수 있는 경우
1. 보유자, 명예보유자 또는 전승교육사가 사망한 경우	1. 신체상 또는 정신상의 장애 등으로 인하여 해당 국가무형유산의 보유자로 적당하지 아니한 경우
2. 전통문화의 공연·전시·심사 등과 관련하여 벌금 이상의 형을 선고받거나 그 밖의 사유로 금고 이상의 형을 선고받고 그 형이 확정된 경우	2. 정기조사 또는 재조사 결과 보유자, 보유단체 및 전승교육사의 기량이 현저하게 떨어져 해당 국가무형유산을 전형대로 실현·강습하지 못하는 것이 확인된 경우
3. 전승자 등의 결격사유에 따른 결격사유에 해당하게 된 경우	3. 전수교육 또는 그 보조활동을 특별한 사유 없이 1년 동안 실시하지 아니한 경우
4. 국외로 이민을 가거나 외국 국적을 취득한 경우	4. 공개를 특별한 사유 없이 매년 1회 이상 하지 아니하는 경우
5. 국가무형유산의 지정이 해제된 경우	5. 그 밖에 대통령령으로 정하는 사유가 있는 경우 (1) 보유단체가 해산된 경우 (2) 전승교육사가 시·도 무형유산 등의 지정 등에 따른 시·도 무형유산의 보유자로 인정된 경우 (3) 국가무형유산의 보유자, 보유단체, 명예보유자 또는 전승교육사가 스스로 본인에 대한 인정 해제를 요청하는 경우

정답 ③

18 무형유산의 보전 및 진흥에 관한 법령상, 국가유산청장이 국가무형유산의 보유자 인정을 해제하여야만 하는 경우는? [2025년도 제43회 기출문제]

① 국가무형유산의 지정이 해제된 경우
② 신체상 또는 정신상의 장애 등으로 인하여 해당 국가무형유산의 보유자로 적당하지 아니한 경우
③ 정기조사 결과 보유자, 보유단체 및 전승교육사의 기량이 현저하게 떨어져 해당 국가무형유산을 전형대로 실현·강습하지 못하는 것이 확인된 경우
④ 국가무형유산 보유자가 스스로 본인에 대한 인정 해제를 요청하는 경우

정답 ①

19 무형유산의 보전 및 진흥에 관한 법령상, 국가유산청장이 국가무형유산의 전승자에 대한 인정을 해제하여야 하는 경우는?

① 보유자가 국외로 이민을 가거나 외국 국적을 취득한 경우
② 보유자가 해당 국가무형유산의 공개를 매년 1회 이상 하지 아니하는 경우
③ 보유단체가 해당 국가무형유산의 전수교육을 1년 동안 실시하지 아니한 경우
④ 정기조사 결과 전승교육사의 기량이 인정 당시보다 떨어진 것으로 확인된 경우

정답 ①

20 다음 설명 중 바르지 않은 것을 고르시오.

① 국가유산청장은 국가무형유산의 보전 및 진흥을 위한 정책 수립에 활용하기 위하여 정기조사를 3년마다 정기적으로 조사하여야 한다.
② 전수교육 및 전승활동 현황은 정기조사의 대상이다.
③ 국가무형유산의 전승자 및 명예보유자는 성명 또는 주소가 변경된 경우 15일 이내에 그 사실을 국가유산청장에게 신고하여야 한다.
④ 국가유산청장은 국가무형유산의 가치 구현과 향상을 위해서 필요하다고 인정되면 행정명령을 명할 수 있다.

해설
1. 정기조사 등
   (1) 국가유산청장은 국가무형유산의 보전 및 진흥을 위한 정책 수립에 활용하기 위하여 국가무형유산의 전수교육 및 전승활동 등 전승의 실태와 그 밖의 사항 등에 관하여 5년마다 정기적으로 조사하여야 한다.

(2) 정기조사의 대상
① 국가무형유산 보유자, 보유단체 및 전승교육사의 기능 · 예능 현황
② 전수교육 및 전승활동 현황
③ 국가무형유산의 전승자 현상
④ 전수교육에 필요한 경비의 관리 · 운영 현황

2. 행정명령
(1) 국가유산청장은 국가무형유산의 가치 구현과 향상을 위하여 필요하다고 인정되면 다음 각 호의 사항을 명할 수 있다.
(2) 행정명령의 내용
① 국가무형유산 전승자가 전승활동 과정에서 그 무형유산의 전형을 훼손하거나 저해하는 경우 그 활동에 대한 일정한 행위의 금지나 제한
② 국가무형유산 전승자 간의 분쟁으로 그 무형유산의 보전 및 진흥에 장애를 초래하는 경우 그 전승자의 전수교육, 공개 등에 대한 일정한 행위의 금지나 제한
③ 그 밖에 국가무형유산의 원활한 전승환경을 위하여 필요하다고 인정되는 경우 전승자에 대한 무형유산 보존에 필요한 긴급한 조치

정답 ①

제5장 전수교육 및 공개

21 무형유산의 보전 및 진흥에 관한 법령상, 국가무형유산의 보호 · 육성에 대한 내용이다. 바르지 못한 것을 고르시오.
① 국가는 전통문화의 계승과 발굴을 위하여 국가무형유산을 보호 · 육성할 수 있다.
② 국가무형유산의 보전 및 진흥을 위하여 인정된 보유자는 해당 국가무형유산의 전수교육을 실시하여야 한다.
③ 질병 또는 그 밖의 사고로 전수교육이 불가능한 경우 보유자는 해당 국가무형유산의 전수교육을 실시하지 않을 수도 있다.
④ 국가는 예산의 범위에서 보유자가 실시하는 전수교육에 필요한 경비를 지원 할 수 있다.
⑤ 국가는 전수교육을 목적으로 설립한 국 · 공유재산을 무상으로 사용하게 할 수 있다.

해설 ① 국가는 전통문화의 계승과 발굴을 위하여 국가무형유산을 보호 · 육성하여야 한다.
② · ③ 국가무형유산의 보전 및 진흥을 위하여 보유자 등의 인정(법 제17조 ①)에 따라 인정된 보유자, 보유단체 및 전승교육사의 인정(법 제19조 ①)에 따라 인정된 전승교육사는 해당 국가무형유산의 전수교육을 실시하여야 한다. 다만, 다음 각 호의 어느 하나에 해당하는 경우에는 그러하지 아니하다.

㉠ 질병 또는 그 밖의 사고로 전수교육이 불가능한 경우
㉡ 국외의 대학 또는 연구기관에서 1년 이상 연구·연수하게 된 경우
④ 국가 또는 지방자치단체는 전수교육을 목적으로 설립 또는 취득한 국·공유재산을 무상으로 사용하게 할 수 있다.

정답 ①

22 국가무형유산의 보호·육성에 관한 경비 및 수당에 대해서 바르지 못한 것을 찾으시오.
① 국가는 예산의 범위에서 보유자가 실시하는 전수교육에 필요한 경비를 지원할 수 있다.
② 전수교육에 필요한 경비 및 수당은 매 분기마다 지급할 수 있다.
③ 전승교육사가 정당한 사유 없이 전수교육 보조를 하지 아니한 경우 수당 지원을 중단할 수 있다.
④ 전수교육 또는 전승활동과 관련하여 금품수수 등의 부정한 행위를 한 경우 경비 지원을 중단할 수 있다.

① 국가는 예산의 범위에서 보유자 및 보유단체가 실시하는 전수교육에 필요한 경비 및 수당을 지원할 수 있다.
② 전수교육에 필요한 경비 및 수당은 매달 지급한다.
③·④ 국가유산청장은 다음 각 호의 어느 하나에 해당하는 경우에는 국가무형유산의 보호·육성에 따른 지원을 중단할 수 있다.
㉠ 국가무형유산의 보유자 또는 보유단체가 정당한 사유 없이 전수교육 또는 전승활동을 이행하지 않거나 이행하지 못하게 된 경우
㉡ 전수교육 또는 전승활동과 관련하여 금품수수 등의 부정한 행위를 한 경우

정답 ②

23 전수장학생의 선정 등에 대한 내용으로 바른 것을 고르시오.
① 국가유산청장은 전수장학생을 선정하여 장학금을 지급하려면 위원회의 심의를 거쳐 장학금을 지급할 국가무형유산의 분야별 종목을 미리 선정할 수 있다.
② 국가유산청장은 선정된 종목에 관한 전수교육을 6개월 이상 받은 사람으로서 해당 종목의 기능·예능에 소질이 있는 사람을 전수장학생으로 선정할 수 있다.
③ 전수장학생에 대한 장학금은 매월 지급하되, 그 지급기간은 3년으로 한다. 다만, 전수장학생이 전수교육 이수증을 발급받은 경우에는 장학금 지급을 중단할 수 있다.
④ 전수장학생을 추천한 국가무형유산의 보유자 또는 보유단체는 전수장학생이 전수실적이 불량한 경우에는 지체 없이 국가유산청장에게 신고하여야 한다.

① 미리 선정하여야 한다.
③ 5년으로 한다. 장학금 지급을 중단하여야 한다.
④ 보고하여야 한다.
　㉠ 신체적·정신적 장애나 그 밖의 사유로 국가무형유산의 전수교육을 받을 수 없게 된 경우
　㉡ 전수실적이 불량한 경우

정답 ②

24 국가무형유산의 공개의무 등에 대한 설명으로 옳은 것을 찾으시오.
① 국가무형유산의 보유자 또는 보유단체는 특별한 사유가 있는 경우를 제외하고는 매월 1회 이상 해당 국가무형유산을 공개하여야 한다.
② 국가는 예산의 범위에서 공개에 필요한 비용의 전부 또는 일부를 지원하여야 한다.
③ 국가무형유산의 보유자 또는 보유단체는 국가무형유산을 공개하려는 경우에는 공개계획서를 작성하여 공개일 60일 전까지 국가유산청장에게 제출하여야 한다.
④ 국가무형유산의 보유자 또는 보유단체는 국가무형유산을 공개하려는 경우에는 공연장·전시장이나 전수교육시설 등의 공개된 장소에서 일반 국민을 대상으로 공연하거나 실연(實演)하여야 한다.

 ① 매년 1회 이상
② 비용의 전부 또는 일부를 지원할 수 있다.
③ 공개일 30일 전까지
④ 전통기술 분야의 전승공예품을 제작하는 국가무형유산 보유자 또는 보유단체는 직접 제작한 전승공예품과 해당 전승공예품의 제작과정이 촬영된 영상물을 전시하는 것으로 실연을 갈음할 수 있다.
이 경우 전승공예품은 전년도의 실연 또는 전시 행사 이후 제작한 전승공예품이어야 한다.

정답 ④

제6장 　 시·도무형유산

25 시·도무형유산 등의 지정 등에 대한 내용이다. ○, ×로 답하시오.

① 시·도지사는 그 관할구역 안에 있는 무형유산으로서 국가무형유산으로 지정되지 아니한 무형유산 중 보존가치가 있다고 인정되는 것을 시·도무형유산위원회의 심의를 거쳐 시·도무형유산으로 지정할 수 있다. (○, ×)
② 다만, 시·도무형유산으로 지정하려는 무형유산이 국가무형유산으로 지정되어 있는 경우에는 국가유산청장과의 사전 협의를 거쳐야 한다. (○, ×)
③ 시·도지사는 시·도무형유산을 지정하는 경우 국가무형유산의 보유자, 보유단체가 아닌 사람 또는 단체 중에서 보유자, 보유단체를 인정할 수 있다. (○, ×)
④ 시·도무형유산의 보유자, 보유단체, 전승교육사가 국가무형유산의 보유자, 보유단체, 전승교육사로 인정되는 경우 해당 시·도무형유산의 보유자, 보유단체, 전승교육사의 인정은 해제된 것으로 본다. (○, ×)
⑤ 국가유산청장은 위원회의 심의를 거쳐 필요하다고 인정되는 무형유산에 대하여 시·도지사에게 시·도무형유산으로 지정할 것을 권고할 수 있다. (○, ×)
⑥ 시·도지사는 시·도무형유산위원회의 심의를 거쳐 그 관할구역 안의 시·도무형유산 중 특히 소멸할 위험에 처하였으나 국가긴급보호무형유산으로 지정되지 아니한 무형유산을 시·도긴급보호무형유산으로 지정할 수 있다. (○, ×)
⑦ 시·도무형유산 또는 시·도긴급보호무형유산을 지정할 때에는 해당 시장·도지사의 이름을 표시하여야 한다. (○, ×)

해설 ⑦ 해당 시·도의 명칭을 표시하여야 한다.

정답 ① ○, ② ○, ③ ○, ④ ○, ⑤ ○, ⑥ ○, ⑦ ×

26 시·도지사의 보고사항으로 이에 해당하는 사유가 있으면 그 사유가 발생한 날부터 15일 이내에 국가유산청장에게 보고하여야 하는데, 아래 보기에서 여기에 해당하는 사항을 모두 고르시오.

> ㄱ. 시·도무형유산의 지정 및 해제
> ㄴ. 시·도긴급보호무형유산의 지정 및 해제
> ㄷ. 시·도무형유산의 보유자, 보유단체, 명예보유자 또는 전승교육사의 인정 및 해제
> ㄹ. 시·도무형유산에 대한 행정명령 및 그 위반 등의 죄

① ㄱ, ㄴ
② ㄴ, ㄷ
③ ㄱ, ㄴ, ㄷ
④ ㄱ, ㄴ, ㄷ, ㄹ

정답 ④

제7장　무형유산의 진흥

27 무형유산의 보전 및 진흥에 관한 법령상, 아래의 설명 중에서 바르지 못한 것을 찾으시오.

① 국가 또는 지방자치단체는 무형유산의 보전 및 진흥을 위하여 전승자의 전승공예품 원재료 구입에 대한 지원을 하여야 한다.
② 국가 또는 지방자치단체는 무형유산의 전승, 교육, 공연 등의 활성화를 장려하기 위한 전수교육시설을 마련하도록 노력하여야 한다.
③ 국가 또는 지방자치단체는 사회문화예술교육을 지원하는 경우에 무형유산에 관한 교육이나 강좌가 포함되도록 노력하여야 한다.
④ 국가, 지방자치단체 및 공공기관은 각종 행사 및 축제에 무형유산의 전승자가 참여할 수 있도록 노력하여야 한다.
⑤ 국가와 지방자치단체는 국가무형유산 또는 시·도무형유산이 관광 활성화에 기여하도록 필요한 시책을 마련하여야 한다.

 전승지원 등
　국가 또는 지방자치단체는 무형유산의 보전 및 진흥을 위하여 예산의 범위에서 다음 각 호의 지원을 할 수 있다.
　1. 전승자의 전승공예품 원재료 구입 지원
　2. 전승자의 공연 또는 전시 등에 필요한 시설 및 장비 지원
　3. 전승자의 초·중등학교 교육 및 평생교육 활동 지원

정답 ①

28 국가유산청장은 인증과 관련하여 그 인증을 취소할 수 있다. 다음 보기 중에서 인증을 취소하여야 하는 경우를 모두 고르시오.

| ㄱ. 거짓이나 그 밖의 부정한 방법으로 인증을 받은 경우 |
| ㄴ. 인증기준에 맞지 아니하게 제작된 전승공예품에 인증표시를 한 경우 |
| ㄷ. 해당 전승자가 인증표시의 사용 기준을 위반한 경우 |

① ㄱ　　　　　　　　　　② ㄴ
③ ㄱ, ㄴ　　　　　　　　④ ㄱ, ㄴ, ㄷ

정답 ①

29 국가유산청장은 인증심사를 거쳐 전승공예품에 대하여 인증을 할 수 있다. 무형유산 전승공예품 인증에 관한 다음 설명 중 틀린 것을 찾으시오.

① 국가유산청장은 인증을 위하여 해당 전승자에게 관련 자료의 제출을 요청할 수 있으며, 필요한 경우 소속 공무원 또는 관련 전문가에게 전승공예품 제작공정을 참관하게 할 수 있다.
② 인증을 받은 해당 전승자는 자신이 제작한 전승공예품에 인증의 표시를 할 수 있다.
③ 누구든지 인증을 받지 아니한 상품에 국가유산청장이 정한 인증표시와 동일하거나 유사한 표시를 하여서는 아니 된다.
④ 인증의 유효기간은 인증을 받은 날부터 5년으로 하되, 재심사를 거쳐 그 기간을 연장할 수 있다.

해설 ④ 인증의 유효기간은 인증을 받은 날부터 4년으로 한다.

정답 ④

30 아래의 내용에 대하여 O, ×로 답하시오.

① 국가유산청장은 전통기술의 전승 활성화 및 전통공예의 우수성 홍보 등을 위하여 전승공예품의 구입·대여 및 전시 등의 업무를 수행하는 "전승공예품은행"을 운영할 수 있다. (O, ×)
② 국가와 지방자치단체는 무형유산 전승자의 창업·제작·유통 및 해외시장의 진출 등을 추진하기 위하여 필요한 지원을 할 수 있다. (O, ×)
③ 국가는 국제기구 및 다른 국가와의 협력을 통하여 전통공연·예술분야 무형유산의 해외공연, 전승공예품의 해외 전시·판매 등 무형유산의 국제교류를 적극 추진하여야 한다. (O, ×)
④ 국가유산청장은 무형유산의 진흥에 관한 사업과 활동을 효율적으로 지원하기 위하여 국가유산진흥원에 한국무형유산진흥센터를 둔다. (O, ×)

정답 ① O, ② O, ③ O, ④ O

제8장   유네스코 협약 이행

31 무형유산의 보전 및 진흥에 관한 법령상, 유네스코 아시아·태평양 무형문화유산 국제 정보네트워킹센터의 설치에 관하여 틀린 것을 찾으시오.

① 유네스코 아·태무형유산센터는 법인으로 한다.
② 유네스코 아·태무형유산센터에 관하여 이 법에서 규정한 것 외에는 「민법」 중 사단법인에 관한 규정을 준용한다.
③ 유네스코 아·태무형유산센터의 운영에 필요한 경비는 국고에서 지원할 수 있다.
④ 국가는 유네스코 아·태무형유산센터의 업무 수행을 위하여 필요한 경우 국가 또는 지방자치단체는 국유재산이나 공유재산을 무상으로 사용·수익하게 할 수 있다.

해설 ② 「민법」 중 재단법인

정답 ②

32 무형유산의 보전 및 진흥에 관한 법령상, 유네스코 아·태무형유산의 사업 중에서 거리가 있는 것을 고르시오.

① 무형유산·정보공유의 체계·구축 및 활동을 위한 활동 지원
② 공유된 무형유산 정보의 국내활용을 위한 사업
③ 국가·지방자치단체 또는 공공기관 등으로부터 위탁받은 사업
④ 국외소재문화유산의 취득 및 보전·관리

해설 ④ 「문화유산의 보존 및 활용에 관한 법률」상, 국외문화유산재단의 설립 목적을 달성하기 위한 사업의 내용 중 하나이다.

정답 ④

제9장　보칙

33 무형유산의 보전 및 진흥에 관한 법령상, 보칙에 대한 내용으로 다음의 내용에서 ○, ×로 답하시오.

① 국가유산청장 및 시·도지사는 조사 및 기록화에서 수집·작성된 기록을 디지털 자료로 구축하여 누구나 이용이 가능하도록 하여야 한다. (○, ×)
② 국가유산청장은 무형유산의 전승활성화를 위하여 무형유산의 진보된 지식 또는 기술이 창출될 수 있도록 노력하여야 한다. (○, ×)
③ 국가는 보유자 및 명예보유자의 전승활동을 촉진하기 위하여 세제상의 조치, 공공시설 이용료 감면 및 그 밖에 필요한 정책을 강구하여야 한다. (○, ×)
④ 무형유산의 보전 및 진흥에 관한 법률에 따른 전승교육사 및 이수자가 아닌 자는 전승교육사, 이수자 또는 이와 유사한 명칭을 사용하지 못한다. (○, ×)
⑤ 국가무형유산의 지정을 하는 경우 위원회의 해당 분야 위원에게 필요한 조사를 하게 하여야 한다. (○, ×)

정답 ① ○, ② ○, ③ ○, ④ ○, ⑤ ○

34 「무형유산의 보전 및 진흥에 관한 법률」의 보칙상 「행정절차법」에 따른 청문을 하여야 하는 사항이 아닌 것은?

① 국가유산청장의 전수교육학교 선정 취소
② 지정 과정에 부정한 방법이 있어서 행하는 국가긴급보호무형유산의 지정 취소
③ 가치의 소멸을 사유로 행하는 국가무형유산의 지정 해제
④ 해당 전승자가 인증표시의 사용 기준을 위반하여 행하는 무형유산 전승공예품 인증의 취소

해설 국가유산청장은 전수교육학교의 전수교육 실태를 점검하고 그 성과를 평가할 수 있으며 그 결과에 따라 차등하여 재정적 지원을 할 수 있다.

청문
국가유산청장은 다음 각 호의 어느 하나에 해당하는 처분을 하려면 「행정절차법」에 따른 청문을 하여야 한다.
1. (지정 또는 인정의 취소에 따른)지정 또는 인정의 취소
   (1) 국가무형유산의 지정
   (2) 국가긴급무형유산의 지정
   (3) 보유자 등의 인정
   (4) 명예보유자의 인정
   (5) 전승교육사의 인정

2. 국가무형유산 등의 지정 해제에 따른 지정의 해제
   (1) 가치의 소멸
   (2) 전승의 단절 · 불가능
   (3) 소멸위험이 현저히 없어졌을 경우
3. (전승자 등의 인정 해제에 따른)인정의 해제
4. (인증의 취소에 따른)인증의 취소
   (1) 거짓이나 그 밖의 부정한 방법으로 인증을 받은 경우
       (인증을 취소하여야 한다)
   (2) 인증기준에 맞지 아니하게 제작된 전승공예품에 인증표시를 한 경우
   (3) 해당 전승자가 인증표시의 사용 기준을 위반한 경우

정답 ①

제10장 벌칙

35 3년 이하의 징역이나 3천만 원 이하의 벌금에 처하는 것을 고르시오.
① 행정명령 위반 등의 죄
② 정기조사 등에 따른 협조를 특별한 사유 없이 거부한 사람
③ 거짓 또는 부정한 사람으로 보유자, 보유단체, 명예보유자 또는 전승교육사로 인정된 사람
④ 거짓의 신고 또는 보고를 한 사람

해설 ②, ③, ④ : 2년 이하의 징역이나 2천만 원 이하의 벌금에 처하는 경우

정답 ①

36 다음은 과태료에 대한 내용이다. 물음에 답하시오.

> ㄱ. 누구든지 인증을 받지 아니한 상품에 국가유산청장이 정한 인증표시와 동일하거나 유사한 표시를 하여서는 아니 된다.
> ㄴ. 유사명칭 사용의 금지로 보유자, 보유단체, 명예보유자, 전승교육사 및 이수자가 아닌 자는 보유자, 보유단체, 명예보유자, 전승교육사, 이수자 또는 이와 유사한 명칭을 사용하지 못한다.

① 위 보기 내용을 위반한 자는 (   )원 이하의 과태료를 부과한다.
② 위에 따른 과태료는 대통령령 또는 조례로 정하는 바에 따라 국가유산청장 또는 시 · 도지사가 부과 · 징수한다. (○, ×)

정답 ① 1천만, ② ○

부록
국가유산기본법

제 1 장 | 총칙
제 2 장 | 국가유산 보호 기반 조성
제 3 장 | 국가유산 보존·관리
제 4 장 | 국가유산 활용·진흥
제 5 장 | 국가유산 세계화
제 6 장 | 보칙

CHAPTER 01 총칙

01 목적

국가유산 정책의 기본적인 사항을 정하고, 국가유산 보존·관리 및 활용에 대한 국가와 지방자치단체의 책임을 명확히 함으로써 국가유산을 적극적으로 보호하고 창조적으로 계승하여 국민의 문화향유를 통한 삶의 질 향상에 이바지함을 목적으로 한다.

02 기본이념

국가유산이 우리 삶의 뿌리이자 창의성의 원천이며 인류 모두의 자산임을 인식하고, 국가유산의 가치를 온전하게 지키고 향유하며 창조적으로 계승·발전시켜나감으로써 삶을 풍요롭게 하고 미래 세대에 더욱 가치있게 전해 주는 것을 기본이념으로 한다.

03 정의

1) 국가유산

인위적이거나 자연적으로 형성된 국가적·민족적 또는 세계적 유산으로서 역사적·예술적·학술적 또는 경관적 가치가 큰 문화유산·자연유산·무형유산을 말한다.

2) 문화유산

우리 역사와 전통의 산물로서 문화의 고유성, 겨레의 정체성 및 국민생활의 변화를 나타내는 유형의 문화적 유산을 말한다.

3) 자연유산

동물·식물·지형·지질 등의 자연물 또는 자연환경과의 상호작용으로 조성된 문화적 유산을 말한다.

4) 무형유산

여러 세대에 걸쳐 전승되어, 공동체·집단과 역사·환경의 상호작용으로 끊임없이 재창조된 무형의 문화적 유산을 말한다.

04 국가와 지방자치단체의 책무

1) 국가는 국가유산의 보존·관리 및 활용에 관한 종합적 정책을 수립·시행하여야 한다.
2) 지방자치단체는 국가의 국가유산 정책과 지역적 특성을 고려하여 국가유산 시책을 수립·시행하여야 한다.
3) 지방자치단체는 관할하는 지역에 위치한 국가유산의 보존·관리 및 활용을 위한 조직 또는 부서와 전담인력을 두어야 한다.
4) 국가와 지방자치단체는 국가유산을 보존·관리 및 활용함에 있어 해당 유산의 소유자, 관리자 또는 관리단체의 의견을 들어야 한다.

05 국민의 권리와 의무

1) 모든 국민은 국가유산을 알고 찾고 가꾸어 새로운 가치를 더하며, 이를 차별 없이 자유롭게 향유할 권리를 가진다.
2) 모든 국민은 국가유산의 보존·관리 및 활용을 위한 국가와 지방자치단체의 정책 및 시책에 협조하여야 한다.

06 다른 법률과의 관계

국가유산에 관한 다른 법령 등을 제정하거나 개정하는 경우에는 이 법의 목적과 기본이념에 부합하도록 하여야 한다.

CHAPTER 02 국가유산 보호 기반 조성

01 국가유산 보호 정책의 기본원칙

국가와 지방자치단체는 국가유산에 관한 보호 정책을 수립·시행함에 있어 다음 각 호의 사항이 실현되도록 하여야 한다.
1) 국가유산의 유형적·무형적 가치를 온전히 지키고 전승할 것
2) 국가유산과 주변의 자연경관이나 역사적·문화적 가치가 뛰어난 공간을 함께 보호할 것
3) 적극적인 공개 및 활용을 통하여 국가유산의 가치 증진 및 새로운 가치 창출을 도모할 것
4) 쉽고 다양한 방법을 통하여 국민이 일상에서 능동적으로 참여·향유할 수 있도록 할 것
5) 국가유산의 보존과 활용 간 조화·균형을 이루며, 국민의 사회경제적 활동 및 다른 정책·시책과의 조화를 이룸으로써 국가유산의 지속가능성을 도모할 것
6) 지역의 고유한 역사와 다양성을 존중하며, 다양한 공동체의 활성화와 지역 발전에 이바지할 것

02 기본계획의 수립

1) 국가는 국가유산의 체계적이고 종합적인 보존·관리 및 활용을 위하여 국가유산의 유형에 따른 기본계획을 수립·시행하여야 한다.
2) 1)에 따른 유형별 기본계획의 수립·시행에 필요한 사항은 따로 법률로 정한다.

03 위원회의 설치·운영

1) 국가와 지방자치단체는 국가유산의 보존·관리 및 활용에 관한 사항을 전문적으로 조사·심의하기 위하여 국가유산의 유형에 따른 위원회를 설치·운영할 수 있다.
2) 1)에 따른 유형별 위원회의 설치·운영에 필요한 사항은 따로 법률로 정한다.

> **참고** ✅ **국가유산기본법 일부개정안**
>
> 1. 제안이유 및 주요내용
>   2024년 5월 국가유산 체제 출범으로 국가유산의 분류 체계에 맞춰 문화유산의 보존 및 활용에 관한 법률에 따른 문화유산위원회, 무형유산의 보전 및 진흥에 관한 법률에 따른 무형유산위원회, 자연유산의 보존 및 활용에 관한 법률에 따른 자연유산위원회가 각각 구성되어 운영되어 오고 있다. 그러나 문화유산, 무형유산, 자연유산이 혼재된 심의 안건의 경우에는 다양한 분야에 대한 복합적인 전문성을 필요로 하고 있어 유형별 위원회 간 심의 기능의 조정·통합이 중요해지고 있다. 또한, 자연유산위원회는 「자연유산의 보존 및 활용에 관한 법률」 제7조의4에 따라 2026년 5월 17일까지 한시 존속하게 되어 있다.
>   이에 국가유산의 유형별로 분리·운영되고 있는 문화·무형·자연유산위원회의 보존·관리 및 활용에 대한 일관성 있는 정책을 유지하고, 국보·보물·천연기념물·명승 등 복합적인 요소를 다양하게 포함하고 있는 국가유산에 대한 심의 기능의 연계성을 강화함으로써 위원회 조사·심의가 종합적인 차원에서 효율적으로 이루어질 수 있도록 정비하려는 것이다(안 제9조, 안 제9조의2 신설, 안 제9조의3 신설, 안 제34조의2 신설).
> 2. (시행일) 이 법은 2026년 5월 17일부터 시행한다.

04 조사·연구

1) 국가와 지방자치단체는 조사를 통하여 국가유산의 현황을 파악하고, 확인되지 아니한 국가유산을 발견·발굴하기 위하여 노력하여야 한다.
2) 국가와 지방자치단체는 국가유산의 가치와 성격을 규명하고, 이를 보존·관리할 수 있는 방안을 연구하여야 한다.

05 국가유산에 대한 경비지원

국가와 지방자치단체는 국가유산의 보존·관리 및 활용 등에 필요한 경비를 지원할 수 있다.

06 인력 양성 등

1) 국가와 지방자치단체는 국가유산의 조사·연구 등 전문화된 관리 또는 일상적 활용과 참여를 위한 전문인력 양성에 노력하여야 한다.
2) 국가와 지방자치단체는 국가유산이 지역의 통합과 자긍심의 원천이 될 수 있도록 지역 공동체를 육성하기 위한 정책을 추진하여야 한다.

CHAPTER 03 국가유산 보존·관리

01 국가유산의 지정·등록

1) 국가는 국가유산 중 중요한 것을 국가지정유산으로 지정 또는 국가등록유산으로 등록하여 보호할 수 있다.
2) 지방자치단체는 국가지정유산 또는 국가등록유산으로 지정·등록되지 아니한 국가유산 중 중요한 것을 시·도지정유산 또는 시·도등록유산 등으로 지정·등록하여 보호할 수 있다.

02 포괄적 보호체계의 마련

1) 국가와 지방자치단체는 국가유산의 지정·등록에 따라 지정·등록되지 아니한 국가유산의 현황을 지속적으로 관리하고, 이를 체계적으로 보호할 수 있는 방안을 강구하여야 한다.
2) 국가와 지방자치단체는 미래에 국가유산이 될 잠재성이 있는 자원을 선제적으로 보호할 수 있도록 노력하여야 한다.

03 역사문화환경의 보호

1) 국가와 지방자치단체는 해당 국가유산뿐 아니라 국가유산 주변의 자연경관이나 역사적·문화적인 가치가 뛰어난 공간으로서 국가유산과 함께 보호할 필요성이 있는 주변 환경을 보호하여야 한다.
2) 국가와 지방자치단체는 각종 개발계획·개발사업이 국가유산 및 그 역사문화환경에 미치는 영향을 사전에 진단하고, 영향을 최소화할 수 있는 방안을 마련하여야 한다.

04 고도 및 역사문화권의 보존 · 육성

1) 국가와 지방자치단체는 과거 우리 민족의 정치적 · 문화적 중심지로서 역사상 중요한 의미를 지닌 고도(古都)를 보존 · 육성함으로써 지역의 정체성을 회복하고, 지역 발전에 기여할 수 있도록 하여야 한다.
2) 국가와 지방자치단체는 역사적으로 중요한 유형 · 무형 유산의 생산 및 축적을 통하여 고유한 정체성을 형성 · 발전시켜 온 권역을 보존 · 육성함으로써 지역의 역사적 가치를 조명하고, 이를 체계적으로 정비할 수 있도록 하여야 한다.

05 매장유산의 발굴

1) 국가와 지방자치단체는 토지 또는 수중에 분포 · 매장된 국가유산의 성격 및 가치 규명을 위하여 매장유산을 발굴하거나 「매장유산 보호 및 조사에 관한 법률」에 따라 발굴허가를 받은 자에게 발굴을 지시할 수 있다.
2) 1)에 따른 발굴은 발굴로 인하여 매장유산 및 주변 환경에 필요 이상의 훼손을 가하지 아니하도록 필요한 범위에 한정하여 시행하여야 한다.
3) 국가와 지방자치단체는 효율적이고 안전한 매장유산 발굴을 위하여 발굴의 범위 · 방법 등에 대한 구체적 방안을 마련하여야 한다.

06 국가유산의 수리

1) 국가와 지방자치단체는 국가유산의 가치 유지 및 회복을 위하여 국가유산을 수리하거나 「국가유산수리 등에 관한 법률」에 따른 소유자 등에게 수리를 지시할 수 있다.
2) 국가와 지방자치단체는 국가유산을 수리하거나 수리를 지시할 경우 전통적 재료와 기법이 활용될 수 있도록 하여야 한다.

07 국가유산의 매매 등

1) 국가와 지방자치단체는 국가유산의 건전하고 투명한 거래질서 확립을 위하여 필요한 제도를 수립·시행하여야 한다.
2) 국가유산은 따로 법률로 정하는 바에 따라 허가를 받은 경우를 제외하고는 국외로 수출 또는 반출할 수 없다.

08 자격 관리

1) 매장유산의 발굴, 국가유산의 수리, 국가유산의 매매 등에 따른 국가유산의 발굴, 수리 및 매매 등은 관계 법령에 따른 일정한 자격을 갖춘 자 또는 단체만이 할 수 있다.
2) 국가와 지방자치단체는 자격을 갖추어 국가유산의 발굴, 수리 및 매매 등의 행위를 하는 자 또는 단체에 대하여 그 자격을 검증·관리하기 위한 정책을 추진하여야 하며, 필요한 경우 준수하여야 할 사항과 관련 소양 등에 대한 교육을 실시할 수 있다.

09 재난 예방 및 대응

1) 국가와 지방자치단체는 재난 및 각종 사고로부터 국가유산을 안전하게 관리하도록 상시적·체계적 예방관리체계를 구축·운영하여야 한다.
2) 국가와 지방자치단체는 국가유산의 안전한 관리에 위협이 되는 상황에 신속하게 대응하기 위한 체계를 구축·운영하여야 한다.

10 기후변화 대응

1) 국가와 지방자치단체는 기후변화에 따른 자연환경 변화나 자연재해 등으로부터 국가유산을 안전하게 관리하도록 기후변화가 국가유산에 미치는 영향과 그에 따른 국가유산의 취약성을 지속적으로 조사하여야 한다.
2) 국가와 지방자치단체는 1)에 따라 조사한 내용을 진단하고 이에 대응할 수 있는 방안을 모색하여야 한다.

CHAPTER 04 국가유산 활용 · 진흥

01 국민의 국가유산복지 증진

1) 국가와 지방자치단체는 국민의 문화적 삶을 보장하기 위하여 국가유산 관람 · 전시 · 교육 · 체험 등의 다양한 향유 프로그램을 제공하여야 한다.
2) 국가와 지방자치단체는 모든 국민이 국가유산을 향유할 수 있도록 필요한 환경을 조성하여야 한다.
3) 국가와 지방자치단체는 신체적 · 경제적 · 지리적 제약 등으로 국가유산 향유가 제한되는 취약계층을 위하여 필요한 지원과 시책을 강구하여야 한다.

02 국가유산정보 관리

1) 국가와 지방자치단체는 지능정보기술이나 그 밖의 다른 기술들의 적용 · 융합을 통하여 국가유산데이터를 생산 · 수집 및 관리할 수 있다.
2) 국가와 지방자치단체는 국가유산데이터를 효율적으로 관리하고 국민의 정보 접근성을 높이기 위하여 관련 플랫폼 구축 · 운영 등 국가유산정보 관리에 노력하여야 한다.

03 국가유산 교육

1) 국가와 지방자치단체는 국민이 국가유산의 가치를 이해 · 습득하고 국가유산 애호의식을 함양할 수 있도록 적절한 교육 기회를 제공하여야 한다.
2) 국가와 지방자치단체는 국민에게 국가유산에 대한 올바른 교육을 제공하기 위하여 관련 실태조사 및 인증제도 등을 실시 · 운영할 수 있다.

04 국가유산 홍보

국가와 지방자치단체는 국가유산에 대한 이해를 증진하고 가치를 확산하기 위하여 다양한 방법으로 국가유산을 국내외에 널리 홍보하여야 한다.

05 산업 육성

1) 국가와 지방자치단체는 국가유산을 매개로 하는 콘텐츠나 상품의 개발·제작·유통 등을 통하여 새로운 부가가치를 창출할 수 있도록 국가유산을 활용한 산업을 장려하여야 한다.
2) 국가와 지방자치단체는 국가유산을 통한 일자리 창출을 위하여 취업·창업 등을 촉진시키고 국가유산분야 종사자의 고용 안정을 위하여 노력하여야 한다.

CHAPTER 05 국가유산 세계화

01 국가유산 국제교류협력의 촉진 등

국가는 국가유산 관련 국제기구 및 다른 국가와의 협력을 통하여 국가유산에 관한 정보와 기술 교환, 인력교류, 공동 조사·연구 등을 적극 추진하여야 한다.

02 남북한 간 국가유산 교류 협력

1) 국가는 남북한 간 국가유산분야의 상호교류 및 협력을 증진할 수 있도록 노력하여야 한다.
    (1) 국가유산청장은 남북한 간 국가유산분야의 상호교류 및 협력을 증진하기 위하여 예산의 범위에서
    (2) 다음 각 호의 사업에 필요한 경비를 지원할 수 있다.
        ① 국가유산에 대한 공동 조사·연구·수리
        ② 국가유산 보존·관리에 관한 정보·기술의 교류
        ③ 국가유산분야 관계 전문가의 인적 교류
        ④ 북한 국가유산의 유네스코 세계유산 등재 지원
        ⑤ 국가유산 교류 협력 사업의 홍보
        ⑥ 그 밖에 남북한 간 국가유산 분야의 상호교류 및 협력 증진을 위하여 필요한 사업
2) 국가는 남북한 간 국가유산분야의 상호교류 및 협력증진을 위하여 북한의 국가유산 관련 정책·제도 및 현황 등에 관하여 조사·연구하여야 한다.
3) 국가는 정하는 바에 따라 교류 협력사업과 조사·연구 등을 위하여 필요한 경우 관련 단체 등에 협력을 요청할 수 있다.
    (1) 국가유산청장은 관련 단체 등에 협력을 요청하는 경우에는
    (2) 협력 필요 사유, 협력 기간, 협력 내용 등을 구체적으로 명시한 서면으로 해야 한다.

03 외국유산의 보호

1) 인류의 유산을 보존하고 국가 간의 우의를 증진하기 위하여 대한민국이 가입한 유산 보호에 관한 국제조약에 가입된 외국의 법령에 따라 지정·보호되는 유산은 조약과 이 국가유산기본법에서 정하는 바에 따라 보호되어야 한다.
2) 국가유산청장과 관계 중앙행정기관의 장은 국내로 반입하려 하거나 이미 반입된 외국유산이 해당 반출국으로부터 불법반출된 것으로 인정할 만한 상당한 이유가 있으면 그 외국유산을 유치할 수 있다.
3) 국가유산청장과 관계 중앙행정기관의 장은 외국유산을 유치하면 그 외국유산을 박물관 등에 보관·관리하여야 한다.
4) 국가유산청장과 관계 중앙행정기관의 장은 보관 중인 외국유산이 그 반출국으로부터 적법하게 반출된 것임이 확인되면 지체 없이 이를 그 소유자나 점유자에게 반환하여야 한다. 그 외국유산이 불법반출된 것임이 확인되었으나 해당 반출국이 그 유산을 회수하려는 의사가 없는 것이 분명한 경우에도 또한 같다.
5) 국가유산청장과 관계 중앙행정기관의 장은 외국유산의 반출국으로부터 대한민국에 반입된 외국유산이 자국에서 불법반출된 것임을 증명하고 조약에 따른 정당한 절차에 따라 그 반환을 요청하는 경우 또는 조약에 따른 반환 의무를 이행하는 경우에는 관계 기관의 협조를 받아 조약에서 정하는 바에 따라 해당 외국유산이 반출국에 반환될 수 있도록 필요한 조치를 하여야 한다.

04 세계유산등의 등재 및 보호

1) 국가유산청장은 「세계문화유산 및 자연유산의 보호에 관한 협약」, 「무형문화유산의 보호를 위한 협약」 또는 유네스코의 프로그램에 따라 국내의 우수한 국가유산을 유네스코에 세계유산, 인류무형문화유산 또는 세계기록유산으로 등재 신청할 수 있다. 이 경우 등재 신청 대상 선정절차 등에 관하여는 유네스코의 규정을 참작하여 국가유산청장이 정한다.
2) 국가와 지방자치단체는 유네스코에 세계유산, 인류무형문화유산 또는 세계기록유산으로 등재된 국가유산을 비롯한 인류의 유산을 보존하고 국가유산을 국외에 널리 알리기 위하여 적극 노력하여야 한다.
   (1) 국가유산청장은 세계유산 등의 보존을 위하여 필요한 경우에는 세계유산 등의 현황 및 상태에 관한 정기적인 조사·점검을 실시할 수 있다.

(2) 국가유산청장은 세계유산 등의 소재지를 관할하는 지방자치단체의 장에게 조사·점검에 필요한 자료 및 의견의 제출을 요청할 수 있다. 이 경우 관련 자료 및 의견의 제출을 요청받은 지방자치단체의 장은 특별한 사유가 없으면 그 요청에 따라야 한다.

3) 국가와 지방자치단체는 세계유산 등에 대하여는 등재된 날부터 국가지정유산에 준하여 보호하여야 하며, 국가유산청장은 정하는 바에 따라 세계유산과 그 역사문화환경에 영향을 미칠 우려가 있는 행위를 하는 자에 대하여 세계유산과 그 역사문화환경의 보호에 필요한 조치를 할 것을 명할 수 있다.

 (1) 국가유산청장은 조치명령을 하는 경우에는
 (2) 다음 각 호의 사항이 포함된 서면으로 해야 한다.
  ① 조치명령의 원인이 된 행위
  ② 조치내용 및 조치명령 이행기간
  ③ 조치명령 이행 결과 통보 시기 및 방법

CHAPTER 06 보칙

01 국가유산진흥원의 설치

1) 국가유산의 보존·활용·보급과 전통생활문화의 계발을 위하여 국가유산청 산하에 국가유산진흥원(이하 "진흥원"이라 한다)을 설립한다.

2) 진흥원은 법인으로 한다.

3) 진흥원은 설립목적을 달성하기 위하여 다음 각 호의 사업을 수행한다.
   (1) 공연·전시 등 무형유산 활동 지원 및 진흥
   (2) 국가유산 관련 교육, 출판, 학술 조사·연구 및 콘텐츠 개발·활용
   (3) 「매장유산 보호 및 조사에 관한 법률」 제11조 제1항 및 같은 조 제3항 단서에 따른 매장유산 발굴

   [제11조(매장유산의 발굴허가 등)]
   ① 매장유산 유존지역은 발굴할 수 없다. 다만, 다음 각 호의 어느 하나에 해당하는 경우로서 대통령령으로 정하는 바에 따라 국가유산청장의 허가를 받은 때에는 발굴할 수 있다.
      1. 연구 목적으로 발굴하는 경우
      2. 유적(遺蹟)의 정비사업을 목적으로 발굴하는 경우
      3. 토목공사, 토지의 형질변경 또는 그 밖에 건설공사를 위하여 대통령령으로 정하는 바에 따라 부득이 발굴할 필요가 있는 경우
      4. 멸실·훼손 등의 우려가 있는 유적을 긴급하게 발굴할 필요가 있는 경우
   ③ 매장유산 유존지역을 발굴하는 경우 그 경비는 제1항 제1호·제2호 및 제4호의 경우에는 해당 국가유산의 발굴을 허가받은 자가, 같은 항 제3호의 경우에는 해당 공사의 시행자가 부담한다. 다만, 대통령령으로 정하는 건설공사로 인한 발굴에 사용되는 경비는 예산의 범위에서 국가나 지방자치단체가 지원할 수 있다.

   (4) 전통 문화상품·음식·혼례 등의 개발·보급 및 편의시설 등의 운영
   (5) 국가유산 공적개발원조 등 국제교류

(6) 국가유산 보호운동의 지원
(7) 전통문화행사의 복원 및 재현
(8) 국가·지방자치단체 또는 공공기관 등으로부터 위탁받은 사업
(9) 진흥원의 설립목적을 달성하기 위한 수익사업과 그 밖에 정관으로 정하는 사업

4) 진흥원에는 정관으로 정하는 바에 따라 임원과 필요한 직원을 둔다.

5) 진흥원에 관하여 이 국가유산기본법에 규정한 것 외에는 「민법」 중 재단법인에 관한 규정을 준용한다.

6) 진흥원 운영에 필요한 경비는 국고에서 지원할 수 있다.

7) 국가나 지방자치단체는 진흥원의 업무 수행을 위하여 필요하다고 인정하면 국유재산이나 공유재산을 무상으로 사용·수익하게 할 수 있다.

8) 이 국가유산기본법에 따른 진흥원이 아닌 자는 국가유산진흥원 또는 이와 유사한 명칭을 사용하지 못한다.

9) 사업계획서 제출 등
(1) 국가유산진흥원은 다음 사업연도의 사업계획서 및 예산서를 작성하여 매년 11월 30일까지 국가유산청장에게 제출해야 한다.
(2) 진흥원은 매 사업연도의 사업실적 및 결산서를 작성하여 다음 사업연도 2월 말일까지 국가유산청장에게 제출해야 한다.

02 국유에 속하는 국가유산의 관리

1) 국유에 속하는 국가유산은 「국유재산법」 제8조(국유재산 사무의 총괄과 관리) 및 「물품관리법」 제7조(총괄기관)에도 불구하고 국가유산청장이 관리·총괄한다.

[「국유재산법」 제8조(국유재산 사무의 총괄과 관리)]
① 총괄청은 국유재산에 관한 사무를 총괄하고 그 국유재산을 관리·처분한다.
② 총괄청은 일반재산을 보존용재산으로 전환하여 관리할 수 있다.

[「물품관리법」 제7조(총괄기관)]
① 기획재정부장관은 물품관리의 제도와 정책에 관한 사항을 관장하며, 물품관리에 관한 정책의 결정을 위하여 필요하면 조달청장이나 각 중앙관서의 장으로 하여금 물품관리 상황

에 관한 보고를 하게 하거나 필요한 조치를 할 수 있다.
　　② 조달청장은 각 중앙관서의 장이 수행하는 물품관리에 관한 업무를 총괄·조정한다.
2) 국유에 속하는 국가유산의 관리에 필요한 세부사항은 따로 법률로 정한다.

03 국가유산의 날

1) 국가유산에 대한 국민의 이해를 증진하고 국민의 국가유산 보호 의식을 높이기 위하여 매년 12월 9일을 국가유산의 날로 정한다.
2) 국가유산의 날 행사에 관하여 필요한 사항은 국가유산청장 또는 특별시장·광역시장·특별자치시장·도지사·특별자치도지사가 따로 정할 수 있다.

04 과태료

1) 국가유산기본법에 따른 진흥원이 아닌 자는 국가유산진흥원 또는 이와 유사한 명칭을 사용하지 못한다.
　(1) 이를 위반하여 국가유산진흥원 또는 이와 유사한 명칭을 사용한 자에게는 400만 원 이하의 과태료를 부과한다.
　(2) 과태료의 부과기준
　　① 일반기준
　　　㉠ 위반행위의 횟수에 따른 과태료의 가중된 부과기준은 최근 2년간 같은 위반행위로 과태료 부과처분을 받은 경우에 적용한다. 이 경우 기간의 계산은 위반행위에 대하여 과태료 부과처분을 받은 날과 그 처분 후 다시 같은 위반행위를 하여 적발된 날을 기준으로 한다.
　　　㉡ 가목에 따라 가중된 부과처분을 하는 경우 가중처분의 적용 차수는 그 위반행위 전 부과처분 차수(가목에 따른 기간 내에 과태료 부과처분이 둘 이상 있었던 경우에는 높은 차수를 말한다)의 다음 차수로 한다.
　　　㉢ 부과권자는 다음의 어느 하나에 해당하는 경우에는 제2호의 개별기준에 따른 과태료의 2분의 1 범위에서 그 금액을 줄여 부과할 수 있다. 다만, 과태료를 체납하고 있는 위반행위자에 대해서는 그렇지 않다.
　　　　㉮ 위반행위가 사소한 부주의나 오류로 인한 것으로 인정되는 경우

㈏ 위반행위자가 법 위반상태를 시정하거나 해소하기 위하여 노력한 사실이 인정되는 경우

㈐ 그 밖에 위반행위의 정도, 위반행위의 동기와 그 결과 등을 고려하여 과태료 금액을 줄일 필요가 있다고 인정되는 경우

㉣ 부과권자는 다음의 어느 하나에 해당하는 경우에는 제2호의 개별기준에 따른 과태료의 2분의 1 범위에서 늘려 그 금액을 부과할 수 있다. 다만, 늘려 부과하는 경우에도 법 제35조 제1항에 따른 과태료의 상한을 넘을 수 없다.

㈎ 법 위반상태의 기간이 6개월 이상인 경우

㈏ 그 밖에 위반행위의 정도, 위반행위의 동기와 그 결과 등을 고려하여 과태료 금액을 늘릴 필요가 있다고 인정되는 경우

② 개별기준

위반행위	근거 법조문	과태료(단위 : 만 원)		
		1차 위반	2차 위반	3차 이상 위반
법 제32조 제8항을 위반하여 국가유산진흥원 또는 이와 유사한 명칭을 사용한 경우	법 제32조 제8항(「국가유산기본법」에 따른 진흥원이 아닌 자는 국가유산진흥원 또는 이와 유사한 명칭을 사용하지 못한다)을 위반하여 국가유산진흥원 또는 이와 유사한 명칭을 사용한 자에게는 400만 원 이하의 과태료를 부과한다(법 제35조 제1항).	200	300	400

2) 과태료는 국가유산청장이 부과 · 징수한다.

국가유산수리기술자
보수 / 단청 / 실측설계 /
조경 / 보존과학 / 식물보호

국가유산관련법령

발행일 | 2011. 5. 22 초판 발행
2012. 1. 10 개정 1판1쇄
2013. 1. 10 개정 2판1쇄
2014. 6. 5 개정 3판1쇄
2016. 9. 10 개정 4판1쇄
2017. 8. 10 개정 5판1쇄
2018. 6. 10 개정 6판1쇄
2019. 6. 10 개정 7판1쇄
2020. 11. 10 개정 8판1쇄
2021. 7. 1 개정 9판1쇄
2022. 6. 1 개정 10판1쇄
2024. 10. 30 개정 11판1쇄
2024. 3. 10 개정 11판2쇄
2025. 7. 30 개정 12판1쇄

저 자 | 배승현 · 하상삼
발행인 | 정용수
발행처 | 예문사

주 소 | 경기도 파주시 직지길 460(출판도시) 도서출판 예문사
T E L | 031) 955-0550
F A X | 031) 955-0660
등록번호 | 11-76호

• 이 책의 어느 부분도 저작권자나 발행인의 승인 없이 무단 복제하여 이용할 수 없습니다.
• 파본 및 낙장은 구입하신 서점에서 교환하여 드립니다.
• 예문사 홈페이지 http://www.yeamoonsa.com

정가 : 45,000원

ISBN 978-89-274-5897-5 13540